Michael Springborg
Quantenchemie
De Gruyter Studium

Weitere empfehlenswerte Titel

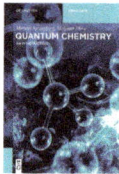

Quantum Chemistry
An Introduction
Michael Springborg, Meijuan Zhou, 2021
ISBN 978-3-11-074219-0, e-ISBN (PDF) 978-3-11-074220-6

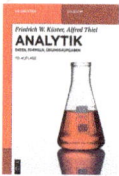

Analytik
Daten, Formeln, Übungsaufgaben
Friedrich W. Küster, Alfred Thiel, bearbeitet von: Andreas Seubert, 2023
ISBN 978-3-11-076912-8, e-ISBN (PDF) 978-3-11-076925-8

Anorganische Chemie
Erwin Riedel, Christoph Janiak, 2022
ISBN 978-3-11-069604-2, e-ISBN (PDF) 978-3-11-069444-4

Symmetrie in der Instrumentellen Analytik
Ingo-Peter Lorenz, Norbert Kuhn, Stefan Berger, Dines Christen,
Eberhard Schweda, 2022
ISBN 978-3-11-073635-9, e-ISBN (PDF) 978-3-11-073636-6

Physikalische Chemie Kapieren
Thermodynamik, Kinetik, Elektrochemie
Sebastian Seiffert, Wolfgang Schärtl, 2021
ISBN 978-3-11-069826-8, e-ISBN (PDF) 978-3-11-071322-0

Einführung in die Physikalische Chemie
Michael Springborg, 2020
ISBN 978-3-11-063691-8, e-ISBN (PDF) 978-3-11-063693-2

Michael Springborg

Quantenchemie

Von Quantentheorie über chemische Bindung zu
Computerchemie

2. Auflage

DE GRUYTER

Autor
Prof. Dr. Michael Springborg
Universität des Saarlandes
FB 11 - Physikalische Chemie
Postfach 15 11 50
66041 Saarbrücken
Deutschland
m.springborg@mx.uni-saarland.de

ISBN 978-3-11-121453-5
e-ISBN (PDF) 978-3-11-121507-5
e-ISBN (EPUB) 978-3-11-121558-7

Library of Congress Control Number: 2023942147

Bibliografische Information der Deutschen Nationalbibliothek
Die Deutsche Nationalbibliothek verzeichnet diese Publikation in der Deutschen Nationalbibliografie;
detaillierte bibliografische Daten sind im Internet über
http://dnb.dnb.de abrufbar.

© 2024 Walter de Gruyter GmbH, Berlin/Boston
Coverabbildung: anusorn nakdee / iStock / Getty Images Plus
Satz: VTeX UAB, Lithuania
Druck und Bindung: CPI books GmbH, Leck

www.degruyter.com

Vorbemerkung

Die Quantentheorie bildet die Basis für das Verständnis der chemischen Bindung und die theoretische Grundlage für die Spektroskopie. Wegen der großen Bedeutung der Spektroskopie bei der Charakterisierung von Materialien und der chemischen Bindung bei der Rationalisierung von chemischen Befunden, ist ein gutes Verständnis der Quantentheorie ein wichtiger Bestandteil der Chemie. Ferner bildet die Quantentheorie auch die Grundlagen für das Gebiet des *Chemical Modelling*, auch Computerchemie genannt, womit Eigenschaften, Strukturen, Reaktionswege etc. mithilfe von Computerrechnungen untersucht werden können. Dieses Gebiet ist eine sehr wichtige Ergänzung der üblichen experimentellen Studien der Chemie.

Die Quantentheorie ist die Theorie, die eingesetzt werden soll, wenn man sehr kleine Systeme behandeln möchte. So gesehen erscheint die Quantentheorie als nur begrenzt relevant für unser alltägliches Leben, wo wir uns normalerweise mit sehr viel größeren Systemen beschäftigen. Deswegen mag es erstaunen, zu wissen, dass schätzungsweise 20 % aller produzierten Güter auf technologischen Entwicklungen basieren, die es ohne die Quantentheorie nicht geben würden.

Ferner wird *Chemical Modelling* auch für eher experimentell orientierte Chemiker zunehmend wichtiger. In der Chemie werden heutzutage selten wissenschaftliche Arbeiten zur Veröffentlichung in angesehenen chemischen Zeitschriften angenommen, wenn die experimentellen Studien nicht durch begleitende theoretische Rechnungen unterstützt und ergänzt werden. Bei einer Doktorarbeit, bei der man eher experimentell arbeitet, ist es also wichtig, auch Rechnungen durchzuführen (oder durchführen zu lassen), wenn die Ergebnisse veröffentlicht werden sollen. Und mit dem Spruch im Kopf, dass eine unveröffentlichte wissenschaftliche Arbeit eine sinnlose Arbeit ist, muss man erkennen, dass Publizieren ein wesentlicher Bestandteil der Doktorarbeit ist.

Letztendlich können theoretische Rechnungen sehr viele experimentelle Arbeiten ersetzen. Dies soll durch ein Beispiel aus eigener Erfahrung erläutert werden. An der Universität Tianjin in China gab es eine Arbeitsgruppe, die sich mit der Herstellung von Materialien für Anwendungen in Solarzellen beschäftigte. Ziel war es, Materialien mit maximal großer Ausbeute (d. h., dass maximal viel elektrischer Strom aus der Sonneneinstrahlung gewonnen wird) zu identifizieren. Dazu untersuchten mehrere der Mitglieder der (etwa 50 Personen starken) Arbeitsgruppe Materialien basierend auf Porphyrinen (diese bilden die Bausteine der sog. Grätzel Zellen, ein Typ von Solarzellen). Alle möglichen Tricks der organischen Chemie wurden angewandt, um die Porphyrine zu modifizieren. Jede Synthese einer neuen Verbindung zusammen mit der anschließenden Untersuchung in einer Solarzelle nahm die Arbeit von einer Person für etwa ein Jahr in Anspruch, und sehr oft musste letztendlich erkannt werden, dass die neue Verbindung die Anforderungen nicht erfüllte. Eine theoretische Rechnung kann in etwa einer Woche abgeschlossen werden, und die Person, die eine solche Rechnung durchführt, kann mehr als eine Verbindung (beispielsweise zehn Verbindungen) parallel behandeln.

https://doi.org/10.1515/9783111215075-201

In einem Jahr können deswegen von einem einzigen Theoretiker etwa 500 Verbindungen analysiert werden, also viel mehr als die eine Verbindung, die der Experimentator herstellt und untersucht. Auch wenn die Rechnungen unter gewissen Ungenauigkeiten leiden, sind die Ergebnisse solcher Rechnungen sehr relevant, um im Labor gezielter aussichtsreiche Verbindungen herzustellen. Also, wie man sieht: Theoretische Rechnungen können sehr hilfreiche Informationen für Experimentatoren liefern.

Ziel des vorliegenden Skriptes ist, die Grundlagen der Quantentheorie vorzustellen, sowie Beispiele ihrer Anwendung auf atomare und molekulare Systeme zu behandeln. Auch Beispiele für die Anwendung dieser Theorie in der Computerchemie werden präsentiert. Es richtet sich an Studierende der Chemie, die sich im zweiten oder dritten Jahr ihres Bachelorstudiums befinden. Sehr hilfreich wäre es, wenn der Leser erste Kenntnisse zur Quantentheorie besitzt und dadurch schon von z. B. Orbitalen, dem Aufbauprinzip oder der chemischen Bindung gehört hat. Aber auch ohne diese Vorkenntnisse ist es prinzipiell möglich, sich den Stoff im Skript anzuzeigen, wenn auch nicht ohne einige Anstrengungen. Gelegentlich werden Beispiele kurz diskutiert, die erst später in Detail behandelt werden, und vor allem dann sind solche Vorkenntnisse sehr hilfreich, wenn auch nicht zwingend notwendig.

August 2023

Michael Springborg

Inhalt

1 Warum Quantentheorie?

1.1 Klassische Physik

Die Quantentheorie wird zusammen mit der Relativitätstheorie als eine der zwei wichtigsten Entwicklungen der Physik im 20. Jahrhundert bezeichnet. Die Quantentheorie wird wichtig, wenn man Objekte betrachtet, die sehr klein sind (z. B. Elektronen und Atome), während die Relativitätstheorie wichtig wird, wenn die Objekte sich sehr schnell bewegen. In beiden Fällen treten Phänomene auf, die wir aus unserem Alltag nicht kennen. Für den interessierten Leser kann das Buch von George Gamow, *Mr. Tompkins im Wunderland*, empfohlen werden. In diesem Buch wird beschrieben, wie unsere Welt aussehen würde, wenn entweder Quanteneffekte oder relativistische Effekte im Alltag spürbar wären. Das Buch ist unterhaltsam verfasst, und lässt erkennen, dass der Autor, ein angesehener Wissenschaftler, es gleichzeitig auch verstand, Wissenschaft für den gebildeten Laien darzustellen.

In der zweiten Hälfte des 19. Jahrhunderts, bevor diese beiden Theorien entwickelt wurden, befand man sich in einer Situation, die oft mit unserer heutigen verglichen wird. Man war weitgehend davon überzeugt, dass alle wichtigen Gesetzmäßigkeiten in den Naturwissenschaften verstanden waren, und man diese ‚nur‘ auf alle möglichen Fragestellungen anzuwenden brauchte. Dass sich innerhalb von wenigen Jahren alles ändern würde, war nicht vorhersehbar. Ob auch wir demnächst auf ähnliche Weise eine Revolution in den Naturwissenschaften erleben werden, ist eine offene Frage.

Hier sollen nur kurz einige Vorstellungen der klassischen Physik diskutiert werden, die anschließend mit der Einführung der Quantentheorie als nicht immer gültig betrachtet werden. ‚Nicht immer‘ bedeutet, dass die klassische Physik immer noch als ausreichend genau betrachtet werden kann, wenn es um makroskopische Objekte geht – z. B. um die Bewegung einer Rakete zu beschreiben, die zum Mond geschickt wird.

Laut der klassischen Physik gilt:
- Orts- und Impulskoordinaten sind unabhängig voneinander und können beliebige Werte annehmen.
- Kennt man die Orts- und Impulskoordinaten eines Objektes zu einem bestimmten Zeitpunkt sowie alle Kräfte, die auf das Objekt wirken, können die Orts- und Impulskoordinaten, im Prinzip, zu jedem späteren Zeitpunkt beliebig genau berechnet werden.
- Die Energie eines Objektes kann jeden beliebigen Wert annehmen.
- Ein Teil der Physik beschäftigt sich mit Körpern, während ein anderer Teil sich mit Wellen beschäftigt. Die beiden Gebiete haben kaum etwas miteinander zu tun, sondern sind eher komplementär.

Wir werden jetzt sehen, wie experimentelle und theoretische Ergebnisse dazu führten, diese Aussagen infrage zu stellen und letztendlich zu modifizieren.

https://doi.org/10.1515/9783111215075-001

1.2 Strahlung eines schwarzen Körpers

Ein schwarzer Körper mit einer bestimmten Temperatur emittiert elektromagnetische Strahlung (siehe Abb. 1.1). Diese Strahlung ist zusammengesetzt aus Strahlungen mit allen möglichen Wellenlängen λ und das ganze Spektrum hängt von der Temperatur des Körpers ab, wie in Abb. 1.2 gezeigt. Diesen Effekt kennt man schon aus dem täglichen Leben. Wenn man eine Herdplatte einschaltet, wird diese zunehmend wärmer, und dadurch ändert sich ihre Farbe von Schwarz über Rot zu Orange und Gelb, und gleichzeitig wird die ausgestrahlte Strahlung intensiver.

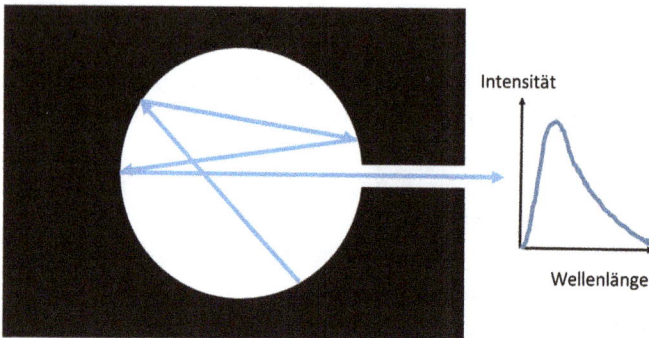

Abb. 1.1: Schematische Darstellung der Strahlung eines schwarzen Körpers. Von der Oberfläche des inneren Hohlraums des Körpers wird Strahlung (Photonen) emittiert, die durch mehrfache Reflektion an der Oberfläche in ein thermisches Gleichgewicht mit dem schwarzen Körper gebracht wird, bevor sie durch eine kleine Öffnung austritt. Letztendlich kann die Intensität der emittierten Strahlung als Funktion der Wellenlänge gemessen werden.

Laut Wilhelm Wien gilt für die Wellenlänge $\lambda_{\max}$, bei der das Spektrum ein Maximum besitzt, und die Temperatur T des Körpers,

$$\lambda_{\max} \cdot T = \text{Konstante.} \tag{1.1}$$

Bevor bekannt war, woher die Strahlung der Sonne tatsächlich kommt (als Folge von Kernreaktionen im Inneren der Sonne), glaubte man, dass die Sonne auch einen solchen schwarzen Körper darstellt. Durch die Untersuchung des Spektrums der Sonne kam man dann zu dem Schluss, dass die Temperatur der Sonne ungefähr 6000 K betragen muss. Dies ist keine schlechte Näherung für die Temperatur an der Oberfläche der Sonne, aber weit kleiner als die mehreren 100 Millionen K, die im Inneren der Sonne herrschen.

Josef Stefan und Ludwig Boltzmann fanden ferner, dass die gesamte ausgestrahlte Energie proportional zu T^4 ist.

Um die Eigenschaften eines solchen schwarzen Körpers zu erklären, schlugen John William Strutt, eher als Baron von Rayleigh bekannt, und James Jeans vor, dass die Strah-

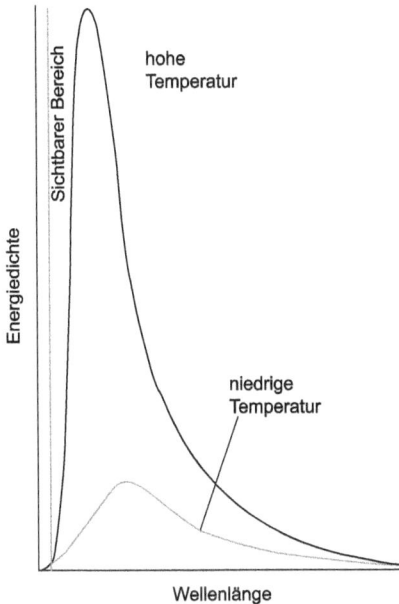

Abb. 1.2: Strahlung eines schwarzen Körpers laut Experiment. Angepasst aus dem Buch Peter W. Atkins, *Kurzlehrbuch Physikalische Chemie*, Wiley-VCH, 2001.

lung mithilfe von kleinen Oszillatoren beschrieben werden kann (also: ‚etwas' schwingt und strahlt dabei). Mit dieser Theorie haben sie dann das Spektrum in Abb. 1.3 erhalten. Verglichen mit den experimentellen Spektren in Abb. 1.2 ist deutlich zu erkennen, dass vor allem bei kleinen Wellenlängen die Theorie von Rayleigh und Jeans versagt: Anstatt sich wieder dem Wert null zu nähern, divergiert das vorgeschlagene Spektrum. Dies passiert bei kleineren Wellenlängen als der des sichtbaren Lichts und deswegen wird dieses Versagen der Theorie **Ultraviolettkatastrophe** genannt.

Max Planck stellte im Jahre 1900 eine modifizierte Theorie vor. Ursprünglich glaubte er nicht vollständig an die Gültigkeit dieser Theorie, sondern meinte nur, sie zeige, dass man im Prinzip das experimentelle Spektrum erhalten kann. Er war jedoch der Meinung, dass andere Thesen als die von ihm aufgestellten eingeführt werden sollten. Max Planck modifizierte die Theorie von Rayleigh und Jeans in der Weise, dass er annahm, dass die Oszillatoren nicht jede beliebige Energie in Form von Strahlung aussenden konnten, sondern Strahlung mit einer Frequenz v nur in Vielfachen von v ausgestrahlt werden konnte,

$$E = nhv, \tag{1.2}$$

wobei n eine ganze Zahl ist, und h eine Konstante (im Prinzip nur ein Umrechnungsfaktor zwischen Energie und Frequenz) – diejenige, die wir jetzt **Planck-Konstante** nennen. Mit dieser nur leicht modifizierten Theorie erhielt Max Planck Spektren, wie jenes von Abb. 1.4. Es ist deutlich erkennbar, dass die essenziellen Strukturen der experi-

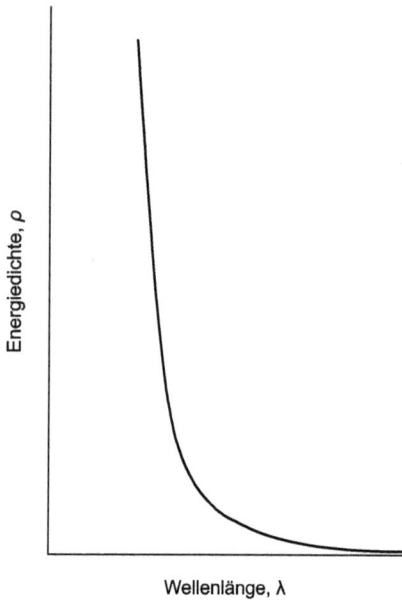

Abb. 1.3: Strahlung eines schwarzen Körpers laut der Theorie von Rayleigh und Jeans. Angepasst aus dem Buch Peter W. Atkins, *Kurzlehrbuch Physikalische Chemie*, Wiley-VCH, 2001.

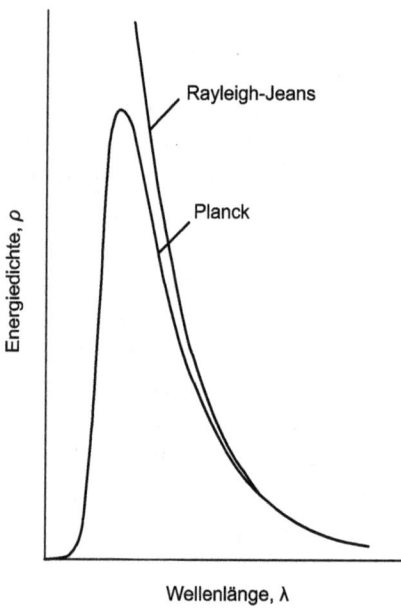

Abb. 1.4: Strahlung eines schwarzen Körpers laut der Theorie von Planck und laut der Theorie von Rayleigh und Jeans. Angepasst aus dem Buch Peter W. Atkins, *Kurzlehrbuch Physikalische Chemie*, Wiley-VCH, 2001.

mentellen Spektren reproduziert werden können, und dass die Ultraviolettkatastrophe in diesem Fall nicht auftritt.

Der Zeitpunkt dieses Vorschlags von Max Planck wird oft als die Geburtsstunde der Quantentheorie bezeichnet: Max Planck präsentierte seine Theorie in einer Sitzung der Deutschen Physikalischen Gesellschaft am 14. Dezember 1900 in Berlin.

1.3 Wärmekapazitäten fester Körper

Mithilfe der kinetischen Gastheorie und vor allem unter Berücksichtigung der Gleich-verteilung der Energie (diese basiert auf der Boltzmann-Verteilung, die kurz in Kapi-tel 18.5 beschrieben wird) wird erhalten, dass die molare Wärmekapazität eines Fest-körpers, $\bar{C}_V$, bestehend aus nur einem Typ von Atomen, gleich $3R$ (mit R gleich die Gas-konstante) und unabhängig von der Temperatur ist. Dabei wird angenommen, dass der Festkörper Energie nur aufnehmen kann, um Schwingungen anzuregen. Das Experi-ment zeigt jedoch etwas anderes; siehe Abb. 1.5. Vor allem bei niedrigen Temperaturen strebt $\bar{C}_V \rightarrow 0$ und ist gar nicht unabhängig von der Temperatur. Bei einigen Festkör-pern stellt man auch fest, dass bei höheren Temperaturen $\bar{C}_V$ größer als $3R$ wird. Dies lässt sich dadurch erklären, dass auch Elektronen einen Beitrag zu $\bar{C}_V$ liefern, was in der kinetischen Gastheorie nicht berücksichtigt wurde. Diese Abweichung bei höheren Temperaturen ist hier nicht wichtig.

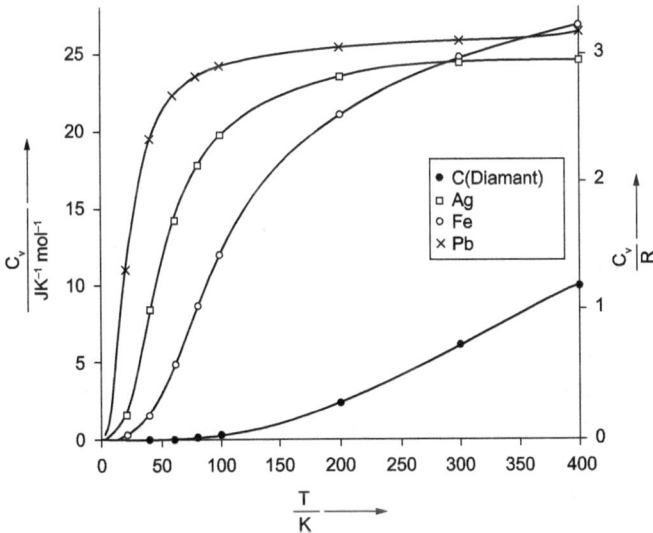

Abb. 1.5: Molare Wärmekapazität verschiedener kristalliner Festkörper als Funktion der Temperatur. Ange-passt aus dem Buch Gerd Wedler, *Lehrbuch der Physikalischen Chemie*, Wiley-VCH, 2004.

Um die Abweichungen bei niedrigen Temperaturen zu erklären, schlug Albert Einstein vor, dass, ähnlich wie beim schwarzen Körper, die Schwingungen nicht jede beliebige Energie haben können. Gemäß seinem Modell kann jedes Atom eines Festkörpers in jede der drei Richtungen mit einer bestimmten Frequenz schwingen, v_E, der Einsteinfrequenz. Durch die Annahme, dass die Energie der Schwingungen nur Werte

$$E = n \cdot h \cdot v_E \tag{1.3}$$

(n ist eine ganze Zahl und h eine Konstante) annehmen kann, fand er eine deutlich verbesserte Beschreibung der experimentellen Ergebnisse (siehe Abb. 1.6). Bemerkenswert ist, dass die Konstante h denselben Wert hat, wie oben für den schwarzen Körper ermittelt wurde. Das deutet darauf hin, dass diese Konstante eine universelle Naturkonstante ist.

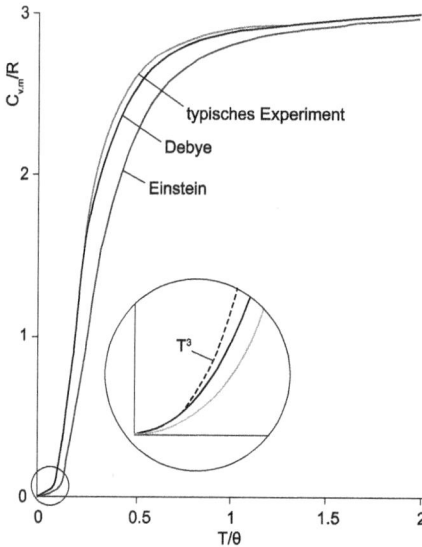

Abb. 1.6: Molare Wärmekapazität eines Festkörpers als Funktion der Temperatur laut Experiment, der Theorie von Einstein und der Theorie von Debye. Angepasst aus dem Buch Peter W. Atkins, *Kurzlehrbuch Physikalische Chemie*, Wiley-VCH, 2001.

Peter Debye hat später das Modell von Einstein dadurch verbessert, dass er angenommen hat, dass die Frequenzen der Schwingungen eines Festkörpers alle Werte bis zu einem Maximalwert, v_D, der Debye-Frequenz, annehmen können, und dass die Verteilung der Frequenzen eine bestimmte Form besitzt, die hier nicht näher diskutiert werden soll. Für jede Frequenz v gilt dann eine Beziehung wie Gl. (1.3),

$$E = n \cdot h \cdot v. \tag{1.4}$$

Anschließend werden die Beiträge der einzelnen Schwingungen über alle Frequenzen aufsummiert. Dadurch konnte die Übereinstimmung mit dem Experiment weiter verbessert werden; siehe Abb. 1.6.

1.4 Photoelektrischer Effekt

Wenn Licht auf eine Metallplatte fällt, werden Elektronen losgerissen; siehe Abb. 1.7. Dies wird als **photoelektrischer Effekt** bezeichnet. Die Elektronen sind geladen, sodass die losgerissenen Elektronen einen elektrischen Strom erzeugen, den man messen kann. Erfolgt dies als Funktion der Frequenz der eingestrahlten elektromagnetischen Strahlung, ergeben sich Kurven wie in Abb. 1.8 gezeigt. Man sieht, dass der Strom bis zu einer bestimmten Schwellfrequenz gleich null ist. Erstaunlich ist, dass man durch Erhöhung der Intensität der eingestrahlten elektromagnetischen Strahlung denselben Schwellwert erhält; siehe Abb. 1.8.

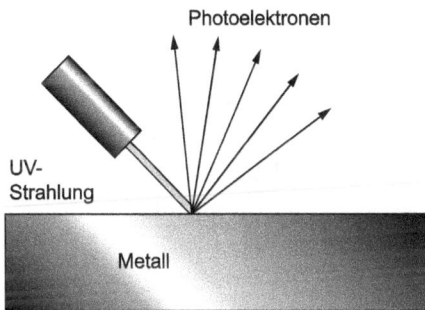

Abb. 1.7: Der photoelektrische Effekt. Angepasst aus dem Buch Peter W. Atkins, *Kurzlehrbuch Physikalische Chemie*, Wiley-VCH, 2001.

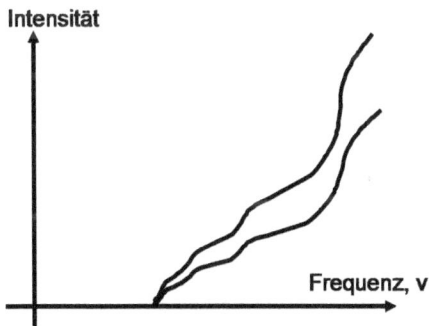

Abb. 1.8: Der photoelektrische Effekt bei zwei verschiedenen Intensitäten der eingestrahlten elektromagnetischen Strahlung.

In seinem sog. Mirakeljahr, 1905, hat Albert Einstein diesen Effekt erklärt und später dafür den Nobelpreis in Physik erhalten. Er hat angenommen, dass die Energie der elektromagnetischen Strahlung gequantelt ist, also dass die Strahlung mit der Frequenz v in ‚Brocken' mit der Energie hv auftritt. Ein Teil dieser Energie wird benutzt, um ein Elektron aus dem Metall loszureißen, und der Rest wird zur kinetischen Energie des Elektrons,

$$hv = \Phi + \frac{1}{2}mv^2. \tag{1.5}$$

Φ ist die sogenannte **Austrittsarbeit**, und $\frac{1}{2}mv^2$ ist die kinetische Energie des Elektrons. Also nur wenn die Energie der Strahlung größer als die Austrittsarbeit ist, können Elektronen losgerissen werden.

Durch diese Interpretation tritt elektromagnetische Strahlung in ‚Brocken' auf, in sog. **Photonen**. Also: Ein Phänomen, das normalerweise als Welle behandelt wird, hat auch eine Teilchennatur.

1.5 Das Doppelspaltexperiment

Wir betrachten zuerst einen langen, schmalen Kanal, der mit Wasser gefüllt ist. Wir können dort Wellen erzeugen, die sich parallel ausbreiten (sog. ebene Wellen), wie in der linken Hälfte von Abb. 1.9 und 1.10 dargestellt. Wenn in den Kanal Barrieren eingebaut werden, sodass die Wellen sich nur durch ein oder zwei schmale Spalten ausbreiten können, ändert sich das Verhalten der Wellen. Mit nur einem Spalt werden aus den ebenen Wellen kreisförmige Wellen, wie in Abb. 1.9. Dieses kann als Bestätigung des Prinzips von Christiaan Huygens gesehen werden: Jeder Punkt einer Wellenfront kann als Ausgangspunkt einer neuen sphärischen Wellenfront betrachtet werden. Mit zwei Spalten entsteht ein faszinierendes Muster auf der anderen Seite dieser beiden Spalte, ein sog. Interferenzmuster, das dadurch zustande kommt, dass die beiden sphärischen Wellenfronten sich konstruktiv oder destruktiv addieren (Abb. 1.10).

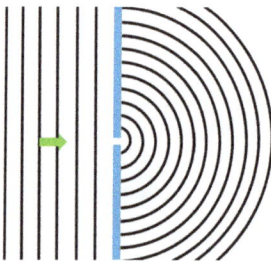

Abb. 1.9: Das Einzelspaltexperiment. Laut des Prinzips von Huygens breiten sich ebene Wellen nach einem schmalen Spalt wie sphärische Wellen aus.

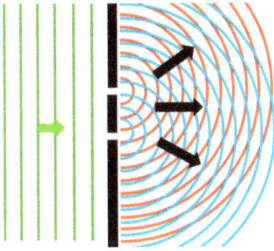

Abb. 1.10: Das Doppelspaltexperiment. Laut des Prinzips von Huygens breiten sich ebene Wellen nach einem schmalen Spalt wie sphärische Wellen aus. Für zwei schmale Spalten gibt es dann bestimmte Richtungen, in welchen eine erhöhte Intensität auftritt, weil sich die Wellen in diesen Richtungen konstruktiv überlagern. Einige dieser Richtungen sind durch die Pfeile angedeutet.

Ein Interferenzmuster entsteht auch bei anderen Typen von Wellen, z. B. Licht (d. h. elektromagnetische Wellen). Wenn man nicht zwei sondern nur einen schmalen Spalt hat, wie in Abb. 1.9 gezeigt, breitet sich die elektromagnetische Welle nach dem Spalt in allen möglichen Richtungen aus. Wenn man mehrere Lichtwellen betrachtet, die sich parallel und nahe beieinander ausbreiten (siehe Abb. 1.10), wird die Intensität des Lichtes, die man in einer bestimmten Richtung misst, davon abhängen, ob die Lichtwellen sich konstruktiv oder destruktiv überlagern. Dadurch entsteht das Interferenzmuster.

Wir wiederholen das Doppelspaltexperiment mit Elektronen. Das bedeutet, dass wir weit weg auf der linken Seite in Abb. 1.11 eine Elektronenquelle positionieren. Diese erzeugt Elektronen, die von links nach rechts fliegen. Auch diese müssen durch die beiden Spalten. Wären die Elektronen kleine Teilchen, würde man auf der rechten Seite sehen, dass diese Teilchen nur an zwei Orten durch die beiden Spalte kommen (siehe Abb. 1.11). Also würde man auf einem Film, der durch die geladenen Elektronen dort ge-

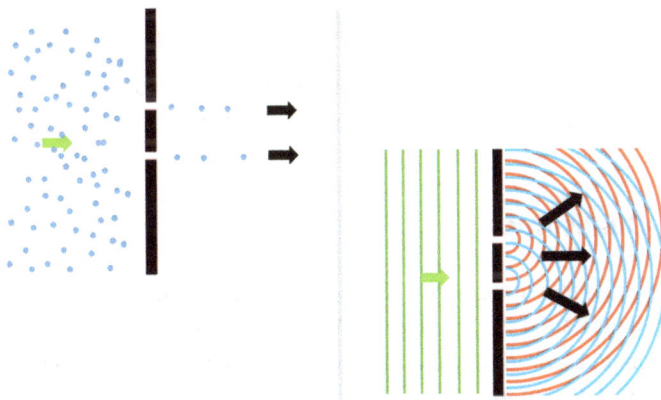

Abb. 1.11: Das Doppelspaltexperiment mit Elektronen und die zwei möglichen Ergebnisse: oben links ist das Ergebnis dargestellt, wenn sich die Elektronen wie kleine Teilchen verhalten, während unten rechts das Ergebnis gezeigt ist, wenn sich die Elektronen wie Wellen verhalten.

färbt wird, wo die Elektronen ankommen, nur zwei Punkte sehen. Stattdessen ist aber ein Muster zu erkennen, das dem Interferenzmuster der Wasserwellen sehr genau ähnelt.

Dieses **Doppelspaltexperiment** zeigt also, dass Elektronen sich nicht nur wie Teilchen verhalten, sondern auch wie Wellen.

1.6 Compton-Beugung

In einem Experiment zeigte Arthur Holly Compton, dass, wenn hoch-energetische elektromagnetische Strahlung (z. B. Röntgenstrahlung) auf Elektronen gerichtet wird, sich die Strahlung wie Teilchen verhält; siehe Abb. 1.12. Die Strahlung trifft ein Elektron und wird in eine geänderte Richtung gebeugt, während das Elektron sich in eine andere Richtung bewegt. Der ganze Prozess lässt sich sehr gut beschreiben, wenn man annimmt, dass die Strahlung aus kleinen Teilchen (Photonen) besteht, und anschließend den Prozess wie einen Stoßprozess (wie bei Billardkugeln) zwischen dem Photon und dem Elektron behandelt.

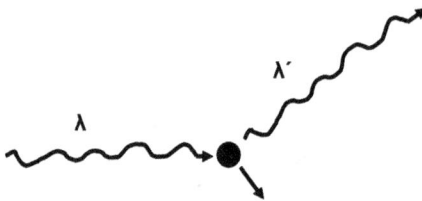

Abb. 1.12: Das Experiment von Compton: Eine Welle trifft ein Teilchen, wird gebeugt, und fliegt weiter in eine andere Richtung mit einer anderen Wellenlänge.

Bei diesem Experiment kann also beobachtet werden, dass elektromagnetische Strahlung sich nicht nur wie eine Welle, sondern auch wie ein Teilchen verhalten kann.

1.7 Welle-Teilchen-Dualismus

Die Beispiele oben zeigen, dass in der atomaren Welt die Aufteilung in Wellen und Teilchen nicht mehr aufrechtzuerhalten ist. Die Objekte (Licht, Elektronen, ...) verhalten sich ab und zu wie Teilchen und ab und zu wie Wellen. Man spricht vom **Welle-Teilchen Dualismus**, bzw. **Teilchen-Welle-Dualismus**.

Louis de Broglie schlug 1924 vor, dass es folgende Beziehung zwischen der Wellennatur (beschrieben durch die Wellenlänge λ) und der Teilchennatur (beschrieben durch den Impuls p) gibt,

$$\lambda = \frac{h}{p}. \qquad\qquad (1.6)$$

Diese einfache Beziehung brachte ihm 1929 den Nobelpreis in Physik.

1.8 Spektren

Als letztes Beispiel zeigen wir in Abb. 1.13 experimentelle Spektren. In einem Fall werden Hg-Atome zuerst angeregt (mithilfe elektromagnetischer Strahlung). Anschließend beobachtet man, dass die Hg-Atome ihre aufgenommene Energie wieder emittieren. Das Spezielle ist, dass die emittierte Energie nur bestimmte, diskrete Werte annehmen kann.

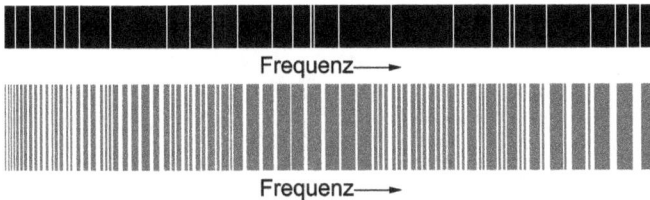

Abb. 1.13: Beispiel eines (oben) Emissions- und eines (unten) Absorptionsspektrums. Angepasst aus dem Buch Peter W. Atkins, *Kurzlehrbuch Physikalische Chemie*, Wiley-VCH, 2001.

Im anderen Fall misst man die Energie, die ein Gas aus ScF-Molekülen aufnehmen kann; also ein Absorptionsspektrum wird gemessen. Auch in diesem Fall erkennt man, dass die Energie nur bestimmte, diskrete Werte annehmen kann.

In beiden Fällen haben wir eine Situation, die man wie in Abb. 1.14 interpretiert. Moleküle oder Atome können nur ganz bestimmte Energien besitzen. Wenn das System angeregt ist, kann es Energie wieder dadurch abgeben, dass es von einem Energieniveau zu einem energetisch niedrigeren zurückfällt. Die Energie, die dadurch frei wird, ΔE, wird in Form eines Photons ausgestrahlt, dessen Frequenz ν

$$h\nu = \Delta E \qquad\qquad (1.7)$$

erfüllt. Umgekehrt kann das System angeregt werden, indem es ein Photon aufnimmt, dessen Frequenz Gl. (1.7) gehorcht. Dann ist ΔE der Energieunterschied zwischen End- und Anfangszustand.

Dies ist ein weiteres Beispiel dafür, dass Energie gequantelt ist. Diese Quantelung ist spezifisch für jedes System. Deswegen kann ihre Messung dazu benutzt werden, das System zu charakterisieren. Dies ist die Grundlage für alle Formen von Spektroskopie.

Woher diese diskreten Energieniveaus kommen, haben wir an dieser Stelle noch nicht erklärt. Die Grundlagen dafür liefert die Schrödinger-Gleichung, die wir im nächsten Kapitel diskutieren werden.

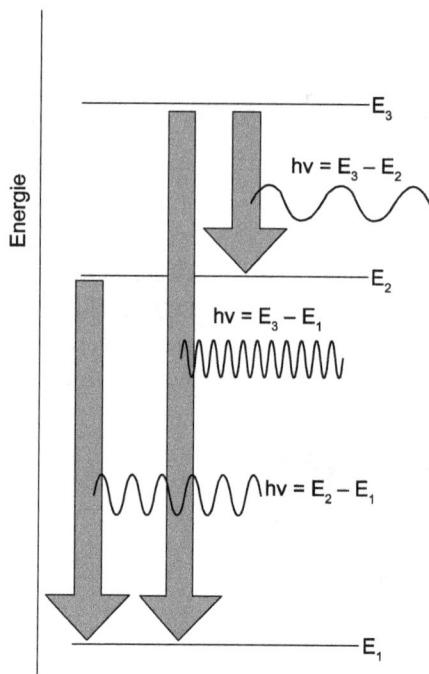

Abb. 1.14: Schematische Darstellung der Energieniveaus eines Atoms oder Moleküls sowie der ausge-strahlten Energie. Angepasst aus dem Buch Peter W. Atkins, *Kurzlehrbuch Physikalische Chemie*, Wiley-VCH, 2001.

1.9 Aufgaben mit Antworten

1. **Aufgabe:** Skizzieren Sie das Absorptionsspektrum eines Systems, das die Energien ϵ_0, $2\epsilon_0$ und $4\epsilon_0$ haben kann.
    Antwort: Ein Absorptionsspektrum hat Maxima für Energien, $0 < E = h\nu = h\frac{c}{\lambda}$, die $E = E_n - E_m$ erfüllen, mit E_n und E_m zwei der möglichen Energien des Systems. Im vorliegenden Beispiel ist das für $E = \epsilon_0$, $E = 2\epsilon_0$ und $E = 3\epsilon_0$ der Fall. Das Spektrum sieht dann aus wie in Abb. 1.15 gezeigt.

2. **Aufgabe:** Für ein Quantensystem gibt es folgende mögliche Energien: ϵ_0, $4\epsilon_0$, $9\epsilon_0$, $16\epsilon_0$, ... Wie sieht ein Absorptionsspektrum für dieses System qualitativ aus?
    Antwort: Ein Absorptionsspektrum hat Maxima für Energien, $0 < E = h\nu = h\frac{c}{\lambda}$, die $E = E_n - E_m$ erfüllen, mit E_n und E_m zwei der möglichen Energien des Systems. Im vorliegenden Beispiel ist das für $E = (n^2 - m^2) \cdot \epsilon_0$ mit $n > m \geq 1$ der Fall. Die kleinsten Energien sind $E = 3\epsilon_0$, $5\epsilon_0$, $7\epsilon_0$, $8\epsilon_0$, $9\epsilon_0$, $11\epsilon_0$, $12\epsilon_0$, $13\epsilon_0$, ... Der Teil des Spektrums für die kleinsten Energien sieht dann aus wie in Abb. 1.16 gezeigt.

3. **Aufgabe:** Für ein System bestehend aus vielen unabhängigen Teilchen besitzt das Absorptionsspektrum Maxima bei den Energien 1, 2, 8, 9 und 10 eV. Bestimmen Sie

Absorption

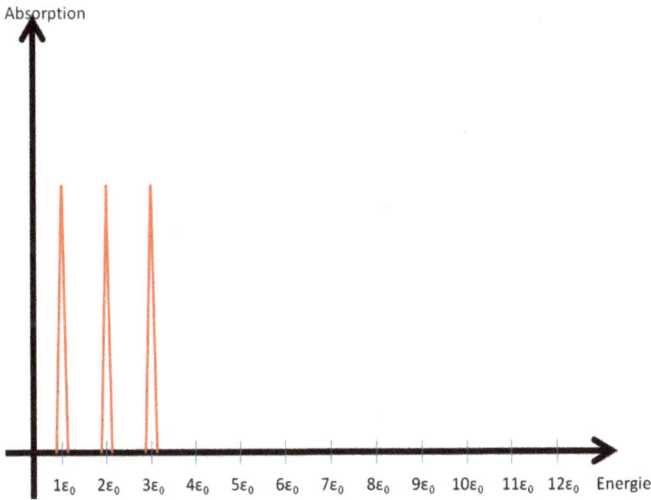

Abb. 1.15: Illustration zur Frage 1 in Kapitel 1.9.

Absorption

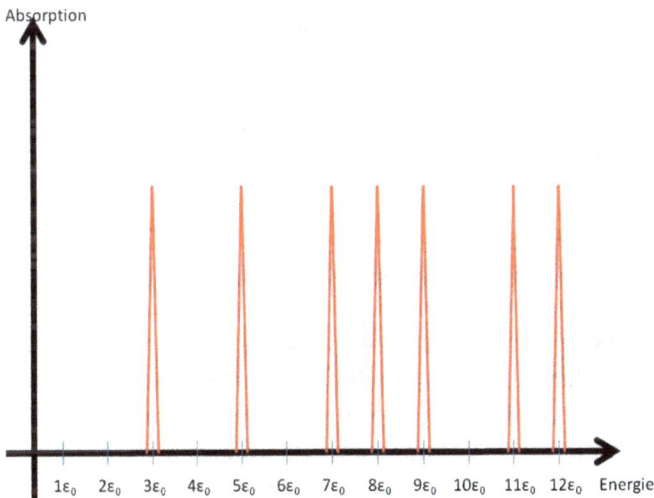

Abb. 1.16: Illustration zur Frage 2 in Kapitel 1.9.

die Energien, die die einzelnen Teilchen besitzen können, wenn bekannt ist, dass die niedrigste Energie gleich 2 eV ist.

Antwort: Für ein System mit N unterschiedlichen Energieniveaus gibt es höchstens $\frac{N(N-1)}{2}$ verschiedene Absorptionsenergien. In dem vorliegenden Fall haben wir 5 Absorptionsenergien, was indiziert, dass $N = 4$ ist. Für die Absorptionsenergien, ΔE, gilt, dass $\Delta E = E_i - E_j$, wobei E_i und E_j zwei Energien des Systems sind. Weil die größte Anregungsenergie gleich 10 eV ist, muss gelten, dass die höchste Energie des Systems

10 eV höher ist als die niedrigste. Durch Probieren erkennt man anschließend, dass Energien von 0, 1, 2 und 10 eV dies erfüllen. Damit die niedrigste Energie gleich 2 eV wird, müssen die Energien aber 2, 3, 4 und 12 eV sein. Ein anderer Satz, der ebenfalls eine Lösung ist, ist 2, 10, 11 und 12 eV. Die Information aus dem Spektrum reicht nicht aus, um zu entscheiden, welcher Satz der Richtige ist.

4. **Aufgabe:** Für ein System bestehend aus vielen unabhängigen Teilchen besitzt das Absorptionsspektrum Maxima bei den Energien 1, 2, und 3 eV. Bestimmen Sie die Energien, die die einzelnen Teilchen besitzen können, wenn bekannt ist, dass die niedrigste Energie gleich 0 eV ist.

   Antwort: Wie zuvor gilt, dass es für ein System mit N unterschiedlichen Energieniveaus höchstens $\frac{N(N-1)}{2}$ verschiedene Absorptionsenergien gibt. In dem vorliegenden Fall haben wir 3 Absorptionsenergien, was indiziert, dass $N = 3$ ist. Für die Absorptionsenergien, ΔE, gilt, dass $\Delta E = E_i - E_j$, wobei E_i und E_j zwei Energien des Systems sind. Durch Probieren erkennt man, dass Energien von 0, 1 und 3 eV dies erfüllen, wodurch die niedrigste Energie gleich 0 eV ist. Ein anderer Satz, der ebenfalls eine Lösung ist, ist 0, 2 und 3 eV. Und letztendlich gibt es noch einen weiteren möglichen Satz, diesmal für $N = 4$: 0, 1, 2 und 3 eV. Die Information aus dem Spektrum reicht nicht aus, um zu entscheiden, welcher Satz der Richtige ist.

1.10 Aufgaben

1. Für ein Quantensystem gibt es folgende mögliche Energien: $\frac{1}{2}\epsilon_0, \frac{3}{2}\epsilon_0, \frac{5}{2}\epsilon_0, \frac{7}{2}\epsilon_0, \ldots$. Wie sieht ein Absorptionsspektrum für dieses System qualitativ aus?
2. Für ein Quantensystem gibt es folgende mögliche Energien: $-\epsilon_0, -\frac{1}{4}\epsilon_0, -\frac{1}{9}\epsilon_0, -\frac{1}{16}\epsilon_0, \ldots$. Wie sieht ein Absorptionsspektrum für dieses System qualitativ aus?
3. Skizzieren Sie die Intensität der Strahlung eines schwarzen Körpers als Funktion der Wellenlänge der Strahlung. Erläutern Sie mithilfe dieser Skizze die Gesetze von Wien und von Stefan und Boltzmann sowie die Ultraviolettkatastrophe. Erklären Sie kurz Plancks Hypothese, womit die Strahlung eines schwarzen Körpers erklärt werden konnte.
4. Skizzieren Sie die molare Wärmekapazität eines festen Körpers als Funktion der Temperatur. Erläutern Sie mithilfe dieser Skizze die Vorhersage des Gesetzes der Gleichverteilung der Energie, sowie die Vorhersagen der Modelle von Einstein und von Debye.
5. Erläutern Sie kurz das Experiment von Compton, und warum es nicht mit der klassischen Physik erklärt werden konnte.
6. Erläutern Sie den Begriff ‚photoelektrischer Effekt‘, darunter auch ‚Austrittsarbeit‘ und Einstein's Hypothese.
7. Erläutern Sie den Begriff ‚Welle-Teilchen-Dualismus‘, darunter auch die Beziehung von de Broglie.

8. Erläutern Sie das Doppelspaltexperiment, darunter auch seine Beziehung zur Quantentheorie.

9. Für ein System bestehend aus vielen unabhängigen Teilchen besitzt das Absorptionsspektrum Maxima bei den Energien 1, 5, 7, 8, 12 und 13 eV. Bestimmen Sie die Energien, welche die einzelnen Teilchen besitzen können, wenn bekannt ist, dass die niedrigste Energie gleich 5 eV ist.

10. Für ein System bestehend aus vielen unabhängigen Teilchen besitzt das Absorptionsspektrum Maxima bei den Energien 5, 10 und 15 eV. Bestimmen Sie die Energien, welche die einzelnen Teilchen besitzen können, wenn bekannt ist, dass die niedrigste Energie gleich 4 eV ist.

2 Basis der Quantentheorie

2.1 Die zeitabhängige Schrödinger-Gleichung

Im Jahre 1926 stellten Erwin Schrödinger und Werner Heisenberg zwei mathematisch recht unterschiedliche Theorien vor, die beide eine qualitative und quantitative Beschreibung der Quanteneffekte, die wir im letzten Kapitel diskutierten, liefern sollten. Kurze Zeit später zeigte sich, dass die zwei Theorien äquivalent sind. Für unsere Zwecke ist die Formulierung von Schrödinger am besten geeignet; daher werden wir diese behandeln. Dieses Kapitel bietet eine kurze Einführung in die Grundlagen. Einiges davon kann zunächst verwirrend sein, und deswegen werden wir im übernächsten Kapitel (Kapitel 4) ein Beispiel im Detail behandeln. Ferner werden wir in Kapitel 3 die für uns relevanten Grundlagen zu Operatoren, die für die Quantentheorie essentiell sind, detailliert betrachtet.

Nun fangen wir ohne Umwege damit an, die Schrödinger-Gleichung vorzustellen. Anschließend werden wir die verschiedenen Größen, die darin vorkommen, näher diskutieren.

Für ein Teilchen, das sich in einem externen (und eventuell zeitabhängigen) Potential $V(\vec{r}, t)$ im dreidimensionalen Raum befindet, lautet die zeitabhängige Schrödinger-Gleichung

$$-\frac{\hbar^2}{2m} \nabla^2 \tilde{\psi}(\vec{r}, t) + V(\vec{r}, t) \tilde{\psi}(\vec{r}, t) = i\hbar \frac{\partial}{\partial t} \tilde{\psi}(\vec{r}, t). \tag{2.1}$$

m ist die Masse des Teilchens, und

$$\hbar = \frac{h}{2\pi} = 1.05459 \cdot 10^{-34} \, \text{J} \cdot \text{s}. \tag{2.2}$$

Hier ist h die Planck-Konstante, und $\tilde{\psi}(\vec{r}, t)$ ist die (zeitabhängige) Wellenfunktion. Für diese gilt, dass $|\tilde{\psi}(\vec{r}, t)|^2 \, d\vec{r} = \tilde{\psi}^*(\vec{r}, t)\tilde{\psi}(\vec{r}, t) \, d\vec{r}$ die Wahrscheinlichkeit ist, das Teilchen in einem Volumenelement $d\vec{r}$ um $\vec{r}$ zu der Zeit t zu finden (für den Leser, der mit kontinuierlichen Verteilungsfunktionen nicht vertraut ist, gibt es eine kurze Einführung in Kapitel 18.1). Letztendlich ist ∇^2 der Laplace-Operator. In kartesischen Koordinaten lautet er

$$\nabla^2 = \frac{\partial^2}{\partial x^2} + \frac{\partial^2}{\partial y^2} + \frac{\partial^2}{\partial z^2}, \tag{2.3}$$

während er in Kugelkoordinaten zu

$$\nabla^2 = \frac{\partial^2}{\partial r^2} + \frac{2}{r}\frac{\partial}{\partial r} + \frac{1}{r^2 \sin^2\theta}\frac{\partial^2}{\partial \phi^2} + \frac{1}{r^2 \sin\theta}\frac{\partial}{\partial \theta}\sin\theta\frac{\partial}{\partial \theta} \tag{2.4}$$

wird.

https://doi.org/10.1515/9783111215075-002

Oft betrachtet man den Fall, dass in Gl. (2.1) das externe Potential $V(\vec{r}, t) = V(\vec{r})$ statisch, also zeitunabhängig, ist. Dies ist z. B. der Fall für ein Elektron, das sich im elektrostatischen Feld von Atomkernen befindet, die sich nicht bewegen, während die Annahme nicht mehr gültig ist, wenn die Kerne sich bewegen – z. B. hin- und herschwingen. Auch wenn das Elektron sich in einem zusätzlichen, von außen angelegten, oszillierenden elektromagnetischen Feld befindet, wie es bei der Spektroskopie der Fall ist, ist die Annahme des statischen Feldes nicht mehr gültig. Aber sogar in diesen Fällen können die Ergebnisse, die man im zeitunabhängigen Fall erhält, sehr nützlich sein, wie wir einige Male in diesem Buch sehen werden.

In den folgenden Kapiteln werden wir die Schrödinger-Gleichung näher diskutieren. Aber schon jetzt erkennen wir, dass die linke Seite als

$$\hat{H}\tilde{\psi}(\vec{r}, t) = i\hbar \frac{\partial}{\partial t} \tilde{\psi}(\vec{r}, t) \qquad (2.5)$$

geschrieben werden kann. Hier ist

$$\hat{H} = -\frac{\hbar^2}{2m}\nabla^2 + V(\vec{r}, t) \qquad (2.6)$$

ein Operator (der Hamilton-Operator), der auf die Wellenfunktion wirkt. Operatoren werden im nächsten Kapitel detailliert behandelt.

2.2 Die zeitunabhängige Schrödinger Gleichung

Stationäre Lösungen sind Wellenfunktionen, die ‚immer gleich aussehen'. Ein (hypothetisches) Beispiel ist in Abb. 2.1 gezeigt. Wenn man jene mit Abb. 2.2 vergleicht, in der eine nicht-stationäre Wellenfunktion dargestellt ist, wird der Unterschied deutlich: Im

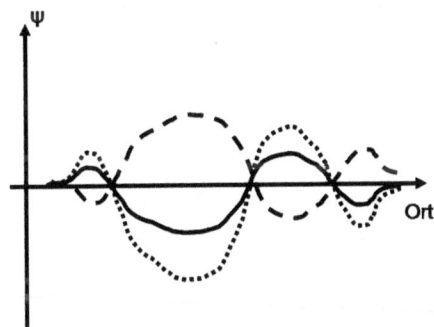

Abb. 2.1: Schematische Darstellung einer stationären Wellenfunktion zu drei verschiedenen Zeitpunkten. Die drei verschiedenen Kurven zeigen die Wellenfunktion zu den drei Zeitpunkten. Man sieht, dass die drei Funktionen immer gleich aussehen, sodass sie sich paarweise nur in einem konstanten ortsunabhängigen Faktor unterscheiden.

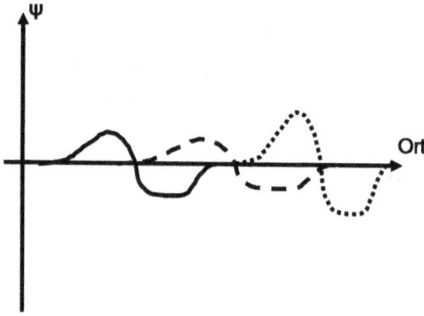

Abb. 2.2: Schematische Darstellung einer nicht-stationären Wellenfunktion zu drei verschiedenen Zeitpunkten. Die drei verschiedenen Kurven zeigen die Wellenfunktion zu den drei Zeitpunkten. Man sieht, dass die drei Funktionen nicht gleich aussehen, sodass sie sich paarweise in mehr als einem konstanten Faktor unterscheiden.

stationären Fall kann die Wellenfunktion zu einem Zeitpunkt aus der Wellenfunktion zu einem anderen Zeitpunkt durch Skalieren erhalten werden. Für alle $\vec{r}$ gilt somit

$$\tilde{\psi}(\vec{r}, t_1) = \tilde{\psi}(\vec{r}, t_2) \cdot a(t_1, t_2). \tag{2.7}$$

Die zeitunabhängige Schrödinger-Gleichung ergibt nur dann Sinn, wenn der Hamilton-Operator keine Zeitabhängigkeit besitzt,

$$V(\vec{r}, t) = V(\vec{r}). \tag{2.8}$$

Das ist z. B. der Fall für die Elektronen und Kerne eines isolierten Moleküls ohne Wechselwirkung mit der Umgebung, aber nicht, wenn das Molekül sich im Feld einer elektromagnetischen Strahlung befindet. Letzteres trifft z. B. bei spektroskopischen Untersuchungen des Moleküls zu, aber es kann gezeigt werden (siehe Kapitel 9.8), dass man auch dann mithilfe der zeitunabhängigen Schrödinger-Gleichung die Information erhält, die die spektroskopischen Eigenschaften des Moleküls beschreibt.

Für stationäre Wellenfunktionen gilt wegen Gl. (2.7), dass

$$\tilde{\psi}(\vec{r}, t) = \psi(\vec{r}) \cdot A(t) \tag{2.9}$$

gesetzt werden kann. Setzt man dies in die zeitabhängige Schrödinger-Gleichung, Gl. (2.1), ein, findet man, dass die stationären Lösungen die Gleichung

$$-\frac{\hbar^2}{2m} \nabla^2 \psi(\vec{r}) + V(\vec{r})\psi(\vec{r}) = E\psi(\vec{r}) \tag{2.10}$$

erfüllen müssen. E ist dann die Energie des Teilchens. Dieses wird wie gefolgt gezeigt.

Wenn $\hat{H}$ keine Zeitabhängigkeit besitzt, wird Gl. (2.10) wie folgt hergeleitet. Man setzt Gl. (2.9) in Gl. (2.1) ein,

$$\hat{H}[\psi(\vec{r})A(t)] = i\hbar \frac{\partial[\psi(\vec{r})A(t)]}{\partial t}. \tag{2.11}$$

Man nutzt dann, dass $\hat{H}$ ein sog. linearer Operator (das wird im folgenden Kapitel näher erläutert) und unabhängig von t ist. Daraus erhält man

$$A(t)\hat{H}\psi(\vec{r}) = i\hbar\psi(\vec{r})\frac{\partial A(t)}{\partial t}. \tag{2.12}$$

Anschließend teilt man durch $A \cdot \psi$ [und ignoriert die Punkte $(\vec{r}, t)$ wo das Produkt verschwindet], woraus folgt

$$\frac{\hat{H}\psi(\vec{r})}{\psi(\vec{r})} = i\hbar \frac{\frac{\partial A(t)}{\partial t}}{A(t)}. \tag{2.13}$$

Entscheidend ist jetzt, zu erkennen, dass die linke Seite keine Abhängigkeit von t besitzt, und dass die rechte Seite keine Abhängigkeit von $\vec{r}$ besitzt. Die zwei Ausdrücke können deswegen nur dann identisch sein, wenn sie beide gleich einer Konstante sind. Wir werden diese Konstante mit E bezeichnen.

Dadurch erhalten wir zwei Gleichungen. Die erste davon ist

$$i\hbar\frac{\partial A(t)}{\partial t} = E \cdot A(t), \tag{2.14}$$

woraus folgt, dass

$$A(t) = \exp\left[-i\frac{Et}{\hbar}\right], \tag{2.15}$$

indem wir einen konstanten Präfaktor gleich 1 gesetzt haben.

Die zweite Gleichung ist

$$\hat{H}\psi = E\psi, \tag{2.16}$$

d. h. Gl. (2.10).

Um die zeitunabhängige Schrödinger-Gleichung herzuleiten, kann man formal wie folgt vorgehen (NB: dies ist zwar keine mathematisch korrekte Herleitung, trotzdem soll diese ‚Herleitung' hier aufgeführt werden, weil einige Aspekte dadurch besser erläutert werden können). Wir betrachten der Einfachheit halber ein Teilchen in einer Dimension, das sich im Potential $V(x)$ bewegt (siehe Abb. 2.3). Laut der klassischen Mechanik ist die Gesamtenergie die Summe der kinetischen und der potentiellen Energie,

$$E = E_{\text{kin}} + V(x) = \frac{p^2}{2m} + V(x). \tag{2.17}$$

Um quantenmechanische Ausdrücke zu erhalten, muss man wissen, dass in der Quantentheorie alle Observablen nicht durch Funktionen, sondern durch Operatoren ausge-

V(x)

x

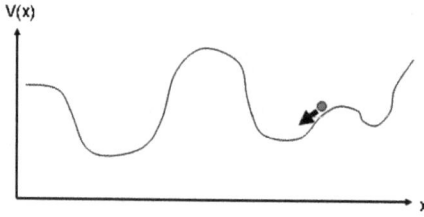

Abb. 2.3: Ein Teilchen, das sich in einem eindimensionalen Potential $V(x)$ befindet.

drückt werden. Dieses wird im nächsten Kapitel im Detail diskutiert. So wird der Impuls p zum Operator

$$\hat{p} = -i\hbar \frac{d}{dx}, \tag{2.18}$$

woraus wir erhalten, dass p^2 zum Operator $-\hbar^2 \frac{d^2}{dx^2}$ wird ($\hat{p}$ wird zweimal angewandt). Setzen wir das oben ein, erhalten wir

$$E = -\frac{\hbar^2}{2m} \frac{d^2}{dx^2} + V(x) \tag{2.19}$$

oder durch ,Multiplikation' auf beiden Seiten mit ,irgendetwas', z. B. $\psi(x)$

$$E\psi(x) = -\frac{\hbar^2}{2m} \frac{d^2}{dx^2} \psi(x) + V(x)\psi(x) = \hat{H}\psi(x). \tag{2.20}$$

Dadurch haben wir die Schrödinger-Gleichung erhalten, ohne sie wirklich hergeleitet zu haben. Ferner erkennen wir, dass in der Quantentheorie Operatoren verwendet werden, die aus den klassischen Funktionen hergeleitet werden können. Zum Beispiel ist der Hamilton-Operator der Operator für Energie. Überall in diesem Buch werden wir Operatoren mittels eines Hutes kennzeichnen, also $E \rightarrow \hat{H}$.

2.3 Die Wellenfunktion

Eine Wellenfunktion ist im Allgemeinen komplex, hat also komplexe statt reeller Funktionswerte. Sie muss Folgendes erfüllen:
- Sie muss eindeutig sein.
- Sie darf nicht unendlich groß werden in einem endlichen Intervall.
- Sie muss kontinuierlich sein, obwohl sie nicht überall differenzierbar sein muss.
- Nur in Punkten, wo das Potential divergiert, darf die Wellenfunktion nicht-differenzierbar sein.

Beispiele für Wellenfunktionen sind in Abb. 2.4 gegeben.

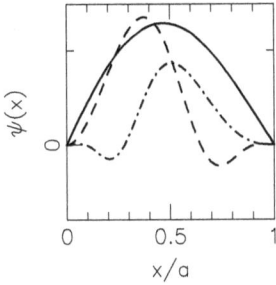

Abb. 2.4: Beispiele für Wellenfunktionen, die nur für $0 \leq x \leq a$ ungleich 0 sind.

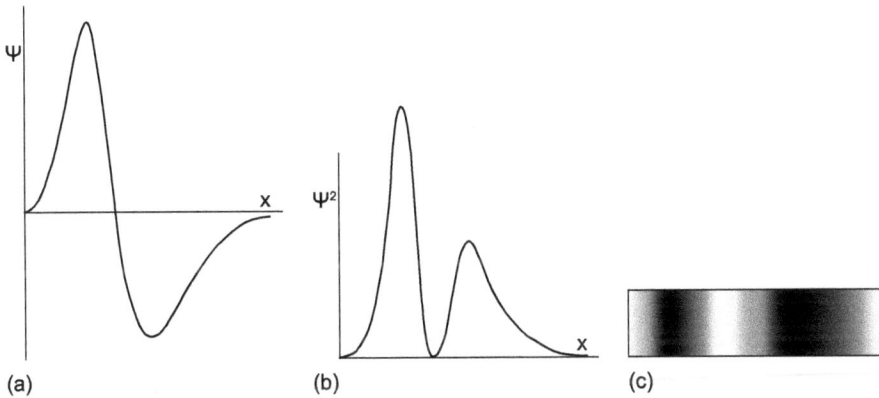

(a) (b) (c)

Abb. 2.5: Die Interpretation der Wellenfunktion nach Born. (a) zeigt die Wellenfunktion, die in diesem Beispiel reell ist. Ihr Quadrat ist in (b) gezeigt und beschreibt die Wahrscheinlichkeit, das Teilchen in einem kleinen Intervall zu finden. Würde man wiederholt den Ort des Teilchens messen, würde man ein Ergebnis wie in (c) erhalten. Angepasst aus dem Buch Peter W. Atkins, *Kurzlehrbuch Physikalische Chemie*, Wiley-VCH, 2001.

Max Born hat die Wellenfunktion wie folgt interpretiert:

$$\left|\psi(\vec{r})\right|^2 d\vec{r} = \psi^*(\vec{r})\psi(\vec{r})\,d\vec{r} = \psi^*(x,y,z)\psi(x,y,z)\,dx\,dy\,dz \tag{2.21}$$

ist die Wahrscheinlichkeit, das Teilchen in einem Volumenelement $d\vec{r}$ um $\vec{r}$ zu finden. Siehe Abb. 2.5. Wegen dieser Interpretation muss gelten

$$1 = \int \left|\psi(\vec{r})\right|^2 d\vec{r}. \tag{2.22}$$

Gleichzeitig deutet diese Interpretation an, dass man $|\psi(\vec{r})|^2$ als Wahrscheinlichkeitsdichte (oder kurz nur Dichte) verstehen kann. Dann wird es möglich, Erwartungswerte für experimentell messbare Größen zu bestimmen. Ein Erwartungswert ist das Ergebnis, das ein Experiment im Durchschnitt geben würde, wenn man genau dasselbe Experiment unter denselben Umständen sehr, sehr viele Male durchführen würde. Weil experimentell messbare Größen in der Quantentheorie durch Operatoren beschrieben werden (statt durch Funktionen – dieses wird näher in Kapitel 3 behandelt), ist es zuerst nicht eindeutig, wie die Erwartungswerte berechnet werden. Tatsächlich verwendet man

$$\langle Q \rangle = \int \psi^*(x) \hat{Q} \psi(x)\, dx = \int \psi^*(x) [\hat{Q} \psi(x)]\, dx, \tag{2.23}$$

wobei wir wieder angenommen haben, dass sich das Teilchen in einer Dimension befindet. $\hat{Q}$ ist der quantenmechanische Operator für die experimentelle Größe Q, also z. B. x, x^2, $-i\hbar \frac{d}{dx}$, $-\hbar^2 \frac{d^2}{dx^2}$ und $\hat{H}$ für die Ortskoordinate, die Ortskoordinate quadriert, den Impuls, den Impuls quadriert und die Energie.

In Gleichung (2.23) haben wir auch betont, wie das Integral berechnet wird: Zuerst lässt man $\hat{Q}$ auf die Wellenfunktion $\psi(x)$ operieren. Das Ergebnis wird anschließend mit $\psi^*(x)$ multipliziert, und das Ergebnis dieser Multiplikation wird letztendlich über den ganzen x Raum integriert.

Ferner haben wir in Gl. (2.23) auch Gl. (2.22) benutzt. Im allgemeineren Fall gilt für eine beliebige Wellenfunktion, $\psi(x)$, die nicht notwendigerweise Gl. (2.22) erfüllt, dass der Erwartungswert gleich

$$\langle Q \rangle = \frac{\int \psi^*(x) \hat{Q} \psi(x)\, dx}{\int \psi^*(x) \psi(x)\, dx} \tag{2.24}$$

ist. Daraus erkennen wir auch, dass sich, wenn die Wellenfunktion durch einen Phasenfaktor verändert wird:

$$\psi(x) \rightarrow e^{i\theta} \psi(x) \tag{2.25}$$

mit θ gleich einer konstanten reellen Zahl, die Erwartungswerte nicht ändern. Phasenfaktoren können also beliebig gewählt werden.

2.4 Heisenbergs Unschärferelation

Werner Heisenberg stellte 1927 die Unschärferelationen vor, die heute seinen Namen tragen. Es gilt immer, dass (für ein Teilchen, das sich in einer Dimension bewegt)

$$\Delta x \cdot \Delta p \geq \frac{\hbar}{2} \tag{2.26}$$

ist. Hier ist Δx die Breite (Unschärfe) der Ortskoordinate und Δp die der Impulskoordinate. Die Breite der Messgröße s ist definiert als

$$\Delta s = \left(\langle s^2 \rangle - \langle s \rangle^2 \right)^{1/2}. \tag{2.27}$$

Je größer die Breite ist, umso weniger genau ist die entsprechende Größe gegeben (siehe Kapitel 18.1). Deswegen wird die Breite auch **Unschärfe** genannt.

Mit dieser Interpretation besagt Gl. (2.26), dass Orts- und Impulskoordinaten nicht unabhängig voneinander sind. Je genauer die eine Koordinate bestimmt werden kann (also, je kleiner die zugehörige Breite ist), umso ungenauer wird die andere Koordinate. Dieser Zusammenhang zwischen Orts- und Impulskoordinaten ist deswegen eine Abweichung von der klassischen Physik, wie wir sie im letzten Kapitel (Kapitel 1.1) behandelt haben. Dass Orts- und Impulskoordinaten nicht mehr unabhängig voneinander sind, lässt sich auch dadurch erkennen, dass Informationen zum Verhalten eines Teilchens im Impulsraum mittels der Wellenfunktion im Ortsraum bestimmt werden können: Mittels Gl. (2.23) und der Tatsache, dass der Impulsoperator wie in Gl. (2.18) aussieht, erhält man

$$\langle p^n \rangle = \int \psi^*(x) \left[\left(-i\hbar \frac{d}{dx} \right)^n \psi(x) \right] dx. \tag{2.28}$$

Für Teilchen, die sich in mehreren (z. B. 3) Dimensionen bewegen, wird Gl. (2.26) verallgemeinert zu

$$\Delta x \cdot \Delta p_x \geq \frac{\hbar}{2}$$
$$\Delta y \cdot \Delta p_y \geq \frac{\hbar}{2}$$
$$\Delta z \cdot \Delta p_z \geq \frac{\hbar}{2}. \tag{2.29}$$

Für Kombinationen wie $\Delta x \cdot \Delta p_y$ gibt es keine solche Beziehung.

2.5 Mehrere Teilchen

Im Falle, dass es mehrere, z. B. $\mathcal{N}$, Teilchen gibt, wird die Wellenfunktion eine Funktion der Koordinaten aller Teilchen. Im stationären Fall wird die Wellenfunktion geschrieben als $\psi(\vec{r}_1, \vec{r}_2, \ldots, \vec{r}_{\mathcal{N}})$. Analog dazu beschreibt der Hamilton-Operator die Energie des ganzen Systems.

Das für uns interessante System ist häufig ein Atom oder ein Molekül. Die $\mathcal{N}$ Teilchen sind dann die Atomkerne und die Elektronen. Der Hamilton-Operator enthält Beiträge der einzelnen Teilchen wie die kinetische Energie und die potentielle Energie durch externe Felder (z. B. elektromagnetische Felder) sowie Beiträge von allen Paaren der Teilchen. Diese Paarbeiträge können aus elektrostatischen Wechselwirkungen zwischen geladenen Teilchen stammen. Weitere Beiträge mögen existieren, die aber hier nicht relevant sind. Daraus wird der Hamilton-Operator zu

$$\hat{H} = \sum_{i=1}^{\mathcal{N}} \hat{h}_{1,i}(\vec{r}_i) + \sum_{i=1}^{\mathcal{N}-1} \sum_{j=i+1}^{\mathcal{N}} \hat{h}_{2,ij}(\vec{r}_i, \vec{r}_j), \tag{2.30}$$

wobei $\hat{h}_1$ Operatoren sind, die auf den Koordinaten eines einzelnen Teilchens operieren, während $\hat{h}_2$ diejenige sind, die auf Paare von Teilchen operieren.

Eine häufig verwendete Vereinfachung bietet die Born-Oppenheimer-Näherung an (siehe Kapitel 10.3), die für atomare und molekulare Systeme verwendet wird. Dabei werden nur die Elektronen mit der Quantentheorie behandelt. Dann wird $\mathcal{N} = N$, die Zahl der Elektronen im System. Außerdem sind die Elektronen bekanntlich ununterscheidbar, eine Tatsache, die wir später verwenden werden (siehe Kapitel 10.11). Das bedeutet, dass die Operatoren unabhängig von den Teilchenindizes werden,

$$\hat{h}_{1,i}(\vec{r}_i) = \hat{h}_1(\vec{r}_i)$$
$$\hat{h}_{2,ij}(\vec{r}_i, \vec{r}_j) = h_2(\vec{r}_i, \vec{r}_j). \tag{2.31}$$

Ein Erwartungswert für einen Operator bestehend aus äquivalenten Einzelelektronenbeiträgen,

$$\hat{Q} = \sum_{i=1}^{N} \hat{q}(\vec{r}_i) \tag{2.32}$$

wird dann [siehe Gl. (2.24)]

$$
\begin{aligned}
\langle Q \rangle &= \frac{\int \int \cdots \int \psi^*(\vec{r}_1, \vec{r}_2, \ldots, \vec{r}_N) \hat{Q} \psi(\vec{r}_1, \vec{r}_2, \ldots, \vec{r}_N)\, d\vec{r}_1\, d\vec{r}_2 \ldots d\vec{r}_N}{\int \int \cdots \int \psi^*(\vec{r}_1, \vec{r}_2, \ldots, \vec{r}_N) \psi(\vec{r}_1, \vec{r}_2, \ldots, \vec{r}_N)\, d\vec{r}_1\, d\vec{r}_2 \ldots d\vec{r}_N} \\
&= \frac{N \int \int \cdots \int \psi^*(\vec{r}_1, \vec{r}_2, \ldots, \vec{r}_N) \hat{q}(\vec{r}_1) \psi(\vec{r}_1, \vec{r}_2, \ldots, \vec{r}_N)\, d\vec{r}_1\, d\vec{r}_2 \ldots d\vec{r}_N}{\int \int \cdots \int \psi^*(\vec{r}_1, \vec{r}_2, \ldots, \vec{r}_N) \psi(\vec{r}_1, \vec{r}_2, \ldots, \vec{r}_N)\, d\vec{r}_1\, d\vec{r}_2 \ldots d\vec{r}_N},
\end{aligned}
\tag{2.33}
$$

wobei wir in der zweiten Identität ausgenutzt haben, dass jedes Elektron wegen ihrer Ununterscheidbarkeit den gleichen Beitrag zum Erwartungswert liefert.

Ein Sonderfall ist die Elektronendichte, $\rho(\vec{r})$. Um dies zu berechnen, wählen wir einen Wert für $\vec{r}$ aus und fragen, inwieweit Elektron $1, 2, \ldots, N$ an diesem Ort gefunden werden kann. Dies entspricht

$$\hat{q}(\vec{r}_i) = \delta(\vec{r} - \vec{r}_i). \tag{2.34}$$

Hier ist $\delta(\vec{r} - \vec{r}_i)$ Diracs δ-Funktion, die in Kapitel 18.2 kurz beschrieben wird.

2.6 Aufgaben mit Antworten

1. **Aufgabe:** Betrachten Sie ein Teilchen (Masse m) in einer Dimension, das sich in einem zeitunabhängigen Potential $V(x)$ befindet. Die Grundzustandseigenfunktion

sei $\psi(x) = A\sin(kx + \phi)$ für $a \leq x \leq b$, und $\psi(x) = 0$ für $x \leq a$ oder $x \geq b$. Die Grundzustandsenergie sei E_0. Bestimmen Sie daraus A, k, ϕ und $V(x)$.

Antwort: Die zeitunabhängige Schrödinger-Gleichung lautet

$$-\frac{\hbar^2}{2m}\frac{d^2}{dx^2}\psi(x) + V(x)\psi(x) = E\psi(x). \tag{2.35}$$

Für den Bereich $a \leq x \leq b$ setzen wir $\psi(x) = A\sin(kx + \phi)$ ein und haben dann

$$\frac{\hbar^2}{2m}k^2\psi(x) + V(x)\psi(x) = E_0\psi(x) \tag{2.36}$$

wobei

$$V(x) = E_0 - \frac{\hbar^2 k^2}{2m}, \tag{2.37}$$

also eine Konstante.

Weil die Wellenfunktion kontinuierlich sein soll, muss auch gelten, dass

$$A\sin(ka + \phi) = 0 = A\sin(kb + \phi). \tag{2.38}$$

Daraus folgt

$$ka + \phi = n_1\pi$$
$$kb + \phi = n_2\pi \tag{2.39}$$

mit n_1 und n_2 gleich ganze Zahlen, oder

$$k = \frac{(n_2 - n_1)\pi}{b - a} \equiv \frac{n\pi}{b - a}$$
$$\phi = n_1\pi - ka \equiv m\pi - ka \tag{2.40}$$

mit n und m auch gleich ganze Zahlen. Verschiedene Werte von m führen zu Wellenfunktionen, die sich höchstens im Vorzeichen unterscheiden, sodass ohne Einschränkung

$$m = 0 \tag{2.41}$$

gesetzt werden kann.

Letztendlich muss die Wellenfunktion normiert sein:

$$1 = \int_a^b [A\sin(kx + \phi)]^2 \, dx. \tag{2.42}$$

Mithilfe der Integrale aus Kapitel 19 und der Ergebnisse der Gl. (2.40) erhält man unter der Annahme, dass A reell und positiv ist,

$$
\begin{aligned}
1 &= A^2 \int_a^b \sin^2(kx + \phi)\, dx = A^2 \int_{a+\phi/k}^{b+\phi/k} \sin^2(ky)\, dy \\
&= A^2 \left[-\frac{1}{4k} \sin(2ky) + \frac{y}{2} \right]_{a+\phi/k}^{b+\phi/k} \\
&= A^2 \left[-\frac{1}{4k} \sin(2kb + 2\phi) + \frac{1}{4k} \sin(2ka + 2\phi) + \frac{b-a}{2} \right] \\
&= A^2 \left[-\frac{1}{4k} \sin(2k(b-a)) + \frac{b-a}{2} \right] \\
&= A^2 \left[-\frac{1}{4k} \sin(2n\pi) + \frac{b-a}{2} \right] = A^2 \left[0 + \frac{b-a}{2} \right] = A^2 \frac{b-a}{2}
\end{aligned}
\tag{2.43}
$$

woraus

$$
A = \sqrt{\frac{2}{b-a}}.
\tag{2.44}
$$

2. **Aufgabe:** Ist $\tilde{\psi}(x,t) = A \cdot \sin(\frac{x\pi}{L} - v \cdot t)$ (A und v sind Konstanten) eine Lösung der zeitabhängigen Schrödinger-Gleichung für ein Teilchen im Kasten $0 \leq x \leq L$? Begründen Sie die Antwort. Für ein Teilchen im Kasten ist $V(x) = 0$ für $0 \leq x \leq L$ und ansonsten ∞, wie es näher in Kapitel 4 diskutiert wird.
    Antwort: Innerhalb des Kastens ist die zeitabhängige Schrödinger-Gleichung

$$
-\frac{\hbar^2}{2m} \frac{d^2}{dx^2} \tilde{\psi}(x,t) = i\hbar \frac{\partial}{\partial t} \tilde{\psi}(x,t).
\tag{2.45}
$$

Wenn wir darin

$$
\tilde{\psi}(x,t) = A \cdot \sin\left(\frac{x\pi}{L} - v \cdot t \right)
\tag{2.46}
$$

einsetzen, erhalten wir

$$
\frac{\hbar^2 \pi^2}{2mL^2} A \cdot \sin\left(\frac{x\pi}{L} - v \cdot t \right) = -i\hbar A \cdot \cos\left(\frac{x\pi}{L} - v \cdot t \right),
\tag{2.47}
$$

was nicht für alle $0 \leq x \leq L$ erfüllt werden kann. Wir erhalten daraus, dass die Antwort lautet: Nein.

3. **Aufgabe:** Wellenfunktionen $\Psi(x,y,z,t)$ sind immer zeitabhängig. Kann dann ein Erwartungswert einer Observablen $\hat{C}$ zeitunabhängig sein? Wenn ‚Ja‘, dann geben Sie Beispiele für solche Fälle. Begründen Sie die Antwort.

Antwort: Der zeitabhängige Erwartungswert ist

$$\langle C \rangle(t) = \frac{\int \int \int \Psi^*(x,y,z,t)\hat{C}\Psi(x,y,z,t)\,dx\,dy\,dz}{\int \int \int \Psi^*(x,y,z,t)\Psi(x,y,z,t)\,dx\,dy\,dz}. \tag{2.48}$$

Wenn

$$\hat{C}\Psi(x,y,z,t) = c\Psi(x,y,z,t) \tag{2.49}$$

(mit c eine Konstante) gilt, dann ist

$$\langle C \rangle(t) = c. \tag{2.50}$$

Eine andere Möglichkeit besteht darin, dass $\hat{C}$ zeitunabhängig ist, und dass Ψ eine stationäre Wellenfunktion ist,

$$\Psi(x,y,z,t) = \psi(x,y,z)\exp\left(-\frac{iE}{\hbar}t\right). \tag{2.51}$$

Durch Einsetzen in Gl. (2.48) erhält man sofort, dass $\langle C \rangle$ dann zeitunabhängig ist. Die Antwort ist also: Ja.

2.7 Aufgaben

1. Betrachten Sie ein Teilchen (Masse m), das sich in einem Potential $V(x,y)$ in zwei Dimensionen befindet. Die Grundzustandseigenfunktion sei $\psi(x,y) = A\sin(k_x x + \phi_x)\sin(k_y y + \phi_y)$ für $a_x \le x \le b_x$ und $a_y \le y \le b_y$, und ansonsten $\psi(x) = 0$. Die Grundzustandsenergie sei E_0. Bestimmen Sie daraus A, k_x, ϕ_x, k_y, ϕ_y und $V(x,y)$.
2. Betrachten Sie ein Teilchen (Masse m), das sich in einem Potential $V(x)$ in einer Dimension befindet. Die Grundzustandseigenfunktion sei $\psi(x) = A\exp[-a(x-a)^2]$. Die Grundzustandsenergie sei E_0. Bestimmen Sie daraus A und $V(x)$.
3. Ist $\psi(x,y,t) = A\cdot\sin(\frac{x\pi}{L_x} - v_x\cdot t)\sin(\frac{y\pi}{L_y} - v_y\cdot t)$ (A, v_x und v_y sind Konstanten) eine Lösung der zeitabhängigen Schrödinger-Gleichung für ein Teilchen im Kasten $0 \le x \le L_x, 0 \le y \le L_y$? Begründen Sie die Antwort. Für dieses System ist $V(x,y) = 0$ für $0 \le x \le L_x, 0 \le y \le L_y$ und ansonsten ist $V(x,y) = \infty$. Solche Systeme werden in Kap. 4 näher behandelt.
4. Wie kommt man von der zeitabhängigen Schrödinger-Gleichung zu der zeitunabhängigen Schrödinger-Gleichung? Erklären Sie die Rolle der Energie dabei.
5. Betrachten Sie ein Teilchen (Masse m), das sich in einem Potential $V(x,y)$ in zwei Dimensionen befindet. Die Grundzustandseigenfunktion sei $\psi(x,y) = A\exp[-a_x(x-a_x)^2]\sin(k_y y + \phi_y)$ für $a_y \le y \le b_y$ und 0 ansonsten. Die Grundzustandsenergie sei E_0. Bestimmen Sie daraus A, k_y, ϕ_y und $V(x,y)$.

3 Operatoren und Quantentheorie

3.1 Operatoren

Im letzten Kapitel haben wir gesehen, dass Operatoren eine zentrale Rolle in der Quantentheorie spielen. Deswegen werden wir hier Grundlagen zu Operatoren im Allgemeinen und zu deren Anwendung in der Quantentheorie diskutieren, wobei wir uns auf die Aspekte konzentrieren, die für unsere Zwecke relevant sind.

Funktionen sind in gewisser Weise Kästen, in die man Zahlen einführt, und aus denen Zahlen wieder herauskommen. Beispiele für Funktionen sind

$$g_1(s) = 2s^2$$
$$g_2(x,y) = xy^2$$
$$g_3(a,b,c) = \left(\begin{array}{c} a+b \\ a-c \end{array} \right).$$

(3.1)

Siehe auch Kapitel 18.6.

Laut der klassischen Physik gilt, dass alle möglichen physikalisch-chemischen Größen mithilfe von Funktionen ausgedrückt werden können. In der Quantentheorie ist dies nicht mehr der Fall. Stattdessen müssen Operatoren verwenden werden.

Auch Operatoren können in gewisser Weise als Kasten aufgefasst werden. Aber bei Operatoren werden Funktionen eingegeben, und Funktionen kommen wieder heraus. Wie im vorigen Kapitel erwähnt, werden wir Operatoren durch einen Hut kennzeichnen. Beispiele für Operatoren sind

$$\hat{A}_1 f_1(x) = \frac{df_1(x)}{dx}$$
$$\hat{A}_2 f_2(x) = \cos[f_2(x)] + \pi + 4[f_2(x)]^2$$
$$\hat{A}_3 f_3(x) = \int_{-\infty}^{x} f_3(y)\, dy,$$
$$\hat{A}_4 f_4(x,y) = \frac{\partial f_4(x,y)}{\partial x} + f_4(0,y^2),$$
$$\hat{A}_5 f_5(x) = \left(\begin{array}{c} \cos^2[f_5(x)] \\ \exp[f_5(x)+2] \end{array} \right),$$
$$\hat{A}_6 f_6(x) = \begin{cases} 4x & \text{für } f_6(x) = 1 \\ 0 & \text{für } f_6(x) = 0, \end{cases}$$
$$\hat{A}_7 f_7(x,y) = f_7(y,x).$$

(3.2)

Weiterhin werden wir anhand einiger dieser Operatoren generelle Eigenschaften von Operatoren diskutieren.

https://doi.org/10.1515/9783111215075-003

Zum Ersten ist es wichtig, dass der Operator und die Funktionen, auf die der Operator wirkt, zusammenpassen. Dies bedeutet, z. B., dass der Operator $\hat{A}_1$ nur auf solchen Funktionen operieren kann, die von genau einer Variablen abhängen. Ferner ergibt dann ein Ausdruck wie $\hat{A}_4[x^2 + yz]$ keinen Sinn, während $\hat{A}_4[x^2 + y]$ es tut. Außerdem kann der Operator $\hat{A}_6$ nur auf solche Funktionen angewandt werden, die genau die zwei Werte 0 und 1 annehmen können.

Zum Zweiten ist es möglich, mehrere Operatoren nacheinander operieren zu lassen, wenn die Zwischenergebnisse stimmen. Dies bedeutet, dass das Ergebnis durch die Anwendung des ersten Operators zum Gültigkeitsbereich des zweiten Operators gehören soll.

Allgemein gilt für das Produkt zweier Operatoren definitionsgemäß

$$\hat{A}\hat{B}f = \hat{A}[\hat{B}f]. \tag{3.3}$$

Dann gilt z. B.

$$\begin{aligned}\hat{A}_1\hat{A}_2(x^2) &= \hat{A}_1[\hat{A}_2(x^2)] = \hat{A}_1[\cos(x^2) + \pi + 4x^4] \\ &= \frac{d}{dx}[\cos(x^2) + \pi + 4x^4] = -2x\sin(x^2) + 16x^3,\end{aligned} \tag{3.4}$$

während ein Ausdruck $\hat{A}_4\hat{A}_1f(x)$ keinen Sinn ergibt. Der Ausdruck $\hat{A}_6\hat{A}_2(x^2)$ ist nur sinnvoll, solange x erfüllt, dass $\hat{A}_2(x^2)$ entweder 0 oder 1 ist.

Zum Dritten ist die Reihenfolge der Operatoren wichtig. Tauschen wir die Reihenfolge der Operatoren in Gl. (3.4), erhalten wir

$$\hat{A}_2\hat{A}_1(x^2) = \hat{A}_2[\hat{A}_1(x^2)] = \hat{A}_2[2x] = \cos(2x) + \pi + 16x^2, \tag{3.5}$$

also ein anderes Ergebnis als in Gl. (3.4).

Es mag aber passieren, dass zwei Operatoren $\hat{A}$ und $\hat{B}$ für **alle** Funktionen f, worauf sie operieren können, erfüllen, dass

$$\hat{A}\hat{B}f = \hat{B}\hat{A}f. \tag{3.6}$$

In dem Falle sagt man, dass $\hat{A}$ und $\hat{B}$ **kommutieren**. Gl. (3.6) kann auch mithilfe des sog. Kommutators formuliert werden. Der Kommutator ist definiert als

$$[\hat{A}, \hat{B}] \equiv \hat{A}\hat{B} - \hat{B}\hat{A}, \tag{3.7}$$

und für kommutierende Operatoren gilt dann

$$[\hat{A}, \hat{B}] = 0. \tag{3.8}$$

Zum Vierten erwähnen wir, dass der Operator $\hat{A}_7$ ein Beispiel für einen Permutationsoperator ist. Solche Operatoren sind wichtig in der Quantentheorie. Ein Permutationsoperator tauscht zwei Argumente um, sodass z. B.

$$\hat{A}_7(x^2 + y) = y^2 + x. \tag{3.9}$$

Sehr oft werden wir Operatoren betrachten, die auf Wellenfunktionen für ein oder mehrere Elektronen operieren. Für jedes Elektron haben wir dann drei Ortskoordinaten und eine Spinkoordinate. In sehr vielen Fällen können die Ortskoordinaten jeden Wert zwischen $-\infty$ und $+\infty$ annehmen, während die Spinvariable nur die zwei Werte $-\frac{1}{2}$ and $+\frac{1}{2}$ annehmen kann.

Letztendlich erwähnen wir nochmals, dass wir schon früher den Hamilton-Operator

$$\hat{H} = -\frac{\hbar^2}{2m}\nabla^2 + V(\vec{r}, t) \tag{3.10}$$

kennengelernt haben.

3.2 Erwartungswert

Schon im letzten Kapitel haben wir gesehen, dass wir in der Quantentheorie selten exakte Werte für Messgrößen angeben können, sondern eher Erwartungswerte, also den Durchschnittswert, den man bei wiederholten, identischen Messungen bestimmen würde.

Um diese Erwartungswerte zu berechnen, brauchen wir Integrale über alle möglichen Werte der Variablen oder Koordinaten des Systems. Wir werden für solche die einfachere Notation

$$\int \cdots d\vec{x} \tag{3.11}$$

benutzen. Dabei ist $\vec{x}$ ein kombinierter Parameter mit allen Variablen. Also für ein einzelnes Elektron stellt $\vec{x}$ alle drei Ortskoordinaten und die Spinkoordinate dar. Das Integralzeichen in Gl. (3.11) verstehen wir dann als die Integration über die drei Ortskoordinaten und eine Summation über die zwei Werte der Spinkoordinate.

Für ein Zwei-Elektronen-System stellt $\vec{x}$ dann die drei Ortskoordinaten für das erste Elektron, die drei Ortskoordinaten für das zweite Elektron, eine Spinkoordinate für das erste Elektron und letztendlich eine Spinkoordinate für das zweite Elektron dar. In einigen Fällen ist es sinnvoll, diese Abhängigkeit explizit anzugeben, und dann können wir das Integral in Gl. (3.11) z. B. durch die zwei äquivalenten Ausdrücke wiedergeben:

$$\int \cdots d\vec{x} = \int\int \cdots d\vec{x}_1 \, d\vec{x}_2. \tag{3.12}$$

Integrale vom Typ

$$\int f_1^*(\vec{x}) f_2(\vec{x}) \, d\vec{x} \equiv \langle f_1 | f_2 \rangle \tag{3.13}$$

werden als Überlapp-Matrixelemente oder Überlappungsintegrale bezeichnet, und oben auf der rechten Seite ist die sog. Bra-Ket-Notation von Dirac für diese definiert. Wenn das Integral in Gl. (3.13) gleich 0 ist, gelten die zwei Funktionen f_1 and f_2 als **orthogonal**.

Wir werden auch Integrale vom Typ

$$\int f_1^*(\vec{x}) \hat{A} f_2(\vec{x}) \, d\vec{x} = \int f_1^*(\vec{x}) [\hat{A} f_2(\vec{x})] \, d\vec{x} \equiv \langle f_1 | \hat{A} | f_2 \rangle, \tag{3.14}$$

verwenden. Diese werden als Matrixelemente für den Operator $\hat{A}$ bezeichnet.

Der Ausdruck in Gl. (3.14) wird wie folgt berechnet. Zuerst lässt man Operator $\hat{A}$ auf die Funktion f_2 wirken. Das Ergebnis wird anschließend mit der Funktion f_1^* multipliziert, und am Ende wird das Produkt über alle Parameter integriert.

Operatoren können zwei besondere Eigenschaften besitzen. Zum einen ist ein Operator $\hat{A}$ hermitesch, wenn für **alle** Funktionen f_1 und f_2, für welche die Bedingung Sinn ergibt,

$$\langle f_1 | \hat{A} | f_2 \rangle = \langle f_2 | \hat{A} | f_1 \rangle^* \tag{3.15}$$

gültig ist. Weil man für jeden (auch nicht-hermiteschen) Operator $\hat{A}$ den hermitesch adjungierten Operator $\hat{A}^\dagger$ durch

$$\langle f_1 | \hat{A}^\dagger | f_2 \rangle = \langle f_2 | \hat{A} | f_1 \rangle^*, \tag{3.16}$$

das für alle Funktionen f_1, f_2 gelten soll, einführen kann, gilt für einen hermiteschen Operator

$$\hat{A}^\dagger = \hat{A}. \tag{3.17}$$

Zum Zweiten ist $\hat{A}$ ein linearer Operator, wenn für alle Konstanten c_1 und c_2 und für alle Funktionen f_1 and f_2

$$\hat{A}(c_1 f_1 + c_2 f_2) = c_1 \hat{A} f_1 + c_2 \hat{A} f_2 \tag{3.18}$$

erfüllt ist.

Wir betonen, dass beinahe alle physikalisch und chemisch relevanten Operatoren hermitesch sind, und die meisten auch linear sind. Der Hamilton-Operator ist beides.

3.3 Beispiel

Ein einfaches Beispiel soll an dieser Stelle die Begriffe aus dem letzten Kapitel illustrieren.

Wir betrachten solche Funktionen von einer Variablen $f(x)$, die außerhalb des Bereiches $a \leq x \leq b$ verschwinden,

$$f(x) = 0 \quad \text{für } x \leq a \text{ oder } x \geq b. \tag{3.19}$$

Für den Operator $\hat{A}_1$ aus Gl. (3.2) gilt dann

$$\hat{A}_1(c_1 f_1 + c_2 f_2) = \frac{d}{dx}(c_1 f_1 + c_2 f_2) = c_1 \frac{d}{dx} f_1 + c_2 \frac{d}{dx} f_2 = c_1 \hat{A}_1 f_1 + c_2 \hat{A}_1 f_2, \tag{3.20}$$

also ist $\hat{A}_1$ linear.

Auf der anderen Seite gilt

$$\langle f_1 | \hat{A}_1 | f_2 \rangle = \int_a^b f_1^*(x) \frac{d}{dx} f_2(x)\, dx = [f_1^*(x) f_2(x)]_a^b - \int_a^b \left[\frac{d}{dx} f_1^*(x)\right] f_2(x)\, dx$$

$$= -\int_a^b f_2(x) \frac{d}{dx} f_1^*(x)\, dx = -\left[\int_a^b f_2^*(x) \frac{d}{dx} f_1(x)\, dx\right]^*$$

$$= -\langle f_2 | \hat{A}_1 | f_1 \rangle^*. \tag{3.21}$$

Wegen des Minuszeichens in der letzten Identität ist der Operator $\hat{A}_1$ nicht hermitesch. In der Herleitung von Gl. (3.21) haben wir die Standardregel für die Integration eines Produktes aus zwei Funktionen benutzt:

$$\int f \cdot g'\, dx = f \cdot g - \int g \cdot f'\, dx, \tag{3.22}$$

und in der dritten Identität haben wir Gl. (3.19) benutzt.

3.4 Eigenwerte and Eigenfunktionen

Beim Versuch, die Schrödinger-Gleichung

$$\hat{H}\Psi = E\Psi \tag{3.23}$$

zu lösen, suchen wir sowohl den Eigenwert E als auch die zugehörige Eigenfunktion Ψ. Dies ist ein Sonderfall des allgemeineren Problems, Eigenwerte und Eigenfunktionen für einen (hermiteschen und linearen) Operator $\hat{A}$ zu finden. Deswegen soll hier die etwas allgemeinere Fragestellung behandelt werden, die Eigenwertgleichung

$$\hat{A}f_i = a_i f_i \tag{3.24}$$

zu lösen. Hier ist a_i ein Eigenwert und f_i die zugehörige Eigenfunktion. Wir benutzen den Index i, um die verschiedenen möglichen Lösungen zu Gl. (3.24) zu unterscheiden.

Wir betrachten kurz zwei Beispiele, die erst später vertieft behandelt werden. Deswegen sind die Details zu den Beispielen hier nicht wichtig, aber durch sie können wir ein paar Aspekte erläutern.

Im ersten Beispiel sei $\hat{A}$ der Hamilton-Operator für einen harmonischen Oszillator in einer Dimension. Für diesen ist das Potential gleich $V(x) = \frac{1}{2}kx^2$ und das System wird in Kapitel 6 näher behandelt. Hier ist es nur notwendig, zu wissen, dass die Eigenwerte gleich $(n + \frac{1}{2})\hbar\omega$ sind mit n gleich einer nicht-negativen, ganzen Zahl. Ferner ist ω eine Konstante, die von Masse und Kraftkonstante (k) des Oszillators abhängt. Letztendlich entsprechen die Eigenfunktionen Gauss-Funktionen multipliziert mit sog. Hermite-Polynomen. In diesem Fall sind die Eigenfunktionen und -werte durch die ganze Zahl n indiziert, und sie sind numerabel.

Für das Elektron in einem neutralen Wasserstoffatom sind viele der Eigenwerte und -funktionen durch drei ganze Zahlen n, l, m charakterisiert, die die Ortsabhängigkeit der Wellenfunktionen beschreiben, sowie eine halbzählige Zahl, die die Spinabhängigkeit beschreibt. Das Wasserstoffatom wird in Kapitel 9 genauer behandelt, aber die meisten Details sind für die vorliegende Diskussion irrelevant. Alle diese Funktionen sind gebunden, was bedeutet, dass sie weit weg vom Kern exponentiell abklingen. Außerdem sind sie numerabel, also sie sind zählbar. Aber es gibt weitere Eigenfunktionen und -werte für dieses System. Diese sind die sog. Kontinuumszustände, die positive Energien haben. Diese Zustände sind nicht gebunden und die Eigenwerte sind nicht diskret, sondern bilden ein Kontinuum. Auch diese können durch drei Zahlen, die die Ortsabhängigkeit beschreiben, und eine Zahl, die die Spinabhängigkeit beschreibt, charakterisiert werden.

Allgemein gilt also, dass Gl. (3.24) viele (oft unendlich viele) Lösungen besitzt, und dass die Eigenwerte sowohl diskret sein als auch ein (endliches oder unendliches) Kontinuum bilden können.

3.5 Hermitesche Operatoren

Weil alle für uns relevante Operatoren hermitesch sind, werden an dieser Stelle nun die Eigenschaften der Eigenfunktionen und -werte für solche Operatoren diskutiert.

Wir betrachten zwei Eigenfunktionen für einen hermiteschen Operator

$$\hat{A}f_n = a_n f_n$$
$$\hat{A}f_m = a_m f_m. \tag{3.25}$$

Anschließend bilden wir

$$\langle f_m|\hat{A}|f_n\rangle = \langle f_m|\hat{A}f_n\rangle = \langle f_m|a_nf_n\rangle = a_n\langle f_m|f_n\rangle. \tag{3.26}$$

Weil $\hat{A}$ hermitesch ist, gilt auch

$$\langle f_m|\hat{A}|f_n\rangle = \langle f_n|\hat{A}|f_m\rangle^* = \langle f_n|\hat{A}f_m\rangle^*$$
$$= \langle f_n|a_mf_m\rangle^* = a_m^*\langle f_n|f_m\rangle^* = a_m^*\langle f_m|f_n\rangle. \tag{3.27}$$

Kombinieren wir Gl. (3.26) und Gl. (3.27), erhalten wir

$$(a_n - a_m^*)\langle f_m|f_n\rangle = 0. \tag{3.28}$$

Für $n = m$ gilt dementsprechend, dass a_n reell ist. Dieses Resultat ist ausgesprochen sinnvoll: Jede physikalische Größe wird in der Quantentheorie durch einen hermiteschen Operator beschrieben. Dass die Eigenwerte reell sind, bedeutet, dass die experimentellen Ergebnisse auch reell (also nicht komplex) sind.

Gl. (3.28) zeigt anschließend (weil die Eigenwerte ja reell sind), dass Eigenfunktionen, die zu verschiedenen Eigenwerte gehören,

$$\langle f_m|f_n\rangle = 0 \quad \text{für } a_m \neq a_n \tag{3.29}$$

erfüllen. Dies zeigt, dass die Eigenfunktionen **orthogonal** sind.

Es gibt Fälle, wo mehrere verschiedene Eigenfunktionen denselben Eigenwert besitzen. Ein bekanntes Beispiel stellt ein Elektron in einem Wasserstoffatom dar. Dann haben, z. B., die sechs $2p$- und zwei $2s$-Funktionen (wenn wir auch den Spin berücksichtigen) alle dieselbe Energie, und daraus können acht beliebige, unabhängige Linearkombinationen erzeugt werden (weil der Hamilton-Operator linear ist), die dann auch dieselbe Energie besitzen. Es kann aber gezeigt werden, dass es immer möglich ist, einen neuen Satz aus einem beliebigen, endlichen Satz von Funktionen zu bilden, für welche die neuen Funktionen orthogonal sind. Es gibt verschiedene Methoden, einen solchen Satz von orthogonalen Funktionen zu erzeugen. Eine Methode ist die Schmidt'sche Orthogonalisierungsmethode. An dieser Stelle soll jedoch nicht erörtert werden, wie dies geschieht, sondern nur betont werden, dass dies möglich ist.

Anschließend bedeutet dies, dass wir Gl. (3.29) durch

$$\langle f_m|f_n\rangle = 0 \quad \text{for } m \neq n \tag{3.30}$$

ersetzen können.

Letztendlich erkennen wir, dass für einen linearen Operator gilt, dass für eine Funktion f_n, die Gl. (3.25) gehorcht, auch eine Konstante, b_n, mal f_n dieser Eigenwertgleichung gehorcht,

$$\hat{A}(b_nf_n) = a_n(b_nf_n). \tag{3.31}$$

Weil ferner $\langle f_n | f_n \rangle$ reell und positiv ist, können wir

$$b_n = \left[\langle f_n | f_n \rangle \right]^{-1/2} \tag{3.32}$$

wählen. Dadurch erhalten wir einen neuen (skalierten) Satz von Funktionen,

$$f_n \rightarrow b_n f_n \equiv f_n. \tag{3.33}$$

Diese Funktionen erfüllen

$$\langle f_m | f_n \rangle = \delta_{n,m}. \tag{3.34}$$

$\delta_{i,j}$ ist das sog. Kronecker δ,

$$\delta_{i,j} = \begin{cases} 1 & i = j \\ 0 & i \neq j. \end{cases} \tag{3.35}$$

Durch diese Wahl haben wir erreicht, dass die Eigenfunktionen sowohl normiert als auch orthogonal sind. Man spricht davon, dass die Eigenfunktionen **orthonormal** sind.

Die Tatsache, dass die Eigenwerte a_n reell sind, bedeutet, dass sie alle entlang einer reellen Achse platziert werden können. Für einige, für uns interessante Fälle gilt, dass es einen kleinsten Eigenwert a_0 gibt. Wir können dann die Eigenwerte nach der Größe sortieren,

$$a_0 \leq a_1 \leq a_2 \leq \cdots \leq a_{n-1} \leq a_n \leq a_{n+1} \leq \cdots. \tag{3.36}$$

Ohne es zu beweisen, erwähnen wir eine weitere Eigenschaft der Eigenfunktionen: Sie bilden einen sog. vollständigen Satz. Dies bedeutet, dass jede beliebige Funktion g nach den Eigenfunktionen $\{f_n\}$ entwickelt werden kann,

$$g = \sum_n c_n f_n, \tag{3.37}$$

wobei c_n Konstanten sind, die man bestimmen kann. Dazu multipliziert man Gl. (3.37) mit f_m^* und integriert über alle Variablen. Mithilfe der Bra-Ket-Notation erhält man dadurch

$$\langle f_m | g \rangle = \sum_n c_n \langle f_m | f_n \rangle. \tag{3.38}$$

Mithilfe der Orthonormalität der Eigenfunktionen f_n [Gl. (3.34)] erhalten wir

$$c_m = \langle f_m | g \rangle, \tag{3.39}$$

das für jedes m gilt.

Oft redet man davon, dass die Funktionen $\{f_n\}$ einen sog. Hilbert-Raum aufspannen. Für einen Hilbert-Raum gilt, dass es für zwei Elemente des Hilbert-Raumes, g_1 und g_2, ein Skalarprodukt gibt, $\langle g_1|g_2\rangle$. Ferner kann eine beliebige andere Funktion nach den Funktionen $\{f_n\}$ entwickelt werden: Die Funktionen $\{f_n\}$ bilden eine Basis für den Hilbert-Raum.

Dieses ist kaum anders, als was wir z. B. für Ortsvektoren im dreidimensionalen Raum kennen. Drei beliebige Vektoren, $\vec{a}$, $\vec{b}$ und $\vec{c}$, die nicht linear abhängig sind, bilden eine Basis, sodass ein beliebiger anderer Vektor danach entwickelt werden kann,

$$\vec{r} = x\vec{a} + y\vec{b} + z\vec{c}. \tag{3.40}$$

Hier entsprechen dann $\vec{a}$, $\vec{b}$ und $\vec{c}$ den Funktionen f_n, und x, y und z den Koeffizienten c_n. $\vec{a}$, $\vec{b}$ und $\vec{c}$ müssen nicht, können aber schon orthogonal und normiert sein. Als Skalarprodukt können wir in diesem Falle das ‚normale' Skalarprodukt $\vec{r}_1 \cdot \vec{r}_2$ benutzen.

3.6 Kommutierende Operatoren

Mit Vorteil kann ausgenutzt werden, dass zwei (oder mehrere) Operatoren kommutieren. Oft wird dieses sogar nicht explizit angegeben. Es ist z. B. der Fall, wenn der eine Operator der Hamilton-Operator der Elektronen eines Moleküls und der andere ein Symmetrieoperator des Moleküls ist. Dann wird die Symmetrie dazu verwendet, den Eigenfunktionen des Hamilton-Operators nicht nur eine Energie zuzuordnen, sondern auch eine Symmetrieklassifizierung.

Ein besonders einfaches Beispiel ist, dass der Symmetrieoperator gleich einem Inversions- oder Spiegeloperator ist. Dann werden die Bezeichnungen g und u benutzt, um zu beschreiben, ob die Wellenfunktion symmetrisch (g, gerade) oder antisymmetrisch (u, ungerade) bezüglich der Inversion oder Spiegelung ist. Anders ausgedrückt, g und u beschreiben den Eigenwert o bei

$$\hat{O}\Psi = o\Psi. \tag{3.41}$$

Hier ist $\hat{O}$ der Symmetrieoperator, und in unserem Fall, wo $\hat{O}$ gleich einem Inversions- oder Spiegelungsoperator ist, kann o nur die Werte $+1$ und -1 annehmen. In anderen Fällen, wo $\hat{O}$ andere Symmetrieoperationen darstellt, kann o andere (auch komplexe) Werte annehmen, obwohl immer gilt, dass

$$|o| = 1. \tag{3.42}$$

Es soll betont werden, dass die Symmetrieoperatoren oft nicht-hermitesch sind (was erklärt, dass die Eigenwerte komplex sein können).

Ein anderes Beispiel von kommutierenden Operatoren gibt es bei dem Wasserstoffatom, das wir später im Detail behandeln werden. Wie wir sehen werden, beschreibt die

Quantenzahl n die Energie des Elektrons, also den Eigenwert zum Hamilton-Operator, während die Quantenzahlen l und m die Eigenwerte zum Operator für das Quadrat des Drehimpulsoperators und zum Operator für die z-Komponente des Drehimpulsoperators beschreiben.

Wir werden jetzt den Fall behandeln, dass zwei Operatoren kommutieren. Die Verallgemeinerung zu mehreren kommutierenden Operatoren soll nicht diskutiert werden. Wir betrachten zwei kommutierende, lineare, hermitesche Operatoren $\hat{A}$ and $\hat{B}$, für welche also gilt

$$[\hat{A}, \hat{B}] = 0. \tag{3.43}$$

Das zentrale Ergebnis ist, dass es möglich ist, einen gemeinsamen Satz von Eigenfunktionen für die beiden Operatoren zu identifizieren,

$$\hat{A}f_n = a_n f_n$$
$$\hat{B}f_n = b_n f_n. \tag{3.44}$$

Wir werden dieses nur in dem Falle beweisen, dass die Eigenfunktionen nicht-entartet sind. Das bedeutet, dass es keine weiteren Funktionen mit demselben Eigenwert gibt; ansonsten wären die verschiedenen Eigenfunktionen zum selben Eigenwert entartet.

Zuerst wir der Operator $\hat{B}$ auf die erste Identität in Gl. (3.44) angewandt, mit Berücksichtigung, dass $\hat{B}$ linear ist:

$$\hat{B}\hat{A}f_n = a_n \hat{B}f_n, \tag{3.45}$$

aber wegen Gl. (3.43) auch

$$\hat{B}\hat{A}f_n = \hat{A}\hat{B}f_n, \tag{3.46}$$

sodass

$$\hat{A}(\hat{B}f_n) = a_n(\hat{B}f_n), \tag{3.47}$$

was zeigt, dass $(\hat{B}f_n)$ proportional zu f_n ist, weil $\hat{A}$ linear ist, und weil es nur eine Eigenfunktion zu $\hat{A}$ für den Eigenwert a_n gibt. Also

$$(\hat{B}f_n) = \hat{B}f_n = b_n f_n, \tag{3.48}$$

was wir beweisen wollten. Für den entarteten Fall stellt sich der Beweis komplexer dar, bleibt aber immer noch gültig.

3.7 Die Postulate der Quantentheorie

Als Fundament der Quantentheorie gelten drei (oder vier) Postulate, die hier kurz diskutiert werden sollen. Zunächst formulieren wir die Postulate, um sie anschließend zu diskutieren.

1. Für ein System mit n Teilchen kann der Zustand des Systems vollständig durch die Wellenfunktion

$$\psi(\vec{r}_1, \vec{r}_2, \ldots, \vec{r}_n, t) \tag{3.49}$$

   beschrieben werden. Hier sind $\vec{r}_i$ die Ortskoordinaten des $i$ten Teilchens und t die Zeit.

2. Alle experimentellen Observablen können mithilfe von Operatoren ausgedrückt werden. Hier gehen hauptsächlich Orts- und Impulsoperatoren der Teilchen ein. Für diese gelten

$$[\hat{q}_k, \hat{q}_l] = 0$$
$$[\hat{p}_k, \hat{p}_l] = 0$$
$$[\hat{q}_k, \hat{p}_l] = i\hbar\delta_{k,l}. \tag{3.50}$$

   $\hat{q}_k$ ist der Operator für die $k$te Ortskoordinate (also die x-, y- oder z-Koordinate eines der Teilchen des Systems), und $\hat{p}_k$ ist der zugehörige Impulsoperator.

3. Bei der wiederholten Messung einer experimentellen Observablen A für identische Systeme mit derselben Wellenfunktion findet man im Mittel einen Erwartungswert, der auch berechnet werden kann:

$$\langle A \rangle = \frac{\langle \psi | \hat{A} | \psi \rangle}{\langle \psi | \psi \rangle}. \tag{3.51}$$

   Hier ist $\hat{A}$ der Operator, der zu der experimentellen Observablen gehört.

4. Die Wellenfunktion wird so interpretiert, dass die Größe

$$\psi^*(\vec{r}_1, \vec{r}_2, \ldots, \vec{r}_n, t)\psi(\vec{r}_1, \vec{r}_2, \ldots, \vec{r}_n, t)\, d\vec{r}_1\, d\vec{r}_2 \cdots d\vec{r}_n$$
$$= |\psi(\vec{r}_1, \vec{r}_2, \ldots, \vec{r}_n, t)|^2\, d\vec{r}_1\, d\vec{r}_2 \cdots d\vec{r}_n \tag{3.52}$$

   die Wahrscheinlichkeit ist, dass sich zu der Zeit t Teilchen 1 im Volumenelement $d\vec{r}_1$ um $\vec{r}_1$ befindet, sich Teilchen 2 im Volumenelement $d\vec{r}_2$ um $\vec{r}_2$ befindet, usw., solange $\langle \psi | \psi \rangle = 1$.

Zu den einzelnen Punkten sollen folgende Kommentare vermerkt werden:

1. Diese Formulierung entspricht der sog. Ortsdarstellung (siehe unten). Ferner haben wir hier keine Spinvariablen berücksichtigt, obwohl sie auch auftreten können. Letztendlich kann die Wellenfunktion mehr oder weniger beliebig sein. Vor allem

muss sie nicht die Lösung zur zeitabhängigen oder zeitunabhängigen Schrödinger-Gleichung oder irgendeiner Eigenwertgleichung sein.

2. Dieses Postulat legt nicht fest, wie die Operatoren aussehen. Z. B. ist es möglich, die Operatoren für die x-Koordinaten des Ortes und des Impulses des $i$ten Teilchens als

$$
\hat{x}_i = x_i
$$
$$
\hat{p}_{xi} = \frac{\hbar}{i} \frac{\partial}{\partial x_i} \tag{3.53}
$$

festzulegen. Verglichen mit der klassischen Physik wird die Ortskoordinate also nicht geändert, und deswegen spricht man von der Ortsdarstellung. Eine andere Möglichkeit, die mit Gl. (3.50) im Einklang ist, ist

$$
\hat{x}_i = -\frac{\hbar}{i} \frac{\partial}{\partial p_{xi}}
$$
$$
\hat{p}_{xi} = p_{xi} \tag{3.54}
$$

zu benutzen. Dieses entspricht der Impulsdarstellung. Auch weitere Darstellungen sind möglich. Welche letztendlich benutzt wird, ist im Prinzip unwichtig, und deswegen kommt immer das zur Anwendung, was als am zweckmäßigsten erachtet wird. In diesem Buch werden wir beinahe ausschließlich die Ortsdarstellung einsetzen.

3. Dass man den Operator für die experimentelle Observable bestimmen muss, wird oft als Schrödinger-Methode bezeichnet. Aber wie man genau $\hat{A}$ bildet, ist nicht immer leicht herauszufinden, und oft nicht eindeutig. Betrachten wir z. B. ein Teilchen in einer Dimension, und stellen wir uns vor, dass wir das Produkt aus Orts- und Impulskoordinate, $x \cdot p$ messen. Dann gibt es verschiedene mögliche Operatoren. Dazu gehören

$$
\widehat{xp} = \begin{cases} \hat{x} \cdot \hat{p} \\ \hat{p} \cdot \hat{x} \\ \frac{1}{2}(\hat{x} \cdot \hat{p} + \hat{p} \cdot \hat{x}) \\ \cdots . \end{cases} \tag{3.55}
$$

Für eine klassische Größe wie $x^2 p$ wird es noch mehr Möglichkeiten geben:

$$
\widehat{x^2 p} = \begin{cases} \hat{x}^2 \cdot \hat{p} \\ \hat{p} \cdot \hat{x}^2 \\ \frac{1}{2}(\hat{x}^2 \cdot \hat{p} + \hat{p} \cdot \hat{x}^2) \\ \frac{1}{3}(\hat{x}^2 \cdot \hat{p} + \hat{x} \cdot \hat{p} \cdot \hat{x} + \hat{p} \cdot \hat{x}^2) \\ \frac{1}{4}(\hat{x}^2 \cdot \hat{p} + 2\hat{x} \cdot \hat{p} \cdot \hat{x} + \hat{p} \cdot \hat{x}^2) \\ \cdots . \end{cases} \tag{3.56}
$$

Weil der Kommutator

$$[\hat{x}, \hat{p}] = \hat{x}\hat{p} - \hat{p}\hat{x} \neq 0, \tag{3.57}$$

sind die verschiedenen Ausdrücke in Gl. (3.55) und in Gl. (3.56) nicht identisch. Wir werden später (Kapitel 8.6) an einem Beispiel sehen, dass die Wahl eine Bedeutung haben kann.

Die Wellenfunktion ψ in Gl. (3.51) muss nicht eine der Eigenfunktionen zu $\hat{A}$ sein. Allgemein kann ψ nach den Eigenfunktionen zu $\hat{A}$ entwickelt werden, weil diese Eigenfunktionen ja einen kompletten Satz von Funktionen bilden,

$$\psi = \sum_i c_i f_i \tag{3.58}$$

wo f_i die *i*te normierte Eigenfunktion zu $\hat{A}$ ist,

$$\hat{A}f_i = a_i f_i$$
$$\langle f_i | f_i \rangle = 1. \tag{3.59}$$

Wir nehmen an, dass $\hat{A}$ ein linearer Operator ist.
Ist ψ auch normiert,

$$\langle \psi | \psi \rangle = 1, \tag{3.60}$$

dann ist der Erwartungswert

$$\begin{aligned}
\langle A \rangle &= \langle \psi | \hat{A} | \psi \rangle \\
&= \left\langle \sum_j c_j f_j \middle| \hat{A} \middle| \sum_i c_i f_i \right\rangle \\
&= \sum_{ji} c_j^* c_i \langle f_j | \hat{A} | f_i \rangle \\
&= \sum_{ji} c_j^* c_i \langle f_j | a_i f_i \rangle \\
&= \sum_{ji} c_j^* c_i a_i \langle f_j | f_i \rangle \\
&= \sum_{ji} c_j^* c_i a_i \delta_{j,i} \\
&= \sum_i |c_i|^2 a_i.
\end{aligned} \tag{3.61}$$

Ist ψ eine der Eigenfunktionen zu $\hat{A}, f_k$, findet man deswegen

$$\langle A \rangle = a_k, \tag{3.62}$$

also misst man genau den zugehörigen Eigenwert.

4. Dieses Postulat ist kein richtiges Postulat, sondern entspricht Borns Interpretation der Wellenfunktion, die wir schon in Kapitel 2.3 diskutiert haben. Ferner haben wir angenommen, dass die Wellenfunktion normiert ist, d. h., dass Gl. (3.60) erfüllt ist.

3.8 Orts- und Impulsdarstellung

Hier soll die Beziehung zwischen der Orts- und der Impulsdarstellung hauptsächlich durch ein einfaches Beispiel erläutert werden. Die Ergebnisse sind aber allgemeingültig (unter passenden Modifikationen).

Wir betrachten ein Teilchen, das sich in einer Dimension bewegt, und das sich in dem Potential

$$V(x) = c \cdot x^4 \tag{3.63}$$

befindet. Der Hamilton-Operator ist der Operator für die Energie, d. h. für die Größe

$$H = \frac{p^2}{2m} + V(x). \tag{3.64}$$

Diesen Operator können wir sowohl in der Ortsdarstellung als auch in der Impulsdarstellung aufschreiben. Im ersten Fall findet Gl. (3.53) Anwendung und daraus ergibt sich dann

$$\hat{H} = -\frac{\hbar^2}{2m} \frac{d^2}{dx^2} + c \cdot x^4. \tag{3.65}$$

Im zweiten Fall benutzen wir Gl. (3.54) und erhalten dann

$$\hat{H} = \frac{p^2}{2m} + c\hbar^4 \frac{d^4}{dp^4}. \tag{3.66}$$

In beiden Fällen können wir die zeitunabhängige Schrödinger-Gleichung aufstellen. In der Ortsdarstellung ist diese

$$\left[-\frac{\hbar^2}{2m} \frac{d^2}{dx^2} + c \cdot x^4 \right] \psi(x) = E\psi(x), \tag{3.67}$$

während sie in der Impulsdarstellung

$$\left[\frac{p^2}{2m} + c\hbar^4 \frac{d^4}{dp^4} \right] \phi(p) = E\phi(p) \tag{3.68}$$

lautet. Die zwei Gleichungen sind eindeutig unterschiedlich, aber trotzdem müssen sie dieselben Energieeigenwerte, E, besitzen. Dieses ist tatsächlich auch allgemeingültig.

Ferner wissen wir, dass Orts- und Impulskoordinaten nicht unabhängig voneinander sind, sodass wir z. B. mithilfe von $\psi(x)$ auch alle Informationen zum Impulsverhalten des Teilchens erhalten können und äquivalent mithilfe von $\phi(p)$ auch alle Informationen zum Ortsraumverhalten des Teilchens.

Tatsächlich lässt sich zeigen, dass die zwei Wellenfunktionen $\psi(x)$ und $\phi(p)$ durch eine Fourier-Transformation

$$\phi(p) = \frac{1}{\sqrt{2\pi\hbar}} \int \psi(x) e^{-\frac{ipx}{\hbar}}\, dx$$

$$\psi(x) = \frac{1}{\sqrt{2\pi\hbar}} \int \phi(p) e^{\frac{ipx}{\hbar}}\, dp \tag{3.69}$$

miteinander verknüpft sind.

Dieses bedeutet auch, dass es nicht notwendig ist, beide Gleichungen (3.67) und (3.68) zu lösen, um die vollständige Information zum Verhalten des Teilchens in beiden Räumen zu erhalten.

Letztendlich betonen wir, dass Gl. (3.69) allgemeingültig ist für Teilchen, die sich in einer Dimension bewegen. Für höhere Dimensionen muss die Gleichung entsprechend modifiziert werden.

3.9 Messwerte

In Kapitel 2.4 haben wir die Unschärferelationen von Heisenberg erwähnt,

$$\Delta x \cdot \Delta p \geq \frac{\hbar}{2}. \tag{3.70}$$

Hier sind x und p die zueinander gehörigen Orts- und Impulskoordinaten. Diese Relation lässt sich mithilfe der Kommutatorrelationen Gl. (3.50) herleiten, was aber hier nicht erfolgen soll. Allgemein gilt für zwei Messgrößen, A und B,

$$\Delta A \cdot \Delta B \geq \frac{1}{2}|\langle[\hat{A}, \hat{B}]\rangle|. \tag{3.71}$$

Hier ist $|\langle[\hat{A}, \hat{B}]\rangle|$ der Betrag des Erwartungswertes des Kommutators zwischen den Operatoren $\hat{A}$ und $\hat{B}$. Für $\hat{A} = \hat{x}$ und $\hat{B} = \hat{p}$ ist $[\hat{A}, \hat{B}] = i\hbar$, woraus Gl. (3.70) direkt folgt.

Auf ähnliche Weise kann gezeigt werden, dass

$$\Delta E \cdot \Delta t \geq \frac{\hbar}{2}, \tag{3.72}$$

wobei eine Aussage zur Unschärfe in Energie und Zeit gemacht wird. Dieses Ergebnis hat wichtige Konsequenzen für die Spektroskopie. Wir betrachten ein System (z. B. ein Molekül), das in einem angeregten Zustand ist. Dieser Zustand besitzt eine sehr kurze Lebensdauer τ und wird entsprechend innerhalb einer Zeit von der Größenordnung von τ auf einen energetisch niedrigeren Zustand zurückfallen und dabei den Energie-unterschied E in Form von Licht emittieren. In einem Emissionsspektrum würden wir das durch eine scharfe Linie bei der Energie E erkennen können. Weil aber der angeregte Zustand sehr kurzlebig ist, wird diese Linie verbreitert sein mit einer Breite ΔE, die

$$\Delta E \cdot \tau \geq \frac{\hbar}{2} \tag{3.73}$$

gehorcht. Ansonsten wäre die Unschärferelation (3.72) von Heisenberg verletzt: Wir hätten sehr genau gewusst, welche Energie das System zu einem sehr genau bestimmten Zeitpunkt hatte. Die Verbreiterung, ΔE, wird Lebenszeitverbreiterung oder natürliche Verbreiterung genannt.

Ein weiteres Ergebnis, das wir nicht herleiten werden, ist

$$\frac{d\langle A\rangle}{dt} = \frac{i}{\hbar}\langle [\hat{H},\hat{A}]\rangle, \tag{3.74}$$

womit sich die zeitliche Entwicklung einer Messgröße berechnen lässt.

Aus Gl. (3.74) erhält man u. a.

$$\frac{d\langle x\rangle}{dt} = \frac{\langle p_x\rangle}{m}. \tag{3.75}$$

Daraus erkennen wir, dass als Mittelwert die klassische Mechanik auch in der Quantentheorie gilt.

Wenn wir irgendeine Größe messen und erhalten, dass die Unschärfe dieser Größe gleich null ist, muss sich das System in einem Eigenzustand des zugehörigen Operators befinden. Wir werden diese Behauptung jetzt beweisen, auch weil wir dabei die Verwendung verschiedener quantentheoretischer Begriffe illustrieren können.

Der Operator, dessen Erwartungswert wir messen, soll hermitesch und linear sein und wird mit $\hat{A}$ bezeichnet. Die Eigenfunktionen dieses Operators erfüllen

$$\hat{A}\psi_i = a_i\psi_i, \tag{3.76}$$

und ohne Einschränkung können wir verlangen, dass

$$\langle \psi_i|\psi_j\rangle = \delta_{i,j}. \tag{3.77}$$

Weil $\hat{A}$ hermitesch ist, sind die Eigenwerte $\{a_i\}$ alle reell.

Der Zustand des Systems, den wir untersuchen, wird durch die Wellenfunktion ϕ beschrieben. Weil die Eigenfunktionen in Gl. (3.76) einen vollständigen Satz bilden, kann ϕ danach entwickelt werden

$$\phi = \sum_i c_i\psi_i. \tag{3.78}$$

Auch ϕ soll normiert sein, was bedeutet, dass

$$1 = \langle \phi | \phi \rangle = \left\langle \sum_i c_i \psi_i \Big| \sum_j c_j \psi_j \right\rangle = \sum_{i,j} c_i^* c_j \langle \psi_i | \psi_j \rangle$$
$$= \sum_{i,j} c_i^* c_j \delta_{i,j} = \sum_i |c_i|^2. \tag{3.79}$$

Ferner haben wir (wobei zur Anwendung kommt, dass $\hat{A}$ linear ist)

$$\langle \phi | \hat{A} | \phi \rangle = \left\langle \sum_i c_i \psi_i \Big| \hat{A} \Big| \sum_j c_j \psi_j \right\rangle = \left\langle \sum_i c_i \psi_i \Big| \sum_j c_j \hat{A} \psi_j \right\rangle$$
$$= \left\langle \sum_i c_i \psi_i \Big| \sum_j c_j a_j \psi_j \right\rangle = \sum_{i,j} c_i^* c_j a_j \langle \psi_i | \psi_j \rangle$$
$$= \sum_{i,j} c_i^* c_j a_j \delta_{i,j} = \sum_i |c_i|^2 a_i \tag{3.80}$$

und

$$\langle \phi | \hat{A}^2 | \phi \rangle = \left\langle \sum_i c_i \psi_i \Big| \hat{A}^2 \Big| \sum_j c_j \psi_j \right\rangle = \left\langle \sum_i c_i \psi_i \Big| \hat{A} \Big| \sum_j c_j \hat{A} \psi_j \right\rangle$$
$$= \left\langle \sum_i c_i \psi_i \Big| \hat{A} \Big| \sum_j c_j a_j \psi_j \right\rangle = \left\langle \sum_i c_i \psi_i \Big| \sum_j c_j a_j \hat{A} \psi_j \right\rangle$$
$$= \left\langle \sum_i c_i \psi_i \Big| \sum_j c_j a_j^2 \psi_j \right\rangle = \sum_{i,j} c_i^* c_j a_j^2 \langle \psi_i | \psi_j \rangle$$
$$= \sum_{i,j} c_i^* c_j a_j^2 \delta_{i,j} = \sum_i |c_i|^2 a_i^2. \tag{3.81}$$

Wenn die Unschärfe verschwindet, gilt also

$$0 = \langle \phi | \hat{A}^2 | \phi \rangle - \langle \phi | \hat{A} | \phi \rangle^2 = \sum_i |c_i|^2 a_i^2 - \left[\sum_i |c_i|^2 a_i \right]^2$$
$$= 1 \cdot \sum_i |c_i|^2 a_i^2 - \sum_j |c_j|^2 a_j \sum_i |c_i|^2 a_i$$
$$= \sum_j |c_j|^2 \sum_i |c_i|^2 a_i^2 - \sum_j |c_j|^2 a_j \sum_i |c_i|^2 a_i$$
$$= \sum_{i,j} |c_j|^2 |c_i|^2 (a_i^2 - a_i a_j). \tag{3.82}$$

Wir benutzen jetzt, dass die Glieder für $i = j$ gleich null sind, und dass wir uns dann auf Glieder mit $j \geq i$ beschränken können (wenn wir gleichzeitig den Summanden entsprechend modifizieren):

$$0 = \langle\phi|\hat{A}^2|\phi\rangle - \langle\phi|\hat{A}|\phi\rangle^2 = \sum_{i,j}|c_j|^2|c_i|^2(a_i^2 - a_i a_j)$$

$$= \sum_{j\geq i}|c_j|^2|c_i|^2(a_i^2 - a_i a_j + a_j^2 - a_j a_i) = \sum_{j\geq i}|c_j|^2|c_i|^2(a_i - a_j)^2. \tag{3.83}$$

Weil die Eigenwerte reell sind, kann Gl. (3.83) nur dann erfüllt sein, wenn alle Koeffizienten $\{c_i\}$, die ungleich null sind, zu demselben Eigenwert gehören. Damit haben wir gezeigt, dass die Unschärfe nur dann verschwindet, wenn der Zustand des Systems ein Eigenzustand des Operators ist.

3.10 Aufgaben mit Antworten

1. **Aufgabe:** Für welche Funktionen bilden die Funktionen $f_n(x) = \sin(\frac{n x \pi}{L})$, $n = 1, 2, 3, \ldots$, und $0 \leq x \leq L$ ein vollständiges System von Funktionen? Begründen Sie die Antwort.
   Antwort: Die Funktionen sind definiert im Intervall $0 \leq x \leq L$ und sind alle gleich 0 für $x = 0$ und $x = L$. Ferner bildet $\{f_n\}$ den gesamten Satz von Eigenfunktionen zu $\hat{H} = -\frac{\hbar^2}{2m}\frac{d^2}{dx^2}$. Deswegen bilden sie einen vollständigen Satz für Funktionen, die im Intervall $0 \leq x \leq L$ definiert sind, und die gleich 0 für $x = 0$ und $x = L$ sind.

2. **Aufgabe:** Betrachten Sie ein Teilchen (Masse m) in einer Dimension, das sich in einem Potential $V(x)$ befindet. Die Grundzustandseigenfunktion sei $\psi(x) = A\exp[-\alpha(x - a)^2]$. Bestimmen Sie den Erwartungswert für x.
   Antwort: Weil die Funktion $\psi(x)$ reell und symmetrisch um $x = a$ ist, wird der Erwartungswert gleich

$$\langle x \rangle = \frac{\int \psi(x)x\psi(x)\,dx}{\int \psi(x)\psi(x)\,dx} = \frac{\int \psi(x)(x - a)\psi(x)\,dx}{\int \psi(x)\psi(x)\,dx} + \frac{\int \psi(x)a\psi(x)\,dx}{\int \psi(x)\psi(x)\,dx} = 0 + a = a. \tag{3.84}$$

3. **Aufgabe:** Welche der folgenden Funktionen sind Eigenfunktionen des Operators d/dx:
   (a) e^{-ikx},
   (b) $\cos kx$,
   (c) k,
   (d) kx und
   (e) e^{-kx^2}?
   k bezeichnet eine Konstante. Geben Sie jeweils den Eigenwert an.
   Antwort:
   (a) $\frac{d}{dx}[e^{-ikx}] = -ik \cdot e^{-ikx}$. Ist Eigenfunktion mit Eigenwert $-ik$.
   (b) $\frac{d}{dx}[\cos(kx)] = -k\sin(kx)$. Ist nur für $k = 0$ eine Eigenfunktion und dann ist der Eigenwert gleich 0.
   (c) $\frac{d}{dx}[k] = 0$. Ist eine Eigenfunktion mit dem Eigenwert 0.

(d) $\frac{d}{dx}[kx] = k$. Ist nur für $k = 0$ eine Eigenfunktion und dann ist jeder Wert des Eigenwertes möglich. Dieser Fall ist aber nicht relevant für uns: wir werden keine Wellenfunktionen betrachten, die überall identisch null sind.

(e) $\frac{d}{dx}[e^{-kx^2}] = -2kxe^{-kx^2}$. Ist nur für $k = 0$ eine Eigenfunktion und dann ist der Eigenwert gleich 0.

4. **Aufgabe:** Für einen Operator $\hat{A}$ und eine Funktion ψ gilt $\hat{A}\psi = a\cdot\psi$ mit a gleich einer Konstante.

Bestimmen Sie $\Delta A = [\int \psi^*(\vec{x})\hat{A}^2\psi(\vec{x})\,d\vec{x} - (\int \psi^*(\vec{x})\hat{A}\psi(\vec{x})\,d\vec{x})^2]^{1/2}$. Betrachten Sie die zwei Fälle: (1) ψ ist normiert und (2) ψ ist nicht normiert.

Antwort: In Bra-Ket-Notation haben wir:

$$\Delta A = [\langle\psi|\hat{A}^2|\psi\rangle - (\langle\psi|\hat{A}|\psi\rangle)^2]^{1/2} = [a^2\langle\psi|\psi\rangle - (a\langle\psi|\psi\rangle)^2]^{1/2}$$
$$= a[\langle\psi|\psi\rangle - (\langle\psi|\psi\rangle)^2]^{1/2}. \tag{3.85}$$

Für $\langle\psi|\psi\rangle = 1$ ist $\Delta A = 0$, während für andere Werte von $\langle\psi|\psi\rangle$ ΔA beliebige andere Werte (sogar imaginäre) annehmen kann, wobei man bedenken muss, dass ΔA für nicht-normierte Wellenfunktionen nicht sehr sinnvoll ist.

5. **Aufgabe:** Betrachten Sie ein Teilchen (Masse m), das sich in dem eindimensionalen Potential $\hat{V} = V(x)$ bewegt. Der Operator der kinetischen Energie des Teilchens sei $\hat{T}$. Bestimmen Sie den Kommutator $[\hat{V}, \hat{T}]$.

Antwort: Wir haben

$$\hat{T} = -\frac{\hbar^2}{2m}\frac{d^2}{dx^2} \tag{3.86}$$

woraus

$$
\begin{aligned}
[\hat{V}, \hat{T}]f(x) &= V(x)\frac{-\hbar^2}{2m}\frac{d^2}{dx^2}f(x) - \frac{-\hbar^2}{2m}\frac{d^2}{dx^2}[V(x)f(x)] \\
&= V(x)\frac{-\hbar^2}{2m}\frac{d^2}{dx^2}f(x) - \frac{-\hbar^2}{2m}\frac{d}{dx}\left[\frac{dV(x)}{dx}f(x) + V(x)\frac{df(x)}{dx}\right] \\
&= V(x)\frac{-\hbar^2}{2m}\frac{d^2f(x)}{dx^2} \\
&\quad - \frac{-\hbar^2}{2m}\left[\frac{d^2V(x)}{dx^2}f(x) + 2\frac{dV(x)}{dx}\frac{df(x)}{dx} + V(x)\frac{d^2f(x)}{dx^2}\right] \\
&= \frac{\hbar^2}{2m}\left[\frac{d^2V(x)}{dx^2}f(x) + 2\frac{dV(x)}{dx}\frac{df(x)}{dx}\right] \\
&= \frac{\hbar^2}{2m}\left[\frac{d^2V(x)}{dx^2} + 2\frac{dV(x)}{dx}\frac{d}{dx}\right]f(x). \tag{3.87}
\end{aligned}
$$

Der Kommutator ist deswegen gleich

$$[\hat{V}, \hat{T}] = \frac{\hbar^2}{2m}\left[\frac{d^2V(x)}{dx^2} + 2\frac{dV(x)}{dx}\frac{d}{dx}\right]. \tag{3.88}$$

6. **Aufgabe:** Schreiben Sie $\int [c_1 f_1(x) + c_2 f_2(x)]^* \hat{A}[c_1 f_1(x) - c_2 f_2(x)]dx$ um. $\hat{A}$ ist ein linearer und hermitescher Operator, c_1 und c_2 sind Konstanten, und f_1 und f_2 sind verschiedene orthonormierte Eigenfunktionen zu $\hat{A}$ für die Eigenwerte a_1 und a_2.
Antwort: In Bra-Ket-Notation haben wir:

$$\langle c_1 f_1 + c_2 f_2 | \hat{A} | c_1 f_1 - c_2 f_2 \rangle$$
$$= c_1^* c_1 \langle f_1 | \hat{A} | f_1 \rangle - c_1^* c_2 \langle f_1 | \hat{A} | f_2 \rangle + c_2^* c_1 \langle f_2 | \hat{A} | f_1 \rangle - c_2^* c_2 \langle f_2 | \hat{A} | f_2 \rangle$$
$$= c_1^* c_1 a_1 \langle f_1 | f_1 \rangle - c_1^* c_2 a_2 \langle f_1 | f_2 \rangle + c_2^* c_1 a_1 \langle f_2 | f_1 \rangle - c_2^* c_2 a_2 \langle f_2 | f_2 \rangle$$
$$= |c_1|^2 a_1 - |c_2|^2 a_2. \tag{3.89}$$

7. **Aufgabe:** Betrachten Sie zwei lineare Operatoren, $\hat{A}$ und $\hat{B}$, die kommutieren. Sie besitzen einen gemeinsamen Satz von Eigenfunktionen, $\hat{A}f_n = a_n f_n$ und $\hat{B}f_m = b_m f_m$. Welche Eigenfunktionen und Eigenwerte besitzen dann $\hat{A} + 2\hat{B}$, bzw. $\hat{A}\hat{B}$?
Antwort:

$$[\hat{A} + 2\hat{B}]f_p = \hat{A}f_p + 2\hat{B}f_p = a_p f_p + 2b_p f_p = [a_p + 2b_p]f_p$$
$$\hat{A}\hat{B}f_p = \hat{A}[\hat{B}f_p] = \hat{A}[b_p f_p] = a_p b_p f_p. \tag{3.90}$$

Dieses zeigt, dass die Funktionen f_p auch in diesen Fällen Eigenfunktionen sind, und zwar für die Eigenwerte $a_p + 2b_p$, bzw. $a_p b_p$.

8. **Aufgabe:** Betrachten Sie den Operator $\hat{A}$, der aus einer beliebigen, komplexen Funktion $f(x)$ die komplex konjugierte Funktion $f^*(x)$ erzeugt: $\hat{A}f(x) = f^*(x)$. x ist reell.
(a) Ist $\hat{A}$ ein linearer Operator? Begründen Sie die Antwort.
(b) Bestimmen Sie $\hat{A}f(x)$ für $f(x) = e^{-2(x-2i)^2+i}$.
Antwort:
(a) Wir betrachten

$$\hat{A}[c_1 f_1 + c_2 f_2] = c_1^* f_1^* + c_2^* f_2^* \neq c_1 f_1^* + c_2 f_2^* = c_1 \hat{A}f_1 + c_2 \hat{A}f_2 \tag{3.91}$$

mit c_1 und c_2 gleich Konstanten und f_1 und f_2 gleich Funktionen. Die Antwort ist also: Nein.
(b) Wir haben:

$$\hat{A}[e^{-2(x-2i)^2+i}] = e^{-2(x+2i)^2-i}. \tag{3.92}$$

3.11 Aufgaben

1. Erläutern Sie die Zusammenhänge zwischen den Begriffen ‚Operator‘, ‚Observable‘, ‚Eigenfunktion‘ und ‚Eigenwert‘.
2. Erläutern Sie den quantenmechanischen Begriff ‚Orthogonalität‘.
3. Erläutern Sie den Begriff ‚vollständiger Satz von Funktionen‘.

4. Erläutern Sie die vier Postulate der Quantentheorie.

5. Betrachten Sie ein Teilchen (Masse m) in einer Dimension, das sich in einem Potential $V(x)$ befindet. Die Grundzustandseigenfunktion sei $\psi(x) = A\exp[-a(x-a)^2]$. Bestimmen Sie den Erwartungswert für x^2.

6. Betrachten Sie ein Teilchen (Masse m) in zwei Dimensionen, das sich in einem Potential $V(x,y)$ befindet. Die Grundzustandseigenfunktion sei $\psi(x) = A\exp[-a_x(x-a_x)^2 - a_y(y-a_y)^2]$. Bestimmen Sie den Erwartungswert für x.

7. Wie wird der Erwartungswert bestimmt, und was beschreibt er?

8. Definieren Sie den Begriff Operator. Schreiben Sie in Ortsdarstellung die Ausdrücke der folgenden Operatoren:
   (a) der Operator des Impulses in z-Richtung,
   (b) der Operator der Koordinate in y-Richtung,
   (c) der Operator der kinetischen Energie,
   (d) der Operator der potentiellen Energie,
   (e) der Operator der Gesamtenergie (Hamilton-Operator),
   (f) die drei Komponenten des Drehimpulsoperators,

$$\vec{l} = (l_x, l_y, l_z) = (yp_z - zp_y, zp_x - xp_z, xp_y - yp_x). \tag{3.93}$$

9. Welche der folgenden Funktionen sind Eigenfunktionen des Operators d^2/dx^2:
   (a) $ae^{-3x} + be^{-3ix}$,
   (b) $\sin^2 kx$,
   (c) kx,
   (d) $\cos 5x$ und
   (e) e^{-ax^2}?
   Geben Sie jeweils den Eigenwert an.

10. Was versteht man unter einem Produkt aus zwei Operatoren? Geben Sie ein Beispiel für zwei verschiedene Operatoren, $\hat{A}$ und $\hat{B}$, die $\hat{A}\hat{B} = \hat{B}\hat{A}$ erfüllen, und geben Sie ein Beispiel für welches $\hat{A}\hat{B} \neq \hat{B}\hat{A}$. Berechnen Sie die folgenden Produkte: (a) $\hat{z}\hat{p}_z$, (b) $\hat{p}_z\hat{z}$, (c) $\hat{y}\hat{p}_x$, (d) $\hat{p}_x\hat{y}$, (e) $\hat{p}_x^2$, (f) $\hat{p}_x\hat{p}_y$, (g) $\hat{x}\hat{p}_x^2$, (h) $\hat{p}_x\hat{x}^2$ und (i) $(d/dx + \hat{x})^3$.

11. Benutzen Sie die Bra-Ket-Notation, um zu beweisen, dass alle Eigenwerte eines beliebigen hermiteschen Operators reell sind, und dass die Eigenfunktionen eines hermiteschen Operators zu verschiedenen Eigenwerten orthogonal sind.

12. Wie ist der Kommutator $[\hat{A}, \hat{B}]$ definiert? Wann sind zwei Operatoren vertauschbar und wann nicht? Nennen Sie ein Beispiel für vertauschbare Operatoren und ein Beispiel für nicht-vertauschbare Operatoren. Bestimmen Sie die folgenden Kommutatoren: (1) $[\hat{y}, \hat{p}_y]$, (2) $[\hat{y}, \hat{x}]$, (3) $[\hat{x}, \hat{T}]$, (4) $[\hat{p}_x, \hat{T}]$, (5) $[\hat{x}, \hat{V}(x)]$, (6) $[\hat{p}_x, \hat{V}(x)]$, (7) $[\hat{x}, \hat{H}]$ und (8) $[\hat{p}_x, \hat{H}]$. Hier sind $\hat{T}$, $\hat{V}(x)$ und $\hat{H}$ die Operatoren der kinetischen, potentiellen und Gesamtenergie.

13. Betrachten Sie ein Teilchen (Masse m) in einer Dimension x. Die Wellenfunktion des Teilchens sei $\psi(x) = N[\ln x - \sin x]$ mit N gleich einer Konstante.
    (a) Bestimmen Sie $\hat{x}\psi(x)$.

    (b) Bestimmen Sie $\hat{x}^2\psi(x)$.

    (c) Bestimmen Sie $\hat{p}_x\psi(x)$.

    (d) Bestimmen Sie $\hat{p}_x^2\psi(x)$.

    (e) Was gilt für den Kommutator $[\hat{x}^2, \hat{p}_x^2]$?

    (f) Bestimmen Sie $(\hat{p}_x^2\hat{x}^2 - \hat{x}^2\hat{p}_x^2)\psi(x)$.

    (g) Bestimmen Sie $(\hat{p}_x\hat{x} - \hat{x}\hat{p}_x)^4\psi(x)$.

14. Betrachten Sie die folgenden drei Operatoren, die auf die Funktion $f(x)$ wirken, $\hat{A}f(x) = \frac{df(x)}{dx}$, $\hat{B}f(x) = \frac{d^2f(x)}{dx^2}$ und $\hat{C}f(x) = [\frac{df(x)}{dx}]^2$. Bestimmen Sie die Kommutatoren $[\hat{A}, \hat{B}]$, $[\hat{A}, \hat{C}]$ und $[\hat{B}, \hat{C}]$.

15. Welche der folgenden Funktionen sind Eigenfunktionen des Inversionsoperators $\hat{I}$ (der überall x durch $-x$ ersetzt): (a) $x^3 - kx$, (b) $\cos(kx)$, (c) $\sin(k^2x)$ und (d) $x^2 + 3x - 1$? Wie lautet jeweils der Eigenwert?

16. Welche der Operatoren: $\hat{x}$, $\hat{p}_x$ und d/dx, sind hermitesch? Beweisen Sie Ihre Aussage.

17. Kann der d/dx-Operator eine Observable beschreiben? Begründen Sie die Antwort.

18. Betrachten Sie ein Teilchen (Masse m) in zwei Dimensionen, das sich in einem Potential $V(x,y)$ bewegt. Die Grundzustandseigenfunktion sei $\psi(x,y) = A\exp[-a_x(x - a_x)^2 - a_y(y - a_y)^2]$. Bestimmen Sie den Erwartungswert für xy.

19. Formulieren Sie die Unschärferelation für Ort und Impuls. Was ist mit Δx und was ist mit Δp_x gemeint? Was ist der mathematische Grund für diese Unschärferelation? Formulieren Sie auch die Unschärferelation für $\hat{L}_x$ (x-Komponente des Drehimpulses) und $\hat{L}^2$ (Quadrat des Drehimpulses). Es gilt $\vec{L} = (yp_z - zp_y, zp_x - xp_z, xp_y - yp_x)$.

20. $\Psi(x,t)$ ist die Wellenfunktion eines quantenmechanischen Systems. Welche physikalische Bedeutung hat diese Funktion? Wie berechnet man in Ortsdarstellung den Erwartungswert des Ortes bzw. des Impulses eines Teilchens? Kann man die Formel für den Erwartungswert beweisen?

21. Berechnen Sie das Ergebnis der Anwendung (i) von $\partial^2/\partial x^2 + \partial^2/\partial y^2 + \partial^2/\partial z^2$ auf die Funktion $x^2 + y^2 + z^2$ und (ii) von $d^2/dx^2 - 4x^2$ auf die Funktion e^{-ax^2}.

22. Bestimmen Sie die Eigenwerte und die Eigenfunktionen für (i) den Operator des Impulses in x-Richtung und (ii) den Operator der kinetischen Energie.

23. Wann kann man eine Größe scharf (jede Messung liefert denselben Wert a) messen? Wann kann man zwei Größen gleichzeitig scharf messen (jede Messung liefert dieselbe Werte a und b)? Begründen Sie die Antwort.

4 Teilchen im Kasten

4.1 Die Schrödinger-Gleichung und ihre Lösungen

Der Umgang mit der Schrödinger-Gleichung und ihren Lösungen kann am besten durch ein einfaches Beispiel erläutert werden. Das folgende Beispiel stellt eines der wenigen Systeme dar, für welche die Schrödinger-Gleichung analytisch gelöst werden kann. Es gibt nur wenige andere, wovon wir einige in den folgenden Kapiteln behandeln werden.

Wir betrachten hier ein Teilchen (in einer Dimension), dass sich nur im Bereich $0 \leq x \leq a$ befinden kann, siehe Abb. 4.1. Entsprechend ist das Potential

$$V(x) = \begin{cases} 0 & 0 \leq x \leq a \\ \infty & \text{sonst.} \end{cases} \tag{4.1}$$

Das Potential ist willkürlich im Inneren des Kastens gleich null gesetzt. Das entspricht der Tatsache, dass absolute Energien nie bestimmt werden können und nur Energieunterschiede bestimmbar sind. Deswegen kann willkürlich ein Energienullpunkt festgelegt werden, z. B. wie es hier erfolgt ist.

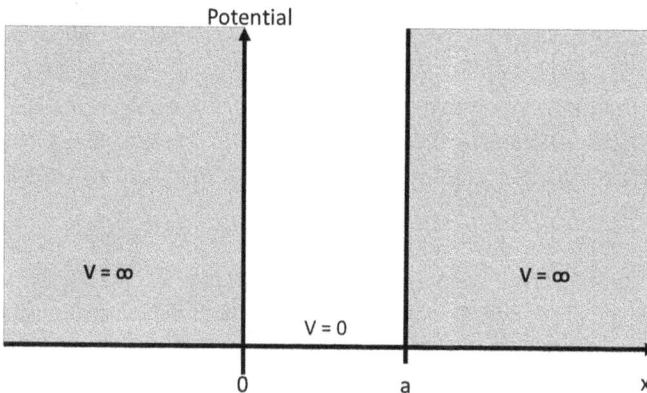

Abb. 4.1: Das Potential eines Teilchens in einem Kasten. In dem grauen Bereich ist das Potential unendlich, während innerhalb des Kastens das Potential gleich null ist.

Die zeitunabhängige Schrödinger-Gleichung für dieses System lautet

$$-\frac{\hbar^2}{2m}\frac{d^2}{dx^2}\psi(x) + V(x)\psi(x) = E\psi(x) \tag{4.2}$$

mit der Energie E gleich einer ortsunabhängigen Konstanten.

Gl. (4.2) gilt für alle x, also auch für x außerhalb des Kastens. Um zu verhindern, dass die Energie des Teilchens unendlich wird, muss dann gelten, dass die Wellenfunktion außerhalb des Kastens verschwindet,

https://doi.org/10.1515/9783111215075-004

$$\psi(x) = 0, \quad x < 0 \text{ oder } x > a. \tag{4.3}$$

Weil $\psi(x)$ kontinuierlich sein muss, muss auch gelten, dass die Wellenfunktion am Rande des Kastens verschwindet,

$$\psi(0) = \psi(a) = 0. \tag{4.4}$$

Innerhalb des Kastens lautet die Schrödinger-Gleichung

$$-\frac{\hbar^2}{2m}\frac{d^2}{dx^2}\psi(x) = E\psi(x). \tag{4.5}$$

Diese Gleichung hat die allgemeine Lösung

$$\psi(x) = A \cdot \sin(kx) + B \cdot \cos(kx) \tag{4.6}$$

mit

$$\frac{\hbar^2}{2m}k^2 = E, \tag{4.7}$$

was durch Einsetzen in Gl. (4.5) sofort erhalten wird.

Weil $\psi(0) = 0$, muss $B = 0$ sein. Die andere Randbedingung, $\psi(a) = 0$, bedeutet, dass

$$A \cdot \sin(ka) = 0. \tag{4.8}$$

$A = 0$ ist keine akzeptable Lösung (dann würde die Wellenfunktion null sein, und das Teilchen wäre verschwunden!). Stattdessen muss gelten

$$\sin(ka) = 0 \tag{4.9}$$

oder

$$ka = n\pi \tag{4.10}$$

mit $n = 1, 2, 3, \ldots$. Die Wellenfunktionen für $n < 0$ sind identisch mit denen für $n > 0$ bis auf das Vorzeichen, das irrelevant ist. Für $n = 0$ wird die Wellenfunktion identisch 0, sodass auch dieser Wert ignoriert werden kann.

Wir haben dann

$$\psi(x) = A \cdot \sin\left(\frac{n\pi x}{a}\right) \tag{4.11}$$

und

$$E = \frac{\hbar^2 n^2 \pi^2}{2ma^2}. \tag{4.12}$$

n ist eine ganze, positive Zahl. D. h., dass die Energie gequantelt ist. Aus dieser Herleitung erkennen wir auch, was allgemeingültig ist, dass die Quantelung der Energie aus den Randbedingungen [Gl. (4.4)] stammt.

Die Konstante A können wir dadurch bestimmen, dass wir verlangen, dass die Wellenfunktion normiert ist. D. h., die gesamte Wahrscheinlichkeit, das Teilchen irgendwo zu finden, soll gleich 1 sein,

$$\int_{-\infty}^{\infty} |\psi(x)|^2 \, dx = |A|^2 \int_{0}^{a} \left[\sin\left(\frac{n\pi x}{a} \right) \right]^2 dx = |A|^2 \frac{a}{2} \equiv 1, \tag{4.13}$$

woraus folgt

$$A = \sqrt{\frac{2}{a}}. \tag{4.14}$$

Hier haben wir das Integral in Gl. (4.13) mittels der Formeln in Kapitel 19 bestimmt.

Letztendlich zeigen wir in Abb. 4.2 die Wellenfunktionen und deren zugehörige Dichten [= $|\psi(x)|^2$]. Wir sehen hier deutlich, wie die erlaubten Wellenfunktionen diejenigen $\sin(kx)$-Funktionen sind, die gleich null für $x = 0$ sind, und die dann genauso oszillieren, dass sie bei $x = a$ wieder gleich null werden.

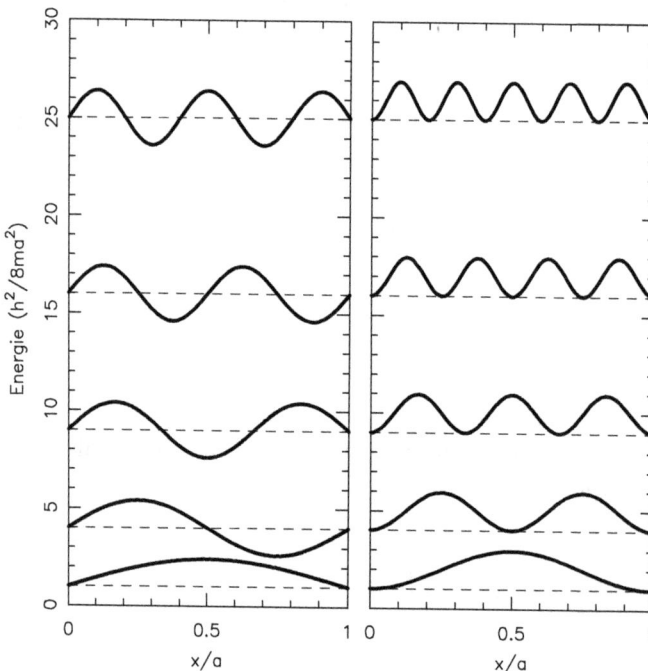

Abb. 4.2: Die Wellenfunktionen (linke Hälfte) und deren Quadrate (rechte Hälfte) für das Teilchen in einem Kasten. Die Funktionen sind gleichzeitig als Funktion der Energie dargestellt.

4.2 Zeitabhängige Lösungen

Wir werden uns zwar beinahe ausschließlich mit den stationären Lösungen beschäftigen, es kann trotzdem interessant sein, auch die nicht-stationären Lösungen zu betrachten, auch weil wir dabei einen Vergleich zwischen klassischer Physik und Quantenphysik erhalten können.

Im oberen Teil der Abb. 4.3 ist die zeitliche Entwicklung der Dichte einer Wellenfunktion dargestellt, deren Dichte ursprünglich eine Gauss-Funktion im linken Teil des Kastens ist. Man sieht, dass die Wellenfunktion zuerst breiter wird und dann später die rechte Wand trifft, wo eine Menge Oszillationen auftreten. Nach der Reflektion an der

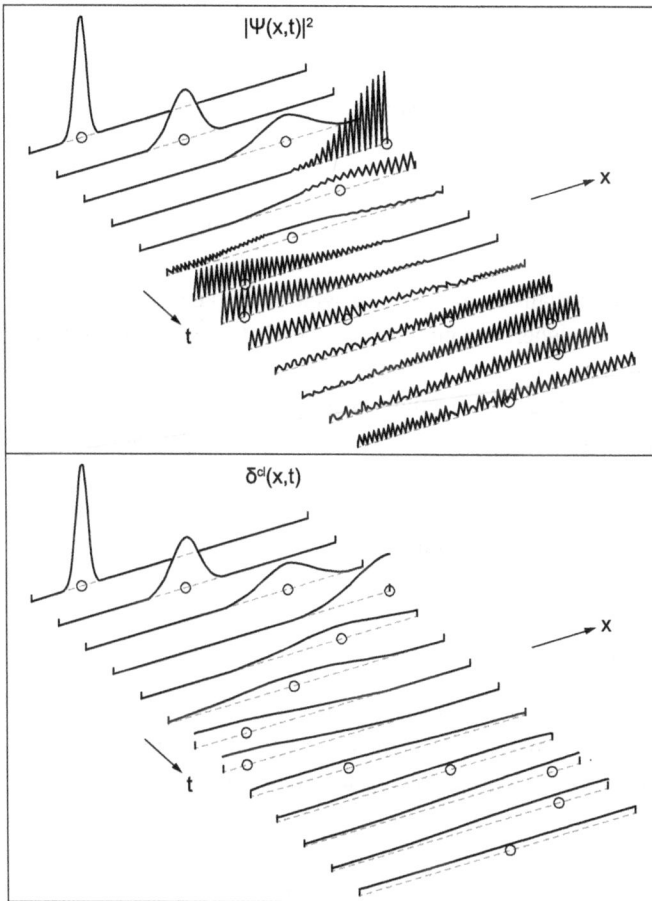

Abb. 4.3: Die zeitliche Entwicklung der Dichte einer Wellenfunktion, die sich in einem eindimensionalen Kasten befindet (oben) im Vergleich zu einem klassischen System (unten). Angepasst aus dem Buch S. Brandt und H. D. Dahmen, *The Picture Book of Quantum Mechanics*, Springer-Verlag, 1995.

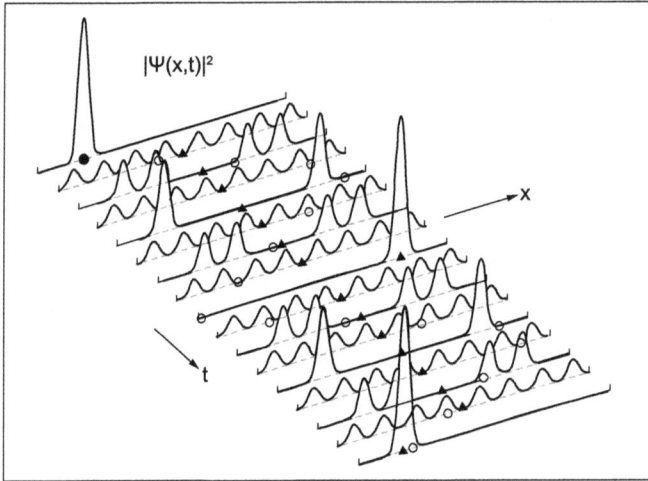

Abb. 4.4: Wie im oberen Teil von Abb. 4.3, aber über einen Zeitraum 60-mal so lang wie in Abb. 4.3. Angepasst aus dem Buch S. Brandt und H. D. Dahmen, *The Picture Book of Quantum Mechanics*, Springer-Verlag, 1995.

rechten Wand wird die Wellenfunktion immer breiter und delokalisiert über den ganzen Kasten.

Wenn wir das mit dem Verhalten einer zähflüssigen Flüssigkeit vergleichen, die sich in einem Kasten befindet, sehen wir ein ähnliches Verhalten (siehe unteres Bild in Abb. 4.3), obwohl die Oszillationen hier ausbleiben.

Aber betrachtet man noch längere Zeiträume, passiert Erstaunliches in der Quantenwelt. Wie Abb. 4.4 zeigt, läuft die Wellenfunktion später wieder zusammen und bildet das Spiegelbild der ursprünglichen Wellenfunktion in der rechten Hälfte des Kastens. Und noch später taucht die ursprüngliche Wellenfunktion wieder auf. Dieses Verhalten ist eine klare Abweichung vom klassischen Verhalten.

4.3 Erwartungswerte

Wir werden jetzt die stationären Wellenfunktionen für das Teilchen im eindimensionalen Kasten dazu verwenden, um verschiedene Erwartungswerte und Unschärfen zu berechnen. Zuerst erhalten wir (indem wir ausnutzen, dass die Wellenfunktionen reell sind)

$$\langle x \rangle = \int_0^a \psi(x)x\psi(x)\,dx = \frac{2}{a}\int_0^a x\sin^2\left(\frac{n\pi x}{a}\right)dx$$

$$= \frac{2}{a}\left[\frac{x^2}{4} - \frac{x}{4a}\sin(2\alpha x) - \frac{1}{8\alpha^2}\cos(2\alpha x)\right]_0^a = \frac{a}{2}, \tag{4.15}$$

wo wir der Einfachheit halber

$$\alpha = \frac{n\pi}{a} \tag{4.16}$$

eingeführt und die Integrale in Kapitel 19 benutzt haben. Gl. (4.15) zeigt, dass das Teilchen im Durchschnitt in der Mitte des Kastens zu finden ist – ein Ergebnis, das durchaus Sinn ergibt, wenn man Abb. 4.3 betrachtet.

Ferner finden wir

$$\langle x^2 \rangle = \int_0^a \psi(x) x^2 \psi(x)\, dx = \frac{2}{a} \int_0^a x^2 \sin^2\left(\frac{n\pi x}{a}\right) dx$$

$$= \frac{2}{a}\left[\frac{x^3}{6} - \frac{x}{4\alpha^2}\cos(2\alpha x) - \left(\frac{x^2}{4\alpha} - \frac{1}{8\alpha^3}\right)\sin(2\alpha x)\right]_0^a$$

$$= \frac{2}{a}\left(\frac{a^3}{6} - \frac{a}{4\alpha^2}\right) = \frac{2}{a}\left(\frac{a^3}{6} - \frac{a^3}{4n^2\pi^2}\right) = a^2\left(\frac{1}{3} - \frac{1}{2n^2\pi^2}\right). \tag{4.17}$$

Aus Gl. (4.15) und (4.17) erhalten wir die Unschärfe der Ortskoordinate,

$$\Delta x = [\langle x^2 \rangle - \langle x \rangle^2]^{1/2} = a\sqrt{\frac{1}{12} - \frac{1}{2n^2\pi^2}}. \tag{4.18}$$

Für die Impulskoordinate finden wir

$$\langle p \rangle = \int_0^a \psi(x)\frac{\hbar}{i}\frac{d}{dx}\psi(x)\, dx = \int_0^a \psi(x)\left[\frac{\hbar}{i}\frac{d}{dx}\psi(x)\right] dx$$

$$= \frac{\hbar}{i}\frac{2}{a}\int_0^a \sin(\alpha x)\left[\frac{d}{dx}\sin(\alpha x)\right] dx = \frac{\hbar}{i}\frac{2}{a}\alpha\int_0^a \sin(\alpha x)\cos(\alpha x)\, dx$$

$$= \frac{\hbar}{i}\frac{2}{a}\alpha\left[\frac{-1}{4\alpha}\cos(2\alpha x)\right]_0^a = 0 \tag{4.19}$$

und

$$\langle p^2 \rangle = \int_0^a \psi(x)\left[\frac{\hbar}{i}\frac{d}{dx}\right]^2\psi(x)\, dx = \int_0^a \psi(x)\left[\frac{\hbar^2}{i^2}\frac{d^2}{dx^2}\psi(x)\right] dx$$

$$= -\hbar^2\frac{2}{a}\int_0^a \sin(\alpha x)\left[\frac{d^2}{dx^2}\sin(\alpha x)\right] dx = \hbar^2\frac{2}{a}\alpha^2\int_0^a \sin^2(\alpha x)\, dx$$

$$= \hbar^2\alpha^2 = \frac{n^2\pi^2\hbar^2}{a^2}. \tag{4.20}$$

Gl. (4.19) ergibt Sinn, weil es gleich wahrscheinlich ist, dass sich das Teilchen nach links oder nach rechts bewegt.

Aus Gl. (4.19) und (4.20) erhalten wir

$$\Delta p = [\langle p^2 \rangle - \langle p \rangle^2]^{1/2} = \frac{n\pi\hbar}{a}. \tag{4.21}$$

Und dann letztendlich

$$\Delta x \cdot \Delta p = a\sqrt{\frac{1}{12} - \frac{1}{2n^2\pi^2}} \cdot \frac{n\pi\hbar}{a} = \left(\sqrt{\frac{n^2\pi^2}{12} - \frac{1}{2}}\right)\hbar \geq 0.568\hbar, \tag{4.22}$$

wo wir in der letzten Identität den Wert von n, 1, eingesetzt haben, der zum kleinsten Wert von $\Delta x \cdot \Delta p$ führt. Also ist Heisenbergs Unschärferelation erfüllt!

Die Gleichungen zeigen auch Folgendes: Je mehr das Teilchen im Ortsraum delokalisiert ist (d. h., je größer a wird), desto schmaler wird die Verteilung der Impulswerte. Orts- und Impulseigenschaften sind also nicht unabhängig voneinander.

4.4 Vollständiger Satz

Die (normierten) Eigenfunktionen für ein Teilchen im Kasten,

$$\psi(x) = \psi_n(x) = \sqrt{\frac{2}{a}} \sin\left(\frac{n\pi x}{a}\right), \quad n = 1, 2, \ldots, \tag{4.23}$$

sind im Intervall

$$0 \leq x \leq a \tag{4.24}$$

definiert und erfüllen

$$f(0) = f(a) = 0. \tag{4.25}$$

Sie bilden einen vollständigen Satz von Funktionen, sodass alle Funktionen, die im Intervall Gl. (4.24) definiert sind und die Gl. (4.25) erfüllen, nach diesem Satz entwickelt werden können,

$$f(x) = \sum_n c_n \psi_n(x). \tag{4.26}$$

Eine solche Funktion ist eine Parabel

$$f(x) = \begin{cases} k \cdot x \cdot (a - x) & 0 \leq x \leq a \\ 0 & \text{sonst.} \end{cases} \tag{4.27}$$

mit k gleich einer Konstanten.

Die Entwicklungskonstanten c_n sind in diesem Fall gegeben durch

$$c_n = \langle \psi_n | f \rangle = \int_0^a \psi_n(x) f(x)\, dx. \tag{4.28}$$

Wir werden diese ausrechnen und dabei

$$\alpha = \frac{n\pi}{a}$$
$$\sin(\alpha \cdot 0) = 0$$
$$\sin(\alpha \cdot a) = 0$$
$$\cos(\alpha \cdot 0) = 1$$
$$\cos(\alpha \cdot a) = (-1)^n \tag{4.29}$$

sowie die Integrale in Kapitel 19 zur Hand nehmen. Dann erhalten wir

$$c_n = \int_0^a \sqrt{\frac{2}{a}} \sin(\alpha x) k(ax - x^2)\, dx = k\sqrt{\frac{2}{a}} \int_0^a [ax\sin(\alpha x) - x^2\sin(\alpha x)]\, dx$$

$$= k\sqrt{\frac{2}{a}}\left[\frac{a}{\alpha^2}\sin(\alpha x) - \frac{ax}{\alpha}\cos(\alpha x) - \frac{2}{\alpha^3}\cos(\alpha x) - \frac{2x}{\alpha^2}\sin(\alpha x) + \frac{x^2}{\alpha}\cos(\alpha x) \right]_0^a$$

$$= k\sqrt{\frac{2}{a}}\left[-\frac{a^2}{\alpha}(-1)^n - \frac{2}{\alpha^3}(-1)^n + \frac{a^2}{\alpha}(-1)^n + \frac{2}{\alpha^3} \right]$$

$$= k\sqrt{\frac{2}{a}}\frac{2}{\alpha^3}[1 - (-1)^n] = k\sqrt{\frac{2}{a}}\frac{2a^3}{n^3\pi^3}[1 - (-1)^n]. \tag{4.30}$$

Dass die Koeffizienten für gerade n null sind, lässt sich leicht durch die Symmetrieeigenschaften der Funktionen erklären:

$$f(x) = f(a - x)$$
$$\psi_n(x) = -(-1)^n \psi_n(a - x). \tag{4.31}$$

Daraus erkennen wir, dass für gerade n $\psi_n(x)$ antisymmetrisch ist, wenn $x \to a - x$ geändert wird, während für ungerade n die Funktion symmetrisch ist. Das Letztere gilt auch für $f(x)$.

4.5 Kinetische Energie

Die Wellenfunktion

$$\psi(x) = \sqrt{\frac{2}{a}} \sin\left(\frac{n\pi x}{a} \right) \tag{4.32}$$

ist nur im Bereich $0 \leq x \leq a$ ungleich null. In diesem Bereich ist das Potential gleich null, was bedeutet, dass die Energie des Teilchens,

$$E = \frac{\hbar^2 \pi^2}{2ma^2} n^2, \tag{4.33}$$

ausschließlich aus der kinetischen Energie herrührt. Wir erkennen aus Gl. (4.33), dass die kinetische Energie geringer wird, wenn die Länge des Kastens größer wird, obwohl es zuerst nicht einfach ist, die Ursache dafür zu identifizieren. Letztendlich gibt es keinen besonderen Grund dafür, dass das Teilchen langsamer wird, wenn es sich in einem größeren Bereich bewegen kann.

Aber in der Quantentheorie kann die kinetische Energie mithilfe der Wellenfunktion im Ortsraum berechnet werden. Wir haben

$$
\begin{aligned}
\langle E_{\text{kin}} \rangle &= \int_0^a \psi^*(x) \left[-\frac{\hbar^2}{2m} \frac{d^2}{dx^2} \psi(x) \right] dx = -\frac{\hbar^2}{2m} \int_0^a \psi^*(x) \left[\frac{d^2}{dx^2} \psi(x) \right] dx \\
&= -\frac{\hbar^2}{2m} \left[\psi^*(x) \frac{d}{dx} \psi(x) \right]_0^a + \frac{\hbar^2}{2m} \int_0^a \frac{d}{dx} \psi^*(x) \frac{d}{dx} \psi(x)\, dx \\
&= \frac{\hbar^2}{2m} \int_0^a \frac{d}{dx} \psi^*(x) \frac{d}{dx} \psi(x)\, dx = \frac{\hbar^2}{2m} \int_0^a \left| \frac{d}{dx} \psi(x) \right|^2 dx,
\end{aligned}
\tag{4.34}
$$

wo wir benutzt haben, dass die Wellenfunktion bei $x = 0$ und $x = a$ verschwindet. Gl. (4.34) ist allgemeingültig, wenn wir Systeme betrachten, für welche die Wellenfunktion am Rande ihres Gültigkeitsbereich verschwindet.

Gl. (4.34) zeigt, dass die kinetische Energie groß wird, wenn die Wellenfunktion stark oszilliert und dadurch eine große Ableitung nach der Ortskoordinate besitzt. Für das Teilchen im Kasten bedeutet dies, dass die Wellenfunktion bei einer Vergrößerung des Kastens ausgedehnter und gleichzeitig aufgrund der Normalisierungskonstante im Allgemeinen kleiner wird. Dies bedeutet, dass die Wellenfunktion dann weniger kräftig oszilliert und die kinetische Energie reduziert wird. Grundsätzlich gilt deswegen, dass die kinetische Energie am geringsten wird, wenn die Wellenfunktion so wenige Knoten (Nulldurchgänge) wie möglich besitzt und über einem maximal großen Bereich verteilt ist.

4.6 Impulsdarstellung

Die Wellenfunktion im Impulsraum ist gegeben durch Gl. (3.69),

$$\phi_n(p) = (2\pi\hbar)^{-1/2} \int e^{-\frac{ipx}{\hbar}} \psi_n(x)\, dx = (2\pi\hbar)^{-1/2} \int_0^a e^{-\frac{ipx}{\hbar}} \sqrt{\frac{2}{a}} \sin\left(\frac{n\pi x}{a} \right) dx$$

$$= (2a\hbar)^{-1/2} \frac{1}{2i} \int_0^a \left[e^{i(\frac{n\pi}{a} - \frac{p}{\hbar})x} - e^{i(-\frac{n\pi}{a} - \frac{p}{\hbar})x} \right] dx$$

$$= (2a\hbar)^{-1/2} \frac{1}{2i} \left[\frac{e^{i(\frac{n\pi}{a} - \frac{p}{\hbar})x}}{i(\frac{n\pi}{a} - \frac{p}{\hbar})} - \frac{e^{i(-\frac{n\pi}{a} - \frac{p}{\hbar})x}}{i(-\frac{n\pi}{a} - \frac{p}{\hbar})} \right]_0^a$$

$$= \frac{1}{2}(2a\hbar)^{-1/2} \left[\frac{1}{\frac{n\pi}{a} - \frac{p}{\hbar}} + \frac{1}{\frac{n\pi}{a} + \frac{p}{\hbar}} - \frac{e^{i(\frac{n\pi}{a} - \frac{p}{\hbar})a}}{\frac{n\pi}{a} - \frac{p}{\hbar}} + \frac{e^{i(-\frac{n\pi}{a} - \frac{p}{\hbar})x}}{-\frac{n\pi}{a} - \frac{p}{\hbar}} \right]$$

$$= \frac{1}{2}(2a\hbar)^{-1/2} [1 - (-1)^n e^{-ipa/\hbar}] \left[\frac{1}{\frac{n\pi}{a} - \frac{p}{\hbar}} + \frac{1}{\frac{n\pi}{a} + \frac{p}{\hbar}} \right]$$

$$= \frac{1}{2}\sqrt{\frac{a}{\pi\hbar}} \left[\frac{1}{n\pi - y} + \frac{1}{n\pi + y} \right] \cdot [1 - (-1)^n e^{-iy}] \tag{4.35}$$

mit

$$y = pa/\hbar. \tag{4.36}$$

Hier haben wir die bekannte Beziehung

$$\sin s = \frac{1}{2i}(e^{is} - e^{-is}) \tag{4.37}$$

benutzt.

Man erkennt, dass

$$\phi_n(-p) = \phi_n^*(p) \tag{4.38}$$

sodass es gleich wahrscheinlich ist, dass sich das Teilchen in der positiven wie in der negativen Richtung bewegt. Ferner gilt, dass für die Werte von $|p|$, für welche $|\phi_n(p)|^2$ am größten ist, $|\phi_n(p)|^2$ mit zunehmendem $|p|$ abnimmt und mit zunehmendem n zunimmt. Das Letztere steht im Einklang damit, dass die Energie nur aus kinetischer Energie besteht und mit n zunimmt.

In Abb. 4.5 sind die Dichten im Impulsraum, $|\phi_n(p)|^2$, für $n = 1$ bis $n = 9$ als Funktion von y in Gl. (4.36) dargestellt und ohne den Faktor $\frac{a}{4\pi\hbar}$ auf der y-Achse. In dieser Abbildung erkennen wir, dass die Dichte Maxima für $y = \pm n\pi$ hat, wenn auch die Dichte für andere y Werte nicht exakt null ist. Dadurch wird Heisenbergs Unschärferelation erhalten bleiben. Für $y = \pm n\pi$ ist

$$\left| \phi_n\left(\pm \frac{n\pi\hbar}{a} \right) \right| = \frac{1}{2n\pi} \sqrt{\frac{a}{\pi\hbar}}. \tag{4.39}$$

Die Maxima für $y = \pm n\pi$ können wir mithilfe der Beziehung von de Broglie verstehen

$$\lambda = \frac{h}{p} = \frac{h}{y\hbar/a} = \frac{2\pi a}{\pm n\pi} = \pm \frac{2a}{n} \tag{4.40}$$

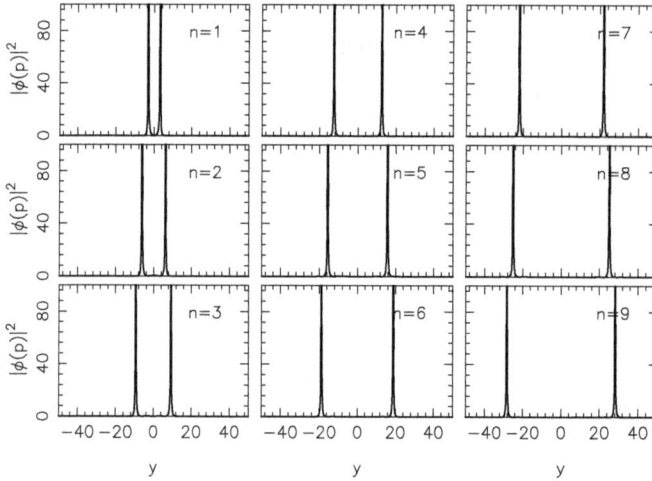

Abb. 4.5: Skalierte Dichten im Impulsraum für ein Teilchen im Kasten für die neun energetisch niedrigsten Zustände.

oder

$$a = \pm n\frac{\lambda}{2}. \tag{4.41}$$

Demnach entsprechen die Maxima einer ganzen Zahl von halben Wellenlängen, die in den Kasten passen. Dass dies der Fall ist, ist in Abb. 4.2 leicht zu erkennen.

4.7 Experimentelle Realisierungen: Konjugierte Moleküle

Das Teilchen im Kasten ist ein Modellsystem, das sich relativ leicht mathematisch behandeln lässt und gleichzeitig auch die Entstehung der Quantelung der Energie illustriert. Aber das Teilchen im Kasten liefert auch eine erstaunlich genaue Beschreibung von π-Elektronen in langen, konjugierten Systemen, z. B. in β-Carotin. Für ein langes, konjugiertes Molekül werden delokalisierte π-Elektronen durch Absorption von ultraviolettem oder sichtbarem Licht angeregt. Nimmt man an, dass sich die π-Elektronen frei und unabhängig voneinander in einem Kasten mit der Länge L bewegen, kann die Energie der energetisch niedrigsten Anregung abgeschätzt werden. Mit $2n$ π-Elektronen sind die Energien des obersten besetzten Molekülorbitals und des niedrigsten unbesetzten Molekülorbitals gleich

$$\epsilon_{\text{HOMO}} = \frac{\hbar^2 \pi^2}{2mL^2} n^2$$

$$\epsilon_{\text{LUMO}} = \frac{\hbar^2 \pi^2}{2mL^2} (n+1)^2 \tag{4.42}$$

(HOMO = Highest Occupied Molecular Orbital; LUMO = Lowest Unoccupied Molecular Orbital). Daraus erhält man die niedrigste Anregungsenergie

$$\Delta \epsilon = \epsilon_{\text{LUMO}} - \epsilon_{\text{HOMO}} = \frac{\hbar^2 \pi^2}{2mL^2}(2n + 1). \tag{4.43}$$

Ist diese Energie bekannt, kann dadurch z. B. die Länge des Moleküls abgeschätzt werden.

Um dieses zu verdeutlichen, betrachten wir Abb. 4.6. Die zwei Hälften zeigen die Energieniveaus und deren Besetzung zweier verschiedener Moleküle, die sich in der Größe unterscheiden: Das Molekül in der rechten Hälfte ist doppelt so groß und hat doppelt so viele Valenzelektronen wie das in der linken Hälfte. Auch die energetisch niedrigsten Anregungen der beiden Moleküle sind gezeigt, und dabei erkennt man deutlich, wie diese Anregungsenergien kleiner werden, je größer das Molekül wird.

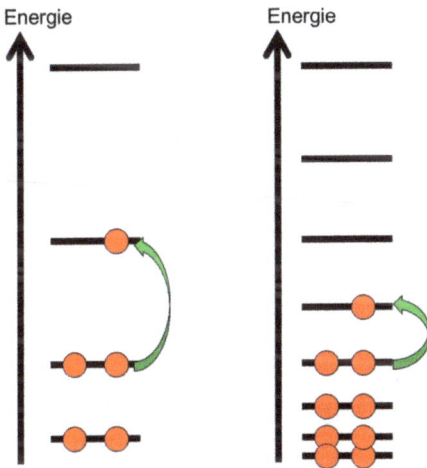

Abb. 4.6: Das Modell des Teilchens im Kasten angewandt für zwei verschieden lange Moleküle. Das Molekül in der linken Hälfte ist halb so lang und hat halb so viele Elektronen wie das in der rechten Hälfte. Die krummen Pfeile zeigen die energetisch niedrigsten Anregungen.

Hans Kuhn hat in einer Arbeit, Helv. Chim. Acta **31**, 1441–1455 (1948), gezeigt, wie das Modell des Teilchens im Kasten für konjugierte Moleküle verwendet werden kann, auch um quantitative Aussagen machen zu können. Wir werden hier kurz zwei Beispiele seiner Arbeit diskutieren.

Abb. 4.7 zeigt im linken Teil die Struktur eines symmetrischen Cyaninfarbstoffs. Hier werden wir uns auf das Verhalten der π-Elektronen konzentrieren. Von jedem C-Atom der Polymethinkette sowie von den zwei N-Atomen zu beiden Seiten der Kette gehen drei σ-Bindungen aus. Für diese Bindungen verwendet jedes C-Atom und jedes N-Atom je drei Valenzelektronen, so-dass dann von jedem C-Atom ein Valenzelektron

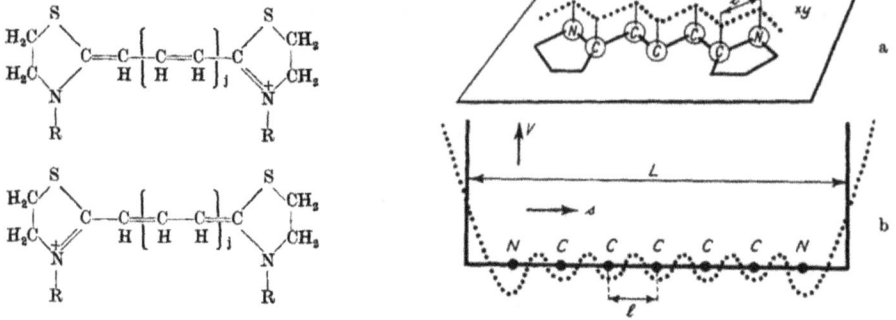

Abb. 4.7: Das Modell des Teilchens im Kasten angewendet auf ein konjugiertes Molekül. Reproduziert mit freundlicher Genehmigung von John Wiley & Sons aus Hans Kuhn, *Elektronengasmodell zur quantitativen Deutung der Lichtabsorption von organischen Farbstoffen I.*, Helv. Chim. Acta **31**, 1441–1455 (1948).

und von den beiden N-Atomen insgesamt drei Valenzelektronen übrig bleiben. Die Anzahl der π-Elektronen ist dann

$$N = Z + 1,\tag{4.44}$$

wobei Z die Anzahl der Atome darstellt, welche miteinander zu einer Kette resonierender Einfach- und Doppelbindungen verbunden sind. Ferner ist (siehe Abb. 4.7)

$$Z = 2j + 5\tag{4.45}$$

mit j in Abb. 4.7 gezeigt.

Wie in Gl. (4.42) und (4.43) erhalten wir dann

$$\epsilon_{\mathrm{HOMO}} = \frac{\hbar^2 \pi^2}{2mL^2}\left(\frac{N}{2}\right)^2$$

$$\epsilon_{\mathrm{LUMO}} = \frac{\hbar^2 \pi^2}{2mL^2}\left(\frac{N}{2}+1\right)^2$$

$$\Delta\epsilon = \epsilon_{\mathrm{LUMO}} - \epsilon_{\mathrm{HOMO}} = \frac{\hbar^2 \pi^2}{2mL^2}(N+1).\tag{4.46}$$

Mit l als typische Länge einer C–C oder C–N Bindung gilt

$$L = N \cdot l\tag{4.47}$$

(siehe Abb. 4.7), und die Beziehungen zwischen Wellenlänge, Frequenz und Energie lautet

$$\lambda = \frac{c}{v} = \frac{hc}{hv} = \frac{hc}{\Delta\epsilon}.\tag{4.48}$$

Anschließend benutzen wir Gl. (4.46) und (4.47) und erhalten

$$\lambda = \frac{8mc}{h} \frac{l^2 N^2}{N+1}. \tag{4.49}$$

Setzen wir Zahlenwerte ein (einschließlich des typischen Wertes $l = 1.39\,\text{Å}$), erhalten wir

$$\lambda = 637\,\text{Å} \cdot \frac{2N^2}{N+1}. \tag{4.50}$$

Mit Gl. (4.44) und (4.45) ergibt sich daraus für $j = 1$, $\lambda = 4530\,\text{Å}$, während ein experimenteller Wert bei $\lambda = 4450\,\text{Å}$ liegt: also eine erstaunlich gute Übereinstimmung.

Für die Systeme in Abb. 4.8 ändert sich nur Gl. (4.45). In diesem Fall ist

$$Z = 2j' + 9. \tag{4.51}$$

Mit dieser Modifikation erhält man die in Tabelle 4.1 angegebenen Wellenlängen, wo ferner auch die experimentellen Ergebnisse aufgelistet sind. Wiederum erkennt man eine erstaunlich gute Übereinstimmung, vor allem wenn man bedenkt, wie einfach das Modell von Hans Kuhn ist.

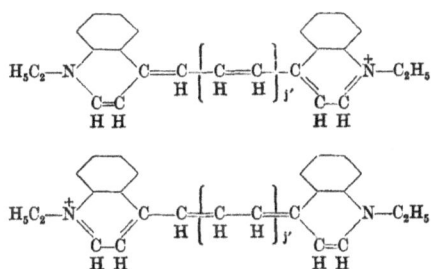

Abb. 4.8: Das Modell des Teilchens im Kasten angewandt auf ein konjugiertes Molekül. Reproduziert mit freundlicher Genehmigung von John Wiley & Sons aus Hans Kuhn, *Elektronengasmodell zur quantitativen Deutung der Lichtabsorption von organischen Farbstoffen I.*, Helv. Chim. Acta **31**, 1441–1455 (1948).

Tab. 4.1: Berechnete und experimentelle Werte der Wellenlängen (in nm) der ersten elektronischen Anregung der Moleküle in Abb. 4.8. für verschiedene Werte von j'.

Z	N	j'	λ (Theorie)	λ (Experiment)
9	10	0	579	590
11	12	1	706	710
13	14	2	834	820
15	16	3	959	930

4.8 Experimentelle Realisierungen: Ketten aus Metallatomen

In einer neueren Arbeit, *Realization of a particle-in-a-box: electron in an atomic Pd chain*, veröffentlicht in J. Phys. Chem. B **109**, 20657–20660 (2005), haben Niklas Nilius, Thomas M. Wallis und Wilson Ho Ergebnisse für ein System dargestellt, das dem Teilchen im Kasten recht nahe kommt.

Mithilfe eines Rastertunnelmikroskops (siehe später: Kapitel 5.3) haben die Autoren zuerst Ketten aus Pd-Atomen auf einer NiAl-Oberfläche erzeugt. Diese Ketten haben bis zu 20 Atome und sind linear (siehe Abb. 4.9). Anschließend kann man einen experimentellen Aufbau wie in Abb. 4.10 benutzen, um Elektronen von einer Metallspitze durch

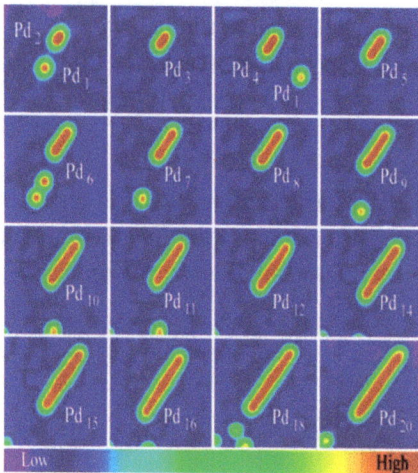

Abb. 4.9: Ketten aus Pd-Atomen auf einer NiAl-Oberfläche. Reproduziert mit freundlicher Genehmigung der American Chemical Society aus N. Nilius, T. M. Wallis und W. Ho, *Realization of a particle-in-a-box: electron in an atomic Pd chain*, J. Phys. Chem. B **109**, 20657–20660 (2005).

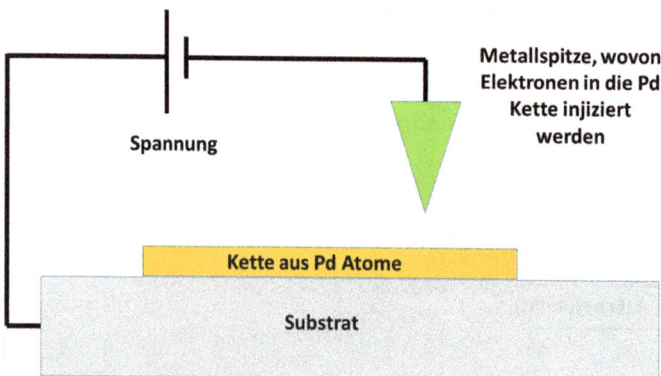

Abb. 4.10: Skizze eines experimentellen Aufbaus, womit Elektronen an verschiedenen Orten entlang einer Kette aus Pd-Atomen injiziert werden können.

die Kette aus Pd-Atomen ins Substrat zu injizieren. Wenn die Position der Spitze sehr genau bestimmt wird, kann man dann Information zur Wahrscheinlichkeit erhalten, dass ein Elektron an einem bestimmten Ort entlang der Pd-Kette injiziert wird. Diese Wahrscheinlichkeiten hängen von der Energie des injizierten Elektrons ab und ähneln denjenigen, die man erhält, wenn man sie aus Wellenfunktionen eines Teilchens im Kasten bestimmt, obwohl es auch Abweichungen davon gibt (z. B. ist das System nicht ganz eindimensional, und das Potential ist nicht ganz konstant entlang der Pd-Kette).

Dies ist in Abb. 4.11 dargestellt. Diese Abbildung zeigt an der rechten und linken Seite Höhenlinien der Dichten verschiedener Orbitale, während die mittleren Bilder die Dichten entlang der Mitte der Kette wiedergeben. Die Spannungen, die angegeben sind, sind diejenigen, die zur Injektion der Elektronen verwendet werden. Je höher die Spannung, desto höher ist die Energie der Wellenfunktion.

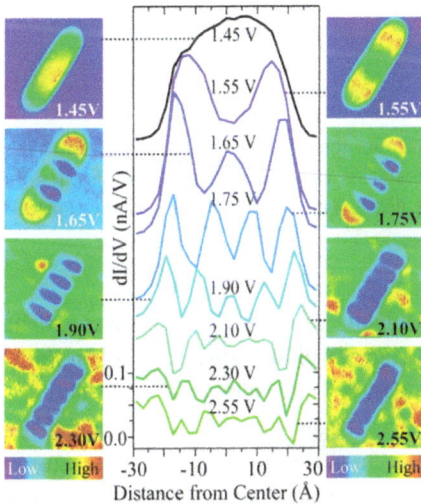

Abb. 4.11: Elektronendichten verschiedener Orbitale einer Pd_{20}-Kette. Reproduziert mit freundlicher Genehmigung der American Chemical Society aus N. Nilius, T. M. Wallis und W. Ho, *Realization of a particle-in-a-box: electron in an atomic Pd chain*, J. Phys. Chem. B **109**, 20657–20660 (2005).

Man sieht, dass bei der niedrigsten Spannung (1.45 V) die Dichte derjenigen des energetisch niedrigsten Zustandes des Teilchens im Kasten sehr ähnelt. Auch für die nächste Dichte (1.55 V) ist eine Ähnlichkeit mit der entsprechenden Wellenfunktion des Teilchens im Kasten erkennbar. Bei noch höheren Spannungen wird die Ähnlichkeit langsam geringer, aber trotzdem kann man mit gutem Willen die grundlegenden Prinzipien der Wellenfunktionen des Teilchens im Kasten erkennen.

4.9 Ein Modell chemischer Bindungen

Die Ergebnisse dieses Kapitels können auch dazu verwendet werden, Einsicht in chemische Bindungen zu gewinnen. Wir werden dieses mithilfe des Beispiels in Abb. 4.12 diskutieren.

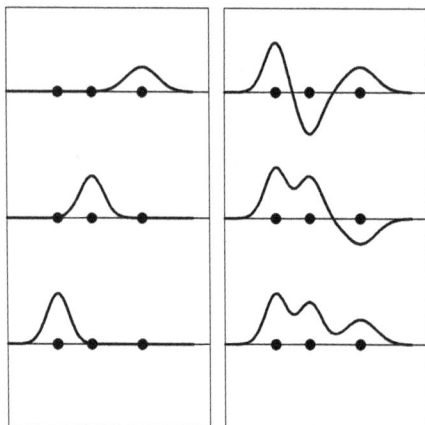

Abb. 4.12: Einfaches Modell für chemische Bindungen eines dreiatomigen Moleküls. Die linke Hälfte zeigt schematisch Orbitale, die an den einzelnen Atomen lokalisiert sind, während die rechte Hälfte illustriert, wie aus diesen Atomorbitalen Molekülorbitale erzeugt werden können. Die drei Punkte markieren Positionen der drei Atomkerne.

Wir betrachten ein lineares, dreiatomiges Molekül. Für die drei isolierten, nichtwechselwirkenden Atome haben wir atomzentrierte Orbitale, wie in der linken Hälfte gezeigt. Bringen wir die drei Atome im Molekül zusammen, können wir aus den drei atomzentrierten Orbitalen drei Molekülorbitale erzeugen (was wir wiederholt später in diesem Buch behandeln werden), wie in der rechten Hälfte der Abb. 4.12 gezeigt.

Zunächst erkennen wir, dass Elektronen in diesen Orbitalen mehr Raum zur Verfügung haben. Aus dem Modell des Teilchens im Kasten ist bekannt, dass wir dadurch eine niedrigere (kinetische) Energie erhalten: Also die Delokalisierung der Elektronen führt zu einer Absenkung der Gesamtenergie – einer Stabilisierung des Systems.

Dieses gilt für alle drei Molekülorbitale. Wir wissen aber zusätzlich, dass die kinetische Energie eines Teilchens umso geringer ist, je weniger Knoten (Nullstellen) eine Wellenfunktion besitzt. Dementsprechend haben Elektronen, die das Molekülorbital besetzen, welches keine Knoten zwischen den Atomen aufweist, die niedrigste kinetische Energie. Um eine niedrige Gesamtenergie zu erhalten, werden Elektronen bevorzugt Molekülorbitale ohne Knoten zwischen den Atomen besetzen. Solche Orbitale werden oft als bindende Orbitale bezeichnet.

Letztendlich erkennen wir, dass die Molekülorbitale, die keine Knoten zwischen den Atomen besitzen, eine erhöhte Wahrscheinlichkeitsdichte genau zwischen den Atomen aufweisen. Elektronen, die sich in einem solchen Bereich befinden, werden in gleichem Maße von den beiden benachbarten Atomkernen angezogen und haben dadurch eine besonders niedrige (d. h. stärker negative) potentielle Energie. Auch dies führt zu einer Stabilisierung des Systems.

Die Schlussfolgerung ist, dass Molekülorbitale, die stark delokalisiert sind und die keine Knoten zwischen benachbarten Atomen besitzen, energetisch begünstigt sind und von Elektronen vorrangig besetzt werden. Solche Orbitale stabilisieren das Molekül. Umgekehrt destabilisieren stark oszillierende Orbitale mit Nullstellen zwischen benachbarten Atomen. Die Letzteren sind die antibindende Orbitale.

4.10 Mehrere Teilchen

In den beiden vorangegangenen Abschnitten haben wir Elektronen in Kettenverbindungen so betrachtet, als wären sie Teilchen in einem Kasten. Wie wir wissen, können sich mehrere Elektronen nicht in demselben Zustand befinden: Die Elektronen sind Fermionen; siehe Kapitel 18.5. Für die Teilchen im Kasten bedeutet dies bei niedrigen Temperaturen, dass für mehrere Teilchen die Niveaus energetisch von unten besetzen werden. Die Gesamtelektronendichte ist dann das, was wir erhalten werden, wenn wir für N Elektronen die Dichten der N energetisch niedrigsten Wellenfunktionen addieren,

$$\rho(x) = \sum_{n=1}^{N} \rho_n(x) = \sum_{n=1}^{N} \left| \sqrt{\frac{2}{a}} \sin\left(\frac{n\pi x}{a}\right) \right|^2. \tag{4.52}$$

Diese Funktion zusammen mit den Beiträgen der einzelnen Wellenfunktionen, ρ_n, ist in Abb. 4.13 für n und N zwischen 1 und 10 gezeigt. Hier haben wir nicht versucht, Spinkoordinaten zu berücksichtigen und deswegen $\rho(x)$ nicht mit 2 multipliziert und gleichzeitig N durch $N/2$ als Obergrenze in der Summation ersetzt.

4.11 Mehrere Dimensionen

Als weiteres Beispiel betrachten wir ein Teilchen in einem dreidimensionalen Kasten. Das Potential sei

$$V(x,y,z) = \begin{cases} 0 & 0 \le x \le a,\, 0 \le y \le b,\, 0 \le z \le c, \\ \infty & \text{sonst,} \end{cases} \tag{4.53}$$

und die (zeitunabhängige) Schrödinger-Gleichung lautet

$$\left[-\frac{\hbar^2}{2m} \left(\frac{\partial^2}{\partial x^2} + \frac{\partial^2}{\partial y^2} + \frac{\partial^2}{\partial z^2} \right) + V(x,y,z) \right] \psi(x,y,z) = E \cdot \psi(x,y,z). \tag{4.54}$$

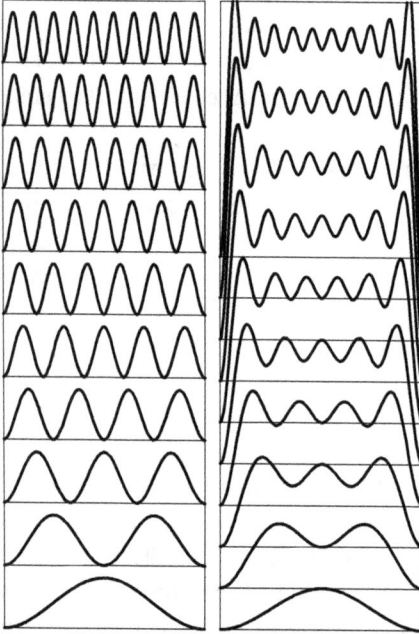

Abb. 4.13: Die linke Hälfte zeigt die Beiträge $\rho_n(x)$ der einzelnen Wellenfunktionen der Gl. (4.52) für n von 1 (unten) bis 10 (oben), während die rechte Hälfte die Gesamtdichte für N von 1 (unten) bis 10 (oben) zeigt.

Wie im eindimensionalen Fall muss $\psi(x,y,z) = 0$ außerhalb des Kastens gelten und deswegen auch gleich 0 an den Rändern des Kastens sein.

Wir gehen davon aus, dass $\psi(x,y,z)$ als Produkt aus drei Funktionen geschrieben werden kann, wobei jede Funktion nur von einer der drei Koordinaten abhängt,

$$\psi(x,y,z) = \psi_x(x) \cdot \psi_y(y) \cdot \psi_z(z). \tag{4.55}$$

Wenn wir diesen Ansatz in Gl. (4.54) einsetzen und anschließend durch das Produkt in Gl. (4.55) teilen, erhalten wir

$$\frac{-\frac{\hbar^2}{2m}\frac{\partial^2\psi_x(x)}{\partial x^2}}{\psi_x(x)} = E - \frac{-\frac{\hbar^2}{2m}\frac{\partial^2\psi_y(y)}{\partial y^2}}{\psi_y(y)} - \frac{-\frac{\hbar^2}{2m}\frac{\partial^2\psi_z(z)}{\partial z^2}}{\psi_z(z)}. \tag{4.56}$$

Die linke Seite hängt nur von x ab, aber nicht von y und z. Auf der anderen Seite hängt die rechte Seite nur von y und z ab, aber nicht von x. Also müssen beide Seiten unabhängig von allen drei Koordinaten und dementsprechend gleich einer Konstanten E_x sein. Daraus erhalten wir zwei Gleichungen

$$-\frac{\hbar^2}{2m}\frac{\partial^2\psi_x(x)}{\partial x^2} = E_x\psi_x(x) \tag{4.57}$$

und

$$\frac{-\frac{\hbar^2}{2m}\frac{\partial^2 \psi_y(y)}{\partial y^2}}{\psi_y(y)} = E - E_x - \frac{-\frac{\hbar^2}{2m}\frac{\partial^2 \psi_z(z)}{\partial z^2}}{\psi_z(z)}. \tag{4.58}$$

Für die letztere Gleichung benutzen wir analog zu oben, dass die linke Seite nur von y abhängt, aber nicht von z. Auf der anderen Seite hängt die rechte Seite nur von z ab, aber nicht von y. Also müssen beide Seiten unabhängig von den beiden Koordinaten und dementsprechend gleich einer Konstanten, E_y, sein.

Wiederum erhalten wir daraus zwei Gleichungen

$$-\frac{\hbar^2}{2m}\frac{\partial^2 \psi_y(y)}{\partial y^2} = E_y \psi_y(y) \tag{4.59}$$

und

$$-\frac{\hbar^2}{2m}\frac{\partial^2 \psi_z(z)}{\partial z^2} = E_z \psi_z(z) \tag{4.60}$$

sowie

$$E = E_x + E_y + E_z. \tag{4.61}$$

Die drei Gleichungen (4.57), (4.59) und (4.60) sind identisch zu der Gleichung, die wir für ein Teilchen in einem eindimensionalen Kasten behandelt haben, und wir können deswegen die Lösungen von dort direkt übernehmen. Man erhält dann

$$\psi(x,y,z) = \psi_{n_x,n_y,n_z}(x,y,z) = \sqrt{\frac{8}{abc}}\sin\left(\frac{n_x\pi x}{a}\right)\sin\left(\frac{n_y\pi y}{b}\right)\sin\left(\frac{n_z\pi z}{c}\right)$$

$$E = E_{n_x,n_y,n_z} = \frac{\hbar^2\pi^2}{2m}\left(\frac{n_x^2}{a^2} + \frac{n_y^2}{b^2} + \frac{n_z^2}{c^2}\right). \tag{4.62}$$

Wir haben hier explizit angeführt, dass die Wellenfunktion und die Energie von den drei **Quantenzahlen** n_x, n_y und n_z abhängen. Die drei Quantenzahlen sind ganze, positive Zahlen.

Ein Sonderfall tritt auf für

$$a = b = c. \tag{4.63}$$

Dann ist

$$E_{n_x,n_y,n_z} = \frac{\hbar^2\pi^2}{2ma^2}(n_x^2 + n_y^2 + n_z^2). \tag{4.64}$$

Z. B. die Zustände für $(n_x, n_y, n_z) = (1,8,5), (1,5,8), (5,1,8), (5,8,1), (8,1,5), (8,5,1), (4,7,5), (4,5,7), (7,4,5), (7,5,4), (5,4,7)$ und $(5,7,4)$ haben dann dieselbe Energie. Man spricht davon, dass diese Zustände **energetisch entartet** sind. Auch für andere Fälle von (a, b, c) gibt es solche **Entartungen**.

In dem einfacheren Fall eines zweidimensionalen Kastens erhalten wir auf analoge Weise

$$\psi(x, y) = \psi_{n_x, n_y}(x, y) = \sqrt{\frac{4}{ab}} \sin\left(\frac{n_x \pi x}{a}\right) \sin\left(\frac{n_y \pi y}{b}\right)$$

$$E = E_{n_x, n_y} = \frac{\hbar^2 \pi^2}{2m}\left(\frac{n_x^2}{a^2} + \frac{n_y^2}{b^2}\right). \tag{4.65}$$

Einige der energetisch niedrigsten Wellenfunktionen für den Fall $a = b$ sind in Abb. 4.14 gezeigt. Dass die Wellenfunktionen Produkte wie in Gl. (4.65) sind, ist erkennbar.

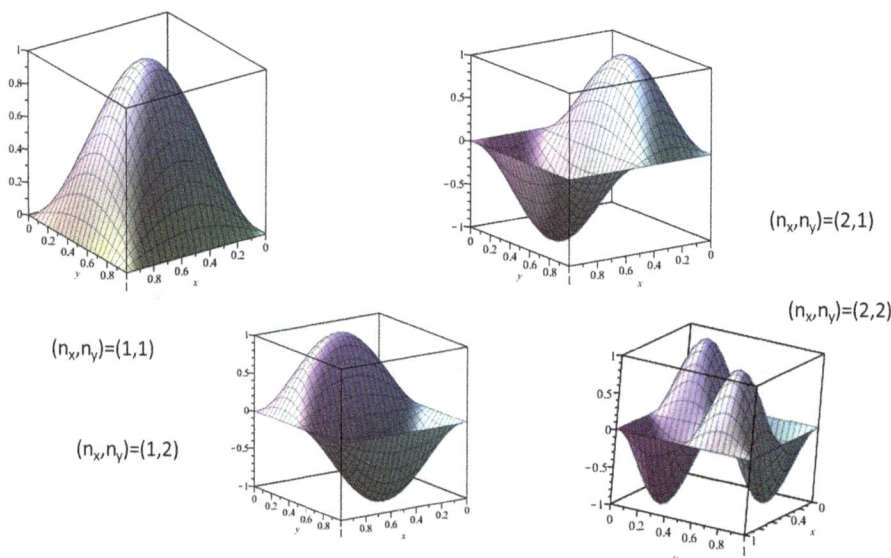

Abb. 4.14: Einige Wellenfunktionen eines Teilchens in einem zweidimensionalen, quadratischen Kasten.

Bilder wie in Abb. 4.14 zu erstellen, ist für den Ungeübten gar nicht leicht. Stattdessen stellt man solche Funktionen oft mittels Höhenkurven (auch Konturkurven genannt) dar. Dabei zeichnet man die meistens geschlossenen Kurven in einer zweidimensionalen Ebene, die man erhält, wenn man alle Punkte verbindet, die denselben Funktionswert haben. In unserem Fall bedeutet dies, dass wir die (x, y) Punkte verbinden, die denselben Wert für $\psi(x, y)$ besitzen. Solche Darstellungen für die Wellenfunktionen in Abb. 4.14 sind in Abb. 4.15 gezeigt.

Aus den Beispielen dieses Kapitels erkennen wir auch ein allgemeines Prinzip: Die Anzahl der Quantenzahlen ist identisch mit der Dimensionalität des Problems. Für ein einziges Teilchen in einem eindimensionalen Potential haben wir eine Quantenzahl. Für

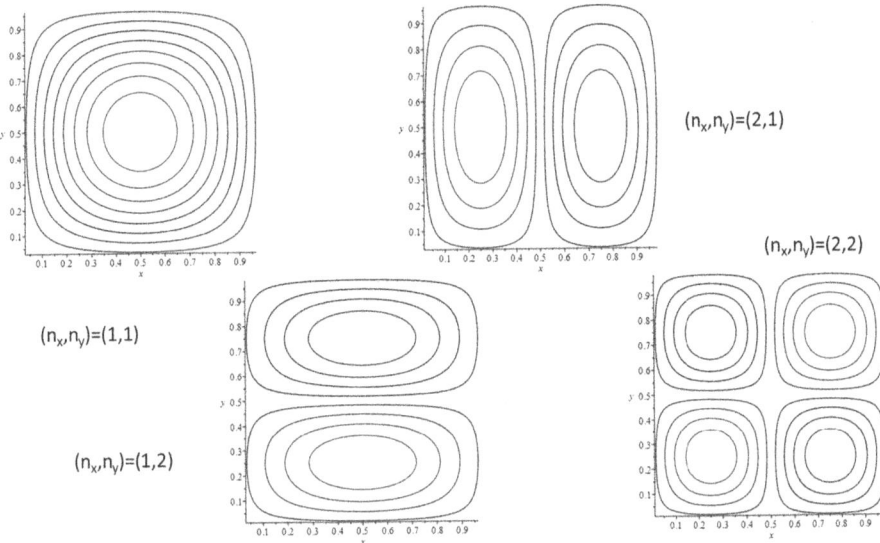

Abb. 4.15: Einige Wellenfunktionen eines Teilchens in einem zweidimensionalen, quadratischen Kasten dargestellt mittels Höhenkurven/Konturkurven.

ein Teilchen in einem dreidimensionalen Potential haben wir drei Quantenzahlen. Für sieben Teilchen in drei Dimensionen haben wir dementsprechend $7 \cdot 3 = 21$ Quantenzahlen, obwohl wir in den meisten solcher Fälle nur wenige davon benutzen.

4.12 Aufgaben mit Antworten

1. **Aufgabe:** Betrachten Sie ein Teilchen in einem dreidimensionalen Quader. Das Teilchen ist in einem dreidimensionalen Volumen mit $0 < x < L_1$, $0 < y < L_2$ und $0 < z < L_3$ eingesperrt. In diesem Volumen ist die potentielle Energie null, an den Wänden steigt sie abrupt auf unendlich. Die Masse des Teilchens sei m.
   (a) Wie sieht der Hamilton-Operator für dieses Problem aus?
   (b) Welche Randbedingungen muss die Wellenfunktion erfüllen?
   (c) Zeigen Sie, dass $\psi(x,y,z) = N \cdot \sin(k_x x) \cdot \sin(k_y y) \cdot \sin(k_z z)$ für (x,y,z) innerhalb des Kastens eine Eigenfunktion zum Hamilton-Operator ist.
   (d) Zeigen Sie, dass $k_x = \frac{n_x \pi}{L_1}$, $k_y = \frac{n_y \pi}{L_2}$ und $k_z = \frac{n_z \pi}{L_3}$ mit n_x, n_y und n_z ganzzahlig und positiv.
   (e) Welchen Wert hat N?
   (f) Berechnen Sie den Erwartungswert für $\hat{x}$ für $n_x = 1$, $n_y = 2$ und $n_z = 1$.
   (g) Berechnen Sie den Erwartungswert für $\hat{p}_z^2$ für $n_x = 1$, $n_y = 2$ und $n_z = 2$.
   (h) Betrachten Sie den Grundzustand des Systems, $n_x = n_y = n_z = 1$ und $L_2 = 10$ nm und $L_1 = 9$ nm. Wie groß ist dann die Wahrscheinlichkeit, dass sich das Teilchen (1) zwischen $x = 6.01$ nm und $x = 6.2$ nm, (2) zwischen $x = 6.01$ nm

und $x = 6.2\,\text{nm}$ und gleichzeitig zwischen $y = 7.1\,\text{nm}$ und $y = 7.9\,\text{nm}$ und (3) zwischen $x = 6.01\,\text{nm}$ und $x = 6.2\,\text{nm}$ und gleichzeitig zwischen $y = 11\,\text{nm}$ und $y = 11.101\,\text{nm}$ aufhält?

Antwort:

(a) In drei Dimensionen ist der Hamilton-Operator gleich

$$\hat{H} = -\frac{\hbar^2}{2m}\left[\frac{\partial^2}{\partial x^2} + \frac{\partial^2}{\partial y^2} + \frac{\partial^2}{\partial z^2}\right] + V(x,y,z), \tag{4.66}$$

wobei in unserem Fall gilt, dass

$$V(x,y,z) = \begin{cases} 0 & 0 < x < L_1,\, 0 < y < L_2,\, 0 < z < L_3 \\ \infty & \text{sonst} \end{cases}. \tag{4.67}$$

(b) Nur innerhalb des Kastens ist die Wellenfunktion ungleich null, weil ansonsten die Energie unendlich groß wäre. Damit die Wellenfunktion kontinuierlich bleibt, ist dann

$$\psi(0,y,z) = \psi(L_1,y,z) = \psi(x,0,z)$$
$$= \psi(x,L_2,z) = \psi(x,y,0) = \psi(x,y,L_3) = 0. \tag{4.68}$$

(c) Innerhalb des Kastens haben wir

$$\hat{H}\psi(x,y,z) = -\frac{\hbar^2}{2m}\left[\frac{\partial^2}{\partial x^2} + \frac{\partial^2}{\partial y^2} + \frac{\partial^2}{\partial z^2}\right] N\sin(k_x x)\sin(k_y y)\sin(k_z z)$$
$$= \frac{\hbar^2}{2m}(k_x^2 + k_y^2 + k_z^2) N\sin(k_x x)\sin(k_y y)\sin(k_z z). \tag{4.69}$$

Die Funktion ist also eine Eigenfunktion zum Hamilton-Operator und der Energieeigenwert ist

$$E = \frac{\hbar^2}{2m}(k_x^2 + k_y^2 + k_z^2). \tag{4.70}$$

Ferner erkennen wir, dass für diese Funktion automatisch die Hälfte der Randbedingungen erfüllt ist,

$$\psi(0,y,z) = \psi(x,0,z) = \psi(x,y,0) = 0. \tag{4.71}$$

(d) Damit die anderen Randbedingungen erfüllt werden, müssen wir verlangen, dass

$$\sin(k_x L_1) = 0$$
$$\sin(k_y L_2) = 0$$

$$\sin(k_z L_3) = 0. \tag{4.72}$$

Wenn $\sin(kL) = 0$ sein soll, muss $kL = n\pi$ (mit n eine ganze Zahl) sein, bzw. $k = n\pi/L$. In unserem Fall haben wir dann

$$k_x = \frac{n_x \pi}{L_1}$$

$$k_y = \frac{n_y \pi}{L_2}$$

$$k_z = \frac{n_z \pi}{L_3}. \tag{4.73}$$

Wenn $n_x = 0$, $n_y = 0$ oder $n_z = 0$, ist $\psi(x,y,z) = 0$, was sinnlos ist. Ferner, ändern wir $n_x \to -n_x$ und/oder $n_y \to -n_y$ und/oder $n_z \to -n_z$, ändert sich die Wellenfunktion kaum: $\psi(x,y,z) \to \pm\psi(x,y,z)$, sodass negative Werte von n_x, n_y und/oder n_z dieselben Wellenfunktionen beschreiben wie diejenige mit positiven n_x, n_y, n_z. Deswegen können wir uns auf $n_x > 0$, $n_y > 0$ und $n_z > 0$ beschränken.

(e) N wird daraus bestimmt, dass

$$1 = \int_0^{L_3} \int_0^{L_2} \int_0^{L_1} |\psi(x,y,z)|^2 \, dx \, dy \, dz$$

$$= N^2 \int_0^{L_1} \sin^2(n_x \pi x/L_1) \, dx \int_0^{L_2} \sin^2(n_y \pi y/L_2) \, dy \int_0^{L_3} \sin^2(n_z \pi z/L_3) \, dz$$

$$= N^2 \frac{L_1}{2} \frac{L_2}{2} \frac{L_3}{2}, \tag{4.74}$$

z. B. mithilfe der Formeln in Kapitel 19. Daraus erhalten wir dann

$$N = \sqrt{\frac{8}{L_1 L_2 L_3}} \tag{4.75}$$

wobei wir angenommen haben, dass N positiv und reell ist.

(f) Unabhängig von den Werten der Quantenzahlen haben wir

$$\langle x \rangle = \int_0^{L_3} \int_0^{L_2} \int_0^{L_1} x|\psi(x,y,z)|^2 \, dx \, dy \, dz$$

$$= N^2 \int_0^{L_1} x \sin^2(n_x \pi x/L_1) \, dx \int_0^{L_2} \sin^2(n_y \pi y/L_2) \, dy \int_0^{L_3} \sin^2(n_z \pi z/L_3) \, dz$$

$$= \frac{8}{L_1 L_2 L_3} \frac{L_1^2}{4} \frac{L_2}{2} \frac{L_3}{2} = \frac{L_1}{2}, \tag{4.76}$$

indem wir die Formeln in Kapitel 19 benutzen.

(g) In diesem Fall haben wir

$$\langle p_z^2 \rangle = \int_0^{L_3} \int_0^{L_2} \int_0^{L_1} \psi^*(x,y,z) \hat{p}_z^2 \psi(x,y,z) \, dx \, dy \, dz$$

$$= N^2 \int_0^{L_1} \sin^2(n_x \pi x/L_1) \, dx \int_0^{L_2} \sin^2(n_y \pi y/L_2) \, dy$$

$$\cdot \int_0^{L_3} \sin(n_z \pi z/L_3)(-\hbar^2)\left[\frac{d^2}{dz^2}\sin(n_z z/L_3)\right] dz$$

$$= N^2 \hbar^2 \pi^2 \frac{n_z^2}{L_3^2} \int_0^{L_1} \sin^2(n_x \pi x/L_1) \, dx \int_0^{L_2} \sin^2(n_y \pi y/L_2) \, dy$$

$$\cdot \int_0^{L_3} \sin(n_z \pi z/L_3)\sin(n_z \pi z/L_3) \, dz = \hbar^2 \pi^2 \frac{n_z^2}{L_3^2} \tag{4.77}$$

wegen Gl. (4.75). Für $n_z = 2$ ist dann $\langle p_z^2 \rangle = \frac{4\pi^2 \hbar^2}{L_3^2}$.

(h) Im ersten Fall setzen wir $x_a = 6.01\,\text{nm}$ und $x_e = 6.2\,\text{nm}$. Dann ist die gesuchte Wahrscheinlichkeit

$$P_1 = N^2 \int_{x_a}^{x_e} \sin^2(n_x \pi x/L_1) \, dx \int_0^{L_2} \sin^2(n_y \pi y/L_2) \, dy \int_0^{L_3} \sin^2(n_z \pi z/L_3) \, dz$$

$$= N^2 \left[-\frac{L_1}{4n_x \pi}\sin(2n_x \pi x/L_1) + \frac{x}{2}\right]_{x_a}^{x_e} \frac{L_2}{2} \frac{L_3}{2}$$

$$= \frac{2}{L_1}\left[\frac{x_e - x_a}{2} - \frac{L_1}{4n_x \pi}\sin\left(\frac{2n_x \pi x_e}{L_1}\right) + \frac{L_1}{4n_x \pi}\sin\left(\frac{2n_x \pi x_a}{L_1}\right)\right]$$

$$= \frac{x_e - x_a}{L_1} - \frac{1}{2n_x \pi}\sin\left(\frac{2n_x \pi x_e}{L_1}\right) + \frac{1}{2n_x \pi}\sin\left(\frac{2n_x \pi x_a}{L_1}\right)$$

$$= \frac{6.2 - 6.01}{9} - \frac{1}{2\pi}\sin\frac{12.4\pi}{9} + \frac{1}{2\pi}\sin\frac{12.02\pi}{9}$$

$$= 0.021111 + 0.147566 - 0.138384 = 0.0303. \tag{4.78}$$

Auch hier haben wir die Integrale in Kapitel 19 benutzt.

Im zweiten Fall setzen wir auf ähnlicher Weise $x_a = 6.01\,\text{nm}$ und $x_e = 6.2\,\text{nm}$ sowie $y_a = 7.1\,\text{nm}$ und $y_e = 7.9\,\text{nm}$. Wie oben erhalten wir dann

$$P_2 = N^2 \int_{x_a}^{x_e} \sin^2(n_x \pi x/L_1) \, dx \int_{y_a}^{y_e} \sin^2(n_y \pi y/L_2) \, dy \int_0^{L_3} \sin^2(n_z \pi z/L_3) \, dz$$

$$= N^2 \left[-\frac{L_1}{4n_x\pi} \sin(2n_x\pi x/L_1) + \frac{x}{2} \right]_{x_a}^{x_e}$$

$$\cdot \left[-\frac{L_2}{4n_y\pi} \sin(2n_y\pi y/L_2) + \frac{y}{2} \right]_{y_a}^{y_e} \frac{L_3}{2}$$

$$= \left[\frac{x_e - x_a}{L_1} - \frac{1}{2n_x\pi} \sin\left(\frac{2n_x\pi x_e}{L_1}\right) + \frac{1}{2n_x\pi} \sin\left(\frac{2n_x\pi x_a}{L_1}\right) \right]$$

$$\cdot \left[\frac{y_e - y_a}{L_2} - \frac{1}{2n_y\pi} \sin\left(\frac{2n_y\pi y_e}{L_2}\right) + \frac{1}{2n_y\pi} \sin\left(\frac{2n_y\pi y_a}{L_2}\right) \right]$$

$$= \left[\frac{6.2 - 6.01}{9} - \frac{1}{2\pi} \sin\frac{12.4\pi}{9} + \frac{1}{2\pi} \sin\frac{12.02\pi}{9} \right]$$

$$\cdot \left[\frac{7.9 - 7.1}{10} - \frac{1}{2\pi} \sin\frac{15.8\pi}{10} + \frac{1}{2\pi} \sin\frac{14.2\pi}{10} \right]$$

$$= 0.030293 \cdot 0.08 = 0.00242. \tag{4.79}$$

Im dritten Fall benutzen wir, dass der Bereich 11 nm $< y <$ 11.101 nm außerhalb des Kastens liegt, sodass in diesem Bereich $\psi(x, y, z) = 0$. Daraus erhalten wir sofort

$$P_3 = 0. \tag{4.80}$$

4.13 Aufgaben

1. Betrachten Sie ein Teilchen (Masse m) in einem eindimensionalen Kasten zwischen $x = -L$ und $x = 3L$.
   (a) Wie sieht der Hamilton-Operator aus?
   (b) Welche Randbedingungen müssen die Wellenfunktionen erfüllen?
   (c) Zeigen Sie, dass $\psi(x) = N \cdot \sin[\alpha(x + \beta)]$ eine Eigenfunktion ist.
   (d) Bestimmen Sie α und β für den Grundzustand.
   (e) Bestimmen Sie N.
   (f) Berechnen Sie den Erwartungswert für $\hat{x}$ für diese Lösung.
   (g) Berechnen Sie den Erwartungswert für $\hat{p}_x$ für diese Lösung.
   (h) Berechnen Sie den Erwartungswert für den Operator $\hat{B} = (\hat{x}\hat{p}_x - \hat{p}_x\hat{x})^4$ für diese Lösung.
   (i) Wie groß ist die Wahrscheinlichkeit, dass sich das Teilchen zwischen i) $x = -3L$ und $x = L$, ii) $x = 0$ und $x = L$, und iii) $x = -L$ und $x = L$ befindet?
2. Betrachten Sie ein Teilchen in einem zweidimensionalen Kasten, $a \le x \le 2a$, $2a \le y \le 4a$. Bestimmen Sie die Eigenfunktionen und Eigenwerte für den Hamilton-Operator dieses Systems. Gibt es energetische Entartung (begründen Sie die Antwort)?

3. Erläutern Sie den Zusammenhang zwischen ‚Teilchen im Kasten' und den π-Elektronen eines konjugierten Moleküls, darunter auch optische Absorption und räumliche Ausdehnung des Moleküls.

4. Zeigen Sie, dass die Wellenfunktion $\sqrt{\frac{2}{L}}\sin(\frac{x\pi}{L})$, $0 \leq x \leq L$, die Unschärferelation von Heisenberg erfüllt.

5. Erklären Sie den Zusammenhang zwischen der kinetischen Energie und der Wellenfunktion im Ortsraum.

6. Die Wellenfunktion eines Teilchens in einem eindimensionalen Kasten der Länge L sei $\Psi_n = N\sin(\frac{n\pi x}{L})$ mit $n = 1, 2, 3\ldots$, und N = Konstante. Normieren Sie die Funktion im Intervall $0 \leq x \leq L$. Verifizieren Sie, dass die Wellenfunktionen für verschiedene n orthogonal sind.

7. Zeigen Sie die drei ersten Energieniveaus, Wellenfunktionen und die entsprechenden Wahrscheinlichkeitsdichten eines Teilchens im eindimensionalen Kasten, $0 \leq x \leq L$.

8. Betrachten Sie ein Teilchen in einem dreidimensionalen Quader mit Kantenlängen L_x, L_y und L_z. Die Masse des Teilchens sei m. Das Potential innerhalb des Quaders sei 0. Welche Energien kann das Teilchen haben? Geben Sie ein Beispiel für L_x, L_y und L_z an, für welche es energetische Entartung gibt. Geben Sie auch ein Beispiel für L_x, L_y und L_z an, für welche es keine energetische Entartung gibt. Begründen Sie die Antworten.

9. Betrachten Sie ein Teilchen in einem eindimensionalen Kasten, $L_1 \leq x \leq L_2$ mit $L_1 = 1\,\text{nm}$ und $L_2 = 2\,\text{nm}$. Die Wellenfunktion des Grundzustandes sei $\Psi(x) = N\sin[a(x - x_0)]$. Welche Werte haben dann N, a und x_0?

10. Beschreiben Sie mathematisch die Wellenfunktionen der stationären Zustände des Teilchens im zweidimensionalen Kasten, $a_x \leq x \leq b_x$, $a_y \leq y \leq b_y$.

11. Betrachten Sie ein Teilchen in einem eindimensionalen Kasten, $L_1 \leq x \leq L_2$ mit $L_1 = 1\,\text{nm}$ und $L_2 = 2\,\text{nm}$. Die Wellenfunktion des Grundzustandes sei $\Psi(x) = N\sin[a(x - x_0)]$. Welche Werte haben dann N, a und x_0?

12. Die Grundzustandswellenfunktion eines Teilchens in einem 1-dimensionalen Kasten der Länge L lautet: $\Psi(x) = \sqrt{\frac{2}{L}}\sin(\frac{\pi x}{L})$. L sei 10.0 nm. Wie groß ist die Wahrscheinlichkeit, dass sich das Teilchen (a) zwischen $x = 6.01\,\text{nm}$ und $x = 6.07\,\text{nm}$, (b) zwischen $x = 10.01\,\text{nm}$ und $x = 10.07\,\text{nm}$, (c) in jedem Viertel des Behälters aufhält?

5 Mehr oder weniger freie Teilchen

5.1 Freies Teilchen in einer Dimension

Es gibt wenige Systeme, für welche man die Schrödinger-Gleichung exakt lösen kann. Einige davon sollen hier kurz behandelt werden, auch weil sie eine Relevanz für physikalische/chemische Phänomene haben.

In diesem Kapitel betrachten wir zuerst ein freies Teilchen in einer Dimension. Für dieses ist das Potential überall konstant und kann ohne Einschränkung gleich 0 gesetzt werden. Die stationäre Schrödinger-Gleichung lautet dann

$$-\frac{\hbar^2}{2m}\frac{d^2\psi(x)}{dx^2} = E \cdot \psi(x), \tag{5.1}$$

wobei m die Masse des Teilchens ist. Die allgemeine Lösung dieser Gleichung kann als

$$\psi(x) = Ae^{ikx} + Be^{-ikx}, \tag{5.2}$$

mit

$$k = \sqrt{\frac{2mE}{\hbar^2}} \tag{5.3}$$

geschrieben werden.

Eigentlich sollte die Wellenfunktion normiert werden, was bedeuten würde, dass

$$
\begin{aligned}
1 &= \lim_{L\to\infty} \int_{-L/2}^{L/2} (A^*e^{-ikx} + B^*e^{ikx})(Ae^{ikx} + Be^{-ikx})\, dx \\
&= \lim_{L\to\infty} \int_{-L/2}^{L/2} (|A|^2 + |B|^2 + AB^*e^{2ikx} + A^*Be^{-2ikx})\, dx \\
&= \lim_{L\to\infty} \left\{ (|A|^2 + |B|^2)L + \frac{AB^*}{2ik}(e^{ikL} - e^{-ikL}) + \frac{A^*B}{-2ik}(e^{-ikL} - e^{ikL}) \right\} \\
&= \lim_{L\to\infty} \left\{ (|A|^2 + |B|^2)L + \frac{AB^*}{k}\sin(kL) + \frac{A^*B}{k}\sin(kL) \right\} \\
&= \lim_{L\to\infty} (|A|^2 + |B|^2)L.
\end{aligned}
\tag{5.4}
$$

L ist hier die Länge des Bereiches, in welchem sich das Teilchen befindet und die letztendlich unendlich groß werden soll, sodass $\sin(kL) \ll L$. Hier werden wir uns aber nicht um die Normierung kümmern, weil sie für unsere Argumente hier nicht relevant ist.

Wir betrachten

$$\hat{p}e^{\pm ikx} = \frac{\hbar}{i}\frac{d}{dx}e^{\pm ikx} = \pm\frac{\hbar}{i}ike^{\pm ikx} = \pm\hbar ke^{\pm ikx}. \tag{5.5}$$

https://doi.org/10.1515/9783111215075-005

Daraus erkennen wir, dass jeder der beiden Teile in Gl. (5.2) eine Eigenfunktion zum Impulsoperator beschreibt. Die erste Funktion, e^{ikx}, ist eine Funktion, die sich mit dem Impuls $p = \hbar k$ nach rechts bewegt, während die andere Funktion, e^{-ikx}, eine Funktion ist, die sich mit dem Impuls $p = \hbar k$ nach links bewegt. Jede dieser Funktionen wird **ebene Welle** genannt, und wenn entweder $A = 0$ oder $B = 0$ gilt, dann ist die Funktion in Gl. (5.2) eine Funktion mit nur einem Wert für den Impuls. Deswegen ist $\Delta p = 0$ für eine solche Funktion.

Das kann auch dadurch erkannt werden, dass

$$\langle p \rangle = \int \psi^*(x)\hat{p}\psi(x)\,dx = \int \psi^*(x)(\pm\hbar k)\psi(x)\,dx = \pm\hbar k$$

$$\langle p^2 \rangle = \int \psi^*(x)\hat{p}^2\psi(x)\,dx = \int \psi^*(x)\hat{p}[\hat{p}\psi(x)]\,dx$$

$$= \int \psi^*(x)\hat{p}[\pm\hbar k\psi(x)]\,dx = (\hbar k)^2$$

$$\Delta p = [\langle p^2 \rangle - \langle p \rangle^2]^{1/2} = 0. \tag{5.6}$$

Dies gilt aber nur, wenn eine der beiden Konstanten A oder B gleich 0 ist, weil dann die Wellenfunktion auch Eigenfunktion zum Impulsoperator ist. Ansonsten ist $\Delta p > 0$.

Dass in diesem einen Fall $\Delta p = 0$ sein kann, steht nicht im Widerspruch zu Heisenbergs Unschärferelation. Für $A = 0$ oder $B = 0$ ist die Wellenfunktion in Gl. (5.2) vollkommen delokalisiert, sodass $\Delta x \to \infty$.

Wenn man eine Wellenfunktion als Linearkombination mehrerer ebener Wellen bildet, kann eine Funktion erhalten werden, die zunehmend im Ortsraum lokalisiert ist, sodass für diese Δx kleiner wird. Dies ist in Abb. 5.1 gezeigt. Aber gleichzeitig nimmt

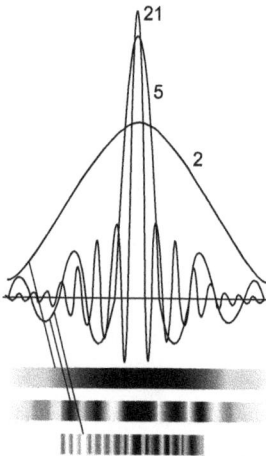

Abb. 5.1: Wellenfunktionen, die aus einer wachsenden Zahl von ebenen Wellen zusammengesetzt sind. Die Zahlen geben die Anzahl von $(+k, -k)$ Paaren an, die benutzt werden, um die verschiedenen Funktionen zu erzeugen. Angepasst aus dem Buch Peter W. Atkins, *Kurzlehrbuch Physikalische Chemie*, Wiley-VCH, 2001.

die Zahl der ebenen Wellen zu, die man benötigt, sodass Δp größer wird. Dies illustriert auf eine andere Weise Heisenbergs Unschärferelation.

Allgemein kann man die Linearkombination mehrerer ebener Wellen als

$$\psi(x) = \sum_k c_k e^{ikx} \tag{5.7}$$

schreiben. Wir nehmen an, dass die Wellenfunktion so normiert ist, dass eine Gleichung wie Gl. (5.4) erfüllt ist,

$$\sum_k |c_k|^2 = \frac{1}{L}. \tag{5.8}$$

Für die Funktion in Gl. (5.7) erhalten wir dann

$$\langle \psi | \hat{p} | \psi \rangle = \sum_k L(\hbar k |c_k|^2)$$
$$\langle \psi | \hat{p}^2 | \psi \rangle = \sum_k L(\hbar^2 k^2 |c_k|^2). \tag{5.9}$$

Diese Ergebnisse können so hergeleitet werden wie in Gl. (5.4). Damit wird

$$\Delta p = \left\{ \sum_k (\hbar^2 k^2 L |c_k|^2) - \left[\sum_k (\hbar k L |c_k|^2) \right]^2 \right\}^{1/2}. \tag{5.10}$$

Wegen Gl. (5.8) ist

$$0 \le L |c_k|^2 \le 1, \tag{5.11}$$

wobei $L|c_k|^2 = 1$ nur gilt, wenn alle außer einem c_k gleich null sind, so dass Δp nur dann null werden kann.

5.2 Stufen

Auch für das Potential

$$V(x) = \begin{cases} 0 & x < 0 \\ V_0 & x > 0 \end{cases} \tag{5.12}$$

können wir stationäre Lösungen zur Schrödinger-Gleichung bestimmen. Hier werden wir aber als Illustration stattdessen die zeitliche Entwicklung von Wellenfunktionen untersuchen, die auf eine solche Stufe treffen. Dabei werden wir tiefere Einblicke in die Quantenwelt erhalten.

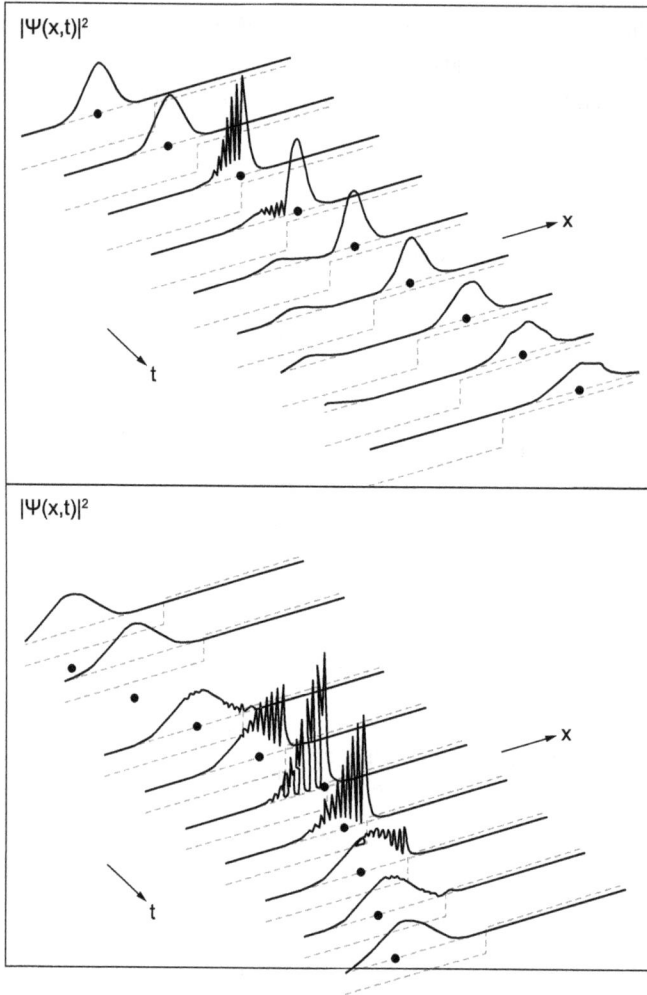

Abb. 5.2: Die zeitliche Entwicklung von Wellenfunktionen, die auf eine Stufe treffen. In der oberen Hälfte ist die Energie höher als die der Stufe; in der unteren kleiner. Angepasst aus dem Buch S. Brandt und H. D. Dahmen, *The Picture Book of Quantum Mechanics*, Springer-Verlag, 1995.

Wir betrachten deswegen eine Wellenfunktion mit einem Erwartungswert der Energie gleich E, die auf diese Stufe trifft. In Abb. 5.2 sind Beispiele für $V_0 > 0$ gezeigt; einmal für $E > V_0$ und einmal für $E < V_0$.

Im ersten Fall sieht man, wie sich die Wellenfunktion der Stufe nähert und dass sich in der Nähe der Stufe viele Oszillationen entwickeln, wie wir auch im Kapitel 4.2 für ein Teilchen im Kasten gesehen haben. Etwas später hat sich die Wellenfunktion in zwei Teile aufgeteilt, und es ist erkennbar, dass sich die Funktion rechts von der Stufe langsamer ausbreitet als die reflektierte Funktion links von der Stufe. Das kommt daher, dass sich ein Teil der kinetischen Energie links von der Stufe in potentielle Energie rechts von der Stufe umgewandelt hat.

Auch wenn es anders scheint, soll betont werden, dass es sich in diesem Fall **nicht** darum handelt, dass einzelne Teilchen in zwei Teile zerlegt werden. Es bedeutet eher, dass wenn eine sehr große Anzahl an Teilchen die Stufe trifft, ein Anteil reflektiert wird, und der andere weiterfliegt. Der Fall zeigt aber auch eine Abweichung vom klassischen Verhalten: Selbst wenn $E > V_0$, gibt es eine endliche Wahrscheinlichkeit dafür, dass ein Teilchen reflektiert wird.

Im zweiten Fall in Abb. 5.2 sieht man, dass es auch für $E < V_0$ eine endliche Wahrscheinlichkeit dafür gibt, dass ein Teilchen in den klassisch verbotenen Bereich $x > 0$ eindringt, aber nur in einem kleinen Teil davon in der Nähe der Stufe. Dass der Bereich $x > 0$ in diesem Fall der ‚klassisch verbotene Bereich‘ genannt wird, kommt daher, dass in diesem Bereich die Energie des Teilchens kleiner als die potentielle Energie ist. Klassisch gesehen gibt es dann keine kinetische Energie.

In Abb. 5.3 zeigen wir den Fall $V_0 < 0$. Auch hier sieht man die Oszillationen, die auftreten, wenn sich das Teilchen in der Nähe der Stufe befindet.

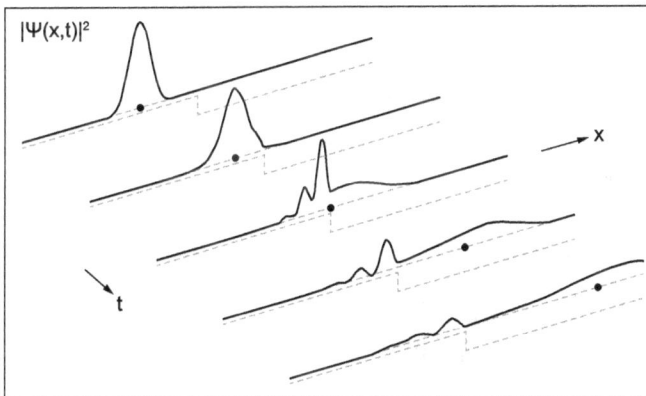

Abb. 5.3: Die zeitliche Entwicklung einer Wellenfunktionen, die auf eine Stufe trifft. Angepasst aus dem Buch S. Brandt und H. D. Dahmen, *The Picture Book of Quantum Mechanics*, Springer-Verlag, 1995.

5.3 Tunneleffekt

Die Beispiele im letzten Kapitel deuten an, dass für ein Teilchen mit der Energie E, das auf eine Potentialbarriere (Höhe V_0) mit endlicher Breite L trifft, eine Wahrscheinlichkeit ungleich null existiert, durch diese Barriere zu tunneln, auch wenn $E < V_0$. Äquivalent dazu gibt es auch eine Wahrscheinlichkeit ungleich null, dass das Teilchen reflektiert wird auch wenn $E > V_0$; siehe Abb. 5.4 und 5.5. Dieser Effekt ist der sogenannte **Tunneleffekt** und soll hier etwas näher behandelt werden.

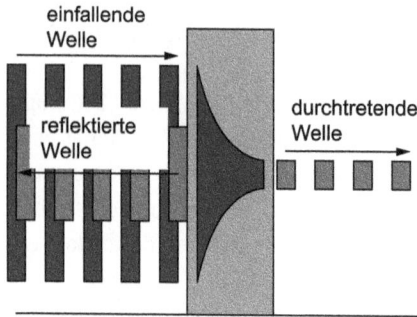

Abb. 5.4: Der Tunneleffekt. Angepasst aus dem Buch Peter W. Atkins, *Physikalische Chemie*, Wiley-VCH, 2001.

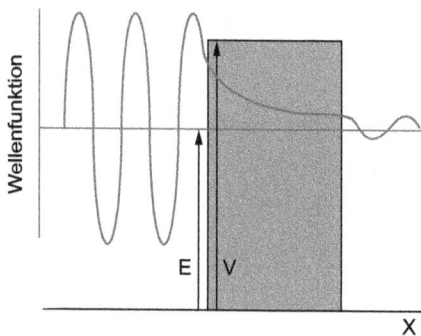

Abb. 5.5: Schematische Darstellung der Wellenfunktion beim Tunneleffekt. Angepasst aus dem Buch Peter W. Atkins, *Physikalische Chemie*, Wiley-VCH, 2001.

Als einfaches Modell betrachten wir das Potential

$$V(x) = \begin{cases} 0 & x < 0 \\ V_0 & 0 < x < L \\ 0 & x > L. \end{cases} \tag{5.13}$$

Die Situation ist in Abb. 5.4 schematisch dargestellt: Eine ebene Welle bei $x < 0$ trifft auf die Barriere und setzt sich dort zum Teil (geschwächt) fort und wird zum Teil reflektiert. Auf der anderen Seite der Barriere, bei $x > L$, breitet sich die Wellenfunktion als ebene Welle weiter aus aber mit kleinerer Amplitude. Insgesamt haben wir also

$$\psi(x) = \begin{cases} A_1 e^{ikx} + B_1 e^{-ikx} \equiv \psi_1(x) & x < 0 \\ A_2 e^{ikx} + B_2 e^{-ikx} \equiv \psi_2(x) & 0 < x < L \\ A_3 e^{ikx} \equiv \psi_3(x) & x > L \end{cases} \tag{5.14}$$

Hier sind

$$k = \sqrt{\frac{2mE}{\hbar^2}}$$

$$\kappa = \sqrt{\frac{2m(E - V_0)}{\hbar^2}}. \qquad (5.15)$$

Für $E < V_0$ ist κ imaginär. Dass $\psi(x)$ aus Gl. (5.14) mit Gl. (5.15) eine Lösung zur stationären Schrödinger-Gleichung ist, lässt sich sehr leicht durch Einsetzen beweisen.

Für eine gegebene Energie E haben wir fünf unbekannte Konstanten, A_1, B_1, A_2, B_2 und A_3. Vier davon können mithilfe der fünften ausgedrückt werden, wenn ausgenutzt wird, dass die Wellenfunktion in Gl. (5.14) überall kontinuierlich und differenzierbar sein muss, vor allem bei $x = 0$ und $x = L$. Mit den Bezeichnungen in Gl. (5.14) bedeutet dies

$$\psi_1(0) = \psi_2(0)$$
$$\psi_1'(0) = \psi_2'(0)$$
$$\psi_2(L) = \psi_3(L)$$
$$\psi_2'(L) = \psi_3'(L) \qquad (5.16)$$

(die Striche markieren die Differenzierung nach x) woraus man erhält

$$A_1 + B_1 = A_2 + B_2$$
$$k(A_1 - B_1) = \kappa(A_2 - B_2)$$
$$A_2 e^{i\kappa L} + B_2 e^{-i\kappa L} = A_3 e^{ikL}$$
$$\kappa(A_2 e^{i\kappa L} - B_2 e^{-i\kappa L}) = kA_3 e^{ikL}. \qquad (5.17)$$

Wir werden diese Berechnung nicht fortführen, obwohl sie relativ einfach, wenn auch etwas länger ist. Stattdessen erkennen wir, dass die Größe, die für uns von Interesse ist, der Anteil einer ebenen Welle bei $x < 0$ ist, der auf die Barriere trifft und für $x > L$ weiterhin nach rechts propagiert. Dieser Anteil ist $\frac{A_3}{A_1}$. Die Wahrscheinlichkeit, dass ein Teilchen durch die Barriere tunnelt, ist der sog. Transmissionskoeffizient

$$T = \left|\frac{A_3}{A_1}\right|^2, \qquad (5.18)$$

während der reflektierte Anteil durch den Reflektionskoeffizienten

$$R = 1 - T = 1 - \left|\frac{A_3}{A_1}\right|^2 = \left|\frac{B_1}{A_1}\right|^2 \qquad (5.19)$$

beschrieben wird. Hierbei haben wir ausgenutzt, dass das Glied $B_1 e^{-ikx}$ die reflektierte Welle des Teilchens beschreibt.

Das Ergebnis ist (ohne Herleitung)

$$T = \left\{ 1 + \frac{V_0^2}{4E(V_0 - E)} \sinh^2 \left[\frac{2mL^2(V_0 - E)}{\hbar^2} \right]^{1/2} \right\}^{-1}$$

$$= \left\{ 1 + \frac{1}{4x(1-x)} \sinh^2\left(\sqrt{a(1-x)}\right) \right\}^{-1} \tag{5.20}$$

mit

$$x = \frac{E}{V_0}$$

$$a = \frac{2mL^2}{\hbar^2 V_0}. \tag{5.21}$$

Ferner ist

$$\sinh(s) = \frac{1}{2}(e^s - e^{-s}) \tag{5.22}$$

die hyperbolische Sinusfunktion.

Diese Gleichung zeigt folgendes:

- Auch für $E < V_0$ gibt es eine endliche Wahrscheinlichkeit, dass ein Teilchen durch die Barriere tunnelt.
- Für $E > V_0$ gibt es eine endliche Wahrscheinlichkeit, dass ein Teilchen reflektiert wird.
- Für $E \to \infty$ gilt $T \to 1$.
- Die Wahrscheinlichkeiten hängen von der Masse des Teilchens ab: Je schwerer das Teilchen ist, umso näher kommt T den Werten der klassischen Physik: $T = 1$ für $E > V_0$ und $T = 0$ für $E < V_0$. Dies ist in Abb. 5.6, 5.7 und 5.8 gezeigt.

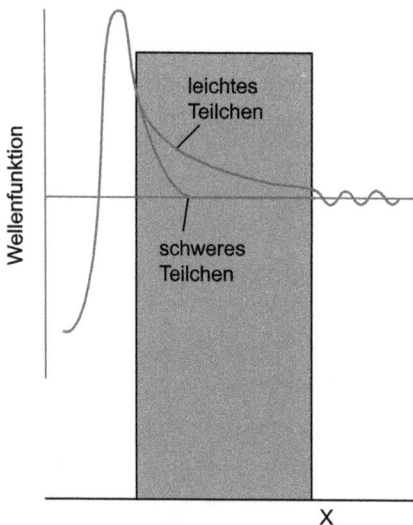

Abb. 5.6: Der Unterschied zwischen leichten und schweren Teilchen beim Tunneleffekt. Angepasst aus dem Buch Peter W. Atkins, *Physikalische Chemie*, Wiley-VCH, 2001.

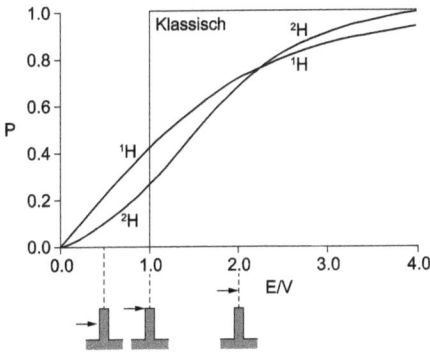

Abb. 5.7: Der Unterschied zwischen leichten und schweren Teilchen beim Tunneleffekt. Angepasst aus dem Buch Peter W. Atkins, *Physikalische Chemie*, Wiley-VCH, 1990.

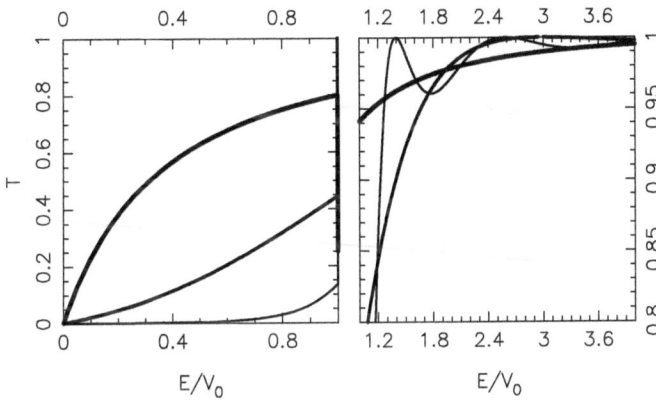

Abb. 5.8: Die Tunnelwahrscheinlichkeit als Funktion der Energie des Teilchens für drei verschiedene Werte von a aus Gl. (5.21): $a = 1$, 5 und 25 für die breitere, mittlere und dünnere Kurve.

- Für $E > V_0$ ist $T = 1$ wenn

$$E - V_0 = \frac{\hbar^2 \pi^2}{2mL^2} n^2, \quad n = 1, 2, 3, \ldots. \tag{5.23}$$

Dies ist der Fall, wenn die Energie des Teilchens relativ zur Barrierenhöhe gleich der Energie ist, die ein Teilchen in einem Kasten mit derselben Länge hat. Dies kann als ein Resonanzeffekt aufgefasst werden.

Alle diese fünf Punkte sind in Abb. 5.8 illustriert.

Als weitere Illustration des Tunneleffekts zeigt Abb. 5.9 die zeitliche Entwicklung der Dichte einer Wellenfunktion, die auf eine Potentialbarriere trifft. Die drei Fälle unterscheiden sich in der Breite und der Höhe der Potentialbarriere. Man sieht, wie sich die Dichte in zwei Teile aufteilt: in einen Teil, der transmittiert wird, und in einen zwei-

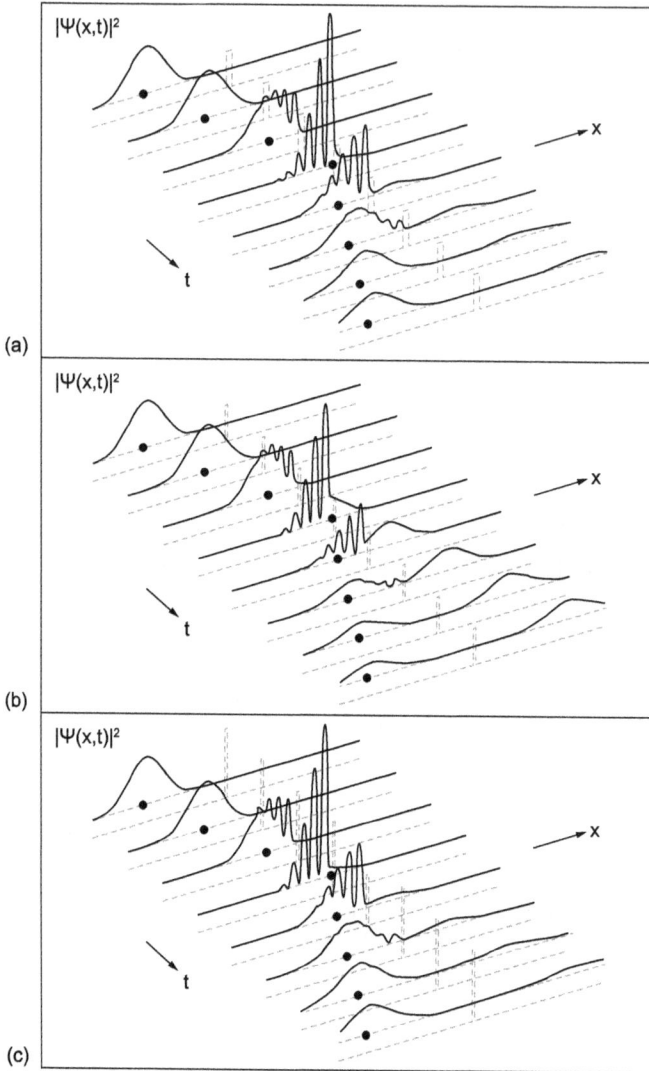

Abb. 5.9: Zeitliche Entwicklung einer Wellenfunktion, die auf eine Potentialbarriere trifft. Von (a) bis (b) wird die Breite der Barriere halbiert, während die Höhe von (b) bis (c) verdoppelt wird. Angepasst aus dem Buch S. Brandt und H. D. Dahmen, *The Picture Book of Quantum Mechanics*, Springer-Verlag, 1995.

ten Teil, der reflektiert wird. Je schmaler und niedriger die Barriere ist, umso größer ist der transmittierte Teil. Wie oben soll auch hier betont werden, dass auch hier kein Teilchen zerlegt wird. Stattdessen gilt für eine sehr große Anzahl von Teilchen, die auf die Barriere treffen, dass ein Teil reflektiert wird, und der andere weiterfliegt.

Der Tunneleffekt ist für unterschiedliche physikalische und chemische Phänomene von Bedeutung. In diesem Kapitel haben wir ein sehr einfaches Beispiel durchgerechnet, während für ‚richtige‘ Systeme das Potential als Funktion des Ortes oft deutlich anders aussieht. Dementsprechend werden die quantitativen Formeln zur Wahrscheinlichkeit, dass ein Teilchen durchtunneln kann, anders sein, aber die qualitative Aussage bleibt bestehen: Es gibt eine endliche Wahrscheinlichkeit, dass ein Teilchen eine Potentialbarriere durchtunnelt.

Als Beispiel zeigen wir in Abb. 5.10 das Potential, das ein Teilchen (z. B. ein α- oder β-Teilchen) in einem Atomkern spürt. Die Energie des Teilchens kann in einigen Fällen dadurch reduziert werden, dass das Teilchen durch die Potentialbarriere tunnelt und den Kern verlässt. Dann ist der Kern zerfallen und war **radioaktiv**. Die Energie des Teilchens sowie die Breite, Höhe und Form der Barriere hängen vom Atomkern ab, und deswegen sind unterschiedliche Atomkerne unterschiedlich radioaktiv.

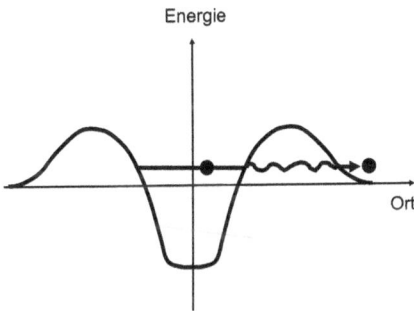

Abb. 5.10: Schematische Darstellung eines radioaktiven Zerfalls, der durch den Tunneleffekt erklärt werden kann.

Ein weiteres Beispiel ist das der chemischen Reaktionen, das wir in Kapitel 5.5 kurz diskutieren werden. Das System, bestehend aus den miteinander reagierenden Molekülen, muss oft eine Energiebarriere überwinden, um zu den Produkten zu reagieren. Auch dieser Prozess lässt sich mit dem Tunneleffekt erklären.

5.4 Rastertunnelmikroskop

Eine moderne Anwendung des Tunneleffekts ist die Rastertunnelmikroskopie, eine experimentelle Methode, die wir schon in Kapitel 4.8 kurz kennengelernt haben. In diesem Experiment wird eine Metallspitze entlang einer Oberfläche eines Substrats geführt. Es existiert eine (sehr) kleine Lücke zwischen Spitze und Oberfläche, und durch Anlegung einer Spannung zwischen den beiden können Elektronen durch diese Lücke durchtunneln. Dies führt zu einem Stromfluss, der gemessen werden kann. Wird plötzlich der Abstand zwischen Metallspitze und Oberfläche kleiner (siehe Abb. 5.11) wächst die Tunnelwahrscheinlichkeit und deswegen auch der Strom. Das kann dadurch passieren, dass sich weitere Atome auf der Oberfläche befinden. Dadurch, dass man den Strom konstant

Abtastung ⟶

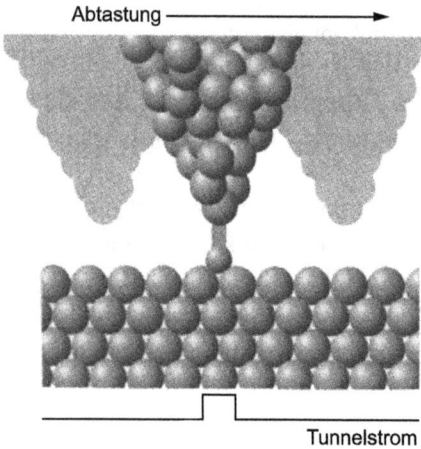

Tunnelstrom

Abb. 5.11: Das Prinzip des Rastertunnelmikroskops. Eine Metallspitze wird in sehr kurzem Abstand über eine Oberfläche geführt, und der Tunnelstrom wird gemessen. Drei verschiedene Positionen der Metallspitze sind gezeigt. Angepasst aus dem Buch Peter W. Atkins, *Kurzlehrbuch Physikalische Chemie*, Wiley-VCH, 2001.

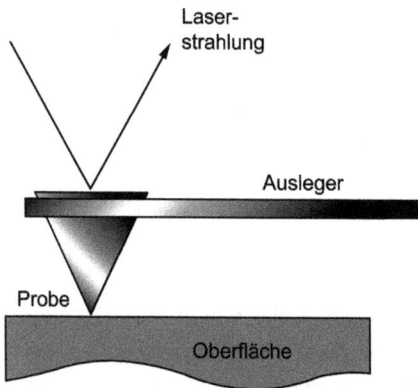

Laser-
strahlung

Ausleger

Probe

Oberfläche

Abb. 5.12: Das Prinzip des Rastertunnelmikroskops. Hält man den Tunnelstrom konstant, wird die laterale Position der Metallspitze über der Oberfläche mittels des Laserstrahls bestimmt. Wenn sich der Ausleger z. B. nach oben bewegt, um den Tunnelstrom konstant zu halten, wird die Laserstrahlung in eine andere Richtung reflektiert, was gemessen werden kann. Dadurch erhält man eine Abbildung der Topologie der Oberfläche. Angepasst aus dem Buch Peter W. Atkins, *Kurzlehrbuch Physikalische Chemie*, Wiley-VCH, 2001.

hält, muss man die Spitze von der Oberfläche entfernen. Man misst diese Bewegung (siehe Abb. 5.12) und hat dadurch eine Abbildung der auf der Oberfläche befindlichen Atome. Abb. 5.13 zeigt ein Beispiel eines solchen Experiments. Man kann hier das Vorhandensein von Cs-Atomen auf einer GaAs-Oberfläche erkennen.

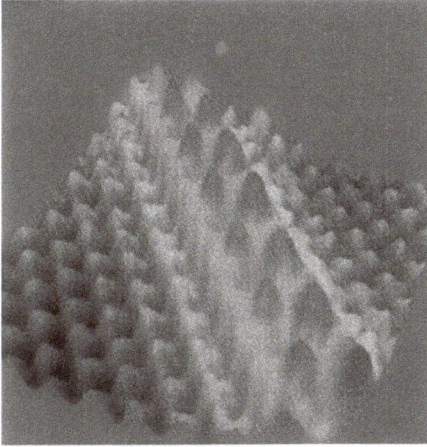

Abb. 5.13: Beispiel der Ergebnisse von rastertunnelmikroskopischen Experimenten. Gezeigt sind Cs-Atome, die sich auf einer GaAs-Oberfläche befinden. Angepasst aus dem Buch Peter W. Atkins, *Kurzlehrbuch Physikalische Chemie*, Wiley-VCH, 2001.

5.5 Chemische Reaktionen

Es gibt Hinweise darauf, dass auch bei chemischen Reaktionen der Tunneleffekt eine Rolle spielt. Bei einer chemischen Reaktion oder Umwandlung (siehe Abb. 5.14) müssen

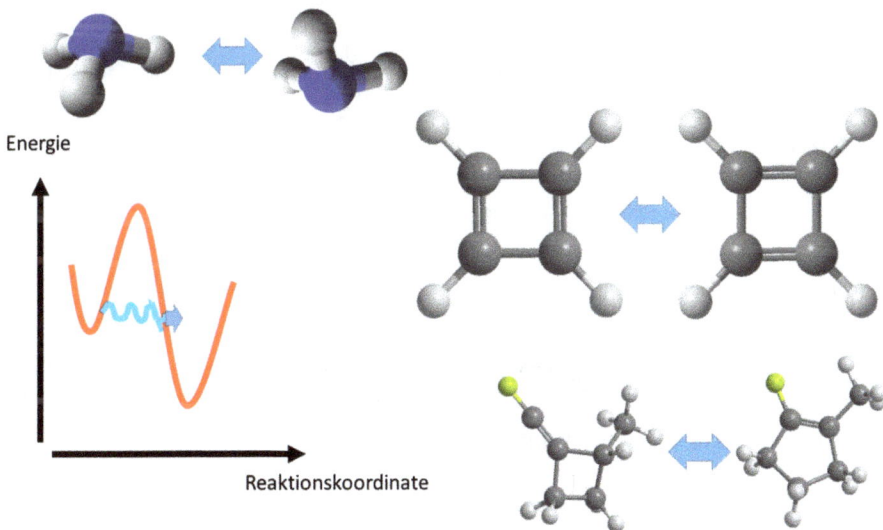

Abb. 5.14: Der Tunneleffekt bei chemischen Umwandlungen. Links ist die Variation der Energie entlang der Reaktionskoordinate skizziert, während rechts Beispiele für chemische Reaktionen gezeigt sind, für welche der Tunneleffekt wichtig ist. Dazu gehören die sog. Regenschirmbewegung des NH_3-Moleküls (oben), die Änderung der C–C-Bindungslängen in Cyclobutadien (Mitte) sowie eine chemische Umwandlung (unten).

die Reaktanden eine Energiebarriere überwinden, die oft so hoch ist, dass es ausgesprochen unwahrscheinlich ist, dass die thermische Energie ausreicht, um sie zu überwinden. Stattdessen kann man sich vorstellen, dass die Reaktanden entlang der Reaktionskoordinate durch die Energiebarriere tunneln, wie in Abb. 5.14 exemplarisch für einige Reaktionen dargestellt. Hier sollte man die Interpretation nicht überstrapazieren: Letztendlich ist die Reaktionskoordinate keine richtige Ortskoordinate. Da aber die Wahrscheinlichkeit, dass eine Energiebarriere durchgedrungen wird, von der Masse des Systems abhängt, kann man experimentell testen, ob die Interpretation realistisch ist. Durch das Ersetzen einiger Atome mit entsprechenden Isotopen kann die Masse geändert werden. Anschließend kann man untersuchen inwieweit sich die Reaktionsgeschwindigkeit so ändert, wie man es erwarten würde, wenn der Tunneleffekt relevant wäre. Und tatsächlich ist es dadurch gelungen, die Relevanz des Tunneleffekts für chemische Reaktionen nachzuweisen.

5.6 Aufgaben mit Antworten

1. **Aufgabe:** Betrachten Sie die zeitabhängige Schrödinger-Gleichung für ein freies Teilchen in einer Dimension x. Zeigen Sie, dass $\psi(x,t) = e^{i(kx-\omega t)}$ eine Lösung ist, und stellen Sie eine Beziehung zwischen k und ω her.
   Antwort: In der zeitabhängigen Schrödinger-Gleichung für das freie Teilchen in einer Dimension,

$$-\frac{\hbar^2}{2m}\frac{\partial^2}{\partial x^2}\psi(x,t) = i\hbar\frac{\partial}{\partial t}\psi(x,t),\qquad(5.24)$$

setzen wir

$$\psi(x,t) = e^{i(kx-\omega t)}\qquad(5.25)$$

ein und erhalten dann

$$-\frac{\hbar^2}{2m}(-k^2)e^{i(kx-\omega t)} = i\hbar(-i\omega)e^{i(kx-\omega t)},\qquad(5.26)$$

was tatsächlich erfüllt ist, wenn

$$\frac{\hbar}{2m}k^2 = \omega.\qquad(5.27)$$

2. **Aufgabe:** Bestimmen Sie eine normierte Eigenfunktion für ein Teilchen (Masse m), das sich im Potential $V(x)$ befindet. Die Energie des Teilchens sei $E < V_0$ und $V(x)$ ist gegeben durch

$$V(x) = \begin{cases} 0 & 0 \leq x \leq L \\ V_0 & L \leq x \\ \infty & x < 0. \end{cases} \tag{5.28}$$

$V_0 > 0$. (Siehe Abb. 5.15).

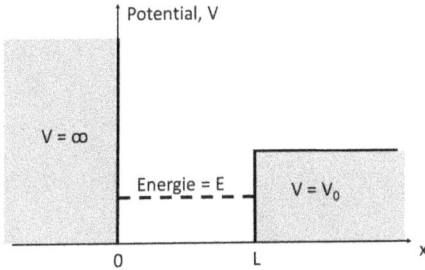

Abb. 5.15: Das Potential in Aufgabe 2 in Kapitel 5.6, sowie die Energie des Teilchens.

Antwort: Die zeitunabhängige Schrödinger-Gleichung lautet

$$-\frac{\hbar^2}{2m}\frac{d^2}{dx^2}\psi(x) + V(x)\psi(x) = E\psi(x). \tag{5.29}$$

Für $x < 0$ ist $V(x)$ unendlich groß. Auf der anderen Seite ist E eine Konstante und somit unabhängig vom Ort. Damit E nicht unendlich groß wird, muss dann

$$\psi(x) = 0 \quad \text{für } x < 0 \tag{5.30}$$

gelten. Dann wird auch

$$\psi(0) = 0, \tag{5.31}$$

weil $\psi(x)$ kontinuierlich sein soll.
Für $0 \leq x \leq L$ haben wir dann

$$\psi(x) = A\sin(kx) + B\cos(kx) \tag{5.32}$$

mit

$$\frac{\hbar^2}{2m}k^2 = E. \tag{5.33}$$

Wegen Gleichung (5.31) ist

$$B = 0. \tag{5.34}$$

Für $x > L$ ist die Schrödinger-Gleichung

$$-\frac{\hbar^2}{2m}\frac{d^2}{dx^2}\psi(x) = (E - V_0)\psi(x). \tag{5.35}$$

Weil $E < V_0$, ist es am zweckmäßigsten, die allgemeine Lösung in diesem Bereich als

$$\psi(x) = Ce^{-\kappa x} + De^{\kappa x} \tag{5.36}$$

zu schreiben. Hier ist

$$\frac{\hbar^2}{2m}\kappa^2 = V_0 - E, \tag{5.37}$$

wo wir die positive Lösung wählen:

$$0 < \kappa = \sqrt{\frac{2m(V_0 - E)}{\hbar^2}}. \tag{5.38}$$

$\psi(x)$ muss normierbar sein, sodass

$$1 = \int_{-\infty}^{\infty}|\psi(x)|^2\,dx = \int_{-\infty}^{0}|\psi(x)|^2\,dx + \int_{0}^{L}|\psi(x)|^2\,dx + \int_{L}^{\infty}|\psi(x)|^2\,dx \tag{5.39}$$

existiert. In Gl. (5.39) ist das erste Integral wegen Gl. (5.30) gleich null. Damit das letzte Integral endlich wird, muss gelten

$$D = 0. \tag{5.40}$$

Zusammenfassend haben wir also

$$\psi(x) = \begin{cases} 0 & x < 0 \\ A\sin(kx) & 0 \le x \le L \\ Ce^{-\kappa x} & L \le x. \end{cases} \tag{5.41}$$

Während L und V_0 gegeben sind, werden wir jetzt sehen, dass die Energie E nicht beliebig sein kann. Wie wir auch in anderen Fällen gesehen haben, stammt die Quantelung der Energie von den Randbedingungen. Konkret bedeutet dies, dass $\psi(x)$ kontinuierlich sein soll, was für $x = L$ ergibt

$$A\sin(kL) = Ce^{-\kappa L}. \tag{5.42}$$

Ähnlich soll auch $\frac{d}{dx}\psi(x)$ kontinuierlich sein. Für $x = L$ wird daraus

$$Ak\cos(kL) = -\kappa Ce^{-\kappa L} = -\kappa A\sin(kL) \tag{5.43}$$

durch Anwendung von Gl. (5.42). Aus Gl. (5.43) erhalten wir

$$\tan(kL) = -\frac{k}{\kappa} \tag{5.44}$$

oder

$$\tan\left(\sqrt{\frac{2mE}{\hbar^2}}L\right) = -\frac{\sqrt{\frac{2mE}{\hbar^2}}}{\sqrt{\frac{2m(V_0-E)}{\hbar^2}}} = -\sqrt{\frac{E}{V_0 - E}}. \tag{5.45}$$

Diese (sog. transzendente) Gleichung lässt sich nicht analytisch lösen, hat aber nur für diskrete Werte von E eine Lösung.

Wir nehmen an, dass wir die Energien mithilfe von Gl. (5.45) bestimmt haben. Ohne Einschränkung können wir annehmen, dass die Wellenfunktion reell ist. Für die Normierung der Wellenfunktion brauchen wir

$$\int_{-\infty}^{0} |\psi(x)|^2 \, dx = 0$$

$$\int_{0}^{L} |\psi(x)|^2 \, dx = \int_{0}^{L} A^2 \sin^2(kx) \, dx = A^2 \left[-\frac{1}{4k} \sin(2kx) + \frac{x}{2} \right]_{0}^{L}$$

$$= A^2 \left[\frac{L}{2} - \frac{1}{4k} \sin(2kL) \right]$$

$$\int_{L}^{\infty} |\psi(x)|^2 \, dx = \int_{L}^{\infty} C^2 e^{-2\kappa x} \, dx = C^2 \left[\frac{-1}{2\kappa} e^{-2\kappa x} \right]_{L}^{\infty}$$

$$= C^2 \frac{1}{2\kappa} e^{-2\kappa L} = A^2 \frac{1}{2\kappa} \sin^2(kL). \tag{5.46}$$

Hier haben wir Integrale aus Kapitel 19 verwendet und in der letzten Gleichung auch Gl. (5.42) benutzt. Die Normierungsbedingung in Gl. (5.39) wird dann zu

$$1 = A^2 \left[\frac{L}{2} - \frac{1}{4k} \sin(2kL) + \frac{1}{2\kappa} \sin^2(kL) \right] \tag{5.47}$$

woraus

$$A = \left[\frac{L}{2} - \frac{1}{4k} \sin(2kL) + \frac{1}{2\kappa} \sin^2(kL) \right]^{-1/2}, \tag{5.48}$$

wenn wir (willkürlich) den positiven Wert wählen. Letztendlich kann C aus Gl. (5.42) bestimmt werden:

$$C = A \sin(kL) e^{\kappa L}. \tag{5.49}$$

5.7 Aufgaben

1. Wie sieht die allgemeine Wellenfunktion eines freien Teilchens mit Energie E in drei Dimensionen aus? Welche Sonderfälle entsprechen einem Teilchen, das sich in der positiven bzw. negativen z-Richtung ausbreitet?

2. Erläutern Sie das Prinzip des Rastertunnelmikroskops.

3. Erläutern Sie den Begriff ‚Tunneleffekt'.

4. Skizzieren Sie die Wellenfunktion eines Teilchens, das sich in einer Dimension in einem Potential $V(x)$ bewegt. $V(x) = V_0$ für $a \le x \le b$ und ansonsten 0. Die Energie des Teilchens sei $E < V_0$. Es gilt $V_0 > 0$.

5. Erläutern Sie kurz den Zusammenhang zwischen Tunneleffekt und chemischen Reaktionen.

6. Skizzieren Sie den Transmissionskoeffizienten T als Funktion der Energie des Teilchens E für einen Tunneleffekt, bei welchem das Teilchen durch eine Potentialbarriere mit der Höhe V_0 tunnelt. Sowohl $E < V_0$ als auch $E > V_0$ sollen betrachtet werden.

7. Diskutieren Sie kurz das Resonanzverhalten des Transmissionskoeffizienten als Funktion der Energie des Teilchens.

6 Schwingungen

6.1 Energie molekularer Systeme

In Kapitel 1.8 haben wir gesehen, wie die Messung von Spektren von z. B. molekularen Systemen Information zu den Energieniveaus der Moleküle liefert. Absorptions- und Emissionsspektren haben – im Prinzip – Maxima bei Energien, die den Energieunterschieden der Moleküle entsprechen. Dadurch beinhalten solche Spektren Informationen, die verwendet werden können, um die Moleküle zu charakterisieren.

Leider ist es aber nicht einfach, aus den Informationen zu den Energieniveaus der Moleküle eindeutige Erkenntnisse über ihre Struktur und Zusammensetzung zu gewinnen. Oft braucht man mehrere, unterschiedliche Sätze von spektroskopischen Informationen, um einigermaßen eindeutige Kenntnisse zu den Molekülen (und oft auch nur, wenn sie nicht sehr groß sind!) zu erhalten. Ferner kann die spektroskopische Information nur dann nützlich sein, wenn man auch Vorstellungen davon hat, wie die Energieniveaus eines Moleküls zustande kommen. In diesem Buch werden einige der Grundlagen dazu behandelt.

Für ein Molekül aus M Atomen haben wir insgesamt $3M$ strukturelle Freiheitsgrade. Weil wir jedem von diesen eine Bewegung zuordnen können, liegen $3M$ verschiedene Bewegungstypen vor und für jeden einzelnen ist die Energie gequantelt. Wählen wir die drei Koordinaten des Massenschwerpunktes, beschreiben die dazugehörenden Bewegungen translatorische Bewegungen des ganzen Moleküls; das Molekül bewegt sich als starrer Körper wie ein Teilchen in einem Kasten mit einer Masse gleich der Gesamtmasse des Moleküls. Wenn das Molekül nicht-linear ist, können wir drei weitere Koordinaten so wählen, dass die zugehörigen Bewegungen Rotationsbewegungen des ganzen Moleküls um eine der sog. Hauptachsen beschreiben. Für ein lineares Molekül ist die Anzahl nur zwei. Die übrigen $3M$ – 6 (oder $3M$ – 5 für lineare Moleküle) Koordinaten beschreiben interne Bewegungen, also Schwingungen innerhalb des Moleküls.

Letztendlich können auch die Elektronen verschiedene Energien haben. Dadurch erhalten wir, dass die Energie eines Moleküls als eine Summe der Energien der einzelnen Beiträge geschrieben werden kann,

$$E = E_{\text{trans}} + E_{\text{rot}} + E_{\text{vib}} + E_{\text{el}}. \tag{6.1}$$

Jeder einzelne Energietyp ist gequantelt und hängt von den Eigenschaften des Systems ab. Durch Messung der Energien der einzelnen Energietypen erhalten wir deswegen Informationen über das Molekül. Die aus den verschiedenen Energietypen gewonnenen Informationen, sind nicht identisch, sondern eher komplementär, sodass die Messung verschiedener Energietypen von Vorteil ist, wenn ein molekulares System charakterisiert werden soll.

Zusätzlich gilt, dass die typischen Energien der einzelnen Energietypen sehr unterschiedlich sind. Typischerweise ist die Energieaufspaltung der Niveaus der Translati-

https://doi.org/10.1515/9783111215075-006

onsenergie sehr gering; diejenige der Rotationsbewegung größer; diejenige der Schwingungsenergie noch größer; und diejenige der elektronischen Energie am größten. Dies bedeutet auch, dass verschiedene experimentelle Methoden eingesetzt werden müssen, um die verschiedenen Energietypen zu messen. Letztendlich soll auch erwähnt werden, dass die Energien der einzelnen Typen selten unabhängig voneinander sind, obwohl das an dieser Stelle keine Rolle spielt.

In den beiden Kapiteln 4 und 5 haben wir die quantenmechanische Beschreibung der Bewegung eines (beinahe) freien Teilchens vorgestellt. Diese Beschreibung können wir für die Translationsenergie benutzen und erkennen dann, dass die Information, die man aus solchen Spektren erhalten kann, vor allem die Gesamtmasse des Moleküls ist. In Kapitel 7 werden wir die Rotationsenergie behandeln, und später in diesem Buch werden viele Details zur elektronischen Energie erörtert. Dabei erhalten wir auch sehr viele Erkenntnisse über die chemische Bindung (einschließlich, z. B., die Orbitaltheorie). Zunächst aber werden wir uns in diesem Kapitel mit der Schwingungsenergie befassen.

6.2 Schwingungen eines Moleküls

In diesem Kapitel werden wir kurz zwei Modelle erläutern, die verwendet werden, um Schwingungen in Molekülen zu beschreiben. Für nicht-lineare Moleküle mit M Atomen gibt es $3M - 6$ verschiedene Schwingungsmoden, während es für lineare Moleküle $3M - 5$ verschiedene Schwingungsmoden gibt. Für jeden Schwingungsmodus kann die Bewegung des $n$ten Atoms näherungsweise durch

$$\vec{R}_{nk}(t) = \vec{R}_{n0} + \vec{u}_{nk}\cos(\omega_k t) \tag{6.2}$$

beschrieben werden. Hier ist $\vec{R}_{n0}$ die Gleichgewichtslage des $n$ten Atoms und k beschreibt den Schwingungsmodus. Ferner ist $\vec{u}_{nk}$ die Auslenkung des $n$ten Atoms.

Man erkennt, dass für die Berechnung der Energie, die mit dieser Schwingung verbunden ist, nur Kenntnisse zur Variation der Energie während der gleichzeitigen Bewegung aller Atome benötigt werden. Die quantenmechanische Berechnung dieser Energie erfolgt deswegen durch das Lösen der Schrödinger-Gleichung

$$-\frac{\hbar^2}{2\mu}\frac{d^2}{ds^2}\psi(s) + V(s)\psi(s) = E'\psi(s). \tag{6.3}$$

Hier ist μ die Masse, die schwingt (und die selten einfach zu ermitteln ist), und $V(s)$ beschreibt die Variation der Energie für den Schwingungsmodus. s ist eine eindimensionale Koordinate, die den Verlauf der Schwingung beschreibt. Wenn s sich ändert, ändern sich alle Kernkoordinaten ähnlich wie in Gl. (6.2).

Die zwei oben erwähnten Modelle unterscheiden sich in der Form von $V(s)$. Aus Gründen, die später klar werden, haben wir die Energie auf der rechten Seite gleich E' statt E gesetzt. Wir betonen, dass man die Schwingungsmoden eigentlich nicht kennt und diese erst durch ein etwas komplizierteres Verfahren bestimmen muss (siehe Kapitel 16.3), aber für unsere Zwecke reicht es aus, zu wissen, dass die Schwingungsenergien im Prinzip durch die Lösung einer eindimensionalen Schrödinger-Gleichung wie in Gl. (6.3) bestimmt werden können.

6.3 Harmonischer Oszillator

In der einfachsten Näherung wird $V(s)$ durch das Potential des **harmonischen Oszillators** genähert. Dann wird angenommen, dass die Energie des Moleküls quadratisch von der Auslenkung aus der Gleichgewichtslage abhängt,

$$V(s) = V_0 + \frac{1}{2}k(s - s_0)^2. \tag{6.4}$$

Hier ist s die Koordinate, welche die Schwingung beschreibt, und s_0 die Gleichgewichtslage.

Für dieses Potential haben wir folgende zeitunabhängige Schrödinger-Gleichung

$$-\frac{\hbar^2}{2\mu}\frac{d^2}{ds^2}\psi(s) + \left[V_0 + \frac{1}{2}k(s - s_0)^2\right]\psi(s) = E'\psi(s). \tag{6.5}$$

μ ist die Masse, die schwingt. Es ist oftmals schwierig diese Masse zu ermitteln (siehe Kapitel 16.3), aber für ein zweiatomiges Molekül entspricht sie der reduzierten Masse,

$$\mu = \frac{m_1 \cdot m_2}{m_1 + m_2} \tag{6.6}$$

mit m_1 und m_2 gleich der Massen der beiden Atome.

Wir führen

$$x = s - s_0$$
$$E = E' - V_0 \tag{6.7}$$

ein und erhalten dadurch die modifizierte Schrödinger-Gleichung

$$-\frac{\hbar^2}{2\mu}\frac{d^2}{dx^2}\psi(x) + \frac{1}{2}kx^2\psi(x) = E\psi(x). \tag{6.8}$$

Diese Gleichung zu lösen, ist nicht ganz einfach und deswegen soll der Lösungsweg hier nicht vorgestellt werden. Stattdessen werden wir nur einige Aspekte der Lösungen kurz erwähnen:

– Die Energie ist gequantelt:

$$E = E_n = \hbar\sqrt{\frac{k}{\mu}}\left(n + \frac{1}{2}\right), \quad n = 0, 1, 2, 3, \ldots. \tag{6.9}$$

- Sogar der Grundzustand ($n = 0$) hat eine Energie ungleich null. Das ist die sog. Nullpunktsenergie.
- Dass die Nullpunktsenergie ungleich null ist, kann als Folge von Heisenbergs Unschärferelation interpretiert werden. Wäre die Energie null, würde sich das Teilchen nicht bewegen und gleichzeitig immer bei $x = 0$ befinden. Dann wären $\Delta p = \Delta x = 0$, und Heisenbergs Unschärferelation wäre verletzt.
- Wie Gl. (6.9) zeigt, sind die Energien äquidistant – ein Unterschied zu den Energien des Teilchens im Kasten.
- Die Wellenfunktionen, für einige Werte von n in Abb. 6.1 gezeigt, haben kleine Beiträge in dem klassisch verbotenen Bereich: dort, wo das Potential größer ist als die Energie des Systems. Das ist äquivalent zum Tunneleffekt.

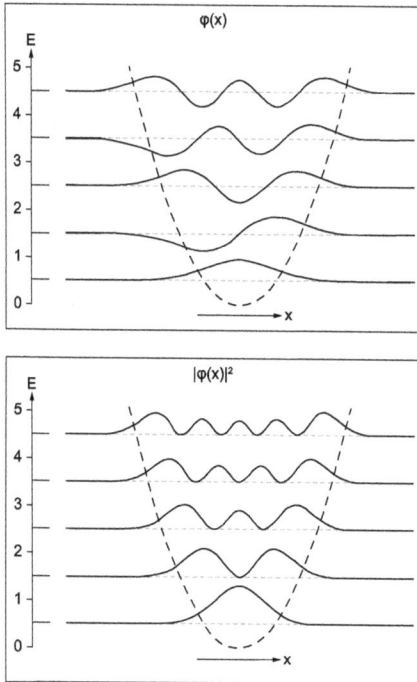

Abb. 6.1: Die Wellenfunktionen und deren Dichten für einen harmonischen Oszillator. Angepasst aus dem Buch S. Brandt und H. D. Dahmen, *The Picture Book of Quantum Mechanics*, Springer-Verlag, 1995.

- Die Wellenfunktion des Grundzustandes ist eine Gauss-Funktion,

$$\psi_0(x) = \left(\frac{2\alpha}{\pi}\right)^{1/4} e^{-\alpha x^2}$$

$$\alpha = \frac{\sqrt{\mu k}}{2\hbar}. \tag{6.10}$$

Das ist die einzige Funktion für welche das ‚=' in Heisenbergs Unschärferelation gilt: $\Delta x \cdot \Delta p = \frac{\hbar}{2}$. Deswegen wird die Gauss-Funktion auch ‚Minimale-Unschärfe-Funktion' genannt.

- Im allgemeinen Fall kann die (normierte) Lösung als

$$\psi_n(x) = N_n \cdot H_n(y) \cdot e^{-y^2/2}$$
$$N_n = \left(\beta \pi^{1/2} 2^n n!\right)^{-1/2}$$
$$\beta = \sqrt{\frac{\hbar}{\sqrt{\mu k}}}$$
$$y = x/\beta \tag{6.11}$$

geschrieben werden. Hier ist $H_n(y)$ das $n$te Hermite-Polynom (nach Charles Hermite). Einige dieser Polynome sind gegeben durch

$$H_0(y) = 1$$
$$H_1(y) = 2y$$
$$H_2(y) = 4y^2 - 2$$
$$H_3(y) = 8y^3 - 12y$$
$$H_4(y) = 16y^4 - 48y^2 + 12$$
$$H_5(y) = 32y^5 - 160y^3 + 120y$$
$$H_6(y) = 64y^6 - 480y^4 + 720y^2 - 120. \tag{6.12}$$

Für größere n ist die Rekursionsformel

$$H_{n+1}(y) = 2yH_n(y) - 2nH_{n-1}(y) \tag{6.13}$$

hilfreich.

- Wenn n größer wird, wird die Wellenfunktion über dem ganzen Gebiet des klassisch erlaubten Bereichs zunehmend gleich verteilt. Dies ist in Abb. 6.2 illustriert und ist ein Beispiel für das sog. Korrespondenzprinzip nach Bohr.
  Das Korrespondenzprinzip, das allgemeingültig ist, besagt, dass sich für sehr große Werte der Quantenzahl(en) die Wahrscheinlichkeitsdichten zunehmend der klassischen Dichte annähern.
- In Abb. 6.2 ist auch erkennbar, wie die Wellenfunktionen sogar für große Werte der Quantenzahl dort ungleich null wird, wo das Teilchen sich klassisch nicht aufhalten kann.

Zuletzt zeigen wir in Abb. 6.3 die zeitliche Entwicklung von Gauss-Funktionen, $Ne^{-\beta(x-x_0)^2}$, die sich in einem harmonischen Potential bewegen. Nur wenn die Breite der Funktion diejenige des Grundzustands ist [d. h. $\beta = \alpha$ aus Gl. (6.10)], verändert sich die Form der Funktion nicht. Ansonsten bleibt sie eine Gaussfunktion aber mit variierender Breite.

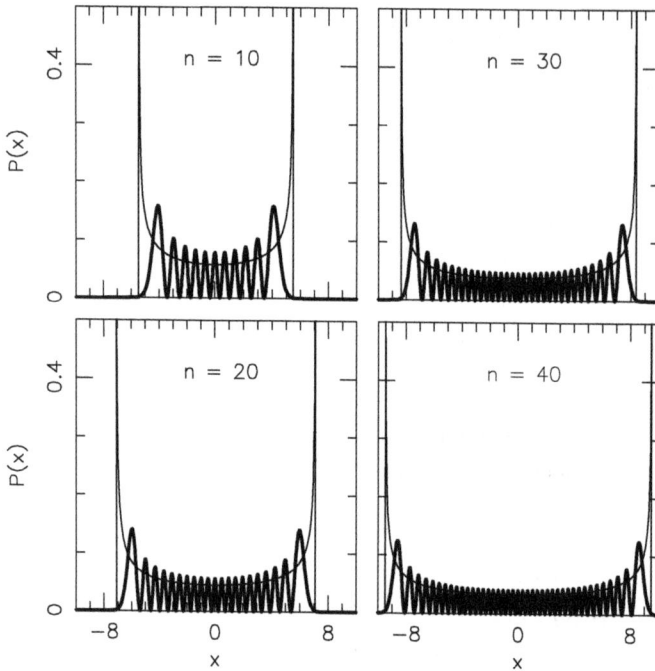

Abb. 6.2: Das Korrespondenzprinzip für den harmonischen Oszillator. Die dickeren Kurven zeigen $P_{QM}(x) = |\psi_n(x)|^2$ für die angegeben Werte von n, während die dünneren Kurven die klassische Wahrscheinlichkeitsdichte $P_{Cl}(x)$ für den Fall zeigen, dass das Teilchen dieselbe Energie wie im Quantenfall besitzt. In beiden Fällen ist $P(x)\,dx$ die Wahrscheinlichkeit, das Teilchen im Bereich $[x, x + dx]$ zu finden.

6.4 Impulsdarstellung

Der harmonische Oszillator besitzt eine spezielle Symmetrie zwischen Orts- und Impulsdarstellung. Die Wellenfunktion im Impulsraum gehorcht der Gleichung

$$\frac{p^2}{2\mu}\phi(p) - \frac{1}{2}\hbar^2 k \frac{d^2}{dp^2}\phi(p) = E\phi(p). \tag{6.14}$$

Durch Vergleich mit der Gleichung für die Wellenfunktion in Ortsraum, Gl. (6.8), sehen wir, dass die Gleichungen mathematisch vollständig identisch sind, sodass wir, wenn in Gl. (6.8)

$$x \to p$$
$$\psi \to \phi$$
$$k \to \frac{1}{\mu}$$
$$\mu \to \frac{1}{k} \tag{6.15}$$

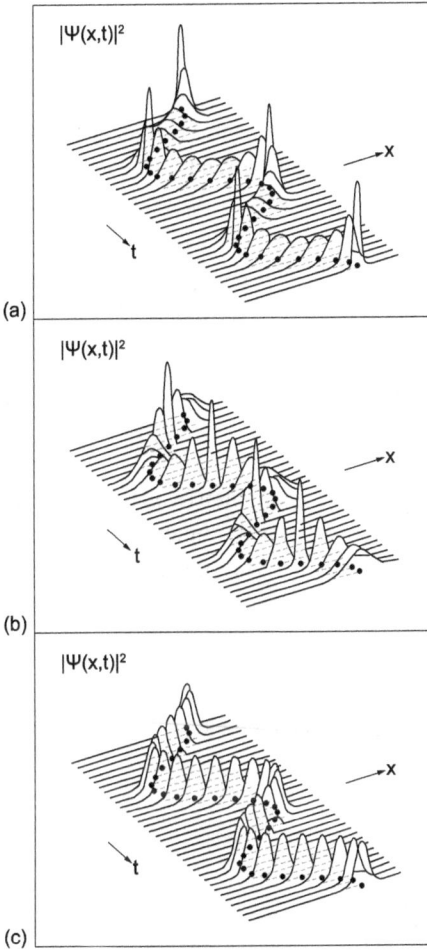

Abb. 6.3: Zeitliche Entwicklung von Gauss-Funktionen, die sich in einem harmonischen Potential bewegen. Im obersten Teil ist die Anfangsbreite der Gauss-Funktion kleiner als die Breite des Grundzustandes, im mittleren Teil ist sie größer, um im untersten Teil ist sie identisch mit Breite des Grundzustandes. Angepasst aus dem Buch S. Brandt und H. D. Dahmen, *The Picture Book of Quantum Mechanics*, Springer-Verlag, 1995.

substituiert wird, Gl. (6.14) erhalten. Daraus ergibt sich insbesondere, dass die Energien unverändert bleiben (was ja auch sein muss!). Ferner sehen die Wellenfunktionen in Orts- und Impulsraum identisch aus (bis auf die Substitution oben), was eine Besonderheit des harmonischen Oszillators ist.

6.5 Morse-Oszillator

Das harmonische Potential,

$$V(s) = V_0 + \frac{1}{2}k(s - s_0)^2, \tag{6.16}$$

steigt sowohl für $s \to \infty$ als auch für $s \to -\infty$. Für uns ist das harmonische Potential vor allem für die Anwendung bei der Beschreibung von Schwingungen in Molekülen wichtig. Wenn wir als einfaches Beispiel ein zweiatomiges Molekül betrachten, bedeutet dies, dass wir annehmen, dass die Energie des Moleküls als Funktion des Abstandes zwischen den beiden Atomen gegen unendlich geht, wenn dieser Abstand sehr groß wird. Dies ist nicht realistisch. Eher wird sich die Energie für größere Abstände einem konstanten Wert nähern. Um eine realistischere Beschreibung zu erreichen, kann das harmonische Potential in Gl. (6.16) durch das Morse-Potential (nach Philip McCord Morse),

$$V(s) = V_0 + D\left(e^{-a(s-s_0)} - 1\right)^2, \tag{6.17}$$

ersetzt werden.

In Abb. 6.4 werden die beiden Potentiale miteinander verglichen (wobei wir als Vereinfachung $V_0 = 0$ gesetzt haben). Dabei sind die Werte der Parameter a und D des Morse-Potentials so gewählt, dass die Krümmung für $s = s_0$ mit der Krümmung des harmonischen Potentials identisch ist. Dies bedeutet, dass

$$k = 2Da^2. \tag{6.18}$$

Es ist deutlich zu erkennen, dass das Morse-Potential gegen einen konstanten Wert (D) strebt, wenn $s \to \infty$ geht.

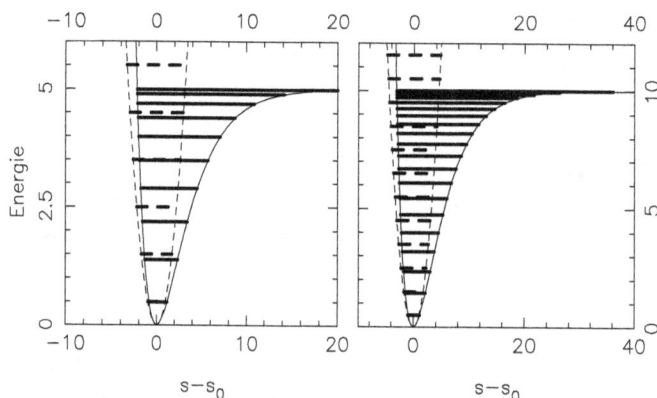

Abb. 6.4: Ein Vergleich zwischen harmonischem und Morse-Oszillator. In der rechten Hälfte ist D zweimal so groß wie in der linken Hälfte, während k denselben Wert besitzt. Das Potential des harmonischen Oszillators sowie dessen Energieniveaus sind durch die gestrichelten Kurven gezeigt, während die durchgezogenen Kurven die Ergebnisse für das Morse-Potential zeigen.

Das Morse-Potential sieht zunächst mathematisch kompliziert aus, hat aber den großen Vorteil, dass man die zugehörige Schrödinger-Gleichung analytisch lösen kann (was aber hier nicht gemacht werden soll). Für die Energie erhält man [mit k aus Gl. (6.18)]

$$E_n = \hbar\sqrt{\frac{k}{\mu}}\left(n + \frac{1}{2}\right) - \frac{\hbar^2\frac{k}{\mu}}{4D}\left(n + \frac{1}{2}\right)^2.$$

(6.19)

Wie man sieht, werden die Abstände zwischen den Energien mit zunehmendem n kleiner, was auch in Abb. 6.4 zu erkennen ist. Ferner gibt es, im Gegensatz zum harmonischen Potential, nur eine endliche Anzahl von gebundenen Zuständen, also Zustände für welche $E_n < D$, und die außerhalb eines endlichen Intervalls im Ortsraum essentiell exponentiell abklingen. Deren Anzahl kann auf zwei unterschiedliche Arten abgeschätzt werden. Zum einen können wir

$$E_n = D$$

(6.20)

setzen. Mit

$$g = \hbar\sqrt{\frac{k}{\mu}}\left(n + \frac{1}{2}\right)$$

(6.21)

ergibt dies

$$(g - 2D)^2 = 0$$

(6.22)

oder

$$n = \frac{2D}{\hbar}\sqrt{\frac{\mu}{k}} - \frac{1}{2},$$

(6.23)

wobei bedacht werden muss, dass n ganzzahlig sein muss. Entsprechend ist der gesuchte Wert für n gleich der größten ganzen Zahl kleiner als der Ausdruck in Gl. (6.23).

Alternativ kann der Energieunterschied

$$E_{n+1} - E_n = \hbar\sqrt{\frac{k}{\mu}} - \frac{1}{2D}\left(\hbar\sqrt{\frac{k}{\mu}}\right)^2(n + 1)$$

(6.24)

untersucht werden. Erlaubt sind nur Werte für n, für welche dieser Unterschied positiv ist. Also betrachten wir

$$E_{n+1} - E_n = 0,$$

(6.25)

woraus

$$n = \frac{2D}{\hbar}\sqrt{\frac{\mu}{k}} - 1$$

(6.26)

folgt, d. h. einen Wert sehr nahe am Wert von Gl. (6.23). Auch in diesem Fall gilt, dass nur die größte ganze Zahl kleiner als der Ausdruck in Gl. (6.26) relevant ist. Der kleinere Wert, der mithilfe von Gl. (6.26) gefunden wird, soll benutzt werden.

Bei dem Morse-Oszillator haben wir also nur eine endliche Anzahl von gebundenen Zuständen, deren Energien dementsprechend $E < D$ und diskret sind. Zusätzlich haben wir aber auch ein Kontinuum aus Zuständen mit Energien $E > D$.

6.6 Bezug zum Experiment

Mittels Schwingungsspektroskopie werden die Energien von Übergängen zwischen verschiedenen Schwingungsenergieniveaus gemessen, also

$$\Delta E_{nm} = E_n - E_m. \tag{6.27}$$

Unabhängig davon, ob man für die Interpretation den harmonischen Oszillator oder den Morse-Oszillator verwendet, erhält man daraus Informationen zur Kraftkonstanten k und zur ‚effektiven' Masse μ. Diese hängen selbstverständlich von den vorhandenen chemischen Bindungen und den Massen der Atome ab, aber leider selten in einfacher Weise. Eine Ausnahme ist, wenn eine Schwingung auf einige wenige Atome beschränkt ist. In dem Falle sind die Energieniveaus denjenigen sehr ähnlich, die man für andere Moleküle mit ähnlichen Gruppen von Atomen findet. Durch Vergleichen kann man dadurch solche Gruppen identifizieren. Für andere Schwingungen sind solche Zuordnungen deutlich schwieriger, obwohl auch diese Schwingungsenergien letztendlich wichtig für eine Charakterisierung des Moleküls sein können. Weil aber die Schwingungsfrequenzen von den Massen der schwingenden Atome abhängen, bietet Isotopensubstitution eine Möglichkeit, zusätzliche Information zu den Schwingungen zu erhalten. Substituiert man z. B. H durch D oder ^{12}C durch ^{13}C und misst erneut das Schwingungsspektrum, werden sich die Frequenzen derjenigen Schwingungen ändern, an welchen H und/oder C Atome beteiligt sind.

6.7 Aufgaben mit Antworten

1. **Aufgabe:** Bestimmen Sie die Grundzustandsenergie eines Teilchens (Masse m), das sich im Potential $V(x) = \frac{k}{2}(x - a)(x + a)$ bewegt. a ist eine konstante Länge.
    Antwort: Wir schreiben das Potential um:

$$V(x) = \frac{k}{2}(x - a)(x + a) = \frac{k}{2}x^2 - \frac{k}{2}a^2. \tag{6.28}$$

Die Schrödinger-Gleichung für dieses System

$$-\frac{\hbar^2}{2m}\frac{d^2}{dx^2}\psi(x) + \frac{k}{2}x^2\psi(x) - \frac{k}{2}a^2\psi(x) = E\psi(x) \tag{6.29}$$

ähnelt der eines harmonischen Oszillators sehr, außer dass es ein zusätzliches konstantes Potential, $-\frac{k}{2}a^2$, gibt. Deswegen sind die Energien identisch mit denen des harmonischen Oszillators plus dieses zusätzliche, konstante Glied,

$$E_n = \hbar\sqrt{\frac{k}{m}}\left(n + \frac{1}{2}\right) - \frac{k}{2}a^2, \quad n = 0, 1, 2, \ldots . \tag{6.30}$$

2. **Aufgabe:** Betrachten Sie die Wellenfunktion $\psi(x) = N \cdot e^{-a(x-c)^2}$.
   (a) Welchen Wert hat N?
   (b) Welchen Wert hat $\int \psi^*(x)\hat{x}\psi(x)\,dx$?
   (c) Welchen Wert hat $\int \psi^*(x)\hat{x}^2\psi(x)\,dx$?
   (d) Welchen Wert hat $\int \psi^*(x)\hat{p}_x\psi(x)\,dx$?
   (e) Welchen Wert hat $\int \psi^*(x)\hat{p}_x^2\psi(x)\,dx$?
   (f) Welchen Wert hat $\Delta x \cdot \Delta p_x$?
   (g) Wie groß ist die Wahrscheinlichkeit, dass sich das Teilchen zwischen $x = -\infty$ und $x = c$ befindet? Begründen Sie die Antwort.

Antwort:
(a) Ohne Einschränkung können wir annehmen, dass N reell und positiv ist. Dann gilt

$$1 = \int_{-\infty}^{\infty} |\psi(x)|^2\,dx = N^2 \int_{-\infty}^{\infty} e^{-2a(x-c)^2}\,dx = N^2 \int_{-\infty}^{\infty} e^{-2az^2}\,dz$$

$$= 2N^2 \int_{0}^{\infty} e^{-2az^2}\,dz = N^2 \sqrt{\frac{\pi}{2a}}, \tag{6.31}$$

wobei wir

$$z = x - c \tag{6.32}$$

substituiert haben und ferner Formeln aus Kapitel 19 benutzt haben.
Aus Gl. (6.31) erhalten wir dann

$$N = \left(\frac{2a}{\pi}\right)^{1/4}. \tag{6.33}$$

(b)

$$\int \psi^*(x)\hat{x}\psi(x)\,dx = \int_{-\infty}^{\infty} \psi(x)x\psi(x)\,dx = N^2 \int_{-\infty}^{\infty} xe^{-2a(x-c)^2}\,dx$$

$$= N^2 \int_{-\infty}^{\infty} [(x-c)+c]e^{-2a(x-c)^2}\,dx = N^2 \int_{-\infty}^{\infty} [z+c]e^{-2az^2}\,dz$$

$$= N^2 \int_{-\infty}^{\infty} z e^{-2az^2}\, dz + N^2 \int_{-\infty}^{\infty} c e^{-2az^2}\, dz = N^2 \int_{-\infty}^{\infty} c e^{-2az^2}\, dz$$

$$= cN^2 \int_{-\infty}^{\infty} e^{-2az^2}\, dz = c \tag{6.34}$$

wo wir ausgenutzt haben, dass z antisymmetrisch und e^{-2az^2} symmetrisch bezüglich $z = 0$ ist, sodass

$$\int_{-\infty}^{\infty} z e^{-2az^2}\, dz = 0. \tag{6.35}$$

Ferner haben wir Gl. (6.31) benutzt.

(c) Auf ähnliche Weise erhalten wir

$$\int \psi^*(x) \hat{x}^2 \psi(x)\, dx = \int_{-\infty}^{\infty} \psi(x) x^2 \psi(x)\, dx = N^2 \int_{-\infty}^{\infty} x^2 e^{-2a(x-c)^2}\, dx$$

$$= N^2 \int_{-\infty}^{\infty} [(x-c)+c]^2 e^{-2a(x-c)^2}\, dx = N^2 \int_{-\infty}^{\infty} [z+c]^2 e^{-2az^2}\, dz$$

$$= N^2 \int_{-\infty}^{\infty} (z^2 + 2cz + c^2) e^{-2az^2}\, dz = N^2 \int_{-\infty}^{\infty} (z^2 + c^2) e^{-2az^2}\, dz$$

$$= N^2 \frac{1}{4a}\sqrt{\frac{\pi}{2a}} + c^2 N^2 \sqrt{\frac{\pi}{2a}} = \frac{1}{4a} + c^2. \tag{6.36}$$

Hier haben wir ausgenutzt, dass

$$\int_{-\infty}^{\infty} s^2 e^{-as^2}\, ds = 2 \int_0^{\infty} s^2 e^{-as^2}\, ds, \tag{6.37}$$

und anschließend die Integrale verwendet, die in Kapitel 19 angegeben sind.

(d) Wir finden

$$\int \psi^*(x) \hat{p}_x \psi(x)\, dx = \int_{-\infty}^{\infty} \psi^*(x)\left[\frac{\hbar}{i}\frac{\partial}{\partial x}\psi(x)\right] dx$$

$$= N^2 \int_{-\infty}^{\infty} e^{-a(x-c)^2}\left[\frac{\hbar}{i}\frac{\partial}{\partial x}e^{-a(x-c)^2}\right] dx$$

$$= N^2(-i\hbar)(-2a)\int_{-\infty}^{\infty} e^{-a(x-c)^2}(x-c)e^{-a(x-c)^2}\, dx$$

$$= N^2(-i\hbar)(-2a) \int\limits_{-\infty}^{\infty} e^{-az^2} z e^{-az^2} \, dz = 0. \tag{6.38}$$

(e) Wir finden

$$\int \psi^*(x)\hat{p}_x^2 \psi(x) \, dx = \int\limits_{-\infty}^{\infty} \psi^*(x)\left[-\hbar^2 \frac{\partial^2}{\partial x^2} \psi(x)\right] dx$$

$$= N^2 \int\limits_{-\infty}^{\infty} e^{-a(x-c)^2}\left[-\hbar^2 \frac{\partial^2}{\partial x^2} e^{-a(x-c)^2}\right] dx$$

$$= N^2(-\hbar^2) \int\limits_{-\infty}^{\infty} e^{-a(x-c)^2}[4a^2(x-c)^2 - 2a]e^{-a(x-c)^2} \, dx$$

$$= N^2(-\hbar^2) \int\limits_{-\infty}^{\infty} e^{-az^2}[4a^2z^2 - 2a]e^{-az^2} \, dz$$

$$= -N^2\hbar^2\left[4a^2 \frac{1}{4a} - 2a\right]\sqrt{\frac{\pi}{2a}} = \hbar^2 a. \tag{6.39}$$

(f) Aus den vergangenen Ergebnissen erhalten wir

$$(\Delta x)^2 = \langle\psi|x^2|\psi\rangle - \langle\psi|x|\psi\rangle^2 = \left[\frac{1}{4a} + c^2\right] - c^2 = \frac{1}{4a}$$

$$(\Delta p_x)^2 = \langle\psi|p_x^2|\psi\rangle - \langle\psi|p_x|\psi\rangle^2 = a\hbar^2 - 0^2 = a\hbar^2. \tag{6.40}$$

Damit wird

$$\Delta x \cdot \Delta p_x = \sqrt{\frac{1}{4a}} \cdot \sqrt{a\hbar^2} = \frac{1}{2}\hbar. \tag{6.41}$$

Wie schon erwähnt ist für diese (Gauss-)Funktion die Unschärferelation exakt erfüllt (,='statt ,>').

(g) Die gesuchte Wahrscheinlichkeit ist

$$P = \int\limits_{-\infty}^{c} |\psi(x)|^2 \, dx = N^2 \int\limits_{-\infty}^{c} e^{-2a(x-c)^2} \, dx = N^2 \int\limits_{-\infty}^{0} e^{-2az^2} \, dz$$

$$= N^2 \frac{1}{2} \int\limits_{-\infty}^{\infty} e^{-2az^2} \, dz = \frac{1}{2}. \tag{6.42}$$

3. **Aufgabe:** Wie viele Eigenzustände liegen im Intervall $[\frac{5}{6}\hbar\omega, \frac{29}{6}\hbar\omega]$ für einen eindimensionalen harmonischen Oszillator (Masse m, Kraftkonstante k, $\omega = \sqrt{\frac{k}{m}}$)?

Antwort: Die Energien sind gegeben durch

$$E_n = \hbar\sqrt{\frac{k}{m}}\left(n + \frac{1}{2}\right) \tag{6.43}$$

mit n nicht-negativ und ganzzahlig.

Zwischen $\frac{5}{6}\hbar\omega = \frac{5\pi}{3}\hbar\omega \simeq 5.24\hbar\omega$ und $\frac{29}{6}\hbar\omega = \frac{29\pi}{3}\hbar\omega \simeq 30.37\hbar\omega$ liegen dann die Energieniveaus für $n = 6, 7, \dots, 30$, also insgesamt 25 Eigenzustände.

4. **Aufgabe:** Betrachten Sie ein Teilchen (Masse m), das sich im Potential $V(x,y)$ bewegt. $V(x,y) = c \cdot (y - d)^2$ für $a \leq x \leq b$ und $V(x,y) = \infty$ ansonsten. Bestimmen Sie die Energieeigenwerte dieses Teilchens. Was muss gelten, damit es energetische Entartungen des Systems gibt?

   Antwort: Die Schrödinger-Gleichung,

$$-\frac{\hbar^2}{2m}\left(\frac{\partial^2}{\partial x^2} + \frac{\partial^2}{\partial y^2}\right)\psi(x,y) + V(x,y)\psi(x,y) = E\psi(x,y), \tag{6.44}$$

lässt sich am leichtesten durch einen Produktansatz

$$\psi(x,y) = \psi_x(x)\psi_y(y) \tag{6.45}$$

lösen. Setzt man dies in die Schrödinger-Gleichung ein, so erhält man für $a \leq x \leq b$,

$$-\frac{\hbar^2}{2m}\left(\psi_y(y)\frac{d^2}{dx^2}\psi_x(x) + \psi_x(x)\frac{d^2}{dy^2}\psi_y(y)\right)$$
$$+ c \cdot (y - d)^2\psi_x(x)\psi_y(y) = E\psi_x(x)\psi_y(y), \tag{6.46}$$

oder durch Division mit dem Ausdruck in Gl. (6.45),

$$-\frac{\hbar^2}{2m}\frac{1}{\psi_x(x)}\frac{d^2}{dx^2}\psi_x(x) = \frac{\hbar^2}{2m}\frac{1}{\psi_y(y)}\frac{d^2}{dy^2}\psi_y(y) - c \cdot (y - d)^2 + E. \tag{6.47}$$

Die linke Seite hängt nicht von y ab, während die rechte Seite nicht von x abhängt. Deswegen sind die beiden gleich einer Konstante, E_x. Daraus

$$-\frac{\hbar^2}{2m}\frac{1}{\psi_x(x)}\frac{d^2}{dx^2}\psi_x(x) = E_x$$

$$-\frac{\hbar^2}{2m}\frac{1}{\psi_y(y)}\frac{d^2}{dy^2}\psi_y(y) + c \cdot (y - d)^2 - E = E_x. \tag{6.48}$$

Zusammen mit den Randbedingungen erhalten wir dann letztendlich

$$-\frac{\hbar^2}{2m}\frac{d^2}{dx^2}\psi_x = E_x\psi_x(x)$$

$$\psi_x(a) = \psi_x(b) = 0$$

$$-\frac{\hbar^2}{2m}\frac{d^2}{dy^2}\psi_y(y) + c \cdot (y - d)^2 \psi_y(y) = E_y\psi_y(y)$$

$$E_x + E_y = E. \tag{6.49}$$

Die Gleichung für ψ_x ist die Gleichung für ein Teilchen in einem eindimensionalen Kasten mit Kantenlänge $L = b - a$. Daraus erhalten wir die Energien

$$E_x = \frac{\hbar^2\pi^2}{2m(b - a)^2}n_x^2 \tag{6.50}$$

mit $n_x = 1, 2, 3, \ldots$.

Auf ähnlicher Weise erkennen wir, dass die Gleichung für ψ_y der Gleichung für einen harmonischen Oszillator mit Kraftkonstante $k = 2c$ entspricht. Daraus erhalten wir die Energien

$$E_y = \hbar\sqrt{\frac{2c}{m}}\left(n_y + \frac{1}{2}\right) = \hbar\sqrt{\frac{c}{2m}}(2n_y + 1) \tag{6.51}$$

mit $n_y = 0, 1, 2, 3, \ldots$.

Die Gesamtenergie ist dann

$$E = E_{n_x,n_y} = \frac{\hbar^2\pi^2}{2m(b - a)^2}n_x^2 + \hbar\sqrt{\frac{c}{2m}}(2n_y + 1). \tag{6.52}$$

Energetische Entartung kann es geben, wenn

$$\frac{\hbar^2\pi^2}{2m(b - a)^2} = \hbar\sqrt{\frac{c}{2m}} \cdot (2N + 1) \tag{6.53}$$

mit $N \geq 0$ ganzzahlig. Mit

$$E_0 = \hbar\sqrt{\frac{c}{2m}} \tag{6.54}$$

ist dann

$$E_{n_x,n_y} = E_0[(2N + 1)n_x^2 + (2n_y + 1)]. \tag{6.55}$$

Durch Einsetzen kann man sich leicht davon überzeugen, dass es dann energetische Entartung geben kann. Z. B. für $N = 0$ sind die Energieniveaus $(n_x, n_y) = (1, 13)$, $(3,9)$ und $(5,1)$ energetisch entartet.

6.8 Aufgaben

1. Welche Funktionen werden zur Beschreibung der Eigenfunktionen eines harmonischen Oszillators verwendet? Wie hängen die Energien von der Kraftkonstante und von der Masse des Oszillators ab?
2. Bestimmen Sie die Konstanten A, α und a, sodass $\psi(x) = A \cdot e^{-a(x-a)^2}$ eine normierte Eigenfunktion zur Schrödinger-Gleichung für ein Teilchen (Masse m) im Potential $V(x) = c \cdot (x-1)^2$ ist.
3. Erläutern Sie den Begriff ‚Nullpunktsenergie‘.
4. Bestimmen Sie die Grundzustandsenergie eines Teilchens (Masse $3m$), das sich in einer Dimension im Potential $V(z) = k(2z-3)(2z+3)$ bewegt.
5. Betrachten Sie ein Teilchen in einem eindimensionalen Kasten mit Kantenlänge L sowie einen eindimensionalen harmonischen Oszillator mit Kraftkonstante k. Welche Beziehung muss zwischen L und k bestehen, damit die Grundzustandsenergien beider Systeme gleich sind? Die niedrigste potentielle Energie des Teilchens im Kasten und des harmonischen Oszillators sind beide null.
6. Beschreiben Sie Methoden, mit denen Schwingungsspektren theoretisch berechnet werden können.
7. Betrachten Sie zwei Körper mit den Massen $3m$ und $5m$, und die durch eine Feder (Kraftkonstante $2k$) miteinander verbunden sind. Bestimmen Sie die Energieniveaus dieses Systems ausgedrückt mithilfe von m, k und $\hbar$.
8. Erläutern Sie das Korrespondenzprinzip.
9. Beschreiben Sie kurz den Morse-Oszillator sowie dessen Energieniveaus.
10. Betrachten Sie ein Teilchen (Masse m), das sich im Potential $V(x,y) = c \cdot (y-d)^2 + 4c \cdot (x-a)^2$ bewegt (a, c, und d sind Konstanten). Bestimmen Sie die Energieeigenwerte dieses Teilchens. Welche Energieniveaus sind energetisch entartet?
11. Skizzieren Sie die drei ersten Energieniveaus, Wellenfunktionen und die entsprechenden Wahrscheinlichkeitsdichten eines eindimensionalen harmonischen Oszillators.
12. Diskutieren Sie kurz, warum Isotopensubstitution bei der Charakterisierung eines Moleküls hilfreich sein kann.
13. Die Wellenfunktion des Grundzustandes des quantenmechanischen harmonischen Oszillators lautet $\Psi_0(x) = (\frac{a}{\pi})^{1/4} e^{-ax^2/2}$, wobei $a = \sqrt{km/\hbar^2}$, k die Kraftkonstante ist und m gleich die Masse des Oszillators.
    (a) Ist diese Funktion normiert?
    (b) Wie groß sind die Durchschnittswerte der kinetischen und der potentiellen Energie im Grundzustand?
    Begründen Sie die Antworten.
14. Welche Funktionen werden zur Beschreibung der Eigenfunktionen eines harmonischen Oszillators verwendet? Wie hängen die Energien von der Kraftkonstante und von der Masse des Oszillators ab?

15. Bestimmen Sie die Grundzustandsenergie eines Teilchens (Masse f), das sich in einer Dimension im Potential $V(s) = as^2 + bs + c$ bewegt.

16. Welche Form hat die Oszillator-Wellenfunktion des Grundzustandes? Zeigen Sie, dass diese Funktion die Schrödinger-Gleichung für den quantenmechanischen harmonischen Oszillator erfüllt. Welchen Wert hat der entsprechende Energieeigenwert?

7 Rotationen

7.1 Drehimpuls und Trägheitsmoment

Bevor wir die quantentheoretische Behandlung von Rotationen diskutieren, werden wir kurz zwei fundamentale Begriffe aus der Physik beschreiben. Sie sollen eigentlich wohlbekannt sein (!), aber eine Wiederholung schadet vielleicht nicht.

Der erste Begriff ist der des Drehimpulses. Wir betrachten zunächst ein einziges Teilchen, das sich auf einer kreisförmigen Bahn bewegt, siehe Abb. 7.1. Der Drehimpuls $\vec{l}$ ist ein Vektor, der als

$$\vec{l} = \vec{r} \times \vec{p} \qquad (7.1)$$

definiert ist. Hier ist $\vec{r}$ der Vekto,r der vom Zentrum des Kreises zum Teilchen zeigt, und $\vec{p}$ der Impuls des Teilchens. Alle drei Vektoren sind in Abb. 7.1 dargestellt. Man erkennt leicht, dass, obwohl $\vec{r}$ und $\vec{p}$ entlang des Kreises ihre Richtungen ändern, dies für $\vec{l}$ nicht der Fall ist. In der Tat ist, laut der klassischen Physik, $\vec{l}$ eine Bewegungskonstante, was so viel heißt, dass $\vec{l}$ nur unter Einwirkung von äußeren Kräften geändert werden kann. Andere, vielleicht bekanntere Bewegungskonstanten sind Energie und Impuls. Dass $\vec{l}$ eine Bewegungskonstante ist, erklärt auch, warum man Fahrrad fahren kann, und dass dies – im Prinzip – umso leichter wird, je schneller man fährt.

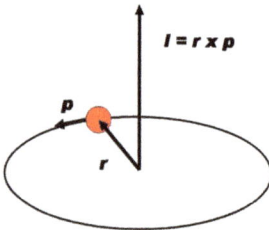

Abb. 7.1: Der Drehimpuls eines Teilchens, das sich auf einer kreisförmigen Bahn bewegt.

Die meisten Bewegungen sind komplexer und können nicht durch eine einfache Kreisbahn beschrieben werden. In Abb. 7.2 ist ein Beispiel für eine solche Bewegung gezeigt. Jedes Tierchen erlebt hier eine Überlagerung von zwei kreisförmigen Bewegungen: Zum einen rotiert das ganze System mit allen Tierchen um eine gemeinsame Achse, und zum anderen rotiert jede Tasse mit einem Tierchen um ihre Achse. Auch für diese zusammengesetzte Bewegung gibt es einen Drehimpulsvektor, und zwar die Vektorsumme aus den Vektoren der einzelnen Bewegungen.

Dies ist in Abb. 7.3 für ein Beispiel gezeigt. Hier werden die drei Drehimpulsvektoren für drei kreisförmige Bewegungen, die nicht einmal in derselben Ebene liegen (müssen), vektoriell zusammenaddiert, um einen Gesamtdrehimpulsvektor zu bilden.

https://doi.org/10.1515/9783111215075-007

Abb. 7.2: Eine komplexere Bewegung, die sich aus mehreren kreisförmigen Bewegungen zusammensetzt.

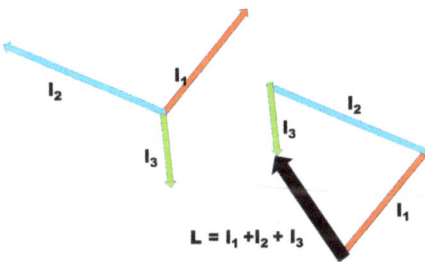

Abb. 7.3: Der gesamte Drehimpuls, $\vec{L}$, für eine Bewegung, die sich aus drei einzelnen Rotationsbewegungen mit Drehimpulsen $\vec{l}_1, \vec{l}_2$ und $\vec{l}_3$ zusammensetzt.

Dass wir uns für Drehimpulse interessieren, hat einen einfachen Grund: Elektronen oder Atomkerne, die geschlossene, mehr oder weniger kreisförmige Bewegungen ausführen, bilden letztendlich nichts anderes als kleine Stromkreise. Solche können mithilfe von Magnetfeldern beeinflusst werden, und das ist es, was man bei magnetischer Resonanzspektroskopie (NMR, ESR, EPR z. B.) ausnutzt. Weil, wie immer, die Energie gequantelt ist (also nur bestimmte Werte annehmen kann), kann ein kleiner Stromkreis in einem Magnetfeld nur diskrete Energien besitzen, deren Energieunterschiede man dann letztendlich mittels Spektroskopie messen kann. Diese Energieniveaus hängen nicht nur vom angelegten Magnetfeld ab, sondern auch von einer Eigenschaft der Stromkreise: deren Drehimpulse. Wir werden diese Beziehung in Kapitel 7.5 etwas ausführlicher behandeln.

Der zweite Begriff, an den wir uns kurz erinnern werden, ist das Trägheitsmoment. Wiederum betrachten wir das System aus Abb. 7.1. Das Teilchen, mit Masse m, rotiert um eine Achse (die den Drehimpulsvektor beinhaltet) mit einem Abstand r zu dieser. Das Trägheitsmoment um diese Achse ist definiert als

$$I = mr^2. \tag{7.2}$$

Wenn wir mehrere Teilchen haben, die unterschiedlichen Massen und Abstände zur Achse haben können, ist das Gesamtträgheitsmoment durch

$$I = \sum_i m_i r_i^2 \tag{7.3}$$

gegeben. Hier ist m_i die Masse des $i$ten Teilchen und r_i ist sein Abstand zur Achse. Wir betonen, dass das Trägheitsmoment nur dann Sinn ergibt, wenn man die zugehörige Achse definiert.

Gl. (7.3) kann verallgemeinert werden, sodass auch größere Körper behandelt werden können. Wir lassen $\rho(\vec{s})$ die Dichte des Körpers im Punkt $\vec{s}$ sein und haben dann allgemein

$$I = \int \rho(\vec{s}) r^2(\vec{s}) \, d\vec{s}. \tag{7.4}$$

Analog zu oben ist $r(\vec{s})$ der Abstand vom Punkt $\vec{s}$ zur Achse.

7.2 2D-Rotor

Bevor wir den zweidimensionalen Rotor aus quantenmechanischer Sicht betrachten, diskutieren wir eine vereinfachte Behandlung, die meistens nur klassische Argumente verwendet.

Wir betrachten ein System wie in Abb. 7.1, also ein Teilchen, das sich mit konstanter Winkelgeschwindigkeit auf einer kreisförmigen Bahn bewegt. Unsere Argumente sind aber nicht auf dieses Beispiel beschränkt, sondern das Ergebnis wird allgemeingültig sein, wenn wir einen Körper mit einem gegebenen Trägheitsmoment betrachten, der sich mit konstanter Winkelgeschwindigkeit um eine Achse dreht. Aber fangen wir mit dem System aus Abb. 7.1 an.

Die Gesamtenergie des Teilchens ist gleich der kinetischen Energie, weil wir annehmen, dass keine Kräfte auf das System wirken und wir willkürlich die (konstante) potentielle Energie gleich null gesetzt haben (dies ist wiederum ein Beispiel dafür, dass nur Energieunterschiede gemessen werden können, sodass man den Energienullpunkt frei wählen kann). Also

$$E = E_{\text{kin}} = \frac{p^2}{2m}. \tag{7.5}$$

Gleichzeitig ist die Größe des Drehimpulses gleich

$$l = pr. \tag{7.6}$$

Wir haben hier Masse und Impuls des Teilchens gleich m und p gesetzt, während r der Radius der kreisförmigen Bahn ist.

Durch Kombination von Gl. (7.5) und (7.6) erhalten wir

$$E = \frac{l^2}{2mr^2} = \frac{l^2}{2I}. \tag{7.7}$$

Hier ist

$$I = mr^2 \tag{7.8}$$

das Trägheitsmoment des Systems.

An dieser Stelle führen wir die De-Broglie-Relation ein, die eine Verknüpfung von Welle- und Teilchennatur quantenmechanischer Objekte darstellt,

$$p = \frac{h}{\lambda}. \tag{7.9}$$

λ ist die Wellenlänge des Systems, wenn wir das System als quantenmechanische Welle auffassen. Diese Welle befindet sich dementsprechend auf der kreisförmigen Bahn. Damit die Welle sich nicht selber vernichtet (anders ausgedrückt: damit eine konstruktive Interferenz vorliegt), muss eine ganze Anzahl von Wellenzügen auf die kreisförmige Bahn passen. Also die Länge dieser Bahn, d. h. $2\pi r$, muss gleich einem ganzzahligen Vielfachen von λ sein,

$$2\pi r = n\lambda, \tag{7.10}$$

mit $n = 1, 2, 3, \dots$.

Aus Gl. (7.6), (7.9) und (7.10) erhalten wir dann

$$l = pr = \frac{hr}{\lambda} = \frac{hr}{2\pi r/n} = n \cdot \frac{h}{2\pi} = n \cdot \hbar, \tag{7.11}$$

und laut Gl. (7.7) wird die Energie dann

$$E = \frac{\hbar^2}{2I} n^2. \tag{7.12}$$

Dies bedeutet, dass sowohl die Energie als auch die Größe des Drehimpulses gequantelt sind.

Wir werden jetzt zeigen, dass man dieses Ergebnis auch durch eine ‚richtige' quantentheoretische Behandlung erhält. Dazu nehmen wir an, dass sich das Teilchen in der (x, y)-Ebene befindet, und dass es sich um den Koordinatenursprung bewegt. Die zweidimensionale Schrödinger-Gleichung wird dann zu

$$-\frac{\hbar^2}{2m} \left(\frac{\partial^2}{\partial x^2} + \frac{\partial^2}{\partial y^2} \right) \psi = E \cdot \psi. \tag{7.13}$$

Eigentlich haben wir nur eine Bewegungskoordinate, weil

$$x^2 + y^2 = r^2 \qquad (7.14)$$

konstant ist. Deswegen ist Gl. (7.14) nicht zweckmäßig. Stattdessen führen wir Polarkoordinaten in zwei Dimensionen ein,

$$x = r \cdot \cos\phi$$
$$y = r \cdot \sin\phi. \qquad (7.15)$$

Um diese in Gl. (7.14) einsetzen zu können, brauchen wir Ausdrücke wie

$$\frac{\partial}{\partial x} = \frac{\partial}{\partial r} \cdot \frac{\partial r}{\partial x} + \frac{\partial}{\partial \phi} \cdot \frac{\partial \phi}{\partial x} \qquad (7.16)$$

und

$$\frac{\partial^2}{\partial x^2} = \frac{\partial^2}{\partial r^2} \cdot \left(\frac{\partial r}{\partial x}\right)^2 + \frac{\partial}{\partial r} \cdot \frac{\partial^2 r}{\partial x^2} + \frac{\partial^2}{\partial \phi^2} \cdot \left(\frac{\partial \phi}{\partial x}\right)^2 + \frac{\partial}{\partial \phi} \cdot \frac{\partial^2 \phi}{\partial x^2} \qquad (7.17)$$

und ähnliche Ausdrücke für die Ableitungen nach y. Wenn man keine Fehler macht (oder man einfach in einer mathematischen Formelsammlung nachschlägt, wo man diese Formeln leicht finden kann), erhält man

$$\frac{\partial^2}{\partial x^2} + \frac{\partial^2}{\partial y^2} = \frac{\partial^2}{\partial r^2} + \frac{1}{r}\frac{\partial}{\partial r} + \frac{1}{r^2}\frac{\partial^2}{\partial \phi^2}. \qquad (7.18)$$

In unserem Fall kann die Rechnung besonders stark vereinfacht werden: Weil r konstant ist, fallen alle Differenzierung nach r weg (r kann ja nicht variiert werden), sodass die Schrödinger-Gleichung (7.13) als

$$-\frac{\hbar^2}{2m}\frac{1}{r^2}\frac{\partial^2}{\partial \phi^2}\psi(\phi) = E\psi(\phi) \qquad (7.19)$$

geschrieben werden kann. Hier haben wir auch ausgenutzt, dass die Wellenfunktion nur vom Winkel ϕ abhängt.

Gl. (7.19) lässt sich umschreiben zu

$$-\frac{\hbar^2}{2I}\frac{\partial^2}{\partial \phi^2}\psi(\phi) = E\psi(\phi). \qquad (7.20)$$

Diese Gleichung hat die Lösungen

$$\psi(\phi) = A \cdot e^{im_l \phi} \qquad (7.21)$$

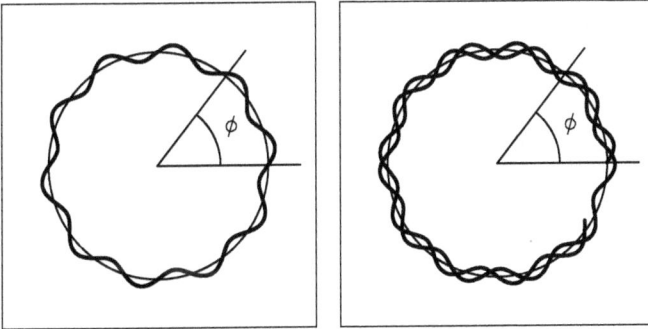

Abb. 7.4: Die zyklischen Randbedingungen für den 2-dimensionalen Rotor. Gezeigt ist der Imaginäranteil von $e^{im\phi}$, d. h. $\sin(im\phi)$, für (links) m ganzzahlig und (rechts) m nicht ganzzahlig. Die dickere Kurve zeigt den Funktionswert relativ zu 0 (gezeigt als die dünnere Kurve) als Funktion des Winkels ϕ. Man sieht, wie nur in der linken Hälfte die Funktion in sich selbst übergeht, wenn ϕ um 2π geändert wird.

mit A gleich einer Konstante und

$$m_l = \pm\sqrt{\frac{2IE}{\hbar^2}}. \tag{7.22}$$

Es muss gelten (siehe Abb. 7.4), dass

$$\psi(\phi + 2\pi) = \psi(\phi), \tag{7.23}$$

(dies nennt man zyklische Randbedingungen), woraus wir erhalten, dass m_l eine ganze Zahl sein muss. Gl. (7.23) wird dann zu

$$E = \frac{\hbar^2 m_l^2}{2I}, \quad m_l = 0, \pm 1, \pm 2, \ldots, \tag{7.24}$$

also genau wie in Gl. (7.12).

Der Drehimpulsvektor liegt in diesem Fall entlang der z-Achse, sodass seine x- und y-Komponente verschwinden, und die Länge des Drehimpulsvektors gleich dem Betrag der z-Komponente wird. Der quantenmechanische Operator seiner z-Komponente ist

$$\hat{l}_z = \hat{x} \cdot \hat{p}_y - \hat{y} \cdot \hat{p}_x = \frac{\hbar}{i}\left(x\frac{\partial}{\partial y} - y\frac{\partial}{\partial x}\right) = \frac{\hbar}{i}\frac{\partial}{\partial \phi} \tag{7.25}$$

wenn wir ihn mit Polarkoordinaten ausdrücken. Für die Funktionen in Gl. (7.21) erhalten wir dann sofort

$$\hat{l}_z\psi(\phi) = \frac{\hbar}{i}\frac{\partial}{\partial \phi}(A \cdot e^{im_l\phi}) = \hbar m_l A \cdot e^{im_l\phi} = \hbar m_l \psi(\phi), \tag{7.26}$$

also ist die Wellenfunktion auch eine Eigenfunktion zu $\hat{l}_z$ und zwar mit dem Eigenwert $m_l\hbar$.

Zum Schluss bestimmen wir die Normierungskonstante A der Wellenfunktion. Weil die Wellenfunktion über ihrem gesamten Geltungsbereich normiert sein soll, gilt

$$\int_0^{2\pi} |\psi(\phi)|^2 \, d\phi = |A|^2 \cdot 2\pi \equiv 1, \tag{7.27}$$

woraus wir

$$A = \frac{1}{\sqrt{2\pi}} \tag{7.28}$$

wählen.

In Abb. 7.5 sind die Real- und Imaginäranteile der Wellenfunktionen für einige der kleinsten nicht-negativen Werte vom m_l gezeigt. Diese Abbildung zeigt auch die Drehimpulsvektoren.

7.3 3D-Rotor

Für den zweidimensionalen Rotor haben wir ein Teilchen betrachtet, das sich in einer zweidimensionaler Ebene bewegen konnte mit der Einschränkung, dass der Abstand zu einem bestimmten Punkt, den wir später als Koordinatenursprung gewählt haben, konstant sein muss. Für den dreidimensionalen Rotor gehen wir ähnlich vor. Diesmal kann sich das Teilchen in einem dreidimensionalen Raum bewegen mit der Einschränkung, dass der Abstand zu einem bestimmten Punkt, den wir wiederum als Koordinatenursprung wählen werden, konstant sein muss. Das Teilchen kann sich also nur auf einer Kugeloberfläche bewegen. In diesem Fall werden wir nur die quantentheoretische Behandlung präsentieren.

Wie für den zweidimensionalen Rotor ist es wiederum zweckmäßig, ein geeignetes Koordinatensystem zu verwenden. Diesmal werden wir die Polarkoordinaten in drei Dimensionen, auch Kugelkoordinaten genannt, verwenden. Deren Definition ist in Abb. 7.6 gezeigt. Für diese gelten

$$x = r \sin \theta \cos \phi$$
$$y = r \sin \theta \sin \phi$$
$$z = r \cos \theta. \tag{7.29}$$

Auch für diese Koordinaten brauchen wir den Ausdruck des Laplace-Operators [siehe Gl. (2.4)]

$$\begin{aligned} \nabla^2 &= \frac{\partial^2}{\partial x^2} + \frac{\partial^2}{\partial y^2} + \frac{\partial^2}{\partial z^2} \\ &= \frac{\partial^2}{\partial r^2} + \frac{2}{r} \frac{\partial}{\partial r} + \frac{1}{r^2 \sin^2 \theta} \frac{\partial^2}{\partial \phi^2} + \frac{1}{r^2 \sin \theta} \frac{\partial}{\partial \theta} \sin \theta \frac{\partial}{\partial \theta} \\ &\equiv \frac{\partial^2}{\partial r^2} + \frac{2}{r} \frac{\partial}{\partial r} + \frac{1}{r^2} \hat{\Lambda}^2. \end{aligned} \tag{7.30}$$

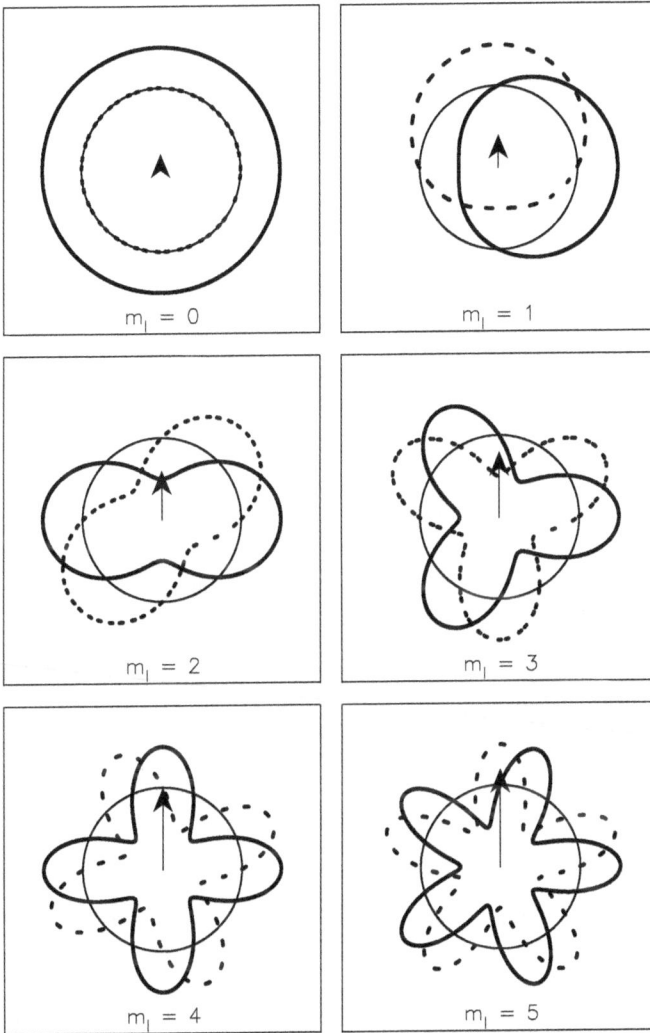

Abb. 7.5: Die sechs energetisch niedrigsten Zustände für den zweidimensionalen Rotor. Die dicken durchgezogenen Kurven geben die Realanteile der Wellenfunktionen wieder, die dicken, gestrichelten Kurven die Imaginäranteile. Die dünnen Kurven geben 0 wieder, und die Pfeile in der Mitte zeigen die Drehimpulsvektoren, die eigentlich senkrecht zur Ebene der Abbildungen stehen sollen.

Wir haben hier den Operator

$$\hat{\Lambda}^2 = \frac{1}{\sin^2\theta}\frac{\partial^2}{\partial\phi^2} + \frac{1}{\sin\theta}\frac{\partial}{\partial\theta}\sin\theta\frac{\partial}{\partial\theta} \tag{7.31}$$

eingeführt.

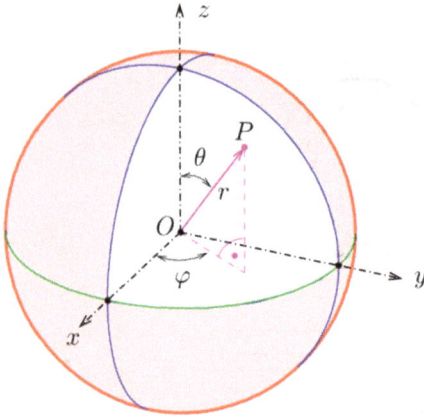

Abb. 7.6: Die Definition von Polarkoordinaten in drei Dimensionen, auch Kugelkoordinaten genannt.

Für den dreidimensionalen Rotor ist r konstant, sodass in der Schrödinger-Gleichung alle Glieder mit Ableitungen nach r wegfallen. Dann wird die Schrödinger-Gleichung

$$-\frac{\hbar^2}{2mr^2}\hat{\Lambda}^2\psi(\theta,\phi) = E\psi(\theta,\phi), \tag{7.32}$$

wo wir explizit angegeben haben, dass die Wellenfunktion ψ von den zwei Winkeln θ und ϕ abhängt, aber nicht von r (der ja konstant ist). Gl. (7.32) kann auch als

$$\hat{\Lambda}^2\psi(\theta,\phi) = -\frac{2IE}{\hbar^2}\psi(\theta,\phi) \tag{7.33}$$

geschrieben werden, wobei I das Trägheitsmoment um den Koordinatenursprung ist (also im Gegensatz zu voriger Betrachtung nicht um eine Achse, sondern um einen Punkt, weil sich das Teilchen ja um einen Punkt bewegt).

In Kapitel 2.2 und 4.11 haben wir gesehen, dass es hilfreich sein kann, bei der Lösung von Differenzialgleichungen, die von mehreren Variablen abhängen, einen Produktansatz zu verwenden. So gehen wir auch hier vor. Also setzen wir

$$\psi(\theta,\phi) = \Theta(\theta) \cdot \Phi(\phi). \tag{7.34}$$

Durch Einsetzen dieses Ansatzes in Gl. (7.33) erhalten wir

$$\hat{\Lambda}^2\psi = \frac{1}{\sin^2\theta}\Theta\Phi'' + \Phi\frac{1}{\sin\theta}\frac{\partial}{\partial\theta}[\sin\theta\Theta'] = -\frac{2IE}{\hbar^2}\Theta\Phi. \tag{7.35}$$

Durch Division durch das Produkt $\Theta\Phi$ ergibt sich daraus

$$\frac{\Phi''}{\Phi} + \frac{1}{\Theta}\sin\theta\frac{\partial}{\partial\theta}[\sin\theta\Theta'] = -\frac{2IE}{\hbar^2}\sin^2\theta \tag{7.36}$$

oder

$$\frac{\Phi''}{\Phi} = -\frac{1}{\Theta} \sin\theta \frac{\partial}{\partial\theta} [\sin\theta\Theta'] - \frac{2IE}{\hbar^2} \sin^2\theta = -m_l^2. \tag{7.37}$$

In der letzten Identität haben wir ausgenutzt, dass die linke Seite nur von ϕ abhängt, während der mittlere Ausdruck nur von θ abhängt. Das bedeutet, dass sie nur dann identisch sein können, wenn sie konstant sind. Diese Konstante haben wir dann $-m_l^2$ genannt, aus Gründen, die später klar werden.

Aus Gl. (7.37) erhalten wir zwei Gleichungen: eine für Θ und eine für Φ. Letztere ist

$$\frac{\Phi''}{\Phi} = -m_l^2. \tag{7.38}$$

Daraus ergibt sich

$$\Phi(\phi) = A e^{im_l\phi}. \tag{7.39}$$

Wie für den zweidimensionalen Rotor gelten auch hier die zyklischen Randbedingungen,

$$\Phi(\phi + 2\pi) = \Phi(\phi) \tag{7.40}$$

woraus

$$\Phi(\phi) = \frac{1}{\sqrt{2\pi}} e^{im_l\phi} \tag{7.41}$$

mit m_l gleich einer ganzen Zahl. Ferner haben wir A so gewählt, dass $\Phi(\phi)$ normiert ist,

$$\int_0^{2\pi} |\Phi(\phi)|^2 \, d\phi = |A|^2 \cdot 2\pi \equiv 1, \tag{7.42}$$

Die andere Gleichung, die aus Gl. (7.37) entnommen werden kann, ist die Gleichung für $\Theta(\theta)$. Diese Gleichung ist

$$\sin\theta \frac{\partial}{\partial\theta} [\sin\theta\Theta'] + \left[\frac{2IE}{\hbar^2} \sin^2\theta - m_l^2 \right] \Theta = 0. \tag{7.43}$$

Diese Gleichung ist nicht einfach zu lösen. Sie wird Legendre-Gleichung genannt, und ihre Lösungen sind glücklicherweise bekannt. Sie können mithilfe der sog. Legendre-Polynome (nach Adrien-Marie Legendre) ausgedrückt werden. Diese sind gegeben durch

$$P_l(z) = \frac{1}{2^l l!} \frac{d^l}{dz^l} (z^2 - 1)^l. \tag{7.44}$$

Wir sehen, dass wir hier eine zweite Zahl l (neben m_l) eingeführt haben. l kann die Werte $0, 1, 2, \ldots$ annehmen. Mit den Legendre-Polynomen können die (normierten) Lösungen zu Gl. (7.43) dann wie folgt ausgedrückt werden:

$$\Theta(\theta) = S_{l,m_l}(\theta) = (-1)^{m_l} \sqrt{\frac{2l+1}{2}} \sqrt{\frac{(l-m_l)!}{(l+m_l)!}} \sin^{m_l}(\theta) \frac{d^{m_l} P_l(\cos(\theta))}{(d\cos(\theta))^{m_l}}. \tag{7.45}$$

Oft führt man die sog. assoziierten Legendre-Funktionen ein,

$$P_l^{m_l}(z) = (1 - z^2)^{m_l/2} \frac{d^{m_l}}{dz^{m_l}} P_l(z). \tag{7.46}$$

Dann können die Wellenfunktionen ψ in Gl. (7.34) als

$$\psi(\theta, \phi) = \Theta(\theta) \cdot \Phi(\phi) \equiv Y_{l,m_l}(\theta, \phi)$$

$$= \begin{cases} (-1)^{m_l} \sqrt{\frac{2l+1}{2}} \sqrt{\frac{(l-m_l)!}{(l+m_l)!}} P_l^{m_l}(\cos\theta) \frac{e^{im_l\phi}}{\sqrt{2\pi}} & m_l \geq 0 \\ (-1)^{m_l} Y_{l,-m_l}^*(\theta, \phi) & m_l < 0 \end{cases} \tag{7.47}$$

geschrieben werden.

Weil unsere ursprüngliche Fragestellung einer Gleichung in zwei Dimensionen entspricht, Gl. (7.32), haben wir zwei Konstanten eingeführt. Es gibt nur Lösungen für bestimmte Werte von (l, m_l):

$$l = 0, 1, 2, \ldots$$
$$m_l = -l, -l+1, -l+2, \ldots, l-2, l-1, l. \tag{7.48}$$

Ferner werden die Y-Funktionen Kugelflächenfunktionen genannt.

Die mathematischen Ausdrücke der Kugelflächenfunktionen für $l = 0, 1, 2$ und 3 sind in Tabelle 7.1 aufgelistet.

Die Lösungen zur Schrödinger-Gleichung, Gl. (7.32), können also mittels der Kugelflächenfunktionen ausgedrückt werden. Diese Gleichung ist eine zweidimensionale Differenzialgleichung (wir haben zwei Koordinaten: θ und ϕ) und deswegen führt ihre Lösung zur Einführung von zwei Quantenzahlen, die wir mit l und m_l bezeichnet haben und die nur bestimmte Werte annehmen können. Dies gilt allgemein: Eine Schrödinger-Gleichung in P Dimensionen führt zu P Quantenzahlen, die nur bestimmte Werte annehmen können.

Die Energie, die man erhält, ist

$$E = \frac{l(l+1)\hbar^2}{2I}. \tag{7.49}$$

Wir sehen, dass E nur von l aber nicht von m_l abhängt. Das bedeutet, dass alle $2l+1$ Wellenfunktionen Y_{l,m_l} mit selbem l aber unterschiedlichen m_l zur selben Energie führen: Sie sind also energetisch entartet.

Tab. 7.1: Die Kugelflächenfunktionen für $l = 0, 1, 2$ und 3.

l	m_l	$Y_{l,m_l}(\theta, \phi)$
0	0	$\sqrt{\frac{1}{4\pi}}$
	1	$-\sqrt{\frac{3}{8\pi}} \sin\theta e^{i\phi}$
1	0	$\sqrt{\frac{3}{4\pi}} \cos\theta$
	−1	$\sqrt{\frac{3}{8\pi}} \sin\theta e^{-i\phi}$
	2	$\sqrt{\frac{15}{32\pi}} \sin^2\theta e^{2i\phi}$
	1	$-\sqrt{\frac{15}{8\pi}} \sin\theta \cos\theta e^{i\phi}$
2	0	$\sqrt{\frac{5}{16\pi}} (3\cos^2\theta - 1)$
	−1	$\sqrt{\frac{15}{8\pi}} \sin\theta \cos\theta e^{-i\phi}$
	−2	$\sqrt{\frac{15}{32\pi}} \sin^2\theta e^{-2i\phi}$
	3	$-\frac{1}{8}\sqrt{\frac{35}{\pi}} \sin^3\theta e^{3i\phi}$
	2	$\frac{1}{4}\sqrt{\frac{105}{2\pi}} \cos\theta \sin^2\theta e^{2i\phi}$
	1	$-\frac{1}{8}\sqrt{\frac{21}{\pi}} (5\cos^2\theta - 1) \sin\theta e^{i\phi}$
3	0	$\frac{1}{4}\sqrt{\frac{7}{\pi}} (5\cos^2\theta - 3) \cos\theta$
	−1	$\frac{1}{8}\sqrt{\frac{21}{\pi}} (5\cos^2\theta - 1) \sin\theta e^{-i\phi}$
	−2	$\frac{1}{4}\sqrt{\frac{105}{2\pi}} \cos\theta \sin^2\theta e^{-2i\phi}$
	−3	$\frac{1}{8}\sqrt{\frac{35}{\pi}} \sin^3\theta e^{-3i\phi}$

Zum Schluss dieses Kapitels diskutieren wir den Drehimpuls. In Kapitel 7.1 haben wir gesehen, dass der Drehimpuls als

$$\vec{l} = (l_x, l_y, l_z) = \vec{r} \times \vec{p} = (yp_z - zp_y, zp_x - xp_z, xp_y - yp_x) \qquad (7.50)$$

geschrieben werden kann. In Kapitel 7.2 haben wir auch bereits festgestellt, dass der quantenmechanische Operator für l_z gleich

$$\hat{l}_z = \frac{\hbar}{i} \frac{\partial}{\partial\phi} \qquad (7.51)$$

ist. Ferner lässt sich zeigen, dass der Operator

$$\hat{l}^2 = \hat{l}_x\hat{l}_x + \hat{l}_y\hat{l}_y + \hat{l}_z\hat{l}_z = -\hbar^2\hat{\Lambda}^2 \qquad (7.52)$$

ist. Außer einem Faktor $2I$ ist $\hat{l}^2$ also identisch mit dem Hamilton-Operator. Das bedeutet, dass

$$\hat{l}^2 Y_{l,m_l} = l(l+1)\hbar^2 Y_{l,m_l}. \tag{7.53}$$

Gleichzeitig erhält man auf einfacher Weise durch Einsetzen:

$$\hat{l}_z Y_{l,m_l} = m_l \hbar Y_{l,m_l}. \tag{7.54}$$

Die Kugelflächenfunktionen sind also sowohl Eigenfunktionen des Operators für das Quadrat der Länge des Drehimpulsvektors als auch des Operators für deren z-Komponente. Weil gleichzeitig Gl. (7.48) erfüllt sein muss, gilt auch

$$|m_l \hbar| \leq l\hbar \leq \sqrt{l(l+1)}\hbar \tag{7.55}$$

(und das ‚=' in der zweiten Identität gilt nur für $l = m_l = 0$). Das heißt, dass die Länge der z Komponente des Drehimpulsvektors kleiner ist als die Länge des Drehimpulsvektors: Also der Vektor kann nicht entlang der z-Achse liegen. Daraus ergibt sich eine Interpretation des Drehimpulses wie in Abb. 7.7 gezeigt.

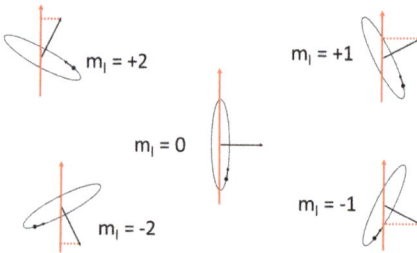

Abb. 7.7: Die fünf erlaubten Orientierungen des Drehimpulsvektors für $l = 2$. Man stellt sich vor, dass die Normale (welche parallel zum Drehimpulsvektor ist) der kreisförmigen Bahn des rotierenden Teilchens einen festen Winkel zur (rot gezeigten) z-Achse besitzt.

Wir wissen also, dass sowohl die Länge des Drehimpulses als auch deren z-Komponente gequantelt sind. Wir wissen aber nichts über die x- und y-Komponenten, die im Prinzip beliebig sein können. Für gegebene l und m_l kann der Drehimpulsvektor deswegen auf einem beliebigen Punkt auf einem der Kreise, die in Abb. 7.8 gezeigt sind, liegen. Der Vektor kann sich sogar drehen, solange er auf demselben Kreis liegt. Man spricht dann von Präzession.

Gerade wegen dieser Präzession haben die x- und y-Komponente des Drehimpulsvektors keine eindeutigen Werte. Würde man versuchen, z. B. die x-Komponente zu messen, nachdem die z-Komponente bestimmt wurde, würde sich die Präzessionsbewegung drehen und dann um die x-Achse stattfinden. Dies bedeutet, dass jetzt zwar die x-Komponente des Drehimpulsvektors bekannt wird, dafür aber verliert man jede Information zur z-Komponente. Letztendlich ist das eine Folge davon, dass die drei Kom-

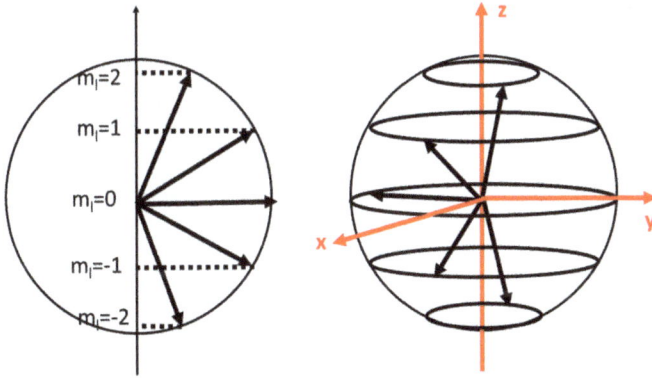

Abb. 7.8: Die erlaubten Orientierungen des Drehimpulsvektors für l = 2. Wie in Abb. 7.7 stellt man sich vor, dass die Normale (welche parallel zum Drehimpulsvektor ist) der kreisförmigen Bahn des rotierenden Teilchens einen festen Winkel zur (rot gezeigten) z-Achse besitzt. Weil aber die Winkel zu den beiden anderen Richtungen nicht festgelegt sind, sind alle Punkte auf den Kreisen in der rechten Hälfte erlaubte Richtungen des Drehimpulsvektors.

ponenten des Drehimpulsvektors nicht kommutieren, sondern

$$[\hat{l}_x, \hat{l}_y] = i\hbar\hat{l}_z$$
$$[\hat{l}_y, \hat{l}_z] = i\hbar\hat{l}_x$$
$$[\hat{l}_z, \hat{l}_x] = i\hbar\hat{l}_y \tag{7.56}$$

gilt [vergl. Gl. (3.71)], sodass die genaue gleichzeitige Bestimmung mehrerer Komponenten des Drehimpulsvektors nicht möglich ist.

Aus Gl. (7.47) sieht man leicht, dass $|Y_{l,m_l}(\theta,\phi)|^2$ unabhängig von ϕ ist, und dass

$$\left|Y_{l,m_l}(\theta,\phi)\right|^2 = \left|Y_{l,-m_l}(\theta,\phi)\right|^2. \tag{7.57}$$

Um die Kugelflächenfunktionen $|Y_{l,m_l}(\theta,\phi)|^2$ grafisch darzustellen, kann man wie folgt vorgehen. Y_{l,m_l} ist eine Funktion der beiden Winkel θ und ϕ, die eine Richtung im dreidimensionalen Koordinatensystem beschreiben. Deswegen wählt man eine Richtung (d. h., Werte für θ und ϕ), berechnet $|Y_{l,m_l}(\theta,\phi)|^2$, und markiert einen Punkt mit diesem Wert entlang der Richtung (θ,ϕ). Wenn das für alle Werte von θ und ϕ erfolgt ist, hat man eine Fläche im dreidimensionalen Raum, die bildlich dargestellt werden kann, wie in Abb. 7.9.

Die Kugelflächenfunktionen, die wir jetzt eingeführt haben, sind im allgemeinen Fall komplex, was bedeutet, dass sie komplexe (statt rein reelle) Werte annehmen. Aus diesen Kugelflächenfunktionen können aber die bekannteren Funktionen s, p_x, ... gebildet werden, die nur reelle Werte annehmen. Allgemein bildet man aus Y_{l,m_l} und $Y_{l,-m_l}$

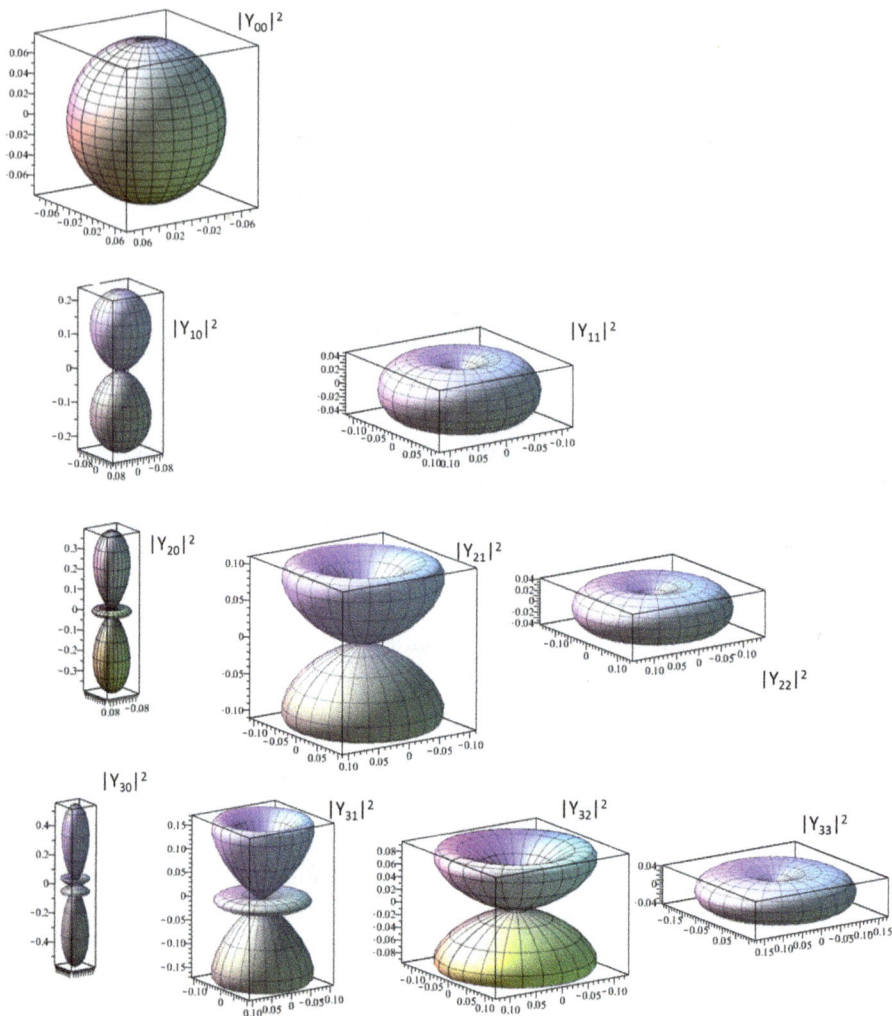

Abb. 7.9: Darstellung der quadrierten Beträge einiger der komplexen Kugelflächenfunktionen.

für $m_l \neq 0$ zwei neue Funktionen,

$$Y_{l,m_l,\pm} = \frac{c_{l,m_l,\pm}}{\sqrt{2}} (Y_{l,m_l} \pm Y_{l,-m_l}), \tag{7.58}$$

während die Funktionen $Y_{l,0}$ unverändert bleiben. Durch geschickte Wahl der Konstanten $c_{l,m_l,\pm}$ (d. h. $c_{l,m_l,\pm} = \pm 1$ oder $\pm i$) kann erreicht werden, dass die Funktionen $Y_{l,m_l,\pm}$ reell (statt komplex) sind. Z. B. werden p_x und p_y von $Y_{1,1}$ und $Y_{1,-1}$ gebildet, während $d_{x^2-y^2}$ und d_{xy} von $Y_{2,2}$ und $Y_{2,-2}$ gebildet werden. Diese Funktionen sind in Abb. 7.10 gezeigt.

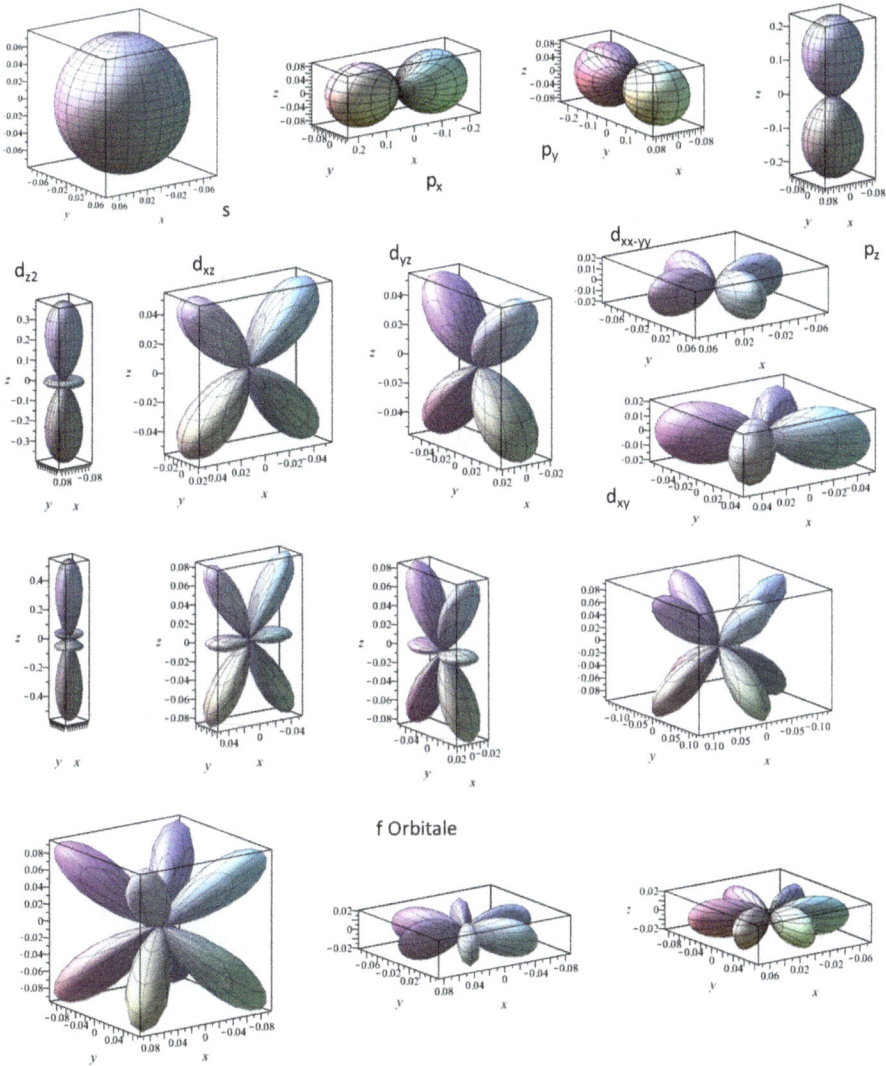

Abb. 7.10: Darstellung der quadrierten Beträge einiger der reellen Kugelflächenfunktionen.

7.4 Addition von Drehimpulsen

Für Systeme, in denen mehrere Drehimpulse auftreten, werden sie sowohl im klassischen Fall wie auch im quantenmechanischen Fall vektoriell zusammenaddiert (siehe Abb. 7.3). Dann gilt auch im quantenmechanischen Fall, dass die Länge des Gesamtdrehimpulses sowie deren z-Komponente gequantelt sind. Im allgemeinen Fall gilt dies aber nicht für die einzelnen Drehimpulsvektoren, sondern nur für die Summe, wenn sich die einzelnen Bewegungen gegenseitig beeinflussen. Z. B. sind Elektronen, die sich in einem

Atom oder Molekül befinden, geladen und stoßen sich deswegen gegenseitig ab, sodass die Bewegungen der einzelnen Elektronen von denen der anderen abhängen.

Bei uns ist es oft der Fall, dass die Drehimpulse dadurch entstehen, dass sich Elektronen in irgendwelchen Bahnen bewegen. Die Bewegung eines einzelnen Elektrons erzeugt einen Drehimpulsvektor, und aus den einzelnen wird dann ein Gesamtdrehimpulsvektor gebildet. Es ist dann durchaus möglich, dass die Summe verschwindet.

Im allgemeinen Fall gilt, dass, wenn wir für

$$\vec{L} = \vec{l}_1 + \vec{l}_2 + \cdots + \vec{l}_n \tag{7.59}$$

den zugehörigen quantenmechanischen Operator erzeugen, dann

$$\hat{L}^2 \Psi(\vec{x}_1, \vec{x}_2, \ldots, \vec{x}_n) = L(L + 1)\hbar^2 \Psi(\vec{x}_1, \vec{x}_2, \ldots, \vec{x}_n) \tag{7.60}$$

ist [wobei $\Psi(\vec{x}_1, \vec{x}_2, \ldots, \vec{x}_n)$ die Wellenfunktion des Gesamtsystems mit n Teilchen ist] mit L gleich einer ganzen Zahl. $L = 0$ ist dann möglich. Ferner gilt

$$\hat{L}_z \Psi(\vec{x}_1, \vec{x}_2, \ldots, \vec{x}_n) = M_L \hbar \Psi(\vec{x}_1, \vec{x}_2, \ldots, \vec{x}_n). \tag{7.61}$$

Für die ganze Zahl M_L gilt

$$-L \leq M_L \leq L. \tag{7.62}$$

Ähnliche Formeln gelten aber nicht für die Operatoren der einzelnen Drehimpulse, $\vec{l}_1, \vec{l}_2, \ldots, \vec{l}_n$.

Als Beispiel können wir zwei Elektronen in einem Atom betrachten. Wenn wir zunächst annehmen, dass deren Bewegungen unabhängig voneinander sind, kann man den gesamten Drehimpuls in Gl. (7.59) dadurch erhalten, dass man zuerst die Drehimpulse der einzelnen Elektronen addiert,

$$\vec{L} = \vec{l}_1 + \vec{l}_2, \tag{7.63}$$

für welche die einzelnen Drehimpulsvektoren gequantelt sind,

$$|\vec{l}_1|^2 = l_1(l_1 + 1)\hbar^2$$
$$|\vec{l}_2|^2 = l_2(l_2 + 1)\hbar^2. \tag{7.64}$$

Lässt man dann anschließend zu, dass sich die Bewegungen der einzelnen Elektronen gegenseitig beeinflussen, wird nur die Summe gequantelt sein,

$$|\vec{L}|^2 = L(L + 1)\hbar^2. \tag{7.65}$$

Es stellt sich aber heraus, dass die möglichen Werte von L dann durch

$$L = |l_1 - l_2|, |l_1 - l_2| + 1, \ldots, l_1 + l_2 - 1, l_1 + l_2 \tag{7.66}$$

gegeben sind.

Konkret haben wir zuerst angenommen, dass sich die zwei Elektronen in den zwei (unterschiedlichen) Orbitalen ψ_1 und ψ_2 befinden, für welche gilt

$$\hat{l}_1^2 \psi_1 = l_1(l_1 + 1)\hbar^2 \psi_1$$
$$\hat{l}_2^2 \psi_2 = l_2(l_2 + 1)\hbar^2 \psi_2. \tag{7.67}$$

Die Gesamtwellenfunktion der beiden Elektronen Ψ ist aber keine Eigenfunktion zu den Operatoren $\hat{l}_1^2$ und $\hat{l}_2^2$, sondern nur zu $\hat{L}^2$.

Zum Schluss erwähnen wir, dass wir immer wieder die z-Komponente des Drehimpulsvektors diskutiert haben, die gequantelt ist, während die x- und y-Komponenten dies nicht sind. In diesem Fall bezeichnet man die z-Richtung als die Quantisierungsrichtung. Aber im Alltag gibt es kein Koordinatensystem und dann ist die Wahl der z-Richtung tatsächlich willkürlich. Es kann jedoch experimentelle Bedingungen geben, die eine ‚spezielle‘ oder ‚bevorzugte‘ Richtung definieren. Dies ist zum Beispiel der Fall, wenn sich das System in einem magnetischen Feld befindet (ein Fall, den wir im nächsten Kapitel diskutieren werden). Dann ist die Richtung des Magnetfeldes ‚speziell‘ oder ‚bevorzugt‘.

7.5 Spin des Elektrons

Im Jahr 1922 führten die Physiker Otto Stern und Walther Gerlach in Frankfurt am Main einen Versuch durch, dessen Ergebnisse zur Entdeckung des Spins des Elektrons führte. Die Existenz des Spins wurde aber erst 1925 von Samuel Abraham Goudsmit und George Eugene Uhlenbeck vorgeschlagen.

Wir haben bisher kleine Körper betrachtet, die sich auf mehr oder weniger kreisförmigen Bahnen bewegen können. Wenn diese Körper eine Ladung tragen, ergibt sich daraus ein kleiner Stromkreis. Ein solcher Stromkreis entspricht einem magnetischen Moment, $\vec{\mu}$, das proportional zum Drehimpuls des Körpers ist,

$$\vec{\mu} \propto \vec{l}. \tag{7.68}$$

In einem magnetischen Feld mit Feldvektor $\vec{B}$ ist die Energie des magnetischen Moments gleich

$$E_{\text{magn}} = \vec{\mu} \cdot \vec{B}. \tag{7.69}$$

Wir platzieren jetzt solche kleinen Stromkreise in einem inhomogenen Magnetfeld wie in Abb. 7.11. Diejenige, für welche $\vec{\mu}$ parallel zu $\vec{B}$ ist, können ihre Energie dadurch reduzieren, dass sie sich in die Richtung bewegen, in der $\vec{B}$ kleiner wird. Das Umgekehrte

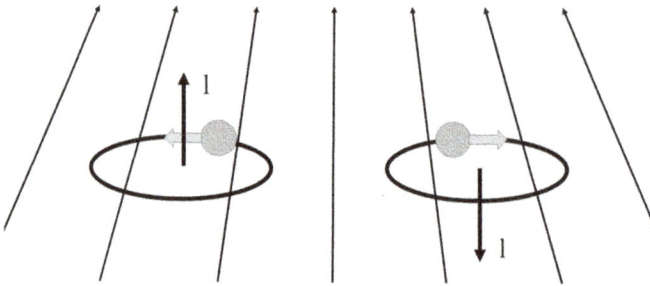

Abb. 7.11: Kleine Stromkreise, die sich in einem inhomogenen Magnetfeld befinden. Die Abbildung zeigt zwei solcher Stromkreise, deren Drehimpulse in entgegengesetzte Richtungen zeigen. Die dünneren Linien stellen die Magnetfeldlinien dar.

gilt für diejenigen, für welche $\vec{\mu}$ antiparallel zu $\vec{B}$ ist. Insgesamt hängt die Kraft, die auf einen Stromkreis wirkt, von dem Winkel zwischen $\vec{\mu}$ und $\vec{B}$ ab, wenn wir annehmen, dass $|\vec{\mu}|$ konstant ist.

Letzteres ist laut der Diskussion dieses Kapitels der Fall, weil $\vec{l}$ gequantelt ist. Ferner haben wir durch das Magnetfeld eine Quantisierungsrichtung eingeführt, was wiederum bedeutet, dass $\vec{\mu} \cdot \vec{B}$ nur diskrete Werte annehmen kann.

Stern und Gerlach verwendeten Ag-Atome in ihrem Versuch. Für diese muss man den gesamten Drehimpuls betrachten, aber es stellt sich heraus, dass für Ag-Atome in ihrem Grundzustand $\vec{L} = \vec{0}$ gilt. Das würde bedeuten, dass für alle kleinen Stromkreise (= Atome) $\vec{\mu} \cdot \vec{B} = 0$ gilt, und dass keine Kräfte auf die Stromkreise/Atome wirken. Das Experiment ergab aber etwas anderes, siehe Abb. 7.12. Die Ag-Atome wurden auf einer Glasplatte gesammelt, sodass man erkennen konnte, wo genau die Atome nach

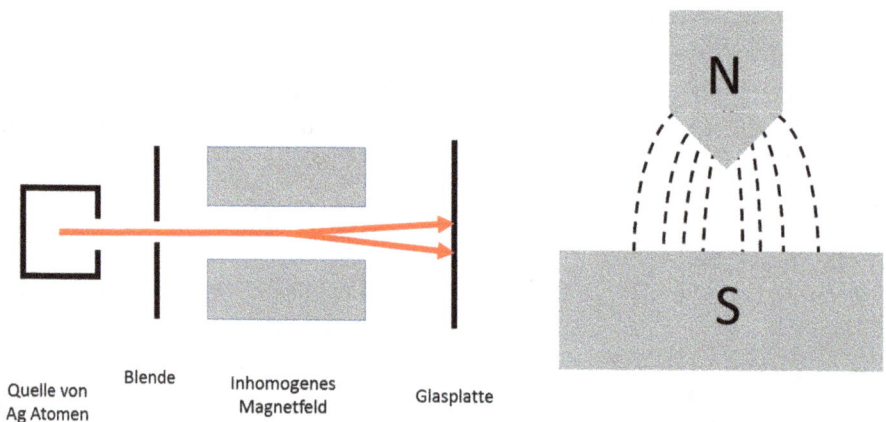

Abb. 7.12: Schematische Darstellung des Stern-Gerlach-Versuches. Ag-Atome treten in ein inhomogenes Magnetfeld ein und werden in zwei Richtungen abgelenkt und auf einer Glasplatte gesammelt. Rechts ist ein Querschnitt des Magnetfeldes skizziert.

Durchlaufen des Magnetfeldes ankamen. Und man stellte fest, dass es zwei Gruppen von Atomen gab. Dies wurde dadurch erklärt, dass $\vec{\mu} \cdot \vec{B}$ zwei verschiedene Werte annehmen kann, also dass die z-Komponente des Drehimpulses zwei Werte annehmen kann.

Dieses Ergebnis ist nicht einfach zu erklären. Wir haben gesehen, dass eigentlich $\vec{L} = \vec{0}$ ist, was bedeutet, dass M_L nur gleich 0 sein kann, also $\vec{B} \cdot \vec{\mu} \propto BM_L$ (wenn man die z-Achse zweckmäßig entlang des Magnetfeldes platziert) nur einen Wert annehmen kann. Man kann sich vorstellen, dass das äußerste Valenzelektron des Ag-Atoms nicht im 5s-, sondern im 5p-Orbital befindet, wodurch aber $L = 1$ wäre, sodass M_L drei verschiedene Werte annehmen könnte. Der experimentelle Befund, dass es nur zwei Werte für das magnetische Moment der einzelnen Ag-Atome gibt, lässt sich letztendlich nicht mit unseren bisherigen Ergebnissen erklären, dass L immer ganzzahlig sein muss, wobei $2L + 1$ ungerade ist und also nie gleich 2 sein kann.

Trotzdem macht man die folgende Interpretation: Die Aufspaltung stammt von einer zusätzlichen Rotation, die wir bisher nicht berücksichtigt haben. Das Elektron kann nicht nur um den Kern kreisen, sondern auch um seine eigene Achse (so wie sich die Erde sowohl um die Sonne als auch um ihre eigene Achse dreht). Auch diese zweite Bewegung ist gequantelt, und aus welchen Gründen auch immer kann diese Bewegung mittels eines Drehimpulsvektors beschrieben werden, deren Länge immer gleich $\sqrt{\frac{1}{2}(\frac{1}{2} + 1)}\hbar$ ist. Diese Rotationsbewegung wird Spin genannt, und deren Drehimpuls mit $\vec{s}$ bezeichnet. Also ist diese Quantenzahl für ein Elektron immer

$$s = \frac{1}{2} \tag{7.70}$$

sodass

$$m_s = -\frac{1}{2}, \frac{1}{2}. \tag{7.71}$$

Die Interpretation ist nicht perfekt. Wir haben herausgefunden, dass jede Rotationsbewegung gequantelt ist, und dass die erlaubten Quantenzahlen nur ganzzahlig sein können. Tatsächlich ist die Existenz eines Spins erst durch die Kombination von Quantentheorie und Relativitätstheorie zu erklären, wie Paul Andre Maurice Dirac zeigte. Durch diese Kombination erhält man eine andere Gleichung als die Schrödinger-Gleichung (die sog. Dirac-Gleichung). Dass die Schrödinger-Gleichung nicht so leicht mit der Relativitätstheorie im Einklang gebracht werden kann, ist leicht zu erkennen. Die zeitabhängige Schrödinger-Gleichung (siehe Kapitel 2.1) beinhaltet eine Differenzierung zweiter Ordnung nach den Ortskoordinaten aber nur eine Differenzierung erster Ordnung nach der Zeit. Die Relativitätstheorie aber behandelt Zeit- und Ortskoordinaten äquivalent. Um diesen Widerspruch zu beheben, führte Dirac eine neue Gleichung, die nach ihm benannte Dirac-Gleichung, ein, die im Grenzfall, in dem sich die Lichtgeschwindigkeit unendlich nähert, äquivalent zur Schrödinger-Gleichung wird. Aber als Ergebnis der Dirac-Gleichung erhält man, dass Teilchen auch einen Spin besitzen, welcher halb- oder ganzzahlig ist. Für Elektronen eben halbzählig.

Die Dirac-Gleichung wird in diesem Buch jedoch kaum eine Rolle spielen, außer bei der Einführung der sog. Spin-Bahn-Kopplung.

7.6 Bezug zum Experiment

Durch Messung der Rotationsenergieniveaus eines Moleküls erhält man Informationen zu den Trägheitsmomenten des Moleküls. Dies ist Bestandteil der Rotationsspektroskopie. Auch diese Information kann hilfreich sein, um das Molekül zu charakterisieren. Wird die Theorie dieses Kapitels direkt verwendet, um die Ergebnisse zu interpretieren, wird angenommen, dass das Molekül starr ist. Danach würde man Spektren, wie in Abb. 7.13 gezeigt, erhalten. Wie diese Abbildung andeutet, gibt es sog. Auswahlregeln, die besagen, dass nur Übergänge zwischen benachbarten Energieniveaus möglich sind, was hier aber nicht näher diskutiert werden soll. Da die Anzahl entarteter Zustände (also Zustände mit gleichem l aber unterschiedlichem m_l) mit l zunimmt, werden die Spitzenhöhen zunächst mit l steigen, also mit der Energie. Andererseits nimmt aufgrund der Boltzmann-Verteilung (für den Leser, der damit weniger vertraut ist, siehe Kapitel 18.5) die Zahl der Moleküle mit höherer Energie ab, und wir erhalten insgesamt eine Kurve wie die im rechten Teil von Abb. 7.13 gezeigte.

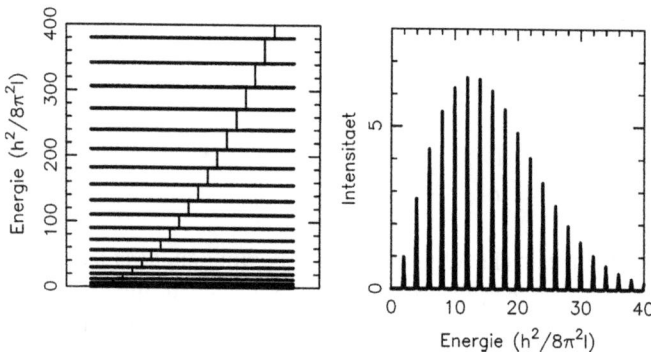

Abb. 7.13: Schematische Darstellung der Energieniveaus eines starren Rotors sowie das Absorptionsspektrum, das dadurch entstehen wird. Die kleinen, senkrechten Striche in der linken Hälfte zeigen die erlaubten Übergänge.

Die Annahme, dass das Molekül starr ist, mag eine zu vereinfachte Näherung sein. Z. B. kann man sich vorstellen, dass sich das Molekül ausdehnt, wenn es schnell rotiert (wegen der Zentrifugalkraft). Dann muss die Theorie entsprechend modifiziert werden.

Ferner wird man oft sowohl Schwingungs- als auch Rotationsniveaus gleichzeitig anregen. Dadurch entstehen Rotationsschwingungsspektren, wie in Abb. 7.14 gezeigt. In Abbildung 7.15 sieht man, dass das Spektrum des HCl-Moleküls feine Aufspaltungen besitzt, die noch kleiner sind, als diejenigen, welche die Rotationsniveaus verursachen.

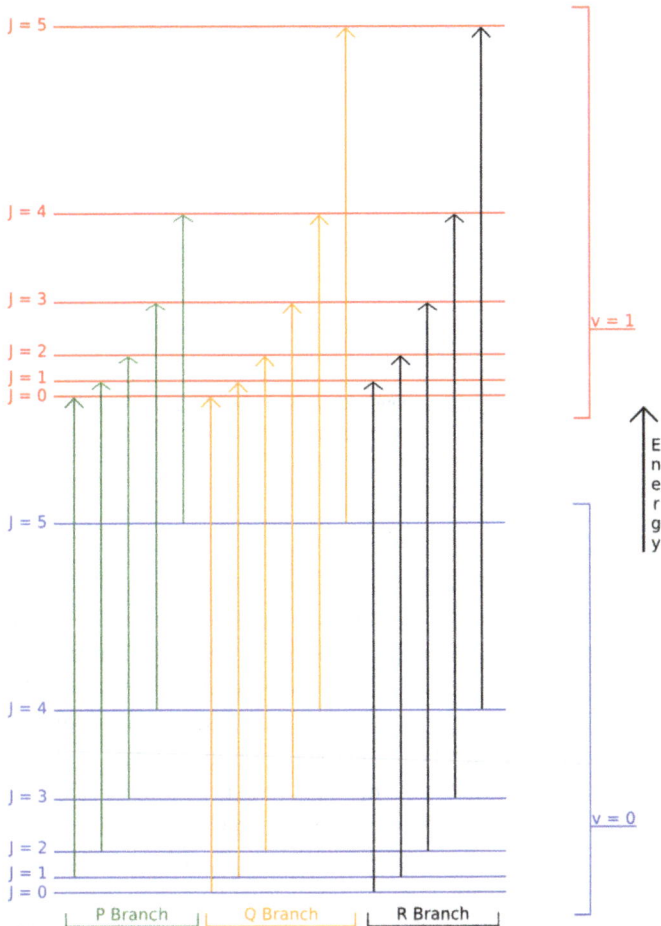

Abb. 7.14: Schematische Darstellung der Rotationsschwingungsniveaus eines Rotors. $v = 0$ und $v = 1$ stellen zwei Schwingungsniveaus dar, während J die verschiedenen Rotationsniveaus darstellt. Die vertikalen Pfeile zeigen die möglichen Anregungen.

Diese entstehen durch Isotopeneffekte: Wenn ein Isotop durch ein anderes ersetzt wird, ändert sich die Masse des entsprechenden Atoms und dadurch auch das Trägheitsmoment und die Energieniveauaufspaltung. Durch Analyse solcher Spektren erhält man weitere Information zur Struktur des Moleküls.

Aber eines der experimentell wichtigsten Ergebnisse dieses Kapitels ist, dass es einen Spin gibt. Auch der Spin entspricht einem Drehimpulsvektor und koppelt deswegen mit den anderen Drehimpulsvektoren. Das ist, wie wir später sehen werden, für die Spin-Bahn-Kopplung von Bedeutung. Ferner ist die bloße Existenz eines Spins überall von Bedeutung. So werden Spinresonanz-Experimente benutzt, um Moleküle zu charakterisieren (z. B. NMR, ESR, EPR Spektroskopie). Auch die Existenz von Magnetismus kann hauptsächlich auf die Existenz eines Spins zurückgeführt werden.

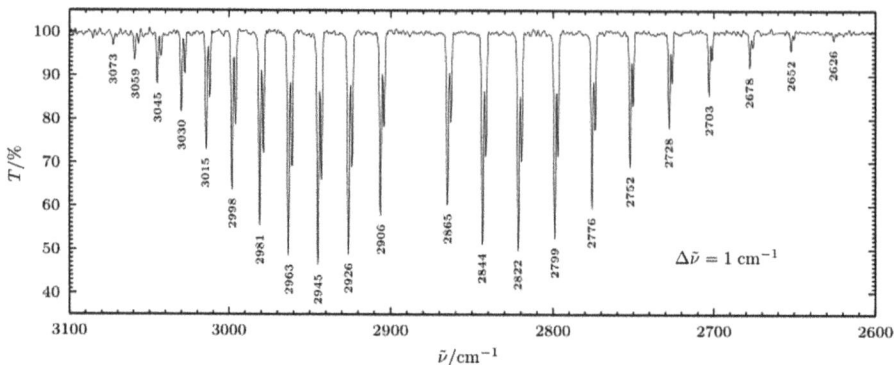

Abb. 7.15: Das Rotations-Vibrations-Absorptionsspektrum eines HCl-Moleküls. Am 03.02.2017 von https://commons.wikimedia.org/wiki/File:Ir_hcl_rot-vib_mrtz.svg übernommen. Von mrtzmrtz [CC BY-SA 2.5 (http://creativecommons.org/licenses/by-sa/2.5)], via Wikimedia Commons.

Bei solchen Experimenten wird ausgenutzt, dass die Teilchen, die einen Drehimpulsvektor besitzen, oft geladen sind, sodass ihre Rotationsbewegung letztendlich äquivalent zu einem kleinen Stromkreis ist. In einem externen Magnetfeld kann man diesen Stromkreis beeinflussen. Dabei ist es zweckmäßig, ein Koordinatensystem so zu wählen, dass die z-Achse parallel zum Magnetfeld liegt. Weil die Kopplung zwischen Magnetfeld und Drehimpuls mittels des Skalarprodukts zwischen Magnetfeldvektor und Drehimpulsvektor quantifiziert wird, bedeutet die Tatsache, dass die z-Komponente des Drehimpulsvektors gequantelt ist, dass die Größe der Kopplung nur endliche, diskrete Zahlenwerte annehmen kann. Misst man letztendlich diese Kopplungen, erhält man Information zum Magnetfeld an dem Ort, wo das Teilchen sich befindet. Dieses Magnetfeld ist nicht nur das von außen angelegte Magnetfeld, sondern besitzt auch eine Komponente, die dadurch zustande kommt, dass alle andere Teilchen (vor allem Elektronen) des Systems auf das Magnetfeld reagieren und es zum Teil abschirmen. So beschreibt die Information zum Magnetfeld an dem Ort, wo sich das Teilchen befindet, wie die Verteilung der anderen Teilchen ist. Dadurch erhält man wichtige chemische Informationen, obwohl die Auswertung solcher Spektren nicht ganz einfach ist.

Hier haben wir die Diskussion darauf basiert, dass die z-Achse entlang des äußeren angelegten Magnetfeldes liegt und die z-Achse als die Quantisierungsrichtung definiert ist. Das ist nicht notwendig: Letztendlich würde man dasselbe Ergebnis erhalten unabhängig davon, wie man das Koordinatensystem wählt. Aber diese Wahl ist sehr zweckmäßig, weil dadurch alle Überlegungen und Rechnungen einfacher werden.

7.7 Aufgaben mit Antworten

1. **Aufgabe:** Betrachten Sie die Operatoren $\hat{l}_x = \hat{y}\hat{p}_z - \hat{z}\hat{p}_y$, $\hat{l}_y = \hat{z}\hat{p}_x - \hat{x}\hat{p}_z$, $\hat{l}_z = \hat{x}\hat{p}_y - \hat{y}\hat{p}_x$, und $\hat{l}^2 = \hat{l}_x\hat{l}_x + \hat{l}_y\hat{l}_y + \hat{l}_z\hat{l}_z$. Bestimmen Sie die Kommutatoren $[\hat{l}_x, \hat{l}_y]$, $[\hat{l}_y, \hat{l}_z]$, $[\hat{l}_z, \hat{l}_x]$ und $[\hat{l}_z, \hat{l}^2]$.
   Antwort: Wir benutzen:

$$[\hat{q}_k, \hat{q}_l] = 0$$
$$[\hat{p}_k, \hat{p}_l] = 0$$
$$[\hat{q}_k, \hat{p}_l] = i\hbar\delta_{k,l}. \tag{7.72}$$

Dann wird

$$[\hat{l}_x, \hat{l}_y] = \hat{l}_x\hat{l}_y - \hat{l}_y\hat{l}_x = (\hat{y}\hat{p}_z - \hat{z}\hat{p}_y)(\hat{z}\hat{p}_x - \hat{x}\hat{p}_z) - (\hat{z}\hat{p}_x - \hat{x}\hat{p}_z)(\hat{y}\hat{p}_z - \hat{z}\hat{p}_y)$$
$$= \hat{y}\hat{p}_z\hat{z}\hat{p}_x - \hat{z}\hat{p}_y\hat{z}\hat{p}_x - \hat{y}\hat{p}_z\hat{x}\hat{p}_z + \hat{z}\hat{p}_y\hat{x}\hat{p}_z$$
$$\quad - \hat{z}\hat{p}_x\hat{y}\hat{p}_z + \hat{z}\hat{p}_x\hat{z}\hat{p}_y + \hat{x}\hat{p}_z\hat{y}\hat{p}_z - \hat{x}\hat{p}_z\hat{z}\hat{p}_y$$
$$= \hat{y}\hat{p}_z\hat{z}\hat{p}_x + \hat{z}\hat{p}_y\hat{x}\hat{p}_z - \hat{z}\hat{p}_x\hat{y}\hat{p}_z - \hat{x}\hat{p}_z\hat{z}\hat{p}_y = -\hat{y}\hat{p}_x[\hat{z}, \hat{p}_z] + \hat{x}\hat{p}_y[\hat{z}, \hat{p}_z]$$
$$= \hat{l}_z[\hat{z}, \hat{p}_z] = i\hbar\hat{l}_z. \tag{7.73}$$

Danach verwenden wir die zyklische Permutation

$$\hat{l}_x \to \hat{l}_y$$
$$\hat{l}_y \to \hat{l}_z$$
$$\hat{l}_z \to \hat{l}_x \tag{7.74}$$

um aus Gl. (7.73) zunächst

$$[\hat{l}_y, \hat{l}_z] = i\hbar\hat{l}_x \tag{7.75}$$

zu bekommen und anschließend

$$[\hat{l}_z, \hat{l}_x] = i\hbar\hat{l}_y. \tag{7.76}$$

Aus diesen Kommutatorrelationen erhalten wir

$$\hat{l}_z\hat{l}_x = \hat{l}_x\hat{l}_z + i\hbar\hat{l}_y$$
$$\hat{l}_x\hat{l}_z = \hat{l}_z\hat{l}_x - i\hbar\hat{l}_y$$
$$\hat{l}_z\hat{l}_y = \hat{l}_y\hat{l}_z - i\hbar\hat{l}_x$$
$$\hat{l}_y\hat{l}_z = \hat{l}_z\hat{l}_y + i\hbar\hat{l}_x. \tag{7.77}$$

Dann ist

$$[\hat{l}_z, \hat{l}^2] = \hat{l}_z(\hat{l}_x\hat{l}_x + \hat{l}_y\hat{l}_y + \hat{l}_z\hat{l}_z) - (\hat{l}_x\hat{l}_x + \hat{l}_y\hat{l}_y + \hat{l}_z\hat{l}_z)\hat{l}_z$$
$$= \hat{l}_z\hat{l}_x\hat{l}_x - \hat{l}_x\hat{l}_x\hat{l}_z + \hat{l}_z\hat{l}_y\hat{l}_y - \hat{l}_y\hat{l}_y\hat{l}_z$$
$$= (\hat{l}_z\hat{l}_x)\hat{l}_x - \hat{l}_x(\hat{l}_x\hat{l}_z) + (\hat{l}_z\hat{l}_y)\hat{l}_y - \hat{l}_y(\hat{l}_y\hat{l}_z)$$
$$= (\hat{l}_x\hat{l}_z + i\hbar\hat{l}_y)\hat{l}_x - \hat{l}_x(\hat{l}_z\hat{l}_x - i\hbar\hat{l}_y) + (\hat{l}_y\hat{l}_z - i\hbar\hat{l}_x)\hat{l}_y - \hat{l}_y(\hat{l}_z\hat{l}_y + i\hbar\hat{l}_x)$$
$$= 0. \tag{7.78}$$

2. **Aufgabe:** Betrachten Sie ein System mit zwei *p*-Elektronen. Welche Werte können die Gesamtspinquantenzahl S und die Gesamtdrehimpulsquantenzahl L annehmen? Begründen Sie die Antwort.

    Antwort: Es gilt immer, dass für eine Summe wie

$$\vec{L} = \vec{l}_1 + \vec{l}_2, \tag{7.79}$$

für welche die einzelnen Drehimpulsvektoren

$$|\vec{l}_1|^2 = l_1(l_1 + 1)\hbar^2$$
$$|\vec{l}_2|^2 = l_2(l_2 + 1)\hbar^2, \tag{7.80}$$

gequantelt sind, die Summe gemäß

$$|\vec{L}|^2 = L(L + 1)\hbar^2 \tag{7.81}$$

auch gequantelt sein wird. Die möglichen Werte von L sind dann gegeben durch

$$L = |l_1 - l_2|, |l_1 - l_2| + 1, \ldots, l_1 + l_2 - 1, l_1 + l_2. \tag{7.82}$$

Für die *p* Elektronen sind $l_1 = l_2 = 1$, sodass die Werte

$$L = 0, 1, 2 \tag{7.83}$$

möglich sind.

Ähnliches gilt für den Spin, wobei $s_1 = s_2 = \frac{1}{2}$, sodass die Werte

$$S = 0, 1 \tag{7.84}$$

möglich sind.

7.8 Aufgaben

1. Erklären Sie das Stern-Gerlach-Experiment.
2. Beschreiben Sie, wie die Energien des zweidimensionalen Rotors von der Quantenzahl abhängen.

3. Skizzieren Sie die fünf energetisch niedrigsten Wellenfunktionen des zweidimensionalen Rotors.
4. Wie ändern sich die Energien des 2-dimensionalen Rotors, wenn *a*) die Masse verdoppelt wird, bzw. *b*) die Länge des Rotors verdoppelt wird?
5. Vergleichen Sie die Kugelflächenfunktionen Y_{l,m_l}, $l = 1$, mit den p_x-, p_y- und p_z-Funktionen. Darunter: Skizzieren Sie die Beträge der Funktionen in den Ebenen (x,y), (x,z), und (y,z).
6. Vergleichen Sie die Kugelflächenfunktionen Y_{l,m_l}, $l = 2$, mit den d_{xz}-, d_{yz}-, d_{xy}-, d_{z^2}- und $d_{x^2-y^2}$-Funktionen. Darunter: Skizzieren Sie die Beträge der Funktionen in den Ebenen (x,y), (x,z), und (y,z).
7. Warum ist es schwierig, den Spin als Eigenrotation eines Elektrons in Einklang mit der Schrödinger-Gleichung zu bringen?
8. Erläutern Sie das Vektormodell des Drehimpulses.
9. Erläutern Sie den Begriff ,Produktansatz'.
10. Betrachten Sie ein System mit zwei *d*-Elektronen. Welche Werte können die Gesamtspinquantenzahl *S* und die Gesamtdrehimpulsquantenzahl *L* annehmen? Begründen Sie die Antwort.
11. Betrachten Sie ein System mit einem *p*-Elektron und einem *d*-Elektron. Welche Werte können die Gesamtspinquantenzahl *S* und die Gesamtdrehimpulsquantenzahl *L* annehmen? Begründen Sie die Antwort.
12. Zeigen Sie, dass die Y_{l,m_l} Funktionen Eigenfunktionen zum Operator $\hat{l}^2 + \hat{l}_z^2$ sind. Welchen Maximal- bzw. Minimalwert kann der Eigenwert für ein gegebenes *l* annehmen?
13. Betrachten Sie ein System bestehend aus drei *p*-Elektronen. Welche Werte können die Gesamtspinquantenzahl *S* und die Gesamtdrehimpulsquantenzahl *L* annehmen? Begründen Sie die Antwort.
14. Ist die Zwei-Elektronen-Wellenfunktion

$$\Psi(1,2) = 1s(1)\alpha(1)2s(2)\alpha(2) - 1s(2)\alpha(2)2s(1)\alpha(1) \tag{7.85}$$

eine Eigenfunktion zum Operator $\hat{S}_z = \hat{s}_{z1} + \hat{s}_{z2}$? Begründen Sie die Antwort. Die Argumente 1 und 2 beschreiben die Koordinaten des ersten und zweiten Elektrons.
15. Erklären Sie, warum man für den 3D-Rotor nur zwei Quantenzahlen braucht, obwohl die Bewegung im dreidimensionalen Raum stattfindet.

8 Das Wasserstoffatom

8.1 Experimentelle Befunde

Das Spektrum des Wasserstoffatoms, siehe Abb. 8.1, stellte eine der Herausforderungen dar, die nicht mit der klassischen Physik erklärt werden konnte. Empirisch hatte man gefunden, dass die Spektrallinien sich in verschiedenen Gruppen aufteilen ließen. Die Energien der Spektrallinien konnten durch

$$h\nu = \Delta E = R_H \left(\frac{1}{n_1^2} - \frac{1}{n_2^2} \right) \tag{8.1}$$

beschrieben werden, wobei n_1 und n_2 ganze Zahlen sind, und R_H die sog. Rydberg-Konstante ist, deren Wert man experimentell bestimmen konnte. Aber die zugrunde-liegende Ursache für diese Formel war nicht bekannt. Eine neue (Quanten-)Theorie musste also zuerst imstande sein, Gl. (8.1) zu erklären.

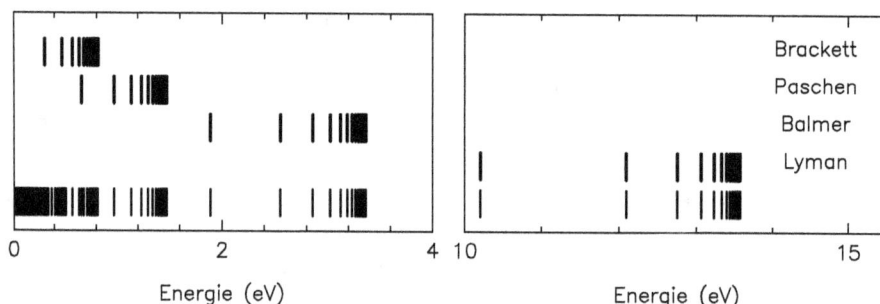

Abb. 8.1: Spektrallinien für das Wasserstoffatom. Im untersten Teil ist das komplette Spektrum gezeigt, während oberhalb davon die Zerlegung in verschiedene Serien gezeigt ist, deren Namen rechts gegeben sind.

8.2 Bohrs Modell für das Wasserstoffatom

Im Jahr 1913 stellte Niels Bohr ein Modell vor, das die Eigenschaften eines H-Atoms qualitativ und quantitativ erklären konnte. Wir werden hier das **Bohr-Modell** kurz und in leicht veränderter Form skizzieren, ohne auf die Details einzugehen.

Laut klassischer Physik wird ein beschleunigter, geladener Körper elektromagnetische Strahlung emittieren. Das müsste dann auch für ein Elektron gelten, das um einen Kern kreist, wäre die klassische Physik auch auf dieses System anwendbar. Durch die Emission der elektromagnetischen Strahlung würde das Elektron Energie verlieren, und sich deswegen immer mehr dem Kern nähern. Einfache Überlegungen ergeben, dass das Elektron Bruchteile einer Sekunde braucht, um den Kern zu erreichen. Die

https://doi.org/10.1515/9783111215075-008

Elektronen bleiben aber recht weit vom Kern entfernt. Also müssen andere Gesetze für solche Systeme gelten.

Wenige Jahre bevor Niels Bohr seine Theorie vorstellte, hatte Ernest Rutherford die Struktur des Atoms entdeckt. Davor war bekannt, dass Atome oft neutral und die Elektronen negativ geladen sind. Daher musste ein Atom auch eine positive Ladung besitzen. Bis zu diesem Zeitpunkt ging man davon aus, dass das sogenannte **Plumpudding-Modell** die Struktur von Atomen beschreibt. Diesem 1904 von Joseph John Thomson vorgeschlagenen Modell zufolge bestand ein Atom aus einer mehr oder weniger homogenen positiv geladenen Masse, in der sich die negativ geladenen Elektronen befanden (wie Rosinen im Plumpudding). Experimentelle Studien, die 1909 in der Gruppe von Ernest Rutherford durchgeführt wurden, lieferten Ergebnisse, die erst 1911 von ihm erklärt wurden. Er zeigte, dass das Plumpudding-Modell falsch war und nicht im Einklang mit den experimentellen Ergebnissen stand. Stattdessen musste man davon ausgehen, dass der weitaus größte Teil der Gesamtmasse eines Atoms auf einen winzigen Teil des Gesamtvolumens des Atoms konzentriert ist. Dieser Teil, der positiv geladene Kern, wird von den Elektronen umgeben. Mit dieser Hintergrundinformation entwickelte Niels Bohr sein Modell für das Wasserstoffatom.

Niels Bohr postulierte, dass sich das Elektron eines Wasserstoffatoms auf einer kreisförmigen Bahn um den Kern bewegt. Die Gesamtenergie des Elektrons besteht aus der kinetischen Energie und der potentiellen Energie, die von der Anziehung zwischen Kern und Elektron herrührt,

$$E = \frac{p^2}{2m_e} + \frac{1}{4\pi\epsilon_0}\frac{-e^2}{r}.$$ (8.2)

Hier ist ϵ_0 die Dielektrizitätskonstante des Vakuums, e die Elementarladung ($-e$ ist dann die des Elektrons und $+e$ die des Kerns), und r ist der Radius der kreisförmigen Bahn. Ferner ist m_e die Masse des Elektrons und p sein Impuls. Nebenbei bemerken wir, dass wir hier, wie es meistens der Fall ist, wenn Atome oder Moleküle mit einer endlichen räumlichen Ausdehnung behandelt werden, einen Energienullpunkt so definieren, dass ruhende Teilchen unendlich weit voneinander die Energie null haben.

Die kinetische Energie kann aber nicht beliebig sein: Die Geschwindigkeit des Elektrons muss genau so groß sein, dass sich die Zentrifugalkraft und die Anziehungskraft des Kerns gegenseitig aufheben, damit das Elektron auf der kreisförmigen Bahn bleibt, also

$$\frac{p^2}{m_e r} = \frac{1}{4\pi\epsilon_0}\frac{e^2}{r^2}$$ (8.3)

oder

$$p^2 = \frac{e^2 m_e}{4\pi\epsilon_0 r},$$ (8.4)

bzw.

$$r = \frac{e^2 m_e}{4\pi\epsilon_0 p^2}. \tag{8.5}$$

Aus Gl. (8.2) und (8.4) erhält man dann folgenden Ausdruck für die Energie des Elektrons:

$$E = -\frac{1}{8\pi\epsilon_0} \frac{e^2}{r}. \tag{8.6}$$

Laut der Beziehung von de Broglie (die eigentlich erst ungefähr 10 Jahre später eingeführt wurde und deswegen nicht von Niels Bohr verwendet wurde),

$$\lambda = \frac{h}{p}, \tag{8.7}$$

kann man aus dem Impuls eines Teilchens die zugehörige Wellenlänge bestimmen. Weil sich aus den oben dargestellten Überlegungen die Geschwindigkeit des Elektrons und damit auch der Impuls bestimmen lassen, können wir auch die Wellenlänge ermitteln, die wir dem quantenmechanischen Verhalten des Elektrons zuordnen werden. In gewisser Weise beschreibt diese Wellenlänge eine Welle, die entlang der kreisförmigen Bahn des Elektrons liegt. Diese Wellenlänge muss dann in sich selber übergehen, wenn wir den Kreis einmal durchgelaufen haben. Also muss gelten, dass der Umfang des Kreises gleich einer ganzen Zahl (n) multipliziert mit der Wellenlänge ist,

$$2\pi r = n\lambda. \tag{8.8}$$

Benutzen wir diese Beziehung, erhält man mithilfe von Gl. (8.5)

$$r = \frac{e^2 m_e}{4\pi\epsilon_0 p^2} = \frac{e^2 m_e}{4\pi\epsilon_0 h^2}\lambda^2 = \frac{e^2 m_e}{4\pi\epsilon_0 h^2}\frac{(2\pi r)^2}{n^2} \tag{8.9}$$

oder dass der Radius der Bahn des Elektrons gleich

$$r = r_n = \frac{\epsilon_0 h^2}{\pi m_e e^2}n^2, \tag{8.10}$$

ist, und die Energie wird dann [laut Gl. (8.6)]

$$E = E_n = -\frac{m_e e^4}{8\epsilon_0^2 h^2}\frac{1}{n^2}. \tag{8.11}$$

Durch diese Theorie haben wir einen Ausdruck für die Rydberg-Konstante, gegeben durch

$$R_H = \frac{m_e e^4}{8\epsilon_0^2 h^2}, \tag{8.12}$$

erhalten, der keine anpassbaren Parameter enthält. Die experimentellen Ergebnisse stimmten mit dieser Theorie tatsächlich überein, was Niels Bohr einen Nobelpreis für Physik einbrachte.

8.3 $\hat{H}$ für H

Nach der Einführung der Schrödinger-Gleichung war das Wasserstoffatom eines der ersten Systeme, für die man diese Gleichung verwendete. Wir werden hier die quantenmechanische Behandlung dieses Systems in einigen Details diskutieren, auch weil das System eines der wenigen realen Systeme ist, für welche die Schrödinger-Gleichung exakt gelöst werden kann.

Das Wasserstoffatom besteht aus einem Kern und einem Elektron. Wir werden die Ortskoordinaten des Kerns als $\vec{R}_n$ und die des Elektrons als $\vec{r}_e$ bezeichnen. Die Wellenfunktion des Wasserstoffatoms, Ψ, ist also eine Funktion von $\vec{R}_n$ und $\vec{r}_e$,

$$\Psi = \tilde{\Psi}(\vec{R}_n, \vec{r}_e). \tag{8.13}$$

Wir lassen M_n und m_e die Massen des Kerns und des Elektrons sein. Dann kann der Hamilton-Operator des Atoms als (siehe auch Kapitel 9)

$$\hat{H} = -\frac{\hbar^2}{2M_n}\nabla_n^2 - \frac{\hbar^2}{2m_e}\nabla_e^2 - \frac{e^2}{4\pi\epsilon_0|\vec{R}_n - \vec{r}_e|} \tag{8.14}$$

geschrieben werden. Das erste Glied repräsentiert die kinetische Energie des Kerns, das zweite die des Elektrons, und das dritte Glied ist die elektrostatische Anziehung zwischen den beiden Teilchen. ∇_n^2 ist derjenige Operator, der, angewendet auf eine Funktion [wie in Gl. (8.13)], diese Funktion zweimal nach den Kernkoordinaten differenziert, während die Elektronenkoordinaten als konstant betrachtet werden. Ähnlich ist ∇_e^2 zu verstehen: Er operiert nur auf die Elektronenkoordinaten. In Gl. (8.14) ist e die Elementarladung und $|\vec{R}_n - \vec{r}_e|$ der Abstand zwischen dem Elektron und dem Kern.

Es ist zweckmäßig andere Koordinaten einzuführen:

$$\vec{R} = \frac{m_e}{M_n + m_e}\vec{r}_e + \frac{M_n}{M_n + m_e}\vec{R}_n$$
$$\vec{r} = \vec{r}_e - \vec{R}_n. \tag{8.15}$$

$\vec{R}$ ist der Ortsvektor für den Masseschwerpunkt des Atoms und $\vec{r}$ ist der Vektor für die Position des Elektrons relativ zu der des Kerns.

Durch Anwendung der Kettenregel für die Differenzierung erhalten wir z. B.

$$\frac{\partial}{\partial x_e} = \frac{\partial X}{\partial x_e}\frac{\partial}{\partial X} + \frac{\partial x}{\partial x_e}\frac{\partial}{\partial x} = \frac{m_e}{M_n + m_e}\frac{\partial}{\partial X} + \frac{\partial x}{\partial x_e}$$

$$\frac{\partial}{\partial X_n} = \frac{\partial X}{\partial X_n} \frac{\partial}{\partial X} + \frac{\partial x}{\partial X_n} \frac{\partial}{\partial x} = \frac{M_n}{M_n + m_e} \frac{\partial}{\partial X} - \frac{\partial x}{\partial x_e} \qquad (8.16)$$

und analoge Ausdrücke für die Differenzialquotienten erster Ordnung nach den y- und z-Koordinaten. Wir verwenden die Kettenregel ein zweites Mal (ohne jetzt die Ergebnisse anzugeben) und erhalten letztendlich

$$-\frac{\hbar^2}{2M_n} \nabla_n^2 - \frac{\hbar^2}{2m_e} \nabla_e^2 = -\frac{\hbar^2}{2(M_n + m_e)} \nabla_R^2 - \frac{\hbar^2}{2\mu} \nabla^2. \qquad (8.17)$$

Dieser Operator kann auf Wellenfunktionen

$$\Psi = \Psi(\vec{R}, \vec{r}) \qquad (8.18)$$

wirken, und dabei gilt, dass wenn ∇_R^2 auf diese Funktion operiert, zweimal nach den Koordinaten des Massenschwerpunktes differenziert wird, während die relativen Koordinaten als konstant betrachtet werden. Ähnlich ist ∇^2 zu verstehen: Er operiert nur auf die relativen Koordinaten $\vec{r}$.

In Gl. (8.17) ist μ die reduzierte Masse,

$$\mu = \frac{m_e M_n}{m_e + M_n}. \qquad (8.19)$$

Weil $m_e \ll M_n$, ist $\mu \approx m_e$.

Der Hamilton-Operator lautet jetzt

$$\hat{H} = -\frac{\hbar^2}{2(M_n + m_e)} \nabla_R^2 - \frac{\hbar^2}{2\mu} \nabla^2 - \frac{e^2}{4\pi\epsilon_0 r}. \qquad (8.20)$$

Um die Schrödinger-Gleichung

$$\hat{H}\Psi(\vec{R}, \vec{r}) = \tilde{E}\Psi(\vec{R}, \vec{r}) \qquad (8.21)$$

zu lösen, stellen wir einen Produktansatz für Ψ auf:

$$\Psi(\vec{R}, \vec{r}) = \psi_R(\vec{R}) \cdot \psi(\vec{r}). \qquad (8.22)$$

Setzen wir das in Gl. (8.21) mit $\hat{H}$ aus Gl. (8.20) ein, erhalten wir

$$-\psi_R(\vec{R})\frac{\hbar^2}{2\mu}\nabla^2\psi(\vec{r}) - \psi_R\frac{e^2}{4\pi\epsilon_0 r}\psi(\vec{r}) = \tilde{E}\psi_R(\vec{R}) \cdot \psi(\vec{r}) + \psi(\vec{r})\frac{\hbar^2}{2(M_n + m_e)}\nabla_R^2\psi_R(\vec{R}). \qquad (8.23)$$

Wir teilen durch das Produkt in Gl. (8.22), woraus

$$-\frac{1}{\psi(\vec{r})}\frac{\hbar^2}{2\mu}\nabla^2\psi(\vec{r}) - \frac{1}{\psi(\vec{r})}\frac{e^2}{4\pi\epsilon_0 r}\psi(\vec{r}) = \tilde{E} + \frac{1}{\psi_R(\vec{R})}\frac{\hbar^2}{2(M_n + m_e)}\nabla_R^2\psi_R(\vec{R}). \qquad (8.24)$$

Die linke Seite ist unabhängig von $\vec{R}$, während die rechte Seite unabhängig von $\vec{r}$ ist, also müssen beide konstant sein. Wir nennen diese Konstante E.

Daraus erhalten wir zunächst eine Gleichung für die Beweung des Massenschwerpunktes,

$$-\frac{\hbar^2}{2(M_n + m_e)}\nabla_R^2 \psi_R(\vec{R}) = (\tilde{E} - E)\psi_R(\vec{R}). \tag{8.25}$$

Dies ist die Gleichung für ein freies Teilchen in drei Dimensionen und soll uns nicht näher interessieren.

Anders verhält es sich mit der Gleichung für die relative Bewegung des Elektrons und des Kerns,

$$-\frac{\hbar^2}{2\mu}\nabla^2 \psi(\vec{r}) - \frac{e^2}{4\pi\epsilon_0 r}\psi(\vec{r}) = E\psi(\vec{r}). \tag{8.26}$$

Dies ist die Gleichung, die wir im nächsten Kapitel lösen werden.

8.4 $\hat{H}$ für e^-

Wir schreiben die Schrödinger-Gleichung (8.26) um:

$$\nabla^2 \psi(\vec{r}) + \frac{e^2 \mu}{2\pi\epsilon_0 \hbar^2 r}\psi(\vec{r}) = -\frac{2\mu E}{\hbar^2}\psi(\vec{r}). \tag{8.27}$$

Als Vereinfachung führen wir

$$\epsilon = \frac{2\mu E}{\hbar^2}$$

$$\gamma = \frac{e^2 \mu}{2\pi\epsilon_0 \hbar^2} \tag{8.28}$$

ein. Damit lässt sich Gl. (8.27) als

$$\nabla^2 \psi(\vec{r}) + \frac{\gamma}{r}\psi(\vec{r}) = -\epsilon\psi(\vec{r}) \tag{8.29}$$

schreiben.

Wie in Kapitel 7.3 ist es auch hier zweckmäßig, Kugelkoordinaten zu verwenden. Dann ist (siehe Kapitel 19)

$$\nabla^2 = \frac{\partial^2}{\partial r^2} + \frac{2}{r}\frac{\partial}{\partial r} + \frac{1}{r^2}\hat{\Lambda}^2 \tag{8.30}$$

mit

$$\hat{\Lambda}^2 = \frac{1}{\sin^2\theta}\frac{\partial^2}{\partial\phi^2} + \frac{1}{\sin\theta}\frac{\partial}{\partial\theta}\sin\theta\frac{\partial}{\partial\theta}. \tag{8.31}$$

Dadurch wird Gl. (8.29) zu

$$\frac{\partial^2}{\partial r^2}\psi(\vec{r}) + \frac{2}{r}\frac{\partial}{\partial r}\psi(\vec{r}) + \frac{1}{r^2}\hat{\Lambda}^2\psi(\vec{r}) + \frac{y}{r}\psi(\vec{r}) = -\epsilon\psi(\vec{r}). \tag{8.32}$$

Wie schon zuvor, wird auch hier ein Produktansatz aufgestellt:

$$\psi(\vec{r}) = R(r) \cdot Y(\theta,\phi). \tag{8.33}$$

Durch Einsetzen in Gl. (8.32) erhalten wir

$$Y\frac{d^2R}{dr^2} + Y\frac{2}{r}\frac{dR}{dr} + \frac{1}{r^2}R\hat{\Lambda}^2Y + \frac{y}{r}RY = -\epsilon RY. \tag{8.34}$$

Auch hier wird durch das Produkt (8.33) geteilt, und die Glieder werden umgeordnet:

$$\frac{r^2}{R}\left(\frac{d^2R}{dr^2} + \frac{2}{r}\frac{dR}{dr} + \frac{y}{r}R + \epsilon R\right) = -\frac{1}{Y}\hat{\Lambda}^2Y. \tag{8.35}$$

Weil die linke Seite nur von r, aber nicht von θ und ϕ abhängt, während es für die rechte Seite umgekehrt ist, können die beiden nur dann identisch sein, wenn sie gleich einer Konstanten C sind. Daraus ergibt sich folgende Gleichung für die Y-Funktion

$$\hat{\Lambda}^2Y = -CY. \tag{8.36}$$

Dies ist die Gleichung, die wir schon in Kapitel 7.3 gelöst haben. Deswegen können wir die Ergebnisse von dort sofort übernehmen:

$$\begin{aligned}Y(\theta,\phi) &= Y_{l,m_l}(\theta,\phi)\\ C &= l(l+1)\\ l &= 0, 1, 2, \ldots\\ m_l &= -l, -l+1, -l+2, \ldots, l-1, l. \end{aligned} \tag{8.37}$$

Die Gleichung für $R(r)$ ist dann

$$\frac{d^2R}{dr^2} + \frac{2}{r}\frac{dR}{dr} + \left[\frac{y}{r} - \frac{l(l+1)}{r^2}\right]R = -\epsilon R. \tag{8.38}$$

Es ist nicht einfach diese Differenzialgleichung zu lösen. Aber andere haben sich damit beschäftigt, und deswegen sind die Lösungen bekannt. Man findet

$$R(r) = R_{nl}(r) = \rho^l L_{nl}(\rho)e^{-\rho/2}$$

$$\rho = 2\sqrt{\epsilon}r$$

$$n = 1, 2, 3, \ldots$$

$$l = 0, 1, \ldots, n-1$$

$$E = -\frac{\mu e^4}{32\pi^2\epsilon_0^2\hbar^2}\frac{1}{n^2}. \tag{8.39}$$

Hier sind die L-Funktionen die sog. assoziierten Laguerre-Polynome (nach Edmond Laguerre).

In Tabelle 8.1 sind die R_{nl}-Funktionen für n bis 4 gelistet und in Abb. 8.2 sind sie für n bis 3 gezeigt.

Tab. 8.1: Die radialen Funktionen R_{nl} für das Wasserstoffatom für $n = 1, 2, 3$ und 4.

n	l	$R_{nl}(r)$
1	0	$a_0^{-3/2}2e^{-r/a_0}$
2	0	$a_0^{-3/2}\frac{1}{\sqrt{2}}(1-\frac{r}{2a_0})e^{-r/(2a_0)}$
2	1	$a_0^{-3/2}\frac{1}{2\sqrt{6}}\frac{r}{a_0}e^{-r/(2a_0)}$
3	0	$a_0^{-3/2}\frac{2}{3\sqrt{3}}(1-\frac{2r}{3a_0}+\frac{2r^2}{27a_0^2})e^{-r/(3a_0)}$
3	1	$a_0^{-3/2}\frac{8}{27\sqrt{6}}\frac{r}{a_0}(1-\frac{r}{6a_0})\frac{r}{a_0}e^{-r/(3a_0)}$
3	2	$a_0^{-3/2}\frac{4}{81\sqrt{30}}\frac{r^2}{a_0^2}e^{-r/(3a_0)}$
4	0	$a_0^{-3/2}\frac{1}{4}(1-\frac{3r}{4a_0}+\frac{r^2}{8a_0^2}-\frac{r^3}{192a_0^3})e^{-r/(4a_0)}$
4	1	$a_0^{-3/2}\frac{\sqrt{5}}{16\sqrt{3}}(1-\frac{r}{4a_0}+\frac{r^2}{80a_0^2})\frac{r}{a_0}e^{-r/(4a_0)}$
4	2	$a_0^{-3/2}\frac{1}{64\sqrt{5}}(1-\frac{r}{12a_0})\frac{r^2}{a_0^2}e^{-r/(4a_0)}$
4	3	$a_0^{-3/2}\frac{1}{768\sqrt{35}}\frac{r^3}{a_0^3}e^{-r/(4a_0)}$

Insgesamt liefert dies folgende Ergebnisse:

- Die Lösungen zur Schrödinger-Gleichung werden mit drei Quantenzahlen, n, l und m_l, gekennzeichnet.
- n ist eine beliebige, positive, ganze Zahl. n wird Hauptquantenzahl genannt.
- l ist eine nicht-negative, ganze Zahl, kleiner als n. Sie wird Nebenquantenzahl genannt. Es ist üblich, statt $l = 0, l = 1, l = 2, l = 3, \ldots$ zu schreiben, Buchstaben zu verwenden: $s, p, d, f, \ldots$ für $l = 0, 1, 2, 3, \ldots$.
- m_l ist eine ganze Zahl mit einem Betrag kleiner oder gleich l. Sie wird magnetische Quantenzahl genannt.
- Zusätzlich ist es üblich, dem Elektron eine vierte Quantenzahl, m_s, zuzuordnen. m_s kann nur $+\frac{1}{2}$ oder $-\frac{1}{2}$ sein und wird als Spin bezeichnet. $m_s = \frac{1}{2}$ wird oft Spin-up oder Spin-α bezeichnet. $m_s = -\frac{1}{2}$ wird oft Spin-down oder Spin-β bezeichnet.

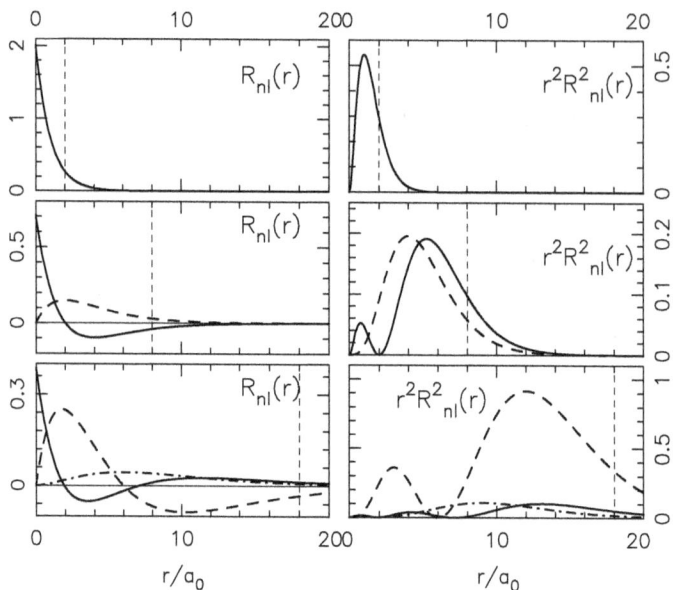

Abb. 8.2: Die radialen Funktionen $R_{nl}(r)$ für das Wasserstoffatom für $n = 1, 2$ und 3. Die linke Hälfte zeigt die eigentlichen Funktionen, während die rechte Hälfte die radialen Verteilungen $r^2 R_{nl}^2(r)$ zeigt. Die durchgezogene und die gestrichelten Kurven zeigen die s- und p-Funktionen, während die Punkt-Strich-Kurve die d-Funktion zeigt. Die vertikalen, gestrichelten Geraden trennen das klassisch erlaubte Gebiet vom klassisch verbotenen Gebiet.

- Die Energie hängt nur von n ab, aber nicht von l oder m_l (siehe Abb. 8.3 und Abb. 8.4). Dies ist ein Sonderfall, welcher nur für Wasserstoff gilt.
- Wie Abb. 8.4 andeutet, sind die wahrscheinlichsten Übergänge solche, für welche sich n um einen beliebigen Wert ändert, während sich l um ± 1 ändert. Der Grund für diese sog. Auswahlregeln kann mittels der zeitabhängigen Störungstheorie, ein-

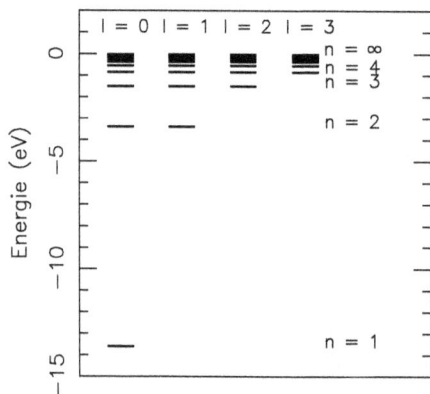

Abb. 8.3: Energieniveaus für das Wasserstoffatom.

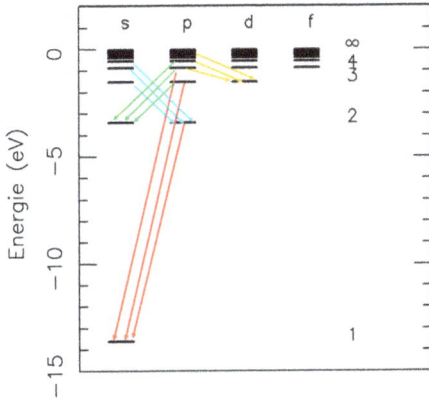

Abb. 8.4: Theoretisch berechnete Übergänge für das Wasserstoffatom. Nur einige wenige sind gezeigt. Der Satz von Übergängen von $n \to 1$ wird Lyman-Serie genannt, derjenige von $n \to 2$ Balmer-Serie, und derjenige von $n \to 3$ Paschen-Serie (vergl. Abb. 8.1).

schließlich Fermis goldener Regel, verstanden werden, die wir in Kapitel 9.8 behandeln werden. Die Auswahlregeln sollen aber hier nicht näher diskutiert werden.

– Die experimentellen Befunde, die wir im Kapitel 8.1 diskutiert haben, werden durch diese Theorie mit großer Genauigkeit erklärt. Gleichzeitig liefert die Theorie einen Zahlenwert für die Rydberg-Konstante.

– Die Wellenfunktionen sind für $m_l \neq 0$ komplex. Um die Orbitale bildlich darzustellen, gibt es mehrere Möglichkeiten. Entweder wählt man eine bestimmte Richtung (z. B. entlang der z-Achse) und zeichnet die Wellenfunktion entlang dieser Richtung. Oder ein Wert wird gewählt, und man zeichnet die Fläche im dreidimensionalen Raum, wo die Wellenfunktion (oder deren Betrag) diesen (konstanten) Wert besitzt. Dies ist in Abb. 8.6, 8.7 und 8.8 gezeigt. Letztendlich kann man eine beliebige Fläche wählen und die Funktionswerte entweder mithilfe von Höhenlinien oder als ein 3-dimensionales Objekt in dieser Ebene darstellen. In Abb. 8.9 und 8.5 zeigen wir einige Beispiele für solche Darstellungen.

– Wie wir unten sehen werden, ist es aber möglich, reelle Funktionen zu definieren.

– In Tabelle 8.1 haben wir den sog. Bohr-Radius eingeführt:

$$a_0 = \frac{4\pi\epsilon_0\hbar^2}{m_e e^2}. \tag{8.40}$$

Dabei haben wir nicht berücksichtigt, dass m_e eigentlich die reduzierte Masse μ sein sollte. m_e und μ unterscheiden sich aber um weniger als 1‰. $a_0 \approx 0.52917\,\text{Å}$.

– Für den Grundzustand (Zustand mit der niedrigsten Energie) sind $n = 1$ und $l = m_l = 0$. Für diesen ist die Wellenfunktion gegeben durch

$$\psi_{100}(r,\theta,\phi) = R_{10}(r) \cdot Y_{00}(\theta,\phi) = \frac{2}{\sqrt{a_0^3}} e^{-r/a_0} \cdot \frac{1}{\sqrt{4\pi}} = \frac{1}{\sqrt{\pi a_0^3}} e^{-r/a_0}, \tag{8.41}$$

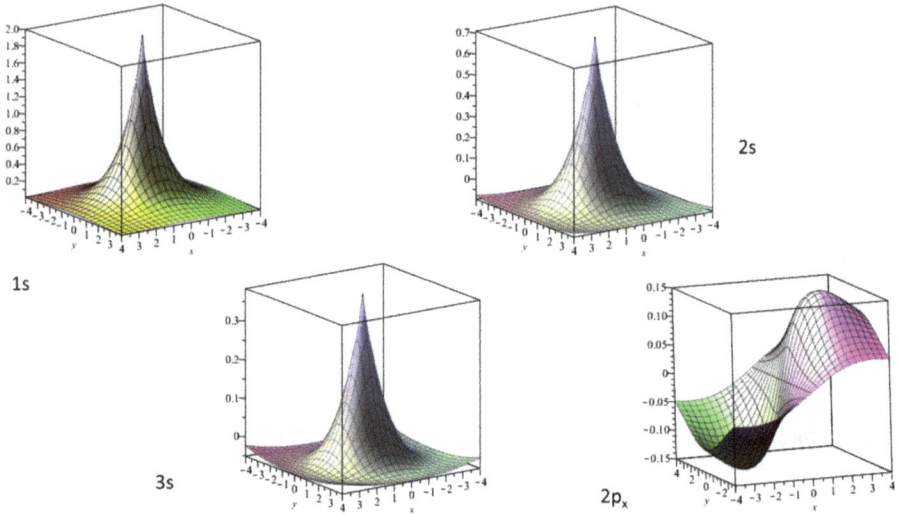

Abb. 8.5: Die reellen Wellenfunktionen 1s, 2s, 3s und $2p_x$ für das Wasserstoffatom, gezeichnet in der Ebene $z = 0$.

und daran erkennt man, dass die größte Elektronendichte am Platz des Kerns zu finden ist, und dass die Wellenfunktion dort eine Spitze besitzt. Dass die Wellenfunktion dort nicht differenzierbar ist, ist im Einklang damit, dass an diesem Punkt das Potential divergiert.

– Auf der anderen Seite können wir auch die radiale Verteilung betrachten, also wie groß die Wahrscheinlichkeit ist, dass das Elektron einen bestimmten Abstand zum Kern hat. Diese Wahrscheinlichkeit ist für $(n, l, m_l) = (1, 0, 0)$ gegeben durch

$$P(r) = r^2 \left[R_{10}(r) \right]^2 \tag{8.42}$$

und ist in Abb. 8.10 gezeigt.

– Weil der Hamilton-Operator ein linearer Operator ist, gilt, dass, wenn ψ_1 und ψ_2 orthonormierte Eigenfunktionen zu $\hat{H}$ mit demselben Eigenwert sind,

$$\hat{H}\psi_1 = E\psi_1$$
$$\hat{H}\psi_2 = E\psi_2, \tag{8.43}$$

dann sind die zwei Linearkombinationen

$$\psi_a = c_1\psi_1 + c_2\psi_2$$
$$\psi_b = c_2\psi_1 - c_1\psi_2 \tag{8.44}$$

auch orthonormierte Eigenfunktionen zu $\hat{H}$ mit demselben Eigenwert, solange

$$|c_1|^2 + |c_2|^2 = 1 \tag{8.45}$$

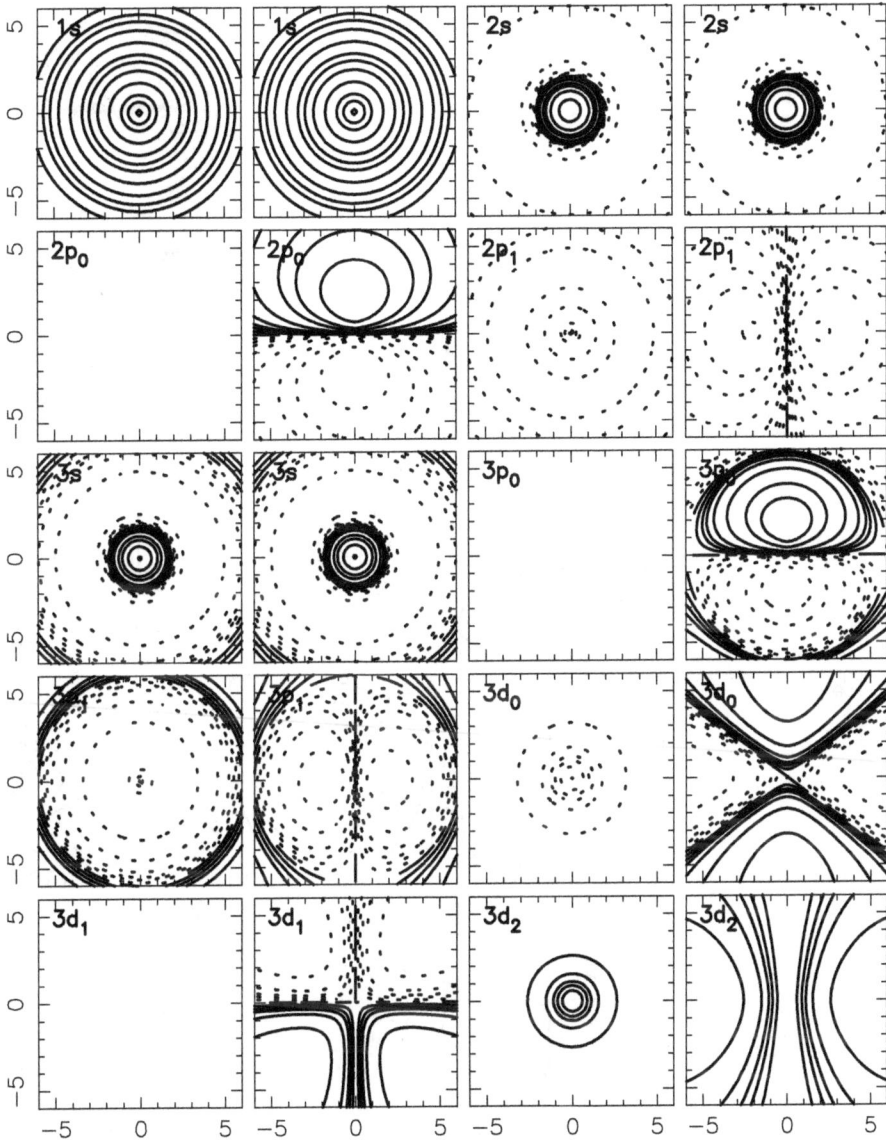

Abb. 8.6: Konturkurven für die komplexen Wellenfunktionen ψ_{nlm_l} ohne den Faktor $e^{im_l\phi}$ für das Wasserstoffatom. Jede Funktion ist in zwei Ebenen gezeigt: (x,y) (links) und (x,z) (rechts). Durchgezogene, gepunktete und gestrichelte Kurven markieren positive und negative Werte, bzw. null. Oben links beginnend zeigen die ersten beiden Tafeln $(n,l,m_l) = (1,0,0)$, die nächsten $(2,0,0)$, dann $(2,1,0)$, $(2,1,1)$, $(3,0,0)$, $(3,1,0)$, $(3,1,1)$, $(3,2,0)$, $(3,2,1)$ und letztendlich $(3,2,2)$. Wie man sieht, sind in den beiden Ebenen einige der Funktionen gleich null. Alle gezeigten Funktionen sind rotationssymmetrisch um die z-Achse. Eine räumliche Darstellung kann in Abb. 7.9 gefunden werden.

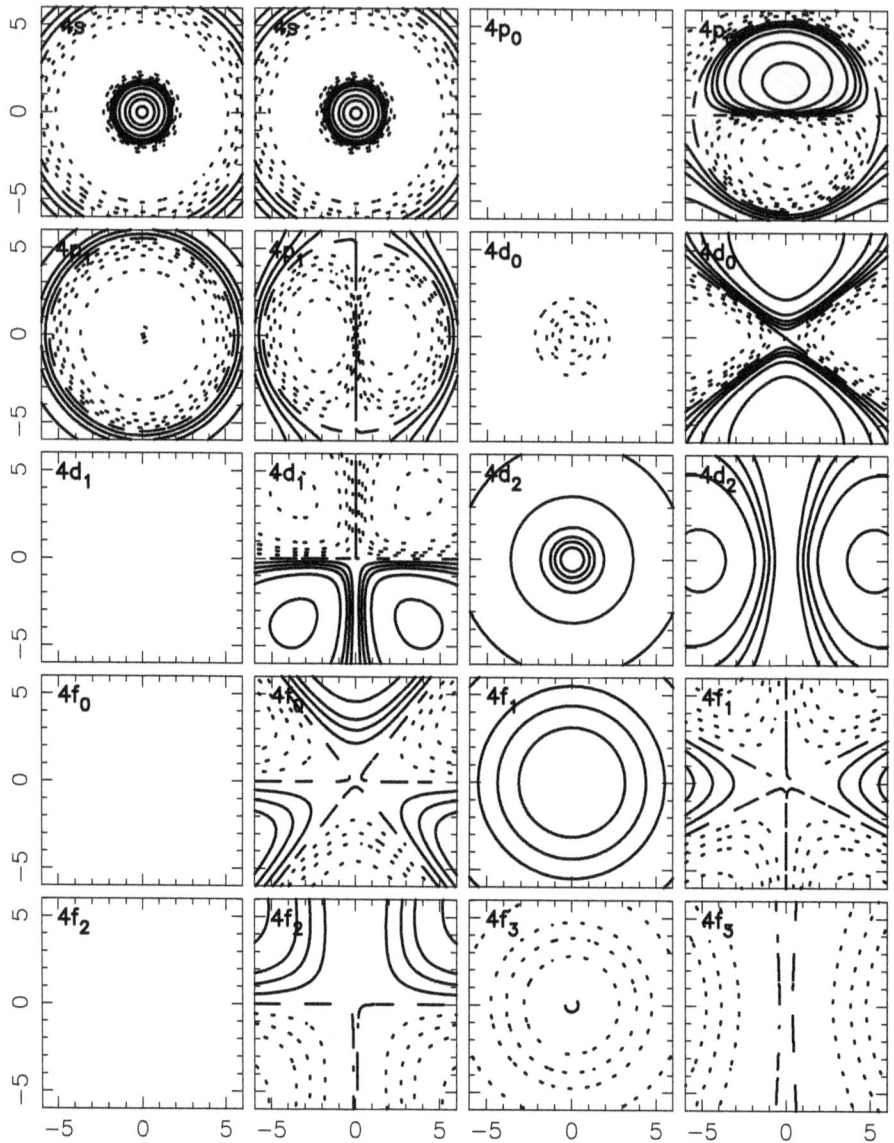

Abb. 8.7: Wie Abb. 8.6 aber für $(n, l, m_l) = (4, 0, 0), (4, 1, 0), (4, 1, 1), (4, 2, 0), (4, 2, 1), (4, 2, 2), (4, 3, 0),$ $(4, 3, 1), (4, 3, 2)$ und $(4, 3, 3)$. Eine räumliche Darstellung kann in Abb. 7.9 gefunden werden.

ist. Dies kann ausgenutzt werden, um aus den zwei Funktionen ψ_{n,l,m_l} und $\psi_{n,l,-m_l}$ für $m_l \neq 0$ zwei neue Funktionen zu bilden, die beide reell sind. Dabei wählt man c_1 und c_2 gleich $\frac{\pm 1}{\sqrt{2}}$ oder $\frac{\pm i}{\sqrt{2}}$. Die neuen Funktionen sind die wohlbekannten Funktionen vom Typ p_x, p_y, d_{xy}, usw. Diese sind in Abb. 8.8 und 8.9 gezeigt.

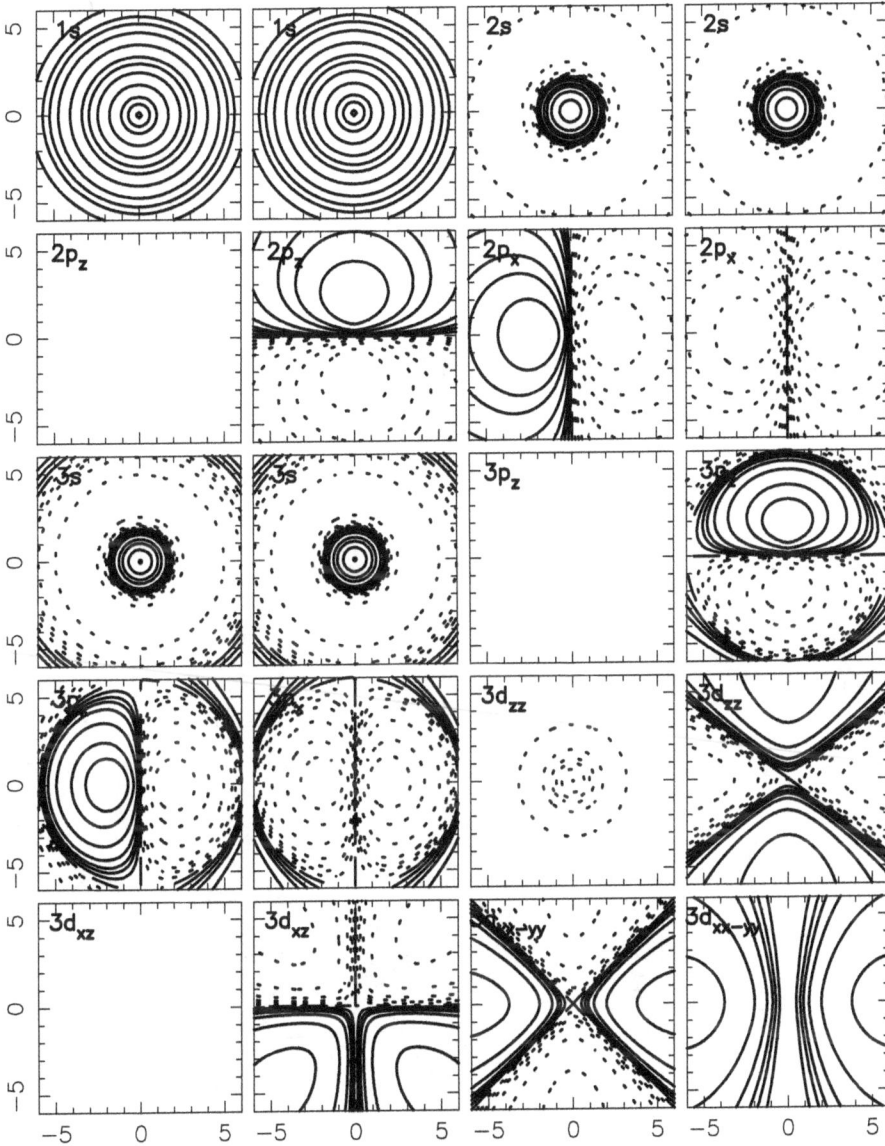

Abb. 8.8: Wie Abb. 8.6 aber für die reellen Wellenfunktionen $\frac{1}{\sqrt{2}}((-1)^{m_l}\psi_{n,l,m_l} + \psi_{n,l,-m_l})$ für $m_l \neq 0$, bzw. ψ_{n,l,m_l} für $m_l = 0$ für $(n,l,m_l) = (1,0,0), (2,0,0), (2,1,0), (2,1,1), (3,0,0), (3,1,0), (3,1,1), (3,2,0), (3,2,1)$ und $(3,2,2)$. Die ϕ-Abhängigkeit, $\cos(m_l\phi)$, ist in diesem Falle auch gezeigt, sodass es keine Rotationssymmetrie um die z-Achse gibt. Eine räumliche Darstellung kann in Abb. 7.10 gefunden werden.

- Wie in Abb. 8.2 gezeigt, hat das Teilchen (hier: ein Elektron) auch in diesem Fall eine endliche Wahrscheinlichkeit, sich in dem klassisch verbotenen Bereich aufzuhalten, in welchem das Potential höher als die Energie des Teilchens ist.

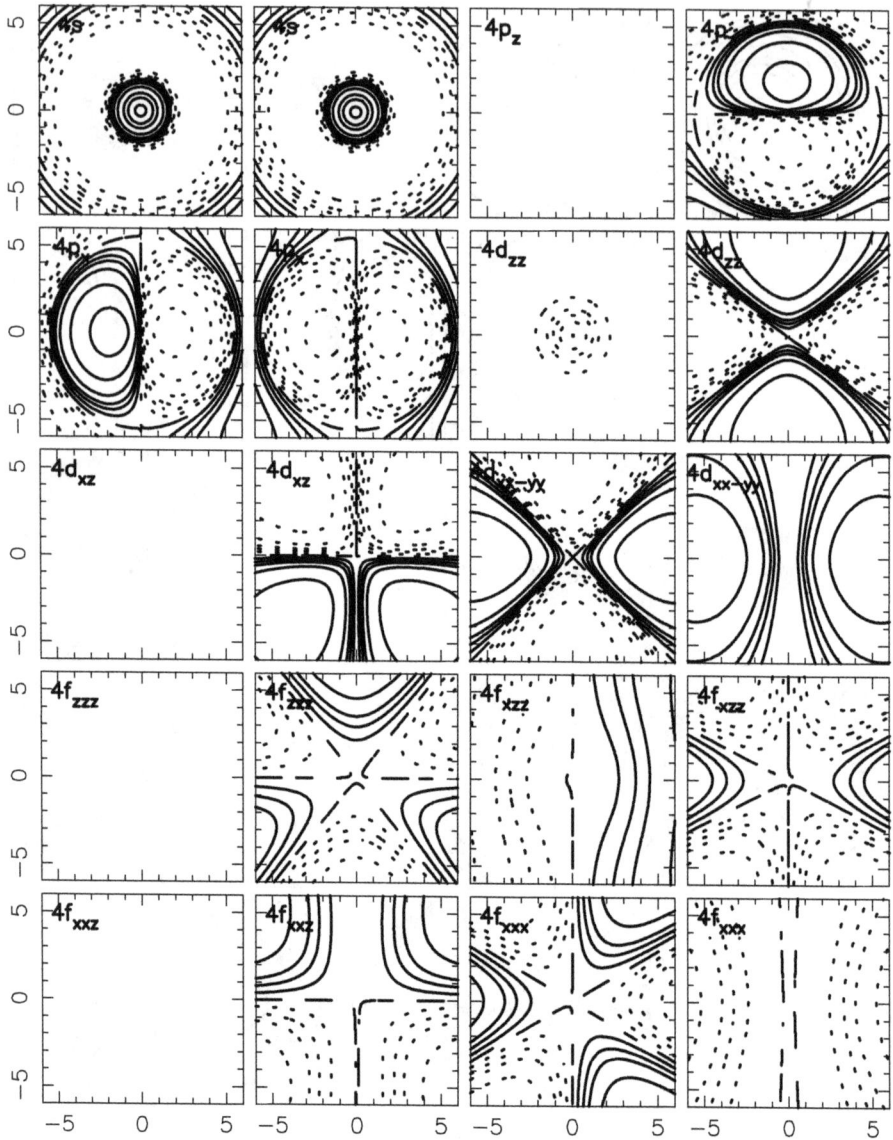

Abb. 8.9: Wie Abb. 8.8 aber für $(n, l, m_l) = (4, 0, 0), (4, 1, 0), (4, 1, 1), (4, 2, 0), (4, 2, 1), (4, 2, 2), (4, 3, 0),$
$(4, 3, 1), (4, 3, 2)$ und $(4, 3, 3)$. Eine räumliche Darstellung kann in Abb. 7.10 gefunden werden.

– Auch wenn diese Theorie die experimentellen Befunde mit großer Genauigkeit re-
produzieren kann, gibt es doch kleine Abweichungen. Letztendlich ist die Theorie
nicht perfekt, wie wir zum Beispiel im Falle des Spins gesehen haben. Tatsächlich
kann man deswegen sehr genaue experimentelle Ergebnisse dazu benutzen, genauere Theorien zu analysieren. Wird z. B. die Schrödinger-Gleichung durch die

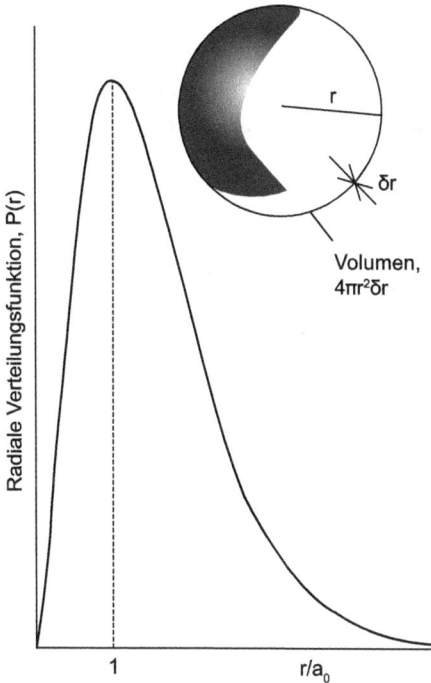

Abb. 8.10: Die radiale Verteilungsfunktion für das 1s-Orbital des H-Atoms, der Grundzustand des Atoms. Angepasst aus dem Buch Peter W. Atkins, *Kurzlehrbuch Physikalische Chemie*, Wiley-VCH, 2001.

Dirac-Gleichung ersetzt, werden relativistische Effekte berücksichtigt, und man erhält kleine Änderungen der Energieniveaus des Wasserstoffatoms. Mit weiteren Entwicklungen, die z. B. relevant sind, wenn man das Universum kurz nach seiner Entstehung behandeln möchte, gibt es weitere kleine Änderungen der Energieniveaus des Wasserstoffatoms. Auch diese können mit sehr genauen experimentellen Ergebnissen verglichen werden, wobei die Gültigkeit der Theorie letztendlich untersucht werden kann. Dadurch wird das Wasserstoffatom zu einem System mit Relevanz für die Behandlung des ganzen Universums!

8.5 Andere zentralsymmetrische Systeme

Das Verfahren, das wir im letzten Kapitel diskutiert haben, kann auch für andere zentralsymmetrische Systeme verwendet werden. Das heißt für Systeme, bei denen sich ein einzelnes Teilchen in einem sphärisch symmetrischen Potential bewegt. In allen diesen Fällen wird die radiale Wellenfunktion unterschiedlich aussehen (weil das radiale Potential anders ist), aber die Eigenfunktionen können immer als Produkt aus einem radialen Anteil und einer Kugelflächenfunktion ausgedrückt werden,

$$\psi(\vec{r}) = \psi_{n,l,m_l}(r,\theta,\phi) = f_{n,l}(r)Y_{l,m_l}(\theta,\phi),\qquad(8.46)$$

wobei $f_{n,l}(r)$ vom Potential abhängt, während die Kugelflächenfunktionen, $Y_{l,m_l}(\theta,\phi)$, unabhängig vom Potential sind. Die Kugelflächenfunktionen treten als Folge der Rotationssymmetrie auf (siehe Kapitel 17.1).

Als Beispiele können erwähnt werden:

- Atomare Ionen mit nur einem Elektron. Dann wäre

$$V(r) = -\frac{Ze^2}{4\pi\epsilon_0 r}.\qquad(8.47)$$

Hier ist Ze die Ladung des Atomkerns.

- Ein freies Teilchen in einer sphärischen Welle. Dann wäre

$$V(r) = 0.\qquad(8.48)$$

- Das Harmonium, auch Hookes Atom genannt. Dies ist ein Modellsystem, das bei Theoretikern beliebt ist. Hier ist

$$V(r) = \frac{1}{2}kr^2.\qquad(8.49)$$

- Ein sphärischer Topf. Dann ist

$$V(r) = \begin{cases} 0 & r \leq R_0 \\ \infty & r > R_0. \end{cases}\qquad(8.50)$$

8.6 Drehimpuls

In diesem Kapitel werden wir kurz ein paar Aspekte bezüglich der Drehimpulseigenschaften für die Wellenfunktionen des Wasserstoffatoms – und eigentlich auch für die der Systeme in Kapitel 8.5 – diskutieren. In allen Fällen können die Wellenfunktionen als

$$\psi(\vec{r}) = \psi(r,\theta,\phi) = \psi_{n,l,m_l}(r,\theta,\phi) = R_{nl}(r)Y_{l,m_l}(\theta,\phi)\qquad(8.51)$$

geschrieben werden.

Aus Kapitel 7.2 kennen wir den Ausdruck des Operators für die z-Komponente des Drehimpulses:

$$\hat{l}_z = \hat{x}\cdot\hat{p}_y - \hat{y}\cdot\hat{p}_x = \frac{\hbar}{i}\left(x\frac{\partial}{\partial y} - y\frac{\partial}{\partial x}\right).\qquad(8.52)$$

Es ist dann leicht zu erkennen, dass Folgendes erhalten wird, wenn $\hat{l}_z$ auf die Funktion in Gl. (8.51) operiert:

$$\hat{l}_z \psi(\vec{r}) = Y_{l,m_l}(\theta,\phi)[\hat{l}_z R_{nl}(r)] + R_{nl}(r)[\hat{l}_z Y_{l,m_l}(\theta,\phi)]$$

$$= Y_{l,m_l}(\theta,\phi)[\hat{l}_z R_{nl}(r)] + R_{nl}(r)[m_l \hbar Y_{l,m_l}(\theta,\phi)]$$

$$= Y_{l,m_l}(\theta,\phi)\frac{\hbar}{i}\left(x\frac{\partial}{\partial y} - y\frac{\partial}{\partial x}\right)R_{nl}(r) + R_{nl}(r)[\hat{l}_z Y_{l,m_l}(\theta,\phi)]. \tag{8.53}$$

Um dies zu berechnen, brauchen wir

$$\left(x\frac{\partial}{\partial y} - y\frac{\partial}{\partial x}\right)R_{nl}(r) = x\frac{\partial R_{nl}(r)}{\partial y} - y\frac{\partial R_{nl}(r)}{\partial x} = x\frac{\partial R_{nl}(r)}{\partial r}\frac{\partial r}{\partial y} - y\frac{\partial R_{nl}(r)}{\partial r}\frac{\partial r}{\partial x}$$

$$= \frac{\partial R_{nl}(r)}{\partial r}\left(x\frac{\partial r}{\partial y} - y\frac{\partial r}{\partial x}\right). \tag{8.54}$$

Wir benutzen, dass

$$r = \left(x^2 + y^2 + z^2\right)^{1/2} \tag{8.55}$$

gilt, sodass

$$\frac{\partial r}{\partial x} = \frac{x}{r}$$

$$\frac{\partial r}{\partial y} = \frac{y}{r}. \tag{8.56}$$

Daraus erkennen wir, dass der Ausdruck in Gl. (8.54) gleich null wird. Also

$$\hat{l}_z \psi(\vec{r}) = R_{nl}(r)[\hat{l}_z Y_{l,m_l}(\theta,\phi)] = m_l \hbar \psi(\vec{r}). \tag{8.57}$$

Dies hätten wir auch erhalten, indem wir

$$\hat{l}_z = \frac{\hbar}{i}\frac{\partial}{\partial\phi} \tag{8.58}$$

anwenden.

Auf dieselbe Weise findet man, dass auch die Operatoren $\hat{l}_x$ und $\hat{l}_y$ nur auf die Kugelflächenfunktionen operieren, obwohl man dann erhält, dass die Kugelflächenfunktionen keine Eigenfunktionen von $\hat{l}_x$ oder $\hat{l}_y$ sind.

Gl. (8.57) bedeutet, dass die Wellenfunktionen für das Wasserstoffatom Eigenfunktionen von $\hat{l}_z$ sind, und dass die Eigenwerte gleich $m_l \hbar$ sind. Dies gilt nur für die komplexen Wellenfunktionen, die durch (n, l, m_l) gekennzeichnet sind, aber nicht für die reellen Funktionen, die wir aus den Funktionen mit (n, l, m_l) und $(n, l, -m_l)$ erzeugen können, wenn $m_l \neq 0$ ist.

Für den Operator

$$\hat{l}^2 = \hat{l}_x\hat{l}_x + \hat{l}_y\hat{l}_y + \hat{l}_z\hat{l}_z \tag{8.59}$$

gilt auf die gleiche Weise, dass die Wellenfunktionen für das Wasserstoffatom Eigenfunktionen sind und dass die Eigenwerte gleich $l(l+1)\hbar^2$ sind. In diesem Fall sind sowohl die komplexen Wellenfunktionen als auch die reellen Wellenfunktionen Eigenfunktionen.

Dies führt zu etwas Unerwartetem. Für den Grundzustand des Wasserstoffatoms ist $l = 0$, was eigentlich bedeutet, dass der Drehimpulsvektor eine Länge gleich null hat. Das würde bedeuten, dass das Elektron entweder ruht (ein Widerspruch zu Heisenbergs Unschärferelation), oder dass $\vec{r}$ und $\vec{p}$ parallel sind. Die kreisförmigen Bahnen, die sich Niels Bohr vorstellte, wären dann nicht möglich.

Tatsächlich kann man die Verteilung des Winkels zwischen $\vec{r}$ und $\vec{p}$ ausrechnen (wie man das tut, ist hier nicht wichtig). Das Ergebnis ist in Abb. 8.11 gezeigt. Wie man sieht, gibt es ein Maximum für den Fall, dass $\vec{r}$ und $\vec{p}$ senkrecht zueinander sind. Das scheint im Widerspruch zu $l = 0$ zu sein, ist aber im Einklang mit Bohrs Vorstellung, dass sich die Elektronen auf kreisförmigen Bahnen bewegen.

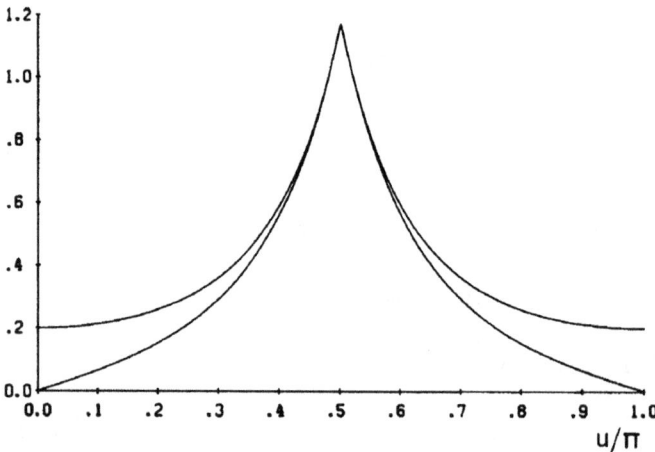

Abb. 8.11: Verteilung des Winkels u zwischen Orts- und Impulsvektor für den 1s-Zustand des Wasserstoffatoms $P(u)$. Die unterste Kurve zeigt die Verteilungsfunktion (obere Kurve) multipliziert mit $\sin u$. $P(u)\sin u\, du$ ist die Wahrscheinlichkeit, dass der Winkel im Intervall $[u, u + du]$ liegt.

Die Lösung ist, dass $\hat{l}^2$ nicht ganz gleich dem Operator des Quadrates der Länge des Drehimpulses ist. Wir betrachten z. B.

$$\hat{l}_z\hat{l}_z = (\hat{x}\hat{p}_y - \hat{y}\hat{p}_x)(\hat{x}\hat{p}_y - \hat{y}\hat{p}_x) = \hat{x}^2\hat{p}_y^2 + \hat{y}^2\hat{p}_x^2 - \hat{x}\hat{p}_y\hat{y}\hat{p}_x - \hat{y}\hat{p}_x\hat{x}\hat{p}_y$$

$$= \hat{x}^2\hat{p}_y^2 + \hat{y}^2\hat{p}_x^2 - \hat{x}\hat{p}_x\hat{p}_y\hat{y} - \hat{y}\hat{p}_y\hat{p}_x\hat{x}. \tag{8.60}$$

Weil z. B. $\hat{x}$ und $\hat{p}_x$ nicht kommutieren, ist die Reihenfolge wichtig (siehe Kapitel 3.7). Deswegen sollte eher

$$\widehat{l_z l_z} = \hat{x}^2 \hat{p}_y^2 + \hat{y}^2 \hat{p}_x^2 - \frac{1}{2}(\hat{x}\hat{p}_x + \hat{p}_x\hat{x})(\hat{y}\hat{p}_y + \hat{p}_y\hat{y}) \tag{8.61}$$

verwendet werden.

Führt man dieselbe Analyse wie in Gl. (8.60) und (8.61) für die anderen Glieder in Gl. (8.59) durch, findet man folgenden Ausdruck für den Operator des Quadrates der Länge des Drehimpulses

$$\hat{\lambda}^2 = \hat{l}^2 + \frac{3}{2}\hbar^2. \tag{8.62}$$

Dieses bedeutet, dass alle Eigenfunktionen unverändert Eigenfunktionen bleiben, aber der Eigenwert ändert sich additiv um $\frac{3}{2}\hbar^2$. Also ist die Länge des Drehimpulsvektors auch für den 1s-Zustand ungleich null.

8.7 Aufgaben mit Antworten

1. **Aufgabe:** Berechnen Sie die Erwartungswerte für x^2, y^2 und r^2 für ein Elektron im 1s-Zustand im Wasserstoffatom, das sich am Koordinatenursprung befindet.
   Antwort: Wegen der Kugelsymmetrie des Systems ist

$$\langle x^2 \rangle = \langle y^2 \rangle = \langle z^2 \rangle = \frac{1}{3}\langle x^2 + y^2 + z^2 \rangle = \frac{1}{3}\langle r^2 \rangle. \tag{8.63}$$

Wir finden

$$\langle r^2 \rangle = \int_0^\infty \frac{2}{\sqrt{a_0^3}} e^{-r/a_0} r^2 \frac{2}{\sqrt{a_0^3}} e^{-r/a_0} r^2 \, dr = \frac{4}{a_0^3} \int_0^\infty r^4 e^{-2r/a_0} \, dr$$

$$= \frac{4}{a_0^3} \frac{4!}{(2/a_0)^5} = \frac{4 \cdot 24 \cdot a_0^5}{a_0^3 32} = 3a_0^2 \tag{8.64}$$

wobei wir die Formeln in Kapitel 19 benutzt haben.
Letztendlich werden dann

$$\langle x^2 \rangle = \langle y^2 \rangle = \frac{1}{3}\langle r^2 \rangle = a_0^2. \tag{8.65}$$

8.8 Aufgaben

1. Erläutern Sie den Begriff ‚Atomspektren‘, darunter auch die Rydberg-Konstante.
2. Beschreiben Sie die mathematische Abhängigkeit der Eigenfunktionen des Wasserstoffatoms von den Kugelkoordinaten r, θ und ϕ.
3. Was beschreibt die radiale Verteilungsfunktion der Wasserstoffatomorbitale? Skizzieren Sie diese für die 1s-, 2s-, 2p-, 3s- und 3p-Orbitale.

4. Vergleichen Sie die radiale Verteilungsfunktion und die Wahrscheinlichkeitsdichte der Wasserstofforbitale.
5. Welchen Erwartungswert besitzt die Energie für eine $\frac{1}{\sqrt{2}}(2s+2p_z)$-Funktion im Wasserstoff?
6. Beschreiben Sie kurz, wie man aus der Schrödinger-Gleichung für das gesamte Atom die Schrödinger-Gleichung für das Elektron im Wasserstoffatom mittels eines Produktansatzes erhält.
7. Beschreiben Sie kurz den Zusammenhang zwischen den Quantenzahlen des Elektrons im Wasserstoffatom und dessen Drehimpulsvektor.
8. Normieren Sie die Funktion $\Psi(r,\theta,\phi) = Ne^{-r/a_0}$ im Intervall $0 \leq r < \infty, 0 \leq \theta \leq \pi$ und $0 \leq \phi \leq 2\pi$.
9. Wie viele Quantenzahlen braucht man, um ein Atomorbital im Wasserstoffatom eindeutig zu definieren? Wie heißen und was beschreiben sie? Welche Werte können sie annehmen?
10. Zeigen Sie grafisch die Abhängigkeit der Energien von den Quantenzahlen für:
    (a) das Teilchen in einem Kasten,
    (b) den harmonischen Oszillator
    (c) und das Wasserstoffatom.
    Erläutern Sie die mathematische Abhängigkeit der Energien als Funktion der Quantenzahlen.
11. Berechnen Sie den Erwartungswert $\langle r \rangle$ und den wahrscheinlichsten Wert für r für ein Elektron im Grundzustand des H-Atoms.
12. Berechnen Sie die Wahrscheinlichkeit, ein Elektron im $1s$-Zustand im Wasserstoffatom außerhalb einer Kugel vom Radius $r = a_0$ (a_0 ist der Bohrradius) zu finden.
13. Beschreiben Sie, warum es nicht möglich ist, Orbitale für das Wasserstoffatom zu erzeugen, die nicht nur Eigenfunktionen für $\hat{l}_z$, sondern auch für $\hat{l}_x$ sind.

9 Grundlagen der genäherten Verfahren

9.1 Das Problem

Kurz nach der Einführung der mathematischen Grundlagen der Quantentheorie durch Heisenberg und Schrödinger im Jahre 1926 hat man angefangen, diese Theorie auf verschiedene Systeme anzuwenden. Darunter waren auch die Systeme, die wir in den letzten Kapiteln behandelt haben (z. B. das freie Teilchen, das Teilchen im Kasten, Stufenpotentiale, den Rotor, den harmonischen Oszillator und das Wasserstoffatom). Es zeigte sich aber schnell, dass die Schrödinger-Gleichung praktisch nur für diese Systeme exakt gelöst werden kann.

Die weitgehende Übereinstimmung zwischen berechneten und gemessenen Größen, vor allem für das Spektrum des H-Atoms, wurde als vielversprechend betrachtet, aber recht bald kam die Ernüchterung. Wenn man, mit dem H-Atom beginnend, ein Elektron oder einen Kern zu diesem Atom hinzufügt, erhält man das H^--Ion, bzw. das H_2^+-Molekülion. Für diese beiden Systeme wurde festgestellt, dass sich die Schrödinger-Gleichung kaum lösen ließ. Erst einige Jahre später wurden genaue theoretische Beschreibungen dieser Systeme geliefert. Für das Wasserstofmolekülion dauerte es sogar ungefähr 20 Jahre, bis eine numerisch genaue Beschreibung vorgestellt wurde, obwohl Øyvind Burrau schon 1927 die Grundlagen dazu geschaffen hatte.

Schon 1929 hat Paul Andre Maurice Dirac die Probleme zusammengefasst [P. A. M. Dirac, Proc. Roy. Soc. (London) A **123**, 714 (1929)]:

> The general theory of quantum mechanics is now almost complete, the imperfections still remain being in connection with the exact fitting of the theory with relativity ideas. These give rise to difficulties only when high-speed particles are involved, and are therefore of no importance in the consideration of atomic and molecular structure and ordinary chemical reactions, in which it is, indeed, usually sufficiently accurate if one neglects relativity variation of mass with velocity and assumes only Coulomb forces between the various electrons and atomic nuclei. The underlying physical laws necessary for the mathematical theory of a large part of physics and the whole of chemistry are thus completely known, and the difficulty is only that the exact application of these laws leads to equations much too complex to be soluble. It therefore becomes desirable that approximate practical methods of applying quantum mechanics should be developed, which can lead to an explanation of the main features of complex atomic systems without too much computation.

Eigentlich beinhaltet diese Aussage zuerst die Behauptung, dass dank der Quantentheorie die experimentelle Arbeit in der Chemie überflüssig geworden ist, weil sich im Prinzip alles berechnen lässt. Diese Äusserung wird jedoch dadurch relativiert, dass Dirac erkannte, dass die sich zu lösenden Gleichungen mathematisch nicht lösen ließen. Aber auch ein Ausweg aus diesem Dilemma wurde von Dirac vorgeschlagen: Er betonte, dass die Anwendung der Quantentheorie auf chemische und physikalische Fragestellungen der Hilfe von Näherungen bedarf.

Die Entwicklung während der letzten bald 100 Jahre zeigt, dass viele solcher genäherter Verfahren entwickelt worden sind, die unser Verständnis für z. B. chemische

https://doi.org/10.1515/9783111215075-009

Bindungen entscheidend beeinflusst haben. Die fundamentalen Probleme, die Dirac erwähnte, werden dadurch umgangen, dass sinnvoll genäherte Verfahren entwickelt worden sind, die sich vor allem mithilfe von Computerprogrammen zu wichtigen Instrumenten in der Chemie entwickelt haben. Weil diese Verfahren Näherungen darstellen und gleichzeitig große Ansprüche an Computerleistungen erfordern, können chemische Fragestellungen nicht 100 % exakt behandelt werden, und die Verfahren können nur für idealisierte Systeme eingesetzt werden. Insgesamt bedeutet dies, dass heutzutage weder experimentelle Studien durch theoretische ersetzt worden sind, noch theoretische Studien irrelevant geworden sind. Stattdessen haben sich die theoretischen Verfahren zu einer wichtigen Ergänzung experimenteller Arbeiten in der Chemie entwickelt, die auch zunehmend in der Industrie eingesetzt werden.

In diesem Kapitel werden wir die Grundlagen für einige der oben erwähnten genäherten Verfahren präsentieren. Später (in Kapitel 10) werden wir die hier gewonnenen Erkenntnisse verwenden, um zu zeigen, dass das sog. Orbitalmodell ein oft sehr gutes, aber immerhin ‚nur‘ genähertes Verfahren darstellt.

9.2 Variationsprinzip

Wenn genäherte Verfahren eingesetzt werden sollen, gibt es ein paar zentrale Fragen:
–   Wie kann man überhaupt eine Näherung zur exakten Lösung der Schrödinger-Gleichung erstellen?
–   Wie kann man zwei genäherte Lösungen miteinander vergleichen?

Das Variationsprinzip kann bei der Beantwortung dieser Fragen sehr behilflich sein. Dieses soll hier in allgemeiner Form diskutiert werden. Dazu verwenden wir einige der Grundlagen, die wir in Kapitel 3 vorgestellt haben.

Wir betrachten das allgemeine Eigenwertproblem

$$\hat{A}f_n = a_n f_n \tag{9.1}$$

und nehmen an, dass $\hat{A}$ ein linearer und hermitescher Operator ist.

Weil $\hat{A}$ hermitesch ist, sind alle seine Eigenwerte a_n reell. Wir werden jetzt annehmen, dass es einen kleinsten Wert gibt (was z. B. für den Hamilton-Operator der Fall ist, aber z. B. nicht für den Ortsoperator). Wir können dann die Eigenwerte nach ihrer Größe sortieren,

$$a_0 \leq a_1 \leq a_2 \leq a_3 \leq \cdots \leq a_{n-1} \leq a_n \leq a_{n+1} \leq \cdots. \tag{9.2}$$

Wir benutzen auch, dass die Eigenfunktionen einen vollständigen Satz von Funktionen bilden, und dass sie orthonormiert werden können,

$$\langle f_n | f_m \rangle = \delta_{n,m}. \tag{9.3}$$

Wir betonen, dass es für unsere Argumente nicht notwendig ist, die Eigenfunktionen f_n oder die Eigenwerte a_n zu kennen, sondern nur zu wissen, dass sie existieren.

Wir werden jetzt zeigen, wie man die Genauigkeit einer Näherung zur Eigenfunktion f_0 zum niedrigsten Eigenwert a_0 abschätzen kann,

$$f_0 \simeq \phi. \tag{9.4}$$

Die Idee dahinter ist, dass wir ϕ absolut frei wählen können, so dass es auch möglich ist, verschiedene Funktionen miteinander zu vergleichen.

Weil die Eigenfunktionen, $\{f_n\}$, einen vollständigen Satz bilden, können wir die genäherte Funktion ϕ danach entwickeln,

$$\phi = \sum_n c_n f_n. \tag{9.5}$$

Anschließend betrachten wir

$$
\begin{aligned}
\frac{\langle \phi | \hat{A} | \phi \rangle}{\langle \phi | \phi \rangle} &= \frac{\langle \sum_{n_1} c_{n_1} f_{n_1} | \hat{A} | \sum_{n_2} c_{n_2} f_{n_2} \rangle}{\langle \sum_{n_1} c_{n_1} f_{n_1} | \sum_{n_2} c_{n_2} f_{n_2} \rangle} = \frac{\langle \sum_{n_1} c_{n_1} f_{n_1} | \sum_{n_2} c_{n_2} \hat{A} f_{n_2} \rangle}{\langle \sum_{n_1} c_{n_1} f_{n_1} | \sum_{n_2} c_{n_2} f_{n_2} \rangle} \\
&= \frac{\langle \sum_{n_1} c_{n_1} f_{n_1} | \sum_{n_2} c_{n_2} a_{n_2} f_{n_2} \rangle}{\langle \sum_{n_1} c_{n_1} f_{n_1} | \sum_{n_2} c_{n_2} f_{n_2} \rangle} = \frac{\sum_{n_1, n_2} \langle c_{n_1} f_{n_1} | c_{n_2} a_{n_2} f_{n_2} \rangle}{\sum_{n_1, n_2} \langle c_{n_1} f_{n_1} | c_{n_2} f_{n_2} \rangle} \\
&= \frac{\sum_{n_1, n_2} c_{n_1}^* c_{n_2} a_{n_2} \langle f_{n_1} | f_{n_2} \rangle}{\sum_{n_1, n_2} c_{n_1}^* c_{n_2} \langle f_{n_1} | f_{n_2} \rangle} = \frac{\sum_{n_1, n_2} c_{n_1}^* c_{n_2} a_{n_2} \delta_{n_1, n_2}}{\sum_{n_1, n_2} c_{n_1}^* c_{n_2} \delta_{n_1, n_2}} \\
&= \frac{\sum_n c_n^* c_n a_n}{\sum_n c_n^* c_n} = \frac{\sum_n |c_n|^2 a_n}{\sum_n |c_n|^2} \\
&\geq \frac{\sum_n |c_n|^2 a_0}{\sum_n |c_n|^2} = \frac{a_0 \sum_n |c_n|^2}{\sum_n |c_n|^2} = a_0. \tag{9.6}
\end{aligned}
$$

Wir haben hier die Linearität von $\hat{A}$ sowie die Eigenschaften aus Gl. (9.1), (9.2) und (9.3) ausgenutzt.

Gl. (9.6) zeigt uns, dass unabhängig davon, wie ϕ aussieht, der Erwartungswert $\frac{\langle \phi | \hat{A} | \phi \rangle}{\langle \phi | \phi \rangle}$ immer größer als (oder gleich) der kleinste Eigenwert ist. Haben wir mehrere genäherte Funktionen, können wir ihre Erwartungswerte vergleichen. Alle sind laut Gl. (9.6) größer als der niedrigste Eigenwert, sodass der kleinste Erwartungswert am wenigsten von a_0 abweicht. Wir werden also den niedrigsten Erwartungswert nehmen und diesen als beste Näherung zu a_0 betrachten. Diese Aussage ist durch das Variationsprinzip wohlfundiert. Wir werden aber auch annehmen, dass die dazugehörige Funktion ϕ die beste Näherung zu f_0 darstellt. Dies ist wirklich nur eine Annahme und nicht durch das Variationsprinzip begründet. Aber oft ist es keine schlechte Annahme.

9.3 Variationsverfahren – ein Beispiel

Die praktische Bedeutung des Variationsprinzips lässt sich am besten durch ein einfaches Beispiel illustrieren. Wir betrachten ein Teilchen in einem Kasten mit einem endlichen Potential außerhalb des Kastens (siehe Abb. 9.1),

$$V(x) = \begin{cases} -V_0 & \text{for } |x| \le \ell \\ 0 & \text{for } |x| > \ell. \end{cases} \tag{9.7}$$

Für dieses Potential suchen wir eine Näherung zur Grundzustandsenergie, also zum kleinsten Energieeigenwert der Schrödinger-Gleichung

$$\left[-\frac{\hbar^2}{2m}\frac{d^2}{dx^2} + V(x) \right]\Psi(x) = E\Psi(x). \tag{9.8}$$

Diesem Ausdruck entspricht, dass der Operator $\hat{A}$ in Kapitel 9.2 durch den Hamilton Operator,

$$\hat{H} = -\frac{\hbar^2}{2m}\frac{d^2}{dx^2} + V(x), \tag{9.9}$$

ersetzt wird.

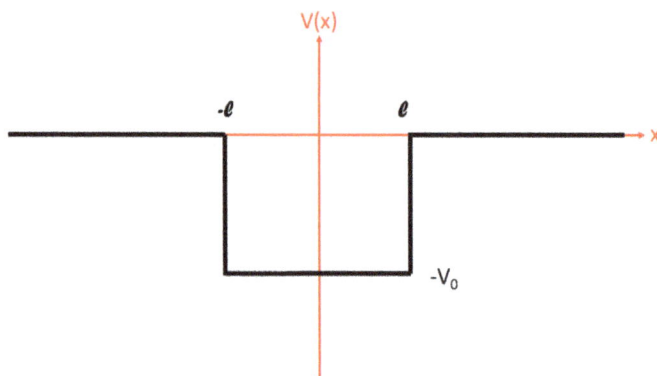

Abb. 9.1: Das Potential der Gl (9.7).

Eine vernünftige genäherte Funktion scheint eine Funktion zu sein, die hauptsächlich im Bereich $-\ell \le x \le \ell$ lokalisiert ist (damit die potentielle Energie klein wird), und die kleine Oszillationen aufweist (damit die kinetische Energie klein wird). Dies könnte für

$$\phi_1 = \exp(-\alpha x^2) \tag{9.10}$$

der Fall sein. Hier ist α ein Parameter, der die Breite der Funktion beschreibt: Je größer α wird, desto schmaler wird die Funktion und desto größer wird die kinetische Energie, während die potentielle Energie kleiner wird. Dies deutet an, dass es wahrscheinlich einen ‚besten' Wert für α gibt.

Um diesen Wert zu finden, betrachten wir die Größe

$$\frac{\langle \phi_1 | \hat{H} | \phi_1 \rangle}{\langle \phi_1 | \phi_1 \rangle} = \frac{\langle \phi_1 | - \frac{\hbar^2}{2m} \frac{d^2}{dx^2} + V(x) | \phi_1 \rangle}{\langle \phi_1 | \phi_1 \rangle}, \tag{9.11}$$

die eine Funktion von α wird,

$$\frac{\langle \phi_1 | \hat{H} | \phi_1 \rangle}{\langle \phi_1 | \phi_1 \rangle} \equiv \tilde{E}_1(\alpha). \tag{9.12}$$

Für jeden Wert von α ist $\tilde{E}_1(\alpha) \geq E_0$ [mit E_0 als kleinster Eigenwert zu Gl. (9.8)]. Deswegen suchen wir den Wert von α, für welchen $\tilde{E}_1(\alpha)$ am kleinsten ist. D. h., wir bestimmen α dadurch, dass wir verlangen, dass

$$\frac{\partial}{\partial \alpha} \tilde{E}_1(\alpha) = 0 \tag{9.13}$$

ist. Hier haben wir die mathematischen Ausdrücke nicht explizit hergeleitet, hoffen aber, dass das allgemeine Verfahren erkennbar ist.

Als Erweiterung hätten wir eine Funktion mit mehreren Parameter benutzen können, z. B.

$$\phi_2 = c_1 \exp(-\alpha_1 x^2) + c_2 \exp(-\alpha_2 x^2) \tag{9.14}$$

und für diese den Erwartungswert

$$\frac{\langle \phi_2 | \hat{H} | \phi_2 \rangle}{\langle \phi_2 | \phi_2 \rangle} \equiv \tilde{E}_2(c_1, \alpha_1, c_2, \alpha_2) \tag{9.15}$$

durch Variation der Parameter c_1, c_2, α_1 und α_2 minimieren können. Wegen des Variationsprinzips wissen wir auch, dass der kleinste Wert von $\tilde{E}_2(c_1, \alpha_1, c_2, \alpha_2)$ kleiner oder gleich dem kleinsten Wert von $\tilde{E}_1(\alpha)$ wird, und dass sie alle größer oder gleich der niedrigsten Energie E_0 sind.

9.4 Variationsverfahren – allgemein

Im allgemeinen Fall suchen wir eine Näherung zum kleinsten Eigenwert und zur zugehörigen Eigenfunktion der Eigenwertgleichung

$$\hat{A} f_0 = a_0 f_0. \tag{9.16}$$

Die Eigenfunktion f_0 hängt von den Koordinaten des Systems $\vec{x}$ ab (also im obigen Beispiel von der Ortskoordinate x). Auf ähnliche Weise wird auch eine genäherte Funktion von $\vec{x}$ abhängen. Aber wir können auch für diese Funktion zusätzliche Parameter, $p_1, p_2, \ldots, p_{N_p}$, einführen [analog zu α, bzw. $(c_1, \alpha_1, c_2, \alpha_2)$ in dem Beispiel oben],

$$\phi = \phi(p_1, p_2, \ldots, p_{N_p}; \vec{x}). \tag{9.17}$$

Damit ist der Erwartungswert $\frac{\langle\phi|\hat{A}|\phi\rangle}{\langle\phi|\phi\rangle}$ auch eine Funktion dieser Parameter,

$$\frac{\langle\phi|\hat{A}|\phi\rangle}{\langle\phi|\phi\rangle} \equiv \tilde{a}(p_1, p_2, \ldots, p_{N_p}), \tag{9.18}$$

und wir können die Werte der Parameter dadurch bestimmen, dass wir verlangen, dass $\tilde{a}(p_1, p_2, \ldots, p_{N_p})$ ein Minimum aufweist,

$$\frac{\partial\tilde{a}(p_1, p_2, \ldots, p_{N_p})}{\partial p_1} = \frac{\partial\tilde{a}(p_1, p_2, \ldots, p_{N_p})}{\partial p_2} = \cdots = \frac{\partial\tilde{a}(p_1, p_2, \ldots, p_{N_p})}{\partial p_{N_p}} = 0. \tag{9.19}$$

Durch die Verwendung von mehr und mehr Parametern ist es oft möglich eine sehr genaue Näherung zu a_0 (und dadurch hoffentlich auch zu f_0) zu erhalten. Leider sind aber die Gleichungen (9.19) oft so komplex, dass man sie kaum lösen kann. Eine (sehr wichtige) Ausnahme gibt es aber und sie wird im nächsten Kapitel behandelt.

9.5 Rayleigh-Ritz-Variationsverfahren – allgemein

Wie oben erwähnt, wird das Problem, die N_p Gleichungen (9.19) zu lösen, sehr schnell unüberwindbar. Es gibt aber eine Ausnahme für welche die Gleichungen, obwohl leicht modifiziert, gelöst werden können.

Unser Ziel ist es, den Erwartungswert

$$\frac{\langle\phi|\hat{A}|\phi\rangle}{\langle\phi|\phi\rangle} \tag{9.20}$$

zu minimieren. Wir werden jetzt ϕ als eine Linearkombination aus vorgewählten Funktionen schreiben,

$$\phi(\vec{x}) = \sum_{i=1}^{N_b} c_i \chi_i(\vec{x}). \tag{9.21}$$

Die Funktionen $\{\chi_i\}$ sind sog. Basisfunktionen, deren Form ‚irgendwie' gewählt wird. Wir bezeichnen deren Anzahl mit N_b und nur die Koeffizienten $\{c_i\}$ werden variiert, während die Basisfunktionen unverändert bleiben.

Gl. (9.19) wird dann

$$\frac{\partial}{\partial c_k} \frac{\langle \phi | \hat{A} | \phi \rangle}{\langle \phi | \phi \rangle} = 0 \qquad (9.22)$$

für alle $k = 1, 2, \ldots, N_b$, oder, dadurch dass wir die komplex konjugierte Gleichung betrachten,

$$\frac{\partial}{\partial c_k^*} \frac{\langle \phi | \hat{A} | \phi \rangle}{\langle \phi | \phi \rangle} = 0. \qquad (9.23)$$

Wir werden diese Bedingungen jetzt geringfügig umformulieren, wobei am Ende eine Gleichung entsteht, die (mathematisch und/oder numerisch) relativ leicht gelöst werden kann. Um dies zu erreichen, erkennen wir, dass Gl. (9.23) auch so formuliert werden kann, dass

$$\frac{\partial}{\partial c_k^*} \langle \phi | \hat{A} | \phi \rangle = 0, \quad k = 1, \ldots, N_b, \qquad (9.24)$$

wenn gleichzeitig verlangt wird, dass die Funktion ϕ normiert ist,

$$\langle \phi | \phi \rangle = 1. \qquad (9.25)$$

Verglichen mit Gl (9.23) haben wir den Nenner im Bruch auf der linken Seite in Gl. (9.23) durch eine Nebenbedingung, Gl. (9.25), ersetzt.

Gl. (9.25) stellt eine Nebenbedingung dar, unter welcher die Größe $\langle \phi | \hat{A} | \phi \rangle$ minimiert werden soll. Um solche Nebenbedingungen zu berücksichtigen, gibt es eine mathematische Methode, die auf den sog. Lagrange Multiplikatoren beruht (nach Joseph-Louis Lagrange). Diese sind zusätzliche Parameter, deren Zahlenwerte zuerst unbekannt sind, aber durch die Gleichungen letztendlich bestimmt werden können.

Für unsere Fragestellung, bei welcher wir nur eine Nebenbedingung haben, bedeutet dies, dass wir, statt der Größe in Gl. (9.24) eine neue Größe

$$K = \langle \phi | \hat{A} | \phi \rangle - \lambda [\langle \phi | \phi \rangle - 1] \qquad (9.26)$$

betrachten. Der Parameter λ ist der Lagrange-Multiplikator. Mit diesem wird die Größe in den eckigen Klammern multipliziert, die laut unserer Nebenbedingung gleich null sein soll. Hätten wir mehrere Nebenbedingungen berücksichtigt, hätten wir für jede einen Lagrange-Multiplikator einführen müssen. Wir werden später solche Fälle behandeln.

Die Gl. (9.24) und (9.25) werden jetzt als

$$\frac{\partial K}{\partial c_k^*} = \frac{\partial K}{\partial \lambda} = 0 \qquad (9.27)$$

geschrieben. Weil λ nur an einer Stelle in K auftritt, ist sehr leicht zu erkennen, dass die zweite Gleichung in Gl. (9.27) die Nebenbedingung, Gl. (9.25), ist. Aber die erste Gleichung in Gl. (9.27) ist nicht identisch mit Gl. (9.24), weil auch der Lagrange-Multiplikator λ vorkommt, wie wir nachher sehen werden.

Der Lagrange-Multiplikator stellt zunächst nur einen mathematischen Trick dar, um die Nebenbedingung berücksichtigen zu können. Ob man diesem auch eine chemische/physikalische Bedeutung zuordnen kann, bleibt zunächst offen. Oft ist es möglich, dies zu tun (auch in unserem Fall, wie wir sehen werden), aber es ist nicht unbedingt immer so.

Wie gesagt, setzen wir K aus Gl. (9.26) in der zweiten Gleichung in Gl. (9.27) ein, erhalten wir sofort die Nebenbedingung aus Gl. (9.25),

$$\langle \phi | \phi \rangle - 1 = 0. \tag{9.28}$$

Aus der ersten Gleichung in Gl. (9.27) erhalten wir mithilfe von Gl. (9.21),

$$\frac{\partial}{\partial c_k^*} \left[\left\langle \sum_i c_i \chi_i \middle| \hat{A} \middle| \sum_j c_j \chi_j \right\rangle - \lambda \left(\left\langle \sum_i c_i \chi_i \middle| \sum_j c_j \chi_j \right\rangle - 1 \right) \right]$$

$$= \frac{\partial}{\partial c_k^*} \left(\left\langle \sum_i c_i \chi_i \middle| \hat{A} \middle| \sum_j c_j \chi_j \right\rangle - \lambda \left\langle \sum_i c_i \chi_i \middle| \sum_j c_j \chi_j \right\rangle \right)$$

$$= \frac{\partial}{\partial c_k^*} \sum_{i,j} c_i^* c_j [\langle \chi_i | \hat{A} | \chi_j \rangle - \lambda \langle \chi_i | \chi_j \rangle]$$

$$= \sum_j c_j [\langle \chi_k | \hat{A} | \chi_j \rangle - \lambda \langle \chi_k | \chi_j \rangle] \equiv 0. \tag{9.29}$$

Wir haben hier so viele Gleichungen, wie wir Basisfunktionen haben,

$$k = 1, 2, \ldots, N_b. \tag{9.30}$$

Die unbekannten Größen, die wir suchen, sind vor allem die Entwicklungskoeffizienten $\{c_k\}$, die wir aus den linearen Gleichungen [Gl. (9.29)]

$$\sum_j [\langle \chi_k | \hat{A} | \chi_j \rangle - \lambda \langle \chi_k | \chi_j \rangle] c_j = 0 \tag{9.31}$$

bestimmen sollen. Aber auch der Lagrange-Multiplikator λ ist unbekannt. Wäre er bekannt, wären die N_b Gleichungen in Gl. (9.31) N_b lineare Gleichungen mit N_b Unbekannten. Weil die rechte Seite für alle Gleichungen gleich null ist, ist es sehr einfach, diese Gleichungen zu lösen:

$$c_k = 0, \quad k = 1, 2, \ldots, N_b \tag{9.32}$$

wäre dann die Lösung. Diese Lösung ist aber nicht besonders sinnvoll, weil die zugehörige Wellenfunktion in Gl. (9.21) dann identisch null wird. Diese Wellenfunktion ist dann auch nicht normierbar, also kann die Nebenbedingung in Gl. (9.25) nicht erfüllt werden.

Deswegen stellt sich die Frage, ob es doch Umstände geben könnte, unter welchen die Gleichungen in Gl. (9.31) andere Lösungen besitzen. Wir erkennen, dass λ noch nicht bestimmt ist, sodass die Fragestellung lautet, inwieweit es Werte von λ gibt, bei welchen die Gleichungen in Gl. (9.31) andere Lösungen als diejenige aus Gl. (9.32) besitzen.

Im allgemeinen Fall wissen wir, dass die Lösungen zu P linearen Gleichungen

$$\sum_j a_{kj} x_j = b_k, \quad k = 1, 2, \ldots, P \tag{9.33}$$

(hier sind die a_{kj} und b_k bekannte Zahlen, während x_j die Unbekannten sind) mithilfe von Determinanten geschrieben werden können,

$$x_j = \frac{D_j}{D}. \tag{9.34}$$

Hier ist D die Determinante der $P \times P$ Matrix mit den Koeffizienten a_{kj}, während D_j die Determinante der Matrix ist, die wir erhalten, wenn wir in der Matrix von D die $j$te Spalte durch die Zahlen b_k ersetzen.

Dadurch ist leicht zu erkennen, dass in unserem Fall, Gl. (9.31), die Lösungen normalerweise nicht mehr vorhanden sind, weil eben die Zahlen auf der rechten Seite alle gleich null sind: Alle D_j werden gleich null. Eine Ausnahme wäre möglich, wenn in Gl. (9.34), $D = 0$ ist. Für unseren Fall, Gl. (9.31), bedeutet dies, dass wir λ so bestimmen wollen, dass

$$\det(\underline{\underline{A}} - \lambda \cdot \underline{\underline{O}}) = 0. \tag{9.35}$$

Wir haben hier zwei Matrizen eingeführt,

$$\underline{\underline{A}}_{kj} = \langle \chi_k | \hat{A} | \chi_j \rangle \tag{9.36}$$

und

$$\underline{\underline{O}}_{kj} = \langle \chi_k | \chi_j \rangle. \tag{9.37}$$

Gl. (9.35) ist die sog. Säkulargleichung. Diese Gleichung ist eine der wichtigsten innerhalb dieses Buches.

Die Säkulargleichung ist die Gleichung, mit welcher λ bestimmt werden kann. Wir werden wiederholt diese Gleichung behandeln. Man erkennt, dass die linke Seite der Gleichung als Polynom von λ geschrieben werden kann. Das Polynom hat die Ordnung N_b, sodass die Gleichung insgesamt N_b Lösungen hat. Deshalb stellt sich eine weitere Frage: Welcher Wert ist in unserem Fall der beste?

Aber vorher ist zu erwähnen, dass Gl. (9.31) auch als sog. generalisierte Eigenwertgleichung geschrieben werden kann,

$$\sum_j \langle \chi_k | \hat{A} | \chi_j \rangle c_j = \lambda \sum_j \langle \chi_k | \chi_j \rangle c_j, \tag{9.38}$$

oder in Matrixform

$$\underline{\underline{A}} \cdot \underline{c} = \lambda \cdot \underline{\underline{O}} \cdot \underline{c} \tag{9.39}$$

Hier ist $\underline{c}$ ein Vektor mit den gesuchten Koeffizienten $\{c_j\}$. Im Falle, dass die Matrix $\underline{\underline{O}}$ gleich der Einheitsmatrix ist, ist Gl. (9.38) eine ‚normale' Eigenwertgleichung, aber für andere Matrizen wird sie generalisierte Eigenwertgleichung genannt. Das Lösen der ‚normalen' Eigenwertgleichung wird Diagonalisierung der Matrix $\underline{\underline{A}}$ genannt. Was genau das bedeutet, wird kurz in Kapitel 18.3 diskutiert.

Für Anwendungen ist es sehr wichtig zu erkennen, dass die generalisierte Eigenwertgleichung (9.38) mithilfe von Standard-Computerprogrammen gelöst werden kann. Dadurch erhält man alle N_b Eigenwerte λ und die zugehörigen Koeffizienten $\{c_j\}$, also N_b verschiedene Lösungen zur Gl. (9.29). Welche davon die für uns Relevante ist, soll jetzt beantwortet werden.

Zunächst erinnern wir daran, dass die Größe, die wir minimieren wollen, so aussieht:

$$\frac{\langle \phi | \hat{A} | \phi \rangle}{\langle \phi | \phi \rangle} = \frac{\sum_{i,j} c_i^* \langle \chi_i | \hat{A} | \chi_j \rangle c_j}{\sum_{i,j} c_i^* \langle \chi_i | \chi_j \rangle c_j}. \tag{9.40}$$

Wir werden jetzt zeigen, dass diese Größe identisch mit λ ist. Zu diesem Zweck multiplizieren wir Gl. (9.38) mit c_k^* und summieren über alle k. Das ergibt

$$\sum_{j,k} c_k^* \langle \chi_k | \hat{A} | \chi_j \rangle c_j = \lambda \sum_{j,k} c_k^* \langle \chi_k | \chi_j \rangle c_j, \tag{9.41}$$

oder

$$\lambda = \frac{\sum_{j,k} c_k^* \langle \chi_k | \hat{A} | \chi_j \rangle c_j}{\sum_{j,k} c_k^* \langle \chi_k | \chi_j \rangle c_j}. \tag{9.42}$$

Dies ist genau der Ausdruck in Gl. (9.40). Das bedeutet, dass wir aus den N_b verschiedenen λ-Werten, die die Säkulargleichung als Lösungen hat, einfach den kleinsten Wert von λ auswählen. Dieser Wert ist der kleinste Erwartungswert und aus dem zugehörigen Eigenvektor erhalten wir die (genäherte) Wellenfunktion.

9.6 Rayleigh-Ritz-Variationsverfahren – ein Beispiel

Das Rayleigh-Ritz-Verfahren kann durch das Beispiel aus Kapitel 9.4 illustriert werden. Wir betrachten dazu die Testfunktion aus Gleichung (9.14),

$$\phi = c_1 \exp(-a_1 x^2) + c_2 \exp(-a_2 x^2), \tag{9.43}$$

werden aber die zwei nicht-linearen Parameter a_1 und a_2 konstant halten an vorher gewählten Werten (wie diese ,vernünftig' gewählt werden können, ist nicht einfach und oft eine Frage der Erfahrung). a_1 und a_2 werden als nicht-lineare Parameter bezeichnet, weil sie im Ausdruck der rechten Seite in Gl. (9.43) nicht linear eingehen. Im Gegensatz zum Beispiel in Kapitel 9.4 haben wir in diesem Fall also nur zwei Parameter, c_1 und c_2, zu bestimmen.

Wir führen ein

$$\chi_1(x) = \exp(-a_1 x^2)$$
$$\chi_2(x) = \exp(-a_2 x^2) \tag{9.44}$$

und anschließend

$$O_{11} = \langle \chi_1 | \chi_1 \rangle$$
$$O_{12} = \langle \chi_1 | \chi_2 \rangle$$
$$O_{21} = \langle \chi_2 | \chi_1 \rangle$$
$$O_{22} = \langle \chi_2 | \chi_2 \rangle$$
$$H_{11} = \langle \chi_1 | \hat{H} | \chi_1 \rangle$$
$$H_{12} = \langle \chi_1 | \hat{H} | \chi_2 \rangle$$
$$H_{21} = \langle \chi_2 | \hat{H} | \chi_1 \rangle$$
$$H_{22} = \langle \chi_2 | \hat{H} | \chi_2 \rangle \tag{9.45}$$

sodass K aus Gl. (9.26) als

$$K = c_1^* c_1 H_{11} + c_1^* c_2 H_{12} + c_2^* c_1 H_{21} + c_2^* c_2 H_{22}$$
$$- \lambda [c_1^* c_1 O_{11} + c_1^* c_2 O_{12} + c_2^* c_1 O_{21} + c_2^* c_2 O_{22} - 1] \tag{9.46}$$

geschrieben werden kann.

Gl. (9.31) besteht in diesem Fall aus zwei Gleichungen,

$$[H_{11} - \lambda O_{11}]c_1 + [H_{12} - \lambda O_{12}]c_2 = 0$$
$$[H_{21} - \lambda O_{21}]c_1 + [H_{22} - \lambda O_{22}]c_2 = 0. \tag{9.47}$$

Diese Gleichungen haben immer die triviale Lösung $c_1 = c_2 = 0$, was aber dazu führen würde, dass die Wellenfunktion in Gl. (9.43) identisch null wird. Also untersuchen wir, ob es Fälle geben kann, wo es auch andere Lösungen gibt. Wir erkennen, dass der Wert des Parameters λ noch nicht festgelegt ist, und dass wir den Wert jetzt dadurch festlegen können, dass die beiden Gleichungen in Gl. (9.47) linear abhängig voneinander sind. Also, dass die eine Gleichung proportional zu der anderen Gleichung ist. Das ist der Fall, wenn

$$[H_{11} - \lambda O_{11}] \cdot [H_{22} - \lambda O_{22}] - [H_{12} - \lambda O_{12}] \cdot [H_{21} - \lambda O_{21}] = 0 \tag{9.48}$$

gilt, also dass Gl. (9.35) erfüllt ist.

In Gl. (9.48) sind alle Größen bis auf λ bekannt, sodass wir aus dieser Gleichung λ bestimmen können. Tatsächlich führt dies zu einer Gleichung zweiter Ordnung in λ,

$$(O_{11}O_{22} - O_{12}O_{21})\lambda^2 - (H_{11}O_{22} - H_{12}O_{21} + O_{11}H_{22} - O_{12}H_{21})\lambda$$
$$+ (H_{11}H_{22} - H_{12}H_{21}) = 0, \tag{9.49}$$

die zwei Lösungen hat. Wegen Gl. (9.42) wählen wir aus diesen beiden dann den kleineren Wert.

Anschließend können wir diesen Wert von λ in eine der beiden Gleichungen (9.47) einsetzen (weil die beiden Gleichungen in diesem Falle proportional zu einander sind, brauchen wir nur eine Gleichung zu betrachten) und daraus eine Beziehung zwischen den beiden Konstanten c_1 und c_2,

$$c_2 = -\frac{H_{11} - \lambda O_{11}}{H_{12} - \lambda O_{12}} c_1, \tag{9.50}$$

erhalten.

Letztendlich können wir dann c_1 dadurch bestimmen, dass die Wellenfunktion normiert sein soll,

$$1 = c_1^* c_1 O_{11} + c_1^* c_2 O_{12} + c_2^* c_1 O_{21} + c_2^* c_2 O_{22}. \tag{9.51}$$

Wir setzen c_2 aus Gl. (9.50) in diese Gleichung ein, und erhalten dadurch eine Gleichung, wonach c_1 (beinahe) bestimmt werden kann. ‚Beinahe', weil wir immer c_1 mittels eines beliebigen Phasenfaktors ändern können,

$$c_1 \to c_1 e^{i\theta}, \tag{9.52}$$

obwohl dadurch alle berechneten Werte für experimentelle Messgrößen unverändert bleiben. Wegen Gl. (9.50) ändert sich c_2 dann auch um diesen Phasenfaktor.

9.7 Zeitunabhängige Störungstheorie

Wir haben hier das Variationsverfahren im Detail vorgestellt. Damit können genäherte Wellenfunktionen für den Grundzustand irgendeines Systems erstellt und auch systematisch verbessert werden (Letzteres z. B. dadurch, dass mehr und mehr Basisfunktionen in die Rechnungen eingezogen werden). Dieses Verfahren ist Basis für vieles von dem, was wir später vorstellen werden, und deswegen wurde es so detailliert behandelt. Es gibt aber auch andere Verfahren, womit mehr oder weniger genaue Ergebnisse erhalten werden können, und in diesem und im folgenden Kapitel werden wir zwei davon kurz vorstellen. In diesem Fall werden wir auf detaillierte mathematische Herleitungen verzichten.

Die Störungstheorie ist eine wichtige Theorie, um die zusätzlichen Effekte aufgrund kleiner Störungen zu berücksichtigen. Die Störungstheorie wird z. B. verwendet, um die Effekte von Liganden auf die Orbitale eines Metallatoms zu beschreiben, oder um die Effekte eines elektromagnetischen Feldes auf ein Molekül zu untersuchen. Im ersten Fall verwendet man die zeitunabhängige Störungstheorie, weil angenommen wird, dass die Liganden feste Positionen einnehmen, während man im zweiten Fall die zeitabhängige Störungstheorie verwendet, wenn z. B. das externe elektromagnetische Feld mit einer bestimmten Frequenz zeitlich oszilliert. In diesem Kapitel behandeln wir den ersten Fall und im nächsten den zweiten Fall.

Wir nehmen also an, dass der Hamilton-Operator in zwei Teile aufgeteilt werden kann,

$$\hat{H} = \hat{H}_0 + \Delta\hat{H}. \tag{9.53}$$

Wir betrachten eine Wellenfunktion ψ_k, für welche die Effekte von $\Delta\hat{H}$ klein sind,

$$\langle\psi_k|\hat{H}_0|\psi_k\rangle \gg \langle\psi_k|\Delta\hat{H}|\psi_k\rangle. \tag{9.54}$$

Wir nehmen ferner an, dass wir die Lösungen zur Schrödinger-Gleichung in Abwesenheit der Störung kennen,

$$\hat{H}_0\psi_i^{(0)} = E_i^{(0)}\psi_i^{(0)} \tag{9.55}$$

[der Index (0) markiert, dass dies die Lösung für die Schrödinger Gleichung ohne $\Delta\hat{H}$ ist], und dass diese Eigenfunktionen orthonormal sind,

$$\langle\psi_i^{(0)}|\psi_j^{(0)}\rangle = \delta_{i,j}. \tag{9.56}$$

Letztendlich werden wir nur den sog. nicht-entarteten Fall behandeln, was bedeutet, dass wir eine Wellenfunktion $\psi_k^{(0)}$ betrachten, für welche es keine andere Wellenfunktionen mit derselben Energie gibt,

$$\hat{H}_0\psi_k^{(0)} = E_k^{(0)}\psi_k^{(0)} \tag{9.57}$$

mit

$$E_i^{(0)} \neq E_k^{(0)} \quad \text{for } i \neq k. \tag{9.58}$$

Wir nehmen an, dass die Effekte der Störung $\Delta\hat{H}$ auf ψ_k klein sind, sodass wir schreiben können

$$\psi_k = \psi_k^{(0)} + \Delta\psi_k^{(1)} + \Delta\psi_k^{(2)} + \Delta\psi_k^{(3)} + \cdots$$
$$E_k = E_k^{(0)} + \Delta E_k^{(1)} + \Delta E_k^{(2)} + \Delta E_k^{(3)} + \cdots. \tag{9.59}$$

Hier sind $\Delta\psi_k^{(1)}$, $\Delta\psi_k^{(2)}$, $\Delta\psi_k^{(3)}$, ... Glieder, die von $\Delta\hat{H}$ zu ersten, zweiten, dritten, ... Potenz abhängen, was auch für $\Delta E_k^{(1)}$, $\Delta E_k^{(2)}$, $\Delta E_k^{(3)}$, ... gilt. Der Gedanke dahinter ist, dass $\Delta\hat{H}$ klein ist, sodass die Glieder zunehmend kleiner werden, und die Summationen in Gl. (9.59) nach wenigen Gliedern abgebrochen werden können, ohne wesentlich an Genauigkeit zu verlieren.

Nach recht langen, aber nicht komplizierten Rechnungen erhält man folgende Ergebnisse

$$E_k = E_k^{(0)} + \langle \psi_k^{(0)} | \Delta\hat{H} | \psi_k^{(0)} \rangle + \sum_{i \neq k} \frac{|\langle \psi_i^{(0)} | \Delta\hat{H} | \psi_k^{(0)} \rangle|^2}{E_k^{(0)} - E_i^{(0)}} + \cdots \tag{9.60}$$

und

$$\psi_k = \psi_k^{(0)} + \sum_{i \neq k} \frac{\langle \psi_i^{(0)} | \Delta\hat{H} | \psi_k^{(0)} \rangle}{E_k^{(0)} - E_i^{(0)}} \psi_i^{(0)} + \cdots. \tag{9.61}$$

Hier haben wir nur die Korrekturen der Energie zur ersten und zweiten Ordnung und die der Wellenfunktion zur ersten Ordnung in der Störung angegeben.

Zum Schluss betonen wir, dass diese Behandlung nur für den nicht-entarteten Fall gültig ist. Wenn wir eine Wellenfunktion betrachten, die eine aus mehreren ist, welche alle dieselbe Energie in Abwesenheit der Störung haben, muss die Theorie etwas erweitert werden. Dies wird aber hier nicht weiter diskutiert.

9.8 Zeitabhängige Störungstheorie

Wenn die Störung zeitabhängig ist, muss man die zeitabhängige Schrödinger-Gleichung

$$\hat{H}\tilde{\psi}(\vec{x},t) = i\hbar \frac{\partial}{\partial t} \tilde{\psi}(\vec{x},t) \tag{9.62}$$

behandeln, wobei $\vec{x}$ alle Orts- und Spinkoordinaten repräsentiert. Dieser Fall ist z. B. für die Spektroskopie sehr relevant, bei der ein System durch ein oder mehrere oszillierende elektromagnetische Felder gestört wird.

Wir nehmen an, dass $\hat{H}$ einen dominierenden zeitunabhängigen Teil besitzt, während der zeitabhängige Anteil klein ist,

$$\hat{H} = \hat{H}_0 + \Delta\hat{H}(t). \tag{9.63}$$

Ferner nehmen wir an, dass wir die Lösungen zur zeitunabhängigen Schrödinger-Gleichung ohne die Störung kennen,

$$\hat{H}_0 \psi_k^{(0)}(\vec{x}) = E_k^{(0)} \psi_k^{(0)}(\vec{x}). \tag{9.64}$$

Aus Kapitel 2 kennen wir die zugehörigen zeitabhängigen Wellenfunktionen,

$$\tilde{\psi}_k^{(0)}(\vec{x}, t) = \psi_k^{(0)}(\vec{x}) \exp\left(-\frac{iE_k^{(0)}t}{\hbar}\right). \tag{9.65}$$

Im allgemeinen Fall (wenn wir die Störung einschalten) schreiben wir die zeitabhängigen Wellenfunktionen als

$$\tilde{\psi}_k(\vec{x}, t) = \sum_i c_i(t) \tilde{\psi}_i^{(0)}(\vec{x}, t). \tag{9.66}$$

Wir werden jetzt den Sonderfall behandeln, dass sich das System bis zu einem bestimmten Zeitpunkt t_0 im Zustand k befindet,

$$c_j(t) = \delta_{j,k} \quad \text{für } t < t_0. \tag{9.67}$$

Zum Zeitpunkt t_0 wird die Störung eingeschaltet und die Koeffizienten $c_j(t)$ können sich dann ändern. Konkret bedeutet dies, dass sich die Besetzungen der Energieniveaus des ungestörten Systems dann ändern können. Wir schreiben

$$c_i(t) = c_i^{(0)}(t) + c_i^{(1)}(t) + c_i^{(2)}(t) + \cdots, \tag{9.68}$$

wobei $c_i^{(1)}(t)$, $c_i^{(2)}(t)$, ... linear, quadratisch, ... von der Störung $\Delta\hat{H}(t)$ abhängen (dies ist analog zu unserer Vorgehensweise im letzten Kapitel, wo wir die zeitunabhängige Störung behandelt haben).

Nach einigen Rechnungen erhält man

$$c_j^{(1)}(t) = \frac{1}{i\hbar} \int_{t_0}^{t} \langle \psi_j^{(0)} | \Delta\hat{H}(t') | \psi_k^{(0)} \rangle \exp(i\omega_{jk} t') \, dt' \tag{9.69}$$

mit

$$\omega_{ji} = \frac{E_j^{(0)} - E_i^{(0)}}{\hbar}. \tag{9.70}$$

Ein sehr wichtiger Fall ist, dass die Störung mit einer bestimmten Frequenz zeitlich oszilliert,

$$\Delta \hat{H}(t) = \Delta H \cdot (e^{i\omega t} + e^{-i\omega t}). \tag{9.71}$$

ΔH hängt dann nur von den Ortskoordinaten aber nicht von der Zeit ab. Solche Fälle findet man z. B., wenn sich das System in einem elektromagnetischen Feld befindet, was für spektroskopische Untersuchen sehr relevant ist. Der häufigste Fall ist der, bei welchem die Störung sehr (ungefähr unendlich) lange Zeit dauert, wobei die Zeitspanne ‚sehr lange' als relativ zu verstehen ist. Die Dauer der Störung ist hier lange für ein Elektron, also länger als Picosekunden. Im Falle einer Resonanz ist $\hbar\omega$ gleich dem Energieunterschied zwischen zwei Zuständen des ungestörten Systems ohne die zeitabhängige Störung,

$$\hbar\omega = E_f - E_i. \tag{9.72}$$

In diesem Fall gibt es eine endliche Wahrscheinlichkeit, dass das System angeregt wird. Die Anregungsgeschwindigkeit W (also Anzahl der Anregungen pro Zeiteinheit) ist dann gegeben durch

$$W = \frac{2\pi}{\hbar} |\langle \psi_i^{(0)} | \Delta \hat{H} | \psi_f^{(0)} \rangle|^2. \tag{9.73}$$

Dies ist Fermis goldene Regel (nach Enrico Fermi).

Die Annahme, dass das Experiment ‚sehr lange' dauert, wird sehr häufig zutreffen. Da aber weitere Effekte auftreten können, falls diese Annahme nicht erfüllt ist, wurde zunächst die sog. Femtosekundenspektroskopie entwickelt. Einer der führenden Wissenschaftler bei dieser Entwicklung, Ahmed Zewail, erhielt für diese Arbeiten 1999 den Nobelpreis in Chemie. Mithilfe der sog. Attosekundenspektroskopie erhofft man sich ein noch detaillierteres Verständnis über die Bewegung der Elektronen in Molekülen. Hierbei ist die Zeit für eine Messung derart kurz, dass man salopp ausgedrückt, die Bewegungen der Elektronen beobachten kann.

9.9 Aufgaben mit Antworten

1. **Aufgabe:** Betrachten Sie das Wasserstoffatom. Verwenden Sie das Variationsprinzip mit der Probefunktion e^{-kr}, um eine Obergrenze der Grundzustandsenergie des Wasserstoffatoms zu bestimmen.
   Antwort: Wir führen ein:

$$\hat{H} = -\frac{\hbar^2}{2\mu}\nabla^2 - \frac{e^2}{4\pi\epsilon_0 r} \tag{9.74}$$

und

$$\phi(\vec{r}) = e^{-kr}. \tag{9.75}$$

Mithilfe der Formeln in Kapitel 19 finden wir

$$\left[-\frac{\hbar^2}{2\mu}\nabla^2 - \frac{e^2}{4\pi\epsilon_0 r} \right]e^{-kr} = \left[-\frac{\hbar^2}{2\mu}\frac{d^2}{dr^2} - \frac{\hbar^2}{2\mu}\frac{2}{r}\frac{d}{dr} - \frac{e^2}{4\pi\epsilon_0 r} \right]e^{-kr}$$

$$= \left[-\frac{\hbar^2}{2\mu}\left(k^2 - \frac{2k}{r} \right) - \frac{e^2}{4\pi\epsilon_0 r} \right]e^{-kr}. \tag{9.76}$$

Dann ist

$$\langle\phi|\hat{H}|\phi\rangle = \int \left[-\frac{\hbar^2}{2\mu}\left(k^2 - \frac{2k}{r} \right) - \frac{e^2}{4\pi\epsilon_0 r} \right]e^{-2kr}\,d\vec{r}$$

$$= 4\pi \int_0^\infty \left[-\frac{\hbar^2}{2\mu}(k^2 r^2 - 2kr) - \frac{e^2}{4\pi\epsilon_0}r \right]e^{-2kr}\,dr$$

$$= 4\pi \left[-\frac{\hbar^2}{2\mu}\left(k^2\frac{2}{(2k)^3} - 2k\frac{1}{(2k)^2} \right) - \frac{e^2}{4\pi\epsilon_0}\frac{1}{(2k)^2} \right]$$

$$= 4\pi \left[\frac{\hbar^2}{2\mu}\frac{1}{4k} - \frac{e^2}{4\pi\epsilon_0}\frac{1}{(2k)^2} \right]. \tag{9.77}$$

Auf ähnliche Weise erhalten wir

$$\langle\phi|\phi\rangle = \int e^{-2kr}\,d\vec{r} = 4\pi \int_0^\infty e^{-2kr}r^2\,dr = 4\pi\frac{2}{(2k)^3}. \tag{9.78}$$

Daraus wird

$$\frac{\langle\phi|\hat{H}|\phi\rangle}{\langle\phi|\phi\rangle} = 4k^3 \left[\frac{\hbar^2}{2\mu}\frac{1}{4k} - \frac{e^2}{4\pi\epsilon_0}\frac{1}{(2k)^2} \right] = \frac{\hbar^2}{2\mu}k^2 - \frac{e^2}{4\pi\epsilon_0}k \equiv \tilde{E}(k). \tag{9.79}$$

Wir suchen das Minimum von $\tilde{E}(k)$:

$$\frac{d}{dk}\tilde{E}(k) = \frac{\hbar^2}{\mu}k - \frac{e^2}{4\pi\epsilon_0} \equiv 0 \tag{9.80}$$

woraus

$$k = \frac{e^2\mu}{4\pi\epsilon_0\hbar^2}. \tag{9.81}$$

Wenn wir für die reduzierte Masse μ stattdessen die Elektronenmasse m_e einsetzen, ist dieser Wert für k tatsächlich der Kehrwert des Bohr-Radius [Gl. (8.40)], wie es sein soll.

Für den Wert aus Gl. (9.81) ist

$$\tilde{E} = -\frac{\mu e^4}{32\hbar^2\pi^2\epsilon_0^2}. \tag{9.82}$$

Dieser Wert entspricht dem Ausdruck in Gl. (8.39) für $n = 1$.

2. **Aufgabe:** Betrachten Sie das Wasserstoffatom. Verwenden Sie das Variationsprinzip mit der Probefunktion e^{-ar^2}, um eine Obergrenze der Grundzustandsenergie des Wasserstoffatoms zu bestimmen.

Antwort: Wir führen ein:

$$\hat{H} = -\frac{\hbar^2}{2\mu}\nabla^2 - \frac{e^2}{4\pi\epsilon_0 r} \tag{9.83}$$

und

$$\phi(\vec{r}) = e^{-ar^2}. \tag{9.84}$$

Mithilfe der Formeln in Kapitel 19 haben wir dann

$$\begin{aligned}\left[-\frac{\hbar^2}{2\mu}\nabla^2 - \frac{e^2}{4\pi\epsilon_0 r}\right]e^{-ar^2} &= \left[-\frac{\hbar^2}{2\mu}\frac{d^2}{dr^2} - \frac{\hbar^2}{2\mu}\frac{2}{r}\frac{d}{dr} - \frac{e^2}{4\pi\epsilon_0 r}\right]e^{-ar^2} \\ &= \left[-\frac{\hbar^2}{2\mu}(-2a + 4a^2r^2 - 4a) - \frac{e^2}{4\pi\epsilon_0 r}\right]e^{-ar^2} \\ &= \left[-\frac{\hbar^2}{2\mu}(-6a + 4a^2r^2) - \frac{e^2}{4\pi\epsilon_0 r}\right]e^{-ar^2}.\end{aligned} \tag{9.85}$$

Dann ist

$$\begin{aligned}\langle\phi|\hat{H}|\phi\rangle &= \int\left[-\frac{\hbar^2}{2\mu}(-6a + 4a^2r^2) - \frac{e^2}{4\pi\epsilon_0 r}\right]e^{-2ar^2}\, d\vec{r} \\ &= 4\pi\int_0^\infty\left[-\frac{\hbar^2}{2\mu}(-6ar^2 + 4a^2r^4) - \frac{e^2 r}{4\pi\epsilon_0}\right]e^{-2ar^2}\, dr \\ &= 4\pi\frac{\hbar^2}{2\mu}\left(6a\frac{1}{8a}\sqrt{\frac{\pi}{2a}} - 4a^2\frac{3}{8(2a)^2}\sqrt{\frac{\pi}{2a}}\right) - 4\pi\frac{e^2}{4\pi\epsilon_0}\frac{1}{4a} \\ &= 4\pi\left[\frac{\hbar^2}{2\mu}\frac{3}{8}\sqrt{\frac{\pi}{2a}} - \frac{e^2}{4\pi\epsilon_0}\frac{1}{4a}\right].\end{aligned} \tag{9.86}$$

Auf ähnliche Weise erhalten wir

$$\langle\phi|\phi\rangle = \int e^{-2ar^2}\, d\vec{r} = 4\pi\int_0^\infty e^{-2ar^2}r^2 dr = 4\pi\frac{1}{8a}\sqrt{\frac{\pi}{2a}}. \tag{9.87}$$

Daraus wird

$$\frac{\langle\phi|\hat{H}|\phi\rangle}{\langle\phi|\phi\rangle} = \frac{3\hbar^2\alpha}{2\mu} - \frac{2e^2}{4\pi\epsilon_0}\sqrt{\frac{2\alpha}{\pi}} \equiv \tilde{E}(\alpha). \tag{9.88}$$

Wir suchen das Minimum von $\tilde{E}(\alpha)$:

$$\frac{d}{d\alpha}\tilde{E}(\alpha) = \frac{3\hbar^2}{2\mu} - \frac{e^2}{4\pi\epsilon_0}\sqrt{\frac{2}{\pi\alpha}} \equiv 0 \tag{9.89}$$

woraus

$$\alpha = \frac{\mu^2 e^4}{18\pi^3\hbar^4\epsilon_0^2}. \tag{9.90}$$

Für diesen Wert ist

$$\tilde{E} = -\frac{\mu e^4}{12\hbar^2\pi^3\epsilon_0^2}. \tag{9.91}$$

Interessant ist, diesen Wert mit dem exakten Wert für das Wasserstoffatom zu vergleichen, den wir auch in Gl. (9.82) gefunden haben. Das Verhältnis der beiden ist

$$\frac{\mu e^4}{12\hbar^2\pi^3\epsilon_0^2} \Big/ \frac{\mu e^4}{32\hbar^2\pi^2\epsilon_0^2} = \frac{8}{3\pi} \simeq 0.8488, \tag{9.92}$$

also mit dieser genäherten Funktion erhalten wir eine Energie welche knapp 85 % des exakten Energiewertes entspricht.

Für die Funktion in Aufgabe 1 haben wir erhalten, dass das Argument der Exponentialfunktion $-r/a_0$ sein soll, damit die Energie so klein wie möglich wird. Genauso wäre es möglich, dass in dieser Aufgabe das Argument der Exponentialfunktion gleich $-(r/a_0)^2$ ist. Das würde bedeuten, dass $\alpha^{-1/2} \cdot k = 1$ mit k aus Gl. (9.81). Tatsächlich findet man aber

$$\alpha^{-1/2} \cdot k = \sqrt{\frac{9\pi}{8}} \simeq 1.88. \tag{9.93}$$

3. **Aufgabe:** Verwenden Sie das Variationsverfahren, um eine Obergrenze der Grundzustandsenergie für ein Teilchen (Masse m) in einem eindimensionalen Potential, $V(x) = k|x|$, zu bestimmen. Als Probefunktion verwenden Sie $\phi(x) = e^{-\alpha x^2}$.
Antwort: Wir haben

$$\frac{d^2}{dx^2}\phi(x) = \frac{d^2}{dx^2}e^{-\alpha x^2} = (4\alpha^2 x^2 - 2\alpha)e^{-\alpha x^2}. \tag{9.94}$$

Dann wird

$$\langle\phi| - \frac{\hbar^2}{2m}\frac{d^2}{dx^2}|\phi\rangle = -\frac{\hbar^2}{2m}\int\limits_{-\infty}^{\infty}(4\alpha^2 x^2 - 2\alpha)e^{-2\alpha x^2}\,dx$$

$$= -\frac{\hbar^2}{2m} 2 \int_0^\infty (4a^2 x^2 - 2a) e^{-2ax^2}\, dx = -\frac{\hbar^2}{2m}\left(4a^2 \frac{1}{4a}\sqrt{\frac{\pi}{2a}} - 2a\sqrt{\frac{\pi}{2a}}\right)$$

$$= \frac{\hbar^2}{2m} a \sqrt{\frac{\pi}{2a}} \tag{9.95}$$

durch Verwendung der Integrale in Kapitel 19.
Auf ähnliche Weise erhalten wir

$$\langle\phi|V(x)|\phi\rangle = \int_{-\infty}^0 (-kx) e^{-2ax^2}\, dx + \int_0^\infty kx e^{-2ax^2}\, dx$$

$$= 2\int_0^\infty kx e^{-2ax^2}\, dx = 2k\frac{1}{4a} = \frac{k}{2a}. \tag{9.96}$$

Letztendlich brauchen wir

$$\langle\phi|\phi\rangle = \int_{-\infty}^\infty e^{-2ax^2}\, dx = \sqrt{\frac{\pi}{2a}}. \tag{9.97}$$

Dann ist

$$\frac{\langle\phi|\hat{H}|\phi\rangle}{\langle\phi|\phi\rangle} = \frac{\frac{\hbar^2}{2m}a\sqrt{\frac{\pi}{2a}} + \frac{k}{2a}}{\sqrt{\frac{\pi}{2a}}}$$

$$= \frac{\hbar^2}{2m}a + \frac{k}{2a}\sqrt{\frac{2a}{\pi}} = \frac{\hbar^2}{2m}a + \frac{k}{\sqrt{2\pi}}a^{-1/2} \equiv \tilde{E}(a). \tag{9.98}$$

Wir suchen das Minimum von $\tilde{E}(a)$:

$$0 \equiv \frac{d}{da}\tilde{E}(a) = \frac{\hbar^2}{2m} - \frac{k}{2\sqrt{2\pi}}a^{-3/2} \tag{9.99}$$

woraus

$$a = \left(\frac{km}{\hbar^2\sqrt{2\pi}}\right)^{2/3} \equiv a_0. \tag{9.100}$$

Für diesen Wert ist

$$\tilde{E}(a_0) = \frac{\hbar^2}{2m}\left(\frac{km}{\hbar^2\sqrt{2\pi}}\right)^{2/3} + \frac{k}{\sqrt{2\pi}}\left(\frac{\hbar^2\sqrt{2\pi}}{km}\right)^{1/3}$$

$$= \frac{\hbar^2 k^{2/3} m^{2/3}}{2m\hbar^{4/3}(\sqrt{2\pi})^{2/3}} + \frac{k\hbar^{2/3}(\sqrt{2\pi})^{1/3}}{\sqrt{2\pi}k^{1/3}m^{1/3}} = \frac{3}{2}\left(\frac{\hbar^2 k^2}{2m\pi}\right)^{1/3}. \tag{9.101}$$

Dieser Wert ist die gesuchte Obergrenze.

4. **Aufgabe:** Verwenden Sie das Variationsverfahren, um eine Obergrenze der Grund-zustandsenergie für ein Teilchen (Masse m) in einem eindimensionalen Potential, $V(x) = k|x|$, zu bestimmen. Als Probefunktion verwenden Sie $\phi(x) = c_1 e^{-ax^2} + c_2 e^{-2ax^2}$, für welche a als gegebene Konstante betrachtet werden soll.
Antwort: Wir bezeichnen die beiden Basisfunktionen mit

$$\chi_1(x) = e^{-ax^2}$$
$$\chi_2(x) = e^{-2ax^2} \tag{9.102}$$

oder allgemein

$$\chi_p(x) = e^{-apx^2}. \tag{9.103}$$

Für die Säkulargleichung

$$\begin{pmatrix} \langle\chi_1|\hat{H}|\chi_1\rangle & \langle\chi_1|\hat{H}|\chi_2\rangle \\ \langle\chi_2|\hat{H}|\chi_1\rangle & \langle\chi_2|\hat{H}|\chi_2\rangle \end{pmatrix} \begin{pmatrix} c_1 \\ c_2 \end{pmatrix} = \epsilon \begin{pmatrix} \langle\chi_1|\chi_1\rangle & \langle\chi_1|\chi_2\rangle \\ \langle\chi_2|\chi_1\rangle & \langle\chi_2|\chi_2\rangle \end{pmatrix} \begin{pmatrix} c_1 \\ c_2 \end{pmatrix} \tag{9.104}$$

brauchen wir Überlapp-Matrixelemente

$$S_{pq} = \langle\chi_p|\chi_q\rangle = \int_{-\infty}^{\infty} e^{-pax^2} e^{-qax^2}\, dx = \int_{-\infty}^{\infty} e^{-(p+q)ax^2}\, dx = \sqrt{\frac{\pi}{a(p+q)}} \tag{9.105}$$

sowie Hamilton-Matrixelemente

$$\begin{aligned} H_{pq} &= \langle\chi_p|\hat{H}|\chi_q\rangle \\ &= \langle\chi_p| -\frac{\hbar^2}{2m}\frac{d^2}{dx^2} + k|x| |\chi_q\rangle \\ &= \int_{-\infty}^{\infty} e^{-pax^2}\left[-\frac{\hbar^2}{2m}\frac{d^2}{dx^2} + k|x| \right] e^{-qax^2}\, dx \\ &= \int_{-\infty}^{\infty} e^{-pax^2}\left[-\frac{\hbar^2}{2m}(4a^2q^2x^2 - 2qa) + k|x| \right] e^{-qax^2}\, dx \\ &= 2\int_{0}^{\infty}\left[-\frac{\hbar^2}{2m}(4a^2q^2x^2 - 2qa) + kx \right] e^{-(p+q)ax^2}\, dx \\ &= 2\left[-\frac{\hbar^2}{2m}\left(4a^2q^2 \frac{1}{4a(p+q)}\sqrt{\frac{\pi}{a(p+q)}} - 2aq\frac{1}{2}\sqrt{\frac{\pi}{a(p+q)}} \right) + k\frac{1}{2a(p+q)} \right] \\ &= \frac{\hbar^2}{m}\frac{apq}{p+q}\sqrt{\frac{\pi}{a(p+q)}} + k\frac{1}{a(p+q)}. \end{aligned} \tag{9.106}$$

Die Säkulargleichung (9.104) hat nicht-triviale Lösungen [Lösungen für $(c_1, c_2) \neq (0, 0)$], wenn

$$0 = \begin{vmatrix} H_{11} - \epsilon S_{11} & H_{12} - \epsilon S_{12} \\ H_{21} - \epsilon S_{21} & H_{22} - \epsilon S_{22} \end{vmatrix}$$

$$= (S_{11}S_{22} - S_{12}S_{21})\epsilon^2 + (H_{11}S_{22} + H_{22}S_{11} - H_{12}S_{21} - H_{21}S_{12})\epsilon$$

$$+ (H_{11}H_{22} - H_{12}H_{21})$$

$$\equiv A\epsilon^2 + B\epsilon + C \qquad (9.107)$$

mit

$$A = S_{11}S_{22} - S_{12}S_{21} = \sqrt{\frac{\pi^2}{2a \cdot 4a}} - \sqrt{\frac{\pi^2}{3a \cdot 3a}} = \frac{\pi}{a}\left(\frac{1}{\sqrt{8}} - \frac{1}{\sqrt{9}}\right)$$

$$B = H_{11}S_{22} + H_{22}S_{11} - H_{12}S_{21} - H_{21}S_{12}$$

$$= \left(\frac{\hbar^2}{m}\frac{a}{2}\sqrt{\frac{\pi}{2a}} + \frac{k}{2a}\right)\sqrt{\frac{\pi}{2a}} - 2\left(\frac{\hbar^2}{m}\frac{2a}{3}\sqrt{\frac{\pi}{3a}} + \frac{k}{3a}\right)\sqrt{\frac{\pi}{3a}}$$

$$+ \left(\frac{\hbar^2}{m}a\sqrt{\frac{\pi}{4a}} + \frac{k}{4a}\right)\sqrt{\frac{\pi}{4a}}$$

$$C = H_{11}H_{22} - H_{12}H_{21}$$

$$= \left(\frac{\hbar^2}{m}\frac{a}{2}\sqrt{\frac{\pi}{2a}} + \frac{k}{2a}\right)\left(\frac{\hbar^2}{m}a\sqrt{\frac{\pi}{4a}} + \frac{k}{4a}\right) - \left(\frac{\hbar^2}{m}\frac{2a}{3}\sqrt{\frac{\pi}{3a}} + \frac{k}{3a}\right)^2. \qquad (9.108)$$

Die Lösungen zu Gleichung (9.107) sind

$$\epsilon = \frac{-B \pm \sqrt{B^2 - 4AC}}{A}, \qquad (9.109)$$

wobei das ‚-‘ gewählt werden soll, um die kleinere Energie, und damit die Obergrenze der exakten Energie, zu erhalten. Es ist möglich, die Werte von A, B und C aus Gl. (9.108) einzusetzen, was wir hier aber nicht getan haben.

5. **Aufgabe:** Verwenden Sie die zeitunabhängige Störungstheorie zur ersten Ordnung, um die Änderung der Grundzustandsenergie eines Teilchens zu berechnen, das sich in einem eindimensionalen Kasten, $0 \leq x \leq L$, befindet, und das eine Störung $\Delta V(x)$ erlebt. $\Delta V(x) = V_0 - 4V_0\left(\frac{2x}{L} - 1\right)^2$ für $\frac{L}{4} \leq x \leq \frac{3L}{4}$ und ansonsten 0 (siehe Abb. 9.2).
Antwort: Die Eigenfunktionen zum ungestörten System sind

$$\psi_n(x) = \sqrt{\frac{2}{L}}\sin\left(\frac{n\pi x}{L}\right), \quad 0 \leq x \leq L \qquad (9.110)$$

und die zugehörigen Eigenwerte (Energien)

$$E_n = \frac{\hbar^2\pi^2}{2mL^2}n^2. \qquad (9.111)$$

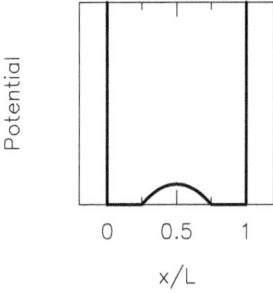

Abb. 9.2: Das Potential einschließlich der Störung aus Aufgabe 5 in Kapitel 9.9. In der Abbildung ist $V_0 > 0$.

In beiden Fällen ist

$$n = 1, 2, 3, \ldots, \qquad (9.112)$$

wobei $n = 1$ dem Grundzustand entspricht.

Das Störungspotential ist

$$\Delta V(x) = V_0\left(-\frac{16x^2}{L^2} + \frac{16x}{L} - 3\right), \quad \frac{L}{4} \le x \le \frac{3L}{4}. \qquad (9.113)$$

Die Korrektur erster Ordnung in der Störung ist dann

$$
\begin{aligned}
\langle \psi_1 | \Delta V | \psi_1 \rangle &= \frac{2}{L} \int_{L/4}^{3L/4} \sin\left(\frac{\pi x}{L}\right) \Delta V \sin\left(\frac{\pi x}{L}\right) dx \\
&= \frac{2}{L} \int_{L/4}^{3L/4} \frac{1}{2}\left[1 - \cos\left(\frac{2\pi x}{L}\right)\right] \Delta V\, dx \\
&= \frac{V_0}{L} \int_{L/4}^{3L/4} \left[1 - \cos\left(\frac{2\pi x}{L}\right)\right]\left(-\frac{16x^2}{L^2} + \frac{16x}{L} - 3\right) dx \\
&= \frac{V_0}{L} \left\{ \frac{16}{L^2}\left[-\frac{2L^3}{(2\pi)^3}\sin\left(\frac{2\pi x}{L}\right) + \frac{2L^2}{(2\pi)^2} x \cos\left(\frac{2\pi x}{L}\right) \right. \right. \\
&\qquad \left. + \frac{L}{2\pi} x^2 \sin\left(\frac{2\pi x}{L}\right) \right]_{L/4}^{3L/4} \\
&\qquad - \frac{16}{L}\left[\frac{L^2}{(2\pi)^2}\cos\left(\frac{2\pi x}{L}\right) + \frac{L}{2\pi} x \sin\left(\frac{2\pi x}{L}\right) \right]_{L/4}^{3L/4} \\
&\qquad \left. + 3\left[\frac{L}{2\pi}\sin\left(\frac{2\pi x}{L}\right) \right]_{L/4}^{3L/4} + \left[-\frac{16x^3}{3L^2} + \frac{8x^2}{L} - 3x \right]_{L/4}^{3L/4} \right\}
\end{aligned}
$$

$$= \frac{V_0}{L}\left\{\frac{16}{L^2}\left[\frac{2L^3}{(2\pi)^3}2 + \frac{L}{2\pi}\left(-\left(\frac{3L}{4}\right)^2 - \left(\frac{L}{4}\right)^2\right)\right] - \frac{16}{L}\frac{L}{2\pi}\left(-\frac{3L}{4} - \frac{L}{4}\right)\right.$$

$$- \frac{3L}{2\pi}2 - \frac{16}{3L^2}\left[\left(\frac{3L}{4}\right)^3 - \left(\frac{L}{4}\right)^3\right] + \frac{16}{2L}\left[\left(\frac{3L}{4}\right)^2 - \left(\frac{L}{4}\right)^2\right]$$

$$\left. - 3\left[\frac{3L}{4} - \frac{L}{4}\right]\right\}$$

$$= \frac{V_0}{L}\left\{\frac{8L}{\pi^3} - \frac{5L}{\pi} + \frac{8L}{\pi} - \frac{3L}{\pi} - \frac{13L}{6} + 4L - \frac{3L}{2}\right\}$$

$$= V_0\left(\frac{8}{\pi^3} + \frac{10}{\pi} + \frac{1}{3}\right). \tag{9.114}$$

Dass diese Korrektur für $V_0 > 0$ positiv ist, entspricht der Tatsache, dass das Störungspotential positiv ist; siehe Abb. 9.2.

In Gl. (9.114) haben wir benutzt:

$$\cos\left(\frac{6\pi}{4}\right) = 0$$

$$\cos\left(\frac{2\pi}{4}\right) = 0$$

$$\sin\left(\frac{6\pi}{4}\right) = -1$$

$$\sin\left(\frac{2\pi}{4}\right) = 1. \tag{9.115}$$

6. **Aufgabe:** Wie in der vorherigen Aufgabe soll die zeitunabhängige Störungstheorie verwendet werden, um die Änderung der Grundzustandsenergie eines Teilchens zu berechnen, das sich in einem eindimensionalen Kasten, $0 \le x \le L$, befindet. Diesmal soll aber die Korrektur zur zweiten Ordnung der Störung bestimmt werden, und die Störung ist gleich $\Delta V(x) = V_0$ für $\frac{L}{4} \le x \le \frac{3L}{4}$ und ansonsten 0.

    Antwort: Für den Grundzustand des ungestörten Systems benutzen wir die Ausdrücke aus der letzten Aufgabe. Dann ist die Korrektur erster Ordnung gleich:

$$\langle\psi_1|\Delta V|\psi_1\rangle = \int_{L/4}^{3L/4} \frac{2}{L}\sin^2\left(\frac{\pi x}{L}\right)V_0\, dx = \int_{L/4}^{3L/4} \frac{1}{L}V_0\left[1 - \cos\left(\frac{2\pi x}{L}\right)\right] dx$$

$$= \frac{1}{L}V_0\left[-\frac{L}{2\pi}\sin\left(\frac{2\pi x}{L}\right) + x\right]_{L/4}^{3L/4} = \frac{1}{L}V_0\left[\frac{L}{2\pi}2 + \frac{L}{2}\right]$$

$$= V_0\left(\frac{1}{2} + \frac{1}{\pi}\right). \tag{9.116}$$

Für die Korrektur zweiter Ordnung brauchen wir ($n \ne 1$):

$$\langle\psi_n|\Delta V|\psi_1\rangle = \int\limits_{L/4}^{3L/4} \frac{2}{L}\sin\left(\frac{\pi x}{L}\right)\sin\left(\frac{n\pi x}{L}\right)V_0\,dx$$

$$= \frac{2}{L}V_0\int\limits_{L/4}^{3L/4}\frac{1}{2}\left[\cos\left(\frac{(n-1)\pi x}{L}\right) - \cos\left(\frac{(n+1)\pi x}{L}\right)\right]dx$$

$$= \frac{1}{L}V_0\left[\frac{L}{(n-1)\pi}\sin\left(\frac{(n-1)\pi x}{L}\right) - \frac{L}{(n+1)\pi}\sin\left(\frac{(n+1)\pi x}{L}\right)\right]_{L/4}^{3L/4}$$

$$= V_0\left\{\frac{1}{(n-1)\pi}\left[\sin\left(\frac{(n-1)\pi 3}{4}\right) - \sin\left(\frac{(n-1)\pi}{4}\right)\right]\right.$$
$$\left. - \frac{1}{(n+1)\pi}\left[\sin\left(\frac{(n+1)\pi 3}{4}\right) - \sin\left(\frac{(n+1)\pi}{4}\right)\right]\right\}$$

$$= V_0\left\{\frac{1}{(n-1)\pi}\left[\sin\left((n-1)\pi - (n-1)\frac{\pi}{4}\right) - \sin\left((n-1)\frac{\pi}{4}\right)\right]\right.$$
$$\left. - \frac{1}{(n+1)\pi}\left[\sin\left((n+1)\pi - (n+1)\frac{\pi}{4}\right) - \sin\left((n+1)\frac{\pi}{4}\right)\right]\right\}$$

$$= V_0\left\{\frac{-1}{(n-1)\pi}[(-1)^n + 1]\sin\left((n-1)\frac{\pi}{4}\right)\right.$$
$$\left. - \frac{-1}{(n+1)\pi}[(-1)^n + 1]\sin\left((n+1)\frac{\pi}{4}\right)\right\}$$

$$= -V_0[(-1)^n + 1]\left\{\frac{1}{(n-1)\pi}\sin\left((n-1)\frac{\pi}{4}\right) - \frac{1}{(n+1)\pi}\sin\left((n+1)\frac{\pi}{4}\right)\right\}.$$
$$(9.117)$$

Hier haben wir benutzt, dass

$$\cos((n-1)\pi) = -(-1)^n$$
$$\cos((n+1)\pi) = -(-1)^n$$
$$\sin((n-1)\pi) = 0$$
$$\sin((n+1)\pi) = 0. \qquad (9.118)$$

Die Korrektur zweiter Ordnung ist dann

$$\sum_{n>1}\frac{|\langle\psi_n|\Delta V|\psi_1\rangle|^2}{E_1 - E_n} = \sum_{n>1}\frac{|V_0[(-1)^n + 1]\{\frac{\sin((n-1)\frac{\pi}{4})}{(n-1)\pi} - \frac{\sin((n+1)\frac{\pi}{4})}{(n+1)\pi}\}|^2}{\frac{\hbar^2\pi^2}{2mL^2}(1 - n^2)}. \qquad (9.119)$$

9.10 Aufgaben

1. Erläutern Sie die Begriffe ‚Variationstheorem' und ‚Variationsverfahren'.
2. Erläutern Sie das Rayleigh-Ritz-Variationsverfahren.

3. Erläutern Sie den Begriff ‚Säkulargleichung'.

4. Verwenden Sie das Variationsverfahren, um eine Obergrenze der Grundzustands-energie für ein Teilchen (Masse m) in einem eindimensionalen Potential, $V(x) = kx^4$, zu bestimmen. Als Probefunktion verwenden Sie $\phi(x) = e^{-\alpha x^2}$.

5. Verwenden Sie das Variationsverfahren, um eine Obergrenze der Grundzustands-energie für ein Teilchen (Masse m) in einem zweidimensionalen Potential, $V(x,y) = kx^2y^2$, zu bestimmen. Als Probefunktion verwenden Sie $\phi(x,y) = e^{-\alpha(x^2+y^2)}$.

6. Verwenden Sie die zeitunabhängige Störungstheorie erster Ordnung, um die Ände-rung der Grundzustandsenergie eines Teilchens (Masse m) zu berechnen, das sich in einem harmonischen Potential, $V(x) = \frac{1}{2}kx^2$, befindet, und das eine Störung $\Delta V(x)$ erlebt. $\Delta V(x) = cx$ mit einer Konstanten c. Vergleichen Sie mit dem exakten Ergeb-nis für die Grundzustandsenergie des Teilchens, das sich in dem Gesamtpotential $V(x) + \Delta V(x)$ befindet.

7. Verwenden Sie die zeitunabhängige Störungstheorie erster Ordnung, um die Ände-rung der Grundzustandsenergie eines Teilchens (Masse m) zu berechnen, das sich in einem harmonischen Potential, $V(x) = \frac{1}{2}kx^2$, befindet, und das eine Störung $\Delta V(x)$ erlebt. $\Delta V = cx^4$ mit einer Konstanten c.

8. Verwenden Sie die zeitunabhängige Störungstheorie erster Ordnung, um die Ände-rung der Grundzustandsenergie eines Teilchens (Masse m) zu berechnen, das sich in einem Kasten, $0 \leq x \leq L$, befindet, und das eine Störung $\Delta V(x)$ erlebt. $\Delta V = c(\frac{L}{2}-x)^2$ mit einer einer Konstanten c.

9. Erläutern Sie kurz Fermis goldene Regel.

10. Beschreiben Sie kurz, warum Femto- und Attosekundenspektroskopie interessante Informationen liefern können.

11. Betrachten Sie ein Teilchen in einer Dimension. Der Hamilton-Operator sei $\hat{H}$. Mit-tels des Variationsverfahrens wird die Grundzustandswellenfunktion durch $\psi(x) \approx c_1 f_1(x) + c_2 f_2(x)$ genähert, wobei $f_1(x)$ und $f_2(x)$ vorgewählte Funktionen sind. Es gilt $\langle f_i|\hat{H}|f_j\rangle = H_{ij}$ und $\langle f_i|f_j\rangle = O_{ij}$ mit $O_{ij} = \delta_{i,j}$ und $H_{11} = -2$, $H_{22} = -4$, $H_{12} = H_{21} = -1$. Bestimmen Sie daraus die genäherte Wellenfunktion mit der niedrigsten Energie.

12. Wir betrachten ein Teilchen mit Masse m, das sich in dem eindimensionalen Poten-tial $V(x) = c \cdot x^4$ befindet (c ist eine Konstante). Ferner benutzen wir die Funktionen

$$\chi(\gamma,x) = e^{-\gamma x^2} \tag{9.120}$$

mit γ eine weitere Konstante.

(a) Stellen Sie den Hamilton-Operator, $\hat{H}$, für dieses System auf.

(b) Bestimmen Sie $\langle \chi(\alpha,x)|\chi(\beta,x)\rangle$.

(c) Bestimmen Sie $\langle \chi(\alpha,x)|\hat{H}|\chi(\beta,x)\rangle$.

(d) Bestimmen Sie

$$E_1(\alpha) = \frac{\langle \chi(\alpha,x)|\hat{H}|\chi(\alpha,x)\rangle}{\langle \chi(\alpha,x)|\chi(\alpha,x)\rangle}. \tag{9.121}$$

(e) Benutzen Sie die Variationsmethode für $E_1(\alpha)$ um einen optimalen Wert für α und eine zugehörige niedrigste Obergrenze der Grundzustandsenergie des Systems zu bestimmen. Der optimale Wert für α wird α_0 genannt.

(f) Betrachten Sie anschließend die Funktion

$$\phi(x) = c_1 e^{-\alpha_0 x^2} + c_2 e^{-2\alpha_0 x^2}, \qquad (9.122)$$

wobei c_1 und c_2 Konstanten sind, die mittels der Säkulargleichung bestimmt werden können. Setzen Sie diese Säkulargleichung auf.

(g) Würde man die Säkulargleichung lösen, würde man eine niedrigste Energie E_2 erhalten. Erklären Sie, warum $E_2 \leq E_1(\alpha_0)$.

13. Verwenden Sie die zeitunabhängige Störungstheorie zur ersten Ordnung, um die Änderung der Grundzustandsenergie eines Teilchens (Masse m), das sich in einem Kasten, $0 \leq x \leq L$, befindet, und das eine Störung $\Delta V(x)$ erlebt. $\Delta V = cx$ mit c eine Konstante.

14. Verwenden Sie die zeitunabhängige Störungstheorie zur ersten Ordnung, um die Änderung der Grundzustandsenergie eines Teilchens (Masse m), das sich in einem Kasten, $0 \leq x \leq L$, befindet, und das eine Störung $\Delta V(x)$ erlebt. $\Delta V = cx^2$ mit c eine Konstante.

15. Erklären Sie, warum die Säkulargleichung (9.35) zu genau N_b Werten von λ führt.

10 Zwei Konzepte der Chemie

10.1 Struktur und Orbitale

Ein Modell, welches wir mit großem Erfolg in der Chemie verwenden, ist, dass Moleküle aus Kernen und Elektronen bestehen, die wir als die für uns relevanten Elementarteilchen betrachten. Die Kerne sitzen ‚irgendwo‘, und die Elektronen befinden sich in Orbitalen, die (auch) dafür verantwortlich sind, dass die Kerne ihre festen Positionen haben. Tatsächlich entspricht diese Vorstellung ‚nur‘ (sehr oft sehr guten) Näherungen.

In den vorhergehenden Kapiteln haben wir gesehen, dass letztendlich alle Eigenschaften eines Systems mithilfe seiner Wellenfunktionen beschrieben werden können. Die Wellenfunktion ist eine Funktion aller Koordinaten des Systems, also für ein Molekül der Spin- und Ortskoordinaten sowohl der Kerne als auch der Elektronen. Ferner haben wir auch gesehen, dass die Wellenfunktionen nur Wahrscheinlichkeitsverteilungen angeben. Konkret bedeutet dies, dass wir für die Kerne eines Moleküls eigentlich nur eine Wahrscheinlichkeitsverteilung ihrer Positionen angeben können, die eher wie (größere oder kleinere) Wolken aussehen. Für solche Verteilungen ist nicht selbstverständlich, wie die Abstände zwischen den Kernen bestimmt werden, obwohl wir immer Bindungslängen, Bindungswinkel, dihedrale Winkel usw. angeben, wenn wir die Struktur diskutieren. Eine erste Frage, die in diesem Kapitel behandelt werden soll, lautet deswegen: Wie bringt man Aussagen zur Struktur eines Moleküls in Einklang mit der Quantentheorie?

Die Wellenfunktion ist, wie gerade erwähnt, eine Funktion aller Ortskoordinaten der Elektronen und Kerne. Dies bedeutet auch, dass sich die Elektronen nicht unabhängig voneinander bewegen. Auf der anderen Seite beinhaltet die Modellvorstellung, dass sich Elektronen in verschiedenen Orbitalen befinden, die Annahme, dass die Elektronen mehr oder weniger unabhängig voneinander sind. Eine zweite Frage, die in diesem Kapitel behandelt werden soll, lautet deswegen: Woher kommt dieses Orbitalbild, und wie genau ist es?

10.2 Die Schrödinger-Gleichung für ein Molekül

Um diese beiden Fragestellungen zu beantworten, fangen wir mit der Schrödinger-Gleichung für ein Molekül an. Die Lösung Ψ zur zeitunabhängigen Schrödinger-Gleichung für ein Molekül mit M Kernen und N Elektronen,

$$\hat{H}\Psi = E\Psi, \tag{10.1}$$

hängt von den Spin- (σ_i) und Ortskoordinaten ($\vec{r}_i$) aller Elektronen, d. h. von

$$(\vec{r}_1, \sigma_1, \vec{r}_2, \sigma_2, \ldots, \vec{r}_N, \sigma_N) \equiv (\vec{x}_1, \vec{x}_2, \ldots, \vec{x}_N) \equiv \vec{x}, \tag{10.2}$$

https://doi.org/10.1515/9783111215075-010

und von den Spin- (Σ_k) und Ortskoordinaten ($\vec{R}_k$) aller Kerne ab, d. h. von

$$(\vec{R}_1, \Sigma_1, \vec{R}_2, \Sigma_2, \ldots, \vec{R}_M, \Sigma_M) \equiv (\vec{X}_1, \vec{X}_2, \ldots, \vec{X}_M) \equiv \vec{X}. \tag{10.3}$$

Hier wird eine geläufige kurze Notation verwendet, sodass

$$\vec{x}_i = (\vec{r}_i, \sigma_i) \tag{10.4}$$

ein Vektor sowohl mit Orts- als auch mit Spinkoordinaten des $i$ten Elektrons ist. Analog ist

$$\vec{X}_k = (\vec{R}_k, \Sigma_k) \tag{10.5}$$

ein Vektor mit den Koordinaten des $k$ten Kerns.

Den Hamilton-Operator erhalten wir dadurch, dass wir zuerst die Teilchen als klassische Teilchen interpretieren. Wir betrachten dann eine Situation wie in Abb. 10.1. Für diese schreiben wir den klassischen Ausdruck für die gesamte Energie auf und anschließend verwenden wir die Übersetzungsregeln zwischen klassischer Physik und Quantentheorie (Kapitel 3.7). Letzteres bedeutet, dass jeder Impuls eines Teilchens durch einen Operator vom Typ $\frac{\hbar}{i}\vec{\nabla}$ ersetzt wird.

In unserem Fall nehmen wir an, dass wir M Kerne und N Elektronen haben. Die Orts- und Impulskoordinaten des $k$ten Kerns seien $\vec{R}_k$ und $\vec{P}_k$ (siehe Abb. 10.1), während seine Ladung und Masse $Z_k e$ und M_k seien. Analog dazu seien die Orts- und Impulsko-

Klassische Beschreibung: Kerne und Elektronen bewegen sich im Ortsraum und wechselwirken elektrostatisch miteinander.

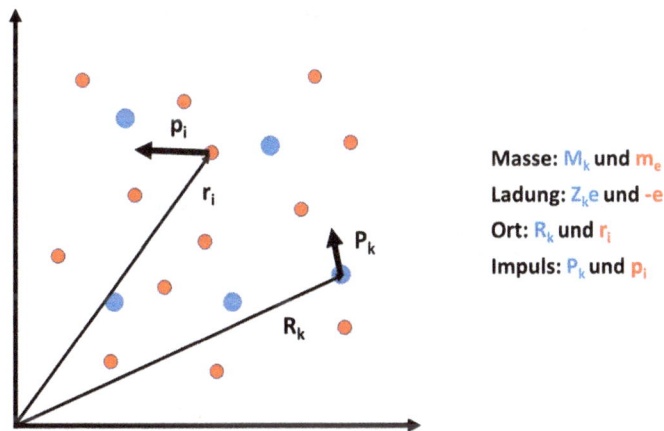

Masse: M_k und m_e
Ladung: $Z_k e$ und $-e$
Ort: R_k und r_i
Impuls: P_k und p_i

Abb. 10.1: Die Orts- und Impulskoordinaten für ein molekulares System bestehend aus einigen Kernen (für deren Koordinaten werden große Buchstaben verwendet) und Elektronen (für deren Koordinaten werden kleine Buchstaben verwendet).

ordinaten des $i$ten Elektrons $\vec{r}_i$ und $\vec{p}_i$, während seine Ladung und Masse $-e$ und m_e seien.

Die gesamte kinetische Energie des Systems wird dann laut klassischer Physik gleich

$$E_{\text{kin}} = \sum_{k=1}^{M} \frac{P_k^2}{2M_k} + \sum_{i=1}^{N} \frac{p_i^2}{2m_e}. \tag{10.6}$$

Die potentielle Energie des Systems stammt aus der elektrostatischen Wechselwirkung zwischen den geladenen Teilchen. Für diese ist wohlbekannt, dass diese Energie für einen Satz von Teilchen mit den Ladungen q_n, $n = 1, \ldots, N_q$ an den Ortskoordinaten $\vec{s}_n$ gleich

$$\sum_{n_1=1}^{N_q-1} \sum_{n_2=n_1+1}^{N_q} \frac{1}{4\pi\epsilon_0} \frac{q_{n_1} q_{n_2}}{|\vec{s}_{n_1} - \vec{s}_{n_2}|} = \frac{1}{2} \sum_{n_1 \neq n_2=1}^{N_q} \frac{1}{4\pi\epsilon_0} \frac{q_{n_1} q_{n_2}}{|\vec{s}_{n_1} - \vec{s}_{n_2}|} \tag{10.7}$$

ist. Um den Ausdruck auf der rechten Seite zu erhalten, kam zur Anwendung, dass die Summe auf der linken Seite über alle Paare von Teilchen läuft. Dies ist auch der Fall für die Summe auf der rechten Seite mit dem Unterschied, dass hier jedes Paar zweimal mitgezählt wird. Um dies zu kompensieren, wird mit $\frac{1}{2}$ multipliziert.

Benutzen wir dieses Schema für das Molekül unseres Interesses, erhalten wir

$$E_{\text{pot}} = \frac{1}{2} \sum_{k_1 \neq k_2=1}^{M} \frac{1}{4\pi\epsilon_0} \frac{Z_{k_1} Z_{k_2} e^2}{|\vec{R}_{k_1} - \vec{R}_{k_2}|} + \frac{1}{2} \sum_{i_1 \neq i_2=1}^{N} \frac{1}{4\pi\epsilon_0} \frac{e^2}{|\vec{r}_{i_1} - \vec{r}_{i_2}|}$$
$$- \sum_{k=1}^{M} \sum_{i=1}^{N} \frac{1}{4\pi\epsilon_0} \frac{Z_k e^2}{|\vec{R}_k - \vec{r}_i|}. \tag{10.8}$$

Das erste Glied auf der rechten Seite stammt aus den Kern-Kern-Wechselwirkungen, das zweite aus den Elektron-Elektron-Wechselwirkungen, und das letzte aus den Kern-Elektron-Wechselwirkungen.

Um den Hamilton-Operator zu erhalten, ersetzen wir die Impulse durch die entsprechenden Gradienten-Operatoren, was zu

$$\hat{H} = -\sum_{k=1}^{M} \frac{\hbar^2}{2M_k} \nabla_{\vec{R}_k}^2 - \sum_{i=1}^{N} \frac{\hbar^2}{2m_e} \nabla_{\vec{r}_i}^2 + \frac{1}{2} \sum_{k_1 \neq k_2=1}^{M} \frac{1}{4\pi\epsilon_0} \frac{Z_{k_1} Z_{k_2} e^2}{|\vec{R}_{k_1} - \vec{R}_{k_2}|}$$
$$+ \frac{1}{2} \sum_{i_1 \neq i_2=1}^{N} \frac{1}{4\pi\epsilon_0} \frac{e^2}{|\vec{r}_{i_1} - \vec{r}_{i_2}|} - \sum_{k=1}^{M} \sum_{i=1}^{N} \frac{1}{4\pi\epsilon_0} \frac{Z_k e^2}{|\vec{R}_k - \vec{r}_i|} \tag{10.9}$$

führt. In diesem Ausdruck haben wir Operatoren wie $-\frac{\hbar^2}{2M_k} \nabla_{\vec{R}_k}^2$. Wenn dieser auf die Wellenfunktion

$$\Psi = \Psi(\vec{X}, \vec{x}) \tag{10.10}$$

operiert, wird nur nach den Ortskoordinaten des $k$ten Kerns zweimal differenziert, während alle andere Ortskoordinaten als konstant betrachtet werden. Analoges gilt für Operatoren wie $-\frac{\hbar^2}{2m_e}\nabla^2_{\vec{r}_i}$, die auf den Elektronenkoordinaten operieren.

Der Hamilton-Operator besteht aus fünf Gliedern: die kinetische Energie der Kerne, die der Elektronen, die potentielle Energie für die Kern-Kern-Wechselwirkungen, die der Elektron-Elektron-Wechselwirkungen und die der Kern-Elektron-Wechselwirkungen. Wir werden dieses explizit angegeben:

$$\hat{H} = \hat{H}_{k,n} + \hat{H}_{k,e} + \hat{H}_{p,n-n} + \hat{H}_{p,e-e} + \hat{H}_{p,n-e}. \tag{10.11}$$

Dadurch wird die Schrödinger-Gleichung zu

$$\hat{H}\Psi = (\hat{H}_{k,n} + \hat{H}_{k,e} + \hat{H}_{p,n-n} + \hat{H}_{p,e-e} + \hat{H}_{p,n-e})\Psi(\vec{X},\vec{x}) = E \cdot \Psi(\vec{X},\vec{x}). \tag{10.12}$$

10.3 Born-Oppenheimer-Näherung

Die Born-Oppenheimer-Näherung (nach Max Born und Robert Oppenheimer) liefert die Grundlagen für den Begriff der Molekülstruktur. Wir werden sie hier näher erläutern.

Der Gedanke hinter der Born-Oppenheimer-Näherung ist, dass sich die Elektronen sehr viel schneller als die Kerne bewegen. Als Folge davon wird angenommen, dass sich die Elektronen ‚sofort' auf die Positionen der Kerne einstellen, und dass die kinetische Energie der Kerne ignoriert werden kann. Das Letztere führt dazu, dass der Operator $\hat{H}_{k,n}$ in Gl. (10.12) ignoriert werden kann. Die erste Aussage bedeutet Folgendes: Man betrachtet die Elektronen in einem Molekül, dessen Kerne sich bewegen. Zu einem bestimmten Zeitpunkt, an welchem sich die Kerne (in der Mitte ihrer Bewegungen) an irgendwelchen Orten befinden, verteilen sich die Elektronen genauso, wie es der Fall wäre, wenn sich die Kerne fest an den gegebenen Orten befinden und sich also nicht bewegen würden. Deswegen kann man genauso gut die elektronischen Eigenschaften dadurch bestimmen, dass man diese für die Situation bestimmt, dass sich die Kerne an fixen Koordinaten befinden. Selbstverständlich wird die Verteilung der Elektronen davon abhängen, wo genau sich die Kerne befinden.

Mathematisch wird das so formuliert, dass sich die Wellenfunktion der Kerne und Elektronen faktorisieren lässt,

$$\Psi(\vec{X},\vec{x}) = \Psi_n(\vec{X}) \cdot \Psi_e(\vec{X};\vec{x}). \tag{10.13}$$

Der erste Faktor beschreibt die Wellenfunktion der Kerne und der zweite die der Elektronen. Aber weil Ψ_e doch indirekt von den Kernkoordinaten abhängt (dies bedeutet, dass sich, wenn sich die Positionen der Kerne ändern, auch die elektronische Verteilung ändert; siehe Abb. 10.2), gibt es bei Ψ_e auch eine sog. parametrische Abhängigkeit von den Kernkoordinaten.

Abb. 10.2: Die parametrische Abhängigkeit der elektronischen Wellenfunktion von den Kernkoordinaten: Wenn sich die Positionen der Kerne (schwarze Kreise) ändern, ändert sich auch die Verteilung der Elektronen (rote Kurve); vergl. linke und rechte Hälfte der Abbildung.

Wir setzen Gl. (10.13) in Gl. (10.12) ein und setzen anschließend

$$\hat{H}_{k,n} = 0. \tag{10.14}$$

Daraus erhalten wir

$$
\begin{aligned}
&[(\hat{H}_{k,n} + \hat{H}_{p,n-n}) + (\hat{H}_{k,e} + \hat{H}_{p,e-e} + \hat{H}_{p,n-e})]\Psi_n(\vec{X}) \cdot \Psi_e(\vec{X};\vec{x}) \\
&= (\hat{H}_{k,n} + \hat{H}_{p,n-n})\Psi_n(\vec{X}) \cdot \Psi_e(\vec{X};\vec{x}) \\
&\quad + (\hat{H}_{k,e} + \hat{H}_{p,e-e} + \hat{H}_{p,n-e})\Psi_n(\vec{X}) \cdot \Psi_e(\vec{X};\vec{x}) \\
&\simeq \Psi_e(\vec{X};\vec{x})(\hat{H}_{k,n} + \hat{H}_{p,n-n})\Psi_n(\vec{X}) \\
&\quad + \Psi_n(\vec{X})(\hat{H}_{k,e} + \hat{H}_{p,e-e} + \hat{H}_{p,n-e})\Psi_e(\vec{X};\vec{x}) \\
&\simeq \Psi_e(\vec{X};\vec{x})\hat{H}_{p,n-n}\Psi_n(\vec{X}) + \Psi_n(\vec{X})(\hat{H}_{k,e} + \hat{H}_{p,e-e} + \hat{H}_{p,n-e})\Psi_e(\vec{X};\vec{x}) \\
&\equiv E \cdot \Psi_n(\vec{X}) \cdot \Psi_e(\vec{X};\vec{x}). \tag{10.15}
\end{aligned}
$$

Wir teilen beide Seiten der Gleichung durch die Funktion in Gl. (10.13) und erhalten nach Umstellen

$$\frac{\hat{H}_{p,n-n}\Psi_n(\vec{X})}{\Psi_n(\vec{X})} + \frac{(\hat{H}_{k,e} + \hat{H}_{p,e-e} + \hat{H}_{p,n-e})\Psi_e(\vec{X};\vec{x})}{\Psi_e(\vec{X};\vec{x})} = E \tag{10.16}$$

oder

$$\frac{(\hat{H}_{k,e} + \hat{H}_{p,e-e} + \hat{H}_{p,n-e})\Psi_e(\vec{X};\vec{x})}{\Psi_e(\vec{X};\vec{x})} = E - \frac{\hat{H}_{p,n-n}\Psi_n(\vec{X})}{\Psi_n(\vec{X})}. \tag{10.17}$$

Analog zu der Vorgehensweise, die schon mehrmals in diesem Buch Anwendung gefunden hat, erkennen wir jetzt, dass die rechte Seite unabhängig von den Elektronenkoordinaten $\vec{x}$ ist, obwohl sie von den Kernkoordinaten $\vec{X}$ abhängen kann. Beide Seiten müssen dann unabhängig von $\vec{x}$ sein, woraus

$$\frac{(\hat{H}_{k,e} + \hat{H}_{p,e-e} + \hat{H}_{p,n-e})\Psi_e(\vec{X};\vec{x})}{\Psi_e(\vec{X};\vec{x})} = E - \frac{\hat{H}_{p,n-n}\Psi_n(\vec{X})}{\Psi_n(\vec{X})} \equiv E_e(\vec{X}) \tag{10.18}$$

resultiert. Dadurch erhalten wir die Schrödinger-Gleichung für die Elektronen,

$$(\hat{H}_{\mathrm{k,e}} + \hat{H}_{\mathrm{p,e-e}} + \hat{H}_{\mathrm{p,n-e}})\Psi_e(\vec{X};\vec{x}) = E_e(\vec{X})\Psi_e(\vec{X};\vec{x}). \tag{10.19}$$

Diese Gleichung ist im Detail

$$\hat{H}_e\Psi_e(\vec{X};\vec{x}) \equiv \left[-\sum_{i=1}^{N}\frac{\hbar^2}{2m_e}\nabla_{\vec{r}_i}^2 + \frac{1}{2}\sum_{i_1\neq i_2=1}^{N}\frac{1}{4\pi\epsilon_0}\frac{e^2}{|\vec{r}_{i_1}-\vec{r}_{i_2}|} \right.$$
$$\left. -\sum_{k=1}^{M}\sum_{i=1}^{N}\frac{1}{4\pi\epsilon_0}\frac{Z_k e^2}{|\vec{R}_k-\vec{r}_i|} \right]\Psi_e(\vec{X};\vec{x})$$
$$= E_e(\vec{X})\cdot\Psi_e(\vec{X};\vec{x}). \tag{10.20}$$

Dadurch erkennen wir, dass die Abhängigkeit von Ψ_e von den Kernkoordinaten ‚nur‘ durch das elektrostatische Potential der Kerne zustande kommt. Dieses Potential ist gleich

$$V(\vec{r}) = -\sum_{k=1}^{M}\frac{1}{4\pi\epsilon_0}\frac{Z_k e^2}{|\vec{R}_k-\vec{r}|}. \tag{10.21}$$

Letztendlich können wir auch die Gesamtenergie E aus Gl. (10.18) bestimmen,

$$E = E_e(\vec{X}) + \frac{\hat{H}_{\mathrm{p,n-n}}\Psi_n(\vec{X})}{\Psi_n(\vec{X})} = E_e(\vec{X}) + \frac{1}{2}\sum_{k_1\neq k_2=1}^{M}\frac{1}{4\pi\epsilon_0}\frac{Z_{k_1}Z_{k_2}e^2}{|\vec{R}_{k_1}-\vec{R}_{k_2}|}. \tag{10.22}$$

Die Gesamtenergie E ist eine Funktion der Struktur des Moleküls,

$$E = E(\vec{R}) = E(\vec{R}_1,\vec{R}_2,\ldots,\vec{R}_M), \tag{10.23}$$

also eine Funktion der $3M$ Kernkoordinaten. E als Funktion von $\vec{R}$ bildet die sog. Potentialenergiefläche, auch Potentialenergiehyperfläche oder (auf Englisch) Potential Energy Surface, PES, genannt. Für verschiedene elektronische Zustände [also verschiedene Lösungen zur elektronischen Schrödinger-Gleichung Gl. (10.19) und (10.20)], gibt es verschiedene Potentialenergieflächen.

Zuletzt soll erwähnt werden, dass die Born-Oppenheimer-Näherung auf der Annahme basiert, dass sich die Kerne sehr viel langsamer als die Elektronen bewegen. Dies ist umso eher erfüllt, je schwerer die Kerne sind, und also weniger gut erfüllt, wenn man leichtere Kerne betrachtet, vor allem Wasserstoffatome. Tatsächlich gibt es Fälle, wo genau für Wasserstoff Abweichungen von der Born-Oppenheimer-Näherung gefunden worden sind.

10.4 Ein Beispiel

Für ein zweiatomiges Molekül stellt $\vec{X}$ die zwei Vektoren dar, die die Positionen der beiden Kerne beschreiben, wenn wir die Spins der Kerne ignorieren. Für die Gesamtenergie des Moleküls ist eigentlich nur der Abstand d zwischen den beiden Kernen wichtig, während die fünf anderen Koordinaten eine eventuelle Rotation und Translation des ganzen Moleküls beschreiben. Gl. (10.22) wird dann zu

$$E(d) = E_e(d) + \frac{Z_1 Z_2 e^2}{4\pi\epsilon_0 d}.$$ (10.24)

Das zweite Glied auf der rechten Seite beschreibt die abstoßende, elektrostatische Wechselwirkung zwischen den beiden Kernen, die proportional zu $1/d$ ist. Dies bedeutet, dass dieses Glied am kleinsten ist, wenn $d \to \infty$. Folglich wird $E(d)$ nur dann ein Minimum als Funktion von d besitzen, wenn $E_e(d)$ eine wachsende Funktion von d ist, wenigstens für d in dem Bereich, in welchem das Minimum der Gesamtenergie liegt. Wenn dies der Fall ist, ist derjenige Wert von d, für welchen $E(d)$ ein Minimum hat, die theoretisch bestimmte Bindungslänge. Dies ist in Abb. 10.3 skizziert.

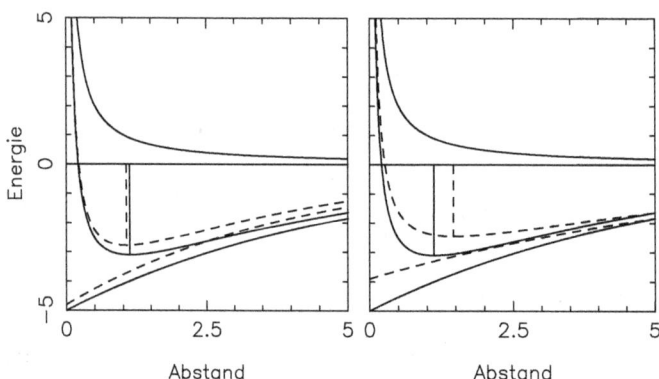

Abb. 10.3: Schematische Darstellung verschiedener Energien als Funktion der Bindungslänge eines zweiatomiges Moleküls. Die durchgezogenen Kurven zeigen exakte Ergebnisse, während die gestrichelten Kurven genäherte Ergebnisse zeigen. Die durchgezogene Kurve mit positiven Energien zeigt die Energie der Kern-Kern-Abstoßung, während die unterste durchgezogene Kurve die elektronische Energie zeigt. Die mittlere durchgezogene Kurve ist die Gesamtenergie, das heißt, die Summe der beiden anderen Kurven, während die vertikale kurze Gerade das Minimum der Gesamtenergie markiert. Die gestrichelten Kurven zeigen exemplarisch, wie die genäherte elektronische Energie und die daraus entstandene genäherte Gesamtenergie aussehen können. Auch hier zeigt die vertikale gestrichelte Gerade das Minimum der (diesmal genäherten) Gesamtenergie. Die linken und rechten Ergebnisse unterscheiden sich in der Genauigkeit der genäherten Gesamtenergie. In der Abbildung führen die genaueren genäherten Ergebnisse links zu einer Unterschätzung der Bindungslänge, während die weniger genauen genäherten Ergebnisse zu einer Überschätzung der Bindungslänge führen. Wir betonen, dass es in anderen Beispielen anders sein kann.

Es ist aber beinahe nie möglich, E_e exakt zu bestimmen. Stattdessen werden wir das Variationsprinzip anwenden, wie weiter unten erläutert wird, um eine Näherung der niedrigsten elektronischen Energie für jede Bindungslänge zu bestimmen,

$$\frac{\langle \Phi | \hat{H}_e | \Phi \rangle}{\langle \Phi | \Phi \rangle} \geq E_{e0}(d)$$ (10.25)

mit $E_{e0}(d)$ als niedrigste elektronische Energie für das Molekül, wenn die Bindungslänge gleich d ist. Wenn der Unterschied zwischen dem Ausdruck auf der linken Seite in Gl. (10.25) und dem exakten Wert weitgehend konstant (also d-unabhängig) ist, kann man immer noch eine gute Näherung zur Bindungslänge bestimmen, während im Falle einer starken d-Abhängigkeit des Unterschieds ungenaue Bindungslängen erhalten werden können; siehe Abb. 10.3.

Wie Φ in Gl. (10.25) aufgestellt wird, ist Thema der folgenden Kapitel und wird auch später aufgegriffen.

10.5 Spin-Orbitale

Wir sind es gewohnt, z. B. chemische Bindungsverhältnisse mithilfe einer Vorstellung zu erklären, wonach sich jedes Elektron in einem Orbital befindet. Ein solches Elektron hat sowohl eine räumliche Verteilung als auch einen Spin. Im allgemeinen Fall hängt der Spin vom Ort ab und das Orbital des Elektrons kann dann als

$$\psi(\vec{x}) = \psi(\vec{r}, \sigma) = \psi_\alpha(\vec{r})\alpha + \psi_\beta(\vec{r})\beta \tag{10.26}$$

geschrieben werden. Hier kennzeichnen α und β die zwei möglichen Spinfunktionen, die wir auch mit $m_s = +\frac{1}{2}$ und $m_s = -\frac{1}{2}$ bezeichnet haben.

Die Funktion in Gl. (10.26) stellt ein Spin-Orbital dar. Für ein Elektron in einem System (Molekül z. B.) hängt dieses von der Verteilung aller anderen Elektronen ab, was aber hier zunächst nicht relevant ist.

Ein besonders häufig vorkommender Fall ist, dass $\psi(\vec{x})$ faktorisiert werden kann,

$$\psi(\vec{x}) = \tilde{\psi}(\vec{r})\sigma(m_s), \tag{10.27}$$

also, dass $\psi_\alpha(\vec{r})$ und $\psi_\beta(\vec{r})$ ein $\vec{r}$-unabhängiges Verhältnis haben. Dieses beinhaltet den häufig vorkommenden Fall, dass entweder $\psi_\alpha(\vec{r})$ oder $\psi_\beta(\vec{r})$ identisch null ist, was im Rahmen unserer Überlegungen immer der Fall sein wird.

Wir kehren aber zum allgemeinen Fall der Gl. (10.26) zurück. Wir werden nicht aufschreiben (können), wie die beiden Funktionen α und β tatsächlich aussehen, sondern nur benutzen, dass

$$\langle \alpha | \alpha \rangle = \langle \beta | \beta \rangle = 1$$
$$\langle \alpha | \beta \rangle = \langle \beta | \alpha \rangle = 0 \tag{10.28}$$

gilt.

Wenn ein Erwartungswert wie $\langle \psi | \hat{a} | \psi \rangle$ ($\hat{a}$ ist ein Ein-Teilchen-Operator, dessen Form hier irrelevant ist, der aber nicht auf die Spin-Koordinate operiert) ausgerechnet werden soll, werden wir über alle Variablen ‚integrieren‘:

$$\langle\psi|\hat{a}|\psi\rangle = \int \psi^*(\vec{x})\hat{a}\psi(\vec{x})\,d\vec{x} \equiv \sum_{m_s}\int \psi^*(\vec{x})\hat{a}\psi(\vec{x})d\vec{r}$$

$$= \int [\psi_\alpha^*(\vec{r})\hat{a}\psi_\alpha(\vec{r})\langle\alpha|\alpha\rangle + \psi_\alpha^*(\vec{r})\hat{a}\psi_\beta(\vec{r})\langle\alpha|\beta\rangle$$

$$+ \psi_\beta^*(\vec{r})\hat{a}\psi_\alpha(\vec{r})\langle\beta|\alpha\rangle + \psi_\beta^*(\vec{r})\hat{a}\psi_\beta(\vec{r})\langle\beta|\beta\rangle]\,d\vec{r}$$

$$= \int [\psi_\alpha^*(\vec{r})\hat{a}\psi_\alpha(\vec{r}) + \psi_\beta^*(\vec{r})\hat{a}\psi_\beta(\vec{r})]\,d\vec{r}$$

$$= \langle\psi_\alpha|\hat{a}|\psi_\alpha\rangle + \langle\psi_\beta|\hat{a}|\psi_\beta\rangle. \tag{10.29}$$

Ein anderer Fall, der unten wichtig wird, ist, dass wir zwei verschiedene Spin-Orbitale betrachten, $\psi_p(\vec{x})$ und $\psi_q(\vec{x})$, die beide faktorisiert werden können

$$\psi_p(\vec{x}) = \tilde{\psi}_p(\vec{r})\gamma_p$$

$$\psi_q(\vec{x}) = \tilde{\psi}_q(\vec{r})\gamma_q \tag{10.30}$$

mit γ_p entweder gleich α oder β, und Gleiches gilt für γ_q. Dies ist, wie schon erwähnt, der einzige Fall, den wir später betrachten werden und entspricht der Tatsache, dass die Elektronen in Spin-up- und Spin-down-Elektronen aufgeteilt werden können. Wir betrachten in diesem Fall ein Matrixelement für einen Operator $\hat{a}$, der auch in diesem Falle nicht auf Spin-Koordinaten operiert:

$$\langle\psi_p|\hat{a}|\psi_q\rangle = \langle\tilde{\psi}_p|\hat{a}|\tilde{\psi}_q\rangle\langle\gamma_p|\gamma_q\rangle = \langle\tilde{\psi}_p|\hat{a}|\tilde{\psi}_q\rangle\delta_{\gamma_p,\gamma_q} \tag{10.31}$$

wegen Gl. (10.28). Das Matrixelement fällt also weg, wenn die zwei Spin-Orbitale verschiedene Spin-Funktionen haben (für die eine Funktion ist $\gamma = \alpha$; für die andere ist $\gamma = \beta$).

10.6 Hartree-Näherung

Das Orbitalbild stellt eine Näherung zur Lösung der elektronischen Schrödinger-Gleichung dar,

$$\hat{H}_e\Psi_e = E_e\Psi_e, \tag{10.32}$$

mit $\hat{H}_e$ gleich der Summe aus Ein- und Zwei-Elektronen-Operatoren,

$$\hat{H}_e = -\sum_{i=1}^{N}\frac{\hbar^2}{2m_e}\nabla_{\vec{r}_i}^2 + \frac{1}{2}\sum_{i_1\neq i_2=1}^{N}\frac{1}{4\pi\epsilon_0}\frac{e^2}{|\vec{r}_{i_1}-\vec{r}_{i_2}|} - \sum_{k=1}^{M}\sum_{i=1}^{N}\frac{1}{4\pi\epsilon_0}\frac{Z_k e^2}{|\vec{R}_k-\vec{r}_i|}$$

$$= \sum_{i=1}^{N}\left[-\frac{\hbar^2}{2m_e}\nabla_{\vec{r}_i}^2 - \sum_{k=1}^{M}\frac{1}{4\pi\epsilon_0}\frac{Z_k e^2}{|\vec{R}_k-\vec{r}_i|}\right] + \frac{1}{2}\sum_{i_1\neq i_2=1}^{N}\frac{1}{4\pi\epsilon_0}\frac{e^2}{|\vec{r}_{i_1}-\vec{r}_{i_2}|}$$

$$\equiv \sum_{i=1}^{N} \hat{h}_1(\vec{r}_i) + \frac{1}{2} \sum_{i\neq j=1}^{N} \hat{h}_2(\vec{r}_i, \vec{r}_j). \qquad (10.33)$$

Die Ein-Elektronen-Operatoren, $\hat{h}_1(\vec{r})$, beinhalten die kinetische Energie der Elektronen sowie den Anteil der potentiellen Energie, die durch die Wechselwirkungen mit den Kernen entsteht,

$$\hat{h}_1(\vec{r}) = -\frac{\hbar^2}{2m_e}\nabla^2 - \sum_{k=1}^{M} \frac{1}{4\pi\epsilon_0} \frac{Z_k e^2}{|\vec{R}_k - \vec{r}|}, \qquad (10.34)$$

während die Zwei-Elektronen-Operatoren $\hat{h}_2(\vec{r}_i, \vec{r}_j)$ die Wechselwirkungen zwischen den Elektronen beschreiben,

$$\hat{h}_2(\vec{r}_i, \vec{r}_j) = \frac{e^2}{4\pi\epsilon_0} \frac{1}{|\vec{r}_i - \vec{r}_j|}. \qquad (10.35)$$

Mit dem Orbitalbild wird angenommen, das sich jedes Elektron in seinem eigenen Orbital befindet. Dieses Bild wird immer wieder mit Erfolg in der Chemie verwendet, um z. B. chemische Reaktionen, Strukturen und Stabilitätseigenschaften zu erklären, zu rationalisieren und vorherzusagen.

Mathematisch beinhaltet die Näherung zunächst, dass jedes Elektron seine eigene Wellenfunktion hat, die unabhängig davon ist, wo genau sich die anderen Elektronen zu einem bestimmten Zeitpunkt befinden, obwohl die durchschnittliche Verteilung aller Elektronen die einzelnen Orbitale beeinflusst. Also:

$$\Psi_e(\vec{x}_1, \vec{x}_2, \ldots, \vec{x}_N) \simeq \Phi(\vec{x}_1, \vec{x}_2, \ldots, \vec{x}_N) = \psi_1(\vec{x}_1) \cdot \psi_2(\vec{x}_2) \cdots \psi_N(\vec{x}_N). \qquad (10.36)$$

Hier ist $\psi_i(\vec{x}_i)$ die Wellenfunktion des $i$ten Elektrons. Gl. (10.36) ist die mathematische Formulierung der Hartree-Näherung (nach Douglas Rayner Hartree).

In jedem Orbital darf nur ein Elektron sein (die Elektronen sind Fermionen; siehe Kapitel 18.5), was dazu führt, dass die Wellenfunktionen orthonormal sein müssen,

$$\langle \psi_i | \psi_j \rangle = \delta_{i,j}. \qquad (10.37)$$

$\delta_{i,j}$ ist das Kronecker-δ,

$$\delta_{i,j} = \begin{cases} 1 & i = j \\ 0 & i \neq j. \end{cases} \qquad (10.38)$$

Um die Wellenfunktionen $\{\psi_i\}$ zu bestimmen, verwenden wir das Variationsverfahren unter Berücksichtigung der N^2 Nebenbedingungen in Gl. (10.37). Wir haben schon früher gesehen (Kapitel 9.5), dass solche Nebenbedingungen am besten mithilfe von

Lagrange-Multiplikatoren berücksichtigt werden können. Während vorher nur eine Nebenbedingung existierte, gelten in dem jetzigen Fall eben N^2 Nebenbedingungen. Also betrachten wir

$$F = \langle\Phi|\hat{H}_e|\Phi\rangle - \sum_{i,j}\lambda_{ij}[\langle\psi_i|\psi_j\rangle - \delta_{i,j}], \tag{10.39}$$

wo $\{\lambda_{ij}\}$ die Lagrange-Multiplikatoren sind, deren Werte zuerst unbekannt sind.

Die Verwendung des Variationsverfahrens bedeutet, dass wir verlangen, dass die Wellenfunktionen $\{\psi_i\}$ so konstruiert sind, dass, egal welche Funktion wir betrachten (z. B. die Funktion ψ_k) und welche kleine Änderung wir für diese einführen,

$$\psi_k(\vec{x}) \rightarrow \psi_k(\vec{x}) + \delta\psi_k(\vec{x}), \tag{10.40}$$

die Änderung in F gleich 0 ist,

$$\delta F = 0. \tag{10.41}$$

Dies ist äquivalent zu dem, was wir tun, wenn wir das Minimum einer Funktion $f(x)$ dadurch identifizieren, dass $f'(x) = 0$. Wenn das der Fall ist, ändert sich $f(x)$ nicht, wenn wir x infinitesimal ändern.

Nach einigen Rechnungen (die hier nicht präsentiert werden sollen) erhält man letztendlich die folgende Gleichung

$$\hat{h}\psi_k = \sum_{i=1}^{N}\lambda_{ki}\psi_i \tag{10.42}$$

mit

$$\hat{h}\psi_k(\vec{r}) = \hat{h}_1(\vec{r})\psi_k(\vec{r}) + \sum_{i=1\,(i\neq k)}^{N}\int\frac{e^2}{4\pi\epsilon_0}\frac{|\psi_i(\vec{r}_1)|^2}{|\vec{r}_1 - \vec{r}|}\,d\vec{r}_1\psi_k(\vec{r})$$

$$= \hat{h}_1(\vec{r})\psi_k(\vec{r}) + \sum_{i=1\,(i\neq k)}^{N}\int\hat{h}_2(\vec{r}_1,\vec{r})|\psi_i(\vec{r}_1)|^2\,d\vec{r}_1\psi_k(\vec{r}), \tag{10.43}$$

die die Wellenfunktionen erfüllen müssen. Diese Gleichungen sind die Hartree-Gleichungen.

Die wichtigsten Aspekte dieser Gleichungen und ihrer Lösungen sollen jetzt kurz zusammengefasst werden:
– Die Hartree-Gleichungen zu lösen, ist nicht ganz einfach. Zuerst erkennt man, dass sie nicht nur ‚normale' Eigenwertgleichungen darstellen, sondern dass auf der rechten Seite in Gl. (10.42) nicht nur dieselbe Funktion wie auf der linken Seite steht, sondern eine Linearkombination aller Wellenfunktionen.

- Die i-Summation in Gl. (10.43) läuft über alle besetzten Orbitale. Das heißt, dass Gl. (10.42) im Prinzip unendlich viele Lösungen hat, aus welchen wir N als diejenigen auswählen, die die Elektronen besetzen. Wie dies genau erfolgt, werden wir im nächsten Kapitel bei der Behandlung der Hartree-Fock-Methode näher diskutieren.
- Der Operator $\hat{h}$ hängt von den Lösungen ab, wie man sieht, wenn man Gl. (10.43) betrachtet. Hier gehen die Wellenfunktionen der besetzten Orbitale ein. Dies bedeutet, dass man die Gleichungen iterativ lösen muss: Man trifft eine Annahme für die Wellenfunktionen, setzt diese in Gl. (10.43) ein, um den Operator $\hat{h}$ zu erzeugen, löst mit diesem Gl. (10.42), und erhält dadurch neue Wellenfunktionen. Dieses Verfahren setzt man fort, bis sich die Wellenfunktionen nicht mehr ändern. Ein solches Verfahren wird als SCF-Verfahren (Self-Consistent Field) bezeichnet. Ein vereinfachtes Beispiel für ein iteratives Verfahren ist Inhalt des Kapitels 18.4.
- In Gl. (10.43) ist in der Summe auf der rechten Seite das Glied $i = k$ ausgenommen. Dieses bedeutet, dass die verschiedenen Wellenfunktionen zu verschiedenen Gleichungen gehören. Dadurch wird die Lösung der Gleichungen deutlich erschwert, und die Orthonormalitätsbedingung Gl. (10.37) ist nicht automatisch erfüllt.
- Die Wellenfunktion in Gl. (10.36) ist als Näherung aufgestellt. Deswegen ist nicht zu erwarten, dass sie alle physikalischen und chemischen Bedingungen exakt erfüllt, aber möglicherweise doch so gut ist, dass die Abweichungen akzeptabel sind. Es hat sich jedoch herausgestellt, dass dies nicht der Fall ist. Deswegen wird die Hartree-Näherung in der Chemie nicht verwendet. Sie ist aber ein guter Ausgangspunkt für eine verbesserte Näherung, die wir im nächsten Kapitel behandeln werden.
- Die genäherte Wellenfunktion in Gl. (10.36) erfüllt ein fundamentales Prinzip der Quantentheorie nicht: Die Elektronen müssen ununterscheidbar sein, sie sind Fermionen (siehe Kapitel 18.5). Konkret bedeutet dies, dass, wenn wir die Elektronen i und j tauschen, Folgendes gelten muss

$$\hat{P}_{ij}[\Phi(\vec{x}_1, \vec{x}_2, \ldots, \vec{x}_{i-1}, \vec{x}_i, \vec{x}_{i+1}, \ldots, \vec{x}_{j-1}, \vec{x}_j, \vec{x}_{j+1}, \ldots, \vec{x}_N)]$$
$$= \Phi(\vec{x}_1, \vec{x}_2, \ldots, \vec{x}_{i-1}, \vec{x}_j, \vec{x}_{i+1}, \ldots, \vec{x}_{j-1}, \vec{x}_i, \vec{x}_{j+1}, \ldots, \vec{x}_N)$$
$$\equiv -\Phi(\vec{x}_1, \vec{x}_2, \ldots, \vec{x}_{i-1}, \vec{x}_i, \vec{x}_{i+1}, \ldots, \vec{x}_{j-1}, \vec{x}_j, \vec{x}_{j+1}, \ldots, \vec{x}_N). \tag{10.44}$$

Hier ist $\hat{P}_{ij}$ der Permutationsoperator, der die beiden Elektronen vertauscht.

10.7 Hartree-Fock-Näherung

Die Tatsache, dass die Wellenfunktion der Hartree-Näherung, Gl. (10.36), die Ununterscheidbarkeit der Elektronen, Gl. (10.44), verletzt, kann als Ursache dafür gesehen werden, dass diese Näherung als nicht ausreichend genau betrachtet wird. Um dennoch das Orbitalbild, auf das die Hartree-Näherung basiert, zu behalten, wird die Wellenfunktion der Hartree-Näherung so verbessert, dass auf der einen Seite das Orbitalbild erhalten bleibt, und auf der anderen Seite die Ununterscheidbarkeit der Elektronen, und vor allem Gl. (10.44) berücksichtigt wird. Wie das geht, ist am leichtesten durch einfache Beispiele zu illustrieren.

Für ein System mit zwei Elektronen ist die Wellenfunktion der Hartree-Näherung gleich

$$\psi_1(\vec{x}_1)\psi_2(\vec{x}_2). \tag{10.45}$$

Tauschen wir die zwei Elektronen, erhalten wir die Wellenfunktion

$$\psi_1(\vec{x}_2)\psi_2(\vec{x}_1), \tag{10.46}$$

die wirklich nicht die negative Wellenfunktion aus Gl. (10.45) ist. Aber wenn wir diese beiden Glieder geschickt kombinieren, um die Antisymmetriebedingung der Gl. (10.44) zu erfüllen, erhalten wir

$$\tilde{\Phi}(\vec{x}_1, \vec{x}_2) = \psi_1(\vec{x}_1)\psi_2(\vec{x}_2) - \psi_1(\vec{x}_2)\psi_2(\vec{x}_1). \tag{10.47}$$

Diese Wellenfunktion besteht aus Gliedern wie in Gl. (10.45), wobei jedes Elektron ein Orbital besetzt, aber wir haben hier alle Kombinationen berücksichtigt, die dadurch entstehen, dass wir die zwei Elektronen beliebig in den zwei Orbitalen verteilen. Wir können deswegen nicht mehr sagen, welches Elektron sich in welchem Orbital befindet. Ferner haben wir Vorzeichen so eingeführt, dass die Antisymmetriebedingung der Gl. (10.44) erfüllt ist.

Für drei Elektronen können wir entsprechend aus der Funktion

$$\psi_1(\vec{x}_1)\psi_2(\vec{x}_2)\psi_3(\vec{x}_3) \tag{10.48}$$

eine neue erzeugen, die die Antisymmetriebedingung der Gl. (10.44) erfüllt, und wonach sich jedes Elektron in einem der drei Orbitale befindet, wobei wir aber nicht sagen können, welches Elektron sich in welchem Orbital befindet. Diese neue Funktion, die dies erfüllt, ist

$$\begin{aligned}\tilde{\Phi}(\vec{x}_1, \vec{x}_2, \vec{x}_3) = &\psi_1(\vec{x}_1)\psi_2(\vec{x}_2)\psi_3(\vec{x}_3) + \psi_1(\vec{x}_2)\psi_2(\vec{x}_3)\psi_3(\vec{x}_1) \\ &+ \psi_1(\vec{x}_3)\psi_2(\vec{x}_1)\psi_3(\vec{x}_2) - \psi_1(\vec{x}_1)\psi_2(\vec{x}_3)\psi_3(\vec{x}_2) \\ &- \psi_1(\vec{x}_3)\psi_2(\vec{x}_2)\psi_3(\vec{x}_1) - \psi_1(\vec{x}_2)\psi_2(\vec{x}_1)\psi_3(\vec{x}_3). \end{aligned} \tag{10.49}$$

Wir können jetzt erkennen, dass die beiden Wellenfunktionen der Gl. (10.47) und (10.49) als Determinanten geschrieben werden können. Dieses können wir dann verallgemeinern, sodass wir für N Elektronen die Wellenfunktion

$$\begin{vmatrix} \psi_1(\vec{x}_1) & \psi_2(\vec{x}_1) & \dots & \psi_N(\vec{x}_1) \\ \psi_1(\vec{x}_2) & \psi_2(\vec{x}_2) & \dots & \psi_N(\vec{x}_2) \\ \vdots & \vdots & \ddots & \vdots \\ \psi_1(\vec{x}_N) & \psi_2(\vec{x}_N) & \dots & \psi_N(\vec{x}_N) \end{vmatrix} \tag{10.50}$$

aufstellen. Es stellt sich heraus, dass es sinnvoll ist, diese Funktion mit einem konstanten Faktor zu multiplizieren, damit sie normiert ist. Dadurch erhalten wir

$$\Phi(\vec{x}_1, \vec{x}_2, \dots, \vec{x}_N) = \frac{1}{\sqrt{N!}} \begin{vmatrix} \psi_1(\vec{x}_1) & \psi_2(\vec{x}_1) & \dots & \psi_N(\vec{x}_1) \\ \psi_1(\vec{x}_2) & \psi_2(\vec{x}_2) & \dots & \psi_N(\vec{x}_2) \\ \vdots & \vdots & \ddots & \vdots \\ \psi_1(\vec{x}_N) & \psi_2(\vec{x}_N) & \dots & \psi_N(\vec{x}_N) \end{vmatrix} . \tag{10.51}$$

Diese Wellenfunktion ist die sog. Slater-Determinante (nach John C. Slater), die die Wellenfunktion der Hartree-Fock-Näherung darstellt (nach Douglas Rayner Hartree und Wladimir Alexandrowitsch Fock).

Aus den Regeln für Determinanten ist leicht zu erkennen, dass diese Wellenfunktion die Antisymmetriebedingung erfüllt: Dem Tausch zweier Elektronen entspricht der Tausch zweier Reihen der Determinante, wodurch die Determinante denselben Wert erhält, außer, dass sich das Vorzeichen ändert. Ferner lernen wir aus diesen Regeln, dass die Determinante als eine Summe mit insgesamt $N!$ Gliedern geschrieben werden kann. Jedes Glied gleicht

$$(-1)^{P(i_1, i_2, \dots, i_N)} \psi_{i_1}(\vec{x}_1) \psi_{i_2}(\vec{x}_2) \cdots \psi_{i_N}(\vec{x}_N), \tag{10.52}$$

sodass jedes Orbital und jedes Elektron genau einmal vorkommen. Der Präfaktor $(-1)^{P(i_1, i_2, \dots, i_N)}$ ist +1 oder −1.

Auch für diese Wellenfunktion verlangen wir, dass die Wellenfunktionen der einzelnen Elektronen orthonormal sind,

$$\langle \psi_i | \psi_j \rangle = \delta_{i,j}. \tag{10.53}$$

Die Orbitale werden dann anschließend dadurch bestimmt, dass die Größe

$$F = \langle \Phi | \hat{H}_e | \Phi \rangle - \sum_{i,j} \lambda_{ij} [\langle \psi_i | \psi_j \rangle - \delta_{i,j}], \tag{10.54}$$

wobei $\{\lambda_{ij}\}$ Lagrange-Multiplikatoren für die Nebenbedingungen aus Gl. (10.53) sind, ein Minimum hat. Dies ist absolut analog zur Vorgehensweise bei der Hartree-Näherung, außer dass die N-Elektronen-Wellenfunktion diesmal die Slater-Determinante ist.

Durch viel Rechnen erhält man dann letztendlich die Hartree-Fock-Gleichungen, die die einzelnen Orbitale erfüllen sollen,

$$\hat{F}\psi_k = \sum_{i=1}^{N} \lambda_{ki}\psi_i. \tag{10.55}$$

$\hat{F}$ ist der Fock-Operator,

$$\hat{F} = \hat{h}_1 + \sum_{i=1}^{N}(\hat{J}_i - \hat{K}_i). \tag{10.56}$$

Hier ist $\hat{h}_1$ der Operator der kinetischen Energie und der potentiellen Energie verursacht durch die Kerne. Die $\hat{J}_i$- und $\hat{K}_i$-Operatoren sind Operatoren, die aus den Wechselwirkungen zwischen den Elektronen herrühren,

$$\hat{J}_i\psi_k(\vec{x}_1) = \int \psi_i^*(\vec{x}_2)\hat{h}_2\psi_i(\vec{x}_2)\psi_k(\vec{x}_1)\,d\vec{x}_2 = \int \frac{e^2}{4\pi\epsilon_0}\frac{|\psi_i(\vec{x}_2)|^2\psi_k(\vec{x}_1)}{|\vec{r}_2 - \vec{r}_1|}\,d\vec{x}_2$$

$$= \int \frac{e^2}{4\pi\epsilon_0}\frac{|\psi_i(\vec{x}_2)|^2}{|\vec{r}_2 - \vec{r}_1|}\,d\vec{x}_2\,\psi_k(\vec{x}_1), \tag{10.57}$$

und

$$\hat{K}_i\psi_k(\vec{x}_1) = \int \psi_i^*(\vec{x}_2)\hat{h}_2\psi_i(\vec{x}_1)\psi_k(\vec{x}_2)\,d\vec{x}_2 = \int \frac{e^2}{4\pi\epsilon_0}\frac{\psi_i^*(\vec{x}_2)\psi_k(\vec{x}_2)\psi_i(\vec{x}_1)}{|\vec{r}_2 - \vec{r}_1|}\,d\vec{x}_2$$

$$= \int \frac{e^2}{4\pi\epsilon_0}\frac{\psi_i^*(\vec{x}_2)\psi_k(\vec{x}_2)}{|\vec{r}_2 - \vec{r}_1|}\,d\vec{x}_2\,\psi_i(\vec{x}_1). \tag{10.58}$$

Die $\hat{J}_i$-Operatoren werden Coulomb-Operatoren genannt, während die $\hat{K}_i$-Operatoren Austausch-Operatoren genannt werden. Die ersten entsprechen der Vorstellung der klassischen Physik, dass jedes Elektron eine Ladungswolke erzeugt, die elektrostatisch mit jedem anderen Elektron in Wechselwirkung tritt. Eine ähnliche Vorstellung ist aber nicht für die Austausch-Operatoren möglich, die vollständig auf die Ununterscheidbarkeit der Elektronen (also Quanteneffekte) zurückgeführt werden können. Die Coulomb-Operatoren sind diejenigen, die auch bei der Hartree-Näherung auftreten, während die Austausch-Operatoren bisher noch nicht aufgetreten sind.

Statt die Gleichungen im Detail zu diskutieren, listen wir kurz die zentralen Eigenschaften und Ergebnisse auf:

- Wie die Hartree-Gleichungen, sind auch die Hartree-Fock-Gleichungen nicht ganz einfach. Zuerst erkennt man, dass sie nicht ‚normale' Eigenwertgleichungen darstellen, sondern dass auf der rechten Seite in Gl. (10.55) nicht nur dieselbe Funktion wie auf der linken Seite steht, sondern eine Linearkombination aller Wellenfunktionen.
- Wie bei der Hatree-Näherung, läuft die i-Summation in Gl. (10.56) über alle besetzten Orbitale. Das heißt, dass Gl. (10.55) im Prinzip unendlich viele Lösungen hat, wovon wir N als diejenigen auswählen, die die Elektronen besetzen. Wie dies genau vorgenommen werden kann, werden wir unten näher diskutieren.

- Der Fock-Operator $\hat{F}$ hängt von den Lösungen ab, wie man sieht, wenn man Gl. (10.57) und (10.58) betrachtet. Hier gehen die Wellenfunktionen der besetzten Orbitale ein. Dies bedeutet ferner, dass man die Gleichungen iterativ lösen muss, wie auch schon bei den Hartree-Gleichungen: Man nimmt etwas für die besetzten Wellenfunktionen an, setzt das in Gl. (10.56) ein, um den Operator $\hat{F}$ zu erzeugen, löst mit diesem Gl. (10.55), und erhält dadurch neue Wellenfunktionen (SCF-Verfahren). In Kapitel 18.4 wird ein solches Verfahren durch ein einfaches Beispiel diskutiert.
- Im Gegensatz zum Hartree-Verfahren ist in Gl. (10.56) in der Summe auf der rechten Seite das Glied $i = k$ nicht ausgenommen. Dies ist möglich, weil, wie man leicht erkennt, das Glied $i = k$ in Gl. (10.55) für die Coulomb- und die Austausch-Wechselwirkung den betragsmäßig gleichen Wert ergibt,

$$\hat{J}_k \psi_k = \hat{K}_k \psi_k, \tag{10.59}$$

und deswegen insgesamt wegfällt.
- Es lässt sich zeigen, dass man

$$\lambda_{ki} = \delta_{k,i} \epsilon_k \tag{10.60}$$

wählen kann. Das bedeutet, dass die Hartree-Fock-Gleichungen dann zu Eigenfunktionsgleichungen werden.
- Mit der Wahl der Gl. (10.60) erhält man einen bestimmten Satz von Orbitalen, die sog. kanonischen Orbitale. Andere Möglichkeiten können dadurch erzeugt werden, dass man aus den dadurch erhaltenen Orbitalen neue bildet,

$$\tilde{\psi}_l = \sum_{k=1}^{N} U_{lk} \psi_k, \tag{10.61}$$

wo verlangt werden muss, dass

$$\sum_k U_{lk}^* U_{mk} = \delta_{l,m}, \tag{10.62}$$

damit die neuen Funktionen auch orthonormiert sind. Die Orbitale $\{\tilde{\psi}_k\}$ sehen höchst wahrscheinlich ganz anders aus als die Orbitale $\{\psi_k\}$. Eine Matrix $\underline{U}$, die Gl. (10.62) erfüllt, wird unitäre Matrix genannt, und entsprechend wird die Transformation (10.61) unitäre Transformation genannt.
- Dies bedeutet letztendlich, dass die einzelnen Orbitale nicht eindeutig sind. Tatsächlich kann man sie auch nicht experimentell untersuchen. Auf der anderen Seite, verwendet man die unitäre Transformation aus Gl. (10.61) für die besetzten, kanonischen Orbitalen, die Gl. (10.55) mit Gl. (10.60) gehorchen, bleibt der Erwartungswert jeder experimentell zugänglichen Größe unverändert.

- Die Orbitale, die die Hartree-Fock-Gleichungen mit Gl. (10.60) erfüllen, lassen sich besonders leicht interpretieren und diese Gleichungen sind leichter zu lösen. Deswegen werden üblicherweise nur diese betrachtet.
- Für jede experimentelle Größe, die als eine Summe identischer Operatoren der einzelnen Elektronen geschrieben werden kann,

$$\hat{A} = \sum_{i=1}^{N} \hat{a}(i), \tag{10.63}$$

ist der Erwartungswert

$$\langle \Phi | \hat{A} | \Phi \rangle = \sum_{i=1}^{N} \langle \psi_i | \hat{a} | \psi_i \rangle, \tag{10.64}$$

also die Beiträge der Orbitale werden einfach addiert.
- Ein Sonderfall ist die der Elektronendichte. Diese wird zu

$$\rho(\vec{r}) = \sum_{i=1}^{N} |\psi_i(\vec{r})|^2. \tag{10.65}$$

- Mit der Hartree-Fock-Näherung wird die elektronische Energie durch

$$\begin{aligned} E_e &\simeq \sum_{k=1}^{N} \langle \psi_k | \hat{h}_1 | \psi_k \rangle + \frac{1}{2} \sum_{k,l=1}^{N} [\langle \psi_k \psi_l | \hat{h}_2 | \psi_k \psi_l \rangle - \langle \psi_l \psi_k | \hat{h}_2 | \psi_k \psi_l \rangle] \\ &= \sum_{k=1}^{N} \epsilon_k - \frac{1}{2} \sum_{k,l=1}^{N} [\langle \psi_k \psi_l | \hat{h}_2 | \psi_k \psi_l \rangle - \langle \psi_l \psi_k | \hat{h}_2 | \psi_k \psi_l \rangle] \end{aligned} \tag{10.66}$$

genähert. Das erste Glied im letzten Ausdruck zeigt die Bedeutung der sog. Orbitalenergien ϵ_i und das zweite Glied ist eine Korrektur, die dadurch zustande kommt, dass im ersten Glied die Wechselwirkungen zwischen den Elektronen doppelt gezählt werden.
- Gl. (10.66) zeigt, dass ein wesentlicher Teil der Gesamtenergie aus der Summe der Orbitalenergien herrührt. Um die Gesamtenergie zu minimieren, ist es deswegen sinnvoll, dass die Orbitale mit den niedrigsten Orbitalenergien mit Elektronen besetzt werden. Dadurch erhält man eine Vorgehensweise, wie man aus den im Prinzip unendlich vielen Lösungen der Gl. (10.55) mit der Wahl der Gl. (10.60) die Slater-Determinante mit der niedrigsten Energie erhält: Die Slater-Determinante beinhaltet die Orbitale der niedrigsten ϵ_i.
- Wenn man annimmt, dass sich die Orbitale nicht ändern, wenn Elektronen hinzugefügt oder entfernt werden, erhält man

$$E_e(N-1) - E_e(N) \simeq -\epsilon_n \tag{10.67}$$

und

$$E_e(N + 1) - E_e(N) \approx \epsilon_m. \tag{10.68}$$

Hier ist $E_e(K)$ die elektronische Energie des Systems mit K Elektronen. Im ersten Fall ist ein Elektron aus dem besetzten Orbital n entfernt worden, und im zweiten Fall ist ein Elektron zum unbesetzten Orbital m hinzugefügt worden. Der erste Fall entspricht dem Ionisierungspotential und der zweite Fall der Elektronenaffinität. Dass sich die anderen Orbitale nicht ändern dürfen, wenn diese Formeln gültig sein sollen, bedeutet, dass sog. elektronische Relaxationseffekte ignoriert werden. Das Ergebnis der Gl. (10.67) und (10.68) ist das Theorem von Tjalling Charles Koopmans, das aber nicht exakt ist, sondern eine Näherung darstellt.

- Dieses Theorem liefert ein weiteres Argument dafür, dass die niedrigste Energie dadurch erreicht wird, dass die Orbitale der niedrigsten Energien besetzt werden. Wenn Relaxationseffekte ignoriert werden, wird es Energie kosten, Elektronen in energetisch höher liegende Orbitale anzuregen.
- Trotzdem soll erwähnt werden, dass es einige wenige Beispiele gibt, bei welchen die niedrigste Energie dadurch erhalten wird, dass nicht die energetisch niedrigsten Orbitale besetzt sind. Diese Beispiele sind aber wirklich die Ausnahme.

10.8 RHF und UHF

Wir werden jetzt die Beiträge zur Gesamtenergie, Gl. (10.66), diskutieren, die durch die Elektronen-Elektronen-Wechselwirkungen (also durch $\hat{h}_2$) entstehen und dabei explizit Effekte aufgrund des Spins der Elektronen betrachten. Wir nehmen an, dass die elektronischen Spin-Orbitale wie in Gl. (10.30) geschrieben werden können,

$$\psi_k(\vec{x}) = \tilde{\psi}_k(\vec{r})\gamma_k$$
$$\psi_l(\vec{x}) = \tilde{\psi}_l(\vec{r})\gamma_l \tag{10.69}$$

mit γ_k und γ_l jeweils gleich einer α-oder β-Spinfunktion. Wir nutzen aus, dass $\hat{h}_2$ unabhängig vom Spin ist, sodass wir für die Coulomb-Wechselwirkungen folgende Beziehung aufstellen können

$$
\begin{aligned}
\langle \psi_k \psi_l | \hat{h}_2 | \psi_k \psi_l \rangle &= \frac{e^2}{4\pi\epsilon_0} \int \int \frac{\psi_k^*(\vec{x}_1)\psi_l^*(\vec{x}_2)\psi_k(\vec{x}_1)\psi_l(\vec{x}_2)}{|\vec{r}_1 - \vec{r}_2|} \, d\vec{x}_1 \, d\vec{x}_2 \\
&= \frac{e^2}{4\pi\epsilon_0} \int \int \frac{\tilde{\psi}_k^*(\vec{r}_1)\tilde{\psi}_l^*(\vec{r}_2)\tilde{\psi}_k(\vec{r}_1)\tilde{\psi}_l(\vec{r}_2)}{|\vec{r}_1 - \vec{r}_2|} \, d\vec{r}_1 \, d\vec{r}_2 \langle \gamma_k | \gamma_k \rangle \langle \gamma_l | \gamma_l \rangle \\
&= \frac{e^2}{4\pi\epsilon_0} \int \int \frac{\tilde{\psi}_k^*(\vec{r}_1)\tilde{\psi}_l^*(\vec{r}_2)\tilde{\psi}_k(\vec{r}_1)\tilde{\psi}_l(\vec{r}_2)}{|\vec{r}_1 - \vec{r}_2|} \, d\vec{r}_1 \, d\vec{r}_2,
\end{aligned} \tag{10.70}
$$

was zeigt, dass die Coulomb-Wechselwirkungen unabhängig vom Spin sind.

Anders ist es aber für die Austausch-Wechselwirkungen. In diesem Falle haben wir

$$
\begin{aligned}
\langle \psi_l \psi_k | \hat{h}_2 | \psi_k \psi_l \rangle &= \frac{e^2}{4\pi\epsilon_0} \int \int \frac{\psi_l^*(\vec{x}_1)\psi_k^*(\vec{x}_2)\psi_k(\vec{x}_1)\psi_l(\vec{x}_2)}{|\vec{r}_1 - \vec{r}_2|} \, d\vec{x}_1 \, d\vec{x}_2 \\
&= \frac{e^2}{4\pi\epsilon_0} \int \int \frac{\tilde{\psi}_l^*(\vec{r}_1)\tilde{\psi}_k^*(\vec{r}_2)\tilde{\psi}_k(\vec{r}_1)\tilde{\psi}_l(\vec{r}_2)}{|\vec{r}_1 - \vec{r}_2|} \, d\vec{r}_1 \, d\vec{r}_2 \langle \gamma_l | \gamma_k \rangle \langle \gamma_k | \gamma_l \rangle \\
&= \frac{e^2}{4\pi\epsilon_0} \int \int \frac{\tilde{\psi}_k^*(\vec{r}_1)\tilde{\psi}_l^*(\vec{r}_2)\tilde{\psi}_k(\vec{r}_1)\tilde{\psi}_l(\vec{r}_2)}{|\vec{r}_1 - \vec{r}_2|} \, d\vec{r}_1 \, d\vec{r}_2 \delta_{\gamma_k, \gamma_l}.
\end{aligned} \tag{10.71}
$$

Also zwei Spin-Orbitale ψ_k und ψ_l vom Typ (10.69) haben nur dann Austausch-Wechselwirkungen ungleich null, wenn sie dieselbe Spin-Abhängigkeit aufweisen.

Dies kann Konsequenzen für die Rechnungen haben. In Abb. 10.4 betrachten wir schematisch die Energien und Besetzungen von Spin-Orbitalen, wie sie mit einer Hartree-Fock-Näherung erhalten werden können. Ist die Gesamtzahl der Elektronen gerade (linker Teil), kann oft angenommen werden, dass die Spin-up- und Spin-down-Orbitale identisch sind. Ein Elektron in einem Spin-up-Orbital spürt Coulomb-Wechselwirkungen von allen Elektronen, während es Austausch-Wechselwirkungen von den Elektronen mit demselben Spin spürt. Für ein Elektron in dem äquivalenten Spin-down-Orbital gibt es energetisch dieselben Wechselwirkungen, wobei das Elektron dann Austausch-Wechselwirkungen nur von den Spin-down-Elektronen spürt. Deswegen kann oft angenommen werden, dass die Spin-up- und Spin-down-Orbitale räumlich identisch sind und dieselben Energien besitzen.

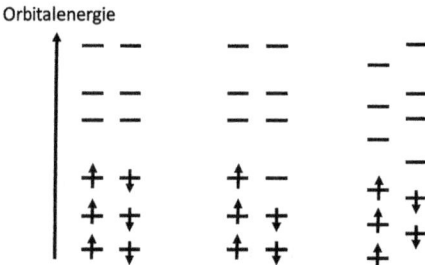

Abb. 10.4: Die Besetzung und Energien von Orbitalen in der Hartree-Fock-Näherung. Im linken Fall ist die Gesamtzahl der Elektronen gerade, und es gibt keinen Unterschied zwischen Spin-up- und Spin-down-Orbitalen. In dem mittleren Fall ist die Gesamtzahl der Elektronen ungerade, aber es wird trotzdem angenommen, dass es keinen Unterschied zwischen Spin-up- und Spin-down-Orbitalen gibt. Im rechten Fall wird diese Annahme aufgehoben.

Diese Annahme entspricht der sog. Restricted-Hatree-Fock-Näherung (RHF) Es soll erwähnt werden, dass es doch Fälle gibt, wo das System, trotz einer geraden Zahl an Elektronen, einen Zustand mit niedriger Energie finden kann, in welchem die Spin-up-und Spin-down-Orbitale unterschiedlich und unterschiedlich besetzt sind.

Ist die Anzahl der Elektronen ungerade, versagen diese Argumente. Wenn z. B. die Anzahl der Spin-down-Elektronen geringer ist als die der Spin-up-Elektronen, gibt es weniger Austausch-Wechselwirkungen zwischen den Spin-down-Elektronen als zwischen den Spin-up-Elektronen. Es gibt also keinen Grund, warum die Spin-up- und die Spin-down-Orbitale räumlich identisch sein und dieselben Energien besitzen müssten. Wenn man aber trotzdem diese Annahme macht, bleibt man in der RHF-Näherung, wie im mittleren Fall in Abb. 10.4 gezeigt.

Letztendlich kann man diese Annahme aufgeben, sodass die Spin-up- und Spin-down-Orbitale räumlich unterschiedlich sein und unterschiedliche Energien besitzen können. Dieses ist die sog. Unrestricted-Hatree-Fock-Näherung (UHF). Diese ist schematisch im rechten Teil der Abb. 10.4 dargestellt.

Wie der Name besagt, ist die UHF-Näherung eine Näherung, sodass nicht zu erwarten ist, dass alles perfekt beschrieben wird. Tatsächlich lässt sich zeigen (soll hier jedoch nicht erfolgen), dass die UHF-Näherung zu Ungenauigkeiten bei der Beschreibung von Spineffekten führen kann, sodass diese Näherung nicht immer optimal ist. Letztendlich soll betont werden, dass Systeme mit einer ungeraden Zahl an Elektronen eher mit anderen Methoden behandelt werden sollen, wie wir in Kapitel 14 und 15 diskutieren werden.

10.9 Orbitalbild ade?

In sehr vielen Teilgebieten der Chemie werden Orbitale benutzt, um chemische Erkenntnisse zu erklären, zu rationalisieren oder vorherzusagen. Das Orbitalbild ist ein so fundamentaler Bestandteil der Chemie, dass die Existenz von Orbitalen sehr oft als selbstverständlich gilt.

Und tatsächlich ist das Orbitalbild ein sehr nützliches Instrument für das Verständnis der Chemie. Trotzdem sind Orbitale keine realen Objekte, und es wird nie Experimente geben, mit welchen Orbitale sichtbar gemacht werden können. Dass heißt nicht, dass das Orbitalbild nicht mehr verwendet werden soll, sondern nur, dass es Fälle gibt, bei welchen es relevant sein kann, sich den Grenzen des Orbitalbildes bewusst zu sein. In diesem Kapitel werden wir diese Aussage etwas näher erläutern.

Die Idee, dass sich jedes Elektron in einem bestimmten Orbital befindet, haben wir mithilfe der Hartree- (Kapitel 10.6) und anschließend der Hartree-Fock-Näherung (Kapitel 10.7) mathematisch formuliert. Die beiden Näherungen unterscheiden sich darin, ob die Elektronen als unterscheidbar oder nicht unterscheidbar betrachtet werden, sind aber ansonsten äquivalent. Hier werden wir deswegen nur die Hartree-Fock-Näherung behandeln, auch weil die Hartree-Näherung kaum praktische Bedeutung in der Chemie hat.

Mit der Hartree-Fock-Näherung wird die N-Elektronen-Wellenfunktion für die N Elektronen unseres Systems mittels einer einzigen Slater-Determinante beschrieben, welche N 1-Elektron-Wellenfunktionen der einzelnen Orbitale beinhaltet. Hätten wir die

N-Elektronen-Wellenfunktion mittels mehrerer Slater-Determinanten genähert, wäre es nicht mehr möglich, einzelne Orbitale mit je einem Elektron zu identifizieren. Dieses bedeutet Folgendes: Wenn wir die Hartree-Fock-Näherung aufgeben, gilt das Orbitalbild nicht mehr.

Eine erste Frage ist deswegen, ob es jemals relevant sein wird, die N-Elektronen-Wellenfunktion mittels mehrerer Slater-Determinanten zu schreiben. Wir werden später wiederholt sehen, dass dies tatsächlich der Fall sein kann. Z. B. werden wir in Kapitel 11.3 zeigen, dass die Spineigenschaften eines Systems dazu führen können. Und in Kapitel 12.6 wird gezeigt, dass die Dissoziation von H_2 nicht richtig beschrieben wird, wenn man die Hartree-Fock-Näherung benutzt. Es gibt also tatsächlich (durchaus relevante) Fälle, bei welchen die Hartree-Fock-Näherung versagt.

Aber auch, wenn die Hartree-Fock-Näherung eine gute (= genaue) Näherung darstellt, gibt es Aspekte, die dazu führen, dass die Existenz von Orbitalen infrage gestellt werden muss. Die Lagrange-Multiplikatoren $\{\lambda_{ki}\}$ in Gl. (10.55) sind nicht eindeutig. Wir haben die Wahl der Gl. (10.60) getroffen, nicht weil das richtiger ist, sondern ‚nur' weil die Gleichungen dadurch ein bisschen leichter gelöst werden können. Mit einer anderen Wahl würden wir andere Orbitale erhalten, die deutlich anders aussehen können. Die räumliche Verteilung der Orbitale ist also alles andere als eindeutig, sodass es unmöglich ist, Orbitale eindeutig zu definieren. In Kapitel 14.9 wird dies durch ein Beispiel illustriert.

Mit der Wahl der Gl. (10.60) erhalten wir Werte von Energien, die wir als Orbitalenergien interpretieren. Mit jeder anderen Möglichkeit würde es keine solche einfache Interpretation der Lagrange-Multiplikatoren geben. Dadurch wird die Wahl der Gl. (10.60) für das allgemeine Verständnis chemischer Fragen hilfreicher, aber nicht richtiger.

Ferner kann gezeigt werden, dass die Wahl der Gl. (10.60) oft dazu führt, dass die Orbitale über das ganze Molekül delokalisiert sind. Es wird also schwierig sein, Orbitalen bestimmten Bindungen zuzuordnen. Auf der anderen Seite verwenden wir eine solche Zuordnung immer wieder, wenn wir chemische Bindungen beschreiben, und, wie wir in Kapitel 14.9 sehen werden, es ist tatsächlich möglich, solche lokalisierten Orbitale zu erzeugen. Dadurch werden wir eine Transformation wie in Gl. (10.61) verwenden (auch wenn dies kaum jemals explizit gemacht oder sogar erwähnt wird). Eine solche Transformation führt aber dazu, dass den neuen Orbitalen keine Orbitalenergien zugeordnet werden können.

Insgesamt ist das Orbitalbild eine sehr große Hilfe, um wichtige Teile des chemischen Wissens zu rationalisieren. Deswegen ist das Orbitalbild wichtig und relevant und soll nicht abgeschafft werden. Trotzdem soll nicht vergessen werden, dass es auch Fälle gibt, bei welchen das Orbitalbild weniger hilfreich wird.

Dass wir solche einfachen Modellvorstellungen verwenden, haben wir schon früher in diesem Buch gesehen. In Kapitel 4 haben wir das einfache Modell eines Teilchens in einem Kasten diskutiert. Niemand wird wohl anzweifeln, dass dieses Modell eine Vereinfachung darstellt und sich nie exakt realisieren lässt. Trotzdem haben wir gesehen, dass wir mit diesem Modell experimentelle Ergebnisse zu den Elektronen in einer Kette aus Pd-Atomen (Kapitel 4.12) gut beschreiben können. Ferner haben wir gesehen, dass wir mit diesem Modell auch eine recht genaue Darstellung der optischen Eigenschaften konjugierter Moleküle (Kapitel 4.11) erhalten können.

Ferner haben wir in Kapitel 7.5 den Spin des Elektrons eingeführt. Wir stellen uns dabei vor, dass das Elektron um seine eigene Achse rotiert, und dass diese Bewegung – wie alle anderen Bewegungen auch – gequantelt ist. Dass wir dadurch eine halbzahlige Spin-Quantenzahl akzeptieren müssen, was eigentlich in Widerspruch zur Behandlung in Kapitel 7.3 steht, wird als Preis dafür betrachtet, eine leicht zu verstehende Interpretation des Spins zu erhalten.

Überall verwenden wir einfache Modellvorstellungen, weil sie hilfreich sind, komplexe Sachverhalte zu verstehen. Das Orbitalbild ist eine solche Vereinfachung, und zwar eine sehr gute und sehr hilfreiche, aber doch nicht exakte und deswegen nicht experimentell nachweisbare.

Es gibt doch eine experimentelle Möglichkeit, um so etwas wie Orbitale zu bestimmen. Die Orbitale, die bestimmt werden können, werden Dyson-Orbitale genannt, und sollen hier nicht im mathematischen Detail behandelt, sondern nur kurz erläutert werden. Wenn wir annehmen, dass das Orbitalbild genau ist, wird eine Ionisierung eines N-Elektronen-Moleküls dazu führen, dass ein Elektron irgendein Orbital verlässt. Die übrigen $N-1$ Elektronen werden ganz sicher auf die neue Situation reagieren, sodass sich ihre Orbitale ändern (d. h., es gibt Relaxationseffekte). Der ‚Unterschied‘ zwischen dem System vor und nach der Ionisierung ist deswegen in gewisser Weise das Orbital, aus welchem das Elektron entfernt wurde plus die Relaxationseffekte. Wir werden hier nicht darauf eingehen, was genau ‚Unterschied‘ ist, sondern nur betonen, dass dieser Unterschied mit dem Dyson-Orbital zusammenhängt und mir einem Dyson-Orbital beschrieben werden kann. In einem solchen Experiment werden die bestmöglichen Näherungen zu experimentell zugänglichen Orbitalen untersucht.

Die präzise Definition der Dyson-Orbitale lautet

$$\Psi_I(\vec{x}_1) = \sqrt{N} \int \int \cdots \int [\Psi_I^{(N-1)}(\vec{x}_2, \vec{x}_3, \ldots, \vec{x}_N)]^*$$
$$\cdot \Psi_0^{(N)}(\vec{x}_1, \vec{x}_2, \vec{x}_3, \ldots, \vec{x}_N)\, d\vec{x}_2\, d\vec{x}_3 \cdots d\vec{x}_N. \tag{10.72}$$

Hier ist $\Psi_0^{(N)}$ die N-Elektronen-Wellenfunktion des Systems im Grundzustand und vor der Ionisierung. $\Psi_I^{(N-1)}$ ist die Wellenfunktion des Systems im Zustand I nach der Ionisierung. I ist nicht notwendigerweise der Grundzustand des $(N-1)$-Elektronen-Systems. Hier soll aber nicht näher auf diesen Ausdruck eingegangen werden.

10.10 Hartree-Fock-Roothaan-Verfahren

Würde man die Hartree-Fock-Gleichungen tatsächlich lösen, würde man den Funktionswert jedes Orbitals in jedem Ortspunkt bestimmen müssen. Dies ist eine viel zu große

Menge an Informationen, als dass man diese jemals bestimmen kann. Deswegen macht man eine weitere Näherung: Jedes Orbital wird nach einer endlichen Anzahl von Basisfunktionen entwickelt,

$$\psi_l(\vec{x}) = \sum_{p=1}^{N_b} \chi_p(\vec{x}) c_{pl}. \tag{10.73}$$

Hier ist N_b die Anzahl an Basisfunktionen. Die Basisfunktionen $\{\chi_p(\vec{x})\}$ werden vorher gewählt und fixiert, und nur die Koeffizienten $\{c_{pl}\}$ werden bestimmt. Dies ist Basis des Hartree-Fock-Roothaan-Verfahrens (nach Douglas Rayner Hartree, Wladimir Alexandrowitsch Fock und Clemens C. J. Roothaan).

Um die Gleichungen, welche die Koeffizienten $\{c_{pl}\}$ erfüllen sollen, aufzustellen, geht man so vor wie im Kapitel 10.7. D. h., man betrachtet die Größe F aus Gl. (10.54) und verlangt, dass diese ein Minimum hat. Dies bedeutet, dass

$$\frac{\partial F}{\partial c_{qm}} = \frac{\partial F}{\partial c_{qm}^*} = 0 \tag{10.74}$$

gelten soll, wobei c_{qm} ein beliebiger Koeffizient der Gl. (10.73) ist. Ohne Herleitung geben wir das Endergebnis an:

$$\sum_{m=1}^{N_b} \left\{ \langle \chi_p | \hat{h}_1 | \chi_m \rangle + \sum_{i=1}^{N} \sum_{n,q=1}^{N_b} c_{ni} c_{qi}^* [\langle \chi_p \chi_q | \hat{h}_2 | \chi_m \chi_n \rangle - \langle \chi_q \chi_p | \hat{h}_2 | \chi_m \chi_n \rangle] \right\} c_{ml}$$

$$= \epsilon_l \sum_{m=1}^{N_b} \langle \chi_p | \chi_m \rangle c_{ml}. \tag{10.75}$$

Hier sind

$$\langle \chi_p | \hat{h}_1 | \chi_m \rangle = \int \chi_p^*(\vec{x}) \hat{h}_1 \chi_m(\vec{x}) \, d\vec{x}$$

$$= \int \chi_p^*(\vec{x}) \left[-\frac{\hbar^2}{2m} \nabla^2 - \sum_k \frac{Z_k e^2}{4\pi\epsilon_0 |\vec{R}_k - \vec{r}|} \right] \chi_m(\vec{x}) \, d\vec{x}$$

$$\langle \chi_p \chi_q | \hat{h}_2 | \chi_m \chi_n \rangle = \int \int \chi_p^*(\vec{x}_1) \chi_q^*(\vec{x}_2) \hat{h}_2 \chi_m(\vec{x}_1) \chi_n(\vec{x}_2) \, d\vec{x}_1 \, d\vec{x}_2$$

$$= \int \int \chi_p^*(\vec{x}_1) \chi_q^*(\vec{x}_2) \frac{e^2}{4\pi\epsilon_0 |\vec{r}_1 - \vec{r}_2|} \chi_m(\vec{x}_1) \chi_n(\vec{x}_2) \, d\vec{x}_1 \, d\vec{x}_2. \tag{10.76}$$

Gl. (10.75) kann auch als eine Matrix-Eigenwertgleichung geschrieben werden,

$$\underline{\underline{F}} \cdot \underline{c}_l = \epsilon_l \cdot \underline{\underline{O}} \cdot \underline{c}_l, \tag{10.77}$$

wobei $\underline{\underline{F}}$ die Fock-Matrix ist mit den Elementen

$$F_{pm} = \langle \chi_p | \hat{h}_1 | \chi_m \rangle + \sum_{i=1}^{N} \sum_{n,q=1}^{N_b} c_{ni} c_{qi}^* [\langle \chi_p \chi_q | \hat{h}_2 | \chi_m \chi_n \rangle - \langle \chi_q \chi_p | \hat{h}_2 | \chi_m \chi_n \rangle] \qquad (10.78)$$

und $\underline{\underline{O}}$ die Überlappmatrix ist mit den Elementen

$$O_{pm} = \langle \chi_p | \chi_m \rangle. \qquad (10.79)$$

Letztendlich enthält $\underline{c}_l$ die Koeffizienten des $l$ten Orbitals.

Außer dass die Gleichungen etwas anders aussehen als bei der Hartree-Fock-Näherung, gelten dieselben Anmerkungen, die dort aufgeführt wurden.

Die Gleichungen werden einfacher, wenn die Restricted-Hartree-Fock-Näherung benutzt werden kann, und die Zahl der Elektronen gerade ist. In dem Falle wird angenommen, dass die Elektronen paarweise Spin-up- und Spin-down-Orbitale besetzen, sodass nicht beide Orbitale, sondern nur eines aus jedem Paar bestimmt werden müss: Das andere Orbital unterscheidet sich dann nur in Spin-Abhängigkeit. Ähnliches gilt für die Basisfunktionen, die sich in zwei Sätze von je $N_b/2$ Funktionen aufspalten, und die sich nur in der Spin-Abhängigkeit unterscheidet. Die Gleichungen (10.75) werden dann zu

$$\sum_{m=1}^{N_b/2} \left\{ \langle \chi_p | \hat{h}_1 | \chi_m \rangle + \sum_{i=1}^{N/2} \sum_{n,q=1}^{N_b/2} c_{ni} c_{qi}^* [2 \langle \chi_p \chi_q | \hat{h}_2 | \chi_m \chi_n \rangle - \langle \chi_q \chi_p | \hat{h}_2 | \chi_m \chi_n \rangle] \right\} c_{ml}$$

$$= \epsilon_l \sum_{m=1}^{N_b/2} \langle \chi_p | \chi_m \rangle c_{ml}, \qquad (10.80)$$

wobei angenommen wird, dass die $N_b/2$ Basisfunktionen $\{\chi\}$ nur von den Ortsraumkoordinaten abhängen. Verglichen mit den Hartree-Fock-Roothaan-Gleichungen sind die Summationen über die N Orbitale durch solche über die $N/2$ verschiedene Ortsraumfunktionen ersetzt worden.

10.11 Das Orbitalbild und Wechselwirkungen

Mittels des Orbitalbilds lassen sich verschiedene Typen von Wechselwirkungen zwischen zwei Systemen klassifizieren, auch wenn das Orbitalbild nicht immer imstande ist, diese quantitativ zu beschreiben. Die zwei Systeme können z. B. zwei Atome oder zwei Moleküle oder zwei Fragmente eines Moleküls sein, und die Wechselwirkungen können dann diejenigen sein, die die beiden Atome oder Fragmente zusammenhalten.

In Abb. 10.5 ist schematisch gezeigt, wie die Orbitale der zwei Systeme miteinander interagieren. Für eine kovalente Bindung mischen sich die besetzten Orbitale der beiden Systeme – möglicherweise durch Bildung von Hybridorbitalen (die in Kapitel 13.4 diskutiert werden) – und die Wechselwirkung zwischen den beiden Systemen kann als Wechselwirkung zwischen den besetzten Orbitalen aufgefasst werden. Das ist durch den Pfeil a in der Abbildung dargestellt.

Orbitalenergie

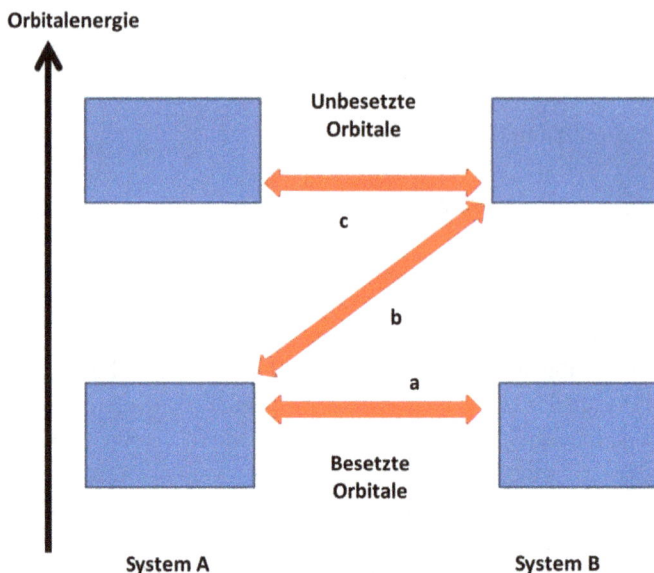

Abb. 10.5: Schematische Darstellung der Orbitalwechselwirkungen zwischen zwei Systemen A und B, die für (a) die kovalente Bindung, (b) die ionische Bindung, und (c) die Van-der-Waals-Wechselwirkung verantwortlich sind.

Für eine ionische Bindung werden Elektronen von den besetzten Orbitalen des einen Systems in die unbesetzten Orbitale des anderen Systems transferiert. Dieses ist durch den Pfeil b in Abb. 10.5 dargestellt.

Letztendlich sind die Elektronen nicht statisch verteilt, sondern deren Ladungsverteilung zeigt Fluktuationen. Durch diese Fluktuationen des einen Systems wird die Ladungsverteilung des anderen Systems polarisiert, was wiederum dazu führt, dass die Ladungsverteilung des ersten Systems auch polarisiert wird. Durch diese Wechselwirkung zwischen induzierten Dipolen entsteht eine schwache bindende Wechselwirkung, die sogenannte Van-der-Waals-Bindung (siehe auch Kapitel 15.8). Der induzierte Dipol des einzelnen Systems wird mithilfe der unbesetzten Orbitale beschrieben, sodass die Van-der-Waals-Wechselwirkung als Wechselwirkung zwischen den unbesetzten Orbitalen der beiden Systeme aufgefasst werden kann, was durch den Pfeil c in Abb. 10.5 dargestellt wird.

Durch eine solche sog. Morokuma-Analyse (nach Keiji Morokuma) kann diese Aufteilung von Wechselwirkungen zwischen zwei Molekülen (oder Atomen) auch quantitativ ausgedrückt werden.

Mithilfe der Hartree-Fock-Näherung werden vor allem die besetzten Orbitale gut beschrieben, aber die unbesetzten nicht. Deswegen wird die Van-der-Waals-Wechselwirkung nur sehr ungenau (oder gar nicht) mit dieser Näherung beschrieben.

10.12 Wie viele Orbitale werden benötigt?

Die kanonischen Orbitale erfüllen die Hartree-Fock-Gleichungen

$$\hat{F}\psi_k = \epsilon_k \psi_k, \tag{10.81}$$

d. h. die Lagrange-Multiplikatoren gehorchen Gl. (10.60). Bei der Aufstellung von $\hat{F}$ haben wir angenommen, dass eine bestimmte Anzahl der Orbitale besetzt ist, während die anderen Orbitale unbesetzt sind. Der Satz der besetzten Orbitale enthält so viele Orbitale, wie wir Elektronen haben, N. Es könnte daher angenommen werden, dass wir beim Lösen von Gl. (10.81) nur die N besetzten Orbitale identifizieren müssten, während die anderen irrelevant sind, obwohl wir im Prinzip unendlich viele Orbitale aus Gl. (10.81) bestimmen könnten. Wenn wir stattdessen das Hartree-Fock-Roothaan-Verfahren benutzen, können wir nicht unendlich viele Orbitale identifizieren, sondern nur so viele, N_b, wie wir Basisfunktionen haben, deren Anzahl größer als N ist (oder: sein sollte, damit eine Rechnung überhaupt Sinn ergibt und möglich wird!). Normalerweise sind die N Orbitale, die wir für relevant halten, diejenigen für die N niedrigsten Orbitalenergien, ϵ_k.

Allerdings haben wir bereits für das H-Atoms, Kapitel 8, einen Ansatz verwendet, der eigentlich identisch mit dem Hartree-Fock-Verfahren ist, obwohl er in diesem Fall exakt ist. Dort haben wir nicht nur das energetisch niedrigste Orbital berechnet, sondern unendlich viele Orbitale, und wir haben auch gesehen, dass die Orbitale, die im Grundzustand nicht besetzten sind, relevant werden, wenn z. B. experimentelle Ergebnisse erklärt werden sollen.

Aber auch für jedes andere atomare oder molekulare System sind die im Grundzustand unbesetzten Orbitale für eine Reihe von Situationen von Bedeutung. Zunächst erfordern experimentelle Ergebnisse wie beim Wasserstoffatom meist, dass auch energetisch höher liegende Orbitale berücksichtigt werden. Außerdem werden, wie wir sehen werden, wenn wir versuchen, über die Hartree-Fock-Näherung hinauszugehen, jene Orbitale wichtig, die im Grundzustand laut der Hartree-Fock-Approximation unbesetzt sind. Daher ist es selten der Fall, dass nur die N energetisch niedrigsten Orbitale gebraucht werden.

10.13 Aufgaben

1. Erklären Sie die SCF-Hartree-Fock-Methode. Was hat diese Methode mit dem Variationsverfahren zu tun? Ist diese Methode eine exakte Methode?
2. Erläutern Sie das Theorem von Koopmans. Welche Näherung wird vorgenommen, und wie genau ist es?
3. Erläutern Sie den Begriff ‚Orbitalnäherung‘.
4. Beschreiben Sie die physikalischen/chemischen Ideen hinter der Slater-Determinante.

5. Erklären Sie die Born-Oppenheimer-Näherung.
6. Erklären Sie den Begriff ‚Überlappintegral‘.
7. Vergleichen Sie die Hartree-Näherung und die Hartree-Fock-Näherung. Welche wird in der Praxis verwendet und warum?
8. Erläutern Sie kurz die Coulomb- und die Austausch-Wechselwirkungen der Elektronen innerhalb der Hartree-Fock-Näherung. Welche physikalischen Effekte stecken dahinter?
9. Erklären Sie kurz, wozu die Lagrange-Multiplikatoren in die Hartree-Fock-Theorie eingeführt werden. Welcher Satz dieser Multiplikatoren wird in der Praxis verwendet und wie wird dieser interpretiert?
10. Erklären Sie, was man unter einem SCF-Verfahren versteht, und was ein solches mit Elektronenstrukturrechnungen zu tun hat.
11. Sind die Hartree-Fock-Roothaan-Gleichungen äquivalent zu den Hartree-Fock-Gleichungen? Wann sind sie äquivalent und wann nicht? Welches Verfahren ist genauer? Begründen Sie die Antwort.
12. Erklären Sie kurz, wie Van-der-Waals-Wechselwirkungen entstehen.
13. Erläutern Sie kurz, warum es nie möglich sein wird, Orbitale experimentell zu sehen.
14. Was ist der Unterschied zwischen einem Orbital und einer Mehrelektronen-Wellenfunktion? Was ist die Orbitalnäherung? Warum nimmt man diese Näherung vor? Diskutieren Sie kurz, ob diese eine gute Näherung ist. Was beschreibt das Betragsquadrat eines Orbitals? Und das einer Mehrelektronen-Wellenfunktion?
15. Leiten Sie Gl. (10.80) her anfangend mit Gl. (10.75).
16. Betrachten Sie nur ein Zwei-Elektronen-System. Beweisen Sie, dass die Hartree-Fock-Wellenfunktionen orthonormiert sind, wenn die entsprechenden Orbitale normiert und orthogonal sind.

11 Atome

11.1 He

Das Helium-Atom besteht aus einem Kern und zwei Elektronen. In der quantentheo-
retischen Behandlung dieses Systems gehen wir so vor wie bei der Behandlung des
Wasserstoffatoms, und was im Einklang mit der Born-Oppenheimer-Näherung ist: Der
Kern wird nur dadurch berücksichtigt, dass er ein elektrostatisches Potential erzeugt,
worin sich die Elektronen bewegen. Weil es nur einen Kern gibt, wird es keinen Kern-
Kern-Wechselwirkungsbeitrag zur Gesamtenergie geben.

Weil es zweckmäßig ist, legen wir ein Koordinatensystem mit dem Ursprung in den
Ort des Kerns ein. Dann wird der Hamilton-Operator der Elektronen zu (siehe Abb. 11.1)

$$
\begin{aligned}
\hat{H}_e &= -\frac{\hbar^2}{2m_e}\nabla_1^2 - \frac{\hbar^2}{2m_e}\nabla_2^2 - \frac{2e^2}{4\pi\epsilon_0 r_1} - \frac{2e^2}{4\pi\epsilon_0 r_2} + \frac{e^2}{4\pi\epsilon_0 |\vec{r}_1 - \vec{r}_2|} \\
&= \left[-\frac{\hbar^2}{2m_e}\nabla_1^2 - \frac{2e^2}{4\pi\epsilon_0 r_1}\right] + \left[-\frac{\hbar^2}{2m_e}\nabla_2^2 - \frac{2e^2}{4\pi\epsilon_0 r_2}\right] + \frac{e^2}{4\pi\epsilon_0 |\vec{r}_1 - \vec{r}_2|} \\
&\equiv \hat{h}_1(\vec{r}_1) + \hat{h}_1(\vec{r}_2) + \hat{h}_2(\vec{r}_1, \vec{r}_2).
\end{aligned}
\tag{11.1}
$$

Wir haben hier den Operator in drei Teile aufgeteilt, um die Verbindung zum Inhalt
von Kapitel 10 zu betonen. $\hat{h}_1(\vec{r}_1)$ und $\hat{h}_1(\vec{r}_2)$ beinhalten alle Ein-Elektronen-Beiträge des
ersten bzw. zweiten Elektrons, während $\hat{h}_2(\vec{r}_1, \vec{r}_2)$ die Zwei-Elektronen-Beiträge repräsentiert.

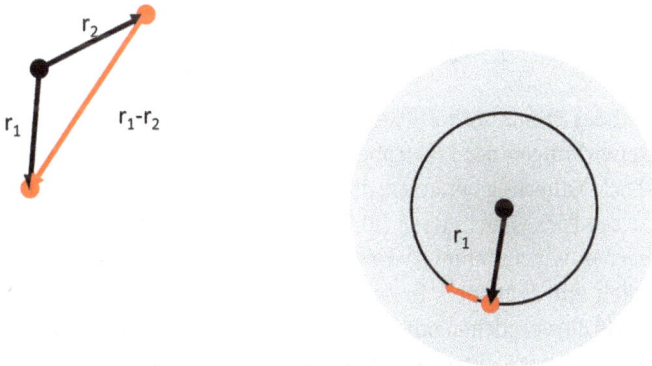

Abb. 11.1: Das He-Atom. In der linken Hälfte sind die Koordinaten der beiden Elektronen relativ zum Kern
und relativ zueinander gezeigt. In der rechten Hälfte ist die Bewegung des einen Elektrons angedeutet,
wenn sich dieses im Feld des Kernes (schwarzen Kreises in Zentrum) und im Feld des anderen Elektrons
(graue Wolke, die die Wahrscheinlichkeitsverteilung dieses Elektrons darstellt) bewegt.

https://doi.org/10.1515/9783111215075-011

Würden wir das letzte Glied, also $\hat{h}_2$, ignorieren, wäre die Wellenfunktion der Hartree-Näherung,

$$\Psi_e(\vec{x}_1, \vec{x}_2) = \psi_1(\vec{x}_1)\psi_2(\vec{x}_2) \tag{11.2}$$

eine exakte Lösung zur elektronischen Schrödinger-Gleichung

$$\hat{H}_e\Psi_e = E_e\Psi_e. \tag{11.3}$$

Diese Funktion würde aber, wie schon im letzten Kapitel diskutiert, die Ununterscheidbarkeit der Elektronen verletzen. Aber auch die Wellenfunktion der Hartree-Fock-Näherung,

$$\Psi_e(\vec{x}_1, \vec{x}_2) = \frac{1}{\sqrt{2}}[\psi_1(\vec{x}_1)\psi_2(\vec{x}_2) - \psi_1(\vec{x}_2)\psi_2(\vec{x}_1)] \tag{11.4}$$

wäre eine exakte Lösung zur Gl. (11.3), wenn $\hat{h}_2$ ignoriert werden könnte.

In beiden Fällen müssen die beiden Wellenfunktionen ψ_1 und ψ_2 die Einteilchengleichungen

$$\hat{h}_1(\vec{r})\psi_i(\vec{r}) = \epsilon_i\psi_i(\vec{r}) \tag{11.5}$$

erfüllen. Um diese Gleichungen zu lösen, geht man so vor, wie in Kapitel 8.4 für das H-Atom. Die einzigen Änderungen [vergl. Gl. (8.39)] sind:

$$\rho \to Z \cdot \rho$$
$$E \to Z^2 \cdot E. \tag{11.6}$$

Hier ist Z die Ordnungszahl des Atoms (also $Z = 2$ für Helium).

Wenn wir die Wechselwirkungen der Elektronen wieder einschalten, können wir immer noch die Hartree-Fock-Näherung benutzen, die aber dann nicht länger exakt ist. Wir werden dann die Hartree-Fock-Gleichungen (10.56) lösen müssen. Für den Grundzustand des He-Atoms werden wir annehmen, dass sich die zwei Orbitale ψ_1 und ψ_2 nur in der Spin-Abhängigkeit unterscheiden. Dann lässt sich leicht zeigen, dass in den Hartree-Fock-Gleichungen (10.56) verglichen mit den einfacheren Gleichungen (11.5) nur ein einziges Glied hinzukommt: Jedes Elektron spürt ein zusätzliches Potential durch die Verteilung des anderen Elektrons. Weil die Elektronen negativ geladen sind, bedeutet dies eine Abstoßung. Anders ausgedrückt bedeutet dies, dass sich jedes Elektron in einem Potential befindet, das weniger anziehend ist als das Potential des ‚nackten' Kerns. Das Potential des Kerns wird eben abgeschirmt. Dies ist schematisch in Abb. 11.1 gezeigt.

Eine genäherte Vorgehensweise, diese Effekte zu berücksichtigen, besteht darin, die Kernladungen Z in Gl. (11.6) durch eine effektive Kernladung Z_{eff} zu ersetzen. Es muss gelten

$$Z_{\text{eff}} \leq Z. \tag{11.7}$$

Anschließend kann man dann (näherungsweise) immer noch die wasserstoffähnlichen Wellenfunktionen benutzen. Im Prinzip ist Z_{eff} ein Variationsparameter, sodass dessen Wert durch Variation optimiert werden kann.

Tatsächlich kann ein solches Verfahren auch für schwerere Atome verwendet werden. Oft findet man dann, dass Z_{eff} verschiedene Werte für verschiedene Orbitale [also verschiedene Werte von (n, l)] haben soll.

Hier werden wir aber die Eigenschaften der Atome mithilfe des Aufbauprinzips behandeln. Dieses ist Inhalt des nächsten Kapitels.

11.2 Das Periodensystem

Einzelne, isolierte Atome sind kugelsymmetrisch. Um ihre elektronischen Eigenschaften zu verstehen, verwendet man das Aufbauprinzip. Dieses basiert auf der Hartree-Fock-Näherung.

Wegen der Kugelsymmetrie können alle Orbitale als

$$\psi(\vec{x}) = R_{nl}(r)Y_{l,m_l}(\theta, \phi)\sigma(m_s) \tag{11.8}$$

geschrieben werden, wobei σ die Spin-Abhängigkeit beschreibt. Dass die Kugelflächenfunktionen, Y_{l,m_l}, auftreten, ist eine Folge der Kugelsymmetrie; siehe Kapitel 17.1. Die Orbitale haben also dieselbe Struktur, wie wir für das Wasserstoffatom erhalten haben, doch mit einigen Unterschieden. Wie oben erörtert, können die radialen Funktionen $R_{nl}(r)$ oft mit denen des Wasserstoffatoms verglichen werden, obwohl wir dann effektive Kernladungen einführen, die nicht nur vom Atom, sondern auch von (n, l) abhängen. Um die Orbitale, die zur niedrigsten Gesamtenergie führen, zu erhalten, nimmt man an, dass sie energetisch so angeordnet sind, wie in Abb. 11.2 angedeutet. Das bedeutet vor allem, dass die Orbitalenergien nicht nur von n sondern auch von l abhängen, was einen Unterschied zum Wasserstoffatom ausmacht. Anschließend werden die Orbitale in steigender Reihenfolge besetzt. Dabei nutzt man aus, dass die s-, p-, d-, ...-Orbitale insgesamt $2, 6, 10, \ldots$ Elektronen aufnehmen können, wenn der Spin berücksichtigt wird. Um herauszufinden, welche Orbitale besetzt sind, verwendet man folgende Vorgehensweise:

- Die Orbitale sind energetisch so angeordnet, wie in Abb. 11.2 gezeigt.
- Weil Elektronen Fermionen sind, kann jedes Orbital nur von einem Elektron besetzt sein. Dies wird auch Pauli-Prinzip genannt (nach Wolfgang Pauli).
- Die Elektronen besetzen die Orbitale energetisch von unten nach oben.
- Können mehrere räumlich unterschiedliche, energetisch entartete Orbitale besetzt werden (z. B. die p_x-, p_y- und p_z-Orbitale), werden zuerst die räumlich verschiedenen Orbitale besetzt. Z. B. können für das C-Atom ein $2p_x$- und ein $2p_y$-Orbital mit

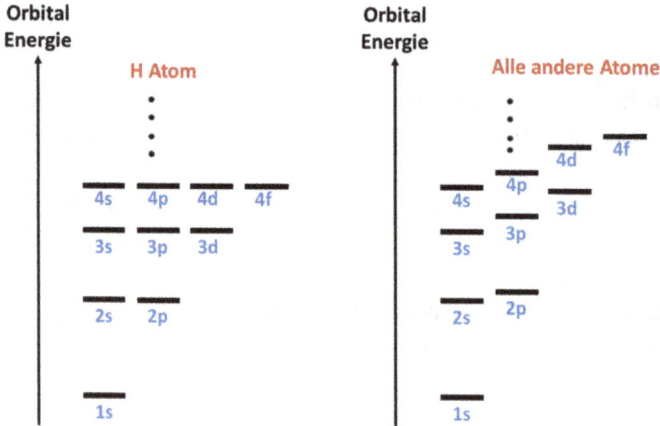

Abb. 11.2: Schematische Darstellung der Energien der Orbitale für (links) das Wasserstoffatom und (rechts) alle anderen Atome.

je einem Elektron besetzt werden, und erst beim O-Atom kommt ein zweites Elektron ins $2p_x$-Orbital hinzu. Das ist die erste Hälfte von Hunds Regel (nach Friedrich Hund).

– Im oben behandelten Fall werden die räumlich unterschiedlichen Orbitale mit derselben Spin-Abhängigkeit zuerst besetzt. Das ist die zweite Hälfte von Hunds Regel.

Mit diesem Verfahren können die periodische Tabelle, Abb. 11.3, und vor allem die Eigenschaften der Atome gezeigt werden. Z. B. kann die Periodizität der Eigenschaften, siehe Abb. 11.4, erklärt werden. Wenn wir den Teil der elektronischen Energie betrachten, der aus der Summe der Energien der besetzten Orbitale herrührt, erkennen wir aus Abb. 11.2, dass dieser Anteil abrupt steigt, und zwar jedes Mal, wenn ein Satz von Orbitalen mit gleichem (n, l) voll besetzt ist, wobei dies vor allem dann der Fall ist, wenn alle Orbitale mit demselben n besetzt sind. Das Letztere passiert bei $Z = 2, 10, 18, \ldots$, d. h. bei He, Ne, Ar, $\ldots$, während das Erste auch bei $Z = 4, 12, 20, \ldots$, d. h. bei Be, Mg, Ca, $\ldots$ stattfindet. Dieser Effekt kann in Abb. 11.4 als Sprünge in der Elektronenaffinität und dem ersten Ionisierungspotential erkannt werden. Ferner sieht man, dass es auch zu kleineren Sprüngen kommt, wenn ein Satz von Orbitalen mit denselben (n, l) halb voll ist, d. h., alle Elektronen in diesen Orbitalen haben dieselbe Spin-Abhängigkeit. Das ist z. B. bei N und P der Fall. Letztendlich zeigen Abb. 11.2 und 11.3, dass die Energien der 4s- und 3d-Orbitale vergleichbar sind, sodass diese Orbitale gleichzeitig gefüllt werden.

11.3 Drehimpulse

In Kapitel 7.4 haben wir die Addition von Drehimpulsvektoren diskutiert. Ausgehend von den Drehimpulsen einzelner Elektronen können wir einen Gesamtdrehimpuls ermitteln,

1	2	3	4	5	6	7	8	9	10	11	12	13	14	15	16	17	18
1 H $1s^1$																	2 He $1s^2$
3 Li $[He]2s^1$	4 Be $2s^2$											5 B $2s^2 2p^1$	6 C $2s^2 2p^2$	7 N $2s^2 2p^3$	8 O $2s^2 2p^4$	9 F $2s^2 2p^5$	10 Ne $2s^2 2p^6$
11 Na $[Ne]3s^1$	12 Mg $3s^2$											13 Al $3s^2 3p^1$	14 Si $3s^2 3p^2$	15 P $3s^2 3p^3$	16 S $3s^2 3p^4$	17 Cl $3s^2 3p^5$	18 Ar $3s^2 3p^6$
19 K $[Ar]4s^1$	20 Ca $4s^2$	21 Sc $4s^2 3d^1$	22 Ti $4s^2 3d^2$	23 V $4s^2 3d^3$	24 Cr $4s^1 3d^5$	25 Mn $4s^2 3d^5$	26 Fe $4s^2 3d^6$	27 Co $4s^2 3d^7$	28 Ni $4s^2 3d^8$	29 Cu $4s^1 3d^{10}$	30 Zn $4s^2 3d^{10}$	31 Ga $4s^2 3d^{10}$ $4p^1$	32 Ge $4s^2 3d^{10}$ $4p^2$	33 As $4s^2 3d^{10}$ $4p^3$	34 Se $4s^2 3d^{10}$ $4p^4$	35 Br $4s^2 3d^{10}$ $4p^5$	36 Kr $4s^2 3d^{10}$ $4p^6$
37 Rb $[Kr]5s^1$	38 Sr $5s^2$	39 Y $5s^2 4d^1$	40 Zr $5s^2 4d^2$	41 Nb $5s^1 4d^4$	42 Mo $5s^1 4d^5$	43 Tc $5s^2 4d^5$	44 Ru $5s^1 4d^7$	45 Rh $5s^1 4d^8$	46 Pd $4d^{10}$	47 Ag $5s^1 4d^{10}$	48 Cd $5s^2 4d^{10}$	49 In $5s^2 4d^{10}$ $5p^1$	50 Sn $5s^2 4d^{10}$ $5p^2$	51 Sb $5s^2 4d^{10}$ $5p^3$	52 Te $5s^2 4d^{10}$ $5p^4$	53 I $5s^2 4d^{10}$ $5p^5$	54 Xe $5s^2 4d^{10}$ $5p^6$
55 Cs $[Xe]6s^1$	56 Ba $6s^2$	57 La $6s^2 5d^1$	72 Hf $4f^{14}6s^2$ $5d^2$	73 Ta $4f^{14}6s^2$ $5d^3$	74 W $4f^{14}6s^2$ $5d^4$	75 Re $4f^{14}6s^2$ $5d^5$	76 Os $4f^{14}6s^2$ $5d^6$	77 Ir $4f^{14}6s^2$ $5d^7$	78 Pt $4f^{14}6s^1$ $5d^9$	79 Au $4f^{14}6s^1$ $5d^{10}$	80 Hg $4f^{14}6s^2$ $5d^{10}$	81 Tl $4f^{14}6s^2$ $5d^{10}6p^1$	82 Pb $4f^{14}6s^2$ $5d^{10}6p^2$	83 Bi $4f^{14}6s^2$ $5d^{10}6p^3$	84 Po $4f^{14}6s^2$ $5d^{10}6p^4$	85 At $4f^{14}6s^2$ $5d^{10}6p^5$	86 Rn $4f^{14}6s^2$ $5d^{10}6p^6$
87 Fr $[Rn]7s^1$	88 Ra $7s^2$	89 Ac $7s^2 6d^1$	104 Rf $5f^{14}7s^2$ $6d^2$	105 Db $5f^{14}7s^2$ $6d^3$	106 Sg $5f^{14}7s^2$ $6d^4$	107 Bh $5f^{14}7s^2$ $6d^5$	108 Hs $5f^{14}7s^2$ $6d^6$	109 Mt $5f^{14}7s^2$ $6d^7$	110 Ds $5f^{14}7s^2$ $6d^8$	111 Rg $5f^{14}7s^1$ $6d^{10}$	112 Cn $5f^{14}7s^2$ $6d^{10}$	113 Nh $5f^{14}7s^2$ $6d^{10}7p^1$	114 Fl $5f^{14}7s^2$ $6d^{10}7p^2$	115 Mc $5f^{14}7s^2$ $6d^{10}7p^3$	116 Lv $5f^{14}7s^2$ $6d^{10}7p^4$	117 Ts $5f^{14}7s^2$ $6d^{10}7p^5$	118 Og $5f^{14}7s^2$ $6d^{10}7p^6$

Lanthanoiden	58 Ce $[Xe]4f^1 6s^2$	59 Pr $4f^3 6s^2$	60 Nd $4f^4 6s^2$	61 Pm $4f^5 6s^2$	62 Sm $4f^6 6s^2$	63 Eu $4f^7 6s^2$	64 Gd $4f^7 6s^2 5d^1$	65 Tb $4f^9 6s^2$	66 Dy $4f^{10}6s^2$	67 Ho $4f^{11}6s^2$	68 Er $4f^{12}6s^2$	69 Tm $4f^{13}6s^2$	70 Yb $4f^{14}6s^2$	71 Lu $4f^{14}6s^2 5d^1$
Actinoiden	90 Th $[Rn]6d^2 7s^2$	91 Pa $5f^2 7s^2 6d^1$	92 U $5f^3 7s^2 6d^1$	93 Np $5f^4 7s^2 6d^1$	94 Pu $5f^6 7s^2$	95 Am $5f^7 7s^2$	96 Cm $5f^7 7s^2 6d^1$	97 Bk $5f^9 7s^2$	98 Cf $5f^{10}7s^2$	99 Es $5f^{11}7s^2$	100 Fm $5f^{12}7s^2$	101 Md $5f^{13}7s^2$	102 No $5f^{14}7s^2$	103 Lr $5f^{14}7s^2 6d^1$

Abb. 11.3: Die periodische Tabelle. Für jedes Element sind die Ordnungszahl und das Symbol angegeben sowie die Elektronenkonfiguration des Grundzustandes. Dabei bedeutet eine Notation für Li (als Beispiel) $[He]2s^1$, dass das Atom eine Rumpfkonfiguration wie die Konfiguration von He besitzt, und zusätzlich 1 Elektron in einem 2s Orbital. Alle Elemente in der selben Reihe haben dieselbe Rumpfkonfiguration.

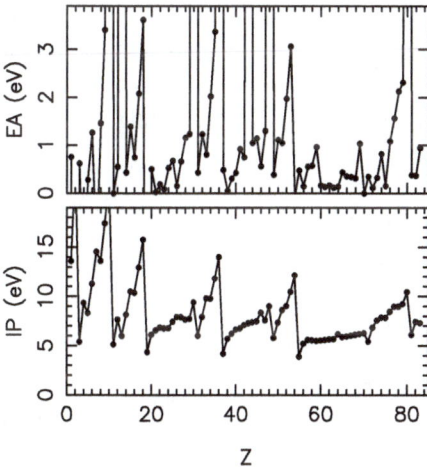

Abb. 11.4: Elektronenaffinität (EA) und erstes Ionisierungspotential (IP) isolierter Atome als Funktion der Ordnungszahl.

$$\vec{L} = \vec{l}_1 + \vec{l}_2 + \cdots + \vec{l}_N, \tag{11.9}$$

mit N gleich der Zahl der Elektronen. Dies gilt selbstverständlich auch für die Spins der Elektronen,

$$\vec{S} = \vec{s}_1 + \vec{s}_2 + \cdots + \vec{s}_N, \tag{11.10}$$

und ferner ist es auch möglich, den Gesamtdrehimpuls eines Elektrons durch Addition dessen Drehimpulses und Spins zu erhalten,

$$\vec{j}_i = \vec{l}_i + \vec{s}_i. \tag{11.11}$$

Daraus ergibt sich auch

$$\vec{J} = \vec{j}_1 + \vec{j}_2 + \cdots + \vec{j}_N = \vec{L} + \vec{S}. \tag{11.12}$$

Dass die $\vec{l}_i$ miteinander koppeln, lässt sich dadurch verstehen, dass die Bewegungen der einzelnen Elektronen nicht unabhängig voneinander sind. Wegen ihrer elektrischen Ladung versuchen sie, sich gegenseitig aus dem Weg zu gehen. Ähnliches gilt für die $\vec{s}_i$, wobei hier eher die Regeln von Hund andeuten, dass auch diese nicht unabhängig voneinander sind, d. h., dass sie miteinander koppeln.

Wenn es keine Kopplung zwischen Gesamtspin und Gesamtdrehimpuls gibt (also $\vec{L}$ und $\vec{S}$ sind unabhängig voneinander), sind $\vec{L}$ und $\vec{S}$ beide gequantelt. Dieses bedeutet, dass

$$\hat{L}^2 \Psi_e = L(L+1)\hbar^2 \Psi_e$$
$$\hat{S}^2 \Psi_e = S(S+1)\hbar^2 \Psi_e$$
$$\hat{L}_z \Psi_e = M_L \hbar \Psi_e$$
$$\hat{S}_z \Psi_e = M_S \hbar \Psi_e \tag{11.13}$$

gelten muss. Hier ist L eine ganze Zahl, während S halb- oder ganzzahlig ist. Ferner können M_L und M_S folgende Werte annehmen:

$$M_L = -L, -L+1, \ldots, L-1, L$$
$$M_S = -S, -S+1, \ldots, S-1, S. \tag{11.14}$$

Auf der anderen Seite, wenn $\vec{L}$ und $\vec{S}$ koppeln, gilt nur

$$\hat{J}^2 \Psi_e = J(J+1)\hbar^2 \Psi_e$$
$$\hat{J}_z \Psi_e = M_J \hbar \Psi_e \tag{11.15}$$

mit J halb- oder ganzzahlig und M_J gleich einem der folgenden Werte

$$M_J = -J, -J+1, \ldots, J-1, J. \tag{11.16}$$

Das ganze Gebiet der Quantelung und Kopplung von Drehimpulsen ist nicht einfach, und wir werden es deswegen nur kurz mittels eines Beispiels erläutern.

Wir fangen mit dem He-Atom an. Im Grundzustand befinden sich zwei Elektronen im 1s-Orbital, die sich nur in der Spin-Abhängigkeit unterscheiden. Wir können deswegen die Zwei-Elektronen-Wellenfunktion als

$$\Psi_e(\vec{x}_1, \vec{x}_2) = \frac{1}{\sqrt{2}}[\psi_{1s}(\vec{r}_1)\alpha(1)\psi_{1s}(\vec{r}_2)\beta(2) - \psi_{1s}(\vec{r}_2)\alpha(2)\psi_{1s}(\vec{r}_1)\beta(1)]$$

$$= \frac{1}{\sqrt{2}}\psi_{1s}(\vec{r}_1)\psi_{1s}(\vec{r}_2)[\alpha(1)\beta(2) - \alpha(2)\beta(1)] \tag{11.17}$$

schreiben. Hier ist $\psi_{1s}(\vec{r}_i)\alpha(i)$ die räumliche 1s-Wellenfunktion im Ortsraum für Elektron i multipliziert mit der α-Spin-Funktion für dasselbe Elektron. Eine ähnliche Notation wird benutzt, wenn α durch β ersetzt wird.

Für die 1s-Funktion ist die l-Quantenzahl gleich 0. Deswegen kann (siehe Kapitel 7.4) L auch nur 0 sein. Auf der anderen Seite ist die Spin-Quantenzahl für jedes Elektron gleich $\frac{1}{2}$, sodass S sowohl 0 als auch 1 sein kann. Es lässt sich aber zeigen (was nicht Inhalt dieses Kurses ist), dass für die Wellenfunktion in Gl. (11.17) $S = 0$ ist. Damit kann M_S auch nur 0 sein, was auch durch Einsetzen gesehen werden kann:

$$\hat{S}_z\Psi_e(\vec{x}_1, \vec{x}_2) = \frac{1}{\sqrt{2}}\psi_{1s}(\vec{r}_1)\psi_{1s}(\vec{r}_2)[\hat{s}_{1z} + \hat{s}_{2z}][\alpha(1)\beta(2) - \alpha(2)\beta(1)]$$

$$= \frac{1}{\sqrt{2}}\psi_{1s}(\vec{r}_1)\psi_{1s}(\vec{r}_2)$$

$$\cdot \frac{\hbar}{2}[\alpha(1)\beta(2) - \alpha(1)\beta(2) - \alpha(2)\beta(1) + \alpha(2)\beta(1)]$$

$$= 0. \tag{11.18}$$

Hier haben wir benutzt, dass

$$\hat{s}_{iz}\alpha(j) = \delta_{i,j}\frac{\hbar}{2}\alpha(i)$$

$$\hat{s}_{iz}\beta(j) = -\delta_{i,j}\frac{\hbar}{2}\beta(i). \tag{11.19}$$

Weil $S = 0$, gibt es nur einen möglichen Wert für M_S. Deswegen wird der Zustand mit der Wellenfunktion aus Gl. (11.17) als ein Singulett bezeichnet. Wäre $S = \frac{1}{2}, S = 1, \ldots$ hätte man zwei, drei, $\ldots$ mögliche Werte für M_S und die Zustände würden dann Dublett, Triplett, $\ldots$ genannt werden.

Wenn wir in Gl. (11.17) eine der beiden 1s-Funktionen durch eine 2s-Funktion ersetzen, beschreiben wir einen (elektronisch) angeregten Zustand. Abhängig davon, welche Spin-Funktionen die beiden Elektronen haben, können wir vier verschiedene Slater-Determinanten aufstellen,

$$\Psi_{e1}(\vec{x}_1, \vec{x}_2) = \frac{1}{\sqrt{2}}\begin{vmatrix} \psi_{1s}(\vec{r}_1)\alpha(1) & \psi_{2s}(\vec{r}_1)\alpha(1) \\ \psi_{1s}(\vec{r}_2)\alpha(2) & \psi_{2s}(\vec{r}_2)\alpha(2) \end{vmatrix}$$

$$\Psi_{e2}(\vec{x}_1, \vec{x}_2) = \frac{1}{\sqrt{2}}\begin{vmatrix} \psi_{1s}(\vec{r}_1)\beta(1) & \psi_{2s}(\vec{r}_1)\beta(1) \\ \psi_{1s}(\vec{r}_2)\beta(2) & \psi_{2s}(\vec{r}_2)\beta(2) \end{vmatrix}$$

$$\Psi_{e3}(\vec{x}_1, \vec{x}_2) = \frac{1}{\sqrt{2}} \begin{vmatrix} \psi_{1s}(\vec{r}_1)\alpha(1) & \psi_{2s}(\vec{r}_1)\beta(1) \\ \psi_{1s}(\vec{r}_2)\alpha(2) & \psi_{2s}(\vec{r}_2)\beta(2) \end{vmatrix}$$

$$\Psi_{e4}(\vec{x}_1, \vec{x}_2) = \frac{1}{\sqrt{2}} \begin{vmatrix} \psi_{1s}(\vec{r}_1)\beta(1) & \psi_{2s}(\vec{r}_1)\alpha(1) \\ \psi_{1s}(\vec{r}_2)\beta(2) & \psi_{2s}(\vec{r}_2)\alpha(2) \end{vmatrix}. \tag{11.20}$$

Es lässt sich jetzt zeigen (werden wir aber nicht tun), dass

$$\hat{S}^2 \Psi_{e1} = 2\hbar^2 \Psi_{e1}$$
$$\hat{S}_z \Psi_{e1} = \hbar \Psi_{e1}$$
$$\hat{S}^2 \Psi_{e2} = 2\hbar^2 \Psi_{e2}$$
$$\hat{S}_z \Psi_{e2} = -\hbar \Psi_{e2}$$
$$\hat{S}_z \Psi_{e3} = 0$$
$$\hat{S}_z \Psi_{e4} = 0. \tag{11.21}$$

Auf der anderen Seite ist weder Ψ_{e3} noch Ψ_{e4} eine Eigenfunktion zu $\hat{S}^2$. Aber bilden wir

$$\Psi_{e5}(\vec{x}_1, \vec{x}_2) = \frac{1}{\sqrt{2}} \left[\Psi_{e3}(\vec{x}_1, \vec{x}_2) + \Psi_{e4}(\vec{x}_1, \vec{x}_2) \right]$$
$$= \frac{1}{2} \left[\psi_{1s}(\vec{r}_1)\psi_{2s}(\vec{r}_2) - \psi_{1s}(\vec{r}_2)\psi_{2s}(\vec{r}_1) \right] \cdot \left[\alpha(1)\beta(2) + \alpha(2)\beta(1) \right]$$

$$\Psi_{e6}(\vec{x}_1, \vec{x}_2) = \frac{1}{\sqrt{2}} \left[\Psi_{e3}(\vec{x}_1, \vec{x}_2) - \Psi_{e4}(\vec{x}_1, \vec{x}_2) \right]$$
$$= \frac{1}{2} \left[\psi_{1s}(\vec{r}_1)\psi_{2s}(\vec{r}_2) + \psi_{1s}(\vec{r}_2)\psi_{2s}(\vec{r}_1) \right] \cdot \left[\alpha(1)\beta(2) - \alpha(2)\beta(1) \right], \tag{11.22}$$

dann gilt

$$\hat{S}^2 \Psi_{e5} = 2\hbar^2 \Psi_{e5}$$
$$\hat{S}_z \Psi_{e5} = 0$$
$$\hat{S}^2 \Psi_{e6} = 0$$
$$\hat{S}_z \Psi_{e6} = 0. \tag{11.23}$$

Dies bedeutet, dass Ψ_{e1}, Ψ_{e2} und Ψ_{e5} die drei energetisch entarteten Wellenfunktionen bilden, welche die drei Triplett-Zustände ausmachen [siehe Gl. (11.13): $S = 1$ und $M_S = -1, 0, 1$], während Ψ_{e6} einen Singulett-Zustand bildet.

Zum Schluss betonen wir, dass wir mit den Wellenfunktionen in Gl. (11.22) das Orbitalbild verlassen haben: Keine dieser Wellenfunktionen kann als eine einzige Slater-Determinante geschrieben werden.

Das Beispiel, das wir hier diskutiert haben, ist ausgesprochen einfach. Wir haben nur zwei Elektronen betrachtet, sodass nur zwei Drehimpulse addiert werden müssten. Ferner hatten die einzelnen Orbitale $l = 0$, sodass auch nur $L = 0$ möglich gewesen war. Für andere Werte von l_1 und l_2 müsste man die Drehimpulse genauso behandeln, wie wir es mit den Spins gemacht haben. Dadurch entstehen normalerweise mehrere unterschiedliche mögliche Werte der Länge des Gesamtdrehimpulses, L. Letztendlich bedeutet $L = 0$, dass $J = L + S$ nur den einen Wert, $J = S$, annehmen kann. Auch dadurch wird dies Beispiel besonders vereinfacht.

11.4 Spin-Bahn-Kopplung

Bei der Einführung des Spins des Elektrons (Kapitel 7.5) haben wir erwähnt, dass die häufig verwendete Vorstellung, dass der Spin die Rotation des kleinen Elektrons um seine eigene Achse beschreibt, nur eine bequeme Vorstellung ist, aber nicht ganz der Wahrheit entspricht. Stattdessen wird der Spin erst durch Verwendung der Relativitätstheorie erklärt.

Dass relativistische Effekte für Elektronen wichtig sind, kann auf folgende Weise illustriert werden. In unserem Alltag verwenden wir die SI-Einheiten, um die Phänomene zu erklären, die wir erleben. Dies bedeutet, dass wir z. B. Längen, Massen und Zeit in Einheiten von m, kg und s angeben. Dann werden alle anderen Größen in passenden Einheiten ausgedrückt und, was hier wichtig ist. Die Zahlenwerte, die wir dann angeben, sind normalerweise weder besonders groß noch besonders klein. Eher sind sie alle im Bereich von 0.01–100. Die Lichtgeschwindigkeit c ist in diesen Einheiten (m/s) $3 \cdot 10^8$, was so groß ist, dass man erwarten kann, dass diese Größe keine Bedeutung für unseren Alltag hat. Dass dies korrekt ist, ist ja bekannt.

Für ein Elektron sind die SI-Einheiten nicht zweckmäßig. Stattdessen verwendet man die sog. atomaren Einheiten (a. u. = atomic units). Danach werden die Planck-Konstante $\hbar$, die elementare Ladung $|e|$, die Dielektrizitätskonstante des Vakuums $4\pi\epsilon_0$ und die Masse des Elektrons m_e alle gleich 1 gesetzt,

$$\hbar = 1$$
$$m_e = 1$$
$$|e| = 1$$
$$4\pi\epsilon_0 = 1. \tag{11.24}$$

Energieeinheiten werden dann in Hartrees angegeben (1 Hartree = 27.21 eV) und Längen in bohr (1 bohr = 0.52917 Å). Die Energie des 1s-Elektrons in einem Wasserstoffatom ist dann −0.5 a. u., und der durchschnittliche Abstand zwischen Elektron und Kern im Wasserstoffatom ist 1 a. u. In diesen Einheiten erhält man

$$c = 137.036. \tag{11.25}$$

(Dieser Zahlenwert ist der Kehrwert der sog. Feinstrukturkonstante). Dieser Zahlenwert ist deutlich kleiner als der Wert in SI-Einheiten, und bedeutet auch, dass ein 1s-Elektron im Wasserstoffatom typischerweise eine Geschwindigkeit von etwa 1 % der Lichtgeschwindigkeit hat. Für schwerere Elemente werden vor allem die Rumpfelektronen stärker vom Kern angezogen und werden dadurch schneller, sodass die Geschwindigkeiten sogar der Lichtgeschwindigkeit nahekommen können. Weil wir wissen, dass für Körper mit Geschwindigkeiten, die nicht sehr viel kleiner als c sind, relativistische Effekte auftreten können, müssen wir schließen, dass dies auch für Elektronen der Fall ist. Um zu erkennen, dass relativistische Effekte für schwerere Atome wichtig sein können, können wir das einfache Modell von Niels Bohr zur Beschreibung des H-Atoms verwenden. Würden wir ein schwereres Element betrachten, würden wir in z. B. Gl. (8.3) und (8.4) e^2 durch $Z_{\text{eff}}e^2$ ersetzen, wo Z_{eff} eine effektive Kernladung sein soll, die vielleicht nicht ganz so groß wie Ordnungszahl des Atoms ist aber doch deutlich größer als 1. Gl. (8.4) zeigt dann, dass der Impuls des Elektrons größer wird.

Um die relativistischen Effekte für Quantenobjekte zu berücksichtigen, ist der formal richtige Weg, die Schrödinger-Gleichung durch die Dirac-Gleichung zu ersetzen. Dies ist eine ganz andere Gleichung, aber wenn man künstlich $c \rightarrow \infty$ streben lässt, geht die Gleichung in die Schrödinger-Gleichung über. Deswegen ist es auch möglich, die zusätzlichen Effekte, die durch die Relativitätstheorie entstehen, als kleinere Glieder direkt in der Schrödinger-Gleichung zu berücksichtigen. Man geht so vor, dass man die relativistischen Effekte in einer Reihe in $\frac{1}{c}$ schreibt, weil, wie Gl. (11.25) zeigt, diese Größe klein ist. Für ein Teilchen, das sich in einem Potential $V(\vec{r})$ bewegt, kann man dann die folgenden zusätzlichen Glieder für den Hamilton-Operator eines Teilchens (oder für den Fock-Operator) herleiten

$$\hat{H}_{\text{rel}} = -\frac{\hbar^4}{8m^3c^2}\nabla^4 + \frac{1}{8m^2c^2}\nabla^2 V(\vec{r}) + \frac{\hbar}{4m^2c^2}(-i\vec{\nabla}V \times \vec{\nabla}) \cdot \vec{s}$$
$$\equiv \hat{H}_{\text{mass-velocity}} + \hat{H}_{\text{Darwin}} + \hat{H}_{\text{soc}}. \tag{11.26}$$

Das erste Glied ist das sog. Mass-Velocity-Glied und das zweite ist das sog. Darwin-Glied. Das letzte Glied ist die sog. Spin-Bahn-Kopplung (spin-orbit coupling = soc).

Für ein Teilchen, dass sich in einem kugelsymmetrischen Potential,

$$V(\vec{r}) = V(r), \tag{11.27}$$

bewegt, wie ein Elektron in einem Atom, lässt sich das Glied der Spin-Bahn-Kopplung als

$$\hat{H}_{\text{soc}} = \frac{\hbar}{4m^2c^2}(-i\vec{\nabla}V \times \vec{\nabla}) \cdot \vec{s} = \frac{1}{4m^2c^2}\frac{1}{r}\frac{dV}{dr}(\vec{s} \cdot \vec{l}) \tag{11.28}$$

schreiben.

Würde man die Spin-Bahn-Kopplung ignorieren, würde die Schrödinger-Gleichung mit dem zusätzlichen Operator der Gl. (11.26) dieselben Symmetrieeigenschaften besitzen wie in Abwesenheit dieses zusätzlichen Operators. Nur die Spin-Bahn-Kopplung führt zu einer Änderung (Reduktion) der Symmetrieeigenschaften. Mit dieser sind Drehimpuls $\vec{l}$ und Spin $\vec{s}$ nicht mehr unabhängig voneinander, weil sie eben, wie Gl. (11.28) zeigt, miteinander koppeln.

Man sieht, dass dieser Effekt umso größer wird, je größer $\frac{dV}{dr}$ wird. Für ein Elektron in einem Atom besteht V aus dem Potential des Kerns und dem der anderen Elektronen. Ersteres ist gleich $\frac{-Ze^2}{r}$, wobei man sieht, dass dieses Glied (und seine Ableitung nach r) umso größer wird, desto schwerer das Atom ist. Für die Valenzelektronen (also diejenigen der energetisch obersten besetzten Orbitale) sorgen die anderen Elektronen dafür, dass das Potential des Kerns zum Teil abgeschirmt wird, aber trotzdem sind die Effekte der Spin-Bahn-Kopplung für die schweren Elemente am größten.

Tatsächlich wird oft behauptet, dass Gold ‚das am meisten relativistische, stabile Element' ist. Würde man künstlich die Lichtgeschwindigkeit nicht gleich 137 setzen sondern sehr viel größer (was z. B. in theoretischen Rechnungen erfolgen kann), würden sich die Eigenschaften von Gold markant ändern. Z. B. wäre dann die Farbe, die (auch) für die Beliebtheit von Gold verantwortlich ist, eher wie die von Kupfer.

11.5 Kopplungen, Termsymbole und gute Quantenzahlen

In Kapitel 11.3 haben wir diskutiert, wie die einzelnen $\vec{l}$ der Elektronen zu einem gemeinsamen $\vec{L}$ des Atoms führen, was auch für die einzelnen $\vec{s}$ der Elektronen gilt, die zu einem gemeinsamen $\vec{S}$ zusammengefügt werden können. Dass dies notwendig ist, erkennt man daran, dass die Bewegungen der einzelnen Elektronen nicht unabhängig voneinander sind: Die elektrostatischen Wechselwirkungen zwischen den Elektronen führen dazu, dass sich die Elektronen eher konzertiert bewegen, siehe Abb. 11.5, sodass die einzelnen $\vec{l}_i$ der einzelnen Elektronen voneinander abhängen, und man eher den Gesamtbahndrehimpuls $\vec{L}$ betrachten sollte. Ähnlich deuten die Regeln von Hund an, dass auch die Spins der einzelnen Elektronen voneinander abhängen. Letztendlich haben wir gerade gelernt, dass zumindest für schwerere Atome die Kopplung zwischen Spin- und Bahndrehimpulsen wichtig sein kann.

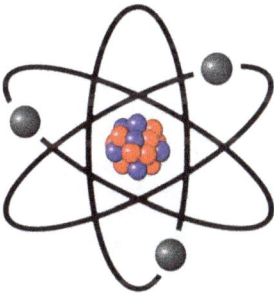

Abb. 11.5: Schematische Darstellung der Bewegungen der Elektronen in einem Atom.

Für leichtere Elemente, für welche die Spin-Bahn-Kopplung nur schwach ist, wird die gesamte elektronische Wellenfunktion $\Psi_e(\vec{x}_1, \vec{x}_2, \dots, \vec{x}_n)$ keine Eigenfunktion für die einzelnen $\hat{l}_i^2$-, $\hat{l}_{iz}$-, $\hat{s}_i^2$- oder $\hat{s}_{iz}$-Operatoren sein, aber näherungsweise (wenn relativistische Effekte ignoriert werden) schon für die Operatoren des Gesamtbahndrehimpulses und des Gesamtspins. Dies bedeutet, dass Gl. (11.13) dann gilt, und dass L, M_L, S und S_z ganz bestimmte Werte besitzen. Letztere wird oft so formuliert, dass L, M_L, S und S_z gute Quantenzahlen sind (sie haben eben bestimmte Werte). Die Existenz der guten Quantenzahlen kann auch mithilfe von kommutierenden Operatoren erklärt werden. Ohne Spin-Bahn-Kopplung kommutieren $\hat{H}$, $\hat{L}^2$, $\hat{L}_z$, $\hat{S}^2$ und $\hat{S}_z$. Deswegen ist es möglich, Wellenfunktionen zu identifizieren, die gleichzeitig Eigenfunktionen zu allen diesen Operatoren sind.

Wenn die Wellenfunktion eines Zustandes L und S als gute Quantenzahlen hat, kann man diese Wellenfunktion auch (zum Teil) durch diese Zahlenwerte beschreiben. Für eine solche Beschreibung verwendet man die sog. Termsymbole. Ein Term ist ein Satz von Zuständen, die alle dieselben Werte von L und S vorweisen, aber unterschiedliche Werte von M_L und M_S haben können. Die Termsymbole haben die Struktur $^{2S+1}\mathrm{X}$. Der obere Index, $2S+1$, ist der Zahlenwert von $2S+1$ und beschreibt die Anzahl der verschiedenen Spin-Zustände mit denselben L und S. Wenn $2S+1$ gleich $1, 2, 3, \ldots$ ist, redet man von einem Singulett, Dublett, Triplett, ... $2S+1$ wird Multiplizität genannt. Das Symbol X ist gleich S, P, D, F, G, $\ldots$, wenn $L = 0, 1, 2, 3, 4, \ldots$ ist. Ab und zu wird das Termsymbol durch einen rechten, unteren Index erweitert: $^{2S+1}\mathrm{X}_J$. Dieser Index gibt die Quantenzahl J an (siehe weiter unten).

In diesem ganzen Kapitel haben wir mehrmals erwähnt, dass man aus einzelnen Drehimpulsen und/oder Spins Gesamtdrehimpulse erzeugt, aber kaum beschrieben, wie dies erreicht werden kann. Hier soll nur erwähnt werden, dass es nicht einfach, aber mithilfe der sog. Clebsch-Gordan-Koeffizienten möglich ist (nach Alfred Clebsch und Paul Gordan).

Es gibt aber zwei Sonderfälle bei der Addition von mehreren Drehimpulsen, die hier erwähnt werden sollen. Wie wir im letzten Kapitel gesehen haben, führen die relativistischen Effekte dazu, dass $\vec{L}$ und $\vec{S}$ miteinander koppeln. Das bedeutet, dass L, M_L, S und M_S doch keine gute Quantenzahlen sind, sondern nur J und M_J, die aus der Summe entstehen,

$$\vec{J} = \vec{L} + \vec{S}. \tag{11.29}$$

Dann sind

$$\hat{J}^2 \Psi_e = J(J+1)\hbar^2 \Psi_e$$
$$\hat{J}_z \Psi_e = M_J \hbar \Psi_e. \tag{11.30}$$

Durch die Spin-Bahn-Kopplung kommutiert $\hat{H}$ nicht länger mit $\hat{L}^2$, $\hat{L}_z$, $\hat{S}^2$ und $\hat{S}_z$, aber mit $\hat{J}^2$ und $\hat{J}_z$. Deswegen verlieren die Termsymbole teilweise ihre Bedeutung.

Wie stark die Kopplung zwischen $\vec{L}$ und $\vec{S}$ ist, hängt von der Stärke der Spin-Bahn-Kopplung ab. Wie wir gesehen haben, ist diese für leichtere Elemente schwächer. Dann ist es eine vernünftige Näherung, zuerst die Termsymbole zu identifizieren, und anschließend anzunehmen, dass die Spin-Bahn-Kopplung nur zu kleineren Korrekturen führt. Man wird also zuerst $\vec{L}$ und $\vec{S}$ für die Gesamtheit der Elektronen bestimmen und nachher daraus $\vec{J}$ erzeugen. Dies entspricht der sog. Russell-Saunders-Kopplung (nach Henry Norris Russell und Frederick Albert Saunders).

Für schwere Elemente ist die Spin-Bahn-Kopplung aber stark, und deren Stärke kann sogar die Stärke der elektrostatischen Wechselwirkungen zwischen den Elektronen übersteigen. Dies bedeutet, dass die Vektoren $\vec{l}_i$ und $\vec{s}_i$ der einzelnen Elektronen stark koppeln, und es erst anschließend zu Kopplungen zwischen den Elektronen untereinander kommt. Dann ist es sinnvoller, zuerst aus $\vec{l}_i$ und $\vec{s}_i$ der einzelnen Elektronen die Summe zu bilden,

$$\vec{j}_i = \vec{l}_i + \vec{s}_i. \tag{11.31}$$

Anschließend wird aus allen $\vec{j}_i$ ein gemeinsames $\vec{J}$ gebildet,

$$\vec{J} = \vec{j}_1 + \vec{j}_2 + \cdots + \vec{j}_N. \tag{11.32}$$

Diese Vorgehensweise wird *jj*-Kopplung genannt.

Wie gesagt hängt das optimale Kopplungsschema von der relativen Stärke zwischen Spin-Bahn Kopplung und der elektrostatischen Wechselwirkung zwischen den Elektronen ab. Dieses Verhältnis kann mit einem Parameter $\chi = E_{soc}/E_{ee}$ quantifiziert werden, d. h. das Verhältnis zwischen der Energie der Spin-Bahn-Kopplung und der Energie der Elektronen-Elektronen-Wechselwirkung. $\chi = 0$ bedeutet, dass die Spin-Bahn-Kopplung vernachlässigt werden kann, während $1/\chi = 0$ bedeutet, dass die elektrostatischen Wechselwirkungen ignoriert werden können. In Abb. 11.6 zeigen wir, wie (auf der linken Seite) die Termsymbole, für welche die Spin-Bahn-Kopplung nicht berücksichtigt

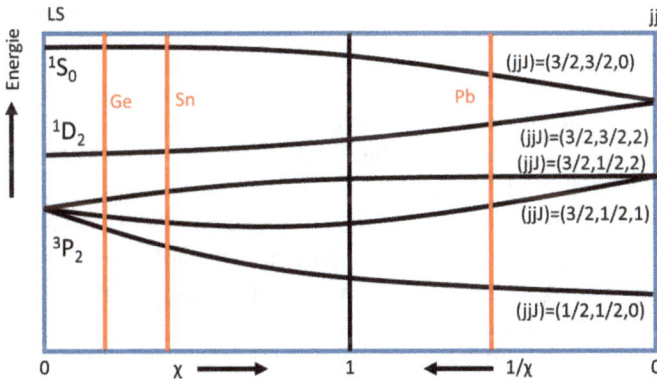

Abb. 11.6: Schematische Darstellung des Zusammenhangs zwischen Kopplungsschemen und relativer Stärke der Spin-Bahn-Kopplung bezüglich der interelektronischen Wechselwirkungen für Atome mit zwei *p*-Valenzelektronen. $\chi = E_{soc}/E_{ee}$ ist das Verhältnis zwischen der Energie der Spin-Bahn-Kopplung und der Energie der Elektronen-Elektronen-Wechselwirkung. Typische Werte für Ge, Sn und Pb sind auch angedeutet.

wird, in die Zustände der *jj*-Kopplung übergehen, wenn χ zunimmt. Hier ist als Beispiel ein System mit zwei Elektronen in *p*-Orbitalen behandelt. Mit den senkrechten Linien ist auch angedeutet, wo auf der χ-Skala verschiedene Atome liegen.

11.6 Über die räumliche Verteilung und die Energien der Atomorbitale

Mit dem Aufbauprinzip haben wir gesehen, wie wir die Orbitale von Atomen mit Elektronen besetzen. Aus den Grundlagen der Quantentheorie kann man aber etwas mehr zu den Orbitalen lernen, was hier kurz diskutiert werden soll.

Bei den H- und He-Atomen kommen die ersten beiden Elektronen in das 1*s*-Orbital. Für den Grundzustand für Li brauchen wir zum ersten Mal das 2*s*-Orbital. Aus der Quantentheorie (Kapitel 3.5) wissen wir, dass das 2*s*-Orbital orthogonal zu dem 1*s*-Orbital sein muss. Die beiden haben dieselbe Winkelabhängigkeit und können sich deswegen nur in der radialen Abhängigkeit unterscheiden. Weil das 1*s*-Orbital überall positiv ist und ferner ein Maximum am Ort des Kerns hat, muss das 2*s*-Orbital sowohl räumliche Bereiche mit positiven Werten als auch räumliche Bereiche mit negativen Werten besitzen und wird ferner nach Außen gedrängt – hat also eine größere Gewichtung in Bereichen ferner vom Kern (das kann schon in Abb. 8.2 erkannt werden). Deswegen spürt ein Elektron in einem solchen Orbital die elektrostatische Anziehung durch den Kern nicht so stark wie ein 1*s*-Elektron: Das Orbital liegt deswegen energetisch höher.

Ab B werden wir anfangen, Elektronen in *p*-Orbitale zu platzieren. Die Winkelabhängigkeit der *p*-Orbitale ist anders als die der *s*-Orbitale, und deswegen sind die 2*p*-Orbitale automatisch orthogonal zu den 1*s*- und 2*s*-Orbitalen. Dies erklärt, warum sich die 2*p*-Orbitale den Atomkernen relativ weit nähern können (siehe Abb. 8.2). Deswegen ist ihre Energie auch relativ niedrig, sodass die Energiedifferenz zwischen 2*s*- und 2*p*-Orbitalen nicht so groß ist.

Anschließend werden die 3*s*-Orbitale gefüllt. Diese müssen orthogonal zu den 1*s*- und 2*s*-Orbitalen sein, während sie automatisch (wegen unterschiedlicher Winkelabhängigkeit) orthogonal zu den 2*p*-Orbitalen sind. Dies führt zu einem noch komplexeren radialen Verhalten als bei den 1*s*- und 2*s*-Orbitalen.

Die 3*p*-Orbitale müssen vor allem orthogonal zu den 2*p*-Orbitalen sein. Wie bei 1*s* und 2*s* führt das dazu, dass die 3*p*-Orbitale vom Kern weggedrängt werden, und deswegen sind die Orbitalenergien der 3*p*-Orbitale nicht so nahe an denen der 3*s*-Orbitale wie es vorher bei den 2*s*- und 2*p*-Orbitalen der Fall war.

Letztendlich führt dies dazu, dass Hybridorbitale (die wir später in Kapitel 13.4 diskutieren werden) nicht so leicht bei Elementen der 3*s*- und 3*p*-Reihe gebildet werden können wie bei den Elementen der 2*s*- und 2*p*-Reihe. Dies hat Konsequenzen für das chemische Verhalten der Atome.

Wenn wir noch weitergehen, kommen wir irgendwann zu den 3*d*-Orbitalen. Wegen ihrer Winkelabhängigkeit sind diese orthogonal zu den bisher besetzten 1*s*-, 2*s*-, 2*p*-, 3*s*-,

$3p$- und $4s$-Orbitalen und können dadurch nahe an den Atomkern gelangen und sind deswegen oft stark an den Atomkernen lokalisiert. Obwohl diese Orbitale ein kompliziertes Knotenverhalten aufweisen und dadurch eine höhere kinetische Energie, führt die Nähe zum Atomkern dazu, dass ihre Energien nicht so hoch sind. Ähnliches findet auch bei den Elementen der $4f$-Reihe statt.

11.7 Kugelförmige Atome

In diesem Kapitel werden wir das Kohlenstoffatom in einigen Details diskutieren, betonen jedoch, dass die Diskussion leicht für jedes andere Atom verwendet werden kann, wenn das Atom elektronische Schalen besitzt, die nicht komplett gefüllt sind. D. h. dass bei der Anwendung des Aufbauprinzips nicht alle Orbitale mit dem gleichen (n, l) besetzt werden.

Um die Diskussion zu vereinfachen, ignorieren wir Spin-Abhängigkeiten. Dann können wir die drei elektronischen Konfigurationen konstruieren, die in Abb. 11.7 gezeigt sind. In allen Fällen besetzen zwei Elektronen die $1s$-Orbitale, zwei weitere die $2s$-Orbitale, und die drei Konfigurationen unterscheiden sich dadurch, wie zwei der drei $2p$-Orbitale besetzt sind.

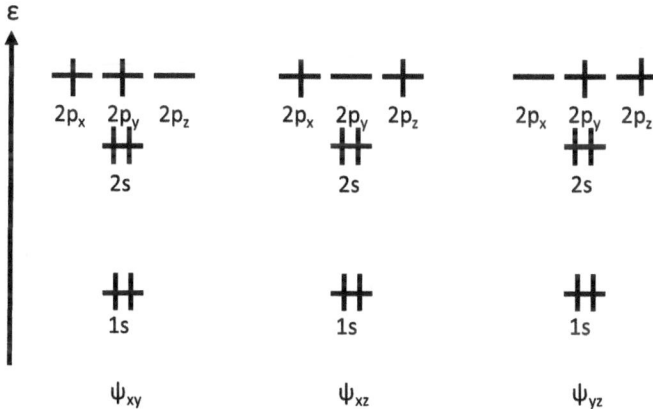

Abb. 11.7: Schematische Darstellung der drei Konfigurationen, die wir uns für das Kohlenstoffatom vorstellen können. Die entsprechenden Wellenfunktionen werden Ψ_{xy}, Ψ_{xz} bzw. Ψ_{yz} genannt. Spin wird nicht gezeigt, und die Orbitalenergien sind nicht maßstabsgetreu angegeben.

Wir erkennen, dass die drei Wellenfunktionen, die die drei Konfigurationen in Abb. 11.7 beschreiben, energetisch entartet sind, und tatsächlich haben alle (normalisierten) Linearkombinationen dieser drei die gleiche Energie und entsprechen der Besetzung von zwei $2p$-Funktionen, die entlang zweier orthogonalen Richtungen im

Raum orientiert sind. Somit können wir eine zeitabhängige Wellenfunktion für das Kohlenstoffatom konstruieren,

$$\Psi = c_{xy}(t)\Psi_{xy} + c_{xz}(t)\Psi_{xz} + c_{yz}(t)\Psi_{yz}, \tag{11.33}$$

wobei wir nur die Zeitabhängigkeit (t) angegeben haben, nicht aber die Orts- und Spinkoordinaten der Elektronen. Außer zu verlangen, dass

$$\left|c_{xy}(t)\right|^2 + \left|c_{xz}(t)\right|^2 + \left|c_{yz}(t)\right|^2 = 1, \tag{11.34}$$

sind die drei Koeffizienten $c_{xy}(t)$, $c_{xz}(t)$ und $c_{yz}(t)$ prinzipiell beliebig. Da alle Wellenfunktionen der Form von Gl. (11.33) energetisch entartet sind, können diese drei Koeffizienten frei variieren, ohne dass dem System (dem Kohlenstoffatom) Energie zugeführt werden muss.

Wir können jetzt verschiedene Fälle diskutieren. Wenn die drei Koeffizienten Konstanten sind, erhalten wir eine Ladungsdichte, wie sie in dem linken Teil von Abb. 11.8 schematisch dargestellt ist. In diesem Fall haben wir gewählt

$$c_{xy} = 1, \quad c_{xz} = 0, \quad c_{yz} = 0 \tag{11.35}$$

und die Elektronendichte wird

$$\rho(\vec{r}) = 2\left|\psi_{1s}(\vec{r})\right|^2 + 2\left|\psi_{2s}(\vec{r})\right|^2 + \left|\psi_{2p_x}(\vec{r})\right|^2 + \left|\psi_{2p_y}(\vec{r})\right|^2. \tag{11.36}$$

Diese Dichte ist in Abb. 11.8 in der (x, z)-Ebene dargestellt. Bei der Herstellung dieser Figur haben wir die elektronischen Wellenfunktionen für das Wasserstoffatom verwendet, was sicherlich eine sehr grobe Näherung ist. Jedoch das Hauptergebnis wird durch eine sorgfältige Betrachtung des linken Teils von Abb. 11.8 deutlich: Die elektronische Dichte ist nicht kugelförmig. Für andere konstante Werte der drei Koeffizienten werden ähnliche Ergebnisse gefunden, außer dass sie im Vergleich zum Fall von Abb. 11.8 rotiert werden.

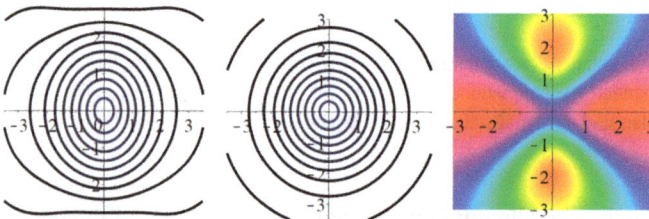

Abb. 11.8: Genäherte Elektronendichten für das Kohlenstoffatom, erhalten durch Verwendung der elektronischen Wellenfunktionen für das Wasserstoffatom. Links wird die Dichte von Gl. (11.36) gezeigt, während der mittlere Teil die von Gl. (11.37) zeigt. Der rechte Teil zeigt den Unterschied zwischen den beiden.

Dies wird auch dann der Fall sein, wenn die drei Koeffizienten die gleiche Zeitabhängigkeit besitzen. Nur wenn sie unterschiedliche, unkorrelierte Zeitabhängigkeiten haben, wird die durchschnittliche Elektronendichte gleich

$$\rho(\vec{r}) = 2|\psi_{1s}(\vec{r})|^2 + 2|\psi_{2s}(\vec{r})|^2 + \frac{2}{3}[|\psi_{2p_x}(\vec{r})|^2 + |\psi_{2p_y}(\vec{r})|^2 + |\psi_{2p_z}(\vec{r})|^2], \tag{11.37}$$

die im mittleren Teil von Abb. 11.8 gezeigt wird und die kugelsymmetrisch ist. Vergleicht man mit dem linken Teil dieser Abbildung, sind kleinere Unterschiede sichtbar. Diese Unterschiede sind im rechten Teil von Abb. 11.8 dargestellt.

Um also ein kugelförmiges Kohlenstoffatom zu erhalten, brauchen wir alle drei Konfigurationen von Abb. 11.7 und es ist nicht möglich, sechs verschiedene Orbitale anzugeben, die von je einem der sechs Elektronen besetzt sind: Wir brauchen mehrere Orbitale.

11.8 Aufgaben mit Antworten

1. **Aufgabe:** Betrachten Sie ein System bestehend aus zwei d-Elektronen. Benutzen Sie sowohl die Russell-Saunders- als auch die jj-Kopplung, um die möglichen Werte von J für dieses System zu bestimmen.

   Antwort: Wir betrachten allgemein zwei Drehimpulse $\vec{v}_1$ und $\vec{v}_2$, die anschließend zu Bahn- und/oder Spindrehimpulsen werden. Es gilt dann immer, dass für eine Summe wie

   $$\vec{V} = \vec{v}_1 + \vec{v}_2, \tag{11.38}$$

   für welche die einzelnen Drehimpulsvektoren gequantelt sind,

   $$\begin{aligned}|\vec{v}_1|^2 &= v_1(v_1 + 1)\hbar^2 \\ |\vec{v}_2|^2 &= v_2(v_2 + 1)\hbar^2,\end{aligned} \tag{11.39}$$

   auch die Summe gequantelt sein wird,

   $$|\vec{V}|^2 = V(V + 1)\hbar^2. \tag{11.40}$$

   Die möglichen Werte von V sind dann gegeben durch

   $$V = |v_1 - v_2|, |v_1 - v_2| + 1, \ldots, v_1 + v_2 - 1, v_1 + v_2. \tag{11.41}$$

   Wir verwenden dies jetzt zuerst für die Russell-Saunders-Kopplung für die zwei d-Elektronen. Zuerst lassen wir $\vec{v}_i = \vec{l}_i$ und erhalten dann ($l_1 = l_2 = 2$), dass

   $$L = 0, 1, 2, 3, 4 \tag{11.42}$$

möglich sind, während für den Spin ($\vec{v}_i = \vec{s}_i$ und $s_1 = s_2 = \frac{1}{2}$)

$$S = 0, 1 \tag{11.43}$$

möglich sind. Anschließend lassen wir $\vec{v}_1 = \vec{L}$ und $\vec{v}_2 = \vec{S}$ sein und erhalten dann, dass

$$J = 0, 1, 2, 3, 4, 5 \tag{11.44}$$

möglich sind.

Für die jj-Kopplung lassen wir zuerst $\vec{v}_1 = \vec{l}$ und $\vec{v}_2 = \vec{s}$ sein (mit $v_1 = 2$, $v_2 = \frac{1}{2}$) und erhalten dann auf ähnliche Weise, dass

$$j_1, j_2 = \frac{3}{2}, \frac{5}{2} \tag{11.45}$$

möglich sind. Anschließend erhalten wir mit $\vec{v}_i = \vec{j}_i$, dass

$$J = 0, 1, 2, 3, 4, 5 \tag{11.46}$$

möglich sind.

11.9 Aufgaben

1. Schreiben Sie die elektronische Wellenfunktion für das Be-Atom laut der Hartree-Fock-Näherung auf.
2. Ist die Zwei-Elektron-Wellenfunktion

$$\psi(1, 2) = 1s(1)\alpha(1)2s(2)\alpha(2) - 1s(2)\alpha(2)2s(1)\alpha(1) \tag{11.47}$$

eine Eigenfunktion zum Operator $\hat{S}_z$? Beweisen Sie Ihre Antwort. Die zwei Argumente 1 und 2 bezeichnen die zwei Elektronenkoordinaten.
3. Erläutern sie die Regeln von Hund.
4. Erläutern Sie den Begriff ‚Spin-Bahn-Kopplung'.
5. Erläutern Sie den Begriff ‚Term'.
6. Wie sieht der Hamilton-Operator für das Li-Atom aus? Wie sieht der elektronische Hamilton-Operator dieses Systems aus?
7. Betrachten Sie ein Atom mit N Elektronen. Was muss für die elektronische Wellenfunktion dieses Systems gelten, wenn man die verschiedenen Spin- und Drehimpuls-Operatoren darauf anwendet, a) wenn es keine Spin-Bahn-Wechselwirkung gibt, und b) wenn es eine Spin-Bahn-Wechselwirkung gibt?
8. Zu welchen zusätzlichen Gliedern im Hamilton-Operator führt die Relativitätstheorie? Wie ändern die einzelnen Glieder die Symmetrieeigenschaften des Systems?

9. Vergleichen Sie Russell-Saunders- und jj-Kopplung.

10. Betrachten Sie ein System bestehend aus einem d- und einem p-Elektron. Benutzen Sie sowohl die Russell-Saunders- als auch die jj-Kopplung, um die möglichen Werte von J für dieses System zu bestimmen.

11. Betrachten Sie ein System bestehend aus drei p-Elektronen. Benutzen Sie sowohl die Russell-Saunders- als auch die jj-Kopplung, um die möglichen Werte von J für dieses System zu bestimmen.

12. Erklären Sie, warum a) das Si-Atom, b) das B-Atom, und c) das N-Atom kugelsymmetrisch ist.

12 Die kleinsten Moleküle

12.1 Das Problem

Wie schon in Kapitel 9.1 erwähnt, dauerte es kaum mehr als drei Jahre nach der Einführung der mathematischen Grundlagen der Quantentheorie durch Heisenberg und Schrödinger im Jahre 1926, als Paul Andre Maurice Dirac die Probleme bei der Anwendung dieser Theorie zusammengefasst hat:

> The fundamental laws necessary for the mathematical treatment of large parts of physics and the whole of chemistry are thus fully known, and the difficulty lies only in the fact that application of these laws leads to equations that are too complex to be soluble.

Er setzte aber fort:

> It therefore becomes desirable that approximate practical methods of applying quantum mechanics should be developed, which can lead to an explanation of the main features of complex atomic systems without too much computation.

Die Grundlagen solcher genäherten Methoden haben wir in Kapitel 10 vorgestellt, und in Kapitel 11 haben wir gesehen, wie diese Näherungen zu realistischen Ergebnissen für isolierte (geladene oder neutrale) Atome führen können. Wir haben aber auch gesehen, dass bei genauer Betrachtung auch Ungenauigkeiten erkennbar sind. Dies war zum Beispiel der Fall, als wir verlangten, dass die Wellenfunktionen gleichzeitig Eigenfunktionen der Spin-Operatoren sein sollen. Aber in vielen Fällen liefern die erhaltenen genäherten Wellenfunktionen Ergebnisse, die sinnvoll und hilfreich bei der Entwicklung des Verständnisses für chemische und physikalische Prozesse sind.

Die oben erwähnten genäherten Verfahren basieren auf mathematischen Argumenten, die wir teilweise in den früheren Kapiteln diskutiert haben und teilweise später diskutieren werden. Hier soll nur betont werden, dass vernünftig genäherte Verfahren genaue Informationen liefern können. Tatsächlich haben wir diese Argumente im letzten Kapitel benutzt, um die Struktur des Periodensystems zu erklären. In diesem Kapitel werden wir ähnliche Verfahren verwenden, um die elektronischen Orbitale sehr kleiner zweiatomiger Moleküle zu analysieren. In den folgenden Kapiteln werden wir dann komplexere molekulare Systeme behandeln.

12.2 Das H_2^+-Molekülion

Wir beginnen unsere Diskussion mit dem H_2^+-Molekülion, d. h. das einfachste System mit mehr als einem Kern. Für dieses System haben wir $M = 2$ Kerne und $N = 1$ Elektronen, und das einzige Elektron bewegt sich im Feld der beiden Kerne. Wir werden die Born-Oppenheimer-Näherung verwenden und suchen entsprechend die elektronische

https://doi.org/10.1515/9783111215075-012

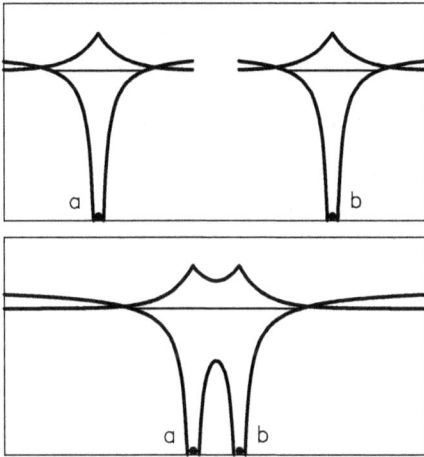

Abb. 12.1: Das Potential und das Orbital für das H$_2^+$-Molekülion für (oben) einen großen und (unten) einen kleinen Abstand zwischen den beiden Kernen. Mit den horizontalen, dünnen Strichen werden die Energien der Orbitale relativ zum Potential dargestellt. Diese Linien stellen gleichzeitig die Achsen für die Orbitale dar.

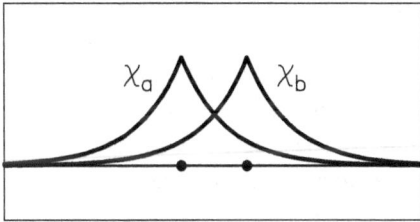

Abb. 12.2: Die zwei Funktionen χ_a und χ_b, die an den einzelnen Wasserstoffatomen zentriert sind, und die für das Wasserstoffmolekülion verwendet werden, um Molekülorbitale zu erzeugen.

Wellenfunktion für das Elektron, wenn es sich im Feld der beiden festgehaltenen Kerne bewegt.

Wenn die beiden Kerne weit auseinander liegen, spürt das Elektron nur das Potential eines Kerns. In diesem Falle muss dann die Wellenfunktion des Elektrons gleich der des isolierten Wasserstoffatoms sein. Dies muss gelten unabhängig davon, ob sich das Elektron in der Nähe des einen oder anderen Kerns befindet. Deswegen ist eine sinnvolle, genäherte Wellenfunktion (siehe Abb. 12.1 und 12.2)

$$\psi(\vec{r}) = N \cdot \left[\chi_a(\vec{r}) + \chi_b(\vec{r})\right] \tag{12.1}$$

mit den 1s-Orbitalen χ_a und χ_b, die auf dem linken (χ_a) und rechten (χ_b) Wasserstoffatom zentriert sind. N ist eine Konstante, die dafür sorgt, dass die Funktion normiert ist.

Wir werden jetzt annehmen, dass wir diese Wellenfunktion auch für kleine Abstände zwischen den beiden Kernen verwenden können. Wenn sich das Elektron in der unmittelbaren Nähe eines Kerns befindet, ist das Potential dieses Kerns so dominierend, dass das Potential des anderen Kerns zuerst ignoriert werden kann, sodass in diesem Bereich das 1s-Orbital des Wasserstoffatoms eine gute Näherung zum exakten Orbital darstellt. Verbindet man diese beiden 1s-Funktionen glatt, erhält man wiederum eine Funktion wie in Gl. (12.1). Diese Funktion entspricht also einer chemisch motivierten sinnvollen Näherung zur exakten Wellenfunktion.

Berechnen wir anschließend die Gesamtenergie als Funktion des Abstandes zwischen den Kernen, erhalten wir eine Kurve, die ein Minimum aufweist (siehe Abb. 12.3). Das Minimum entspricht dann dem theoretisch vorhergesagten Gleichgewichtsabstand zwischen den beiden Kernen.

Die Wellenfunktion, die wir oben erzeugt haben,

$$\psi_b(\vec{r}) = N_b \cdot [\chi_a(\vec{r}) + \chi_b(\vec{r})],\tag{12.2}$$

führt zu einer Erhöhung der Elektronendichte zwischen den Kernen. Dadurch entsteht eine bindende Wechselwirkung zwischen den Kernen, und wir bezeichnen die Wellenfunktion als bindend. Auch wenn diese Beschreibung nicht ganz korrekt ist, ist sie sehr hilfreich. Laut dieser Beschreibung haben wir eine bindende Wechselwirkung zwischen zwei Atomen (Kernen), wenn wir die Elektronendichte zwischen den beiden Kernen erhöhen, verglichen mit dem Zustand der nicht-wechselwirkenden Atome. In gewisser Weise gibt es eine stabilisierende Wechselwirkung, weil das negative Elektron nicht von einem, sondern von zwei positiv geladenen Kernen angezogen wird und dadurch eine Energieerniedrigung erlebt.

Die Stabilisierung des bindenden Orbitals können wir auch mithilfe der kinetischen Energie interpretieren, und tatsächlich ist die kinetische Energie genauso wichtig für die chemische Bindung wie die potentielle Energie. In Kapitel 4.5 haben wir gesehen, dass sich die kinetische Energie in Form von starken, schnellen räumlichen Veränderungen der Wellenfunktion im Ortsraum zeigt. Dadurch, dass das bindende Orbital des Molekül(ion)s räumlich mehr ausgedehnt ist als das 1s-Orbital des isolierten H-Atoms und gleichzeitig keine Knoten besitzt, werden die räumlichen Veränderungen der Wellenfunktion im Ortsraum kleiner, und die kinetische Energie sinkt. Auch dies ist eine Stabilisierung der chemischen Bindung.

Die Konstante N_b sorgt dafür, dass die Wellenfunktion normiert ist,

$$1 = \langle\psi_b|\psi_b\rangle = N_b^2(\langle\chi_a|\chi_a\rangle + \langle\chi_b|\chi_b\rangle + \langle\chi_a|\chi_b\rangle + \langle\chi_b|\chi_a\rangle) = N_b^2(2 + 2S),\tag{12.3}$$

wobei wir angenommen haben, dass die zwei Atomorbitale χ_a und χ_b normiert und reell sind. Ferner ist

$$S = \langle\chi_a|\chi_b\rangle = \langle\chi_b|\chi_a\rangle.\tag{12.4}$$

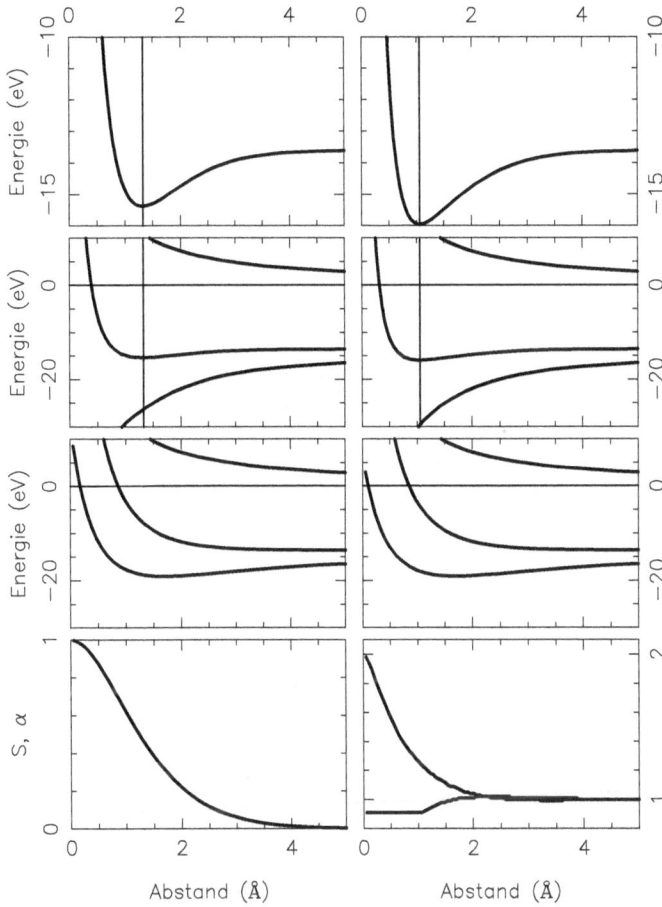

Abb. 12.3: Die Gesamtenergie als Funktion des Abstandes zwischen den beiden Kernen für das Wasserstoffmolekülion. Die elektronische Energie wird berechnet mit den bindenden und antibindenden Wellenfunktionen aus Gl. (12.2) und (12.6), wobei in der linken Hälfte Atomorbitale vom Typ $\chi(\vec{r})$ = $\frac{a^{3/2}}{a_0^{3/2}\sqrt{\pi}}e^{-a|\vec{r}-\vec{R}|/a_0}$ für a = 1 benutzt werden, während in der rechten Hälfte a so bestimmt wird, dass die elektronische Energie am kleinsten ist. In der zweiten und dritten Reihe der Diagramme zeigt die oberste Kurve die Energie der Kern-Kern-Wechselwirkung, die unterste Kurve die elektronische Energie und die mittlere Kurve die Summe der beiden. In der zweiten Reihe der Diagramme wird angenommen, dass das bindende Orbital besetzt ist, während das antibindende Orbital in den Diagrammen der dritten Reihe besetzt wird. In den untersten Diagrammen wird (links) S aus Gl. (12.4) gezeigt, und (rechts) die optimierten Werte von a, wobei die untere Kurve den Wert für das antibindende und die obere Kurve den Wert für das bindende Orbital zeigt. Letztendlich zeigen die dünnen vertikalen Geraden in den obersten Diagrammen das Minimum der Gesamtenergiekurve. In den obersten Diagrammen ist eine feinere Energieskala benutzt worden als in den Diagrammen der zweiten Reihe.

Daraus folgt

$$N_b = \frac{1}{\sqrt{2 + 2S}}. \tag{12.5}$$

Wir könnten aber auch eine antibindende Wellenfunktion aus den 1s-Funktionen der beiden Wasserstoffatome erzeugen,

$$\psi_a(\vec{r}) = N_a \cdot [\chi_a(\vec{r}) - \chi_b(\vec{r})], \tag{12.6}$$

die aber zu einer Reduktion der Elektronendichte zwischen den Kernen führt. Ferner hätte dieses antibindende Orbital Knoten, sodass die räumlichen Veränderungen der Wellenfunktion im Ortsraum zunehmen, wodurch die kinetische Energie auch ansteigt. Wäre dieses Orbital besetzt, hätten wir keine bindende Wechselwirkung zwischen den beiden Kernen, und der Zustand der niedrigsten Gesamtenergie wäre derjenige, bei dem beide Kerne unendlich weit auseinander liegen (siehe Abb. 12.3). In diesem Falle ist die Normierungskonstante gegeben durch

$$N_a = \frac{1}{\sqrt{2 - 2S}}. \tag{12.7}$$

In unserem Fall ist $S > 0$ (siehe Abb. 12.2 und 12.3), sodass $N_a > N_b$ wird. Dies hat letztendlich zur Folge, dass ψ_b weniger bindend ist, als ψ_a antibindend ist. Dies werden wir in Kapitel 13 näher erläutern und auch verwenden.

Insgesamt haben wir durch das Beispiel gezeigt, wie wir aus Atomorbitalen Molekülorbitale erzeugen können, die zu bindenden oder antibindenden Wechselwirkungen zwischen den Kernen führen können (siehe Abb. 12.4). Ferner sehen wir, dass es, wie für die Atome, auch für Moleküle viele Orbitale gibt, die nicht alle besetzt sind. Im Grundzustand sind die energetisch niedrigsten Orbitale besetzt.

Bei der Erstellung der Molekülorbitale haben wir mit den Atomorbitalen der weit auseinanderliegenden Atome angefangen. Umgekehrt hätten wir auch mit der sog. United-Atom-Grenze anfangen können (was aber eher selten erfolgt), was in unserem Fall das He$^+$-Ion wäre. Auch für dieses gibt es Atomorbitale, die denjenigen des Wasserstoffatoms sehr ähneln, aber schneller abklingen als Funktion des Abstandes zum Kern. Also für das 1s-Orbital haben wir e^{-2r/a_0} statt e^{-r/a_0} für das Wasserstoffatom (hier ist a_0 der Bohr-Radius). Noch allgemeiner wäre es, e^{-ar/a_0} zu verwenden und dabei a so zu bestimmen, dass die Gesamtenergie am niedrigsten wird (also das Variationsprinzip ausnutzen). Die Ergebnisse, die man dadurch erhalten würde, sind auch in Abb. 12.3 gezeigt, und tatsächlich erhält man dadurch eine niedrigste Gesamtenergie bei einem H–H-Abstand wenig größer als 1 Å, was in hohem Maße mit den experimentellen Ergebnissen übereinstimmt. Wie man auch aus der Abbildung erkennt, ist der optimierte Wert von a bei dieser Bindungslänge, der etwas größer als 1 ist (eher 1.25), im Einklang mit unseren gerade vorgestellten Überlegungen.

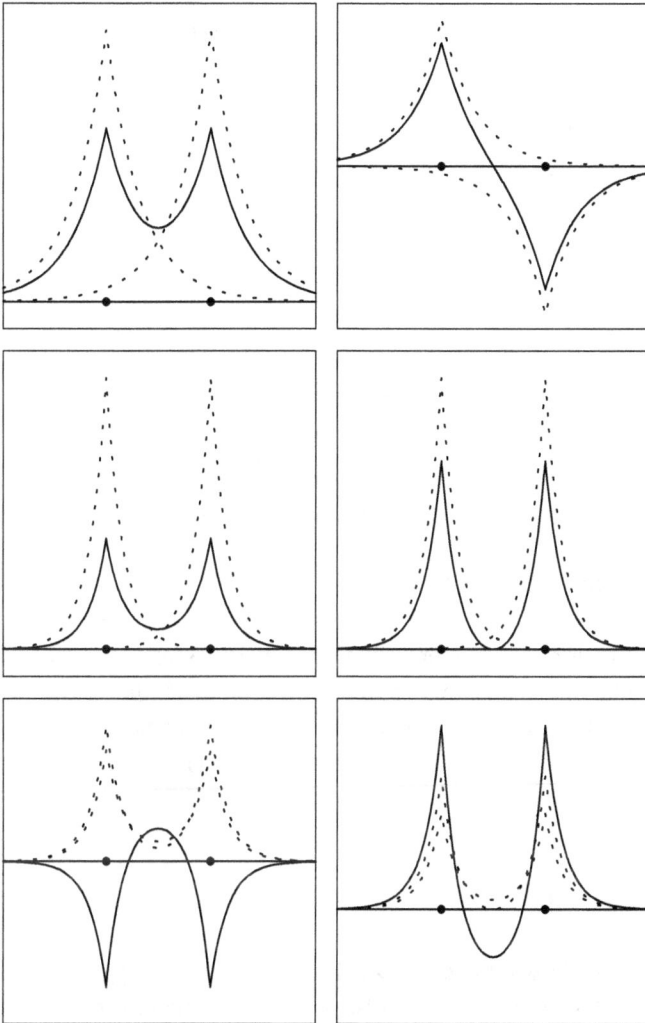

Abb. 12.4: Das bindende und das antibindende Orbital, die man aus zwei 1s Orbitalen, χ_a und χ_b, erzeugen kann. Links sind die Ergebnisse für das bindende (ψ_b) Orbital gezeigt, rechts diejenige für das antibindende (ψ_a). In den obersten Diagrammen werden die Wellenfunktionen (durchgezogene Kurven) mit den beiden atomzentrierten 1s-Orbitalen (gepunktete Kurven) verglichen, während in der Mitte dieselben Größen quadriert (d. h., die Elektronendichten) gezeigt sind. Letztendlich zeigen die untersten Diagramme die Differenzdichten $|\psi_b|^2 - \frac{1}{2}(|\chi_a|^2 + |\chi_b|^2)$ und $|\psi_a|^2 - \frac{1}{2}(|\chi_a|^2 + |\chi_b|^2)$ (durchgezogene Kurven, multipliziert mit 5) in Vergleich zu den einzelnen Beiträgen [$|\psi_b|^2$, bzw. $|\psi_a|^2$, und $\frac{1}{2}(|\chi_a|^2 + |\chi_b|^2)$] (gepunktete Kurven).

12.3 HeH^{2+}

Ganz sicher ist HcH^{2+} nicht das wichtigste System der Chemie, kann aber benutzt werden, um zusätzliche Aspekte zu erläutern.

Aus den atomaren 1s-Orbitalen der He- und H-Atome (χ_a und χ_b) bilden wir wiederum eine bindende und eine antibindende Kombination,

$$\psi_b(\vec{r}) = c_{ba}\chi_a(\vec{r}) + c_{bb}\chi_b(\vec{r})$$
$$\psi_a(\vec{r}) = c_{aa}\chi_a(\vec{r}) - c_{ab}\chi_b(\vec{r}). \tag{12.8}$$

In diesem Fall gibt es aber keine Symmetrie, die diktiert, dass $|c_{ba}| = |c_{bb}|$ und $|c_{aa}| = |c_{ab}|$ erfüllt sein müssen. Dieses bedeutet, dass die zwei Orbitale asymmetrisch an den beiden Atomen verteilt sind. Das Einzige, was bekannt ist, ist, dass die Orbitale orthonormal sein müssen, woraus

$$c_{ba}^2 + c_{bb}^2 + 2Sc_{ba}c_{bb} = 1$$
$$c_{aa}^2 + c_{ab}^2 - 2Sc_{aa}c_{ab} = 1$$
$$c_{ba}c_{aa} - c_{bb}c_{ab} + S(c_{bb}c_{aa} - c_{ab}c_{ba}) = 0, \tag{12.9}$$

wenn wir annehmen, dass die Atomorbitale reell und positiv sind und $S = \langle \chi_a | \chi_b \rangle$ gesetzt haben.

Wir haben aber erneut aus den zwei Atomorbitalen zwei neue Molekülorbitale erzeugt, von denen ein Orbital bindend ist und das andere antibindend. Und wiederum wird das bindende Orbital eine niedrigere Orbitalenergie haben und das antibindende eine höhere. Hier sollen weitere Details aber nicht diskutiert werden – dies wird in Kapitel 13.1 erfolgen.

12.4 H$_2$: Das LCAO-MO-Bild

Für das H$_2$-Molekül werden wir, wie für das H$_2^+$-Molekülion, die Born-Oppenheimer-Näherung verwenden und deswegen die elektronische Wellenfunktion für die beiden Elektronen bestimmen, wenn sie sich im Feld der beiden Kerne befinden und voneinander wegbewegen. Für diese elektronische Wellenfunktion werden wir die Hartree-Fock-Näherung einsetzen, und entsprechend

$$\Psi_e(\vec{x}_1, \vec{x}_2) = \frac{1}{\sqrt{2}} \begin{vmatrix} \psi_1(\vec{x}_1) & \psi_2(\vec{x}_1) \\ \psi_1(\vec{x}_2) & \psi_2(\vec{x}_2) \end{vmatrix} \tag{12.10}$$

schreiben. Die Molekülorbitale $\{\psi_i(\vec{x})\}$ verteilen sich mehr oder weniger über das ganze (H$_2$-)Molekül. Wie bei dem einfachen Beispiel H$_2^+$ werden wir sie mithilfe von Atomorbitalen ausdrücken,

$$\psi_i(\vec{x}) = \sum_X \sum_j \chi_{Xj} c_{Xji}. \tag{12.11}$$

Hier ist χ_{Xj} das $j$te Atomorbital des Atoms X. In unserem Fall wären das die zwei 1s-Orbitale auf den zwei Wasserstoffatomen. Die Koeffizienten $\{c_{Xji}\}$ sind diejenigen, die wir durch Lösung der Hartree-Fock-Roothaan-Gleichungen erhalten wollen. Dieses Verfahren, also die Hartree-Fock-Näherung für die elektronische Wellenfunktion zu verwenden, und anschließend die einzelnen Ein-Elektronen-Wellenfunktionen durch Linearkombination aus atomzentrierten Funktionen auszudrücken, wird LCAO-MO-Verfahren genannt. LCAO bedeutet ‚Linear Combination of Atomic Orbitals‘, während MO ‚Molecular Orbital‘ bedeutet.

Für das H$_2$-Molekül stellt sich das LCAO-MO-Verfahren besonders einfach dar. Die zwei Orbitale ψ_1 und ψ_2 werden dieselbe räumliche Abhängigkeit haben aber unterschiedliche Spin-Abhängigkeiten,

$$\psi_1(\vec{x}) = \psi(\vec{r})\alpha$$
$$\psi_2(\vec{x}) = \psi(\vec{r})\beta. \tag{12.12}$$

$\psi(\vec{r})$, auf der anderen Seite, wird als Linearkombinationen der 1s-Funktionen der Wasserstoffatome geschrieben, und wegen der Symmetrie des Moleküls, gibt es nur die bindenden und antibindenden Molekülorbitale aus Gl. (12.2) und (12.6). Von diesen beiden führt das bindende Orbital zu der niedrigsten Gesamtenergie, und $\psi(\vec{r})$ wird deswegen gleich $\psi_b(\vec{r})$ aus Gl. (12.2) gesetzt,

$$\psi(\vec{r}) = N_b \cdot [\chi_{A,1s}(\vec{r}) + \chi_{B,1s}(\vec{r})]. \tag{12.13}$$

A und B kennzeichnen die zwei H-Atome. Um den Ausdruck zu vereinfachen, verwenden wir dieselbe Notation wie für H$_2^+$ und setzen deswegen

$$\chi_a(\vec{r}) = \chi_{A,1s}(\vec{r})$$
$$\chi_b(\vec{r}) = \chi_{B,1s}(\vec{r}). \tag{12.14}$$

Die Berechnung der Gesamtenergie ist jetzt komplexer, weil wir berücksichtigen müssen, dass die zwei Elektronen miteinander in Wechselwirkung treten. Deswegen ist die Gesamtenergie nicht nur die Summe der Energien der einzelnen Elektronen in ihren Orbitalen, obwohl diese Summe schon einen wesentlichen Beitrag liefert. Es stellt sich ferner heraus, dass die Beschreibung der Gesamtenergie als Funktion des Abstandes zwischen den beiden Kernen relativ genau ist, wenn der Abstand nicht zu groß ist, aber für größere Abstände gibt es deutliche Abweichungen (siehe Abb. 12.5). Die Ursache für dieses Verhalten soll in Kapitel 12.6 diskutiert werden.

12.5 H$_2$: Das VB-Bild

Die Wellenfunktion in Gl. (12.10) stellt eine Näherung zur exakten elektronischen Wellenfunktion des H$_2$-Moleküls dar, aber nicht unbedingt die einzige oder sogar beste. Sie ist aber ein Beispiel für die am häufigsten verwendeten elektronischen Wellenfunktionen für (kleinere und größere) Moleküle. Meistens findet das LCAO-MO-Verfahren Anwendung. Wir werden aber hier eine andere Näherung diskutieren, obwohl sie nicht so häufig verwendet wird. Die Näherung ist das sog. Valenzbindungsmodell. Dieses Modell wird auch Heitler-London-Modell genannt nach Walter Heitler und Fritz London, die dies bereits 1927 als genäherte Behandlung von H_2 präsentierten. Damit stellten sie den ersten Ansatz dar, mithilfe der Quantentheorie eine chemische Bindung zu beschreiben.

In Abb. 12.5 erkennen wir mehrere Kurven, die die Gesamtenergie des H_2-Moleküls als Funktion der Bindungslänge nähern sollen. Die exakte Kurve ist die unterste. Dass dem so ist, kann als Folge des Variationsprinzips verstanden werden. Die Gesamtenergie ist eine Summe aus der elektronischen Energie und der Abstoßungsenergie der beiden Kerne. Letztere wird bei allen Verfahren exakt behandelt, während die elektronische Energie genähert wird, was dazu führt, dass die genäherte nie unterhalb der exakten elektronischen Energie liegt. In Abb. 12.5 sehen wir, dass die Hartree-Fock-Näherung zu den obersten Kurven führt – sie ist also die schlechteste Näherung. Die anderen genäherten Kurven stammen aus dem Valenzbindungsmodell, was bedeutet, dass dieses Modell nicht so unpassend ist.

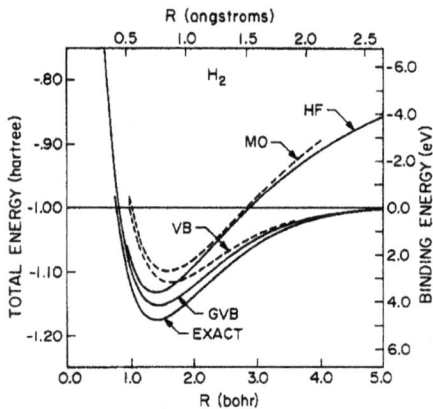

Abb. 12.5: Gesamtenergie als Funktion des Abstandes zwischen den beiden Kernen für das Wasserstoffmolekül. MO und HF zeigen Ergebnisse, die mit der Hartree-Fock-Näherung gefunden wurden. Hierbei wurden die H-1s-Atomorbitale bei der Konstruktion der Molekülorbitale für die MO-Ergebnisse verwendet, während die Atomorbitale bei den HF-Ergebnisse optimiert wurden. Ähnlich zeigen GVB und VB Ergebnisse, die mit der Valenzbindungstheorie gefunden wurden, wobei die H-1s-Atomorbitale für die VB-Ergebnisse verwendet wurden, während die Orbitale bei den GVB-Ergebnissen optimiert wurden. Dieses bedeutet, wie in Abb. 12.3, dass a in den Exponentialfunktionen bei den HF- und GVB-Ergebnissen optimiert wurde, während dies bei den MO- und VB-Ergebnissen nicht der Fall ist. Letztendlich stellen die Ergebnisse, die durch ‚Exact' markiert sind, sehr genaue numerische Ergebnisse dar. Reproduziert mit freundlicher Genehmigung der American Chemical Society aus William A. Goddard III, Thom H. Dunning, Jr., William J. Hunt und P. Jeffrey Hay, *Generalized Valence Bond Description of Bonding in Low-Lying States of Molecules*, Acc. Chem. Res. **6**, 368–376 (1973).

Laut dem Valenzbindungsmodell werden Elektronenpaare in Bindungsorbitalen zwischen zwei Atomen untergebracht. Konkret bedeutet dies, dass die elektronische Wellenfunktion so genähert wird:

$$\Psi_e(\vec{x}_1, \vec{x}_2) = \frac{1}{\sqrt{2 + 2S^2}} [\chi_a(\vec{r}_1)\chi_b(\vec{r}_2) + \chi_b(\vec{r}_1)\chi_a(\vec{r}_2)] \cdot \frac{1}{\sqrt{2}} [\alpha(1)\beta(2) - \beta(1)\alpha(2)]. \quad (12.15)$$

Wie oben ist

$$S = \langle \chi_a | \chi_b \rangle. \quad (12.16)$$

Wie wir unten sehen werden, lässt sich diese Wellenfunktion nicht mittels einer Slater-Determinante ausdrücken. Deswegen entspricht sie nicht der Hartree-Fock-Näherung bzw. dem Orbitalbild. Ferner ist das VB-Bild weniger geeignet, Bindungen zu beschreiben, die eher einen ionischen (als einen kovalenten) Charakter haben.

12.6 H$_2$: Korrelation

Innerhalb des Orbitalmodells wird die Hartree-Fock-Näherung verwendet. Das heißt, dass wir die Hartree-Fock-Gleichungen lösen (oder eher die Hartree-Fock-Roothaan-Gleichungen) unter der Annahme, dass die N energetisch niedrigsten Orbitale je mit einem Elektron besetzt sind (N ist Gesamtzahl der Elektronen). Die genäherte elektronische Wellenfunktion wird dadurch als eine einzige Slater-Determinante geschrieben, und diese beinhaltet die N energetisch niedrigsten Orbitale.

Im Prinzip hätten wir nicht unbedingt die N Elektronen in die N energetisch niedrigsten Orbitale verteilen müssen, sondern können auch Slater-Determinanten aus jedem beliebigen Satz von N Orbitalen bilden. Jede dieser Slater-Determinanten repräsentiert eine sog. Konfiguration. Die Slater-Determinante mit den N energetisch niedrigsten Orbitalen wird dann als Grundzustandskonfiguration bezeichnet. Dies bedeutet, dass das Orbitalmodell bzw. die Hartree-Fock-Näherung auch als Ein-Konfiguration-Näherung bezeichnet werden kann.

Die Hartree-Fock-Näherung bzw. die Ein-Konfiguration-Näherung bzw. das Orbitalmodell ist, wie jede Näherung, selten exakt. Oft sind die Fehler akzeptabel klein, aber es gibt auch Situationen, in denen dies nicht der Fall ist. Wir haben dies einige Male gesehen: für die Singulett- und Triplett-Zustände des angeregten He-Atoms, sowie bei der Hartree-Fock-Näherung für das H$_2$-Molekül für große interatomare Abstände.

Der Unterschied zwischen der exakten Wellenfunktion und der bestmöglichen Hartree-Fock-Wellenfunktion (also diejenige, die man erhält, wenn man die Hartree-Fock-Gleichungen so genau wie möglich löst) wird Korrelation genannt. Dass Korrelation wichtig sein kann, sieht man auch in Abb. 12.5 vor allem für größere interatomaren Abstände. Wir werden im Folgenden die Korrelation anhand dieses Moleküls diskutieren.

Dass es allgemein Korrelationseffekte gibt, kann auch auf folgende Weise verstanden werden: Ohne Korrelationseffekte löst man die Hartree-Fock-Gleichungen. Mit diesem Verfahren bestimmt man die Wellenfunktionen der einzelnen Orbitale. Für jedes Elektron berücksichtigt man dadurch das Potential der anderen Orbitale. Das bedeutet, dass sich jedes Elektron in einem Durchschnittspotential der anderen Elektronen befindet. Der Effekt, dass sich die Elektronen eigentlich gegenseitig abstoßen (wegen der gleichen Ladung), wird dabei nicht berücksichtigt. Tatsächlich bewegen sich die Elektronen nicht unabhängig voneinander, sondern die Bewegungen der Elektronen sind eben korreliert: Wenn ein Elektron in die Nähe eines anderen Elektrons kommt, versucht das andere Elektron, diesem auszuweichen (siehe auch Kapitel 14.5).

Diese Effekte können durch eine verbesserte elektronische Wellenfunktion beschrieben werden. Dabei wird man die Ein-Konfiguration-Näherung verlassen müssen und entsprechend die elektronische Wellenfunktion mittels mehrerer Slater-Determinanten (oder Konfigurationen) schreiben. Wenn das der Fall ist, ist es nicht mehr möglich, Orbitale der einzelnen Elektronen zu identifizieren: Das Orbitalbild versagt dann.

Wie das zustande kommt, werden wir mithilfe des H_2-Moleküls erörtern und dabei vor allem Abb. 12.5 verwenden. Mit der Hartree-Fock-Näherung haben wir für das H_2-Molekül

$$\Psi_e(\vec{x}_1, \vec{x}_2) = \frac{1}{\sqrt{2}}\left[\psi_b(\vec{r}_1)\alpha(1)\psi_b(\vec{r}_2)\beta(2) - \psi_b(\vec{r}_2)\alpha(2)\psi_b(\vec{r}_1)\beta(1)\right]$$

$$= \frac{1}{\sqrt{2}}\psi_b(\vec{r}_1)\psi_b(\vec{r}_2)\left[\alpha(1)\beta(2) - \alpha(2)\beta(1)\right]. \tag{12.17}$$

ψ_b ist gegeben durch Gl. (12.13),

$$\psi_b = (2 + 2S)^{-1/2}(\chi_a + \chi_b). \tag{12.18}$$

Durch Einsetzen erhalten wir dann in Gl. (12.17)

$$\Psi_e(\vec{x}_1, \vec{x}_2) = \frac{1}{2 + 2S}\left[\chi_a(\vec{r}_1) + \chi_b(\vec{r}_1)\right]\left[\chi_a(\vec{r}_2) + \chi_b(\vec{r}_2)\right]\frac{1}{\sqrt{2}}\left[\alpha(1)\beta(2) - \alpha(2)\beta(1)\right]$$

$$= \frac{1}{2 + 2S}\left[\chi_a(\vec{r}_1)\chi_a(\vec{r}_2) + \chi_b(\vec{r}_1)\chi_b(\vec{r}_2) + \chi_b(\vec{r}_1)\chi_a(\vec{r}_2) + \chi_a(\vec{r}_1)\chi_b(\vec{r}_2)\right]$$

$$\cdot \frac{1}{\sqrt{2}}\left[\alpha(1)\beta(2) - \alpha(2)\beta(1)\right]$$

$$= \frac{1}{2 + 2S}\left\{\left[\chi_a(\vec{r}_1)\chi_a(\vec{r}_2) + \chi_b(\vec{r}_1)\chi_b(\vec{r}_2)\right] + \left[\chi_b(\vec{r}_1)\chi_a(\vec{r}_2) + \chi_a(\vec{r}_1)\chi_b(\vec{r}_2)\right]\right\}$$

$$\cdot \frac{1}{\sqrt{2}}\left[\alpha(1)\beta(2) - \alpha(2)\beta(1)\right]. \tag{12.19}$$

Das erste Glied in den geschweiften Klammern beschreibt eine Elektronenverteilung, bei der beide Elektronen auf demselben Atom sitzen, wobei das zweite Glied eine Elektronenverteilung mit einem Elektron an jedem Atom beschreibt. Das erste Glied entspricht also H$^+$–H$^-$ und H$^-$–H$^+$ Situationen und wird deswegen als ionisches Glied bezeichnet. Das andere Glied entspricht H–H Situationen und wird deswegen als kovalentes Glied bezeichnet.

Diese Aufteilung ist vollkommen unabhängig vom Abstand R zwischen den beiden Atomkernen. Für kleine Abstände mag das Ergebnis sinnvoll sein, aber für größere Abstände würde man intuitiv erwarten, dass das System aus zwei isolierten, neutralen Wasserstoffatomen besteht, und dass deswegen die Beschreibung mittels der Hartree-Fock-Näherung bzw. des Orbitalbilds nicht besonders genau sein kann. Dieses erklärt dann, warum die Hartree-Fock-Ergebnisse für größere H–H-Abstände in Abb. 12.5 nicht so gut sind.

Es ist möglich, die Wellenfunktion in Gl. (12.19) so zu verbessern, dass die beiden Glieder unterschiedlich (und R-abhängig) gewichtet werden. Dazu kann man z. B. die Wellenfunktion

$$\Psi_e''(\vec{x}_1,\vec{x}_2) = C\{c[\chi_a(\vec{r}_1)\chi_a(\vec{r}_2) + \chi_b(\vec{r}_1)\chi_b(\vec{r}_2)]$$
$$+ [\chi_b(\vec{r}_1)\chi_a(\vec{r}_2) + \chi_a(\vec{r}_1)\chi_b(\vec{r}_2)]\} \cdot [\alpha(1)\beta(2) - \alpha(2)\beta(1)] \qquad (12.20)$$

verwenden. Mit $c = 0$ haben wir keine ionischen Beiträge, während $c = 1$ die Wellenfunktion der Gl. (12.19) entspricht. Bei dieser Wellenfunktion kann man den Parameter c von R abhängen lassen. Ferner ist C eine Konstante, die dafür sorgen soll, dass die Wellenfunktion normiert ist.

Alternativ kann man auch statt dem bindenden Orbital, ψ_b aus Gl. (12.18), das antibindende Orbital

$$\psi_a = (2 - 2S)^{-1/2}(\chi_a - \chi_b) \qquad (12.21)$$

benutzen und mit dieser eine Slater-Determinante für eine angeregte Konfiguration erzeugen,

$$\Psi_e'(\vec{x}_1,\vec{x}_2) = \frac{1}{2-2S}[\chi_a(\vec{r}_1) - \chi_b(\vec{r}_1)][\chi_a(\vec{r}_2) - \chi_b(\vec{r}_2)]\frac{1}{\sqrt{2}}[\alpha(1)\beta(2) - \alpha(2)\beta(1)]$$
$$= \frac{1}{2-2S}[\chi_a(\vec{r}_1)\chi_a(\vec{r}_2) + \chi_b(\vec{r}_1)\chi_b(\vec{r}_2) - \chi_b(\vec{r}_1)\chi_a(\vec{r}_2) - \chi_a(\vec{r}_1)\chi_b(2)]$$
$$\cdot \frac{1}{\sqrt{2}}[\alpha(1)\beta(2) - \alpha(2)\beta(1)]$$
$$= \frac{1}{2-2S}\{[\chi_a(\vec{r}_1)\chi_a(\vec{r}_2) + \chi_b(\vec{r}_1)\chi_b(\vec{r}_2)] - [\chi_b(\vec{r}_1)\chi_a(\vec{r}_2) + \chi_a(\vec{r}_1)\chi_b(\vec{r}_2)]\}$$
$$\cdot \frac{1}{\sqrt{2}}[\alpha(1)\beta(2) - \alpha(2)\beta(1)]. \qquad (12.22)$$

Durch Vergleich mit Gl. (12.19) sehen wir, dass die Wellenfunktion in Gl. (12.20) auch mithilfe der beiden Slater-Determinanten ausgedrückt werden kann:

$$\Psi_e''(\vec{x}_1, \vec{x}_2) = c_1 \Psi_e(\vec{x}_1, \vec{x}_2) + c_2 \Psi_e'(\vec{x}_1, \vec{x}_2)$$

$$= c_1 \frac{1}{\sqrt{2}} \begin{vmatrix} \psi_b(\vec{r}_1)\alpha(1) & \psi_b(\vec{r}_1)\beta(1) \\ \psi_b(\vec{r}_2)\alpha(2) & \psi_b(\vec{r}_2)\beta(2) \end{vmatrix} + c_2 \frac{1}{\sqrt{2}} \begin{vmatrix} \psi_a(\vec{r}_1)\alpha(1) & \psi_a(\vec{r}_1)\beta(1) \\ \psi_a(\vec{r}_2)\alpha(2) & \psi_a(\vec{r}_2)\beta(2) \end{vmatrix},$$

$$(12.23)$$

wobei die Beziehung zwischen c_1 und c_2 auf der einen Seite und c und C auf der anderen Seite zu

$$C \cdot c = \frac{c_1}{2 + 2S} + \frac{c_2}{2 - 2S}$$

$$C = \frac{c_1}{2 + 2S} - \frac{c_2}{2 - 2S} \tag{12.24}$$

wird.

Gl. (12.23) zeigt sofort, dass Ψ_e'' als Summe von zwei Konfigurationen geschrieben wird. Oder dass die Hartree-Fock-Näherung nicht mehr angenommen wird, was bedeutet, dass das Orbitalbild aufgegeben werden muss. Ferner erkennen wir, dass auch die elektronische Wellenfunktion des Valenzbindungsmodells, Gl. (12.15), als Summe von zwei Slater-Determinanten geschrieben werden kann, und dass dann $c = 0$.

12.7 H$_2$: Energiebeiträge

Zum Schluss werden wir die verschiedenen Beiträge zur Gesamtenergie des H$_2$-Moleküls am Gleichgewichtsabstand diskutieren. Dazu verwenden wir Abb. 12.6.

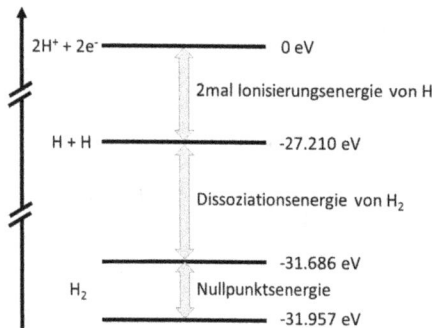

Abb. 12.6: Die verschiedenen Energiebeiträge zur Gesamtenergie des H$_2$-Moleküls.

Im Grundzustand ist die niedrigste Gesamtenergie des Moleküls nach der Born-Oppenheimer-Näherung -31.957 eV. Aber wie wir in Kapitel 6 diskutiert haben, stehen die Atomkerne nicht still, sondern besitzen eine Nullpunktsenergie. Diese bestimmen wir dadurch, dass wir die Kurve der Gesamtenergie als Funktion der Bindungslänge durch ein harmonisches Potential nähern. Mit den Methoden des Kapitels 6 finden wir dann, dass die Nullpunktsenergie gleich 0.271 eV ist.

Um die beiden Atome unendlich weit auseinanderzubringen, müssen wir zusätzlich 4.476 eV aufbringen. Dies entspricht der Bindungsenergie und berücksichtigt also die Nullpunktsenergie. Die beiden isolierten, nicht-wechselwirkenden Wasserstoffatome haben dann eine Gesamtenergie von −27.210 eV. Diese Energie ist relativ zu einem Energienullpunkt, bei welchem die beiden Elektronen der beiden Atome unendlich weit von den Kernen entfernt sind. Der Energienullpunkt entspricht dann in unserem Fall $H^+ + H^+ + e^- + e^-$.

12.8 Aufgaben

1. Konstruieren Sie die ψ_b und ψ_a Funktionen für H_2^+. Warum sind die Beträge der Koeffizienten gleich: $|c_a| = |c_b|$? Skizzieren Sie diese Funktionen. Welche Funktion beschreibt das bindende Orbital? Welche ist das antibindende? Begründen Sie die Antwort.

2. Vergleichen Sie die Molekularorbitalbeschreibung und das Valenzbindungsmodell für H_2.

3. Wann, wie und warum versagt die LCAO-MO-Beschreibung für H_2?

4. Skizzieren Sie die Gesamtenergie als Funktion des interatomaren Abstandes für H_2^+, wenn
   (a) das bindende Orbital besetzt ist,
   (b) das antibindende Orbital besetzt ist.

5. Erläutern Sie den Begriff LCAO-MO.

6. Mit der LCAO-MO-Methode können die bindenden und antibindenden Orbitale für H_2 als $N_b \cdot [\chi_a(\vec{r}) + \chi_b(\vec{r})]$ und $N_a \cdot [\chi_a(\vec{r}) - \chi_b(\vec{r})]$ geschrieben werden. Erklären Sie, warum $|N_a| > |N_b|$ ist und welche Konsequenzen dies für die Aufspaltung der Orbitalenergien hat.

7. Erklären Sie die Rolle von Korrelation bei der Beschreibung der Energie des H_2-Systems als Funktion des H–H-Abstandes.

8. Betrachten Sie das Wasserstoffmolekül.
   (a) Wie sieht die Schrödinger-Gleichung für dieses System aus? Benennen Sie alle Größen, die Sie einführen.
   (b) Wie sieht die elektronische Schrödinger-Gleichung in der Born-Oppenheimer-Näherung für dieses System aus?

13 Andere zweiatomige Moleküle

13.1 Ein einfaches Modell für ein AB-Molekül

In Kapitel 12 haben wir durch drei Beispiele – das H_2^+-Molekülion, das H_2-Molekül und das recht spezielle HeH^{2+}-Molekülion – diskutiert, wie wir mit dem Orbitalbild die Bildung von chemischen Bindungen verstehen können. Obwohl das Orbitalbild eine Näherung darstellt, ist es mit diesem möglich, die Bindungsverhältnisse von sehr, sehr vielen Verbindungen zu rationalisieren, einschließlich der Veränderungen, die bei chemischen Reaktionen stattfinden.

Laut dem Orbitalbild entstehen chemische Bindungen dadurch, dass sich zwei Fragmente (z. B. Atome) zusammenfinden, und anschließend werden aus den Orbitalen der einzelnen Fragmente bindende und antibindende Molekülorbitale gebildet. Weil dies so fundamental ist, werden wir hier die mathematischen Details für ein einfaches Modell genauer behandeln, wobei wir auch weitere Eigenschaften der Molekülorbitale kennenlernen werden.

Das Modell beinhaltet ein zweiatomiges AB-Molekül, für welches angenommen werden kann, dass die Molekülorbitale als Linearkombinationen aus nur zwei atomaren Orbitalen beschrieben werden können,

$$\psi_i(\vec{r}) = c_{A,i}\chi_A(\vec{r}) + c_{B,i}\chi_B(\vec{r}). \tag{13.1}$$

Der Index i beschreibt die (zwei) verschiedenen Molekülorbitale, während χ_A und χ_B die atomaren Orbitale auf Atom A und Atom B sind. Wir erwähnen, dass wir hier den Spin nicht berücksichtigen werden.

Wir nehmen an, dass wir die Hartree-Fock-Roothaan-Gleichungen für dieses System gelöst haben,

$$\begin{pmatrix} F_{AA} & F_{AB} \\ F_{BA} & F_{BB} \end{pmatrix} \cdot \begin{pmatrix} c_{A,i} \\ c_{B,i} \end{pmatrix} = \epsilon_i \cdot \begin{pmatrix} S_{AA} & S_{AB} \\ S_{BA} & S_{BB} \end{pmatrix} \cdot \begin{pmatrix} c_{A,i} \\ c_{B,i} \end{pmatrix}. \tag{13.2}$$

Hier sind

$$F_{XY} = \langle \chi_X | \hat{F} | \chi_Y \rangle$$
$$S_{XY} = \langle \chi_X | \chi_Y \rangle \tag{13.3}$$

die Elemente der Fock- und Überlapp-Matrix, und $\hat{F}$ ist der Fock-Operator. X und Y sind A und/oder B.

Die Hartree-Fock-Roothaan-Gleichungen (13.2) können als ein Satz aus zwei gekoppelten, linearen Gleichungen geschrieben werden,

$$\begin{pmatrix} F_{AA} - \epsilon_i S_{AA} & F_{AB} - \epsilon_i S_{AB} \\ F_{BA} - \epsilon_i S_{BA} & F_{BB} - \epsilon_i S_{BB} \end{pmatrix} \cdot \begin{pmatrix} c_{A,i} \\ c_{B,i} \end{pmatrix} = \begin{pmatrix} 0 \\ 0 \end{pmatrix}. \tag{13.4}$$

https://doi.org/10.1515/9783111215075-013

Solche Gleichungen, bei denen nur 0 auf der rechten Seite steht, werden als homogene Gleichungen bezeichnet, und sie haben immer die triviale Lösung

$$c_{A,i} = c_{B,i} = 0. \tag{13.5}$$

Diese Lösung ist hier aber nicht von Interesse oder Relevanz, da dies bedeuten würde, dass die Molekülorbitale wegfallen.

Stattdessen untersuchen wir, ob doch andere Lösungen gefunden werden können. Wir erkennen, dass auch die Orbitalenergie ϵ_i nicht festgelegt ist, und fragen uns deswegen, ob es Fälle gibt (d.h. Werte von ϵ_i), für welche Gl. (13.4) doch andere Lösungen hat. Dies ist der Fall, wenn die beiden Gleichungen linear abhängig sind, oder, anders ausgedrückt,

$$\begin{vmatrix} F_{AA} - \epsilon_i S_{AA} & F_{AB} - \epsilon_i S_{AB} \\ F_{BA} - \epsilon_i S_{BA} & F_{BB} - \epsilon_i S_{BB} \end{vmatrix} = 0. \tag{13.6}$$

Daraus

$$\begin{aligned} 0 &= (F_{AA} - \epsilon_i S_{AA})(F_{BB} - \epsilon_i S_{BB}) - (F_{AB} - \epsilon_i S_{AB})(F_{BA} - \epsilon_i S_{BA}) \\ &= (S_{AA}S_{BB} - S_{AB}S_{BA})\epsilon_i^2 + (-F_{AA}S_{BB} - F_{BB}S_{AA} + F_{AB}S_{BA} + F_{BA}S_{AB})\epsilon_i \\ &\quad + (F_{AA}F_{BB} - F_{AB}F_{BA}) \equiv A\epsilon_i^2 + B\epsilon_i + C. \end{aligned} \tag{13.7}$$

Es ist wohlbekannt, dass diese Gleichung zwei Lösungen hat,

$$\epsilon_i = -\frac{B}{2A} \pm \sqrt{\frac{B^2}{4A^2} - \frac{C}{A}}. \tag{13.8}$$

Wir werden jetzt annehmen, dass die Atomorbitale reell und normiert sind. Damit sind

$$\begin{aligned} S_{AA} &= S_{BB} = 1 \\ S_{AB} &= S_{BA} = S \\ F_{AB} &= F_{BA} \end{aligned} \tag{13.9}$$

mit S gleich einer reellen Zahl. Es lässt sich zeigen, dass $-1 \leq S \leq 1$. Wenn die Atomorbitale reell sind, gilt meistens, dass $F_{AB} = F_{BA}$ und $S_{AB} = S_{BA}$ umgekehrte Vorzeichen haben. So ist z.B. bei den 1s-Orbitalen des H_2-Moleküls

$$\begin{aligned} S_{AB} &= S_{BA} > 0 \\ F_{AB} &= F_{BA} < 0. \end{aligned} \tag{13.10}$$

In Gl. (13.7) erhalten wir durch Verwendung von Gl. (13.9)

$$A = 1 - S^2$$
$$B = -(F_{AA} + F_{BB} - 2SF_{AB})$$
$$C = F_{AA}F_{BB} - F_{AB}^2. \tag{13.11}$$

Setzen wir dies in Gl. (13.8) ein, erhalten wir

$$\epsilon_i = \frac{1}{2 - 2S^2}\{F_{AA} + F_{BB} - 2SF_{AB}$$
$$\pm [(F_{AA} + F_{BB} - 2SF_{AB})^2 - 4(1 - S^2)(F_{AA}F_{BB} - F_{AB}^2)]^{1/2}\}. \tag{13.12}$$

Um die zugehörigen Wellenfunktionen zu erhalten, setzen wir die Orbitalenergien aus Gl. (13.12) in eine der Gleichungen in Gl. (13.4) ein. Wir wissen ja, dass mit den Werten von ϵ_i aus Gl. (13.12) die beiden Gleichungen identisch sind, und wir müssen deswegen nur eine der beiden betrachten. Wir erhalten dann z. B.

$$(F_{AA} - \epsilon_i)c_{A,i} + (F_{AB} - \epsilon_i S)c_{B,i} = 0, \tag{13.13}$$

oder

$$c_{B,i} = -\frac{\epsilon_i - F_{AA}}{S\epsilon_i - F_{AB}}c_{A,i}. \tag{13.14}$$

Weil das Orbital normiert sein muss, gilt auch

$$1 = c_{A,i}^2 + c_{B,i}^2 + 2Sc_{A,i}c_{B,i} = c_{A,i}^2\left(1 + \frac{(\epsilon_i - F_{AA})^2}{(S\epsilon_i - F_{AB})^2} - 2S\frac{\epsilon_i - F_{AA}}{S\epsilon_i - F_{AB}}\right), \tag{13.15}$$

wodurch zuerst $c_{A,i}$ und anschließend $c_{B,i}$ mithilfe von Gl. (13.14) bestimmt werden können.

Durch eine genaue Analyse der mathematischen Ergebnisse können folgende Erkenntnisse gewonnen werden:

– Die Energien F_{AA} und F_{BB} sind nicht die Orbitalenergien der atomaren Orbitale (ϵ_A und ϵ_B) für die nicht-wechselwirkenden Atome. Das kommt daher, dass $\hat{F}$ das Potential beider Kerne und aller Elektronen beinhaltet. Als erste (oft recht gute) Näherung kann man aber diesen Unterschied ignorieren.

– Deswegen erlauben die hier vorgestellten Ergebnisse keine quantitativen Aussagen über die Beziehung zwischen Orbitalenergien der isolierten Atome und den Energien F_{AA} und F_{BB}. Abhängig vom System kann $\epsilon_A - F_{AA}$ (oder $\epsilon_B - F_{BB}$) sowohl positiv als auch negativ sein.

– Im Falle $S = 0$ sind die Orbitalenergien in Gl. (13.12) gleich

$$\epsilon_i = \frac{F_{AA} + F_{BB}}{2} \pm \frac{1}{2}\sqrt{(F_{AA} - F_{BB})^2 + 4F_{AB}^2}. \tag{13.16}$$

Dann sind die Orbitalenergien symmetrisch platziert um F_{AA} und F_{BB}. Dieses ist nicht der Fall, wenn $S \neq 0$.

- Tatsächlich gilt aber für $S \neq 0$, dass die höhere Orbitalenergie einen größeren Abstand zu $\frac{1}{2}(F_{AA} + F_{BB})$ hat als die niedrigere Orbitalenergie. Dies bedeutet, dass das antibindende Orbital mehr antibindend ist, als das bindende Orbital bindend ist.
- Nehmen wir als Beispiel an, dass $F_{AA} < F_{BB}$, dann hat das bindende Orbital (mit der niedrigsten Orbitalenergie) die größeren Beiträge von χ_A und die kleineren von χ_B (für dieses Orbital gilt deswegen $|c_{A,i}| > |c_{B,i}|$). Das Umgekehrte gilt für das antibindende Orbital.
- Die Energie des bindenden Orbitals ist niedriger als der kleinste Wert von F_{AA} und F_{BB}, während die Energie des antibindenden Orbitals höher ist als der größte Wert von F_{AA} and F_{BB}.
- Wenn wir annehmen, dass

$$F_{AA} = F_{BB}, \tag{13.17}$$

(dies ist der Fall für homonukleare, diatomige Moleküle) werden die Formeln besonders einfach. Dann ist

$$
\begin{aligned}
\epsilon_i &= \frac{F_{AA} - SF_{AB}}{1 - S^2} \pm \frac{1}{1 - S^2}\left[(F_{AA} - SF_{AB})^2 - (1 - S^2)(F_{AA}^2 - F_{AB}^2)\right]^{1/2} \\
&= \frac{F_{AA} - SF_{AB}}{1 - S^2} \pm \frac{F_{AB} - SF_{AA}}{1 - S^2} = \frac{F_{AA} \pm SF_{AB}}{1 \pm S}.
\end{aligned} \tag{13.18}
$$

Auch daraus erkennt man deutlich, dass die Orbitalenergien nicht symmetrisch um $F_{AA} = F_{BB}$ liegen.

- In dem Fall der Gl. (13.17) lässt sich leicht zeigen, dass

$$|c_{A,i}| = |c_{B,i}|. \tag{13.19}$$

- Wenn jedoch

$$S = F_{AB} = 0, \tag{13.20}$$

werden die zwei Molekülorbitale identisch zu den Atomorbitalen.

- In diesem Fall sind aber, wie oben erwähnt, die Energien F_{AA} und F_{BB} nicht die Orbitalenergien der isolierten Atome. Stattdessen ist, z. B., F_{AA} die Energie, die ein Elektron haben würde, wenn es sich in dem Orbital χ_A befinden, aber das Potential von **allen** Kernen und Elektronen spüren würde.
- Energetisch niedrige Orbitale können dadurch entstehen, dass die Energien der Atomorbitale niedrig sind (also F_{AA} und/oder F_{BB} sind niedrig), und/oder dass die Atomorbitale starke Wechselwirkungen besitzen, (d. h., dass $|F_{AB}|$ groß ist).

– Analog erhält man energetisch hochliegende Orbitale aus Atomorbitalen mit hohen Energien (d. h., F_{AA} und/oder F_{BB} sind hoch), und/oder wenn die Atomorbitale starke Wechselwirkungen besitzen, (d. h., dass $|F_{AB}|$ groß ist).

Einige dieser Aspekte sind qualitativ und semi-quantitativ in Abb. 13.1 dargestellt. Weiteres kann Abb. 13.2 entnommen werden. In der linken Hälfte dieser Abbildung sind die Orbitale und deren Energien für die Molekülorbitale gezeigt, die aus 1s-Orbitalen auf zwei H-Atome gebildet werden, um H_2 zu erhalten. Die Asymmetrie der Energien der bindenden und antibindenden Orbitale kann identifiziert werden, wie auch die symme-

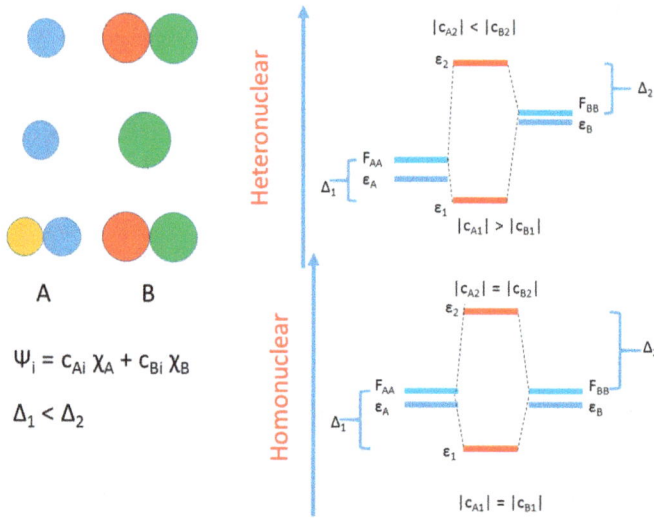

Abb. 13.1: Schematische Darstellung der Ergebnisse des Kapitels 13.1. In der obersten linken Ecke sind drei Beispiele für Paare von atomzentrierten Orbitalen, die miteinander interagieren können: (s, p), (s, s) und (p, p).

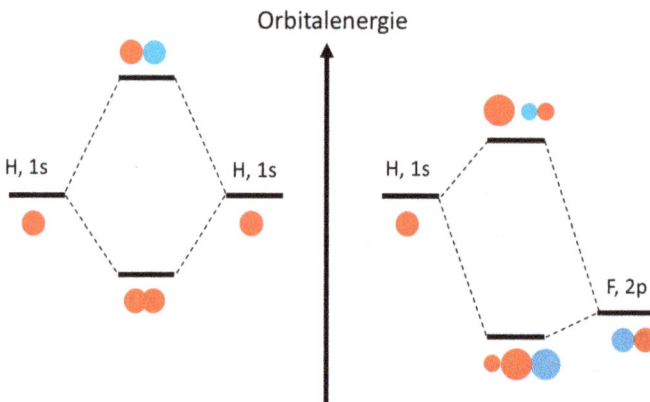

Abb. 13.2: Orbitalbild für (links) H_2 und (rechts) HF.

trische räumliche Verteilung der Orbitale auf die beiden Atome. In der rechten Hälfte ist ein Beispiel gezeigt, in dem zwei unterschiedliche Atomorbitale miteinander interagieren. Als Beispiel haben wir das HF-Molekül betrachtet, das entlang der z-Achse platziert ist. Für dieses sind ein $2p_z$- auf einem F-Atom und ein $1s$-Orbital auf einem H-Atom gezeigt. Man sieht hier, wie das energetisch niedrigste (bindende) Orbital die größten Beiträge durch das atomare F-$2p_z$-Orbital erfährt, während das energetisch höchste (antibindende) Orbital die größten Beiträge durch das atomare H-$1s$-Orbital erfährt.

Die Wechselwirkungen (also F_{AB} und S) der beiden Atomorbitale hängen sowohl vom Abstand zwischen den beiden Atomen als auch vom Typ der beiden Atomorbitale ab. Dies ist in Abb. 13.3 für das Beispiel des Überlapps zwischen s- und p-Funktionen gezeigt. Letztendlich gibt es auch Fälle, für welche die Symmetrie dazu führt, dass es keine Wechselwirkung zwischen den beiden Atomorbitalen gibt. Das untere Beispiel in Abb. 13.4 illustriert dies.

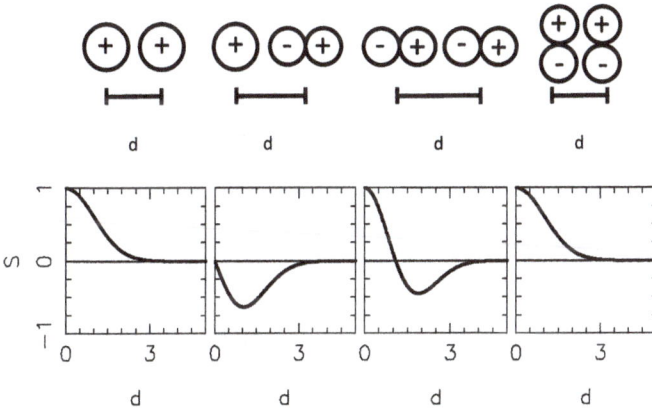

Abb. 13.3: Die Variation des Überlappintegrals S zwischen zwei s- und/oder p-Atomorbitalen als Funktion des Abstandes zwischen den beiden Atomen d für vier verschiedene Fälle. Von links nach rechts zeigen die Beispiele (s,s), (s,p_z), (p_z,p_z), (p_y,p_y), wo angenommen wurde, dass die Molekülachse entlang der z-Achse liegt.

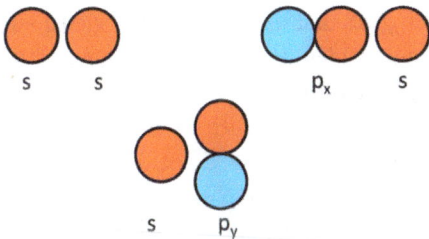

Abb. 13.4: Schematische Darstellung der Wechselwirkung zwischen zwei Atomorbitalen für drei verschiedene Fälle. Im untersten Falle verschwinden die Wechselwirkungen wegen unterschiedlicher Symmetrieeigenschaften der beiden Atomorbitale.

13.2 He$_2$

Die Ergebnisse aus dem letzten Kapitel können nun dazu dienen, um die Unterschiede zwischen H$_2$ und He$_2$ zu erklären. Aus den zwei 1s-Orbitalen können wir eine bindende und eine antibindende Kombination bilden. Aber für He$_2$, im Gegensatz zu H$_2$, müssen wir beide mit jeweils zwei Elektronen besetzen (siehe Abb. 13.5). Die bindende Kombination liegt immer energetisch tiefer als die beiden Atomorbitale, während die antibindende Kombination höher liegt. Weil sich die Energie der antibindenden Kombination mehr von der der Atomorbitale unterscheidet als die Energie der bindenden Kombination [das geht aus der Diskussion oben, einschl. Gl. (13.18), hervor, wenn wir mit der Notation aus Kapitel 13.1 $\epsilon_A = F_{AA}$ und $\epsilon_B = F_{BB}$ setzen], wird die gesamte Wechselwirkung zwischen den beiden Atomen in He$_2$ mehr antibindend als bindend sein: Das Molekül ist instabil, und die zwei Atome fliegen auseinander.

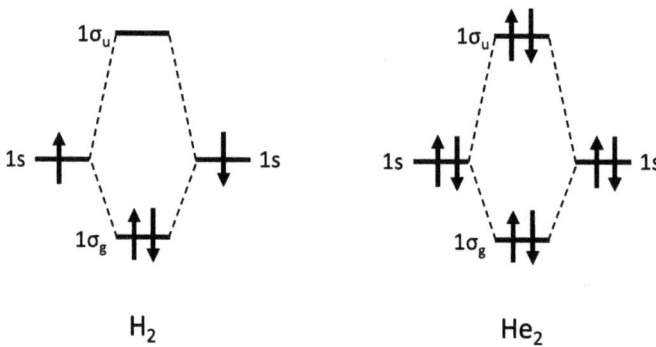

Abb. 13.5: Orbitalbild für (links) H$_2$ und (rechts) He$_2$.

Aus diesen Ergebnissen erhalten wir, dass He$_2$ nicht existiert, was weitgehend der Wahrheit entspricht. Es gibt aber doch ein paar Zusatzkommentare, die nicht ganz unwichtig sind.

Zuerst ist He$_2$ nicht ganz instabil. Tatsächlich binden zwei He-Atome aneinander mit einer Bindungslänge von ungefähr 52 Å und einer Bindungsenergie von knapp 0.1 µeV. Die Bindungslänge ist außergewöhnlich groß und die Bindungsenergie ist außergewöhnlich klein. 0.1 µeV ist so klein, dass die beiden Atome bei Raumtemperatur auseinanderfliegen, sodass He$_2$ nur bei sehr niedrigen Temperaturen (1.3 mK) stabil ist. Aber überhaupt ist die Stabilität des He$_2$-Moleküls im Widerspruch zu dem, was bisher betrachtet wurde. Der Grund ist, dass das Orbitalbild nicht imstande ist, die kleine bindende Wechselwirkung zwischen den beiden He-Atomen zu beschreiben. Letztendlich versagt das Orbitalbild bzw. die Hartree-Fock-Näherung bei der Beschreibung dieser schwachen Wechselwirkung.

Eine andere Möglichkeit, He$_2$ zu stabilisieren, ist, ein Elektron in dem antibindenden Orbital, das wir aus den atomaren 1s-Orbitalen gebildet haben, in ein bindendes

Orbital aus den atomaren 2s-Orbitalen anzuregen. Damit ist die He–He-Wechselwirkung bindend, obwohl das Molekül angeregt ist. Letztendlich fällt das angeregte Elektron zurück in das antibindende Orbital, und das Molekül zerbricht. Ein solches System, das nur im angeregten Zustand stabil ist, wird als Excimer (**Exci**ted Di**mer**) bezeichnet.

13.3 HeH

In Kapitel 12.3 haben wir das System HeH^{2+} diskutiert. Als Fortsetzung dieser Diskussion soll hier kurz HeH diskutiert werden. In diesem Fall haben wir drei Elektronen und in dem einfachsten Fall besetzen zwei davon ein bindendes Orbital, während nur eines ein antibindendes Orbital besetzt. Auch werden im einfachsten Fall beide Orbitale aus den 1s-Orbitalen von H und He gebildet, wobei das bindende Orbital einen größeren Beitrag durch das He 1s besitzt, und das antibindende Orbital einen größeren Beitrag durch das H 1s hat. Weil sich nur ein Elektron in einem antibindenden Orbital befindet, während zwei Elektronen das bindende Orbital besetzen, könnte man glauben, dass HeH stabil ist. Tatsächlich aber ist HeH im Grundzustand instabil, was bedeutet, dass die niedrigste Gesamtenergie im Grundzustand für einen unendlichen großen Abstand zwischen den beiden Kernen gefunden wird. Auf der anderen Seite gibt es elektronisch angeregte Zustände des HeH-Moleküls mit einer niedrigsten Energie für endliche Abstände zwischen den Kernen. Also auch bei HeH hat das Orbitalbild Probleme, die Bindungsverhältnisse richtig zu beschreiben.

13.4 Weitere diatomige Moleküle

Nicht nur für diatomige Moleküle, sondern im allgemeinen Fall geht man im Prinzip so vor, wie wir es z. B. für H$_2$, He$_2$ und HeH skizziert haben. Sehr oft werden die Molekülorbitale (MO = Molecular Orbitals) als Linearkombination aus atomzentrierten Funktionen (LCAO = Linear Combination of Atomic Orbitals) geschrieben, also das LCAO-MO-Bild wird verwendet,

$$\psi_k(\vec{x}) = \sum_{\vec{R},(l,m_l),a} c_{k,\vec{R},(l,m_l),a} \chi_{\vec{R},(l,m_l),a}(\vec{x}). \tag{13.21}$$

Hier beschreibt $\vec{R}$ den Ort des Atoms, an welchem die Funktion zentriert ist, (l, m_l) die Winkelabhängigkeit der Funktion und a andere Abhängigkeiten (z. B. Hauptquantenzahl, räumliche Reichweite der Funktion oder Spin-Abhängigkeit). Meistens werden Computerrechnungen verwendet, um die Koeffizienten $c_{k,\vec{R},(l,m_l),a}$ zu bestimmen.

Für größere Moleküle sind die Orbitale selten so stark lokalisiert, als dass man sie als bindende oder antibindende Orbitale zwischen zwei benachbarten Atomen interpretieren kann.

Für diatomige, homonukleare Moleküle haben alle Orbitale denselben Beitrag der äquivalenten Atomfunktionen der beiden Atome, und es gibt immer Paare von (symmetrischen oder antisymmetrischen) bindenden und antibindenden Orbitalen. In dem Fall haben beide Atome dieselbe Zahl von Elektronen, und die Bindung ist rein kovalent. Ähnliches gilt für diatomige, heteroatomare Moleküle mit dem Unterschied, dass die einzelnen Orbitale nicht mehr denselben Beitrag durch beide Atome haben. Dies bedeutet weiter, dass wir ungleich viele Elektronen auf den beiden Atomen haben, und die Bindung wird mindestens teilweise ionisch.

Alle Atomorbitale, die Beiträge zum selben Molekülorbital liefern, müssen die selben Symmetrieeigenschaften besitzen, was bedeutet, dass man die Molekülorbitale nach den Symmetrieeigenschaften klassifizieren kann (siehe auch Kapitel 17.1). Für zweiatomige Moleküle können die Molekülorbitale in solche, die vollständig rotationssymmetrisch um die Molekülachse sind (d. h., σ-Orbitale), solche, die eine Knotenebene (die die Molekülachse beinhaltet) besitzen (π-Orbitale), solche, die zwei Knotenebenen (die die Molekülachse beinhalten) besitzen (δ-Orbitale) usw. aufgeteilt werden. Es gilt dann, dass aus atomaren s-Orbitalen nur σ-Orbitale gebildet werden können, während atomare p-Orbitale sowohl an der Bildung von σ-Orbitalen als auch an der Bildung von π-Orbitalen teilnehmen können. Atomare d-Orbitale können an der Bildung molekularer σ-, π- und δ-Orbitale teilnehmen.

Homonukleare, diatomige Moleküle besitzen ein weiteres Symmetrieelement, nämlich die Inversion im Inversionszentrum, das auf der Mitte zwischen den beiden Atomkernen liegt. Dadurch können die Orbitale in g und u Orbitale aufgeteilt. g (gerade) Orbitale sind solche, die symmetrisch bezüglich der Inversion sind, während u (ungerade) Orbitale antisymmetrisch sind. Abb. 13.6 zeigt Beispiele solcher Orbitale für das H_2^+ Molekülion. Hier soll daran erinnert werden, was immer gilt: es gibt unendlich viele Orbitale für ein Atom, Molekül, ..., auch wenn nicht alle besetzt sind.

Abb. 13.7 zeigt einige unterschiedliche Orbitale für das H_2^+-Molekülion, und hier erkennt man deutlich die Unterschiede zwischen bindenden und antibindenden Orbitalen. Die Orbitale sind entlang der Diagonalen in Abb. 13.6 dargestellt. Außer bei σ-Orbitalen ist es recht sinnlos, die Orbitale entlang der Bindungsachse zu zeichnen, weil π-, δ-, ...-Orbitale dort identisch null werden. Deswegen werden sie in Abb. 13.7 entlang einer anderen Gerade aufgezeigt.

Zuletzt können die Orbitale in bindende und antibindende aufgeteilt werden. Letztere werden durch ein $*$ kennzeichnet.

Nach der Bestimmung aller (relevanten) Orbitale eines Moleküls kann man Diagramme wie diejenige in Abb. 13.8 für N_2, Abb. 13.9 für F_2 und Abb. 13.10 für HF erstellen. Bei der Besetzung der Orbitale geht man genauso vor wie bei der Besetzung der Orbitale der isolierten Atome. Das heißt, dass die Orbitale von unten mit steigender Energie besetzt werden, und nie wird mehr als ein Elektron (unter Berücksichtigung des Spins) in einem Orbital platziert. Bei energetisch entarteten Orbitalen werden zuerst räumlich unterschiedliche Orbitale mit parallelen Spins besetzt (Hunds Regeln).

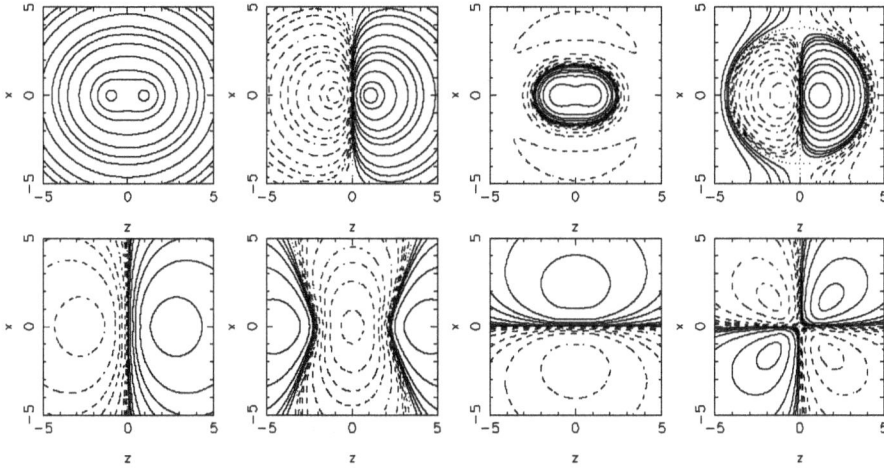

Abb. 13.6: Verschiedene Orbitale für das H_2^+-Molekülion. Die beiden Atomkerne sind am $z = \pm 1$ a. u. platziert, und die Orbitale sind in der oberen Reihe von links nach rechts $1\sigma_g$, $1\sigma_u$, $2\sigma_g$, $2\sigma_u$ und in der unteren Reihe $3\sigma_g$, $3\sigma_u$, $1\pi_g$, $1\pi_u$. Durchgezogene und gestrichelte Kurven markieren positive und negative Werte, während null durch gepunktete Kurven gekennzeichnet ist.

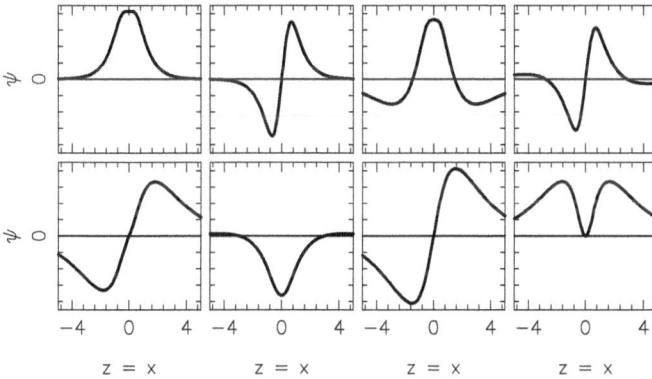

Abb. 13.7: Wie Abb. 13.6 aber entlang der Gerade $z = x$. Hierdurch wird unter anderem die Aufteilung in g- und u-Orbitale verdeutlicht.

Für die ganze Reihe Li_2–F_2 kann man dann die Orbitale besetzen wie in Abb. 13.11 gezeigt. Hier gibt es zwei Besonderheiten, die eine Erwähnung verdienen. Zuerst sieht man, wie sich die relative Reihenfolge der Orbitale ändert (zwischen N_2 und O_2). Ferner ist erkennbar, wie sowohl für B_2 als auch O_2 π-Orbitale nur halb gefüllt sind, und zwar zwei räumlich unterschiedliche Orbitale mit Elektronen mit parallelen Spins. Dadurch entstehen Triplett-Zustände. Dass O_2 einen Triplett-Zustand aufweist, sollte wohlbekannt sein.

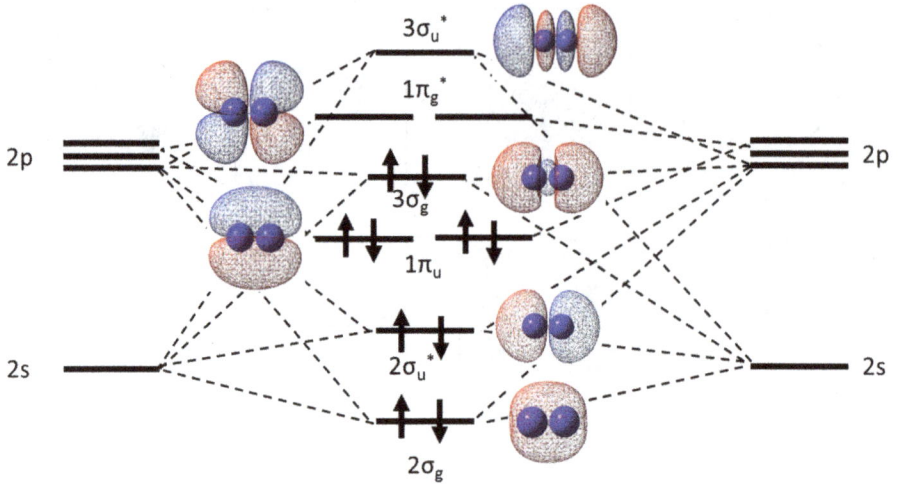

Abb. 13.8: Orbitalbild für N_2.

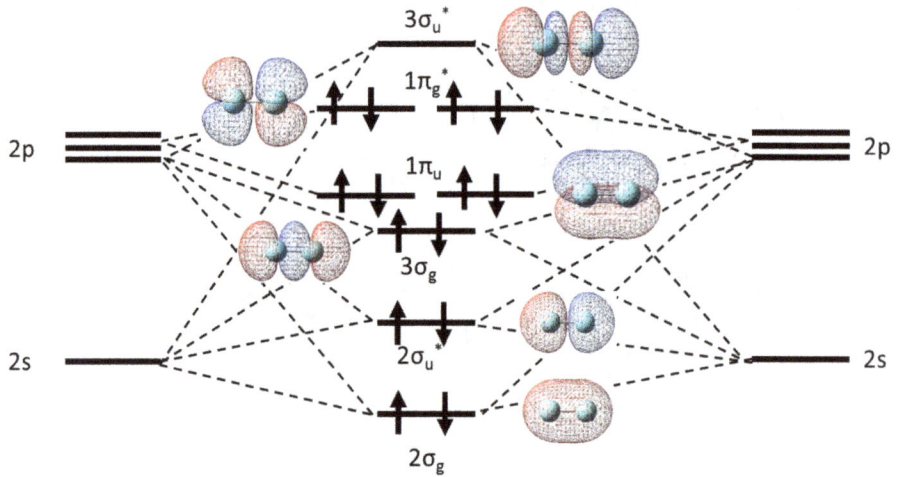

Abb. 13.9: Orbitalbild für F_2.

Die erste Beobachtung lässt sich wie folgt erklären: Einfachheitshalber nehmen wir an, dass die z-Achse die Molekülachse ist. Dann können wir die Orbitale danach aufteilen, wie sie sich bezüglich der Rotation um die Molekülachse verhalten. Die atomaren s- und p_z-Orbitale sind vollständig rotationssymmetrisch, während die atomaren p_x- und p_y-Orbitale eine Knotenebene besitzen. Wenn wir anschließend diese Atomorbitale benutzen, um die Molekülorbitale zu erzeugen, werden die Molekülorbitale ähnliche Symmetrieeigenschaften besitzen und jedes Molekülorbital wird aus Atomorbitalen bestehen, die genau dieselben Symmetrieeigenschaften vorweisen. Komplett rotations-

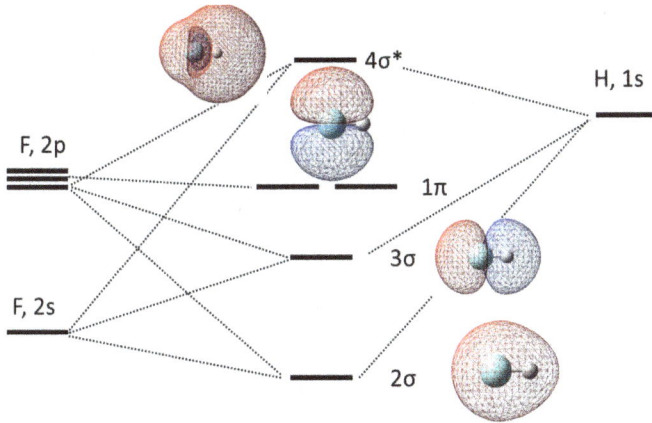

Abb. 13.10: Orbitalbild für HF. Das F-Atom ist links, das H-Atom rechts.

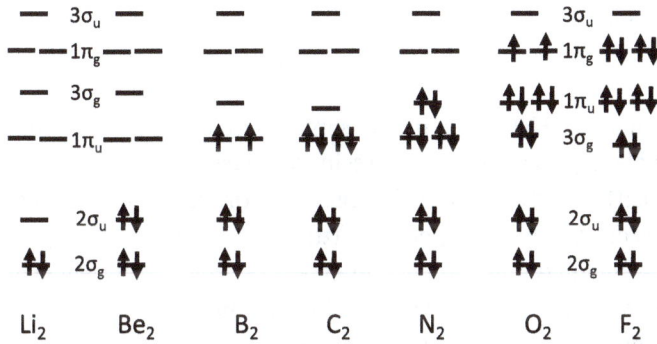

Abb. 13.11: Schematische Darstellung der Energien und der Besetzung der Orbitale für Li_2, Be_2, B_2, C_2, N_2, O_2 und F_2.

symmetrische (σ) Orbitale werden dann aus s- und p_z-Atomorbitalen erzeugt, während (π) Orbitale mit einer Knotenebene aus p_x- und p_y-Atomorbitalen erzeugt werden. Konzentrieren wir uns auf die Valenzorbitale, haben wir pro Atom zwei σ-Orbitale (s und p_z) und können dann insgesamt vier Molekülorbitale mit σ-Symmetrie bilden. Diese haben unterschiedliche Beiträge durch die s- und p_z-Orbitale, und deswegen ändert sich deren Energie als Funktion des Moleküls auf eine andere Weise als es für die zwei energetisch entarteten π-Orbitale der Fall ist. Diese werden aus p_x- und p_y-Atomorbitalen gebildet und besitzen keine Beiträge durch die s-Atomorbitale. Dieser Unterschied lässt sich sehr deutlich in Abb. 13.8 und 13.9 für die $3\sigma_g$-Orbitale erkennen.

Während Abb. 13.11 eher eine schematische Darstellung repräsentiert, zeigen wir in Abb. 13.12 die berechneten Energien der besetzten Orbitale für einige der Moleküle in Abb. 13.11. Dass die Energien der besetzten (spin-up) und unbesetzten (spin-down) π Orbitale für B_2 und O_2 identisch sind, ist eine Näherung: Weil wir eine unterschiedliche An-

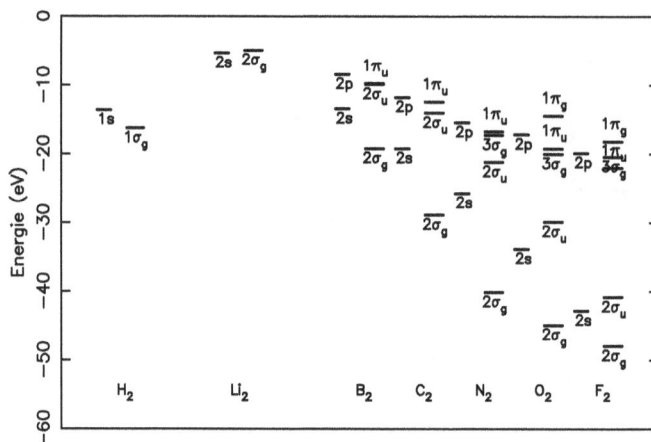

Abb. 13.12: Energien der besetzten Valenzorbitale für H_2, Li_2, B_2, C_2, N_2, O_2 und F_2 in Vergleich zu den Energien der Atomorbitale der isolierten Atome. Die Energien der Molekülorbitale sind rechts gezeigt; diejenige der Atomorbitale links.

zahl an Spin-up- und Spin-down-Elektronen haben, sorgen Austauschwechselwirkungen dafür, dass die Orbitalenergien unterschiedlich sein sollten (siehe Kapitel 10.8).

Wenn man in Abb. 13.11 nachrechnet, wie viele bindende Orbitale doppelt besetzt sind, und von dieser Zahl die Anzahl der doppelt besetzten antibindenden Orbitale abzieht, erhält man die sog. Bindungsordnung. Sie ist in Abb. 13.13 gezeigt. Hier sieht man, wie eine große Bindungsordnung mit einer kleinen Bindungslänge, einer hohen Bindungsenergie und einer hohen Schwingungsfrequenz korreliert.

Für einige Atome werden Molekülorbitale erzeugt, die aus Funktionen mit mehreren verschiedenen (l, m_l) desselben Atoms bestehen. Diese sog. Hybridorbitale sind sehr wichtig, um gerichtete Bindungen in Molekülen zu erzeugen. In Abb. 13.14 und 13.15 zeigen wir, was darunter zu verstehen ist. Wir haben oben gesehen, dass der Aufbau einer erhöhten Elektronendichte zwischen den Atomen zu einer besonders starken Bindung führt. Wir betrachten das Atom A im oberen Teil von Abb. 13.14, auf welcher eine s- und eine p-Funktion zentriert sind. Wenn wir versuchen, eine Bindung zum Atom B aufzubauen, ist einerseits die s-Funktion nicht optimal, um eine Erhöhung der Elektronendichte zwischen den beiden Atomen zu erhalten, auch wenn die Energie dieses Orbitals niedriger ist als die eines p-Orbitals. Andererseits ermöglicht eine p-Funktion eher eine erhöhte Elektronendichte zwischen den beiden Atomen, aber, wie gesagt, Elektronen in solchen Orbitalen haben eine höhere Energie, wie wir im letzten Kapitel gesehen haben. Obwohl die p-Funktion stärker auf das B-Atom gerichtet ist, sodass eine größere Absenkung der Energie des Molekülorbitals zu erwarten ist, ist es nicht klar, welches der beiden Szenarien in Abb. 13.15 tatsächlich realisiert wird, und beide Szenarien in Abb. 13.15 sind im Prinzip möglich. Letztendlich hängt das Ergebnis vom Atomtypen ab.

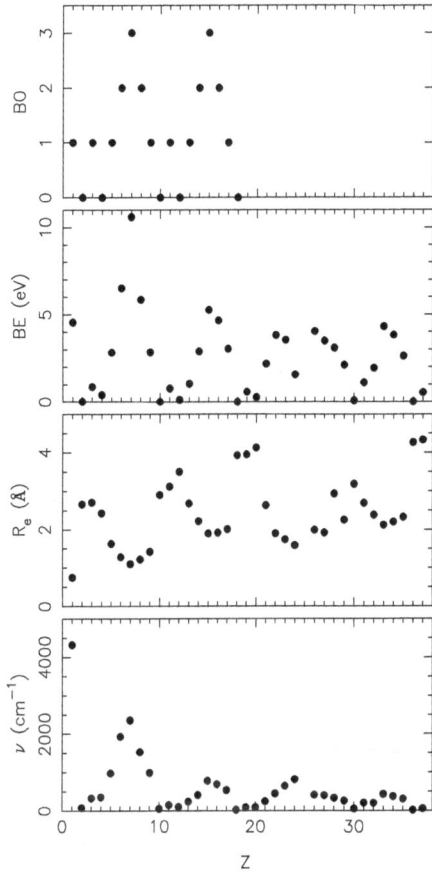

Abb. 13.13: Berechnete Werte von verschiedenen Eigenschaften von homonuklearen, diatomigen Molekülen als Funktion der Ordnungszahl der Atome. BO ist die Bindungsordnung, BE die Bindungsenergie, R_e die Bindungslänge und ν die Schwingungsfrequenz.

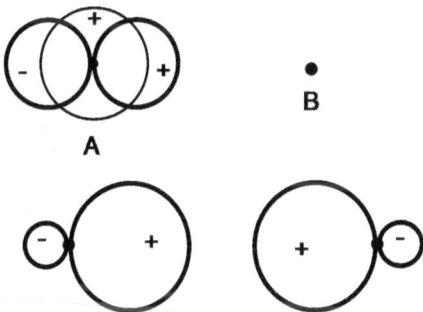

Abb. 13.14: Die Bildung von *sp*-Hybridorbitalen.

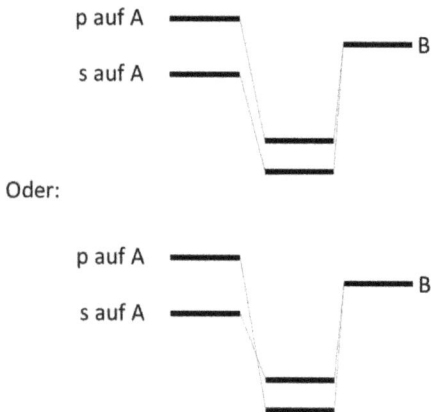

Oder:

Oder was anderes?

Abb. 13.15: Mögliche Szenarien für die Energien von Molekülorbitalen, die durch die Bindung zwischen einer *s*- oder *p*-Funktion auf Atom A mit irgendeiner Funktion auf Atom B entstehen.

Für einige Atome werden zwei neue Orbitale erzeugt,

$$\chi_1 = \frac{1}{\sqrt{2}}(\chi_s + \chi_p)$$

$$\chi_2 = \frac{1}{\sqrt{2}}(\chi_s - \chi_p), \tag{13.22}$$

die wir im unteren Teil von Abb. 13.14 gezeigt haben. Wir sehen, dass vor allem das erste (χ_1) Orbital schön gegen Atom B gerichtet ist, und sich deswegen optimal dazu eignet, eine Erhöhung der Elektronendichte zwischen den beiden Atomen herbeizuführen. Wenn nur das eine Orbital, aber nicht das andere besetzt ist, haben wir dadurch eine stabilere Bindung erhalten.

Durch diese Bildung von sog. Hybridorbitalen haben wir einen Bruchteil der Elektronen von dem energetisch niedrigeren *s*-Niveau zu dem energetisch höheren *p*-Niveau transferiert (dies heißt Promotion), was Energie kostet, aber dies wird mehr als kompensiert durch die stärkere Bindung, die wir am Ende erhalten.

Vor allem Kohlenstoff ist ausgezeichnet in der Lage, verschiedene Typen von gerichteten Hybridorbitalen zu erzeugen (siehe Abb. 13.16). Das erklärt, warum die Kohlenstoffchemie (Organische Chemie) so reich ist. Auch für Verbindungen mit Gold gibt es oft Hybridorbitale auf den Goldatomen. Dann werden nicht *s*- und *p*-, sondern *s*- und *d*-Atomorbitale gemischt.

Zuletzt vergleichen wir durch ein Beispiel hetero- und homonukleare, diatomige Moleküle. Für Moleküle wie N_2 (siehe Abb. 13.8) und CO (siehe Abb. 13.17) entstehen dadurch letztendlich Diagramme wie in Abb. 13.8 und 13.17 gezeigt. Wir sehen, dass für CO bei jedem Paar von bindenden und antibindenden Orbitalen, das erste das größte Gewicht auf O hat, während das letzte das größte Gewicht auf C hat. Addiert man die

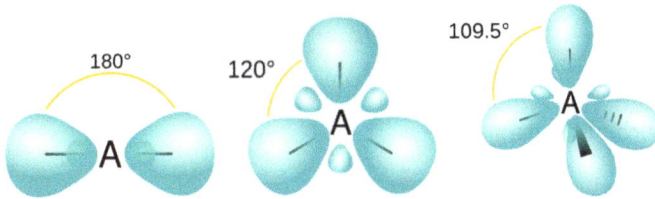

Abb. 13.16: *sp*-, *sp²*- und *sp³*-Hybridorbitale für Kohlenstoff. Am 03.02.2017 von https://commons. wikimedia.org/wiki/File:AAE4h.svg, https://commons.wikimedia.org/wiki/File:AAE3h.svg und https: //commons.wikimedia.org/wiki/File:AAE2h.svg übernommen. Von Jfmelero (Own work) [CC BY-SA 3.0 (http://creativecommons.org/licenses/by-sa/3.0)], via Wikimedia Commons.

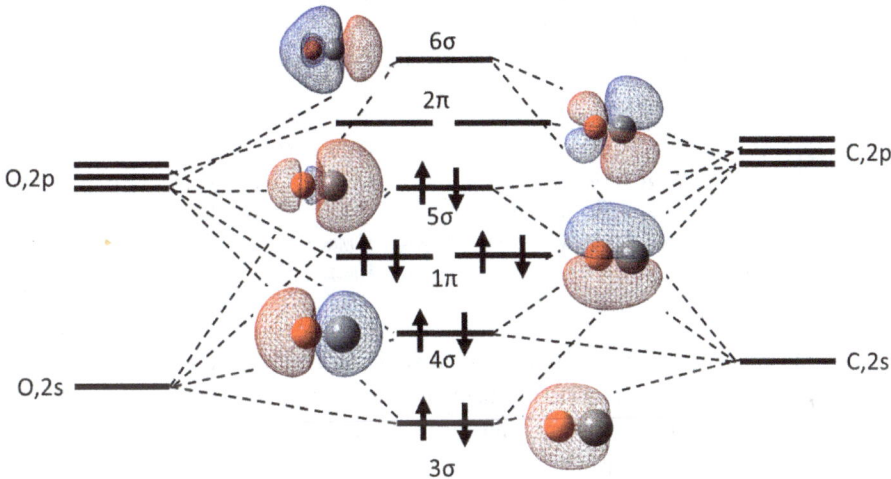

Abb. 13.17: Die Bildung von Molekülorbitalen aus den Atomorbitalen für CO. Das O-Atom ist links; das C-Atom ist rechts.

Elektronenverteilung aller besetzten Orbitale, erhält man dadurch mehr Elektronen auf O als auf C. Das Molekül ist also polar. Diese Polarität ist also Folge der niedrigeren Symmetrie von CO verglichen mit N_2.

13.5 Aufgaben mit Antworten

1. **Aufgabe:** Betrachten Sie ein zweiatomiges, heteroatomares Molekül mit der Bindung entlang der *z*-Achse, und verwenden Sie die Hartree-Fock-Roothaan-Näherung. Die Molekülorbitale werden mithilfe einer *s*- und drei *p*-Funktionen auf jedem Atom beschrieben. Stellen Sie die Säkulargleichung für dieses System auf, und erklären Sie, welche Matrixelemente, die darin vorkommen, null sein müssen.
   Antwort: Wir bezeichnen die zwei Atome mit *A* und *B* und die *s*-, p_x-, p_y- und p_z-Funktionen auf Atom *X* mit $\chi_{X,s}$, $\chi_{X,x}$, $\chi_{X,y}$ und $\chi_{X,z}$. Ferner benutzen wir

$$\langle \chi_{X,u} | \hat{H} | \chi_{Y,v} \rangle = H_{Xu,Yv}$$

$$\langle \chi_{X,u} | \chi_{Y,v} \rangle = O_{Xu,Yv}. \tag{13.23}$$

Die 8 × 8-Säkulargleichung ist dann

$$
\begin{pmatrix}
H_{As,As} & H_{As,Ax} & H_{As,Ay} & H_{As,Az} & H_{As,Bs} & H_{As,Bx} & H_{As,By} & H_{As,Bz} \\
H_{Ax,As} & H_{Ax,Ax} & H_{Ax,Ay} & H_{Ax,Az} & H_{Ax,Bs} & H_{Ax,Bx} & H_{Ax,By} & H_{Ax,Bz} \\
H_{Ay,As} & H_{Ay,Ax} & H_{Ay,Ay} & H_{Ay,Az} & H_{Ay,Bs} & H_{Ay,Bx} & H_{Ay,By} & H_{Ay,Bz} \\
H_{Az,As} & H_{Az,Ax} & H_{Az,Ay} & H_{Az,Az} & H_{Az,Bs} & H_{Az,Bx} & H_{Az,By} & H_{Az,Bz} \\
H_{Bs,As} & H_{Bs,Ax} & H_{Bs,Ay} & H_{Bs,Az} & H_{Bs,Bs} & H_{Bs,Bx} & H_{Bs,By} & H_{Bs,Bz} \\
H_{Bx,As} & H_{Bx,Ax} & H_{Bx,Ay} & H_{Bx,Az} & H_{Bx,Bs} & H_{Bx,Bx} & H_{Bx,By} & H_{Bx,Bz} \\
H_{By,As} & H_{By,Ax} & H_{By,Ay} & H_{By,Az} & H_{By,Bs} & H_{By,Bx} & H_{By,By} & H_{By,Bz} \\
H_{Bz,As} & H_{Bz,Ax} & H_{Bz,Ay} & H_{Bz,Az} & H_{Bz,Bs} & H_{Bz,Bx} & H_{Bz,By} & H_{Bz,Bz}
\end{pmatrix}
\begin{pmatrix}
c_{A,s} \\ c_{A,x} \\ c_{A,y} \\ c_{A,z} \\ c_{B,s} \\ c_{B,x} \\ c_{B,y} \\ c_{B,z}
\end{pmatrix}
$$

$$
= \epsilon
\begin{pmatrix}
O_{As,As} & O_{As,Ax} & O_{As,Ay} & O_{As,Az} & O_{As,Bs} & O_{As,Bx} & O_{As,By} & O_{As,Bz} \\
O_{Ax,As} & O_{Ax,Ax} & O_{Ax,Ay} & O_{Ax,Az} & O_{Ax,Bs} & O_{Ax,Bx} & O_{Ax,By} & O_{Ax,Bz} \\
O_{Ay,As} & O_{Ay,Ax} & O_{Ay,Ay} & O_{Ay,Az} & O_{Ay,Bs} & O_{Ay,Bx} & O_{Ay,By} & O_{Ay,Bz} \\
O_{Az,As} & O_{Az,Ax} & O_{Az,Ay} & O_{Az,Az} & O_{Az,Bs} & O_{Az,Bx} & O_{Az,By} & O_{Az,Bz} \\
O_{Bs,As} & O_{Bs,Ax} & O_{Bs,Ay} & O_{Bs,Az} & O_{Bs,Bs} & O_{Bs,Bx} & O_{Bs,By} & O_{Bs,Bz} \\
O_{Bx,As} & O_{Bx,Ax} & O_{Bx,Ay} & O_{Bx,Az} & O_{Bx,Bs} & O_{Bx,Bx} & O_{Bx,By} & O_{Bx,Bz} \\
O_{By,As} & O_{By,Ax} & O_{By,Ay} & O_{By,Az} & O_{By,Bs} & O_{By,Bx} & O_{By,By} & O_{By,Bz} \\
O_{Bz,As} & O_{Bz,Ax} & O_{Bz,Ay} & O_{Bz,Az} & O_{Bz,Bs} & O_{Bz,Bx} & O_{Bz,By} & O_{Bz,Bz}
\end{pmatrix}
\begin{pmatrix}
c_{A,s} \\ c_{A,x} \\ c_{A,y} \\ c_{A,z} \\ c_{B,s} \\ c_{B,x} \\ c_{B,y} \\ c_{B,z}
\end{pmatrix}. \tag{13.24}
$$

Die Matrixelemente $\langle \chi_1 | \chi_2 \rangle$ und $\langle \chi_1 | \hat{H} | \chi_2 \rangle$ sind dann null, wenn χ_1 und χ_2 verschiedene Symmetrieeigenschaften besitzen. In unserem Fall ist die Rotationssymmetrie um die Molekülachse relevant, und für diese sind die s- und p_z-Funktionen total rotationssymmetrisch, während die p_x- und p_y-Funktionen eine Knotenebene besitzen. Das bedeutet, dass alle Matrixelemente zwischen (s, p_x), (s, p_y), (z, p_x), (z, p_y) und (p_x, p_y) wegfallen. Entsprechend vereinfacht sich die Säkulargleichung zu

$$
\begin{pmatrix}
H_{As,As} & 0 & 0 & H_{As,Az} & H_{As,Bs} & 0 & 0 & H_{As,Bz} \\
0 & H_{Ax,Ax} & 0 & 0 & 0 & H_{Ax,Bx} & 0 & 0 \\
0 & 0 & H_{Ay,Ay} & 0 & 0 & 0 & H_{Ay,By} & 0 \\
H_{Az,As} & 0 & 0 & H_{Az,Az} & H_{Az,Bs} & 0 & 0 & H_{Az,Bz} \\
H_{Bs,As} & 0 & 0 & H_{Bs,Az} & H_{Bs,Bs} & 0 & 0 & H_{Bs,Bz} \\
0 & H_{Bx,Ax} & 0 & 0 & 0 & H_{Bx,Bx} & 0 & 0 \\
0 & 0 & H_{By,Ay} & 0 & 0 & 0 & H_{By,By} & 0 \\
H_{Bz,As} & 0 & 0 & H_{Bz,Az} & H_{Bz,Bs} & 0 & 0 & H_{Bz,Bz}
\end{pmatrix}
\begin{pmatrix}
c_{A,s} \\ c_{A,x} \\ c_{A,y} \\ c_{A,z} \\ c_{B,s} \\ c_{B,x} \\ c_{B,y} \\ c_{B,z}
\end{pmatrix}
$$

$$
= \epsilon
\begin{pmatrix}
O_{As,As} & 0 & 0 & O_{As,Az} & O_{As,Bs} & 0 & 0 & O_{As,Bz} \\
0 & O_{Ax,Ax} & 0 & 0 & 0 & O_{Ax,Bx} & 0 & 0 \\
0 & 0 & O_{Ay,Ay} & 0 & 0 & 0 & O_{Ay,By} & 0 \\
O_{Az,As} & 0 & 0 & O_{Az,Az} & O_{Az,Bs} & 0 & 0 & O_{Az,Bz} \\
O_{Bs,As} & 0 & 0 & O_{Bs,Az} & O_{Bs,Bs} & 0 & 0 & O_{Bs,Bz} \\
0 & O_{Bx,Ax} & 0 & 0 & 0 & O_{Bx,Bx} & 0 & 0 \\
0 & 0 & O_{By,Ay} & 0 & 0 & 0 & O_{By,By} & 0 \\
O_{Bz,As} & 0 & 0 & O_{Bz,Az} & O_{Bz,Bs} & 0 & 0 & O_{Bz,Bz}
\end{pmatrix}
\begin{pmatrix}
c_{A,s} \\ c_{A,x} \\ c_{A,y} \\ c_{A,z} \\ c_{B,s} \\ c_{B,x} \\ c_{B,y} \\ c_{B,z}
\end{pmatrix}. \tag{13.25}
$$

13.6 Aufgaben

1. Vergleichen Sie die Molekülorbitale von homo- und heteronuklearen, diatomigen Molekülen.
2. Skizzieren Sie die Molekülorbitale und deren Orbitalenergien für das CN^--Radikal.
3. Beschreiben Sie, wie sich die Orbitalenergien qualitativ ändern, wenn man die zweiatomigen, homonuklearen Moleküle $Li_2 \to F_2$ betrachtet.
4. Skizzieren Sie die Orbitale und deren Energie für HHe.
5. Erklären Sie den Begriff ‚Bindungsordnung‘.
6. Erläutern Sie durch mehrere Beispiele das Konzept ‚Molekülorbital-Energiediagramm‘.
7. Erklären Sie den Begriff ‚Hybridisierung‘.
8. Betrachten Sie ein zweiatomiges, homoatomares Molekül mit der Bindung entlang der z-Achse, und verwenden Sie die Hartree-Fock-Roothaan-Näherung. Die Molekülorbitale werden mithilfe einer s- und drei p-Funktionen auf jedem Atom beschrieben. Stellen Sie die Säkulargleichung für dieses System auf, und erklären Sie, welche Matrixelemente, die darin vorkommen, null und welche identisch sein müssen.
9. Beschreiben Sie, wie das Orbitalbild erklären kann, dass das HF-Molekül eher als $H^{+q}F^{-q}$ aufgefasst werden soll.
10. Wie hängt das Überlappintegral für i) zwei s, ii) zwei p und iii) eine p- und eine s-Funktion vom Kern-Kern-Abstand ab (Achtung: es gibt mehrere Unterfälle)?
11. Betrachten Sie das zweiatomige LiH-Molekül mit der Bindung entlang der z-Achse und verwenden Sie die Hartree-Fock-Roothaan-Näherung. Die Molekülorbitale werden mithilfe der $1s$- und $2s$-Funktionen auf Li sowie der $1s$-Funktion auf H beschrieben. Stellen Sie die Säkulargleichung für dieses System auf, und erklären Sie, welche Matrixelemente, die darin vorkommen, null und welche identisch sein müssen.
12. Betrachten Sie das zweiatomige HF-Molekül mit der Bindung entlang der x-Achse, und verwenden Sie die Hartree-Fock-Roothaan-Näherung. Die Molekülorbitale werden mithilfe der $1s$-, $2s$- und $2p$-Funktionen auf F sowie der $1s$-Funktion auf H beschrieben. Stellen Sie die Säkulargleichung für dieses System auf, und erklären Sie, welche Matrixelemente, die darin vorkommen, null und welche identisch sein müssen.
13. Erklären Sie, warum He_2 laut des Orbitalbildes nicht existieren soll. Erklären Sie aber für zwei Fälle, warum He_2 doch existieren kann.

14 Hartree-Fock-Roothaan-basierte Methoden

14.1 Hartree-Fock-Roothaan

Weil in diesem Kapitel einige Ergebnisse aus früheren Kapiteln Anwendung finden, sollen diese hier kurz wiederholt werden.

Mit der Hartree-Fock-Näherung (bzw. dem Orbitalbild) wird die exakte Lösung zur elektronischen Schrödinger-Gleichung,

$$\hat{H}_e \Psi_e = E_e \Psi_e, \tag{14.1}$$

durch eine Slater-Determinante

$$\Psi_e(\vec{x}_1, \vec{x}_2, \ldots, \vec{x}_N) \simeq \frac{1}{\sqrt{N!}} \begin{vmatrix} \psi_1(\vec{x}_1) & \psi_2(\vec{x}_1) & \ldots & \psi_N(\vec{x}_1) \\ \psi_1(\vec{x}_2) & \psi_2(\vec{x}_2) & \ldots & \psi_N(\vec{x}_2) \\ \vdots & \vdots & \ddots & \vdots \\ \psi_1(\vec{x}_N) & \psi_2(\vec{x}_N) & \ldots & \psi_N(\vec{x}_N) \end{vmatrix} \tag{14.2}$$

genähert.

Durch Anwendung des Variationsprinzips findet man, dass die Ein-Elektronen-Wellenfunktionen ψ_i die Hartree-Fock-Gleichungen erfüllen müssen,

$$\hat{F}\psi_k = \epsilon_k \psi_k. \tag{14.3}$$

$\hat{F}$ ist der Fock-Operator,

$$\hat{F} = \hat{h}_1 + \sum_{i=1}^{N} (\hat{J}_i - \hat{K}_i). \tag{14.4}$$

Hier ist $\hat{h}_1$ der Operator der kinetischen Energie und der potentiellen Energie durch die Kerne,

$$\hat{h}_1 = -\frac{\hbar^2}{2m} \nabla^2 - \sum_k \frac{Z_k e^2}{4\pi\epsilon_0 |\vec{R}_k - \vec{r}|}. \tag{14.5}$$

Ferner sind die $\hat{J}_i$ und $\hat{K}_i$ Operatoren, die aus den Wechselwirkungen zwischen den Elektronen stammen,

$$\begin{aligned} \hat{J}_i \psi_k(\vec{x}_1) &= \int \psi_i^*(\vec{x}_2) \hat{h}_2 \psi_i(\vec{x}_2) \psi_k(\vec{x}_1)\, d\vec{x}_2 = \frac{e^2}{4\pi\epsilon_0} \int \frac{|\psi_i(\vec{x}_2)|^2 \psi_k(\vec{x}_1)}{|\vec{r}_2 - \vec{r}_1|}\, d\vec{x}_2 \\ &= \frac{e^2}{4\pi\epsilon_0} \int \frac{|\psi_i(\vec{x}_2)|^2}{|\vec{r}_2 - \vec{r}_1|}\, d\vec{x}_2 \psi_k(\vec{x}_1) \end{aligned} \tag{14.6}$$

und

https://doi.org/10.1515/9783111215075-014

$$\hat{K}_i\psi_k(\vec{x}_1) = \int \psi_i^*(\vec{x}_2)\hat{h}_2\psi_i(\vec{x}_1)\psi_k(\vec{x}_2)\,d\vec{x}_2 = \frac{e^2}{4\pi\epsilon_0}\int \frac{\psi_i^*(\vec{x}_2)\psi_k(\vec{x}_2)\psi_i(\vec{x}_1)}{|\vec{r}_2 - \vec{r}_1|}\,d\vec{x}_2$$

$$= \frac{e^2}{4\pi\epsilon_0}\int \frac{\psi_i^*(\vec{x}_2)\psi_k(\vec{x}_2)}{|\vec{r}_2 - \vec{r}_1|}\,d\vec{x}_2\psi_i(\vec{x}_1). \tag{14.7}$$

Hier ist $\vec{x}$ eine kombinierte Orts- und Spinvariable,

$$\vec{x} = (\vec{r}, \sigma), \tag{14.8}$$

wobei die Spinvariable σ nur zwei Werte annehmen kann, α und β. Deswegen ist die Integration über $\vec{x}$ nicht wortwörtlich zu verstehen, sondern

$$\int \cdots d\vec{x} \equiv \sum_{\sigma=\alpha,\beta}\int \cdots d\vec{r}. \tag{14.9}$$

Wie schon früher erwähnt, werden die $\hat{J}_i$-Operatoren Coulomb-Operatoren genannt, während die $\hat{K}_i$-Operatoren Austausch-Operatoren genannt werden.

Aus Gl. (14.6) sieht man, dass

$$\sum_i \hat{J}_i\psi_k(\vec{x}_1) = \frac{e^2}{4\pi\epsilon_0}\int \frac{\sum_i |\psi_i(\vec{x}_2)|^2}{|\vec{r}_2 - \vec{r}_1|}\,d\vec{x}_2\psi_k(\vec{x}_1)$$

$$= \frac{e^2}{4\pi\epsilon_0}\int \frac{\rho(\vec{r}_2)}{|\vec{r}_2 - \vec{r}_1|}\,d\vec{r}_2\psi_k(\vec{x}_1) \equiv V_C(\vec{r}_1)\psi_k(\vec{x}_1). \tag{14.10}$$

Hier ist $V_C(\vec{r}_1)$ das elektrostatische Potential, das die Elektronendichte $\rho(\vec{r})$ im Punkt $\vec{r}_1$ erzeugt.

Wir werden die Orbitale in die zwei Spinanteile, $\sigma = \alpha$ und $\sigma = \beta$, aufteilen,

$$\psi_i(\vec{x}) = \psi_{i\alpha}(\vec{r})\alpha + \psi_{i\beta}(\vec{r})\beta, \tag{14.11}$$

wobei die beiden Indices α und β nur benutzt werden, um die Funktionen $\psi_{i\alpha}(\vec{r})$ und $\psi_{i\beta}(\vec{r})$ auseinanderhalten zu können. Oft hat ein bestimmtes Orbital entweder einen α- oder β-Spin, sodass eine der beiden Funktionen $\psi_{i\alpha}(\vec{r})$ und $\psi_{i\beta}(\vec{r})$ identisch null wird.

Es ist zweckmäßig, eine Vektornotation für die Spin-Komponenten zu benutzen, sodass

$$\alpha = \begin{pmatrix} 1 \\ 0 \end{pmatrix}$$

$$\beta = \begin{pmatrix} 0 \\ 1 \end{pmatrix}, \tag{14.12}$$

wodurch

$$\psi_i(\vec{x}) \rightarrow \vec{\psi}_i(\vec{x}) = \begin{pmatrix} \psi_{i\alpha}(\vec{r}) \\ \psi_{i\beta}(\vec{r}) \end{pmatrix}. \tag{14.13}$$

Die Elektronendichte im Ortsraum für dieses Orbital ist dann

$$\rho_i(\vec{r}) = [\vec{\psi}_i^*(\vec{r})]^T \cdot \vec{\psi}_i(\vec{r}) = \left(\begin{array}{cc} \psi_{i\alpha}^*(\vec{r}) & \psi_{i\beta}^*(\vec{r}) \end{array}\right) \cdot \left(\begin{array}{c} \psi_{i\alpha}(\vec{r}) \\ \psi_{i\beta}(\vec{r}) \end{array}\right)$$

$$= |\psi_{i\alpha}(\vec{r})|^2 + |\psi_{i\beta}(\vec{r})|^2 \equiv \rho_{i\alpha}(\vec{r}) + \rho_{i\beta}(\vec{r}). \tag{14.14}$$

Durch Summation über alle Orbitale erhält man dann die Gesamtelektronendichte,

$$\rho(\vec{r}) = \sum_i \rho_i(\vec{r}). \tag{14.15}$$

Für eine praktische Berechnung ist es notwendig, auch die Ein-Elektronen-Wellenfunktionen zu nähern. Dabei verwendet man die Hartree-Fock-Roothaan-Näherung und entwickelt die Ein-Elektronen-Wellenfunktionen nach einem vorgewählten Satz von Basisfunktionen,

$$\psi_l(\vec{x}) = \sum_{p=1}^{N_b} \chi_p(\vec{x}) c_{pl}. \tag{14.16}$$

Die Basisfunktionen $\{\chi_p(\vec{x})\}$ sind vorgewählt, während die Rechnung die Koeffizienten $\{c_{pl}\}$ liefern soll.

Die Gleichung, mit der die Koeffizienten bestimmt werden sollen, (die Säkulargleichung) lautet in Matrixform

$$\underline{\underline{F}} \cdot \underline{c}_l = \epsilon_l \cdot \underline{\underline{O}} \cdot \underline{c}_l, \tag{14.17}$$

wobei $\underline{\underline{F}}$ die Fock-Matrix ist mit den Elementen

$$F_{pm} = \langle\chi_p|\hat{h}_1|\chi_m\rangle + \sum_{i=1}^{N} \sum_{n,q=1}^{N_b} c_{ni}c_{qi}^*[\langle\chi_p\chi_q|\hat{h}_2|\chi_m\chi_n\rangle - \langle\chi_q\chi_p|\hat{h}_2|\chi_m\chi_n\rangle] \tag{14.18}$$

und $\underline{\underline{O}}$ die Überlappmatrix ist mit den Elementen

$$O_{pm} = \langle\chi_p|\chi_m\rangle. \tag{14.19}$$

Ferner sind

$$\langle\chi_p|\hat{h}_1|\chi_m\rangle = \int \chi_p^*(\vec{x})\hat{h}_1\chi_m(\vec{x})\,d\vec{x}$$

$$= \int \chi_p^*(\vec{x})\left[-\frac{\hbar^2}{2m}\nabla^2 - \sum_k \frac{Z_k e^2}{4\pi\epsilon_0|\vec{R}_k - \vec{r}|}\right]\chi_m(\vec{x})\,d\vec{x}$$

$$\langle\chi_p\chi_q|\hat{h}_2|\chi_m\chi_n\rangle = \int\int \chi_p^*(\vec{x}_1)\chi_q^*(\vec{x}_2)\hat{h}_2\chi_m(\vec{x}_1)\chi_n(\vec{x}_2)\,d\vec{x}_1\,d\vec{x}_2$$

$$= \int\int \chi_p^*(\vec{x}_1)\chi_q^*(\vec{x}_2)\frac{e^2}{4\pi\epsilon_0|\vec{r}_1 - \vec{r}_2|}\chi_m(\vec{x}_1)\chi_n(\vec{x}_2)\,d\vec{x}_1\,d\vec{x}_2. \tag{14.20}$$

Letztendlich enthält $\underline{c}_l$ die Koeffizienten des $l$ten Orbitals.

Explizit ausgeschrieben wird Gl. (14.17) zu

$$\sum_{m=1}^{N_b} \left\{ \langle \chi_p | \hat{h}_1 | \chi_m \rangle + \sum_{i=1}^{N} \sum_{n,q=1}^{N_b} c_{ni} c_{qi}^* [\langle \chi_p \chi_q | \hat{h}_2 | \chi_m \chi_n \rangle - \langle \chi_q \chi_p | \hat{h}_2 | \chi_m \chi_n \rangle] \right\} c_{ml}$$

$$= \epsilon_l \sum_{m=1}^{N_b} \langle \chi_p | \chi_m \rangle c_{ml}. \tag{14.21}$$

Wenn man diese Gleichung löst, erhält man so viele Lösungen, wie es Basisfunktionen gibt, also N_b. Diese Lösungen sind durch die Orbitalenergien ϵ_l und die Koeffizienten, $\{c_{pl}\}$, gekennzeichnet. Für die Grundzustandskonfiguration sind die N Orbitale mit den niedrigsten Orbitalenergien besetzt, während die anderen unbesetzt sind. Diese Verteilung ist indirekt bei der Aufstellung der Gl. (14.21) dadurch angenommen, dass die i-Summation über genau diese Orbitale läuft. Dem entsprechend werden wir auch annehmen, dass

$$\epsilon_1 \leq \epsilon_2 \leq \epsilon_3 \leq \cdots \leq \epsilon_{N_b}. \tag{14.22}$$

14.2 Basissätze

Bisher haben wir nicht diskutiert, wie die Basisfunktionen $\{\chi_p\}$ gewählt werden. Es gibt dabei drei Kriterien, die nicht alle gleichzeitig optimal erfüllt werden können:
- Die Basisfunktionen sollen so gewählt werden, dass die Näherung Gl. (14.16) gut ist.
- Die Basisfunktionen sollen so gewählt werden, dass alle Integrale, die in Gl. (14.20) und (14.21) auftreten, schnell, genau und am besten analytisch berechnet werden können.
- Im Prinzip kann eine beliebige Genauigkeit dadurch erzielt werden, dass ausreichend viele (was sogar sehr viele bedeuten kann) Basisfunktionen gewählt werden. Aber weil der Zeitaufwand für die numerische Behandlung von Gl. (14.17) mit der Zahl der Basisfunktionen N_b zur dritten Potenz skaliert, soll N_b nicht zu groß sein.

Für das Wasserstoffatom sowie andere Ein-Elektronen-Atome haben wir gesehen, dass die elektronischen Wellenfunktionen mittels Exponentialfunktionen geschrieben werden können. Es ist deswegen zu erwarten, dass solche Funktionen auch für Mehr-Elektronen-Atome gefunden werden. Deswegen bilden Basisfunktionen vom Typ

$$\chi(\vec{r}) = \chi_{\vec{R},\zeta,n,l,m_l}(\vec{r}) = \frac{(2\zeta)^{n+1/2}}{(2n!)^{1/2}} r_R^{n-1} e^{-\zeta r_R} Y_{l,m_l}(\theta_R, \phi_R), \tag{14.23}$$

die mit einer Spin-Funktion multipliziert werden müssen, einen Satz von Funktionen, die die erste und dritte Bedingung wahrscheinlich gut erfüllen. Diese Funktionen werden Slater-Type Orbitals (STOs) genannt. Leider ist die zweite Bedingung nur unzureichend erfüllt, und deswegen werden solche Funktionen kaum verwendet. In Gl. (14.23) sind (r_R, θ_R, ϕ_R) die polaren Koordinaten von $\vec{r}$ relativ zum Punkt $\vec{R}$. $\vec{R}$ ist Ort des Atomkernes, an welchem die Funktion zentriert ist.

Stattdessen hat es sich herausgestellt, dass Gauss-Funktionen (auch Gaussians oder GTOs genannt; nach Carl Friedrich Gauß),

$$\chi(\vec{r}) = \chi_{\vec{R},a,n,l,m_l}(\vec{r}) = 2^{n+1}\frac{a^{(2n+1)/4}}{[(2n-1)!!]^{1/2}(2\pi)^{1/4}}r_R^{n-1}e^{-ar_R^2}Y_{l,m_l}(\theta_R,\phi_R) \qquad (14.24)$$

(wiederum mit einer Spin-Funktion multipliziert und wiederum mit Koordinaten, die relativ zum Ort des Atomkernes sind, an welchem die Funktion zentriert ist), einen guten Kompromiss darstellen, um die drei Bedingungen mehr oder weniger gut zu erfüllen. In Gl. (14.24) ist

$$(2n-1)!! = (2n-1)\cdot(2n-3)\cdots1. \qquad (14.25)$$

Wir können abschätzen, wie gut diese Basisfunktionen sind, indem wir diese mit der exakten Wellenfunktion für das 1s-Elektron des Wasserstoffatoms vergleichen. Dies ist in Abb. 14.1 und 14.2 gezeigt. In Abb. 14.1 haben wir nur eine Gauss-Funktion mit $(n, l, m_l) = (1, 0, 0)$ verwendet und dabei a optimiert (siehe Aufgabe 2 in Kapitel 9.9). Man sieht, dass die Näherung nicht optimal ist, aber auch nicht schlecht. Vor allem im Bereich des Kerns versagt die Näherung. Am Ort des Kerns ist die richtige Funktion nicht-differenzierbar (hat also eine Spitze), die Gauss-Funktion aber schon. Dies ist das sog. Cusp-Problem. Auch durch Anwendung mehrerer Gauss-Funktionen, wie in Abb. 14.2, kann dieses Problem nicht behoben werden, obwohl die dadurch entstandene genäherte Funktion die richtige Funktion schon besser beschreibt.

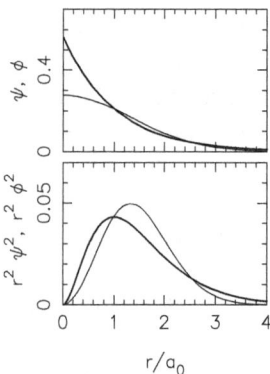

Abb. 14.1: Die exakte 1s-Wellenfunktion des Wasserstoffatoms (dicke Kurve) verglichen mit einer genäherten Wellenfunktion, bestehend aus einer Gauss-Funktion (dünne Kurve).

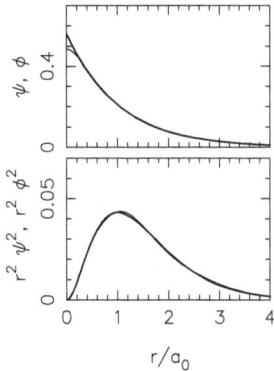

Abb. 14.2: Die exakte 1s-Wellenfunktion des Wasserstoffatoms (dicke Kurve) verglichen mit einer genäherten Wellenfunktion bestehend aus einer Linearkombination von drei Gauss-Funktionen (dünne Kurve), die alle $(n, l, m_l) = (1, 0, 0)$ aber unterschiedliche a haben.

Wegen dieser und ähnlicher Ergebnisse wird man normalerweise mehr Gauss-Funktionen verwenden, als man (besetzte) Atomorbitale hat. Diese werden sich dann in den Abklingkonstanten a unterscheiden. Wenn a sehr klein ist, wird die Gauss-Funktion sehr delokalisiert, und man redet dann von diffusen Basisfunktionen.

Ferner stellt es sich heraus, dass es für Moleküle von Vorteil sein kann, Funktionen mit höheren l zu verwenden, als man für die isolierten Atome hat. Das könnte dann z. B. p-Funktionen für Wasserstoffatome und d-Funktionen für Kohlenstoffatome sein. Solche Basisfunktionen werden Polarisationsfunktionen genannt.

Allgemein gilt wegen des Variationsprinzips: Je mehr Basisfunktionen man verwendet, desto genauer werden die Ergebnisse; vor allem wird die Gesamtenergie niedriger. Auf der anderen Seite wächst der Bedarf an Computerressourcen mit der Zahl der Basisfunktionen, was letztendlich dazu führt, dass man einen vernünftigen Kompromiss zwischen Genauigkeit und Computeraufwand suchen muss. Was genau unter ,vernünftig' zu verstehen ist, hängt sowohl vom System als auch der Eigenschaft ab, die untersucht werden soll.

Wenn man eine Rechnung durchführt, muss man einen Basissatz auswählen. Man wird also normalerweise nicht die Basisfunktionen selber erzeugen, sondern die von anderen entwickelten und vorgeschlagenen anwenden. Es gibt viele Basisfunktionen, aber hier werden wir nur einige der gängigsten kurz diskutieren.

Am besten betrachten wir ein Beispiel, Ferrocen, $Fe(C_5H_5)_2$. Ferrocen besteht aus H-, C- und Fe-Atomen. Für die isolierten Atome sind 1s-Orbitale für H, 1s-, 2s- und 2p-Orbitale für C, und 1s-, 2s-, 2p-, 3s-, 3p-, 4s- und 3d-Orbitale für Fe besetzt.

Den kleinsten möglichen Basissatz erhält man dadurch, dass man genau eine Basisfunktion pro besetztes Orbital der isolierten Atome benutzt, also die 1s-Orbitale für H, 1s-, 2s- und 2p-Orbitale für C, und 1s-, 2s-, 2p-, 3s-, 3p-, 4s- und 3d-Orbitale für Fe. Das entspricht dem sog. minimalen Basissatz. Idealerweise würde man eine STO [Gl. (14.23)] für jedes dieser Orbitale benutzen, aber weil sich nicht alle Integrale, die dann benötigt werden, analytisch ausdrücken lassen, werden STOs so kaum verwendet. Eine Möglichkeit, dieses Problem zu umgehen, besteht darin, jede STO mittels einer vorgewählten Linearkombination aus GTOs [Gl. (14.24)] zu schreiben. Dann können alle Integrale, die eigentlich für die STOs berechnet werden müssen, mithilfe der GTOs ermittelt werden. Ein solches Verfahren wird STO-nG bezeichnet, wobei n die Zahl der GTOs angibt, die für die Linearkombination verwendet werden. Typisch ist STO-3G. Eine solche Funktion, die als vorgewählte Linearkombination aus vorgewählten GTOs besteht, wird auch kontrahierte Gauss-Funktion (Contracted Gaussian = CGTO) bezeichnet.

Mit einem minimalen Basissatz werden selten genaue Ergebnisse erhalten. Um die Flexibilität zu erhöhen (also der Berechnung mehr Möglichkeiten zu geben, Funktionen für die Beschreibung der elektronischen Orbitale zu benutzen), können mehrere CGTOs pro atomares Orbital verwendet werden. Man redet dann von Double-Zeta-, Triple-Zeta-, Quadruple-Zeta-Basissätzen, ..., wenn zwei, drei, vier, ... CGTOs pro atomares Orbital verwendet werden.

Häufig verwendet man eine Mischung aus solchen Basissätzen. Dies gilt z. B. für einen Basissatz wie 6-31G. Das ,-' trennt Rumpf- und Valenzorbitale, sodass 6-31G bedeutet, dass eine CGTO bestehend aus sechs GTOs pro Rumpforbital verwendet wird, während zwei CGTOs pro Valenzorbital verwendet werden. Die zwei CGTOs bestehen aus drei bzw. einem GTO. Für unser Beispiel, Ferrocen, werden die 1s-Orbitale von C und die 1s-, 2s-, 2p-, 3s- und 3p-Orbitale von Fe jeweils mithilfe eines CGTO (bestehend aus 6 GTOs) beschrieben, während die 1s-Orbitale von H, die 2s- und 2p-Orbitale von C und die 4s- und 3d-Orbitale von Fe jeweils mithilfe zweier CGTOs beschrieben werden. Z. B. für die 2s- und 2p-Orbitale von C werden eine CGTO bestehend aus drei Gaussians und eine CGTO bestehend aus nur einer Gaussian verwendet, wobei die Gaussians für die s- und p-Funktionen dieselben α benutzen aber unterschiedliche Koeffizienten haben. Es gibt viele verwandte Basissätze wie z. B. 3-21G und 6-311G. 3-21G und 6-31G unterscheiden sich nur in der Zahl (und dann auch in den Werten von α) der Gaussians, die für die Rumpfelektronen benutzt werden, während für 6-311G nicht zwei, sondern drei CGTOs für die Valenzorbitale verwendet werden.

Sowohl Polarisationsfunktionen als auch diffuse Funktionen können dazuaddiert werden. Polarisationsfunktionen werden oft durch ,*' gekennzeichnet, sodass 6-31G** bedeutet, dass d-Funktionen für schwerere Atome wie C (erster ,*') und p-Funktionen für H (zweiter ,*') verwendet werden. Alternativ hätte dies als 6-31G(d,p) geschrieben werden k"onnen. Expliziter ist eine Notation wie 6-31G(3df,2p), die bedeutet, dass drei d- und eine f-Polarisationsfunktion für C sowie zwei p-Polarisationsfunktionen für H verwendet werden. Diffuse Funktionen werden auf ähnliche Weise durch ,+' gekennzeichnet. So bedeutet 6-31G++, dass diffuse Funktionen sowohl auf schwereren Atomen als auch auf H verwendet werden. Wo genau das G sowie die Symbole + und * platziert sind, kann variieren.

Gelegentlich werden Ergebnisse an der sog. Hartree-Fock-Grenze angegeben, d. h. die Resultate, die man erhalten würde, wenn man die Hartree-Fock-Gleichungen exakt lösen könnte. Eigentlich ist dies in der Praxis nicht möglich, aber man kann die Ergebnisse dadurch abschätzen, dass man Hartree-Fock-Roothaan-Rechnungen mit wachsender Größe des Basissatzes durchführt und dann bis zur Grenze eines unendlichen großen Basissatzes extrapoliert.

Als Beispiel für die Ergebnisse, die mit verschiedenen Basissätzen, die wir jetzt diskutiert haben, erhalten werden, zeigt Tabelle 14.1 Energien für die Reaktion $H^+ + H_2O \rightarrow H_3O^+$. Man sieht, dass die Energien der einzelnen Reaktanden und Produkte sehr stark vom Basissatz abhängen können, aber dass die Reaktionsenergie (die Protonierungsenergie) doch deutlich weniger davon abhängt. Man erkennt dabei auch, dass die Gesamtenergie niedriger wird, wenn die Größe des Basissatzes steigt (als Folge des Variationsprinzips), aber dass dies nicht für die Energieunterschiede (Reaktionsenergien) gilt; es gibt eben kein Variationsprinzip für Energieunterschiede.

Tab. 14.1: Die Energie für die Reaktion $H^+ + H_2O \rightarrow H_3O^+$ (die Protonierungsenergie) berechnet mit verschiedenen Basissätzen. 1 Hartree = 27.21 eV; 1 eV = 23.06 kcal/mol.

Basissatz	$E_{tot}(H_2O)$ Hartree	$E_{tot}(H_3O^+)$ Hartree	Protonierungsenergie Hartree	Protonierungsenergie kcal/mol
STO-3G	−75.3133	−75.6817	−0.3684	−231.2
STO-6G	−76.0366	−76.4015	−0.3649	−229.0
6-31G	−76.3852	−76.6721	−0.2869	−180.1
6-31++G	−76.4000	−76.6753	−0.2753	−172.7
6-31G**	−76.4197	−76.7056	−0.2859	−179.4
6-31++G**	−76.4341	−76.7078	−0.2738	−171.8

Dass die absoluten Variationen der Energieunterschiede deutlich kleiner sind als die der Energien, ist etwas, was man beinahe immer findet. Es wird als ‚Cancellation of Errors' interpretiert und lässt sich dadurch verstehen, dass die größten Ungenauigkeiten bei den Gesamtenergien eher von den Rumpfelektronen und dem Verhalten der Elektronen in der Nähe der Atomkerne stammen. Bei einer chemischen Reaktion ändern sich diese Eigenschaften kaum, sodass Energieunterschiede deutlich genauer sind als die einzelnen Gesamtenergien.

Ein anderer Satz von häufig verwendeten Basisfunktionen sind die sog. Correlation-consistent-Basissätze, die als cc-pVXZ bezeichnet werden. XZ ist dabei DZ, TZ, QZ, 5Z oder 6Z und diese indizieren, ob der Basissatz vom Double-Zeta-, Triple-Zeta-, Quadruple-Zeta-Typ usw. ist. Diese Bezeichnung bezieht sich darauf, ob zwei (Double Zeta), drei (Triple Zeta), vier (Quadruple Zeta) oder mehr Basisfunktionen pro atomares Valenzorbital verwendet werden. Diese Basissätze beinhalten ferner immer Polarisationsfunktionen und können zusätzlich durch diffuse Funktionen erweitert werden. Als Polarisationsfunktionen werden z. B. p-Funktionen für H und d-Funktionen für C bei cc-pVDZ verwendet, während bei cc-pVTZ auch d-Funktionen für H und auch f-Funktionen für C angewandt werden. In dem Fall, dass diffuse Funktionen miteinbezogen werden sollen, bekommen die Basissatznamen das Präfix ‚aug': aug-cc-pVXZ.

Selbstverständlich sind (viele) andere Basissätze (mit anderen Namen und Nomenklaturen) vorgeschlagen worden, die auch eingesetzt werden. Hier sollen diese aber nicht diskutiert werden.

Allgemein gilt wegen des Variationstheorems, dass die berechnete Grundzustandsenergie umso niedriger wird, je mehr Basisfunktionen benutzt werden. Genauer bedeutet dies, dass wenn man N_b Basisfunktionen, $\{\chi_p\}$, gewählt hat und die Größe

$$\tilde{E} = \frac{\langle \phi | \hat{H} | \phi \rangle}{\langle \phi | \phi \rangle} \tag{14.26}$$

mit

$$\phi = \sum_{p=1}^{N_b} c_p \chi_p, \tag{14.27}$$

durch Variation der Koeffizienten $\{c_p\}$ minimiert hat, dann wird der kleinste Wert von $\tilde{E}$ kleiner oder gleich bleiben, wenn zu den Funktionen in Gl. (14.27) eine weitere Funktion dazugenommen wird, ohne dass die anderen verändert werden. In der Praxis ändern sich die Funktionen, wenn die Größe des Basissatzes zunimmt, aber trotzdem gilt beinahe immer, dass dadurch $\tilde{E}$ kleiner wird. Letztendlich bedeutet dies, dass der kleinste Wert von $\tilde{E}$ kleiner wird (und dadurch eine genauere Näherung zur Grundzustandsenergie darstellt), je mehr Basisfunktionen verwendet werden. Man könnte dann dazu verleitet werden, eine sehr große Anzahl von Basisfunktionen N_b zu benutzen. Der Nachteil davon ist aber, dass der Rechenaufwand dadurch auch zunimmt: typischerweise mit N_b^3 für eine Hartree-Fock-Roothaan-Rechnung. Aus praktischen Gründen versucht man deswegen, N_b einigermaßen gering zu halten.

Eine Weise, N_b zu reduzieren, ist die oben erwähnte Kontraktion. Aus Basisfunktionen, die an demselben Atom lokalisiert sind, werden bestimmte Linearkombinationen erzeugt,

$$u_{\vec{R},n,l,m_l,k}(\vec{r}) = \sum_a c_{\vec{R},a,n,l,m_l,k} \chi_{\vec{R},a,n,l,m_l}(\vec{r}). \tag{14.28}$$

Z. B. werden aus mehreren Gauss-$2p_z$-Funktionen, mit unterschiedlichen Abklingkonstanten a, auf einem bestimmten Kohlenstoffatom feste Linearkombinationen gebildet. Anschließend werden Koeffizienten zu diesen kontrahierten Basisfunktionen in einem Variationsverfahren bestimmt. Wenn die Zahl der kontrahierten Basisfunktionen, $\{u_{\vec{R},n,l,m_l,k}(\vec{r})\}$, kleiner ist als die der primitiven Basisfunktionen, $\{\chi_{\vec{R},a,n,l,m_l}(\vec{r})\}$, kann dadurch der Rechenaufwand verringert werden.

Kontraktion wird vor allem für Basisfunktionen verwendet, die sehr stark auf den Bereich um den Atomkern beschränkt sind. Die Änderungen der Elektronendichte zwischen einem isolierten Atom und einem Atom als Bestandteil einer chemischen Substanz sind vor allem in den äußeren Bereichen der Atome zu beobachten, sodass die Annahme, dass sich in der näheren Umgebung der Atomkerne die Orbitale kaum ändern, eine sehr gute Näherung darstellt.

Um Basissätze zu erhalten, die realistisch sind, kann man so vorgehen, wie in Abb. 14.1 und 14.2 exemplarisch für das H-Atom gezeigt. Man nutzt aus, dass die isolierten Atome sphärisch symmetrisch sind, sodass genaue numerische Rechnungen relativ leicht durchgeführt werden können. Anschließend können die erhaltenen numerischen atomaren Wellenfunktionen mittels verschiedener Funktionen, z. B. Gaussians, genähert werden und diese optimierten Funktionen können letztendlich als atomzentrierte Basisfunktionen für molekulare Verbindungen verwendet werden.

14.3 Semiempirische und Ab-initio-Methoden

Nachdem die Basisfunktionen gewählt sind, können (hoffentlich) alle Integrale der Gl. (14.21) berechnet werden. Diese Integrale sind Integrale für den Operator der kinetischen Energie, für das elektrostatische Potential der Kerne und für die Elektronen-Elektronen-Wechselwirkungen. Explizit ausgedrückt sind diese Integrale vom Typ

$$-\frac{\hbar^2}{2m} \int \chi_p^*(\vec{r}) \nabla^2 \chi_q(\vec{r}) \, d\vec{r},$$

$$-\int \chi_p^*(\vec{r}) \frac{Ze^2}{4\pi\epsilon_0 |\vec{r} - \vec{R}|} \chi_q(\vec{r}) \, d\vec{r},$$

$$\int \int \chi_p^*(\vec{r}_1) \chi_r^*(\vec{r}_2) \frac{e^2}{4\pi\epsilon_0 |\vec{r}_1 - \vec{r}_2|} \chi_q(\vec{r}_1) \chi_s(\vec{r}_2) \, d\vec{r}_1 \, d\vec{r}_2. \tag{14.29}$$

Die Basisfunktionen χ_p, χ_q, χ_r und χ_s können auf verschiedene Atome zentriert sein, und $\vec{R}$ im zweiten Ausdruck muss nicht gleich den Koordinaten eines der beiden Kerne sein, auf die χ_p oder χ_q zentriert sind.

Solche Methoden, bei welchen alle Integrale in Gl. (14.29) berechnet werden, werden Ab-initio-Methoden genannt. Diese unterscheiden sich von den sog. semiempirischen Methoden, für welche die Matrixelemente in Gl. (14.29) nicht direkt berechnet werden. Wenn das der Fall ist, muss man auch nicht die analytischen Ausdrücke der Basisfunktionen spezifizieren. Stattdessen werden diese Matrixelemente als Parameter behandelt, deren Werte man aus Rechnungen oder Experimenten für kleinere Moleküle bestimmen kann. Die Werte werden dann so festgelegt, dass bestimmte Eigenschaften von einem Satz von Testsystemen reproduziert werden können. Anschließend können die Parameterwerte benutzt werden, um ähnliche Eigenschaften von verwandten [aber oft (sehr viel) größeren] Molekülen zu bestimmen.

14.4 Hückel-Theorie

Die Hückel-Theorie (nach Erich Hückel) ist eine besonders einfache, semiempirische Methode. Bei dieser Theorie betrachtet man nur die π-Elektronen konjugierter Systeme. Wie Abb. 14.3 beispielhaft zeigt, sind die π-Bindungen solcher Systeme nicht sehr stark (die Orbitale haben nur geringe negative Energien). Während sich drei der vier Valenzelektronen eines Kohlenstoffatoms bei den konjugierten Systemen in starken σ-Bindungen zu den Nachbaratomen befinden, ist das π-Orbital des letzten Valenzelektrons senkrecht zur Ebene der Atomkerne. Deswegen können keine starken kovalenten Bindungen mit diesen Orbitalen gebildet werden. Dass diese Bindungen nicht stark sind, kann auch so formuliert werden, dass ihre Energien nicht niedrig sind. Diese Orbitale bilden deswegen die besetzten Orbitale mit den höchsten Orbitalenergien. Umgekehrt sind die antibindenden π-Orbitale auch nicht besonders stark antibindend, sodass die energetisch niedrigsten, unbesetzten Orbitale diejenigen sind, die aus den π-Orbitalen gebildet werden. Dies bedeutet, dass für elektronische Anregungsprozesse, die bei nicht zu hohen Energien stattfinden, nur die π-Elektronen relevant sind, und deswegen wäre es hilfreich, nur diese behandeln zu müssen. Das ist es, was die Hückel-Theorie anbietet.

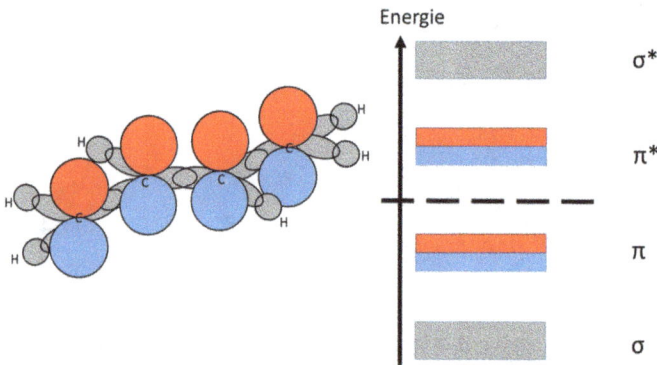

Abb. 14.3: Die fundamentale Idee hinter der Hückel-Theorie illustriert an Butadien, C_4H_6. Die grauen Orbitale symbolisieren lokalisierte, energetisch niedrige σ-Bindungen zwischen benachbarten Atomen, während die rot/blauen Orbitale die weniger lokalisierten, energetisch höher liegenden π-Orbitale darstellen. Die besetzten σ- und unbesetzten σ^*-Orbitale liegen energetisch weit entfernt von der Fermi-Energie, welche die besetzten und die unbesetzten Orbitale trennt, während die analogen π- und π^*-Orbitale näher an der Fermi-Energie liegen, wie im rechten Teil gezeigt ist. Hier markiert die gestrichelte Gerade die Fermi-Energie.

In der ursprünglichen Hückel-Theorie werden nur die π-Elektronen der Kohlenstoffatome behandelt. Die Orbitale der Gl. (14.16) beschränken sich auf die π-Orbitale und der Satz der Basisfunktionen $\{\chi_p\}$ besteht aus genau einem π-Orbital pro Kohlenstoffatom. Es wird angenommen, dass diese orthonormal sind,

$$\langle \chi_p | \chi_m \rangle = \delta_{p,m}. \tag{14.30}$$

Ferner werden die Fock-Matrixelemente parametrisiert [also man betrachtet nicht die einzelnen Matrixelemente in Gl. (14.29)], und für diese wird angenommen, dass

$$\langle \chi_p | \hat{F} | \chi_m \rangle = \begin{cases} \alpha & m = p \\ \beta & \chi_p \text{ und } \chi_m \text{ an benachbarten Atomen} \\ 0 & \text{sonst.} \end{cases} \tag{14.31}$$

Dieses bedeutet, dass die Fock-Matrixelemente dieselben Werte haben, unabhängig davon, welches Molekül wir betrachten. Die π – π-Matrixelemente sind immer gleich, sowohl für kleine, einfache Moleküle als auch für große, komplexe Moleküle. Ferner gilt, dass $\beta < 0$. Letztendlich ist es möglich, $\alpha = 0$ und $|\beta| = 1$ zu wählen, wodurch Energien in sog. Hückel-Einheiten ausgedrückt werden. Dies soll hier aber nicht getan werden.

Als Beispiel betrachten wir das Ethen-Molekül. Für dieses haben wir zwei Kohlenstoffatome und dem entsprechend zwei π-Orbitale. Die Säkulargleichung lautet dann

$$\begin{pmatrix} \alpha & \beta \\ \beta & \alpha \end{pmatrix} \begin{pmatrix} c_1 \\ c_2 \end{pmatrix} = \epsilon \begin{pmatrix} 1 & 0 \\ 0 & 1 \end{pmatrix} \begin{pmatrix} c_1 \\ c_2 \end{pmatrix}. \tag{14.32}$$

Nur für

$$\epsilon = \alpha \pm \beta \tag{14.33}$$

hat diese Gleichung nicht-triviale Lösungen. Diese Lösungen sind in Abb. 14.4 dargestellt. Analog dazu zeigt Abb. 14.5 die Lösungen, die man für das Butadien-Molekül findet.

Die Hückel-Theorie kann auch dazu benutzt werden, die $4n$- und die $4n + 2$-Regeln (auch Anti-Aromaten- und Aromaten-Regeln genannt) zu erklären. Es lässt sich zeigen, dass man für zyklische Polyene wie folgt vorgehen kann, wenn die Hückel-Theorie angewandt wird. Man positioniert das Molekül so in einem Kreis, dass ein Atom unten ist. Dies ist in Abb. 14.6 für Benzol und Cyclobutadien gezeigt. Der Kreis soll den Durchmesser $4|\beta|$ haben. Die Projektionen der Positionen der Atome auf der y-Achse geben dann die Orbitalenergien relativ zu α an. Für Polyene mit $4n + 2$ Atomen kann man dadurch leicht eine große Energielücke zwischen besetzten und unbesetzten Orbitale erkennen, während man für Polyene mit $4n$ Atomen mehrere Orbitale (wenn auch der Spin berücksichtigt werden) mit der Energie α hat, die nicht alle besetzt werden. Deswegen sind die Polyene mit $4n + 2$ Atomen besonders stabil, während diejenigen mit $4n$ Atomen besonders instabil sind. Dies entspricht den $4n + 2$- und $4n$-Regeln. Abb. 14.7 zeigt die Orbitale und deren Energien für das besonders stabile Benzol, während Abb. 14.8 die

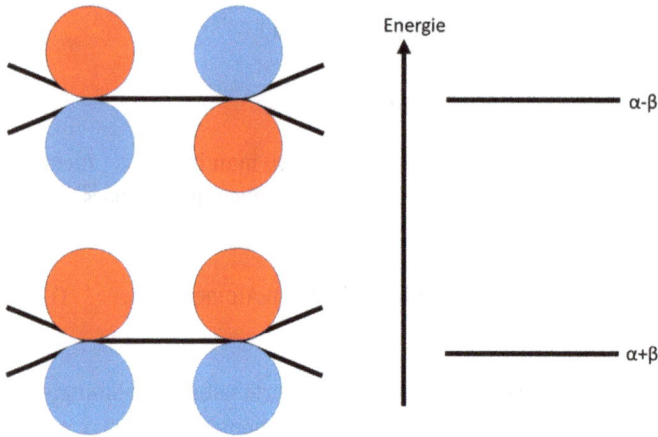

Abb. 14.4: Die Hückel-Theorie angewandt auf das Ethen-Molekül. Links sind die beiden Orbitale skizziert und rechts deren Energien.

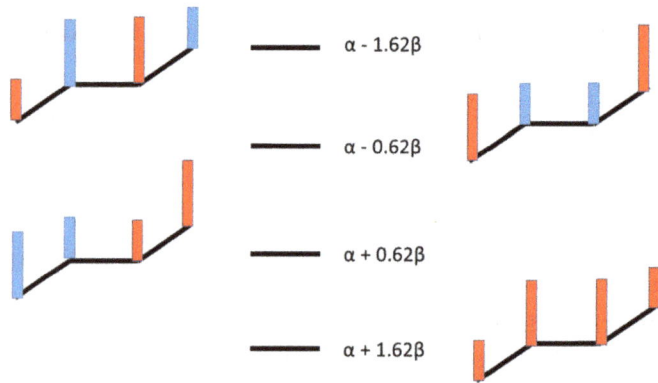

Abb. 14.5: Die Hückel-Theorie angewandt auf das Butadien-Molekül. Für jedes Orbital geben die Höhen der Balken die absoluten Werte der (reellen) Koeffizienten zu den atomzentrierten π-Funktionen an und durch die Farben werden die Vorzeichen der Koeffizienten dargestellt.

Orbitalenergien für zyklische Polyene als Funktion der Gesamtzahl der Kohlenstoffatome zeigt. Letztendlich werden die Antiaromaten versuchen, eine Energielücke zwischen besetzten und unbesetzten Orbitale zu erzeugen. Dies kann dadurch erreicht werden, dass die C–C-Bindungslängen alternieren, statt konstant zu sein (siehe z. B. Abb. 5.14 für Cyclobutadien). Dadurch werden zwei der Orbitale an der Fermi-Energie (wenn der Spin berücksichtigt wird) energetisch nach unten verschoben, während die beiden anderen nach oben verschoben werden, und eine Energielücke an der Fermi-Energie entsteht.

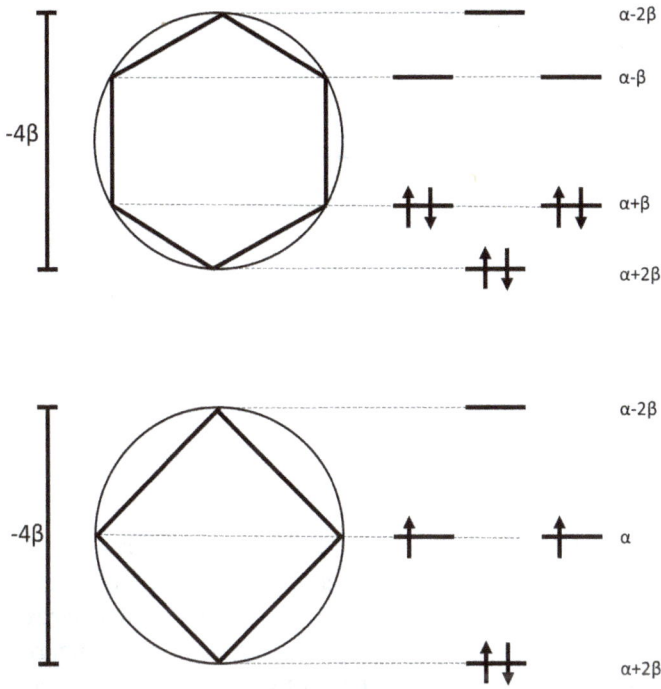

Abb. 14.6: Die Hückel-Theorie angewandt auf (oben) das Benzol-Molekül und (unten) das Cyclobutadien-Molekül.

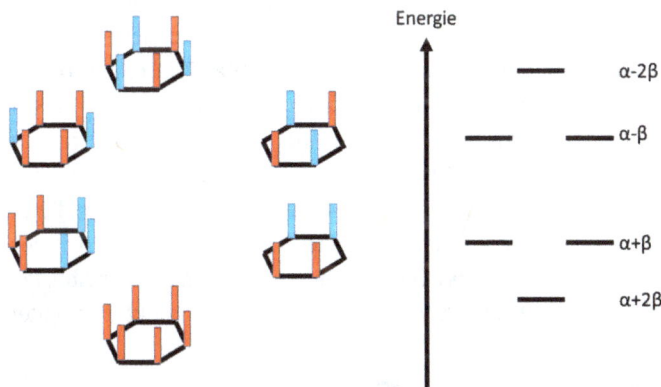

Abb. 14.7: Die Hückel-Theorie angewandt auf das Benzol-Molekül. Für jedes Orbital geben die Balken die absoluten Werte der (reellen) Koeffizienten zu den atomzentrierten π-Funktionen an und durch die Farben werden die Vorzeichen der Koeffizienten dargestellt.

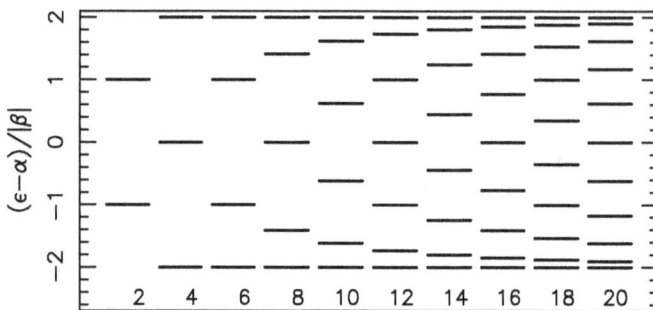

Abb. 14.8: Die Hückel-Theorie angewandt auf zyklische Polyene. Die Energien ϵ sind relativ zu α und in Einheiten von $|\beta|$. Die Zahlen unter jedem Satz von Energiewerten geben die Zahl der C-Atome in dem jeweiligen Polyen an.

14.5 Korrelation

In Kapitel 12.6 haben wir Korrelationseffekte für das H_2-Molekül diskutiert. Wir haben gesehen, dass die Hartree-Fock-Näherung zu zunehmend unzuverlässigen Ergebnissen führt, wenn der Kern-Kern-Abstand größer wird. Dieses Versagen der Hartree-Fock-Näherung wird Korrelationseffekten zugeschrieben. Hier handelt es sich um rein statische (im Gegensatz zu dynamischen) Eigenschaften des Systems: Die relative Bewegung der Elektronen untereinander ist nicht Ursache der Korrelationseffekte. Deswegen spricht man hier von statischer Korrelation.

Es gibt aber auch dynamische Korrelationseffekte, die, wie alle Korrelationseffekte, nicht mit der Hartree-Fock-Näherung erfasst werden. Diese sind schematisch in Abb. 14.9 dargestellt. Wir stellen uns vor, dass zwei Elektronen zwei räumlich getrennte Orbitale besetzen, die wir als Vereinfachung mit A und B gekennzeichnet haben. Mit der Hartree-Fock-Näherung befindet sich das Elektron im Orbital B in einem Durchschnittspotential des Elektrons in Orbital A, wie ganz links in Abb. 14.9 gezeigt. Da sich das Elektron jedoch im Orbital A hin- und herbewegt und seine Verteilung nur im Durchschnitt so aussieht wie das, was das Orbital A darstellt. Ist das Elektron aber zu irgendeinem Zeitpunkt so wie in der Mitte von Abb. 14.9 durch den schwarzen Punkt dargestellt, wird das Elektron in Orbital B darauf reagieren, und man kann sich vorstellen, dass in dem Fall das Orbital B so aussehen würde, wie in der Mitte der Abb. 14.9 gezeigt. Später ist das Elektron in Orbital A vielleicht dort, wo der Punkt im rechten

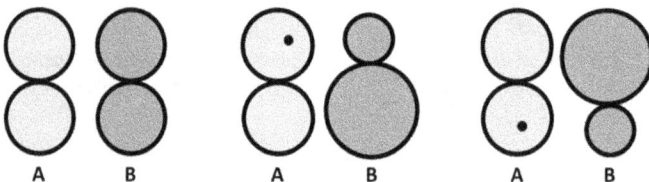

Abb. 14.9: Schematische Darstellung der dynamischen Korrelation.

Teil der Abb. 14.9 ist, und das Orbital B wird dann so aussehen, wie dort gezeigt. Im Durchschnitt sehen die Orbitale schon so aus wie im linken Teil der Abbildung, aber eben nur im Durchschnitt. Das, was fehlt, ist die dynamische Korrelation.

Auch in Kapitel 11 haben wir mehrmals gesehen, dass Korrelationseffekte wichtig sein können. In Kapitel 11.3 zeigten wir, dass wir nur unter Berücksichtigung von statischen Korrelationseffekten Wellenfunktionen erhalten konnten, die Eigenfunktionen zu den Spin-Operatoren sind. Dynamische Korrelationseffekte mussten in Kapitel 11.7 berücksichtigt werden, um kugelförmige Atome zu erhalten.

Wir haben wiederholt betont, dass durch Korrelationseffekte das Orbitalbild aufgegeben wird, was nun durch ein einfaches Modell erläutert werden soll. Wir betrachten zwei Elektronen, deren Gesamtwellenfunktion als Linearkombination von zwei Slater-Determinanten geschrieben werden kann,

$$\Psi_e(\vec{r}_1, \vec{r}_2) = c_A \begin{vmatrix} \psi_1(\vec{r}_1) & \psi_2(\vec{r}_1) \\ \psi_1(\vec{r}_2) & \psi_2(\vec{r}_2) \end{vmatrix} + c_B \begin{vmatrix} \psi_3(\vec{r}_1) & \psi_4(\vec{r}_1) \\ \psi_3(\vec{r}_2) & \psi_4(\vec{r}_2) \end{vmatrix}. \tag{14.34}$$

Hier haben wir einfachheitshalber den Spin ignoriert. Wir werden annehmen, dass

$$\langle \psi_1 | \psi_2 \rangle = \langle \psi_3 | \psi_4 \rangle = 0. \tag{14.35}$$

Für die Wellenfunktion (14.34) ist die Elektronendichte dann

$$\begin{aligned} \rho(\vec{r}) = {} & 2\{|c_A|^2 [|\psi_1(\vec{r})|^2 + |\psi_2(\vec{r})|^2] + |c_B|^2 [|\psi_3(\vec{r})|^2 + |\psi_4(\vec{r})|^2] \\ & + c_A^* c_B [\psi_1^*(\vec{r})\psi_3(\vec{r})\langle\psi_2|\psi_4\rangle + \psi_2^*(\vec{r})\psi_4(\vec{r})\langle\psi_1|\psi_3\rangle \\ & - \psi_1^*(\vec{r})\psi_4(\vec{r})\langle\psi_2|\psi_3\rangle - \psi_2^*(\vec{r})\psi_3(\vec{r})\langle\psi_1|\psi_4\rangle] \\ & + c_B^* c_A [\psi_3^*(\vec{r})\psi_1(\vec{r})\langle\psi_4|\psi_2\rangle + \psi_4^*(\vec{r})\psi_2(\vec{r})\langle\psi_3|\psi_1\rangle \\ & - \psi_4^*(\vec{r})\psi_1(\vec{r})\langle\psi_3|\psi_2\rangle - \psi_3^*(\vec{r})\psi_2(\vec{r})\langle\psi_4|\psi_1\rangle]\}. \end{aligned} \tag{14.36}$$

Wir betrachten jetzt einige verschiedene Fälle.

Dem Orbitalbild (der Hartree-Fock-Näherung) entspricht, dass z. B.

$$c_A = \frac{1}{\sqrt{2}}$$
$$c_B = 0, \tag{14.37}$$

sodass

$$\rho(\vec{r}) = |\psi_1(\vec{r})|^2 + |\psi_2(\vec{r})|^2. \tag{14.38}$$

Dies bedeutet, dass sich in jedem Orbital genau ein Elektron befindet.

Auf der anderen Seite, wenn sich die zwei Slater-Determinanten in Gl. (14.34) in allen Orbitalen unterscheiden, haben wir neben Gl. (14.35) auch

$$\langle\psi_1|\psi_3\rangle = \langle\psi_1|\psi_4\rangle = \langle\psi_2|\psi_3\rangle = \langle\psi_2|\psi_4\rangle = 0, \tag{14.39}$$

und dann wird die Elektronendichte zu

$$\rho(\vec{r}) = 2\{|c_A|^2[|\psi_1(\vec{r})|^2 + |\psi_2(\vec{r})|^2] + |c_B|^2[|\psi_3(\vec{r})|^2 + |\psi_4(\vec{r})|^2]\}. \tag{14.40}$$

D. h., die beiden Elektronen verteilen sich auf vier Orbitale und das Orbitalbild ist nicht mehr gültig.

Noch komplexer wird es, wenn sich die beiden Slater-Determinanten in Gl. (14.34) in nur einem Orbital unterscheiden. Dann wird der Ausdruck für die Elektronendichte auch Produkte aus zwei verschiedenen Orbitalen beinhalten, was mit dem Orbitalbild kaum in Einklang gebracht werden kann.

Im Folgenden werden wir kurz diskutieren, wie Korrelationseffekte berücksichtigt werden können.

14.6 CI und CC

Bei der Hartree-Fock-Näherung wird die elektronische Wellenfunktion durch eine Einkonfiguration-Wellenfunktion genähert, d. h.,

$$\Psi_e(\vec{x}_1, \vec{x}_2, \ldots, \vec{x}_N) \simeq \frac{1}{\sqrt{N!}} \begin{vmatrix} \psi_1(\vec{x}_1) & \psi_2(\vec{x}_1) & \ldots & \psi_N(\vec{x}_1) \\ \psi_1(\vec{x}_2) & \psi_2(\vec{x}_2) & \ldots & \psi_N(\vec{x}_2) \\ \vdots & \vdots & \ddots & \vdots \\ \psi_1(\vec{x}_N) & \psi_2(\vec{x}_N) & \ldots & \psi_N(\vec{x}_N) \end{vmatrix} \equiv \Phi_0. \tag{14.41}$$

Wir haben hier explizit Gl. (14.22) genutzt und dementsprechend die N Orbitale der N niedrigsten Orbitalenergien besetzt. Ferner haben wir diese Konfiguration mit Φ_0 bezeichnet.

In einigen Fällen ist eine solche Wellenfunktion nicht ausreichend genau, um alle unsere Anforderungen zu erfüllen. Für das H_2-Molekül haben wir gesehen, dass wir mit dieser Wellenfunktion eine Beschreibung erhalten, die für größere Kern-Kern-Abstände nicht realistisch ist. Wir konnten diesen Ungenauigkeit dadurch korrigieren, dass wir die elektronische Wellenfunktion nicht durch eine, sondern durch mehrere Slater-Determinanten (Konfigurationen) nähern.

Um das Ganze etwas konkreter zu formulieren: Wir erkennen, dass wir durch die Lösung der Hartree-Fock-Roothaan-Gleichungen insgesamt N_b Orbitale erhalten. Davon benutzen wir nur die N energetisch niedrigsten, um die Wellenfunktion der Gl. (14.41) zu erzeugen. Aber es ist möglich, aus den N_b Orbitalen insgesamt

$$\begin{pmatrix} N_b \\ N \end{pmatrix} = \frac{N_b!}{N!(N_b - N)!} \tag{14.42}$$

verschiedene Slater-Determinanten (Konfigurationen) zu erzeugen. Wir werden eine solche Konfiguration mit

$$\Phi_{ijk\cdots}^{abc\cdots} \tag{14.43}$$

bezeichnen, was bedeutet, dass in Φ_0 [Gl. (14.41)] die besetzten Orbitale ψ_i, ψ_j, ψ_k, ... durch die unbesetzten Orbitale ψ_a, ψ_b, ψ_c, ... ersetzt werden.

Eine verbesserte elektronische Wellenfunktion [verglichen mit der aus Gl. (14.41)] ist dann

$$\Psi_e = C_0\Phi_0 + \sum_i \sum_a C_i^a \Phi_i^a + \sum_{ij} \sum_{ab} C_{ij}^{ab} \Phi_{ij}^{ab} + \sum_{ijk} \sum_{abc} C_{ijk}^{abc} \Phi_{ijk}^{abc} + \cdots . \tag{14.44}$$

Die Summationen über $i, j, k, \ldots$ laufen über die besetzten Orbitale in Gl. (14.41), während die Summationen über $a, b, c, \ldots$ über die unbesetzten Orbitale in Gl. (14.41) laufen. Wie oben erwähnt, ist Φ_0 die Grundzustandskonfiguration, in welche die N energetisch niedrigsten Orbitale eingehen. Φ_i^a entspricht, dass ein Elektron vom besetzten Orbital i in das unbesetzte Orbital a angeregt wurde. Die Konfiguration Φ_i^a wird deswegen als Einfachanregungen bezeichnet. Auf ähnliche Weise werden Φ_{ij}^{ab}, Φ_{ijk}^{abs}, ... als Zweifachanregungen, Dreifachanregungen, ... bezeichnet.

Wegen des Variationstheorems hat diese Wellenfunktion eine niedrigere elektronische Energie als die der Gl. (14.41). Durch diese Näherung haben wir eine sog. CI-Näherung eingeführt (CI = Configuration Interaction = Konfigurationswechselwirkung).

Weil, z. B.,

$$\Phi_{ij}^{ab} = \Phi_{ji}^{ba} = -\Phi_{ij}^{ba} = -\Phi_{ji}^{ab} , \tag{14.45}$$

werden nicht alle Glieder in Gl. (14.44) berücksichtigt.

In der Praxis wird diese Summe bei Konfigurationen abgebrochen, bei welchen nur eine kleinere Anzahl von Elektronen angeregt sind. Wird nur das erste Glied auf der rechten Seite in Gl. (14.44) berücksichtigt, liegt ‚nur' die Hartree-Fock Näherung vor. Es lässt sich zeigen, dass man keine Verbesserung gegenüber der Hartree-Fock-Näherung erhält (weil, dann, aber nur dann, die Koeffizienten $C_i^a = 0$ sein werden), auch wenn das zweite Glied berücksichtigt wird. Erst wenn die Summe in Gl. (14.44) nach dem dritten Glied (oder später) abgebrochen wird, erhält man eine verbesserte Beschreibung des Systems verglichen mit der Hartree-Fock-Näherung (dann sind allgemein sowohl $C_i^a \neq 0$ als auch $C_{ij}^{ab} \neq 0$). Diese Näherung entspricht der sog. CISD-Näherung (Configuration Interaction with Single and Double excitations).

Bei den Verfahren, bei welchen die CI-Entwicklung nach wenigen Gliedern abgebrochen wird, gibt es ein fundamentales Problem, das sog. *Size-Consistency*-Problem. Dieses beinhaltet, dass man bei der Berechnung der Energie eines Systems aus P identischen, nicht-wechselwirkenden Molekülen nicht dieselbe Energie erhält, als wenn man die gleiche Rechnung für ein Molekül durchführt und die Energie des einen Moleküls einfach mit P multipliziert. Als Beispiel betrachten wir $P = 2$ identische Moleküle, die so weit auseinander platziert sind, dass sie sich gegenseitig nicht spüren. Bei einer CISD-Rechnung für nur das eine Molekül haben wir dafür seine Anregungen bis zu seinen Zweifachanregungen berücksichtigt. Eine CISD-Rechnung für das System mit $P = 2$ Molekülen berücksichtigt dann Zweifachanregungen auf dem einen Molekül aber keine Anregungen auf dem anderen. Vierfachanregungen würden dieses Problem beheben, aber dann hätten wir auch Beiträge von Vierfachnregungen auf dem einen Molekül. Wir erkennen, dass wir das $P = 2$-System nicht so wie das isolierte Molekül behandeln. Das Problem lässt sich dadurch beheben, dass man eine spezielle Variante der CI-Methode verwendet, die sog. *Coupled-Cluster*-Methode (CC-Methode). In der Praxis wird deswegen beinahe ausschließlich die CC-Methode verwendet.

In Gl. (14.44) können ferner viele der Konfigurationen von Beginn an ignoriert werden, weil sie Zustände mit z. B. einem unrealistisch hohen Spin darstellen. Dies führt zu einer Vereinfachung.

Letztendlich soll erwähnt werden, dass mit Wellenfunktionen wie in Gl. (14.44) das Orbitalbild verlassen wird. Es ist nicht möglich, den Elektronen einzelne Orbitale zuzuordnen.

In Abb. 14.10 ist eine schematische Darstellung einer CI-Beschreibung des He-Atoms gezeigt und in Abb. 14.11 die einer CI-Beschreibung des He_2-Moleküls. In beiden Fällen sind nur Einzel- und Doppelanregungen berücksichtigt.

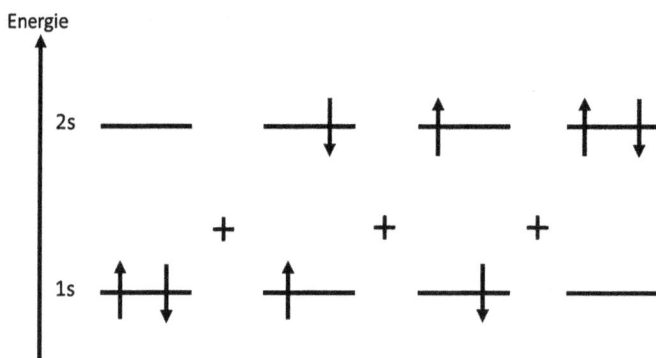

Abb. 14.10: Eine CI-Beschreibung des Singulett-Zustandes des He-Atoms, wobei nur die elektronischen 1s- und 2s-Orbitale berücksichtigt werden.

Die Berücksichtigung von Korrelationseffekten kann nicht ohne höheren Rechenaufwand erfolgen. Während dieser bei einer Hartree-Fock-Rechnung mit Zahl der Basisfunktionen N_b mit N_b^3 skaliert, skaliert er für eine CISD-Rechnung mit N_b^7. Für eine MP2-Rechnung, die wir im nächsten Kapitel vorstellen werden, skaliert er mit N_b^5.

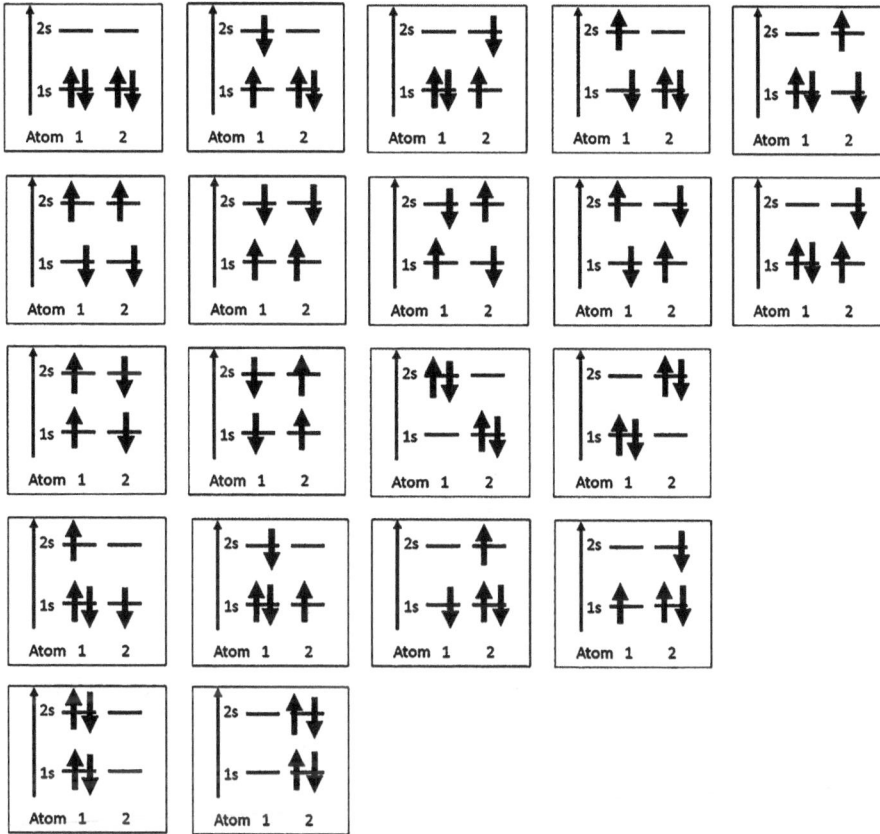

Abb. 14.11: Konfigurationen, die bei einer CISD-Beschreibung des Singulett-Zustandes des He_2-Moleküls berücksichtigt werden, wobei nur die elektronischen $1s$- und $2s$-Orbitale betrachtet werden. Die beiden untersten Reihen entsprechen ionischen Konfigurationen, die eine asymmetrische Verteilung der Elektronen an den beiden Atomen beinhalten.

14.7 MCSCF und CASSCF

Die Grundannahme der CI- und CC-Methoden besteht darin, dass die Hartree-Fock-Näherung einen guten Ausgangspunkt für die Addition der Korrelationseffekte bietet, die als gering angenommen werden. Alternativ ausgedrückt ist $|C_0|$ im Ausdruck von Gl. (14.44) viel größer als die absoluten Werte aller anderen Koeffizienten. Als Konsequenz daraus können die Änderungen in der elektronischen Verteilung zwischen Hartree-Fock- und CI- oder CC-Wellenfunktion als klein betrachtet werden, sodass die mit der Hartree-Fock-Näherung berechneten Orbitale eine gute Grundlage zur Berechnung von Korrelationseffekten vgl. Abb. 11.7 bieten.

Es kann jedoch vorkommen, dass weitere Konfigurationen signifikante Beiträge zur elektronischen Wellenfunktion leisten. Dies war beispielsweise bei dem H_2-Molekül für größere interatomare Abstände der Fall, wie wir in Kapitel 12.6 gesehen haben. In diesem Fall können andere Methoden besser geeignet sein. Dazu gehören die Methoden MCSCF (Multi-configurational self-consistent field) und CASSCF (Complete active space self-consistent field), die hier kurz diskutiert werden sollen.

Der Ausgangspunkt für beide Methoden ist nicht die Hartree-Fock-Näherung (d. h. die Wellenfunktion mit einer einzigen Slater-Determinante), sondern eine Linearkombination mehrerer Slater-Determinanten (Konfigurationen). Welche Konfigurationen betrachtet werden sollen, wird manuell ausgewählt und ist dementsprechend keine triviale Aufgabe. Um diese Konfigurationen auszuwählen, kann eine Hartree-Fock-Rechnung hilfreiche Informationen liefern. Die Methoden MCSCF und CASSCF unterscheiden sich im Detail hinsichtlich der Auswahl der Konfigurationen.

Anschließend wird eine selbstkonsistente Berechnung durchgeführt, ähnlich wie bei der Hartree-Fock-Näherung, jedoch unter Berücksichtigung, dass die elektronische Wellenfunktion aus mehreren Konfigurationen bestehen soll. Ein Beispiel zeigt Abb. 11.7, wo drei verschiedene Konfigurationen verwendet werden, um ein kugelförmiges Kohlenstoffatom zu erhalten, und dabei die drei Konfigurationen gleich wichtig sind.

Aufgrund ihrer Konstruktion sind MCSCF- und CASSCF-Rechnungen rechnerisch viel anspruchsvoller als Hartree-Fock-Rechnungen. Es werden jedoch deutlich genauere Ergebnisse erhalten, vor allem in den Fällen, wo keine dominierende Konfiguration identifiziert werden kann. Wenn Korrelationseffekte wichtig sind, können Hartree-Fock-Rechnungen zu ungenau sein, und MCSCF- und CASSCF-Rechnungen stellen dann eine nützliche Alternative dar. Dies ist der Fall, wenn wir mehrere besetzte und unbesetzte Orbitale haben, die energetisch nahe beieinander und in der Nähe der Fermi-Energie liegen, die besetzte und unbesetzte Orbitale trennt.

14.8 MP

Die CI-Wellenfunktion der Gl. (14.44) ist eine Verbesserung gegenüber der Hartree-Fock-Näherung der Gl. (14.2). Die Unterschiede zwischen den beiden werden definitionsgemäß Korrelationseffekte genannt. Oft sind die Korrelationseffekte klein. Dann ist es möglich, diese mithilfe der Störungstheorie von Christian Møller und Milton Plesset (MP) zu berücksichtigen.

Um diese zu verwenden, ist es notwendig, den Unterschied zwischen den Hartree-Fock-Gleichungen und der Schrödinger-Gleichung zu identifizieren. Mit der Hartree-Fock-Näherung werden Ein-Elektronen-Gleichungen

$$\hat{F}\psi_i(\vec{x}) = \epsilon_i \psi_i(\vec{x}) \tag{14.46}$$

gelöst, während die elektronische Schrödinger-Gleichung eine Gleichung für alle (N) Elektronen ist,

$$\hat{H}_e \Psi_e(\vec{x}_1, \vec{x}_2, \dots, \vec{x}_N) = E_e \Psi_e(\vec{x}_1, \vec{x}_2, \dots, \vec{x}_N). \tag{14.47}$$

Um die beiden miteinander vergleichen zu können, bilden wir zuerst aus dem Fock-Operator einen neuen Operator für alle N Elektronen. Dies erfolgt einfach dadurch, dass wir die Summe von $\hat{F}$ für die einzelnen Elektronen bilden,

$$\hat{G}' = \sum_{i=1}^{N} \hat{F}(i). \tag{14.48}$$

Wenn die einzelnen ψ_i Gl. (14.46) erfüllen, ist eine Slater-Determinante mit N der Ein-Elektronen-Orbitale eine Eigenfunktion für $\hat{G}'$,

$$
\hat{G}' \frac{1}{\sqrt{N!}}
\begin{vmatrix}
\psi_{i_1}(\vec{x}_1) & \psi_{i_2}(\vec{x}_1) & \cdots & \psi_{i_N}(\vec{x}_1) \\
\psi_{i_1}(\vec{x}_2) & \psi_{i_2}(\vec{x}_2) & \cdots & \psi_{i_N}(\vec{x}_2) \\
\vdots & \vdots & \ddots & \vdots \\
\psi_{i_1}(\vec{x}_N) & \psi_{i_2}(\vec{x}_N) & \cdots & \psi_{i_N}(\vec{x}_N)
\end{vmatrix}
$$

$$
= (\epsilon_{i_1} + \epsilon_{i_2} + \cdots + \epsilon_{i_N}) \frac{1}{\sqrt{N!}}
\begin{vmatrix}
\psi_{i_1}(\vec{x}_1) & \psi_{i_2}(\vec{x}_1) & \cdots & \psi_{i_N}(\vec{x}_1) \\
\psi_{i_1}(\vec{x}_2) & \psi_{i_2}(\vec{x}_2) & \cdots & \psi_{i_N}(\vec{x}_2) \\
\vdots & \vdots & \ddots & \vdots \\
\psi_{i_1}(\vec{x}_N) & \psi_{i_2}(\vec{x}_N) & \cdots & \psi_{i_N}(\vec{x}_N)
\end{vmatrix}. \tag{14.49}
$$

Dies gilt für alle Konfigurationen, also nicht nur für die Grundzustandskonfiguration.

Ähnliches gilt auch, wenn wir $\hat{G}'$ durch eine Konstante modifizieren (außer, dass der Eigenwert dann um diese Konstante modifiziert werden muss),

$$\hat{G} = \hat{G}' - E' \tag{14.50}$$

mit

$$E' = \frac{1}{2} \sum_{i,j=1}^{N} [\langle \phi_i \phi_j | \hat{h}_2 | \phi_i \phi_j \rangle - \langle \phi_j \phi_i | \hat{h}_2 | \phi_i \phi_j \rangle]. \tag{14.51}$$

Dieser Wert von E' ist zweckmäßig, da sich mit diesem $\hat{G}$ und $\hat{H}_e$ nur wenig unterscheiden,

$$\hat{H}_e = \hat{G} + \Delta\hat{H} \tag{14.52}$$

wo

$$\Delta\hat{H} = \frac{1}{2} \sum_{i \neq j=1}^{N} \hat{h}_2(i,j) - \sum_{i,j=1}^{N} [\hat{J}_j(i) - \hat{K}_j(i)]$$

$$+ \frac{1}{2} \sum_{i,j=1}^{N} [\langle \phi_i \phi_j | \hat{h}_2 | \phi_i \phi_j \rangle - \langle \phi_j \phi_i | \hat{h}_2 | \phi_i \phi_j \rangle]. \tag{14.53}$$

eine kleine Störung ist. Für diese können wir dann die Störungstheorie verwenden.

Es stellt sich dann heraus, dass erst das Glied zweiter Ordnung ungleich null ist. Dieses ist

$$\sum_{i,j} \sum_{a,b} \frac{\langle \Phi_0 | \Delta \hat{H} | \Phi_{i,j}^{a,b} \rangle \langle \Phi_{i,j}^{a,b} | \Delta \hat{H} | \Phi_0 \rangle}{E_0 - E_{ij}^{ab}}, \tag{14.54}$$

mit

$$E_0 = \sum_{i=1}^{N} \epsilon_i - E' = E_{HF} \tag{14.55}$$

und

$$E_{ij}^{ab} = E_{HF} + \epsilon_a + \epsilon_b - \epsilon_i - \epsilon_j, \tag{14.56}$$

sodass

$$E_0 - E_{ij}^{ab} = -\epsilon_a - \epsilon_b + \epsilon_i + \epsilon_j. \tag{14.57}$$

Wie oben sind die Orbitale i und j besetzt und die Orbitale a und b unbesetzt (innerhalb der Hartree-Fock-Näherung).

Die Korrektur in Gl. (14.54) entspricht der Störungstheorie zur zweiten Ordnung. Deswegen wird das Verfahren MP2 genannt. Es gibt auch Korrekturen höherer Ordnung, z. B. MP4, die aber mit erheblich mehr Rechneraufwand verbunden sind.

Gl. (14.57) zeigt, dass Korrelationseffekte dann wichtig sein können, wenn die Energiedifferenzen zwischen besetzten und unbesetzten Orbitalen klein sind. Dies haben wir schon bei der Behandlung des H_2-Moleküls gesehen: Die Bindungslängen, für welche das Hartree-Fock-Verfahren den geringsten Erfolg zeigte, waren eben diejenigen, für welche sich die Orbitalenergien des (besetzten) bindenden und des (unbesetzten) antibindenden Orbitals näherten. Dies war für größere Bindungslängen der Fall, was exemplarisch in Abb. 14.12 für das H_2^+-Molekülion gezeigt ist.

Ferner gilt

$$\epsilon_i, \epsilon_j < \epsilon_a, \epsilon_b, \tag{14.58}$$

sodass der Nenner in den einzelnen Gliedern in Gl. (14.54) reell und negativ ist, während der Zähler reell und positiv ist. Dadurch erkennen wir, dass die Korrektur in Gl. (14.54) reell und negativ ist, also dass Korrelationseffekte zu einer Absenkung der Gesamtenergie führen. Etwas anderes ist auch nicht zu erwarten: Durch die Mehr-Determinanten-Wellenfunktion wird eine bessere Näherung zur richtigen elektronischen Wellenfunktion erhalten, und dem Variationsprinzip zufolge führt dies zu einer Absenkung der Energie.

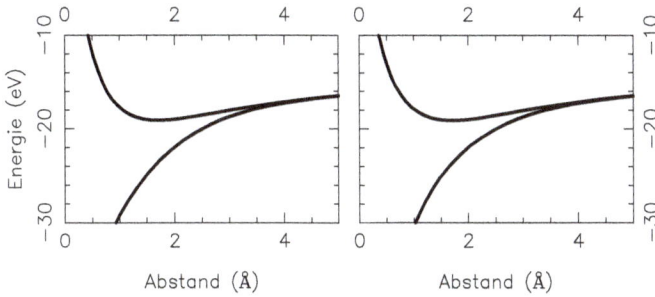

Abb. 14.12: Die Energien des bindenden und des antibindenden Orbitals des H_2^+-Molekülions als Funktion des interatomaren Abstandes. Die zwei Diagramme entsprechen den zwei Fällen in Abb. 12.4.

14.9 Orbitale

Mit dem Orbitalbild haben wir gesehen, dass die Energien des obersten besetzten Orbitals (= HOMO = Highest Occupied Molecular Orbital) und die des niedrigsten unbesetzten Orbitals (= LUMO = Lowest Unoccupied Molecular Orbital) mit dem ersten Ionisierungspotential bzw. der ersten Elektronenaffinität verwandt sind. Dies ist Inhalt von Koopmans' Theorem. Dabei werden Relaxationseffekte nicht berücksichtigt: Es wird angenommen, dass sowohl die Struktur des Moleküls als auch die Orbitale unverändert bleiben, wenn sich die Zahl der Elektronen des Moleküls ändert.

Äquivalent dazu wird dabei angenommen, dass entweder ein zusätzliches Elektron das LUMO besetzen wird, oder ein Elektron aus dem HOMO entfernt wird. Räumliche Darstellungen dieser Orbitale können deswegen Informationen dazu liefern, wie die Elektronenverteilung sich ändern wird, wenn Elektronen dazukommen oder entfernt werden. Als Beispiel zeigen wir in Abb. 14.13 die HOMO- und LUMO-Orbitale von Ethanol, C_2H_5OH. Man erkennt, dass diese Orbitale recht delokalisiert über das gesamte Molekül sind.

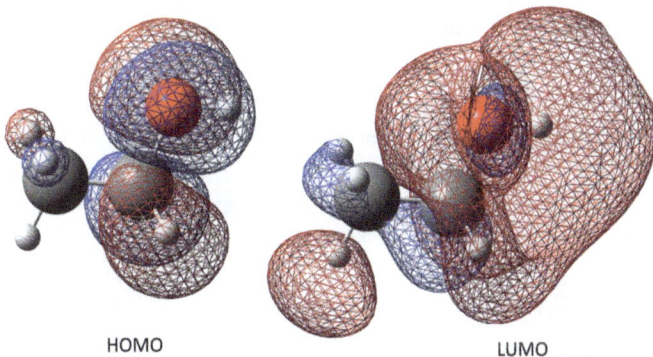

HOMO   LUMO

Abb. 14.13: Das HOMO (rechts) und LUMO (links) von Ethanol, C_2H_5OH.

Bei der theoretischen Behandlung der Grundlagen des Orbitalbilds haben wir auch gesehen, dass das Orbitalbild äquivalent zur Annahme der Gültigkeit der Hartree-Fock-Näherung ist. Im allgemeinen Fall wurden dabei die Hartree-Fock-Gleichungen

$$\hat{F}\tilde{\psi}_k = \sum_i \lambda_{ki}\tilde{\psi}_i \tag{14.59}$$

gelöst. Die Größen $\{\lambda_{ki}\}$ sind die Lagrange-Multiplikatoren, die dafür sorgen, dass die Orbitale orthonormal sind. Es war möglich, diese so zu wählen, dass sie nur für $k = i$ ungleich null sind, sodass wir die gewöhnlichen Hartree-Fock-Gleichungen erhalten,

$$\hat{F}\psi_k = \epsilon_k \psi_k. \tag{14.60}$$

Wir nehmen an, dass die ϵ_k nach steigender Energie geordnet sind, $\epsilon_i \leq \epsilon_{i+1}$.

Betrachten wir den Grundzustand des Moleküls, sind die N energetisch niedrigsten dieser Orbitale besetzt. Es ist aber leicht zu zeigen, dass Lösungen zu Gl. (14.59) durch

$$\tilde{\psi}_l = \sum_{k=1}^{N} U_{lk}\psi_k \tag{14.61}$$

erzeugt werden können, solange

$$\sum_k U_{lk}^* U_{mk} = \delta_{l,m} \tag{14.62}$$

erfüllt ist, also, dass Gl. (14.61) eine unitäre Transformation beschreibt. Ferner gilt dann, dass man für jede experimentell messbare Größe denselben Erwartungswert erhält, unabhängig davon, ob die Orbitale $\{\tilde{\psi}_k\}$ oder $\{\psi_k\}$ benutzt werden. Deswegen gilt, dass keiner der Sätze von Orbitalen richtiger ist.

Die Erfahrung hat gezeigt, dass die Orbitale, die man durch Lösen von Gl. (14.60) erhält, (die sog. kanonischen Orbitale) oft über das ganze Molekül delokalisiert sind. Dies kann, muss aber nicht, eine Folge von Symmetrieeigenschaften sein. Solche delokalisierten Orbitale sind aber selten im Einklang mit dem häufig verwendeten Bild von lokalisierten chemischen Bindungen zwischen benachbarten Atomen. Doch durch eine Transformation wie in Gl. (14.61) ist es möglich, mehr lokalisierte Orbitale zu erhalten, die dann auch der gewöhnlichen Vorstellungen eher entsprechen. Dies ist in Abb. 14.14 für ein Beispiel gezeigt.

In Abb. 14.14 haben wir aus den delokalisierten Orbitalen ψ_b und ψ_a eines H_2O-Moleküls zwei neue Orbitale erzeugt,

$$\psi_1 = \frac{1}{\sqrt{2}}(\psi_b + \psi_a)$$

$$\psi_2 = \frac{1}{\sqrt{2}}(\psi_b - \psi_a), \tag{14.63}$$

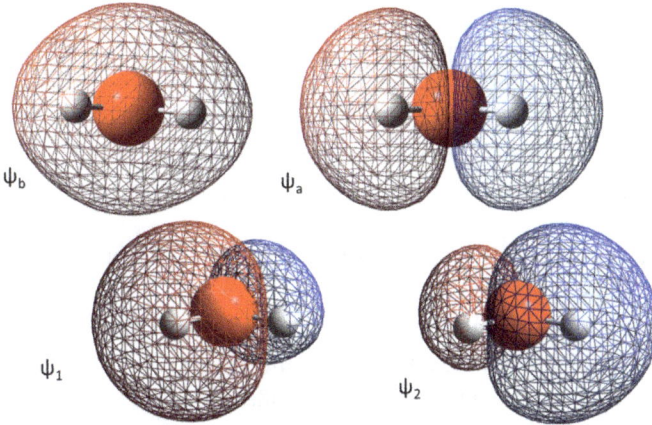

Abb. 14.14: Ein Beispiel für die Transformation von (oben) delokalisierten Molekülorbitalen zu (unten) lokalisierten Molekülorbitalen. Gezeigt sind Orbitale eines H_2O-Moleküls.

oder

$$\psi_b = \frac{1}{\sqrt{2}}(\psi_1 + \psi_2)$$

$$\psi_a = \frac{1}{\sqrt{2}}(\psi_1 - \psi_2). \tag{14.64}$$

ψ_b und ψ_a sind kanonische Orbitale, also Eigenfunktionen zum Fock-Operator,

$$\hat{F}\psi_b = \epsilon_b\psi_b$$

$$\hat{F}\psi_a = \epsilon_a\psi_a. \tag{14.65}$$

Das gilt aber nicht für ψ_1 und ψ_2. Für diese haben wir

$$\hat{F}\psi_1 = \hat{F}\left[\frac{1}{\sqrt{2}}(\psi_b + \psi_a)\right] = \frac{1}{\sqrt{2}}(\epsilon_b\psi_b + \epsilon_a\psi_a)$$

$$= \frac{1}{2}[\epsilon_b(\psi_1 + \psi_2) + \epsilon_a(\psi_1 - \psi_2)] = \frac{\epsilon_b + \epsilon_a}{2}\psi_1 + \frac{\epsilon_b - \epsilon_a}{2}\psi_2 \tag{14.66}$$

und

$$\hat{F}\psi_2 = \hat{F}\left[\frac{1}{\sqrt{2}}(\psi_b - \psi_a)\right] = \frac{1}{\sqrt{2}}(\epsilon_b\psi_b - \epsilon_a\psi_a)$$

$$= \frac{1}{2}[\epsilon_b(\psi_1 + \psi_2) - \epsilon_a(\psi_1 - \psi_2)] = \frac{\epsilon_b - \epsilon_a}{2}\psi_1 + \frac{\epsilon_b + \epsilon_a}{2}\psi_2. \tag{14.67}$$

In Matrixform haben wir also

$$\hat{F}\begin{pmatrix} \psi_b \\ \psi_a \end{pmatrix} = \begin{pmatrix} \epsilon_b & 0 \\ 0 & \epsilon_a \end{pmatrix}\begin{pmatrix} \psi_b \\ \psi_a \end{pmatrix}$$

$$\hat{F}\left(\begin{array}{c} \psi_1 \\ \psi_2 \end{array}\right) = \left(\begin{array}{cc} \frac{1}{2}(\epsilon_b + \epsilon_a) & \frac{1}{2}(\epsilon_b - \epsilon_a) \\ \frac{1}{2}(\epsilon_b - \epsilon_a) & \frac{1}{2}(\epsilon_b + \epsilon_a) \end{array}\right)\left(\begin{array}{c} \psi_1 \\ \psi_2 \end{array}\right), \tag{14.68}$$

was zeigt, dass im zweiten Fall die Matrix auf der rechten Seite tatsächlich nicht diagonal ist (also, es gibt Matrixelemente ungleich null außerhalb der Diagonale). Auf der anderen Seite ist

$$|\psi_1(\vec{r})|^2 + |\psi_2(\vec{r})|^2 = \frac{1}{2}|\psi_b(\vec{r}) + \psi_a(\vec{r})|^2 + \frac{1}{2}|\psi_b(\vec{r}) - \psi_a(\vec{r})|^2 = |\psi_b(\vec{r})|^2 + |\psi_a(\vec{r})|^2, \tag{14.69}$$

sodass die Elektronendichte unabhängig davon ist, welchen Satz von Orbitalen man betrachtet. Dieses ist ein Beispiel dafür, dass durch eine unitäre Transformation [die Transformation der Gl. (14.63)] experimentell messbare Größen (hier die Elektronendichte) unverändert bleiben.

14.10 Orbitalenergien

Mit der Hartree-Fock-Näherung erhalten wir folgenden Ausdruck für die (genäherte) elektronische Energie,

$$E_e \simeq \sum_{k=1}^{N} \epsilon_k - \frac{1}{2}\sum_{k,l=1}^{N}[\langle\psi_k\psi_l|\hat{h}_2|\psi_k\psi_l\rangle - \langle\psi_l\psi_k|\hat{h}_2|\psi_k\psi_l\rangle]. \tag{14.70}$$

Diese Gleichung zeigt, dass ein wesentlicher Anteil der elektronischen Energie einfach die Summe der Energien der besetzten Orbitale darstellt. Deswegen kann man durch Analyse der Orbitalenergien als Funktion der Struktur eine einfache Methode erhalten, um strukturelle Eigenschaften eines Moleküls zu rationalisieren. Schematische Darstellungen der Orbitalenergien als Funktion der Struktur werden Walsh-Diagramme genannt (nach Arthur Donald Walsh). Wir werden sie hier durch das Beispiel des Bindungswinkels des Wassermoleküls illustrieren.

Abb. 14.15 zeigt die Orbitale und deren Energien als Funktion des H–O–H-Bindungswinkels in einem H_2O-Molekül. Das energetisch tiefste Orbital hat bindende Wechselwirkungen zwischen allen Atomen. Wird der Bindungswinkel erhöht, verliert die bindende H–H-Wechselwirkung (die keine ‚richtige' chemische Bindung ist, obwohl die atomaren Wasserstoff-1s-Orbitale sich gegenseitig spüren) an Stärke. Entsprechend steigt die Orbitalenergie als Funktion des Bindungswinkels.

Umgekehrt verhält es sich mit dem energetisch nächsten Orbital. Hier werden die bindenden O–H-Wechselwirkungen verstärkt und die antibindenden H–H-Wechselwirkungen reduziert, wenn der Bindungswinkel größer wird. Also nimmt die Orbitalenergie dieses Orbitals als Funktion des Bindungswinkels ab.

Das nächste Orbital wird langsam zu einer reinen p-Funktion auf dem Sauerstoffatom, wenn der Bindungswinkel gegen 180° geht. Das bedeutet auch, dass die (schwa-

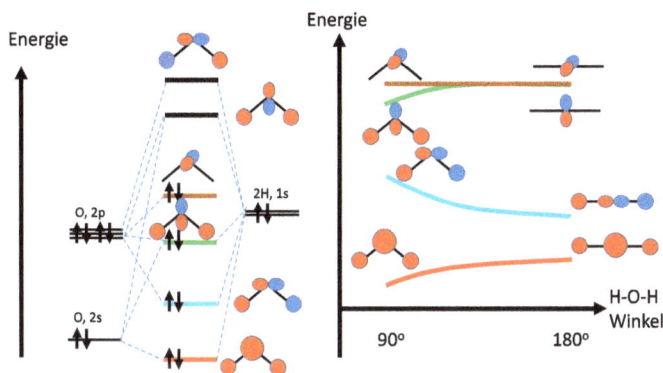

Abb. 14.15: Qualitative Darstellung (links) des Orbitaldiagramms und (rechts) der Orbitalenergien als Funktion des H–O–H-Bindungswinkels für H_2O. Nur die vier untersten Orbitale sind besetzt.

chen) bindenden Wechselwirkungen abnehmen (oder eher: entfallen), sodass die Orbitalenergie dieses Orbitals als Funktion des Bindungswinkels steigt.

Letztendlich ist das oberste besetzte Orbital eine reine p-Funktion auf dem Sauerstoffatom. Deswegen ist seine Energie weitgehend unabhängig vom Bindungswinkel.

Addiert man alle Energien der besetzten Orbitale, erhält man eine Funktion, die ein Minimum bei einem Bindungswinkel besitzt, der grob zwischen 100° und 120° liegt. Dieser Wert stimmt recht gut dem experimentell gefundenen Bindungswinkel des Wassermoleküls überein.

14.11 Aufgaben

1. Verwenden Sie die Hückel-Theorie für das zyklische C_nH_n-Molekül für $n = 3$ und $n = 4$. Die Säkulargleichung muss nicht gelöst werden.
2. Erklären Sie ‚CI‘.
3. Vergleichen Sie die Konfigurations-Wechselwirkungs-Methode und die Møller-Plesset-Methode.
4. Beschreiben Sie den Begriff ‚CISD‘.
5. Was versteht man unter ‚Polarisationsfunktionen‘ und ‚diffusen Funktionen‘?
6. Erläutern Sie die Vor- und Nachteile bei der Anwendung von STOs bzw. GTOs bei Elektronenstrukturrechnungen.
7. Vergleichen Sie semiempirische und Ab-initio-Methoden.
8. Beschreiben Sie die Notation 6-311++G**.
9. Beschreiben Sie aug-cc-pVTZ.
10. Verwenden Sie die Hückel-Theorie für das zyklische C_8H_8-Molekül, und bestimmen Sie grafisch die Orbitalenergien der π-Orbitale dieses Moleküls.
11. Erklären Sie den Begriff ‚Walsh-Diagramm‘.
12. Skizzieren Sie ein Walsh-Diagramm für H_2O.

13. Skizzieren Sie ein Walsh-Diagramm für CO_2.
14. Erläutern Sie kurz, was mit den Orbitalenergien passiert, wenn man aus den Orbitalen, die man mit den gewöhnlichen Hartree-Fock-Gleichungen $\hat{F}\psi_k = \epsilon_k \psi_k$ erhält, lokalisierte Orbitale erzeugt.
15. Erklären Sie mithilfe der Orbitalenergien, warum die Hartree-Fock-Beschreibung des H_2-Systems zunehmend ungenauer wird, wenn der H–H-Abstand größer wird.
16. Beschreiben Sie das ‚Size-Consistency-Problem‘, und wie es gelöst wird.

15 Dichtefunktionaltheorie

15.1 Grundlagen

Eine gänzlich andere Vorgehensweise, Eigenschaften von Molekülen zu berechnen, basiert auf der sog. Dichtefunktionaltheorie (DFT), die in diesem Kapitel kurz behandelt werden soll. Obwohl die ersten Ansätze, eine solche Methode zu entwickeln, schon kurz nach der Einführung der Schrödinger-Gleichung präsentiert wurden, wurde eine mathematisch fundierte Theorie erst in den Jahren 1964 und 1965 in zwei Arbeiten von Walter Kohn, Pierre Hohenberg und Lu Jeu Sham vorgestellt. Walter Kohn erhielt 1998 einen Teil des Nobelpreises in Chemie für diese Arbeiten. Wir werden hier kurz die Grundlagen der Theorie vorstellen, aber dabei auf viele mathematische Details verzichten.

15.2 Anfänge

Bisher haben wir versucht, die elektronische Schrödinger-Gleichung

$$\hat{H}_e \Psi_e = E_e \Psi_e \tag{15.1}$$

mehr oder weniger exakt zu lösen. Die (genäherte) Lösung Ψ_e ist eine N-Elektronen-Wellenfunktion und hängt dementsprechend von $3N$ Orts- und N Spinkoordinaten ab. Schon für mittelgroße Moleküle ist diese Funktion daher äußerst komplex: Für ein Wassermolekül ist sie eine Funktion von 30 Orts- und 10 Spinkoordinaten, für ein Benzolmolekül hängt sie von 126 Orts- und 42 Spinkoordinaten ab, während sie bei einem Kristall von mehr als 10^{24} Koordinaten abhängt.

Nachdem man die Wellenfunktion erhalten hat, kann man im Prinzip alle experimentell beobachtbaren Größen berechnen, obwohl aufgrund praktischer Einschränkungen viele der berechneten Eigenschaften gelegentlich weniger genau sind, als was wünschenswert wäre.

Ein grundlegendes Problem ist, dass die Wellenfunktion sehr viel komplexer ist als das, was bei der Berechnung experimenteller Observablen notwendig ist. Die meisten Operatoren der experimentellen Observablen hängen von den Koordinaten von nur einem oder zwei Elektronen ab, d. h. aus den $3N$ Orts- und N Spinkoordinaten werden höchstens sechs Ortsraum- und zwei Spinkoordinaten benötigt.

Man könnte jetzt behaupten, dass es irgendwie möglich sein sollte, die Bestimmung der kompletten N-Elektronen-Wellenfunktion zu vermeiden. Stattdessen sollte es ausreichen, nur die Dichte im dreidimensionalen Ortsraum zu bestimmen und daraus alle erwünschten Informationen zu erhalten. Das würde bedeuten, dass man anstatt der Schrödinger-Gleichung (15.1) für die Wellenfunktion eine andere Gleichung lösen müsste, die direkt zur Bestimmung der Elektronendichte $\rho(\vec{r})$ führt.

https://doi.org/10.1515/9783111215075-015

Diese Idee geht auf den Anfang der modernen Quantentheorie zurück. Llewellyn Thomas und Enrico Fermi schlugen für ‚größere' Systeme vor (d. h. für N nicht zu klein), dass statistische Argumente verwendet werden können, wenn die Anzahl der Elektronen pro Volumenelement ausreichend groß ist. Die Gesamtenergie wird dann geschrieben als eine Summe der kinetischen Energie, der Energie durch äußere Felder (was in unserem Fall hauptsächlich das Feld durch die Atomkerne ist), und der Coulomb-Wechselwirkung der Elektronen,

$$E_{TF}[\rho(\vec{r})] = C_F \int \rho^{5/3}(\vec{r})\,d\vec{r} + \int V_{ext}(\vec{r})\rho(\vec{r})\,d\vec{r} + \frac{1}{2} \int \int \frac{e^2 \rho(\vec{r}_1)\rho(\vec{r}_2)}{4\pi\epsilon_0 |\vec{r}_1 - \vec{r}_2|}\,d\vec{r}_1\,d\vec{r}_2. \quad (15.2)$$

Das erste Glied auf der rechten Seite beschreibt die kinetische Energie, bei der die statistischen Argumente, die hier nicht diskutiert werden sollen, zu genau diesem Ausdruck führen. C_F ist eine Konstante,

$$C_F = \frac{3\hbar^2}{10m}(3\pi^2)^{2/3}, \quad (15.3)$$

und $V_{ext}(\vec{r})$ ist das von den Kernen erzeugte externe Potential,

$$V_{ext}(\vec{r}) = \sum_{k=1}^{M} \frac{-Z_k e^2}{4\pi\epsilon_0 |\vec{R}_k - \vec{r}|}. \quad (15.4)$$

In Gl. (15.2) ist $E_{TF}[\rho(\vec{r})]$ ein Funktional. Funktionale werden benutzt, um aus Funktionen Zahlen zu erhalten (siehe auch Kapitel 18.6). In unserem Fall wird aus der Funktion $\rho(\vec{r})$ die Energie E_{TF} berechnet.

Diese Theorie ist als genäherter Ansatz entwickelt, und deswegen werden kaum exakte Ergebnisse erwartet. Leider ist die Methode jedoch zu ungenau, um für chemische Fragestellungen relevant zu sein. So gibt es z. B. keine Schalenstruktur der Elektronen in Atomen und negativ geladene Ionen sind nicht stabil. Deswegen spielt diese Theorie keine Rolle in der Chemie.

Auch die Xα-Methode von Slater und Gáspár (nach John C. Slater und R. Gáspár) ist als Näherung konstruiert, aber diesmal zu den Hartree-Fock-Gleichungen. Diese Gleichungen sind

$$\hat{F}\psi_i = \epsilon_i \psi_i \quad (15.5)$$

mit

$$\hat{F} = \hat{h}_1 + \sum_j (\hat{J}_j - \hat{K}_j). \quad (15.6)$$

Wir nehmen an, dass die Hartree-Fock-Näherung gültig ist, sodass

$$\left[\sum_j \hat{J}_j\right]\psi_i(\vec{r}_1) = \left[\sum_j \int \frac{e^2|\psi_j(\vec{r}_2)|^2}{4\pi\epsilon_0|\vec{r}_2 - \vec{r}_1|}\, d\vec{r}_2\right]\psi_i(\vec{r}_1)$$

$$= \left[\int \frac{e^2 \sum_j |\psi_j(\vec{r}_2)|^2}{4\pi\epsilon_0|\vec{r}_2 - \vec{r}_1|}\, d\vec{r}_2\right]\psi_i(\vec{r}_1)$$

$$= \left[\int \frac{e^2\rho(\vec{r}_2)}{4\pi\epsilon_0|\vec{r}_2 - \vec{r}_1|}\, d\vec{r}_2\right]\psi_i(\vec{r}_1)$$

$$= V_{\mathrm{C}}(\vec{r}_1)\psi_i(\vec{r}_1), \tag{15.7}$$

mit V_{C} gleich dem klassischen, elektrostatischen (Coulomb-)Potential der Elektronendichte $\rho(\vec{r})$,

$$V_{\mathrm{C}}(\vec{r}_1) = \int \frac{e^2\rho(\vec{r}_2)}{4\pi\epsilon_0|\vec{r}_2 - \vec{r}_1|}\, d\vec{r}_2. \tag{15.8}$$

Andererseits kann

$$\left[\sum_j \hat{K}_j\right]\psi_i(\vec{r}_1) = \sum_j \int \frac{e^2\psi_j^*(\vec{r}_2)\psi_i(\vec{r}_2)}{4\pi\epsilon_0|\vec{r}_2 - \vec{r}_1|}\, d\vec{r}_2\,\psi_j(\vec{r}_1) \tag{15.9}$$

nicht als Produkt von ψ_i und einem Potential geschrieben werden, das ausschließlich von der Elektronendichte abhängt. Slater schlug jedoch eine Näherung vor,

$$\left[\sum_j \hat{K}_j\right]\psi_i(\vec{r}_1) \simeq V_{\mathrm{x}}[\rho(\vec{r}_1)]\psi_i(\vec{r}_1), \tag{15.10}$$

mit V_{x} als einer Funktion von ρ. Slater argumentierte, dass

$$V_{\mathrm{x}}(\vec{r}_1) = -\frac{3e^2}{8\pi\epsilon_0}\alpha\left[\frac{3}{\pi}\rho(\vec{r}_1)\right]^{1/3} \tag{15.11}$$

eine gute Näherung ist und setzte

$$\alpha = 1. \tag{15.12}$$

Gáspár zeigte kurze Zeit später, dass eine genauere Näherung erhalten wird, wenn

$$\alpha = \frac{2}{3}. \tag{15.13}$$

Später wurden andere Werte zwischen diesen beiden vorgeschlagen. Methoden, die auf dieser Näherung basieren, werden Xα-Methoden bezeichnet: X für eXchange (Austausch) und α wegen Gl. (15.12) und (15.13). Diese Methoden beinhalten also Austauschwechselwirkungen aber definitionsgemäß keine Korrelationseffekte, weil sie auf der Hartree-Fock-Näherung basieren.

15.3 Hohenberg-Kohn-Theorie

Im Rahmen der beiden obigen Ansätze wurde der Elektronendichte eine zentrale Rolle zugewiesen, welche die Tatsache entspricht, dass letztendlich die Elektronendichte und nicht die vollständige Wellenfunktion die interessante Observable ist. Darüber hinaus sind die daraus resultierenden Gleichungen leichter zu lösen als die Schrödinger- oder Hartree-Fock-Gleichungen. Beide Theorien waren jedoch nur als Näherungen zu den wellenfunktionsbasierten Ansätzen gedacht. Durch die Arbeit von Hohenberg und Kohn von 1964 änderte sich dies.

In der ersten Arbeit präsentierten Hohenberg und Kohn zwei Theoreme. Zuerst konnten sie beweisen, dass man, wenn man die Elektronendichte $\rho(\vec{r})$ des Grundzustandes irgendeines Systems im Ortsraum kennt, im Prinzip alle Grundzustandseigenschaften des Systems berechnen kann. Darunter fällt auch die elektronische Energie E_e. Wie man hierbei genau vorgeht, ist immer noch unbekannt, aber der Existenzbeweis wurde geliefert. Man nimmt die Elektronendichte $\rho(\vec{r})$, manipuliert sie auf irgendeine Weise, stellt möglicherweise mit ihrer Hilfe irgendwelche Gleichungen auf, deren Lösungen man weiter manipuliert usw. Insgesamt ist die genaue Vorgehensweise bei der Bestimmung der elektronischen Energie mithilfe der Elektronendichte jedoch unbekannt. Das einzige Bekannte ist, dass die elektronische Energie ein Funktional der Elektronendichte ist,

$$E_e = E_e[\rho(\vec{r})]. \tag{15.14}$$

Interessant ist, dass Dirac schon im Jahre 1930 erwähnte, dass es eine Beziehung wie in Gl. (15.14) geben müsste, ohne jedoch einen mathematischen Beweis dafür zu liefern.

Eine Frage stellt sich sofort: Was ist ein Funktional überhaupt? Der Ausdruck in Gl. (15.14) besagt, dass, wenn die Elektronendichte $\rho(\vec{r})$ bekannt ist, E_e damit ‚irgendwie‘ berechnet werden kann. Der Ausdruck der Thomas-Fermi-Theorie, Gl. (15.2), ist ein besonders einfaches Beispiel für ein solches Funktional. Es ist durchaus möglich, dass E_e in Gl. (15.14) deutlich komplexer ist (siehe auch Kapitel 18.6).

In gewisser Weise ist sogar die elektronische Energie laut der Hartree-Fock-Näherung ein Funktional der Elektronendichte. Aus der Elektronendichte kann die Gesamtzahl der Elektronen bestimmt werden (durch Integration der Dichte über den gesamten Raum), und weil das externe Potential (das Potential der Kerne) gegeben ist, können die Hartree-Fock-Gleichungen aufgestellt und anschließend gelöst werden, woraus die elektronische Energie bestimmt werden kann. Insgesamt sieht man also, dass die Berechnung von E_e nach Gl. (15.14) sehr komplex sein kann.

In ihrem zweiten Theorem konnten Hohenberg und Kohn zeigen, dass – angenommen das Funktional E_e sei bekannt – man dann die niedrigste elektronische Energie erhält, wenn man die richtige Elektronendichte des Grundzustandes einsetzt, immer vorausgesetzt, die Zahl der Elektronen wird nicht verändert. Wird die richtige Grundzustandselektronendichte $\rho_0(\vec{r})$ genannt, gilt also

$$E_e[\rho(\vec{r})] \geq E_e[\rho_0(\vec{r})] \tag{15.15}$$

wenn vorausgesetzt wird, dass

$$\int \rho(\vec{r}) \, d\vec{r} = \int \rho_0(\vec{r}) \, d\vec{r}. \tag{15.16}$$

Gl. (15.15) zusammen mit Gl. (15.16) stellt ein Variationstheorem dar, welches im Prinzip ermöglicht, die elektronische Energie mit beliebiger Genauigkeit zu bestimmen. Im Vergleich zu dem Variationstheorem, das wir bisher behandelt und verwendet haben, ist das Variationstheorem dieses Kapitels sehr viel einfacher: Man muss nicht die ganze Wellenfunktion, die von den Koordinaten aller Teilchen abhängt, bestimmen, sondern nur die Elektronendichte in drei Dimensionen.

Für eine praktische Anwendung stehen wir aber zunächst vor einem unüberwindbaren Problem: Wir wissen nicht, wie das Funktional $E_e[\rho(\vec{r})]$ aussieht. Dieses zu nähern, ist zwar möglich, aber dadurch führt man dann oft so große Ungenauigkeiten ein, dass die Ergebnisse nicht mehr zuverlässig sind.

Die Probleme, die dabei entstehen können, lassen sich am besten durch ein hypothetisches Beispiel erläutern. Wir betrachten die Reaktion $A + B \rightarrow C$. Die Reaktionsenergie ist $E(C) - E(A) - E(B)$ mit $E(X)$ die Energie der Substanz X. Wir nehmen an, dass die exakten Werte (die aber eigentlich unbekannt sind) gleich $E(C) = -501$, $E(A) = -200$, $E(B) = -300$ sind (die Einheiten sind willkürlich), sodass die Reaktionsenergie gleich $-501+200+300 = -1$ wird: Energie wird also freigegeben. Aber in einer Rechnung haben wir vielleicht 0.2 % Ungenauigkeit und bestimmen dann $E(C) = -500.3$, $E(A) = -200.3$, $E(B) = -300.5$. Wir bestimmen dann eine Reaktionsenergie von $-500.3 + 200.3 + 300.5 = +0.5$, wonach Energie verbraucht wird, und C weniger stabil ist als $A + B$. Die Rechnungen sagen entsprechend etwas fundamental anderes aus. Das Problem ist, dass die Gesamtenergien groß sind, wodurch auch kleine relative Ungenauigkeiten zu ganz falschen Ergebnissen führen können.

15.4 Kohn-Sham-Methode

Um dieses Problem signifikant zu reduzieren, schlugen Kohn und Sham 1965 ein anderes Verfahren vor. Sie führten ein nicht-existierendes Modellsystem ein, das dieselbe Energie und Dichte wie die Elektronen des richtigen Systems besitzen soll (siehe Abb. 15.1). Das bedeutet: E_e und $\rho(\vec{r})$ sind identisch für die beiden Systeme. Aber die Teilchen des Modellsystems sind wie Elektronen ohne Ladung, sodass sie nicht miteinander wechselwirken. Um doch zu erreichen, dass diese sog. Quasiteilchen oder Kohn-Sham-Quasiteilchen, wie sie oft genannt werden, die richtigen Werte von E_e und $\rho(\vec{r})$ haben, bewegen sie sich in einem zuerst nicht festgelegten äußeren Potential $V_{\text{eff}}(\vec{r})$, das so beschaffen ist, dass die entsprechenden Werte für E_e und $\rho(\vec{r})$ erhalten werden.

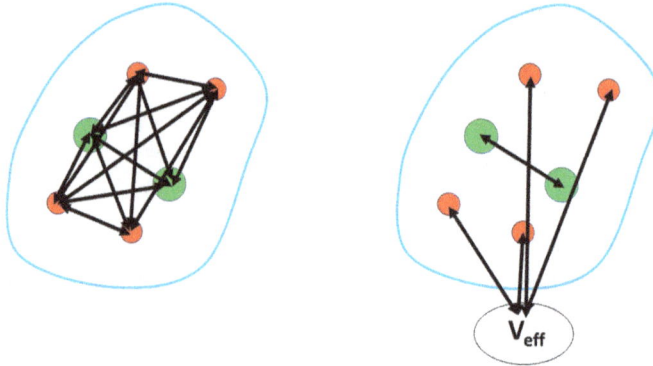

Abb. 15.1: Eine schematische Darstellung der Idee hinter dem Kohn-Sham-Verfahren. Hier markieren rote Kreise Elektronen in der linken Hälfte und Quasiteilchen in der rechten Hälfte, während die grünen Kreise die Kerne markieren. Die Doppelpfeile symbolisieren die Wechselwirkungen zwischen den Teilchen und für die Quasiteilchen die Kräfte wegen des effektiven Potentials, V_{eff}.

Weil die Quasiteilchen nicht miteinander interagieren, ist die Hartree-Fock-Näherung für diese exakt. Ferner können wir die Hartree-Fock-Gleichungen für diese aufstellen,

$$\hat{h}_{\text{eff}}\psi_i^{\text{KS}}(\vec{r}) = \epsilon_i^{\text{KS}}\psi_i^{\text{KS}}(\vec{r}), \tag{15.17}$$

wobei der Index KS angibt, dass es sich um die Kohn-Sham-Quasiteilchen handelt.

Der Einteilchen-Operator $\hat{h}_{\text{eff}}$ ist besonders einfach,

$$\hat{h}_{\text{eff}} = -\frac{\hbar^2}{2m}\nabla^2 + V_{\text{eff}}(\vec{r}), \tag{15.18}$$

und per Konstrukt wissen wir, dass

$$\rho(\vec{r}) = \sum_{i=1}^{N}|\psi_i^{\text{KS}}(\vec{r})|^2. \tag{15.19}$$

Das Problem, dass wir $E_e[\rho(\vec{r})]$ nicht kennen, haben wir hier nur umformuliert: $V_{\text{eff}}(\vec{r})$ ist jetzt die unbekannte Größe.

Kohn und Sham konnten aber zeigen, dass wir den größeren Teil von $V_{\text{eff}}(\vec{r})$ schon kennen. Ein Teil von $V_{\text{eff}}(\vec{r})$ besteht aus dem externen Potential (das in den meisten Fällen das elektrostatische Potential der Kerne ist). Ferner kennen wir einen weiteren Teil: das elektrostatische Potential V_C (das Coulomb-Potential), das von der Elektronendichte $\rho(\vec{r})$ erzeugt wird; siehe Gl. (14.10). Deswegen können wir schreiben

$$V_{\text{eff}}(\vec{r}) = V_{\text{ext}}(\vec{r}) + V_C(\vec{r}) + V_{\text{xc}}(\vec{r}). \tag{15.20}$$

Das letzte Glied ist das sog. Austausch-Korrelations-Potential (Exchange-Correlation Potential, kurz xc-Potential), das als einzige Größe unbekannt ist.

Das Problem, dass $E_e[\rho(\vec{r})]$ nicht bekannt ist, wurde zunächst nur wieder umformuliert: Wir kennen $V_{xc}(\vec{r})$ nicht. Aber für die meisten Systeme ist $V_{xc}(\vec{r})$ klein, sodass wir dieses Glied nähern können, ohne dass in diesen Fällen verheerende Ungenauigkeiten eingebaut werden. Wir betrachten wiederum das hypothetische Beispiel der Reaktion $A + B \rightarrow C$, die wir oben diskutierten. Die Reaktionsenergie soll immer noch gleich $E(C) - E(A) - E(B)$ sein, und wir nehmen an, dass die richtigen Werte gleich $E(C) = -501$, $E(A) = -200$, $E(B) = -300$ sind. Aber jetzt ist der Anteil von $E(X)$, der genähert wird, und den wir mit $\Delta E(X)$ bezeichnen, sehr viel kleiner, z. B. $\Delta E(C) = -5$, $\Delta E(A) = -2$ und $\Delta E(B) = -3$. Deswegen werden Ungenauigkeiten in $\Delta E(X)$ deutlich weniger dramatische Folgen haben. Auch eine Ungenauigkeit von z. B. 2 % in $\Delta E(X)$ wird das Vorzeichen der Reaktionsenergie nicht ändern können. Darauf basiert der Erfolg der Kohn-Sham-Methode.

15.5 LDA und GGA

Das Coulomb-Potential der Elektronen im Punkt $\vec{r}_1$, $V_C(\vec{r}_1)$, gegeben in Gl. (15.8), ist eindeutig eine Zahl, die von der gesamten Elektronendichte abhängt, also nicht nur von der Elektronendichte im Punkt $\vec{r}_1$. Man spricht davon, dass das Potential eine nicht-lokale Größe ist.

Auf ähnliche Weise gilt, dass $V_{xc}(\vec{r}_1)$ eine Zahl ist, die von dem Ort, also $\vec{r}_1$, abhängt, den wir betrachten. Laut der Dichtefunktionaltheorie muss diese Zahl von der Elektronendichte im ganzen Raum $\rho(\vec{r})$ abhängen. Am einfachsten ist, anzunehmen, dass $V_{xc}(\vec{r}_1)$ nur von $\rho(\vec{r}_1)$ abhängt, also nur von der Elektronendichte an diesem einen Punkt, $\vec{r}_1$. Diese Annahme führt zu der lokalen Dichtenäherung, Local Density Approximation (LDA).

Diese Näherung ist die einfachste und wurde in Ermangelung besserer Ansätze zuerst eingeführt. Leider liefert sie gelegentlich nicht sehr genaue Gesamtenergien, sodass Bindungsenergien meistens überschätzt werden und Energien chemischer Reaktionen ungenau sind. Deswegen fand diese Methode kaum Anwendung in der Chemie, während sie für viele physikalische Fragestellung ausreichend genau war.

Wegen dieser Probleme wurden Verbesserungen entwickelt, unter welchen die sog. generalisierte Gradienten-Näherung, Generalized Gradient Approximation (GGA), eine der Wichtigsten ist, die sich ab Mitte der 1980er großer Beliebtheit erfreute. Bei dieser wird $V_{xc}(\vec{r}_1)$ als Funktion von $\rho(\vec{r}_1)$, $|\vec{\nabla}\rho(\vec{r}_1)|$ und $\nabla^2\rho(\vec{r}_1)$ geschrieben. Mit solchen Verfahren werden oft sehr gute Ergebnisse erzielt. In noch komplexeren Näherungen hängt $V_{xc}(\vec{r}_1)$ auch von den Kohn-Sham-Orbitalen, $\{\psi_i^{KS}(\vec{r}_1)\}$, ab, was zu den sog. Meta-GGA-Näherungen führt.

15.6 Hartree-Fock vs. Kohn-Sham

Es ist sehr sinnvoll, an dieser Stelle die Hartree-Fock- und Kohn-Sham-Verfahren miteinander zu vergleichen, wobei wir uns auf DFT-Verfahren begrenzen, die auf LDA oder GGA basieren. Man findet dann Folgendes:

- Die Einteilchen-Gleichungen sind sehr ähnlich. Für das Hartree-Fock-Verfahren löst man die Hartree-Fock-Gleichungen,

$$\left[-\frac{\hbar^2}{2m} \nabla^2 + V_{\text{ext}}(\vec{r}) + V_C(\vec{r}) - \sum_{j=1}^{N} \hat{K}_j \right] \psi_i^{\text{HF}}(\vec{r}) = \epsilon_i^{\text{HF}} \psi_i^{\text{HF}}(\vec{r}) \tag{15.21}$$

(mit $\hat{K}_j$ der Austauschoperator für das $j$te Orbital), während die Kohn-Sham-Gleichungen

$$\left[-\frac{\hbar^2}{2m} \nabla^2 + V_{\text{ext}}(\vec{r}) + V_C(\vec{r}) + V_{\text{xc}}(\vec{r}) \right] \psi_i^{\text{KS}}(\vec{r}) = \epsilon_i^{\text{KS}} \psi_i^{\text{KS}}(\vec{r}) \tag{15.22}$$

lauten. Deswegen werden dieselben Methoden verwendet, um die Gleichungen zu lösen.
- Dies bedeutet unter anderem, dass bei beiden Verfahren die Orbitale in einem Satz von Basisfunktionen entwickelt werden.
- Ferner erfordern beide Verfahren, dass die Gleichungen selbstkonsistent gelöst werden (siehe auch Kapitel 18.4).
- Obwohl die Kohn-Sham-Gleichungen eigentlich ‚nur‘ für ein nicht-existierendes Modellsystem aufgestellt sind, deutet die Ähnlichkeit der Hartree-Fock- und Kohn-Sham-Gleichungen an, dass man die Lösungen zu den Kohn-Sham-Gleichungen auch als gute Näherungen zu den Wellenfunktionen und Orbitalenergien der Elektronen auffassen kann. Dies wird deswegen sehr oft (mit Erfolg) gemacht.
- Definitionsgemäß beinhalten die Hartree-Fock-Gleichungen keine Korrelationseffekte im Gegensatz zu den Kohn-Sham-Gleichungen.
- Weil V_{xc} genähert wird, löst man mit dem Kohn-Sham-Verfahren genäherte Gleichungen, was eine systematische Verbesserung der Lösungen erschwert. Dies steht im Gegensatz zu den Hartree-Fock-basierten Verfahren: Hier kann man im Prinzip durch systematische Verbesserungen die Genauigkeit erhöhen.
- Für die Hartree-Fock-Methode gilt Koopmans' Theorem, d. h., die Energien der besetzten Orbitale sind gleich (negative) Ionisierungsenergien und die der unbesetzten Orbitale sind gleich Elektronenaffinitäten, wenn angenommen werden kann, dass elektronische Relaxationseffekte vernachlässigt werden können. Ein ähnliches Theorem für Kohn-Sham-Verfahren gilt nur für das oberste besetzte Orbital. Für alle Orbitale gilt aber Janaks Theorem: Die Energien sind die Energien pro Elektron, die aufgebracht werden müssen, um die Besetzungszahlen der Orbitale infinitesimal zu ändern. Die Orbitalenergien der Kohn-Sham-Orbitale entsprechend also fraktionalen Ionisierungsenergien und Elektronenaffinitäten.

- Die Energien der besetzten Orbitale spannen laut Hartree-Fock-Rechnungen einen breiteren Bereich verglichen mit experimentellen Ionisierungsenergien, während den Kohn-Sham-Rechnungen zufolge die Spannbreite oft gut mit den Experimenten übereinstimmt.
- Die Energie des obersten besetzten Orbitals von Hartree-Fock-Rechnungen entspricht meistens weitgehend dem ersten Ionisierungspotential, während sie bei zu hohen (zu wenig negativen) Energien laut Kohn-Sham-Rechnungen liegt.
- Die HOMO-LUMO-Energielücke zwischen besetzten und unbesetzten Orbitalen wird stark überschätzt durch Hartree-Fock-Rechnungen und stark unterschätzt durch Kohn-Sham-Rechnungen.
- Bindungsenergien werden mit LDA grundsätzlich über- und mit Hartree-Fock-Rechnungen unterschätzt, wohingegen mit GGA oft genaue Ergebnisse gefunden werden.
- Vibrationsfrequenzen werden mit Hartree-Fock-Rechnungen überschätzt, während Kohn-Sham-Rechnungen genaue Ergebnisse liefern.
- Wenn man Moleküle, Festkörper, … betrachtet, die miteinander in Wechselwirkung treten, kann die durchschnittliche Anzahl von Elektronen in jedem System fraktional (also nicht ganzzählig) werden. Daher wird es relevant, die Gesamtenergie als Funktion einer nicht ganzzahligen Anzahl von Elektronen zu bestimmen. Es ist gezeigt worden, dass die exakte Gesamtenergie dann eine lineare Funktion der Anzahl von Elektronen ist, die die Steigung nur bei den ganzzahligen Werten ändert. Dies ist schematisch als schwarze Kurve in Abb. 15.2 dargestellt. Auch die Elektronendichte ist eine stückweise lineare Funktion. Somit haben wir

$$\rho_{N+\delta}(\vec{r}) = (1 - \delta)\rho_N(\vec{r}) + \delta\rho_{N+1}(\vec{r})$$
$$E_{N+\delta} = (1 - \delta)E_N + \delta E_{N+1} \tag{15.23}$$

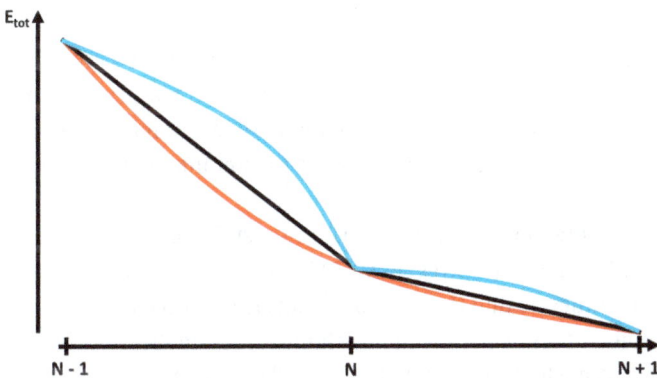

Abb. 15.2: Schematische Darstellung der Gesamtenergie als Funktion der Elektronenzahl des Systems, N. Die schwarze Kurve zeigt die exakten Ergebnisse, während die rote Kurve Ergebnisse für typische genäherte DFT-Rechnungen und die blaue für Hartree-Fock-Rechnungen zeigen.

wobei davon ausgegangen wird, dass N eine ganze Zahl ist und dass

$$0 \leq \delta \leq 1. \tag{15.24}$$

Insbesondere die zweite Identität in Gl. (15.23) ist selten erfüllt. Tatsächlich neigen die zurzeit verwendeten Dichtefunktionale dazu, eine glatte Kurve wie die rote in Abb. 15.2 zu liefern, während die Hartree-Fock-Näherung eine stückweise glatte Kurve mit Knicken bei ganzzahligen Werten der Elektronenzahl ergibt, vgl. der blauen Kurve in Abb. 15.2.

Die Ungenauigkeiten bei den derzeit verwendeten Dichtefunktionalen implizieren, dass es für ein gegebenes System, das aus zwei (oder mehreren) Teilen besteht, oft günstig ist, die Elektronen mehr oder weniger gleichmäßig auf die verschiedenen Teile zu verteilen. Als Beispiel stellen wir uns ein System bestehend aus zwei Teilsystemen mit 7 und 8 Elektronen vor. Dann werden Dichtefunktionalrechnungen dazu tendieren, die niedrigste Energie für eine Verteilung von 7.5 Elektronen auf jedem Teilsystem zu finden und nicht für eine Verteilung von 7 und 8 Elektronen auf die zwei Teilsysteme. Also die Rechnungen sagen eine Delokalisierung der Elektronen vor, die vielleicht nicht realistisch ist. Dieses Problem wird als Delokalisierungsfehler bezeichnet.

Einige dieser allgemeinen Ergebnisse werden in Kapitel 16 anhand von Beispielen demonstriert.

15.7 Gemischte Verfahren

Die Erkenntnisse, die oben kurz zusammengefasst wurden, haben gezeigt, dass sich die Ergebnisse des Hartree-Fock-Verfahrens und die des Kohn-Sham-Verfahrens oft gegenseitig kompensieren: Die ‚Wahrheit' liegt oft irgendwo dazwischen. Aufgrund dieser Tatsache sowie mathematischer Argumente, die hier nicht präsentiert werden sollen, kommen häufig gemischte Verfahren zum Einsatz, bei welchen ein Bruchteil der Austauscheffekte durch Hartree-Fock-Methoden behandelt wird, während der Rest der Austauscheffekte und alle Korrelationseffekte mithilfe des Dichtefunktionalverfahrens behandelt werden.

Eine sehr populäre Variante der sog. Hybrid-Verfahren ist das B3LYP-Verfahren. B3LYP steht für Folgendes: Axel Becke (deswegen das B) hat ein Hybrid-Verfahren (Hybrid, weil es Dichtefunktionaltheorie und Hartree-Fock-Theorie mischt) vorgeschlagen, das drei Parameter beinhaltet (deswegen die 3), welche die Kombination der beiden Methoden quantisiert. Man braucht dazu ein genähertes DFT-Funktional, und dazu verwendet man das von Chengtee Lee, Weitao Yang und Robert G. Parr (deswegen LYP). Mit diesem Hybrid-Verfahren werden Austauschenergien mittels sowohl Hartree-Fock als auch DFT berechnet, und anschließend werden diese beide gewichtet und addiert.

Es gibt auch andere Verfahren, die darauf basieren, sowohl Hartree-Fock- als auch DFT-Austausch zu kombinieren. Zu diesen gehören die sogenannten *Range-Separated Methods*, was sich vielleicht mit ,abstandsabhängige Methoden' übersetzen lässt.

Bei diesen Verfahren wird zuerst erkannt, dass die Austauschenergie von den elektrostatischen Wechselwirkungen zwischen Paaren von Elektronen stammt. Wie in Kapitel 10 diskutiert wurde, wird diese Energie laut der Hartree-Fock-Methode mithilfe von

$$\frac{e^2 \psi_k^*(\vec{r}_1)\psi_l^*(\vec{r}_2)\psi_k(\vec{r}_2)\psi_l(\vec{r}_1)}{4\pi\epsilon_0|\vec{r}_1 - \vec{r}_2|}, \tag{15.25}$$

ausgedrückt. Wichtig dabei ist also der Abstand zwischen zwei Elektronen, deren Ortskoordinaten gleich $\vec{r}_1$ und $\vec{r}_2$ sind, und die sich in den Orbitalen ψ_k und ψ_l befinden. Wir schreiben jetzt um:

$$\frac{1}{|\vec{r}_1 - \vec{r}_2|} = \frac{1 - \mathrm{erf}(\nu|\vec{r}_1 - \vec{r}_2|)}{|\vec{r}_1 - \vec{r}_2|} + \frac{\mathrm{erf}(\nu|\vec{r}_1 - \vec{r}_2|)}{|\vec{r}_1 - \vec{r}_2|}. \tag{15.26}$$

Hier ist $\mathrm{erf}(x)$ die Fehlerfunktion,

$$\mathrm{erf}(x) = \frac{2}{\sqrt{\pi}} \int_0^x e^{-t^2}\, dt, \tag{15.27}$$

für welche gilt, dass $\mathrm{erf}(x) \to 0$ für $x \to 0$ sowie $\mathrm{erf}(x) \to 1$ für $x \to \infty$.

Das erste Glied auf der rechten Seite in Gl. (15.26) dominiert für kleine $|\vec{r}_1 - \vec{r}_2|$, während das zweite Glied für große $|\vec{r}_1 - \vec{r}_2|$ dominiert. Die Idee hinter den *Range-Separated Methods* ist, dass nach Einsetzen von Gl. (15.26) in Gl. (15.25) ein Glied mittels Hartree-Fock- und das andere mittels DFT-Methoden behandelt wird. Meistens werden die weiterreichenden Wechselwirkungen [zweites Glied in Gl. (15.26)] mittels Hartree-Fock behandelt, aber es gibt auch Verfahren, bei welchen es umgekehrt ist. In allen diesen Verfahren wird der Wert des Parameters ν in Gl. (15.26) ,irgendwie' festgelegt.

Populäre Varianten solcher Verfahren sind die ωBx-Verfahren, wobei x (z. B. X-V, X-D4, M-V oder M-D4) das Funktional näher beschreibt.

15.8 Schwache Wechselwirkungen und Dispersionskorrekturen

So wie zwei Ladungen (q_1 und q_2) mit einem Abstand von R durch ihre Wechselwirkung eine Energie besitzen, die im Wesentlichen das Produkt der beiden Ladungen geteilt durch ihren Abstand ist,

$$E = \frac{q_1 q_2}{4\pi\epsilon_0 R}, \tag{15.28}$$

weisen auch zwei Dipole eine Wechselwirkungsenergie vor. Da die Dipolmomente hier jedoch Vektoren sind, hängt diese Energie nicht nur von den Größen der beiden Dipolmomente ab, sondern auch von ihrer Orientierung zueinander, θ_{12}, und ihrer Orientierung relativ zu dem verbindenden Vektor, θ_1 und θ_2 (siehe Abb. 15.3),

$$E = -\frac{\mu_1 \mu_2}{4\pi\epsilon_0 R^3} [\cos\theta_{12} - 3\cos\theta_1 \cos\theta_2]. \tag{15.29}$$

Wichtig ist, dass die Wechselwirkung als R^{-3} schneller abfällt als die Wechselwirkung zwischen zwei Ladungen (die als R^{-1} abklingt).

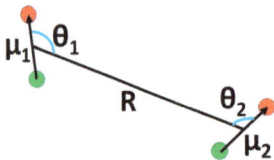

Abb. 15.3: Schematische Darstellung der Wechselwirkung zwischen zwei Dipolen, $\vec{\mu}_1$ und $\vec{\mu}_2$. Der Abstand zwischen den beiden sei R, und der Winkel zwischen $\vec{\mu}_1$ und $\vec{\mu}_2$ (die nicht notwendigerweise in derselben Ebene liegen müssen) wird θ_{12} genannt. Die Dipole werden jeweils mittels zweier Ladungen dargestellt.

Neutrale molekulare Systeme können permanente Dipole besitzen, die dann miteinander interagieren können. Zusätzlich kann ein Molekül (Molekül 1) mit einem permanenten Dipolmoment eine kleine Umverteilung der Ladung eines benachbarten Systems (Molekül 2) induzieren, auch wenn Molekül 2 isoliert betrachtet kein Dipolmoment besitzt. Dieses induzierte Dipolmoment des Moleküls 2 kann dann mit dem ursprünglichen Dipolmoment des Moleküls 1 wechselwirken. Letztendlich ist die Ladungsverteilung eines Systems, das zuerst kein Dipolmoment besitzt, nicht statisch, sondern fluktuiert. Durch diese zeitlichen Fluktuationen können Dipolmomente in anderen, benachbarten Molekülen induziert werden, die dann wiederum ein Dipolmoment in dem ersten Molekül auslösen können.

Alle diese Wechselwirkungen zwischen molekularen Dipolen werden Van-der-Waals-Wechselwirkungen (nach Johannes Diderik van der Waals) genannt. Man teilt die Kräfte, die durch diese Dipol-Dipol-Wechselwirkungen entstehen, auf in Keesom-Kräfte (nach Willem Hendrik Keesom), wenn sie von permanenten Dipolen stammen, Debye-Kräfte (nach Peter Debye), wenn sie aus der Wechselwirkung zwischen einem permanenten Dipol und einem induzierten Dipol stammen, und London-Dispersionskräfte (nach Fritz London), wenn sie von zwei induzierten Dipolen stammen. In dem letzten Fall klingt die Wechselwirkungsenergie mit R^{-6} ab: Das erste System induziert ein Dipol auf dem zweiten System, was mit R^{-3} abklingt. Dieser Dipol induziert wiederum ein Dipol auf dem ersten System, was wiederum mit R^{-3} abklingt. Daraus resultiert insgesamt eine Wechselwirkung, die mit R^{-6} abklingt. Die Dispersionsenergie wird deswegen als

$$E_{\text{disp}}(R) = \frac{C_6}{R^6} \tag{15.30}$$

geschrieben. C_6 ist eine Konstante, die vor allem von den Polarisierbarkeiten der beiden wechselwirkenden Spezies abhängt. Die Polarisierbarkeit beschreibt quantitativ, wie die Ladungsverteilung eines Systems auf äußere elektrische Felder, z. B. durch Ladungsverteilungen anderer Systeme, reagiert.

Die London-Dispersionskräfte (oder kurz Dispersionskräfte) sind die schwächsten von allen. Trotzdem sind sie nicht unbedeutend. Schon in Kapitel 13.2 haben wir gesehen, dass He$_2$ stabil ist, obwohl es eine ausgesprochen kleine Bindungsenergie vorweist. Diese Wechselwirkung zwischen den beiden He-Atomen ist die London-Dispersionswechselwirkung. Auch für andere Systeme sind diese Kräfte wichtig. Somit machen sie für das Ne–Ne-System 100 % der gesamten Wechselwirkungsenergie aus, aber auch für CH$_4$–CH$_4$, NH$_3$–NH$_3$, H$_2$O–H$_2$O und H$_2$O–CH$_4$ sind sie für 100, 57, 24 bzw. 87 % der Wechselwirkungsenergie verantwortlich. Ein aus dem Alltag bekanntes Beispiel für die Bedeutung und gleichzeitig die niedrige Energie dieser Wechselwirkungen ist ein Bleistift: Van-der-Waals-Wechselwirkungen sind verantwortlich dafür, dass die Schichten im Grafit zusammenhängen und auch dafür, dass die Schichten sich sehr leicht auf ein Blatt Papier überführen lassen.

Die Tatsache, dass ihre Energien sehr klein sind im Vergleich zu den Energien von kovalenten, ionischen oder Wasserstoffbrückenbindungen, macht es jedoch schwierig, sie theoretisch zu behandeln: Kleine Ungenauigkeiten im rechnerischen Ansatz können leicht die Ergebnisse vollständig verfälschen.

Deswegen herrschte lange Zeit die Meinung vor, dass es kaum möglich sein würde, solche schwachen Wechselwirkungen mit theoretischen Methoden genau zu beschreiben, obwohl ihre Bedeutung nie infrage gestellt wurde. Schon mit Methoden, die auf Wellenfunktionen basieren, können Van-der-Waals-Wechselwirkungen nur schwierig behandelt werden, wie Abb. 10.5 schematisch zeigt: Mit der Hartree-Fock-Methode werden unbesetzte Orbitale nur begrenzt genau beschrieben.

Die Entwicklung genauer Methoden, die auf DFT basieren, und die Dispersionswechselwirkungen beschreiben sollen, ist immer noch ein aktives Forschungsgebiet. Es gibt aber auch pragmatischere, semiempirische Ansätze, wobei die Methoden von Stefan Grimme (z. B. D3 und D4) sehr populär geworden sind. Bei diesen wird die Dispersionsenergie geschrieben als eine Summe über alle Atompaare,

$$E_{\text{disp}} = -\sum_{i=1}^{M-1} \sum_{j=i+1}^{M} f_{\text{d},ij}(|\vec{R}_i - \vec{R}_i|) \frac{C_{6,ij}}{|\vec{R}_i - \vec{R}_i|^6}. \tag{15.31}$$

$f_{\mathrm{d},ij}(R)$ ist ein Dämpfungsfaktor, der gleich 1 wird für große Werte von R und gleich 0 für sehr kleine Werte von R. Die Parameterwerte von $C_{6,ij}$ müssen dann für jedes Atompaar (i,j) und sogar für jedes DFT-Funktional empirisch bestimmt werden. Mit solchen Verfahren erhält man tatsächlich häufig genaue Ergebnisse auch für diese sehr schwachen Wechselwirkungen.

15.9 Viele Funktionale

Die DFT-Methoden genießen große Beliebtheit, weil der Aufwand der Rechnungen vergleichbar mit dem der Hartree-Fock-Rechnungen ist, während meistens eine größere Genauigkeit erreicht wird, auch weil Korrelationseffekte berücksichtigt werden. Heutzutage werden Elektronenstrukturrechnungen deswegen sehr häufig mit DFT-Methoden durchgeführt, vor allem wenn es darum geht, experimentelle Studien durch theoretische Rechnungen zu ergänzen.

Die Dichtefunktionaltheorie leidet aber darunter, dass es sehr viele verschiedene Funktionale gibt, was schon durch die bisherige Diskussion in diesem Kapitel erkennbar ist. Oft redet man von einem ‚Zoo der Funktionale'. Die Anzahl der vorgeschlagenen Funktionale liegt bei mehreren bis vielen 100. Kein einziges Funktional liefert immer gute (= genaue) Ergebnisse und kein einziges Funktional führt immer zu schlechten (= ungenauen) Ergebnissen. Deswegen ist es sehr wichtig, immer die Genauigkeit zu untersuchen, wenn ein neues System (Molekül) und dessen Eigenschaften theoretisch behandelt werden sollen. Man führt Rechnungen für verwandte Systeme und Eigenschaften durch, für welche es genaue Ergebnisse gibt, die als Referenz verwendet werden können. Wenn sichergestellt ist, dass ein ausgewähltes Funktional diese Ergebnisse mit einer erwünschten Genauigkeit wiedergeben kann, kann anschließend die neue, eigentliche Fragestellung behandelt werden.

15.10 Deskriptive DFT

Die deskriptive DFT, auch konzeptionelle DFT genannt, ist entwickelt worden, um Größen zu definieren, die für das chemische Verständnis hilfreich sind. Durch Anwendung dieser Größen erhält man Informationen zu Bindungs- und Reaktionseigenschaften eines Moleküls.

Im Kapitel 15.3 haben wir gesehen, dass dem ersten Theorem von Hohenberg und Kohn zufolge die elektronische Energie, E_e, ein Funktional der Elektronendichte ist, $\rho(\vec{r})$,

$$E_e = E_e[\rho(\vec{r})]. \tag{15.32}$$

Laut dem zweiten Theorem von Hohenberg und Kohn gibt es auch ein Variationstheorem. D. h., für ein gegebenes externes Potential (hauptsächlich das elektrostatische Potential der Atomkerne) besitzt E_e ein Minimum für die korrekte Elektronendichte des

Grundzustandes – vorausgesetzt, dass die Elektronendichte die korrekte Gesamtzahl von Elektronen ergibt,

$$\int \rho(\vec{r}) \, d\vec{r} = N. \tag{15.33}$$

Dies bedeutet, dass, egal wie wir $\rho(\vec{r})$ variieren, unter Berücksichtigung der Nebenbedingung (15.33), E_e in Gl. (15.32) den kleinsten Wert für die korrekte Elektronendichte besitzt.

Diese Variation kann mathematisch so ausgedrückt werden:

$$\frac{\delta}{\delta\rho(\vec{r})} \left\{ E_e[\rho(\vec{r})] - \mu \left[\int \rho(\vec{r}) \, d\vec{r} - N \right] \right\} = 0. \tag{15.34}$$

Der Ausdruck auf der linken Seite stellt eine sogenannte funktionelle Ableitung (siehe Kapitel 18.6) dar. Diese beschreibt in unserem Fall die Änderung in $\{E_e[\rho(\vec{r})] - \mu[\int \rho(\vec{r}) \, d\vec{r} - N]\}$, wenn $\rho(\vec{r})$ beliebig variiert wird. Wie genau eine solche Ableitung tatsächlich berechnet wird, ist hier nicht relevant und soll deswegen nicht weiter diskutiert werden.

In Gl. (15.34) ist μ ein Lagrange-Multiplikator, der hier eingeführt wird, um die Nebenbedingung (15.33) zu berücksichtigen, der den Lagrange-Multiplikatoren ähnelt, die wir auch für die Hartree-Fock-Gleichungen eingeführt haben. Aus Gl. (15.34) erhalten wir dann

$$\mu = \frac{\delta E_e[\rho(\vec{r})]}{\delta\rho(\vec{r})} = \left(\frac{\partial E_e}{\partial N} \right)_{V_{\text{ext}}}. \tag{15.35}$$

Dieses zeigt, dass μ gleich der Änderung der elektronischen Energie, E_e, ist, wenn wir die Elektronendichte irgendwo und irgendwie ändern. Das ist die Definition eines chemischen Potentials, diesmal für die Elektronen, und deswegen erhalten wir auch den zweiten Ausdruck in Gl. (15.35). Das chemische Potential ist konstant und unabhängig von $\vec{r}$, obwohl davon ausgegangen wird, dass der erste Ausdruck in Gl. (15.35) von $\vec{r}$ abhängt.

Wenn zwei Moleküle anfangen, miteinander zu reagieren, werden Elektronen zwischen den beiden fließen, und die Strukturen der beiden Moleküle werden sich ändern. Hier werden wir nur die Änderungen der Energie durch die Änderungen in der Elektronenzahl betrachten und schreiben dementsprechend die elektronische Energie, E_e, als eine Funktion der Elektronenzahl, N, d. h. $E_e(N)$. Weil wir die Änderungen der Struktur der Moleküle nicht betrachten, bleibt das externe Potential V_{ext} konstant, und wir können dann die Änderung in $E_e(N)$ durch eine kleine Änderung von N schreiben als

$$\begin{aligned}
\Delta E_e &\equiv E_e(N + \Delta N) - E_e(N) \\
&= \left(\frac{\partial E_e}{\partial N} \right)_{V_{\text{ext}}} \Delta N + \frac{1}{2} \left(\frac{\partial^2 E_e}{\partial N^2} \right)_{V_{\text{ext}}} (\Delta N)^2 + \cdots \\
&= \mu \Delta N + \eta (\Delta N)^2 + \cdots.
\end{aligned} \tag{15.36}$$

Hier ist

$$\eta \equiv \frac{1}{2}\left(\frac{\partial^2 E_e}{\partial N^2}\right)_{V_{\text{ext}}} = \frac{1}{2}\left(\frac{\partial \mu}{\partial N}\right)_{V_{\text{ext}}} \tag{15.37}$$

die chemische Härte, auf Englisch *Hardness*.

Auch eine chemische Weichheit (Englisch: *Softness*) wird eingeführt,

$$S = \frac{1}{2\eta} = \left(\frac{\partial N}{\partial \mu}\right)_{V_{\text{ext}}}. \tag{15.38}$$

Moleküle mit großen Werten von η bzw. S werden als harte bzw. weiche Moleküle bezeichnet.

Das HSAB-Prinzip (Hard and Soft Acids and Basis) von Ralph G. Pearson basiert auf diesen Größen. Es besagt, dass harte Säuren bevorzugt mit harten Basen und weiche Säuren bevorzugt mit weichen Basen reagieren. Das Prinzip wurde schon 1963 formuliert, aber erst mit der Entwicklung der Dichtefunktionaltheorie erhielt es eine theoretische Basis.

Sehr relevant ist auch, zu wissen, wie die Elektronendichte sich ändert, wenn die Elektronenzahl eines Moleküls oder Atoms sich ändert. Dieses hat Relevanz dafür, wie Moleküle oder Atome bevorzugt miteinander wechselwirken. Weil alle Elektronen sich gegenseitig beeinflussen, gibt es elektronische Relaxationseffekte: Änderungen in der Gesamtzahl der Elektronen führen zu Änderungen in allen Orbitalen. Gleichzeitig führen diese Änderungen auch zu Änderungen in den Bindungsverhältnissen des Moleküls, sodass die Struktur des Moleküls sich ändert. Es gibt also auch strukturelle Relaxationseffekte. Werden alle diese Relaxationseffekte in einer ersten Näherung ignoriert, zeigen die Dichten der HOMO- und LUMO-Orbitale, wie sich die Gesamtelektronendichte ändert, wenn Elektronen zu einem System dazugegeben werden (LUMO), oder von einem System entfernt werden (HOMO).

Werden elektronische aber nicht strukturelle Relaxationseffekte berücksichtigt, ist die relevante Größe die Fukui-Funktion (nach Kenichi Fukui). Sie ist definiert als

$$f^{\pm}(\vec{r}) = \left(\frac{\delta \rho(\vec{r})}{\delta N}\right)_{V_{\text{ext}}}, \tag{15.39}$$

wobei es zwei verschiedene Funktionen gibt (ähnlich wie bei HOMO und LUMO), abhängig davon, ob die Elektronenzahl erhöht (+; dann ist $\delta N > 0$) oder verkleinert (−; dann ist $\delta N < 0$) wird. Die Fukui-Funktionen und die verwandten Größen werden deswegen häufig genutzt, um quantitative Aussagen zur Reaktivität von Molekülen zu erhalten.

15.11 TDDFT und Anregungsenergien

Die Energien, die notwendig sind, um Elektronen z. B. eines Moleküls anzuregen, sind für viele Fragestellungen sehr relevant. So sind sie z. B. für die optischen Eigenschaften einschl. der Farbe der Substanz verantwortlich, wie wir in Kapitel 4.7 mittels eines einfachen Modells kurz diskutiert haben. Ferner können diese Anregungsenergien spektroskopisch benutzt werden, um die Verbindungen zu charakterisieren. Im letzten Fall ist die experimentell erhaltene Information aber indirekt: Aus den elektronischen Anregungsenergien wird versucht, die zugrunde liegende Struktur des Moleküls zu identifizieren.

Aus diesen Gründen existiert ein sehr großes Interesse daran, die Anregungsenergien – oder allgemeiner die elektronischen Anregungsspektren – auch theoretisch bestimmen zu können. Methoden und deren Näherungen dazu sollen hier kurz diskutiert werden.

Wenn sich ein Molekül in einem elektrischen Feld befindet, kann das Molekül, bestehend aus Elektronen und Kernen, angeregt werden. Fermis goldene Regel, Gl. (9.73), beschreibt die Wahrscheinlichkeit, dass dies im Falle einer Resonanz passiert. Das bedeutet, dass die Energie der eingestrahlten elektromagnetischen Strahlung, $\hbar\omega$, einem Energieunterschied zwischen zwei Zuständen des ungestörten Moleküls entspricht,

$$\hbar\omega = E_f - E_i. \tag{15.40}$$

Hier ist E_i die Anfangsenergie des Systems und E_f die Endenergie.

Die endliche Wahrscheinlichkeit, dass das System angeregt wird, kann entweder durch die Anregungsgeschwindigkeit W aus Gl. (9.73) oder äquivalent dazu durch die sog. Oszillatorstärke, f (die, wie W, auch von der Anregungsenergie, dem Molekül etc. abhängt), beschrieben werden. Ein elektronisches Anregungsspektrum wird also Anregungen bei Energien zeigen, die Gl. (15.40) erfüllen und die Intensitäten sind durch die Oszillatorstärken gegeben. Eine optimale theoretische Methode wird sowohl Anregungsenergien, bzw. die möglichen Energien des Systems, als auch die Oszillatorstärken bestimmen können. Nur für besonders einfache Systeme ist dies möglich, sodass stattdessen verschiedene Näherungen verwendet werden, die hier diskutiert werden.

Verwenden wir das Orbitalbild (Hartree-Fock-Näherung), können wir uns vorstellen, dass sich im Grundzustand des Moleküls die Elektronen so verteilen, wie im linken Teil von Abb. 15.4 und Abb. 15.5. Durch Ionisierung oder Anregung ändert sich die Verteilung der Elektronen, wie im mittleren Teil von Abb. 15.4 im Falle der Ionisierung und in Abb. 15.5 im Falle einer Anregung dargestellt ist. Wenn wir Relaxationseffekte ignorieren, also annehmen, dass die elektronischen Orbitale und deren Energien nach der Ionisierung oder Anregung unverändert bleiben (mittlerer Teil von Abb. 15.4 und Abb. 15.5), können wir die Anregungsenergien, Gl. (15.40), und Ionisierungsenergien mithilfe von Koopmans' Theorem näheren. Für die Anregungsenergien haben wir dann

$$\hbar\omega_I \simeq \epsilon_a - \epsilon_i, \tag{15.41}$$

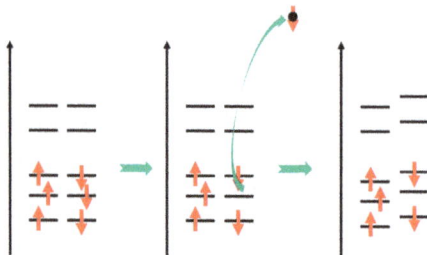

Abb. 15.4: Schematische Darstellung der Ionisierung eines Moleküls mit sechs Elektronen. Nur elektronische und keine strukturellen Relaxationseffekte sind berücksichtigt.

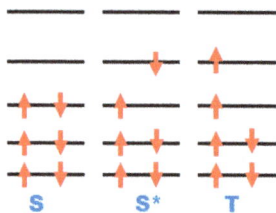

Abb. 15.5: Schematische Darstellung einer elektronischen Anregung eines Moleküls mit sechs Elektronen. Im linken Teil ist die Verteilung der Elektronen im Singulett-Grundzustand gezeigt, in der Mitte die Verteilung in einem angeregten Singulett-Zustand und im rechten Teil in einem angeregten Triplett-Zustand. Nur elektronische und keine strukturellen Relaxationseffekte sind berücksichtigt.

mit ϵ_a und ϵ_i die Energie eines unbesetzten und eines besetzten Orbitals vor der Anregung. I unterscheidet zwischen verschiedene Anregungen. Aber die veränderte Verteilung der Elektronen führt, wie der rechte Teil in Abb. 15.4 andeuten soll, zu Änderungen in den Orbitalen und deren Energien, und diese Relaxationseffekte haben wir zuerst nicht berücksichtigt.

Es soll hier erwähnt werden, dass Koopmans' Theorem streng genommen nur für das Hartree-Fock-Verfahren gültig ist. Hätten wir stattdessen ein Kohn-Sham-Verfahren verwendet, wäre dieses Problem zunächst irrelevant: Es gibt keine theoretischen Grundlagen, die eine einfache Berechnung von Ionisierungsenergien wie in Gl. (15.41) erlauben. Die Erfahrung hat aber gezeigt, dass für sehr viele Systeme die Orbitale und deren Energien, die durch die zwei verschiedenen Verfahren erhalten werden, sehr ähnlich sind. Ferner gibt es das mit Koopmans' Theorem verwandte Theorem (Janaks Theorem), das eine formalere Rechtfertigung dafür liefert, die Energien der Kohn-Sham-Orbitale ähnlich wie die der Hartree-Fock-Orbitale zu behandeln.

Mit diesem Verfahren haben wir eine erste Möglichkeit, die elektronischen Anregungsenergien zu bestimmen. Dabei werden, wie gesagt, elektronische Relaxationseffekte ignoriert. Allgemeiner ist dann, dass jede elektronische Anregung eine Anregung einer Linearkombination der besetzten Orbitale in eine Linearkombination der unbesetzten Orbitale beinhaltet. Also für die Anregung I gilt

$$\sum_{j=1}^{N} c_{Ij}\psi_j \rightarrow \sum_{b=N+1}^{N_b} c_{Ib}\psi_b, \qquad (15.42)$$

was immer noch eine Näherung ist, weil z. B. Zwei-Elektronen-Anregungen nicht berücksichtigt werden. In diesem Ausdruck bezeichnen j und b Orbitale, die im elektronischen Grundzustand besetzt bzw. unbesetzt sind. N ist die Zahl der Elektronen und N_b die der Basisfunktionen. Für die Anregung in Gl. (15.41) haben wir eine besonders einfache Näherung vorgenommen,

$$c_{Ij} = \delta_{j,i}$$
$$c_{Ib} = \delta_{b,a}. \qquad (15.43)$$

Bisher haben wir strukturelle Relaxationseffekte vernachlässigt. Um ihre Effekte zu verstehen, betrachten wir als einfaches Beispiel ein zweiatomiges Molekül. Durch die elektronische Anregung wird z. B. ein Elektron von einem Orbital mit einem stark bindenden Charakter zwischen den beiden Atomen zu einem Orbital mit weniger bindendem Charakter angeregt. Dadurch wird die Gesamtbindung zwischen den beiden Atomen schwächer und die beiden Atome bewegen sich leicht voneinander weg: Die Bindung wird länger. Diese Änderung in der Struktur durch die elektronische Anregung ist ein struktureller Relaxationseffekt. Wird dieser ignoriert, spricht man von vertikalen Anregungen (die Struktur bleibt unverändert), ansonsten von adiabatischer Anregungen.

Das Verfahren, das wir diskutiert haben, und womit vertikale Anregungsenergien abgeschätzt werden können, wird gelegentlich als erste Näherung eingesetzt. Das Verfahren liefert zuerst keine Informationen zu den Oszillatorstärken, die aber mithilfe der Wellenfunktionen berechnet werden können. Ferner hat sich gezeigt, dass die Anregungsenergien, die mithilfe des Hartree-Fock-Verfahrens bestimmt werden, größer als experimentelle Werte sind (oft sehr viel größer), während mit Kohn-Sham-Verfahren zu kleine Anregungsenergien erhalten werden. Also ist die Näherung der Gl. (15.41) und (15.43) ungenau.

Besser wäre es, die Energieunterschiede zwischen angeregten Zuständen und dem Grundzustand auszurechnen. Es gibt aber einige Probleme, die wir mithilfe von Abb. 15.6 kurz diskutieren werden, und die auch auftreten, wenn strukturelle Relaxationen nicht berücksichtigt werden.

Wir nehmen an, dass die elektronische Grundzustandskonfiguration, mit S (für Singulett) bezeichnet, so wie im linken Teil von Abb. 15.6 ist. Sechs Elektronen besetzen die sechs energetisch niedrigsten Niveaus. Wenn ein Elektron angeregt wird, werden wir zuerst die nicht-relaxierten Orbitale und deren Energien betrachten, wie im zweiten Teil von Abb. 15.6 gezeigt. Aber elektronische Relaxationseffekte werden dazu führen, dass sich die Orbitale und deren Energien ändern, wie im dritten Teil gezeigt. Wir können versuchen, diese mithilfe der in diesem Buch diskutierten Methoden zu bestimmen. Dies bedeutet, dass wir die elektronische Gesamtenergie für eine gegebene Struktur

Excitations / Luminescence

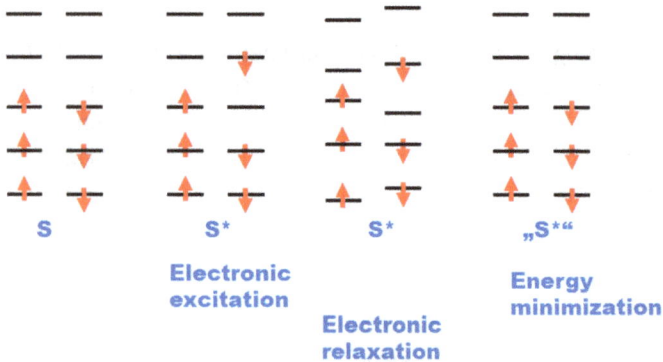

Abb. 15.6: Schematische Darstellung der Probleme bei der Berechnung der Energien angeregter Zustände. Nur elektronische und keine strukturellen Relaxationseffekte sind berücksichtigt.

minimieren. Das führt aber dazu, dass die elektronisch angeregte Konfiguration S* letztendlich zur Grundzustandskonfiguration S relaxieren wird: Dies ist ja die Verteilung der Elektronen, die zur niedrigsten Energie führt. Fig. 15.5 bietet eine Lösung zu diesem Problem an. Statt den angeregten Singulett-Zustand S* zu suchen, sucht man den angeregten, energetisch niedrigsten Triplett-Zustand T. Die beiden S* und T haben Gesamtenergien, die sich nur in Austausch- und Korrelationseffekten unterscheiden und deswegen oft nahe beieinander liegen.

Es gibt aber ein Alternativverfahren, womit sowohl Anregungsenergien als auch Oszillatorstärken bei gegebener Struktur berechnet werden können. Die Methode, die auf der Dichtefunktionaltheorie basiert, wird zeitabhängige Dichtefunktionaltheorie (Time-Dependent Density Functional Theory, TD-DFT) genannt, und es gibt auch ein analoges Verfahren basierend auf der Hartree-Fock-Theorie. Die Grundlagen der TD-DFT-Theorie wurden im Jahr 1984 von Erich Runge und Eberhard (Hardy) K. U. Gross entwickelt. Sie stellten ihre Theorie vor und zeigten, dass diese die theoretische Behandlung von zeitabhängigen Phänomenen ermöglichte, also z. B. Moleküle oder Atome in zeitabhängigen elektrischen und/oder magnetischen Feldern.

Die ursprüngliche Theorie von Runge und Gross war rechnertechnisch sehr aufwendig und konnte deswegen nur für die einfachsten Systeme verwendet werden. In der Mitte der 1990er Jahre stellten aber Mark E. Casida und seine Kollegen eine vereinfachte Variante dieser Theorie vor, welche die Bestimmung der Anregungsenergien, ω_I, sowie der Koeffizienten wie c_{Ij} und c_{Ib} der Gl. (15.42) ermöglichte.

Keine der beiden Theorien ist mathematisch einfach und deswegen sollen sie hier nicht näher diskutiert werden. Die Verfahren werden wie folgt angewandt: Zuerst wird die Struktur der niedrigsten Gesamtenergie bestimmt. Anschließend werden für genau diese Struktur einige der elektronischen Anregungsenergien und deren Oszillatorstärken mithilfe der TD-DFT berechnet. Dies bedeutet, dass nur vertikale Anregungen behandelt werden. Auch wenn die Methode von Casida und Kollegen rechnerisch weniger aufwendig ist als die ursprüngliche Methode von Runge und Gross, ist sie nicht einfach. Wir werden dies durch ein Beispiel kurz erläutern.

Wir stellen uns vor, dass wir für irgendein Molekül eine Kohn-Sham-Rechnung durchführen, wobei wir 400 Basisfunktionen verwenden. Aus den daraus resultierenden 400 Orbitalen sind 100 besetzt, und entsprechend sind 300 unbesetzt. Dies bedeutet, dass wir $100 \times 300 = 30\,000$ Anregungen vom Typ Gl. (15.41) haben. Um die Orbitale und deren Energien zu erhalten, haben wir eine Säkulargleichung gelöst, wie wir sie in Kapitel 9.5 im allgemeinen Fall und in Kapitel 10.10 für die Hartree-Fock-Roothaan-Methode vorgestellt haben. Die Eigenwerte, die in der Säkulargleichung auftreten, sind die Orbitalenergien. Auch für die Methode von Casida und Kollegen werden wir eine Eigenwertgleichung lösen, wobei dann die Eigenwerte gleich ω_I^2 sind. Wir werden also 30 000 Eigenwerte statt 400 bestimmen, was 75-mal größer ist. Weil der Rechneraufwand, die Eigenwerte einer Matrix mit der Größe der Matrix zur dritten Potenz skaliert, bedeutet dies einen Rechneraufwand, der $75^3 = 421\,875$ mal größer ist. Auch wenn dies nur einmal (und nicht wiederholt in einem iterativen Verfahren) erfolgt, ist dieser Unterschied erheblich. Aus diesem Grund wird man bevorzugt Methoden einsetzen, bei denen nur eine kleinere Menge der Eigenwerte der Matrix bestimmt wird.

15.12 Lumineszenz

Zuletzt werden wir als Beispiel diskutieren, wie Lumineszenz theoretisch behandelt werden kann. Bei Lumineszenz wird ein Molekül zuerst elektronisch angeregt, also z. B. von einem Singulett-Grundzustand S zu einem angeregten Singulett-Zustand S*, siehe den oberen rechten Teil in Abb. 15.7. Das Molekül hat dabei die Struktur der niedrigsten Energie im Zustand S. Anschließend wird sich die Struktur des Moleküls ändern (strukturelle Relaxation) und die Struktur der niedrigsten Energie im Zustand S* annehmen. Diese Relaxation erfolgt strahlungslos, also die vom Molekül abgegebene Energie wird z. B. durch Stoßprozesse an andere Moleküle weitergegeben. Bei dieser Struktur wird das Molekül in den Zustand S zurückfallen und dabei die abgegebene Energie in Form von Strahlung abgeben – dies ist die Lumineszenz, die man beobachten kann. Letztendlich relaxiert das Molekül wiederum und gelangt am Ende strahlungslos zur Struktur der niedrigsten Energie im Zustand S.

Wir werden die Energie des Moleküls im Zustand X und mit der Struktur des Energieminimums im Zustand Y mit $E(X, Y)$ bezeichnen. Dann ist die Anregungsenergie

$$E_{\text{anreg}} = E(S^*, S) - E(S, S), \tag{15.44}$$

während die Energie der emittierten Strahlung gleich

$$E_{\text{emit}} = E(S^*, S^*) - E(S, S^*) \tag{15.45}$$

Excitations / Luminescence

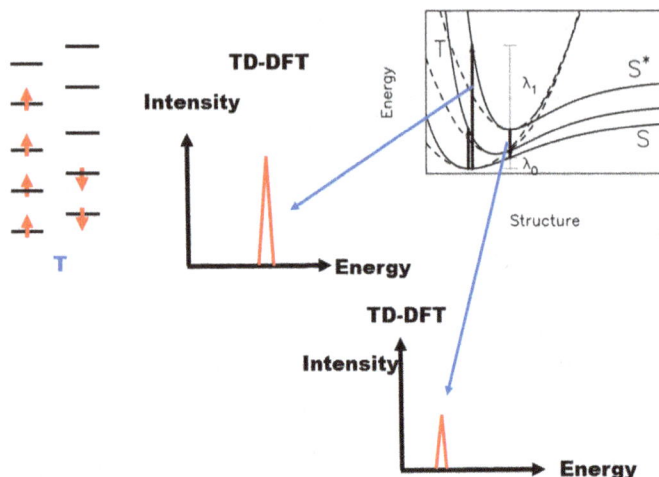

Abb. 15.7: Schematische Darstellung von Lumineszenz. Die Energieunterschiede in dem oberen, rechten Teil sind stark übertrieben.

ist. Wie in Abb. 15.7 angedeutet, gilt immer, dass die beiden sog. Reorganisationsenergien

$$\lambda_1 = E(S^*, S) - E(S^*, S^*)$$
$$\lambda_2 = E(S, S^*) - E(S, S) \tag{15.46}$$

positiv sind, und deswegen auch, dass

$$E_{\text{emit}} < E_{\text{anreg}}. \tag{15.47}$$

Mithilfe von z. B. TD-DFT können die beiden Energien der Gl. (15.47) berechnet werden, wenn die Strukturen der Minima in den Zuständen S und S* beide bekannt sind. Zusätzlich können auch die Oszillatorstärken der Übergänge berechnet werden, sodass am Ende Spektren, wie in unterem Teil von Abb. 15.7 skizziert, erhalten werden können. Das Hauptproblem ist aber, dass es schwierig sein kann, die Struktur des Energieminimums im Zustand S* zu bestimmen. Die Gründe dafür ähneln denjenigen sehr, die wir oben (siehe Abb. 15.5) diskutiert haben. Wie schon dort erwähnt, besteht eine Möglichkeit, das Problem zu umgehen, darin, den angeregten Zustand S* durch einen Triplett-Zustand T zu ersetzen, siehe oben links in Abb. 15.7. In dieser Abbildung ist der Spin des angeregten Zustands umgedreht. Verglichen mit einem ‚richtigen' angeregten Singulett-Zustand S*, unterscheidet sich die Gesamtenergie hauptsächlich in Beiträgen von Austausch- und Korrelationseffekten, die oft klein sind, sodass der Fehler, der durch diese Näherung eingeführt wird, klein bleibt, also deutlich kleiner als in Abb. 15.7 angedeutet.

15.13 Aufgaben mit Antworten

1. **Aufgabe:** Verschiedene Methoden wurden eingesetzt, um die relativen Energien von drei Isomeren, die wir mit I, II und III bezeichnen werden, zu untersuchen. Laut Hartree-Fock-Rechnungen mit einem kleinen Basissatz sind die Gesamtenergien der drei Isomere gleich –110, –112 und –108 eV, während Hartree-Fock-Rechnungen mit einem größeren Basissatz Gesamtenergien gleich –115, –116 und –112 eV ergeben. Mit CCSD-Rechnungen mit dem größeren Basissatz wurden –122, –121 und –119 eV gefunden. LDA-Rechnungen mit dem größeren Basissatz ergaben –126, –128 und –125 eV, und mit ähnlichen GGA-Rechnungen wurden –123, –121 und –119 eV gefunden. Was lässt sich daraus zu den relativen Energien sagen?

   Antwort: Für die wellenfunktionsbasierten Rechnungen (Hartree-Fock und CCSD) gilt das Variationsprinzip uneingeschränkt, sodass Verbesserungen der Rechnungen automatisch zu genaueren Ergebnissen führten. Ähnliches gilt nur begrenzt für Dichtefunktionalrechnungen, wobei vor allem LDA-Rechnungen oft zu ungenauen Gesamtenergien führen. Genauer sind GGA, aber vor allem die CCSD-Rechnungen können als die genauesten betrachtet werden. Deswegen können die Gesamtenergien gleich –122, –121 und –119 eV als die genauesten interpretiert werden, woraus hergeleitet werden kann, dass relative Energien von 0, 1 und 3 eV gefunden werden. Es soll betont werden, dass diese Überlegungen mittels des Variationsprinzips genau genommen nur für die Gesamtenergien, aber nicht für die relativen Energien verwendet werden können.

15.14 Aufgaben

1. Erklären Sie kurz die Grundlagen der Dichtefunktionaltheorie.
2. Vergleichen Sie Kohn-Sham- und Hartree-Fock-Verfahren.
3. Erläutern Sie kurz, was mithilfe der TD-DFT-Methode berechnet werden kann.
4. Erläutern Sie kurz, wie Fluoreszenz theoretisch untersucht werden kann.
5. Erläutern Sie kurz die Grundlagen der Thomas-Fermi-Theorie. Warum wird diese Theorie kaum für chemische Fragestellungen verwendet?
6. Erläutern Sie kurz die Grundlagen der Xα-Methode. Wie werden Korrelationseffekte mit dieser Methode berücksichtigt?
7. Diskutieren Sie kurz die Theoreme von Hohenberg und Kohn.
8. Vergleichen Sie die LDA-, GGA- und Meta-GGA-Methoden.
9. Diskutieren Sie kurz die Hybrid- und die Range-Separated-Methoden.
10. Beschreiben Sie kurz die B3LYP-Methode.
11. Beschreiben Sie kurz die verschiedenen Typen von Dipol-Dipol-Wechselwirkungen.
12. Beschreiben Sie kurz London-Dispersionswechselwirkungen und wie diese in DFT-Rechnungen berücksichtigt werden können.

13. Erklären Sie das HSAB-Prinzip und die Größen, die für die Formulierung dieses Prinzips verwendet werden.
14. Wie sind Fukui-Funktionen definiert? Was besagen sie?
15. Erklären Sie, warum die beiden Reorganisationsenergien λ_1 und λ_2 in Gl. (15.46) **immer** positiv sind.

16 Eigenschaften

16.1 Einleitung

Nach der detaillierten Einführung in die Grundlagen der verschiedenen theoretischen Methoden zur Behandlung elektronischer Eigenschaften von Molekülen wenden wir uns in diesem Kapitel der Anwendung dieser Methoden und ihrer Anpassung an neue Fragestellungen zu. Dieses ist Inhalt des Gebiets der Computerchemie. Wir werden dabei auch die Grenzen und Möglichkeiten der verschiedenen Methoden diskutieren.

Im Prinzip kann man mittels der theoretischen Methoden, die wir bisher diskutiert haben, Eigenschaften von Molekülen mithilfe von Computern berechnen. Abb. 16.1 zeigt eine schematische Darstellung davon, wie eine Berechnung abläuft. Dieses Schema soll an dieser Stelle kurz erläutert werden. Die Nummern beziehen sich auf die Nummerierung in Abb. 16.1.

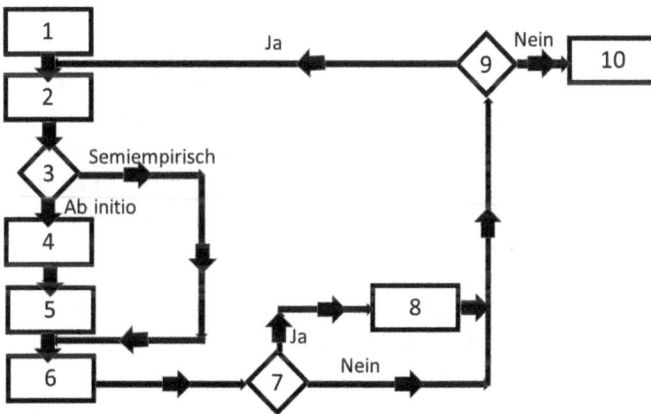

Abb. 16.1: Ein Flussdiagramm für die theoretische Berechnung von Eigenschaften eines Systems. Für Details siehe Text.

1. Zuerst werden die Anzahl und Art der Atome sowie die Zahl der Elektronen festgelegt. Dies bedeutet nichts anderes, als dass man entscheidet, welches Molekül behandelt werden soll.
2. Anschließend wird die Struktur festgelegt. Dem entspricht die Anwendung der Born-Oppenheimer-Näherung.
3. Man entscheidet, ob eine (rechnerisch anspruchsvolle) Ab-initio-Methode oder eine (schnellere, aber vielleicht auch ungenauere) semiempirische Methode verwendet werden soll. Wird eine semiempirische Methode gewählt, geht man direkt zu Punkt 6.

https://doi.org/10.1515/9783111215075-016

4. Wird eine Ab-initio-Methode gewählt, muss auch entschieden werden, ob eine Methode, die auf der Dichtefunktionaltheorie basiert, oder eine, die auf der Hartree-Fock-Methode basiert, eingesetzt werden soll.
5. Die Anzahl und der Typ der Basisfunktionen werden gewählt.
6. Unabhängig davon, ob eine Dichtefunktional- (Kohn-Sham-) oder eine Hartree-Fock-Methode gewählt wurde, werden die Matrix-Eigenwertgleichungen

$$\underline{h}\,\underline{c}_i = \epsilon_i \underline{\underline{S}}\,\underline{c}_i \tag{16.1}$$

gelöst. Hier ist $\underline{h}$ eine Matrix, die von den Lösungen abhängt, sodass die Gleichungen selbstkonsistent gelöst werden müssen. $\underline{h}$ ist die Matrix für entweder den Fock-Operator (wenn eine Hartree-Fock-Methode verwendet wird) oder den äquivalenten Kohn-Sham-Operator (wenn eine Dichtefunktionalmethode verwendet wird). In beiden Fällen beinhaltet der Operator das elektrostatische Potential der Elektronen, das von der Verteilung der Elektronen abhängt, also von den Lösungen zur Gl. (16.1). Ferner beinhaltet der Operator Austausch- und – im Falle einer Dichtefunktionalmethode – Korrelationseffekte, die auch von der Verteilung der Elektronen abhängen. Letztendlich beinhaltet der Operator auch externe Potentiale wie elektrostatische Potentiale der Kerne, externe, statische, elektromagnetische Felder und Potentiale aus anderen Molekülen wie die eines Lösungsmittels. Auf der anderen Seite ist die Überlappmatrix $\underline{\underline{S}}$ unabhängig von den Lösungen. Gesucht werden vor allem die Orbitalenergien ϵ_i sowie die Wellenfunktionen der einzelnen Orbitale, gegeben durch die Entwicklungskonstanten $\underline{c}_i$. Die Wellenfunktionen werden mittels der Basisfunktionen $\{\chi_m\}$ geschrieben als

$$\psi_i(\vec{r}) = \sum_{m=1}^{N_b} \chi_m(\vec{r}) c_{mi}, \tag{16.2}$$

und $\underline{c}_i$ in Gl. (16.1) ist ein Spaltenvektor mit den N_b Elementen c_{mi}, $m = 1, 2, \ldots, N_b$.

7. Wenn man eine Hartree-Fock-Methode verwendet, wird man sich fragen müssen, ob Korrelationseffekte hinzuaddiert werden sollen.
8. Wenn diese Frage bejaht wird, werden die Korrelationseffekte z. B. mithilfe der Møller-Plesset-Störungstheorie oder der CI- oder CC-Methode berechnet.
9. Anschließend wird gefragt, ob eine weitere Struktur untersucht werden soll. Dieses wäre z. B. der Fall, wenn die Struktur der geringsten Totalenergie bestimmt werden soll.
10. Wenn nicht, werden die gewünschten Eigenschaften berechnet.

Allerdings gibt es viele Grenzen für das tatsächlich Mögliche; siehe Abb. 16.2. Die Basissätze können nicht beliebig groß werden, ohne dass die erforderliche Rechenzeit inakzeptabel ansteigt. Ferner können selten sehr viele unterschiedliche Strukturen behandelt werden, was vor allem bei größeren Molekülen, für die die Ansprüche an Computer-

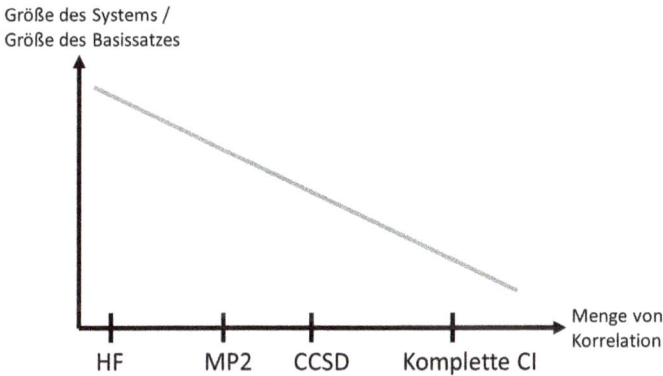

Abb. 16.2: Die Grenzen der Möglichkeiten von Computerrechnungen mit wellenfunktionsbasierten Methoden wie HF, MP2, CCSD und CI.

zeit ohnehin schon erheblich sind, ein Problem darstellen kann. Müssen auch Korrelationseffekte berücksichtigt werden, werden wiederum große Ansprüche an die Computerleistungen gestellt, sodass auch hier Grenzen gesetzt sind. Letztendlich wird man oft isolierte Moleküle in der Gasphase behandeln, während die Experimente in Lösungen stattfinden können.

Insgesamt bedeutet dies, dass Computerrechnungen nie experimentelle Studien komplett ersetzen werden können, obwohl sie schon sehr hilfreiche, ergänzende Informationen liefern können. So zeigt schematisch Abb. 16.3 die Grenzen bzgl. Genauigkeit und Komplexität, die für die theoretische Behandlung verschiedener Systeme bestehen. Als Beispiel zeigt Abb. 16.4 die Grenzen für die Behandlung katalytischer Prozesse und

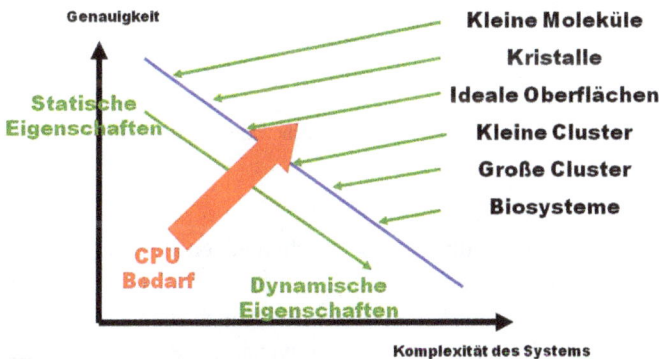

Abb. 16.3: Genauigkeit und Komplexität des zu untersuchenden Systems. Die blaue Linie stellt schematisch die Grenzen theoretischer Methoden dar. Ferner sind die Grenzen für verschiedene Systeme nur grob angegeben.

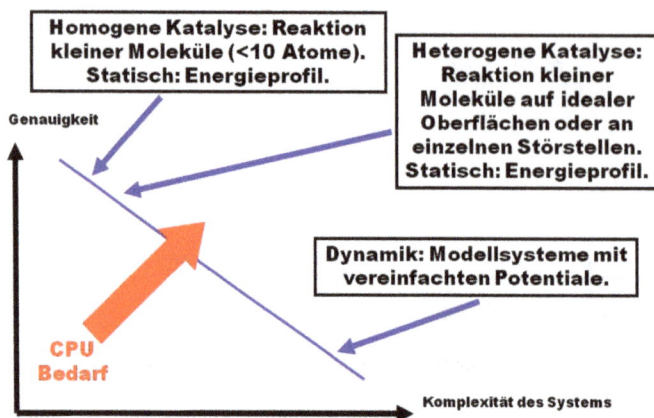

Abb. 16.4: Wie Abb. 16.3 aber für Katalyse als Beispiel.

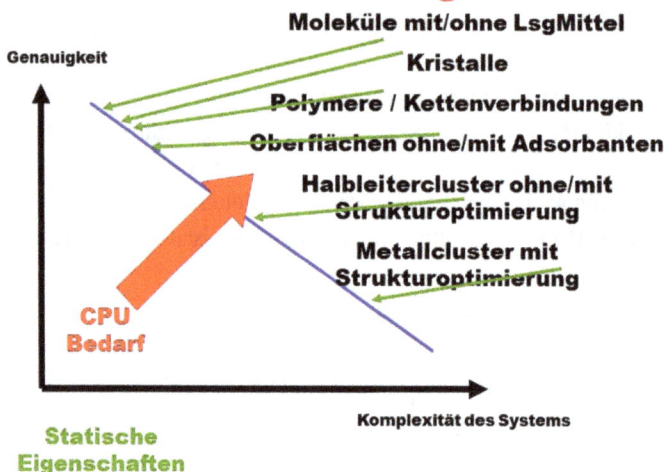

Abb. 16.5: Wie Abb. 16.3 aber für Systeme, die in unserer ehemaligen Arbeitsgruppe in Saarbrücken theoretisch behandelt wurden.

Abb. 16.5 die Grenzen für die Systeme, die in unserer ehemaligen Arbeitsgruppe in Saarbrücken theoretisch behandelt wurden.

Trotz dieser Grenzen sind theoretische Rechnungen oft hilfreich vor allem für nicht zu große molekulare Systeme. In diesem Kapitel werden wir einige Beispiele von Systemen und Eigenschaften vorstellen, die mit solchen Computerrechnungen behandelt werden können. In Tabelle 16.1 sind Details zu den verschiedenen Methoden, die in diesem Kapitel verwendet wurden, kurz zusammengestellt.

Tab. 16.1: Liste der Abkürzungen für Details der Methoden, die in diesem Kapitel verwendet wurden.

Abkürzung	Bedeutung
MNDO	Eine semiempirische Methode
AM1	Eine semiempirische Methode
HF	Die Hartree-Fock-Methode
MP2	Die Møller-Plesset-Methode, die mittels Störungstheorie Korrelationseffekte zur zweiten Ordnung berücksichtigt
CCSD(T)	Eine Coupled-Cluster-Methode, die Einfach-, Zweifach- und teilweise Dreifachanregungen berücksichtigt
MCSCF	Eine mit CI verwandte Methode
Xα	Eine LDA-Methode, die nur Austausch-, aber nicht Korrelationseffekte berücksichtigt
LDA	Eine Dichtefunktionalmethode, wonach das Potential $V_{xc}(\vec{r})$ im Punkt $\vec{r}$ nur von $\rho(\vec{r})$ im selben Punkt abhängt
GGA	Eine Dichtefunktionalmethode, wonach das Potential $V_{xc}(\vec{r})$ im Punkt $\vec{r}$ von $\rho(\vec{r})$, $\|\vec{\nabla}\rho(\vec{r})\|$ und $\nabla^2\rho(\vec{r})$ im selben Punkt abhängt
BLYP	Eine GGA-Methode
ACM	Eine Hybrid-Methode, die HF-, LDA- und GGA-Methoden kombiniert
B3LYP	Eine häufig eingesetzte Hybrid-Methode, die HF-, LDA- und GGA-Methoden kombiniert
3-21G	Ein kleiner Basissatz, wonach eine Funktion bestehend aus drei kontrahierten Gauss-Funktionen für Rumpfelektronen verwendet wird, während zwei Funktionen (bestehend aus zwei und einer kontrahierten Gauss-Funktionen) für die Valenzelektronen verwendet werden
6-31G*	Wie 3-21G, außer dass die kontrahierten Funktionen aus mehreren Gauss-Funktionen bestehen, und dass Polarisationsfunktionen für die schwereren Atome (nicht H) verwendet werden
6-31G++	Wie 6-31G*, außer dass keine Polarisationsfunktionen, dafür aber diffuse Funktionen auf allen Atomen (auch H) verwendet werden

16.2 Struktur

Mit der Born-Oppenheimer-Näherung werden die Positionen der Kerne festgelegt, und anschließend werden für diese Struktur die elektronischen Eigenschaften berechnet. Dazu gehört auch die elektronische Energie und somit auch die Gesamtenergie E des Moleküls dieser Struktur. Durch Variation der Struktur ist es möglich, die Struktur der niedrigsten Gesamtenergie zu identifizieren (obwohl dieses gar nicht einfach ist).

Die Energie als Funktion der Struktur, also E als Funktion der Koordinaten der Kerne,

$$E = E(\vec{R}_1, \vec{R}_2, \ldots, \vec{R}_M) \equiv E(\vec{R}), \tag{16.3}$$

bildet die sog. Potentialhyperfläche (Potential Energy Surface, PES). Ein vereinfachtes Beispiel ist in Abb. 16.6 gezeigt. In diesem Beispiel zeigen wir nur eine Koordinate (statt alle $3M$). Die Strukturen B und F stellen lokale Minima der Gesamtenergie dar, während D einem Übergangszustand entspricht.

Energie

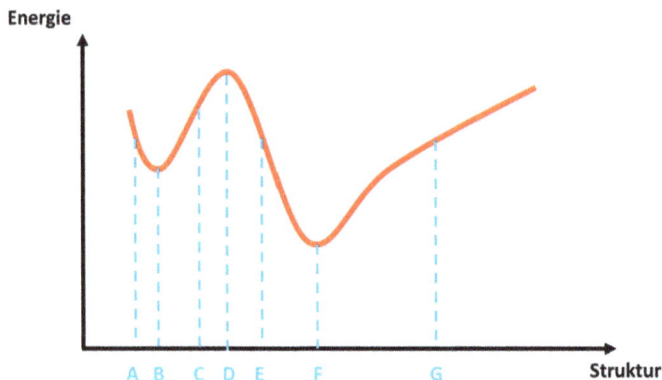

Abb. 16.6: Eine sehr grobe Vereinfachung einer Potentialhyperfläche. Gezeigt ist die Energie als Funktion der Struktur, wobei nur eine Koordinate statt $3M$ Koordinaten für ein Molekül mit M Kernen gezeigt ist. Die Punkte A, B, C, D, E, F und G markieren verschiedene Typen von Strukturen, die im Text näher diskutiert werden.

Wie wir sehen, ist E eine Funktion von $3M$ Koordinaten, und ein (lokales oder globales) Minimum dieser Funktion zu finden, kann schwierig sein, wenn man einfach versucht, die Koordinaten der Kerne zu variieren. Eine Hilfe ist es, wenn auch die Kräfte, die auf die Kerne wirken, bestimmt werden können. Die Kraft, die auf den $k$ten Kern wirkt, ist gegeben durch

$$\vec{F}_k = -\vec{\nabla}_{\vec{R}_k} E = \left(-\frac{\partial E}{\partial R_{kx}}, -\frac{\partial E}{\partial R_{ky}}, -\frac{\partial E}{\partial R_{kz}} \right), \tag{16.4}$$

mit

$$\vec{R}_k = (R_{kx}, R_{ky}, R_{kz}) \tag{16.5}$$

als der Ortsvektor des $k$ten Kerns.

Aus Gl. (16.4) ist ersichtlich, dass E kleiner wird, wenn das $k$te Atom etwas in Richtung $\vec{F}_k$ verschoben wird. Dies kann man für alle Kerne gleichzeitig tun und dadurch erreichen, dass schneller ein Minimum der Gesamtenergie gefunden wird. Also, für jeden Kern ändert man

$$\vec{R}_k \rightarrow \vec{R}_k + \tau \vec{F}_k, \tag{16.6}$$

bis alle Kräfte $\{\vec{F}_k\}$ sehr klein sind. τ ist hier eine vorgewählte Konstante. Dies ist das sog. *Steepest-Descent*-Verfahren. τ soll weder zu klein sein (um zu vermeiden, dass man nie zum Ziel kommt), noch zu groß sein (um zu vermeiden, dass die Struktur mit jedem Schritt sich mehr und mehr ändert).

In Abb. 16.6 zeigt sich dies folgendermaßen: Man ändert anfangen mit der Struktur A (oder C) die Struktur schrittweise in Richtung der von B, bis B innerhalb einer vorbestimmten Genauigkeit erreicht wird. Ähnlich führen die Strukturen E und G zum Minimum beim F, wenn die Kräfte benutzt werden, um Minima zu identifizieren.

Oft möchte man sich vergewissern, dass die gefundene Struktur tatsächlich einem Minimum der Gesamtenergie, E, entspricht. Mathematisch würde man so vorgehen, dass man die Matrix

$$\underline{\underline{H}} = \left(\frac{\partial^2 E(\vec{R})}{\partial R_{k_1,a_1} \partial R_{k_2,a_2}} \right), \tag{16.7}$$

betrachtet, also die sogenannte ‚Hessian' (Hesse-Matrix), welche die Ableitungen zweiter Ordnung der Energie nach Kernkoordinaten beinhaltet. $\vec{R}$ ist der Vektor mit den $3M$ Kernkoordinaten.

Mathematisch gesehen sind alle Eigenwerte dieser Matrix positiv, wenn die Struktur, gegeben durch $\vec{R}$, einem Minimum entspricht. Aber wie wir schon in Kapitel 6.1 diskutiert haben, gibt es Aspekte, die berücksichtigt werden müssen. Drei der Eigenwerte werden gleich null sein, weil die zugehörenden Eigenvektoren Verschiebungen aller Atome in dieselbe Richtung entsprechen, also starren Verschiebungen des Moleküls. Drei weitere (oder für lineare Moleküle: zwei weitere) werden auch null sein, weil die Eigenvektoren starre Rotationen des Moleküls beschreiben. Deswegen müssen nur $3M - 6$ (oder für lineare Moleküle, $3M - 5$) Eigenwerte positiv sein, damit ein Minimum gefunden ist. In der Praxis bestimmt man nicht die Eigenwerte der Hessian, sonder die Schwingungsfrequenzen des Moleküls, wie in Kapitel 16.3 diskutiert wird. Hier gilt dann, dass $3M - 6$ oder, für lineare Moleküle, $3M - 5$ dieser Werte reell (also nicht imaginär) sein müssen.

Es ist möglich, analytische Ausdrücke für die Kräfte herzuleiten, sodass ihre Berechnung auch möglich wird. Dadurch können strukturelle Eigenschaften von Molekülen ‚automatisch' berechnet werden.

Ferner lassen sich mithilfe der Kräfte moleküldynamische Rechnungen durchführen. Die Kraft $\vec{F}_k$ auf dem $k$ten Kern bedeutet eine Beschleunigung dieses Kerns $\vec{a}_k$ (Newtons Gesetz)

$$\vec{F}_k = M_k \cdot \vec{a}_k \tag{16.8}$$

mit M_k gleich der Masse des Kerns. Wir führen eine Zeitkoordinate t ein und betrachten die drei Zeiten $t - \Delta t$, t und $t + \Delta t$, wobei Δt ein vorgewähltes kleines Zeitintervall ist. Mit $\vec{v}_k$ als die Geschwindigkeit des $k$ten Kerns erhalten wir mittels einer Taylor-Reihe

$$\vec{R}_k(t + \Delta t) = \vec{R}_k(t) + \vec{v}_k(t) \cdot \Delta t + \frac{1}{2} \vec{a}_k(t) \cdot (\Delta t)^2 + \cdots$$

$$\vec{R}_k(t - \Delta t) = \vec{R}_k(t) - \vec{v}_k(t) \cdot \Delta t + \frac{1}{2} \vec{a}_k(t) \cdot (\Delta t)^2 + \cdots. \tag{16.9}$$

Wenn wir diese Ausdrücke addieren und die Reihen nach den Gliedern zur zweiten Ordnung in Δt abbrechen, erhalten wir leicht

$$\vec{R}_k(t + \Delta t) = 2\vec{R}_k(t) - \vec{R}_k(t - \Delta t) + \vec{a}_k(t) \cdot (\Delta t)^2$$
$$= 2\vec{R}_k(t) - \vec{R}_k(t - \Delta t) + \frac{1}{M_k}\vec{F}_k(t) \cdot (\Delta t)^2, \tag{16.10}$$

Also, kennen wir die Koordinaten zu zwei Zeitpunkten, können wir die Koordinaten zu einem späteren Zeitpunkt automatisch bestimmen. Dadurch werden auch moleküldynamische Rechnungen ermöglicht.

Das Verfahren, das wir hier vorgestellt haben, ist das sog. Verlet-Verfahren. Es gibt (viele) andere Verfahren, aber das Prinzip bleibt gleich: Man berechnet die zeitliche Entwicklung einer Struktur mittels der berechneten Kräfte, die auf die Atomkerne wirken.

Dass unterschiedliche Verfahren zur Berechnung der Gesamtenergie E zu unterschiedlichen Ergebnisse führen (können), ist in Abb. 16.7 und Tabelle 16.2 illustriert. In diesen sind strukturelle und energetische Eigenschaften für die Reaktion Vinylalkohol $\rightarrow$ Acetataldehyd, $CH_2CHOH \rightarrow CH_3CHO$, gezeigt. Hier sind Ergebnisse mit semiempirischen Methoden, mit zwei verschiedenen Basissätzen für Hartree-Fock-Rechnungen, aus Møller-Plesset-Rechnungen und aus Rechnungen mit verschiedenen Dichtefunktionalmethoden gezeigt. Vor allem die sehr unterschiedlichen Aktivierungsenergien und Reaktionsenergien sind zu beachten.

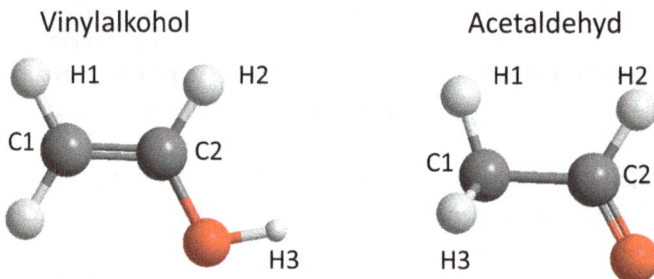

Abb. 16.7: Struktur der Edukt- und Produktmoleküle der Reaktion Vinylalkohol $\rightarrow$ Acetaldehyd, CH_2CHOH $\rightarrow CH_3CHO$.

Ähnliche Ergebnisse sind in der Tabelle 16.3 gezeigt. Diese Tabelle zeigt berechnete C-C-, C=C-, C-N- und C-O-Bindungslängen für einige kleinere organische Moleküle. Man erkennt, dass die Hartree-Fock-Werte, die mit dem kleineren 3-21G-Basissatz erhalten wurden, gelegentlich deutliche Abweichungen zu den experimentellen Werten besitzen. Ferner sieht man, dass die genauesten Werte für die C-C-Bindungslängen erhalten werden, während die Werte für die rein kovalenten C=C-Bindungen und für die teilweise ionischen C-N- und C-O-Bindungen weniger genau sein können. Letztendlich wird deutlich, dass MP2 und B3LYP allgemein genaue Bindungslängen liefern.

Wasserstoffbrückenbindungen haben deutlich kleinere Bindungsenergien als kovalente Bindungen. Dies bedeutet auch, dass sie empfindlicher gegenüber numerischen

Tab. 16.2: Strukturelle und energetische Eigenschaften für die Reaktion Vinylalkohol → Acetaldehyd, $CH_2CHOH \rightarrow CH_3CHO$. MNDO und AM1 markieren zwei semiempirische Methoden, 3-21G bezeichnet Hartree-Fock-Rechnungen mit einem kleinen Basissatz, während alle anderen Rechnungen mit dem größeren Basissatz 6-31G* durchgeführt wurden. MP2 sind Rechnungen unter Verwendung der Møller-Plesset-Methode, BLYP ist eine GGA-, und ACM eine Hybrid-Methode. Exp. markiert experimentelle Ergebnisse. E_A ist die Aktivierungsenergie und ΔE die Reaktionsenergie. Bindungslängen und -winkel sind in Å und Grad angegeben, und Energien in kcal/mol. A-B markiert Bindungslängen zwischen Atom A und B, während A-B-C die Bindungswinkel zwischen den Atomen A, B und C markiert. Für die Nummerierung der Atome, siehe Abb. 16.7.

Parameter	MNDO	AM1	3-21G	HF	MP2	BLYP	ACM	Exp.
Vinylalkohol								
C2-O	1.357	1.372	1.377	1.347	1.368	1.377	1.357	1.369
C1-C2	1.350	1.336	1.314	1.318	1.337	1.345	1.334	1.335
O-H3	0.948	0.968	0.966	0.949	0.975	0.983	0.969	0.962
C2-H2	1.099	1.103	1.069	1.073	1.085	1.094	1.087	1.080
C1-C2-O	126.5	125.1	127.1	127.0	126.8	127.4	127.4	126.0
C2-O-H3	113.4	109.0	112.7	110.3	108.1	108.0	108.6	108.5
Übergangszustand								
C2-O	1.280	1.296	1.282	1.252	1.295	1.302	1.283	
C1-C2	1.458	1.424	1.421	1.421	1.406	1.419	1.409	
C2-H2	1.090	1.096	1.072	1.081	1.092	1.102	1.094	
C1-H3	1.546	1.572	1.550	1.519	1.520	1.542	1.509	
O-H3	1.267	1.335	1.272	1.234	1.294	1.315	1.284	
C1-C2-O	103.6	107.0	108.3	109.2	110.9	111.2	110.6	
O-H3-C1	99.5	97.3	101.5	104.3	104.3	103.5	104.6	
Acetaldehyd								
C2-O	1.221	1.231	1.208	1.188	1.221	1.223	1.209	1.210
C1-C2	1.517	1.490	1.507	1.504	1.517	1.520	1.504	1.515
C2-H2	1.112	1.114	1.087	1.095	1.112	1.125	1.114	1.128
C1-C2-O	125.0	123.5	124.8	124.4	125.0	124.9	124.8	124.1
E_A	91.2	73.6	76.9	70.0	55.4	48.7	52.3	39.4
ΔE	−7.4	−8.0	−9.1	−17.8	−17.5	−16.1	−15.5	−9.8

Ungenauigkeiten sind. Vor allem Dichtefunktionalrechnungen mit einer lokalen Dichtenäherung, die dazu tendieren, Energien von kovalenten Bindungen zu überschätzen, sagen Bindungen voraus, die einen größeren kovalenten Charakter haben, als realistisch ist. Dies illustrieren wir durch die Ergebnisse für die intermolekulare Wasserstoffbrücke zwischen zwei Wassermolekülen (Abb. 16.8) und die intramolekulare Wasserstoffbrücke innerhalb des Enol-Tautomers des Malonaldehyd (Abb. 16.9). Die erhaltenen Bindungslängen (Tabelle 16.4 und 16.5) zeigen eindeutig, dass die Längen der Wasserstoffbrücken als deutlich zu klein angegeben werden, wenn sie mit LDA berechnet werden, und etwas zu lang, wenn Hartree-Fock-Methoden verwendet werden. In Tabel-

Tab. 16.3: Experimentelle und berechnete Bindungslängen (in Å) für verschiedene Moleküle. HF bezeichnet Ergebnisse von Hartree-Fock-Rechnungen, während MP2 Ergebnisse von Møller-Plesset-Rechnungen angeben. B3LYP bezeichnet Ergebnisse mit dem B3LYP-Hybrid-Verfahren. In Klammern sind die Basissätze angegeben.

Molekül	Bindung	Exp.	HF (3-21G)	HF (6-31G*)	MP2 (6-31G*)	B3LYP (6-31G*)
But-1-in-3-en	C-C	1.431	1.432	1.439	1.429	1.424
Propin		1.459	1.466	1.468	1.463	1.461
1,3-Butadien		1.483	1.479	1.467	1.458	1.458
Propen		1.501	1.510	1.503	1.499	1.502
Cyclopropan		1.510	1.513	1.497	1.504	1.509
Propan		1.526	1.541	1.528	1.526	1.532
Cyclobutan		1.548	1.543	1.548	1.545	1.553
Cyclopropen	C=C	1.300	1.282	1.276	1.303	1.295
Allen		1.308	1.292	1.296	1.313	1.307
Propen		1.318	1.316	1.318	1.338	1.333
Cyclobuten		1.332	1.326	1.322	1.347	1.341
But-1-in-en		1.341	1.320	1.322	1.344	1.341
1,3-Butadien		1.345	1.320	1.323	1.344	1.340
Cyclopentadien		1.345	1.329	1.329	1.354	1.349
Formamid	C-N	1.376	1.351	1.349	1.362	1.362
Methylisocyanid		1.424	1.432	1.421	1.426	1.420
Trimethylamin		1.451	1.471	1.445	1.455	1.456
Aziridin		1.475	1.490	1.448	1.474	1.474
Nitromethan		1.489	1.497	1.481	1.488	1.499
Ameisensäure	C-O	1.343	1.350	1.323	1.352	1.347
Furan		1.362	1.377	1.344	1.367	1.364
Dimethylether		1.410	1.435	1.392	1.416	1.410
Oxiran		1.436	1.470	1.401	1.439	1.430

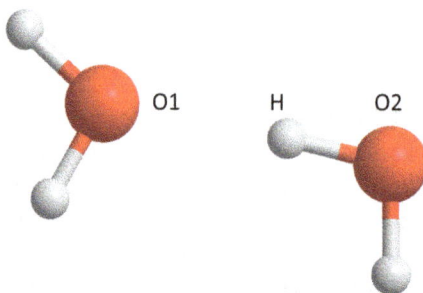

Abb. 16.8: Struktur von zwei Wassermolekülen, die durch eine Wasserstoffbrückenbindung miteinander verbunden sind.

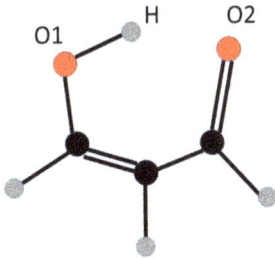

Abb. 16.9: Struktur des Enol-Tautomers von Malonaldehyd.

Tab. 16.4: Berechnete und experimentelle Bindungslängen (in Å) des Systems der Abb. 16.8.

Methode	O1–O2	O2–H
LDA	2.710	0.997
GGA	2.877	0.990
HF	2.886	0.948
MP2	2.910	0.976
Exp.	2.98	

Tab. 16.5: Berechnete und experimentelle Bindungslängen (in Å) des Systems der Abb. 16.9.

Methode	O1–H	O2$\cdots$H
LDA	1.204	1.220
GGA	1.042	1.568
HF	0.956	1.880
MP2	0.994	1.694
Exp.	0.969	1.680

le 16.5 kann sogar kaum zwischen den beiden Bindungen zwischen H und den beiden O-Atomen unterschieden werden.

16.3 Schwingungen

In Kapitel 6 haben wir die Schwingungseigenschaften von zweiatomigen Molekülen diskutiert. Dabei war die harmonische Näherung sehr hilfreich. Auch bei größeren Molekülen ist diese Näherung hilfreich, um die Schwingungseigenschaften zu berechnen, und nur selten werden andere Näherungen verwendet. Dies bedeutet, dass $E(\vec{R})$ in Gl. (16.3) wie folgt genähert wird,

$$E(\vec{R}) \simeq E(\vec{R}^e) + \frac{1}{2}\sum_{k_1,k_2=1}^{M}\sum_{a_1,a_2=x,y,z}\frac{\partial^2 E(\vec{R}^e)}{\partial R_{k_1,a_1}\partial R_{k_2,a_2}}(R_{k_1,a_1} - R^e_{k_1,a_1})(R_{k_2,a_2} - R^e_{k_2,a_2}). \quad (16.11)$$

Dies entspricht einer Taylor-Reihe zur zweiten Ordnung um die Gleichgewichtslage, gekennzeichnet durch den oberen Index e, für welche die Kräfte der Gl. (16.4) wegfallen, sodass die Glieder erster Ordnung in der Taylor-Reihe entfallen. Dass die Kräfte verschwinden müssen, bedeutet, dass man zuerst eine Struktur eines Minimums der Gesamtenergie bestimmt haben muss.

Gl. (16.11) definiert eine Matrix,

$$\underline{\underline{H}} = \left(\frac{\partial^2 E(\vec{R}^e)}{\partial R_{k_1,a_1}\partial R_{k_2,a_2}}\right). \quad (16.12)$$

Diese $3M \times 3M$-Matrix ist die oben erwähnten Hessian. Aus dieser Matrix kann man die sog. dynamische Matrix definieren. Diese ist gegeben durch

$$\underline{\underline{D}} = \left(\frac{1}{\sqrt{M_{k_1}M_{k_2}}}\frac{\partial^2 E(\vec{R}^e)}{\partial R_{k_1,a_1}\partial R_{k_2,a_2}}\right), \quad (16.13)$$

wobei M_k die Masse des $k$ten Atoms ist. Es lässt sich dann zeigen (was hier nicht erfolgen soll), dass die Eigenwerte dieser Matrix gleich der Quadrate der Schwingungsfrequenzen sind. Ferner beschreiben die Eigenvektoren die Schwingungsmuster, d. h. die $\vec{u}_{nk}$ in Gl. (6.2).

In Tabelle 16.6 zeigen wir mithilfe von Hartree-Fock-Rechnungen erhaltene Schwingungsfrequenzen im Vergleich zu experimentellen Werten. Man erkennt hier ein allgemeines Problem: Die Schwingungsfrequenzen aus Hartree-Fock-Rechnungen sind grundsätzlich zu groß. Es stellt sich aber heraus, dass dieses Problem nicht direkt aus

Tab. 16.6: Berechnete und experimentelle Vibrationsfrequenzen in cm^{-1}. Die theoretischen Werte wurden mittels HF-Rechnungen erhalten.

Molekül	Theorie	Exp.	Molekül	Theorie	Exp.
CH_3	3321	3184	NH_3	3985	3444
	3125	3002		3781	3336
	1470	1383		1814	1627
	776	580		597	950
CH_4	3372	3019	OH	3955	3735
	3226	2917	H_2O	4143	3756
	1718	1534		3987	3657
	1533	1306		1678	1595
NH_2	3676	3220	HF	4150	4138
	3554	3173	H_2	4644	4405
	1651	1499			

der Hartree-Fock-Näherung stammt, sondern eher aus der harmonischen Näherung, also die Näherung, dass die Gesamtenergie als Funktion der Positionen der Kerne nach den Gliedern zweiter Ordnung in Abweichung von der Gleichgewichtsstruktur abgebrochen werden kann [Gl. (16.11)]. Berücksichtigt man auch Glieder höherer Ordnung (sog. anharmonische Korrekturen), verbessern sich die Ergebnisse signifikant, wie Tabelle 16.7 zeigt.

Tab. 16.7: Berechnete und experimentelle Vibrationsfrequenzen in cm^{-1} für Ethan, $(CH_3)_2$. Sowohl die üblichen, harmonischen Frequenzen ('Harm') als auch solche, die durch Berücksichtigung von anharmonischen Korrekturen ('Anharm') erhalten werden, sind angegeben.

Modus	B3LYP Harm	B3LYP Anharm	HF Anharm	BLYP Harm	BLYP Anharm	Exp.
1	3093	2953	2945	3020	2875	2978
2	3068	2932	2923	2994	2854	2955
3	3025	2870	2867	2958	2800	2920
4	3024	2868	2867	2956	2797	2915
5	1507	1462	1458	1473	1427	1472
6	1503	1456	1452	1469	1422	1468
7	1423	1391	1387	1385	1352	1388
8	1413	1379	1376	1381	1346	1379
9	1223	1191	1188	1191	1159	1190
10	995	972	969	958	934	995
11	827	821	823	809	802	822
12	305	273	267	297	265	289

Aus mathematischen Gründen erkennen wir an Gl. (16.11) auch, dass $\vec{R}^e$ nur dann ein Minimum der Gesamtenergie ist, wenn alle Eigenwerte der Hessian nicht-negativ sind. Sechs (oder fünf, wenn das Molekül linear ist) Eigenwerte werden gleich null sein, und die zugehörigen Eigenvektoren der Hessian beschreiben dann die Translation und Rotation des Gesamtmoleküls. Dasselbe gilt auch für die Eigenwerte und -vektoren der dynamischen Matrix. Deswegen ist es üblich, die Schwingungsfrequenzen zu berechnen, nachdem die Struktur des Moleküls optimiert ist. Sichergestellt wird dann, dass alle Eigenwerte bis auf die sechs (oder fünf), die die Translation und Rotation des Moleküls beschreiben, positiv sind – also dass keine imaginären Schwingungsfrequenzen gefunden werden. Solche würden bedeuten, dass die Struktur, die betrachtet wird, keinem Minimum der Gesamtenergie entspricht, sondern eher einem Sattelpunkt. Solche Fälle können z. B. dann auftreten, wenn man eine zu hohe Symmetrie des Systems annimmt. Setzt man voraus, dass H_2O ein lineares H-O-H-Molekül ist, wird man am Ende der Rechnung ein lineares Molekül erhalten, aber es wird dann imaginäre Schwingungsfrequenzen geben, die andeuten, dass das Molekül sich biegen möchte, also die Symmetrie erniedrigen möchte.

16.4 Energien

Für die Anwendung von theoretischen Methoden zur Behandlung von chemischen Fragestellungen ist es von zentraler Bedeutung, dass die Energieänderungen, die mit chemischen Reaktionen verbunden sind, richtig wiedergegeben werden. In diesem Kapitel werden wir diskutieren, inwieweit dies bei den verschiedenen theoretischen Verfahren, die wir kennengelernt haben, der Fall ist.

Wir betrachten wieder Abb. 16.6 und bezeichnen mit $E(X)$ die Gesamtenergie des Systems für Struktur X. Ein Sonderfall wäre die chemischen Reaktionen B → F und F → B. Für die erste ist $E(F)-E(B)$ gleich der Reaktionsenergie, während für die zweite Reaktion $E(B)-E(F)$ gleich der Reaktionsenergie ist.

Die Aktivierungsenergie beträgt $E(D)-E(B)$ für die erste und $E(D)-E(F)$ für die zweite Reaktion. Diese Energie ist eine experimentell wichtige Größe, weil sie mittels der Arrhenius-Gleichung die Reaktionsgeschwindigkeit beschreibt. Um diese theoretisch berechnen zu können, muss der Übergangszustand D bestimmt werden. Die Methoden, die wir in Kapitel 16.2 diskutiert haben, können nicht ohne Weiteres verwenden werden, weil der gesuchte Zustand kein Minimum der Gesamtenergie ist. Es gibt verschiedene andere Methoden für diese Aufgabe, die aber hier nicht näher diskutiert werden sollen. Letztendlich wird es wichtig, sicherzustellen, dass man tatsächlich einen Übergangszustand gefunden hat. Wiederum können die Eigenwerte der Hessian bzw. die Schwingungsfrequenzen hilfreich sein. Bis auf spezielle Ausnahmen muss dann gelten, dass genau ein Eigenwert der Hessian negativ ist bzw. dass genau eine Schwingungsfrequenz imaginär wird.

Ein erstes Beispiel wurde schon in Tabelle 16.2 geführt, wo die Aktivierungsenergie E_A und die Reaktionsenergie ΔE große Schwankungen vorweisen. Als zweites Beispiel zeigen wir in Tabelle 16.8 Dissoziationsenergien für kleine, diatomige, homonukleare Moleküle, wobei verschiedene theoretische Verfahren verwendet wurden. Die Ergebnisse zeigen, dass die Hartree-Fock-Methode zu zu kleinen Bindungsenergien führt, ein

Tab. 16.8: Experimentelle und berechnete Bindungsenergien (in eV) für diatomige, homonukleare Moleküle. HF bezeichnet Ergebnisse von Hartree-Fock-Rechnungen, während LDA Dichtefunktionalrechnungen mit einer lokalen Näherung bezeichnet. Exp. sind die experimentellen Werte, und Xα ist eine LDA-Näherung zum HF-Verfahren. Für Be_2 gibt es keinen stabilen Grundzustand mit der HF-Näherung.

Molekül	Exp.	LDA	Xα	HF
H_2	4.75	4.91	3.59	3.64
Li_2	1.07	1.01	0.21	0.17
Be_2	0.10	0.50	0.43	
B_2	3.09	3.93	3.79	0.89
C_2	6.32	7.19	6.00	0.79
N_2	9.91	11.34	9.09	5.20
O_2	5.22	7.54	7.01	1.28
F_2	1.66	3.32	3.04	-1.37

Ergebnis, das allgemeingültig ist. Dabei ist auch zu bemerken, dass F_2 dieser Methode zufolge nur metastabil ist (die Energie der zwei nicht-wechselwirkenden Atome ist niedriger als die des Moleküls), und dass Be_2 gar nicht stabil ist. Auf der anderen Seite tendiert die lokale Dichtenäherung innerhalb der Dichtefunktionaltheorie dazu, zu große Bindungsenergien zu liefern, was auch einem allgemeinem Befund entspricht. Wir erwähnen, dass verbesserte Näherungen innerhalb der Dichtefunktionaltheorie (z. B. GGA) zu genauen Bindungsenergien führen, was auch z. B. für MP2-Rechnungen und andere Methoden gilt, die zu den Ergebnissen der Hartree-Fock-Rechnungen Korrelationseffekte hinzuaddieren.

In Tabelle 16.9 sind ähnliche Ergebnisse für Cu_2 und Cr_2 gezeigt. Beide Elemente sind Übergangselemente und haben dementsprechend viele $3d$-Orbitale, die für Cu beinahe alle besetzt sind, während sie für Cr_2 nur ungefähr halb besetzt sind. Weil sie gleichzeitig energetisch hoch liegen (also in der Nähe der Fermi-Energie), können wir mithilfe der Møller-Plesset-Theorie abschätzen, dass Korrelationseffekte wahrscheinlich wichtig sind, vor allem für Cr_2. Dass dem so ist, belegt Tabelle 16.9 eindeutig.

Tab. 16.9: Experimentelle und berechnete Eigenschaften für Cu_2 (obere Hälfte) und Cr_2 (untere Hälfte). HF bezeichnet Ergebnisse von Hartree-Fock-Rechnungen, während LDA Dichtefunktionalrechnungen mit einer lokalen Näherung bezeichnet. Exp. sind die experimentellen Werte, und Xα ist eine LDA-Näherung zum HF-Verfahren. Letztendlich bezeichnet HF+Korr. Ergebnisse mit verschiedenen Methoden, die auf HF-Rechnungen basieren, aber auch Korrelationseffekte berücksichtigen. R_e ist die Bindungslänge (in atomaren Einheiten), D_e die Bindungsenergie (in eV) und ω_e die Vibrationsfrequenz (in cm^{-1}).

Molekül	Methode	R_e (a. u.)	ω_e (cm^{-1})	D_e (eV)
Cu_2	Exp.	4.195	265	1.97
	LDA	4.10–4.30	248–330	2.30–2.65
	Xα	4.12–4.20	286–290	2.10–2.16
	HF	4.58–4.61	198	0.51–0.56
	HF+Korr.	4.23–4.62	200–242	0.15–2.07
Cr_2	Exp.	3.17	470	1.56±0.3, 1.44±0.02
	LDA	3.17–3.21	441–470	1.80–2.80
	Xα	5.10–5.20	92–110	0.4–1.0
	HF	<1.5–2.95	7.50	
	HF+Korr.	3.04–6.14	70–396	0.1–1.86

Aufgrund dieses Problems kann die relative Energie von Isomeren sehr ungenau werden. Wenn jede der zwei Energien E_1 und E_2 stark unterschätzt oder überschätzt wird (siehe z. B. Tabelle 16.2), kann die Differenz, $\Delta E = E_1 - E_2$, sehr ungenau werden. Deswegen ist die Genauigkeit, die in Tabelle 16.10 für die Systeme der Abb. 16.10 gefunden wurde, nicht selbstverständlich.

Für energetische Eigenschaften haben sich das B3LYP-Verfahren und das Møller-Plesset-Verfahren als genaue, zuverlässige Methoden etabliert, wobei das B3LYP-Ver-

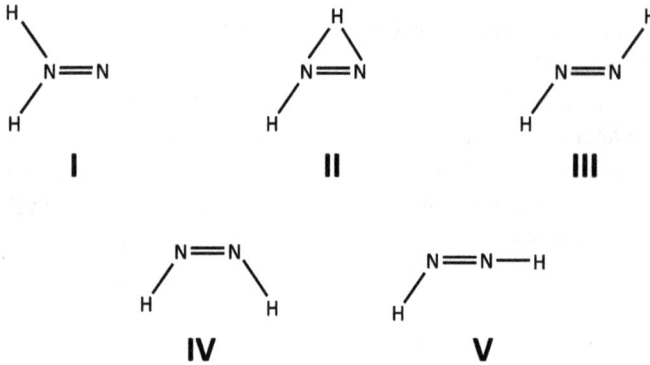

Abb. 16.10: Verschiedene Strukturen von N_2H_2, Diazen.

Tab. 16.10: Berechnete relative Energien (in kcal/mol) der Strukturen in Abb. 16.10. Die MCSCF-Methode ist verwandt mit der CI-Methode, sodass die Ergebnisse dieser Methode als die genauesten betrachtet werden können.

Methode	I	II	III	IV	V
LDA	21	66	0	5	46
GGA	22	70	0	5	49
HF	20	89	0	7	
MP2	28	78	0	6	
MCSCF	35	86	0	7	66

fahren weniger rechenintensiv ist. Auch neuere Entwicklungen innerhalb der Dichtefunktionaltheorie (siehe Kapitel 15) führen zu genauen Ergebnissen, die teilweise sogar genauer als die mit B3LYP erzielten sind. Hier werden wir aber hauptsächlich mithilfe des B3LYP-Verfahrens ermittelte Ergebnisse diskutieren.

Die Genauigkeit des B3LYP-Verfahrens lässt sich in den Tabellen 16.11, 16.12 und 16.13 erkennen. Tabelle 16.11 stellt Ergebnisse zu Atomisierungsenergien dar. In Tabelle 16.12 wird das Ionisierungspotential des Moleküls X als die Energie der Reaktion

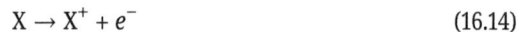

$$X \rightarrow X^+ + e^- \tag{16.14}$$

berechnet. Analog dazu ist die Protonenaffinität eines Moleküls X die Energie der Reaktion

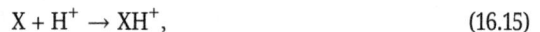

$$X + H^+ \rightarrow XH^+, \tag{16.15}$$

also weitgehend die Energie einer Bindung eines Moleküls zu einem Wasserstoffatom.

Durch die oft (aber leider doch mit Ausnahmen) zuverlässigen Ergebnisse des B3LYP-Verfahrens hat sich dieses, neben einigen anderen, als ein Standardverfah-

Tab. 16.11: Berechnete Atomisierungsenergien (in kcal/mol) mit einer Hybrid-Methode im Vergleich zu experimentellen Werten.

Molekül	Exp.	Hybrid	Molekül	Exp.	Hybrid
H_2	103.5	101.6	LiH	56.0	52.9
CH	79.9	79.9	$CH_2(^3B_1)$	179.6	184.1
$CH_2(^1A_1)$	170.6	168.2	CH_3	289.2	292.6
CH_4	392.5	393.5	NH	79.0	81.3
NH_2	170.0	173.1	NH_3	276.7	276.8
OH	101.3	101.9	H_2O	219.3	217.0
HF	135.2	133.3	Li_2	24.0	17.9
LiF	137.6	131.7	C_2H_2	388.9	389.0
C_2H_4	531.9	534.3	C_2H_6	666.3	668.7
CN	176.6	176.7	HCN	301.8	302.4
CO	256.2	253.4	HCO	270.3	273.7
H_2CO	357.2	357.9	CH_3OH	480.8	480.8
N_2	225.1	230.0	N_2H_4	405.4	407.2
NO	150.1	151.5	O_2	118.0	123.1
H_2O_2	252.3	249.8	F_2	36.9	35.6
CO_2	381.9	385.1	$SiH_2(^1A_1)$	144.4	142.8
$SiH_2(^3B_1)$	123.4	126.4	SiH_3	214.0	213.3
SiH_4	302.8	300.0	PH_2	144.7	146.8
PH_3	227.4	225.6	H_2S	173.2	172.7
HCl	102.2	102.0	Na_2	16.6	13.2
Si_2	74.0	76.3	P_2	116.1	112.2
S_2	100.7	105.8	Cl_2	57.2	58.6
NaCl	97.5	92.6	SiO	190.5	184.2
CS	169.5	166.9	SO	123.5	126.5
ClO	63.3	66.6	ClF	60.3	60.7
Si_2H_6	500.1	496.7	CH_3Cl	371.0	373.2
CH_3SH	445.1	446.2	HOCl	156.3	156.2
SO_2	254.0	251.4	BeH	46.9	54.5

ren etabliert, sodass dadurch erhaltene Ergebnisse automatisch meistens (aber nicht immer!) als glaubwürdig betrachtet werden. Weil es aber doch zu Abweichungen kommen kann, ist man schlecht beraten, hundertprozentiges Vertrauen in Ergebnisse aus B3LYP-Rechnungen zu haben. Kontrolle der Glaubwürdigkeit und der Genauigkeit der Ergebnisse ist immer sehr wichtig. Ferner soll erneut betont werden, dass neuere Dichtefunktionale genauere Ergebnisse liefern können aber auch in diesem Falle ist es ratsam, die Ergebnisse nicht blind zu vertrauen.

Auch für verschiedene Strukturen unterschiedlicher Moleküle, die aus den gleichen Atomen bestehen, aber unterschiedliche Bindungsverhältnisse aufweisen (Tautomere und Isomere), kann man oft sehr genaue relative Energien erhalten, obwohl einige Methoden weniger genaue Ergebnisse liefern. Dies ist in Tabelle 16.14 illustriert. Mit dem kleinem 3-21G-Basissatz und der Hartree-Fock-Methode werden nicht sehr genaue Er-

Tab. 16.12: Berechnete erste Ionisierungspotentiale (in eV) erhalten mit der B3LYP-Hybrid-Methode im Vergleich zu experimentellen Werten.

Molekül	Exp.	Hybrid	Molekül	Exp.	Hybrid
H	13.60	13.71	He	24.59	24.71
Li	5.39	5.56	Be	9.32	9.02
B	8.30	8.71	C	11.26	11.58
N	14.54	14.78	O	13.61	13.95
F	17.42	17.58	Ne	21.56	21.60
Na	5.14	5.27	Mg	7.65	7.57
Al	5.98	6.12	Si	8.15	8.25
P	10.49	10.57	S	10.36	10.48
Cl	12.97	13.04	Ar	15.76	15.80
CH_4	12.62	12.47	NH_3	10.18	10.12
OH	13.01	13.09	H_2O	12.62	12.54
HF	16.04	15.99	SiH_4	11.00	10.85
PH	10.15	10.31	PH_2	9.82	10.03
PH_3	9.87	9.81	SH	10.37	10.43
$SH_2(^2B_1)$	10.47	10.42	$SH_2(^2A_1)$	12.78	12.64
HCl	12.75	12.74	C_2H_2	11.40	11.23
C_2H_4	10.51	10.36	CO	14.01	14.05
$N_2(^2\Sigma_g)$	15.58	15.77	$N_2(^2\Pi_u)$	16.70	16.65
O_2	12.07	12.46	P_2	10.53	10.41
S_2	9.36	9.58	Cl_2	11.50	11.35
ClF	12.66	12.55	CS	11.33	11.34

Tab. 16.13: Berechnete Protonenaffinitäten (in kcal/mol) erhalten mit der B3LYP-Hybridmethode im Vergleich zu experimentellen Werten.

Molekül	Exp.	Hybrid
H_2	100.8	100.9
C_2H_2	152.3	157.0
NH_3	202.5	204.4
H_2O	165.1	165.7
SiH_4	154.0	153.9
PH_3	187.1	186.1
H_2S	168.8	168.9
HCl	133.6	134.6

gebnisse erreicht, aber auch mit dem größeren 6-31G*-Basissatz erhält man nicht immer genaue Ergebnisse. Solche werden aber meistens mit den MP2- und B3LYP-Verfahren erhalten, wobei keine der beiden Methoden systematisch besser als die andere ist.

Als weiteres Beispiel zeigt Tabelle 16.15 Ergebnisse für die Übergangsmetallkomplexe $M(CO)_6$ mit M = Cr, Mo oder W. Wie früher erwähnt, können wir für solche übergangsmetallhaltige Verbindungen erwarten, dass Korrelationseffekte wichtig sind, und

Tab. 16.14: Berechnete und experimentelle Energieunterschiede (in kcal/mol) zwischen unterschiedlichen Isomeren. Die Zahlen geben Energie von Struktur 1 minus Energie von Struktur 2 an.

Struktur 1	Struktur 2	HF (3-21G)	HF (6-31G*)	MP2 (6-31G*)	B3LYP (6-31G*)	Exp.
C_2H_3N Acetonitril	C_2H_3N Methylisocyanid	88	100	121	113	88
C_2H_4O Acetaldehyd	C_2H_4O Oxiran	142	130	113	117	113
$C_2H_4O_2$ Essigsäure	$C_2H_4O_2$ Dimethylether	25	29	38	21	50
C_3H_4 Propin	C_3H_4 Allen	13	8	21	−13	4
Propin	Cyclopropen	167	109	96	92	92
C_3H_6 Propen	C_3H_6 Cyclopropan	59	33	17	33	29
C_4H_6 1,3-Butadien	C_4H_6 2-Butin	17	29	17	33	38
1,3-Butadien	Cyclobutan	75	54	33	50	46
1,3-Butadien	Bicyclo(1,1,0)Butan	192	126	88	117	109

Tab. 16.15: Berechnete und experimentelle Eigenschaften von $M(CO)_6$-Molekülen mit M = Cr, Mo und W. M–C gibt die Bindungslänge zwischen Metall- und einem Kohlenstoffatom an, während ΔE die Dissoziationsenergie für die Reaktion $M(CO)_6 \rightarrow M(CO)_5 + CO$ ist. Die Berechnung mit +R beinhaltet auch relativistische Effekte, während CCSD(T) eine Methode darstellt, die mit CC und CI verwandt ist.

Methode	Cr–C Å	Mo–C Å	W–C Å	ΔE kcal/mol
LDA	1.866	2.035		
GGA	1.910	2.077	2.116	38.8
GGA+R			2.049	43.7
B3LYP	1.921	2.068	2.078	44.8
HF	2.00			37.7
MP2	1.883	2.066	2.060	54.9
CCSD(T)	1.939			48.0
Exp.	1.918	2.063	2.058	46.0±2

entsprechend sind sogar MP2-Rechnungen nicht immer sehr genau, während die genauere CCSD(T)-Methode (verwandt mit CI) zuverlässige Ergebnisse liefert, wobei diese mit einem erheblichen Rechenaufwand verbunden ist. Interessant ist, dass die auf die Dichtefunktionaltheorie basierten Methoden genau sind. Letztendlich ist W ein Atom, für welches relativistische Effekte eine nicht ganz vernachlässigbare Rolle spielen, wie die Tabelle auch zeigt.

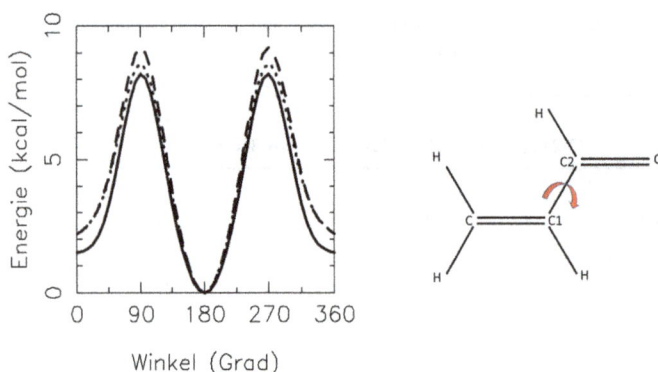

Abb. 16.11: Die Variation der Gesamtenergie eines Acrolein-Moleküls (rechte Hälfte), wenn um die zentrale C1–C2-Bindung rotiert wird. Die durchgezogene, gestrichelte und gepunktete Kurve zeigen jeweils Ergebnisse von Rechnungen mit der MP2-Methode, mit einer LDA-Methode und mit einer GGA-Methode.

Werden Methoden eingesetzt, die genaue relative Energien für die jeweils aktuelle Fragestellung liefern, können auch recht detaillierte Ergebnisse erhalten werden. Als Beispiel zeigt Abb. 16.11 die Variation der Gesamtenergie eines Acrolein-Moleküls, wenn um die zentrale C–C-Bindung rotiert wird.

Letztendlich soll kurz ein häufiges Problem diskutiert werden. Stellen wir uns vor, dass wir die Wechselwirkungsenergie zwischen zwei Systemen (Atome, Moleküle, . . .), A und B, berechnen wollen. Wir führen zuerst eine Berechnung für die isolierten Systeme A und B durch, wobei wir z. B. für die Berechnung von A irgendeinen Basissatz verwenden. Würden wir für diese Rechnung weitere Basisfunktionen hinzufügen, würde die Gesamtenergie von A niedriger werden – eine einfache Folge des Variationstheorems. Das ist z. B. der Fall, wenn wir die Basisfunktionen hinzunehmen, die anschließend für die Rechnung für B angewandt werden, und wenn wir die Basisfunktionen dort zentrieren, wo das B-System für das AB-Gesamtsystem platziert ist. Also einfach dadurch, dass wir für jedes der isolierten Systeme A und B auch die Basisfunktionen des anderen Systems benutzen, werden die Gesamtenergien von A und B getrennt niedriger. Weil wir dies aber (normalerweise) nicht tun, werden wir fälschlicherweise eine zu große Wechselwirkungsenergie zwischen A und B vorhersagen, wenn wir die Gesamtenergie des AB-Systems mit denen der nicht-wechselwirkenden Systeme A und B direkt vergleichen. Der Fehler wird Basissatz-Superposition-Fehler (Basis Set Superposition Error, BSSE) genannt. Um den Fehler zu beheben, geht man genauso vor, wie oben angedeutet: Man führt Rechnungen für die isolierten Systeme durch, die aber auch die Basisfunktionen des anderen Systems beinhalten, wobei das andere System dort platziert wird wie im A-B-Gesamtsystem. Dies ist die sog. Counterpoise-Methode (wortwörtlich: Gegengewicht-Methode).

16.5 Dipolmoment

Für einen Satz aus Punktladungen $\{q_i,\ i = 1, 2, \ldots, N\}$, die irgendwie im Raum verteilt sind, ist das Dipolmoment definiert als

$$\vec{\mu} = \sum_i q_i \vec{r}_i. \tag{16.16}$$

Hier ist $\vec{r}_i$ der Ortsvektor der $i$ten Ladung.

Verschiebt man das ganze System um $\vec{r}_0$,

$$\vec{r}_i \rightarrow \vec{r}_i + \vec{r}_0, \tag{16.17}$$

ändert sich das Dipolmoment wie folgt,

$$\vec{\mu} \rightarrow \sum_i q_i(\vec{r}_i + \vec{r}_0) = \left(\sum_i q_i \vec{r}_i\right) + \left(\sum_i q_i \vec{r}_0\right) = \vec{\mu} + \left(\sum_i q_i\right)\vec{r}_0 = \vec{\mu} + Q\vec{r}_0, \tag{16.18}$$

mit Q gleich der gesamten Ladung des Systems. Daraus lernen wir, dass das Dipolmoment für neutrale Systeme unabhängig von der Wahl des Koordinatenursprungs ist.

Für ein neutrales Molekül haben wir Kerne, die als Punktladungen aufgefasst werden können, und die Elektronendichte, die eine kontinuierliche, delokalisierte, geladene ‚Wolke‘ bildet. Das Dipolmoment dieses Systems erhalten wir dann dadurch, dass wir über die Kerne summieren und über die Elektronendichte integrieren,

$$\vec{\mu} = \sum_{k=1}^{M} Z_k e \vec{R}_k - e \int \rho(\vec{r})\vec{r}\,d\vec{r}. \tag{16.19}$$

Mit theoretischen Methoden bestimmen wir die Elektronendichte $\rho(\vec{r})$ dadurch, dass die Gesamtenergie des Systems so niedrig wie möglich angenommen wird. Weil das Potential, das von den Elektronen gespürt wird, an den Orten der Kerne gegen $-\infty$ strebt – also sehr klein wird – bedeutet dies, dass das Energieminimierungsverfahren zu einer Elektronendichte führt, die vor allem an den Orten der Kerne genau beschrieben wird. Weit weg von den Kernen mag das weniger der Fall sein.

Dies ist aber der Bereich, an welchem die Elektronendichte am meisten zum gesamten Dipolmoment beiträgt, weil $|\vec{r}|$ dort größer ist, wenn man zweckmäßig den Koordinatenursprung in der Mitte des Systems platziert (für ein neutrales System ist diese Wahl irrelevant, wie wir oben gesehen haben). Deswegen ist die theoretische Beschreibung von Dipolmomenten oft nicht so genau wie die von anderen Eigenschaften. Dieses erkennt man sofort in Tabelle 16.16 (siehe auch Abb. 16.12). Hier zeigen wir Ergebnisse für das HF-Molekül, die mit Basissätzen verschiedener Größen erhalten wurden. Während die Gesamtenergie stetig nach unten geht als Funktion zunehmender Größe des Basissatzes (was als logische Folge des Variationstheorems verstanden werden kann), und ein

Tab. 16.16: Ergebnisse von Rechnungen für das HF-Molekül mit verschiedenen Basissätzen. E bezeichnet die Gesamtenergie (in Hartree), R_e die optimierte Bindungslänge (in bohr), und μ das Dipolmoment (in Einheiten der Elementarladung mal bohr). In der ersten Reihe bedeuten die Angaben, dass ein primitiver Basissatz vom Typ $6s3p/3s$ verwendet wurde, was bedeutet, dass sechs Gauss-Funktionen des s-Typs und drei Gauss-Funktionen jedes p-Typs (also p_x, p_y und p_z) zentriert auf dem Fluoratom verwendet wurden, während drei Gauss-Funktionen des s-Typs zentriert auf dem Wasserstoffatom verwendet wurden. Anschließend wurden diese Basissätze kontrahiert, sodass aus diesen Gauss-Funktionen zwei Linearkombinationen des s-Typs zentriert auf Fluor, jeweils eine Linearkombination des p_x-, p_y- und p_z-Typs auch auf Fluor zentriert, und letztendlich eine Linearkombination des s-Typs zentriert auf Wasserstoff verwendet wurden. Ähnliches gilt auch für die weiteren Zeilen, und man erkennt, dass bei den größeren Basissätzen auch d-Funktionen auf F sowie p-Funktionen auf H benutzt wurden.

Primitiver Satz	Kontrahierter Satz	E (a. u.)	R_e (a. u.)	μ (a. u.)
$6s3p/3s$	$2s1p/1s$	−98.572844	1.8055	0.49258
$12s6p/6s$	$2s1p/1s$	−99.501718	1.8028	0.51000
$8s4p/4s$	$3s2p/2s$	−99.887286	1.7410	0.89971
$10s4p/4s$	$3s2p/2s$	−99.983425	1.7386	0.90487
$9s5p/4s$	$3s2p/3s$	−100.018895	1.7467	0.95544
$9s5p/4s$	$3s2p/2s$	−100.020169	1.7475	0.96334
$9s5p/5s$	$3s2p/3s$	−100.020665	1.7376	0.96256
$9s5p/4s$	$4s3p/2s$	−100.022946	1.7390	0.93645
$11s6p/5s$	$4s2p/3s$	−100.026364	1.7422	0.91244
$9s5p/4s2p$	$3s2p/2s1p$	−100.034266	1.7257	0.87851
$10s6p/5s$	$5s3p/3s$	−100.036872	1.7380	0.93757
$10s6p/5s$	$5s4p/3s$	−100.037008	1.7371	0.93656
$9s5p/4s2p$	$4s3p/2s1p$	−100.040470	1.7046	0.83604
$11s6p/5s2p$	$4s2p/3s1p$	−100.044050	1.7168	0.84243
$10s6p/5s2p$	$5s4p/3s1p$	−100.044751	1.7206	0.81251
$9s5p2d/4s2p$	$3s2p1d/2s1p$	−100.049112	1.7053	0.74383
$9s5p2d/4s2p$	$4s3p1d/2s1p$	−100.049799	1.7046	0.74154
$11s6p2d/5s2p$	$4s2p1d/3s1p$	−100.057755	1.7036	0.69515
$10s6p1d/5s2p$	$5s4p1d/3s1p$	−100.059724	1.7078	0.74436
$10s6p2d/5s2p$	$5s3p1d/3s1p$	−100.062343	1.7027	0.74871

Konvergenzverhalten erkennbar ist, was auch für die optimierte Bindungslänge weitgehend gilt, zeigt das Dipolmoment ein ganz anderes Verhalten. Nur mit gutem Willen lässt sich erkennen, dass die Ergebnisse mit den größten Basissätzen eine Tendenz zur Konvergenz andeuten.

Die Probleme bei der Berechnung des Dipolmomentes kann man auch an Tabelle 16.17 erkennen. Dass das berechnete Dipolmoment mit einiger Ungenauigkeit behaftet ist, bedeutet auch, dass seine Änderungen, z. B. durch Schwingungen oder durch Einfluss externer elektromagnetischer Felder, nur schwer theoretisch bestimmt werden können. Diese Eigenschaften sind ansonsten eigentlich sehr wichtig für Spektroskopie und optische Eigenschaften. Auch Größen, die beschreiben, wie sich das Dipolmoment

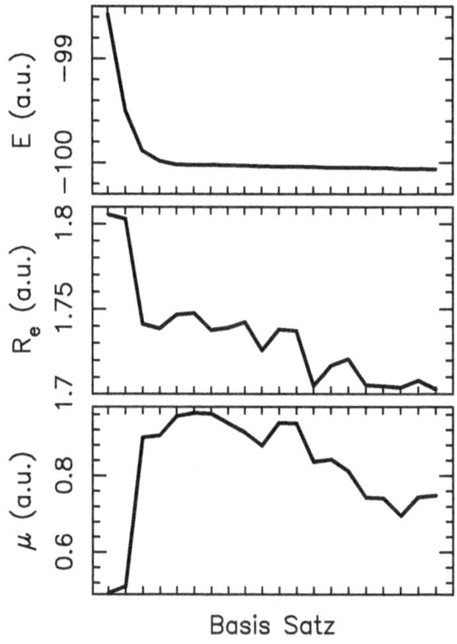

Abb. 16.12: Grafische Darstellung der Ergebnisse aus Tabelle 16.16.

Tab. 16.17: Berechnete Dipolmomente (in Debye) entlang der Hauptachse der Moleküle für verschiedene Systeme.

Molekül	Basissatz	HF	MP2	LDA	GGA	B3LYP
$NH_2(C_6H_4)NO_2$	6-31G	3.23	2.78	3.23	3.14	3.15
	6-31G++	3.19	2.81	3.30	3.23	3.20
$NH_2(C_6H_4)C_2H_2(C_6H_4)NO_2$	6-31G	3.88	3.16	4.29	4.29	4.01
$NH_2(C_2H_2)_6NO_2$	6-31G	5.87	4.03	6.91	6.73	6.40
$NH_2(C_2H_2)_{12}NO_2$	6-31G	6.73	4.18	10.03	9.73	8.50

unter Einfluss elektrischer Felder ändert, also Polarisierbarkeiten und Hyperpolarisierbarkeiten, sind deswegen nicht immer sehr genau.

16.6 Elektronendichten

Das Dipolmoment liefert eine kleine Information zur räumlichen Verteilung der Ladung im Molekül, aber eben nur in Form von drei (reellen) Zahlen. Mehr Information liefert selbstverständlich die Elektronendichte, $\rho(\vec{r})$. Diese liefert in jedem Punkt eine (reelle) Zahl.

Die Elektronendichte darzustellen, ist nicht ganz einfach: Man kann eben nicht eine vierte Größe als Funktion von drei kontinuierlichen Variablen grafisch darstellen. Es gibt aber einige Verfahren, die dieses Problem umgehen. Es ist möglich, die Elektronendichte in einer vorher beliebig gewählten Ebene grafisch darzustellen. Dazu kann man entweder Höhenlinien oder eine räumliche Darstellung benutzen. Interessiert man sich nur für die Dichte entlang einer Geraden, kann diese relativ leicht gezeichnet werden. Solche Darstellungen sind schon mehrmals in diesem Buch zum Einsatz gekommen, als wir die Elektronendichte und/oder Orbitale in kleinen Molekülen oder in Atomen behandelt haben.

Eine andere Vorgehensweise besteht darin, dass man die Fläche mit

$$\rho(\vec{r}) = \text{Konstante} \tag{16.20}$$

zeichnet. Der Wert dieser Konstanten hat einen großen Einfluss darauf, wie die Fläche letztendlich aussieht. Für ein Atom fällt die Elektronendichte als Funktion vom Abstand zum Kern weitgehend monoton ab. Wenn das Atom in einem Molekül eingebaut wird, ändert sich die Elektronendichte nur marginal: Die Effekte der chemischen Bindungen auf die Elektronendichte sind wirklich sehr klein. Deswegen fällt die Elektronendichte in der Umgebung der einzelnen Kerne auch weitgehend monoton ab. Daraus folgt, dass die größte Elektronendichte in der Nähe der Kerne zu finden ist. Wählt man deswegen einen großen Wert für die Konstante in Gl. (16.20), bekommt man Flächen, die an den Atomkernen lokalisiert sind. Mit kleineren Werten wird man zunehmend eine gesamte Fläche erhalten, aus der man hoffentlich chemische Information ablesen kann. Dies alles ist in Abb. 16.13 illustriert.

Hat man letztendlich ein vernünftiges Verfahren gefunden, kann die grafische Darstellung der Elektronendichte durchaus informativ sein. Als Beispiel zeigen wir in Abb. 16.14 die Elektronendichte für Si_7 zusammen mit einer schematischen Darstellung

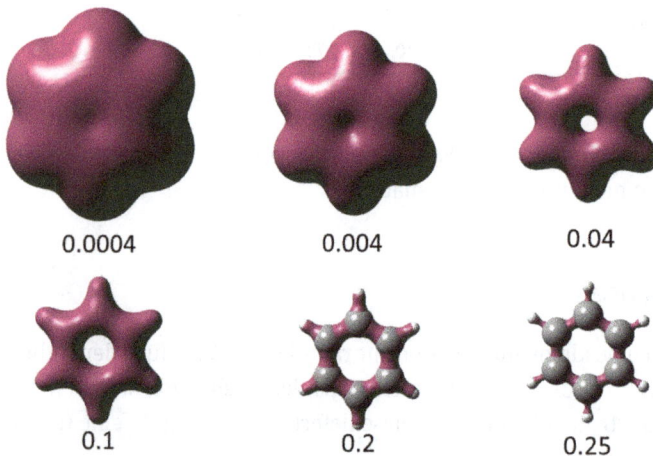

0.0004   0.004   0.04

0.1   0.2   0.25

Abb. 16.13: Verschiedene Flächen für Benzol mit konstanter Elektronendichte. Die verschiedenen konstanten Werte sind auch angegeben.

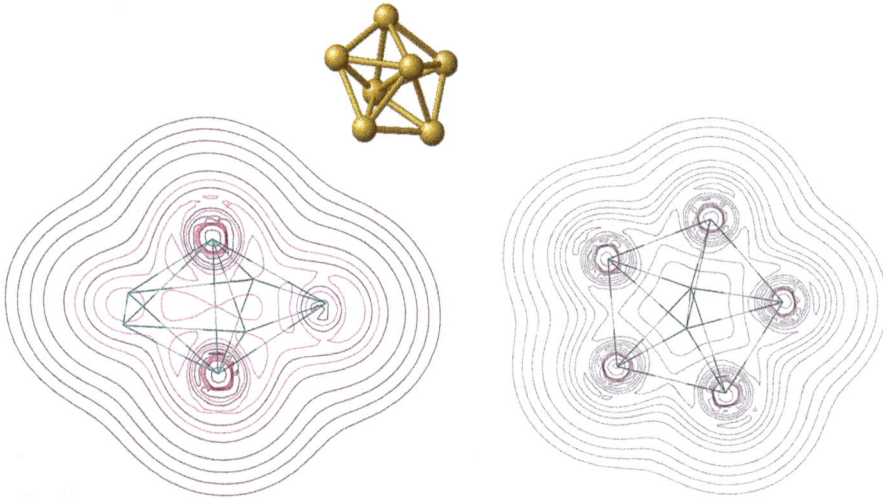

Abb. 16.14: Die Elektronendichte und Struktur von Si$_7$.

der Bindungsverhältnisse dieses Moleküls. Dieses Molekül besteht aus einem Pentagon aus fünf Si-Atomen und zusätzlich zwei Si-Atomen, die symmetrisch ober- und unterhalb des Pentagons platziert sind. Inwieweit es eine Bindung zwischen den beiden letzten Atomen gibt, ist nicht eindeutig. Tatsächlich zeigt die Elektronendichte in einer Ebene mit den beiden Atomen und einem der fünf Atome des Pentagons (linker Teil der Abb. 16.14), dass es eine kleinere Anhäufung der Elektronendichte zwischen den beiden Einzelatomen als zwischen benachbarten Atomen des Pentagons gibt (rechter Teil der Abb. 16.14). Dies indiziert, dass es eine schwächere chemische Bindung zwischen den beiden Si-Atomen ober- und unterhalb des Pentagons gibt, als zwischen den Si-Atome des Pentagons.

16.7 Atomare Ladungen

Wie wir gerade gesehen haben, ist die Elektronendichte eine recht delokalisierte Wolke, die sich über das ganze Molekül verteilt. Diese Dichte in atomare Komponenten aufzuteilen, ist deswegen gar nicht einfach oder eindeutig. Dies ist in Abb. 16.15 schematisch gezeigt. Genähert unterscheidet sich die Elektronendichte eines Moleküls nur wenig von den superponierten Dichten der einzelnen, isolierten, kugelförmigen Atome. Da aber die Atome, sowie deren Elektronendichten, nicht notwendigerweise gleich groß sind, können unterschiedliche sinnvolle Aufteilungen der Elektronendichte vorgeschlagen werden, wie Abb. 16.15 zeigt.

Experimentell kann man aber atomare Ladungen abschätzen. Dazu wird oft ESCA (*Electron Spectroscopy for Chemical Analysis*) benutzt. Dabei findet Anwendung, dass Rumpfelektronen stark an den Atomkernen lokalisiert sind, sodass sie sich nur we-

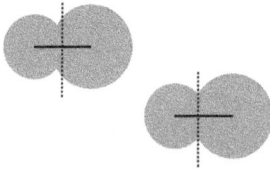

Abb. 16.15: Zwei verschiedene Versuche, die Elektronenverteilung eines zweiatomigen Moleküls in atomare Anteile aufzuteilen. In der linken Abbildung wird danach aufgeteilt, ob ein Punkt näher an dem einen oder dem anderen Atomkern ist, während in der rechten Abbildung eine Aufteilung benutzt wird, die sich eher an der Form der Elektronenverteilung orientiert.

nig von den Orbitalen der isolierten Atome unterscheiden. Sie spüren aber schon, wie viele Elektronen sich in der nächsten Umgebung des Kerns befinden. Misst man deswegen die Energien der Rumpfelektronen für neutrale oder geladene, isolierte Atome, bekommt man unterschiedlichen Energien. Nimmt man ähnliche Messungen für die Atome in irgendeiner Verbindung vor, bekommt man wiederum andere Energien. Durch Interpolation der Energien, die man für die isolierten, neutralen oder geladenen Atome erhalten hat, kann man die Zahl der Elektronen an dem Atom in der Verbindung abschätzen. Dadurch erhält man einen Wert für eine atomare Ladung.

Im Prinzip kann man auch mit Rechnungen solche Rumpfelektronenenergien bestimmen. Ein einfacheres Verfahren ist die sog. Mulliken-Populationsanalyse (nach Robert Mulliken). Diese basiert auf atomzentrierten Basisfunktionen, wie wir in Kapitel 14.2 eingeführt haben. Um das ganze Verfahren verständlicher darzustellen, betrachten wir zuerst ein Orbital eines AB-Moleküls. Das Orbital wird mithilfe einer Basisfunktion auf Atom A, χ_A, und einer Basisfunktion auf Atom B, χ_B, beschrieben,

$$\psi = c_A \chi_A + c_B \chi_B. \tag{16.21}$$

Um weiter zu vereinfachen, nehmen wir an, dass alle Funktionen und Koeffizienten reell sind. Weil die Wellenfunktion ψ normiert ist, erhalten wir

$$1 = \langle \psi | \psi \rangle = c_A^2 \langle \chi_A | \chi_A \rangle + c_B^2 \langle \chi_B | \chi_B \rangle + 2 c_A c_B \langle \chi_A | \chi_B \rangle$$
$$\equiv n_A + n_B + n_{AB} = \left(n_A + \frac{1}{2} n_{AB} \right) + \left(n_B + \frac{1}{2} n_{AB} \right)$$
$$\equiv N_A + N_B. \tag{16.22}$$

Hier werden n_A und n_B die Net-Populationen der beiden Atome genannt, während n_{AB} Überlapppopulation genannt wird. Letztendlich werden N_A und N_B als Gross-Populationen der beiden Atome bezeichnet.

Im allgemeinen Fall spezifizieren wir explizit die verschiedenen Abhängigkeiten der Basisfunktionen und schreiben entsprechend

$$\chi_j(\vec{x}) \equiv \chi_{p,l,m_l,a}(\vec{x}). \tag{16.23}$$

Hier spezifiziert p das Atom, worauf die Funktion zentriert ist, (l, m_l) die Winkelabhängigkeit und a alles andere. Letzteres könnte die Spin-Abhängigkeit sein, aber auch die Abklingkonstanten für GTOs oder STOs [siehe Gl. (14.23) und (14.24)] oder die Hauptquantenzahlen. Dass die Basisfunktionen den einzelnen Atomen zugeordnet sind, werden wir wieder benutzen, um atomare Ladungen zu erhalten. Wir betonen, dass das Verfahren eng mit der Definition der Basisfunktionen verknüpft ist und dass die Ergebnisse deswegen nicht als absolute Ladungen betrachtet werden können. Eher liefern sie Tendenzen, vor allem wenn man verschiedene verwandte Strukturen oder Moleküle vergleicht.

Wir benutzen, dass die Orbitale normiert sind,

$$
\begin{aligned}
1 &= \langle \psi_k | \psi_k \rangle \\
&= \left\langle \sum_{p_1,l_1,m_1,a_1} c_{p_1,l_1,m_1,a_1,k} \chi_{p_1,l_1,m_1,a_1} \Bigg| \sum_{p_2,l_2,m_2,a_2} c_{p_2,l_2,m_2,a_2,k} \chi_{p_2,l_2,m_2,a_2} \right\rangle \\
&= \sum_{p_1,p_2} \left\{ \sum_{l_1,l_2} \sum_{m_1,m_2} \sum_{a_1,a_2} c^*_{p_1,l_1,m_1,a_1,k} c_{p_2,l_2,m_2,a_2,k} \langle \chi_{p_1,l_1,m_1,a_1} | \chi_{p_2,l_2,m_2,a_2} \rangle \right\} \\
&= \sum_p n_{p,k} + \sum_{p_1 \neq p_2} n'_{p_1,p_2,k},
\end{aligned}
\tag{16.24}
$$

wobei

$$
n_{p,k} = \sum_{l_1,l_2} \sum_{m_1,m_2} \sum_{a_1,a_2} c^*_{p,l_1,m_1,a_1,k} c_{p,l_2,m_2,a_2,k} \langle \chi_{p,l_1,m_1,a_1} | \chi_{p,l_2,m_2,a_2} \rangle
\tag{16.25}
$$

die Net-Population auf dem $p$ten Atom vom $k$ten Orbital ist. Ferner definiert

$$
n'_{p_1,p_2,k} = \sum_{l_1,l_2} \sum_{m_1,m_2} \sum_{a_1,a_2} \tilde{c}^*_{p_1,l_1,m_1,a_1,k} \tilde{c}_{p_2,l_2,m_2,a_2,k} \langle \chi_{p_1,l_1,m_1,a_1} | \chi_{p_2,l_2,m_2,a_2} \rangle
\tag{16.26}
$$

die Überlapppopulation zwischen Atom p_1 und Atom p_2 für das $k$te Orbital,

$$
n_{p_1,p_2,k} = n'_{p_1,p_2,k} + n'_{p_2,p_1,k}.
\tag{16.27}
$$

Die Aufteilung in atomare und Überlapppopulationen entspricht

$$
1 = \sum_p n_{p,k} + \sum_{p_1 \neq p_2} n'_{p_1,p_2,k} = \sum_p n_{p,k} + \sum_{p_1 > p_2} n_{p_1,p_2,k}.
\tag{16.28}
$$

Um die Überlapppopulationen zu eliminieren, schreiben wir

$$
1 = \sum_p n_{p,k} + \frac{1}{2} \sum_{p_1 \neq p} n_{p_1,p,k} = \sum_p \left[n_{p,k} + \frac{1}{2} \sum_{p_1 \neq p} n_{p_1,p,k} \right] \equiv \sum_p N_{p,k}
\tag{16.29}
$$

mit

$$N_{p,k} = n_{p,k} + \frac{1}{2} \sum_{p_1 \neq p} n_{p_1,p,k} \qquad (16.30)$$

gleich die sog. Gross-Population des $p$ten Atom des $k$ten Orbitals.

Um eine atomare Ladung zu erhalten, summieren wir alle Gross-Populationen der besetzten Orbitale, multiplizieren diese mit der Ladung eines Elektrons ($-e$) und addieren dazu die Ladung des Kerns,

$$Q_p = Z_p e - e \sum_k N_{p,k}. \qquad (16.31)$$

Die Mulliken-Populationsanalyse stellt kein Verfahren dar, mit dem man exakte atomare Ladungen bestimmen kann. Sie hängt stark von der Wahl der Basisfunktionen ab, und ferner ist die Aufteilung jeder Überlapppopulation in zwei gleich große Teile recht willkürlich. Trotzdem liefert die Analyse chemische Einsicht, vor allem wenn man verwandte Systeme miteinander vergleicht. Auf der anderen Seite bedeutet dies auch, dass es viele andere Konzepte gibt, wonach die Elektronenverteilung in atomare Komponenten zerlegt werden kann. Dies soll hier aber nicht näher behandelt werden.

16.8 Elektrostatisches Potential

Wenn zwei Moleküle miteinander interagieren, z. B. im Anfangsstadium einer chemischen Reaktion der beiden, spüren sie zuerst das elektrostatische Potential des jeweils anderen. Dieses Potential kann deswegen dazu benutzt werden, herauszufinden, wie sich zwei Moleküle gegenseitig nähern: Gebiete mit positivem elektrostatischem Potential werden von Gebieten des anderen Moleküls mit einer negativen Ladung bevorzugt und umgekehrt. Deswegen ist es sehr sinnvoll, das elektrostatische Potential zu betrachten.

Das elektrostatische Potential im Punkt $\vec{r}$ lässt sich leicht aus der Verteilung der Kerne und der Elektronen im Molekül berechnen. Man erhält

$$V_{es}(\vec{r}) = \sum_k \frac{Z_k e}{4\pi\epsilon_0 |\vec{R}_k - \vec{r}|} - \int \frac{e\rho(\vec{r}_1)}{4\pi\epsilon_0 |\vec{r}_1 - \vec{r}|} \, d\vec{r}_1. \qquad (16.32)$$

Als Beispiel zeigen wir in Abb. 16.16 das elektrostatische Potential um ein Ethanol-Molekül, C_2H_5OH. Zum Vergleich zeigen wir auch die Elektronendichte dieses Moleküls, und wie man sieht, kann man die beiden Eigenschaften in einer grafischen Darstellung vorteilhaft zusammenfassen.

Es soll doch nicht unerwähnt bleiben, dass man zurzeit eher andere Größen betrachtet, um herauszufinden, wie Moleküle miteinander wechselwirken und ob chemische Reaktionen zwischen diesen evtl. stattfinden können. Dazu gehören vor allem die Fukui-Funktionen, die wir in Kapitel 15.10 diskutiert haben.

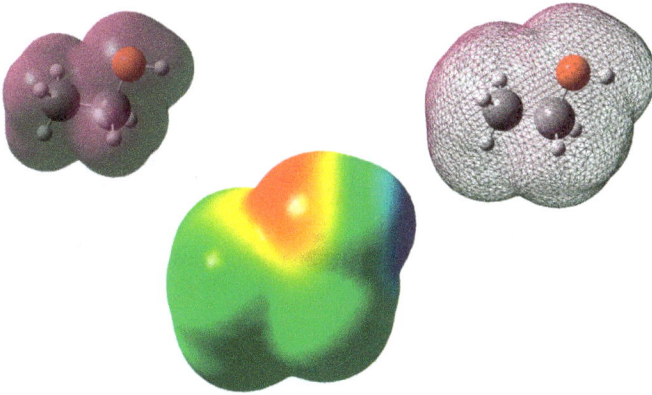

Abb. 16.16: Oben sind zwei Flächen gezeigt, auf welchen die Elektronendichte von Ethanol einen konstanten Wert besitzt. Unten ist eine solche Fläche mit Werten des elektrostatischen Potentials farbkodiert.

16.9 Elektromagnetische Felder

Die Response von Materie auf elektromagnetische Felder sind von immenser praktischer Bedeutung. Zunächst bilden sie die Basis für die Spektroskopie, und ferner können sie auch technologisch angewandt werden. Im letzteren Fall wird auch ausgenutzt, dass es nicht-lineare Effekte gibt, also z. B., dass die Einstrahlung eines intensiven elektromagnetischen Feldes mit einer Frequenz ω dazu führen kann, dass Licht mit einer Frequenz 2ω oder 3ω ausgestrahlt wird (das ist Teil des Gebietes der nicht-linearen Optik). Ferner können z. B. statische elektrische Felder zu strukturellen Änderungen führen, was einem piezoelektrischen Effekt entspricht.

Um solche Effekte auch theoretisch untersuchen zu können, müssen die Felder direkt in den Hamilton-Operator integriert werden. Ein elektromagnetisches Feld übt eine Kraft auf ein Elektron aus. Diese Kraft kann mittels Potentialen ausgedrückt werden, wobei für das magnetische Feld nur ein Vektorpotential angewandt werden kann, während für das elektrische Feld ein Skalarpotential und/oder ein Vektorpotential verwendet werden kann. Mit V_{EM} und $\vec{A}_{EM}$ gleich dem Skalar- und dem Vektorpotential gilt für die Feldstärken des elektrischen und magnetischen Feldes

$$\vec{\mathcal{E}}(\vec{r}, t) = -\vec{\nabla} V_{EM}(\vec{r}, t) - \frac{1}{c}\frac{\partial}{\partial t}\vec{A}_{EM}(\vec{r}, t)$$

$$\vec{\mathcal{B}}(\vec{r}, t) = \vec{\nabla} \times \vec{A}_{EM}(\vec{r}, t). \tag{16.33}$$

Hier ist c die Lichtgeschwindigkeit. Vor allem für das elektrische Feld ist weder die Aufteilung in ein Skalar- und ein Vektorpotential noch das Vektorpotential selber eindeutig, und stattdessen kann man verschiedene sog. Eichungen (Englisch: Gauges) wählen.

Wir werden uns jetzt auf einen statischen (also zeitunabhängigen) und homogenen (also auch ortsunabhängigen) Fall konzentrieren. Dann können wir wählen

$$V_{EM}(\vec{r}) = -\vec{\mathcal{E}} \cdot \vec{r}$$

$$\vec{A}_{EM}(\vec{r}) = \frac{1}{2}\vec{B} \times (\vec{r} - \vec{R}_G). \qquad (16.34)$$

$\vec{R}_G$ ist unphysikalisch und entspricht dem willkürlichen Koordinatenursprung des magnetischen Vektorpotentials. Im Idealfall sollen die Ergebnisse nicht von diesem abhängen.

Die Anwesenheit des elektrostatischen Feldes führt zu einem zusätzlichen Glied im elektronischen Hamilton-Operator,

$$\hat{H}_{e,el} = \sum_{n=1}^{N} \hat{h}_{el}(\vec{r}_n) = \sum_{n} e\vec{\mathcal{E}} \cdot \vec{r}_n. \qquad (16.35)$$

Die Summe läuft über alle Elektronen des Systems. Ein ähnliches Glied gibt es auch für die Kerne,

$$\hat{H}_{n,el} = -\sum_{k=1}^{M} Z_k e\vec{\mathcal{E}} \cdot \vec{R}_k. \qquad (16.36)$$

Im Prinzip hätten wir auch für das elektrostatische Feld einen Nullpunkt des Skalarpotentials ungleich $\vec{0}$ wählen können, aber ist das System neutral, sind die Ergebnisse unabhängig von diesem Nullpunkt.

Die Anwesenheit des magnetostatischen Potentials führt dazu, dass sich der Ausdruck für die kinetische Energie im elektronischen Hamilton-Operator ändert und zwar zu

$$\hat{H}_{e,km} = \sum_{n=1}^{N} \hat{h}_{km}(\vec{r}_n) = \sum_{n=1}^{N} \frac{1}{2m}\left[-i\hbar\vec{\nabla}_n + \frac{e}{2c}\vec{B} \times (\vec{r}_n - \vec{R}_G)\right]^2. \qquad (16.37)$$

Hier ist $-i\hbar\vec{\nabla}_n$ der Impulsoperator des $n$ten Elektrons, und c ist die Lichtgeschwindigkeit.

Es gibt mehrere Vorschläge, um die Abhängigkeit von $\vec{R}_G$ zu unterdrücken. Wenn die elektronischen Orbitale in einen Basissatz aus atomzentrierten Funktionen entwickelt werden,

$$\psi_l(\vec{x}) = \sum_{p,a} \chi_{p,a}(\vec{x})c_{p,a,l} \qquad (16.38)$$

mit dem Atom p am Punkt $\vec{R}_p$, und a alle anderen Abhängigkeiten (Haupt- und Nebenquantenzahlen, Abklingkonstante etc.), ist ein gängiges Verfahren, sog. GIAOs (Gauge-Including Atomic Orbitals) zu benutzen. Die Basisfunktionen (die AOs) werden dann durch GIAOs ersetzt,

$$\chi_{p,a}(\vec{x}) \rightarrow \chi_{p,a}(\vec{x})\exp\left[i\frac{e}{2c\hbar}\vec{B} \times (\vec{R}_G - \vec{R}_p) \cdot \vec{r}\right]. \qquad (16.39)$$

Mit diesen können dann die Rechnungen durchgeführt werden, und die Ergebnisse sind unabhängig von $\vec{R}_G$.

16.10 Experimentelle Messgrößen

Viele Größen, die im Experiment gemessen werden, können auch theoretisch ermittelt werden. Dabei ist vor allem die Abhängigkeit der Gesamtenergie von der Struktur, dem Spin der Kerne und den Komponenten der elektrischen und/oder magnetischen Feldvektoren wichtig, also Größen vom Typ

$$\frac{\partial E^{n_R+n_E+n_B+n_\Sigma}}{\partial R^{n_R} \partial \mathcal{E}^{n_E} \partial B^{n_B} \partial \Sigma^{n_\Sigma}}.$$

(16.40)

Diese Notation bedeutet, dass die experimentell relevante Größe mittels der n_R-, n_E-, n_B- und n_Σ-fachen Ableitung der Gesamtenergie E nach den Kernkoordinaten, den Vektorkomponenten des elektrischen Feldes, den Vektorkomponenten des magnetischen Feldes und den Komponenten des Kernspins bestimmt werden kann.

In Tabelle 16.18 haben wir einige der Ableitungen der Gl. (16.40) gemeinsam mit Größen, für welche diese relevant sind, zusammengestellt. Nicht alle davon sind an dieser Stelle explizit behandelt worden, werden es aber in weiteren Ausführungen, sodass eine Zusammenstellung hier schon sinnvoll ist. Wir erwähnen nur kurz, dass Infrarot- und Raman-Spektroskopie benutzt werden, um Schwingungsspektren zu bestimmen, und

Tab. 16.18: Experimentell ermittelbare Größen, die mittels Ableitungen der Gesamtenergien vom Typ der Gl. (16.40) bestimmt werden können.

n_R	n_E	n_B	n_Σ	Relevanz für:
0	0	0	0	Gesamtenergie
1	0	0	0	Kräfte; Strukturoptimierung
0	1	0	0	Elektrisches Dipolmoment
0	0	1	0	Magnetisches Dipolmoment
0	0	0	1	Hyperfeinstruktur
2	0	0	0	Harmonische Schwingungsfrequenzen und -modi
0	2	0	0	Elektrische Polarisierbarkeit
0	0	2	0	Magnetische Suszeptibilität
0	0	0	2	Kopplung von Spins verschiedener Kerne
1	1	0	0	Infrarotintensitäten
0	1	1	0	Circulardichroismus
3	0	0	0	Anharmonische Korrekturen zu Schwingungsfrequenzen
0	3	0	0	Erste elektrische Hyperpolarisierbarkeit
1	2	0	0	Raman-Intensitäten
4	0	0	0	Anharmonische Korrekturen zu Schwingungsfrequenzen
0	4	0	0	Zweite elektrische Hyperpolarisierbarkeit

dass das elektrische Dipolmoment sowie die Polarisierbarkeit und Hyperpolarisierbarkeiten relevant für lineare und nicht-lineare Optik sind.

16.11 Aufgaben mit Antworten

1. **Aufgabe:** Zeigen Sie, dass die Gesamtenergie durch Anwendung von GIAOs statt AOs nicht von dem Nullpunkt des Vektorpotentials abhängt, wenn ein magnetisches Feld eingeschaltet ist. NB: Diese Aufgabe ist nicht ganz einfach.
Antwort: Wir werden zeigen, dass

$$E_{e,km} = \sum_{n=1}^{N} \langle \psi_n | \hat{h}_{km}(\vec{r}) | \psi_n \rangle = \sum_{n=1}^{N} \frac{1}{2m} \langle \psi_n | \left[-i\hbar\vec{\nabla} + \frac{e}{2c}\vec{\mathcal{B}} \times (\vec{r} - \vec{R}_G) \right]^2 | \psi_n \rangle \quad (16.41)$$

unabhängig von $\vec{R}_{mG}$ ist, wenn GIAOs statt AOs verwendet werden. Zu diesem Zweck schreiben wir

$$\psi_n(\vec{x}) = \sum_{p,a} \chi_{p,a}(\vec{x}) c_{p,a,n} \exp\left[is\frac{e}{2c\hbar}\vec{\mathcal{B}} \times (\vec{R}_G - \vec{R}_p) \cdot \vec{r} \right] \quad (16.42)$$

mit $s = 0$ für AOs und $s = 1$ für GIAOs. Für uns ist es nicht wichtig, dass die c-Koeffizienten auch davon abhängen, ob GIAOs oder AOs verwendet werden. Wir brauchen

$$\frac{1}{2m}\left[-i\hbar\vec{\nabla} + \frac{e}{2c}\vec{\mathcal{B}} \times (\vec{r} - \vec{R}_G) \right]^2 e^{[is\frac{e}{2c\hbar}\vec{\mathcal{B}} \times (\vec{R}_G - \vec{R}_p) \cdot \vec{r}]} \chi_{p,a}(\vec{x})$$

$$= \frac{1}{2m}\left[-i\hbar\vec{\nabla} + \frac{e}{2c}\vec{\mathcal{B}} \times (\vec{r} - \vec{R}_G) \right]\left[-i\hbar\vec{\nabla} + \frac{e}{2c}\vec{\mathcal{B}} \times (\vec{r} - \vec{R}_G) \right]$$

$$e^{[is\frac{e}{2c\hbar}\vec{\mathcal{B}} \times (\vec{R}_G - \vec{R}_p) \cdot \vec{r}]} \chi_{p,a}(\vec{x})$$

$$= \frac{1}{2m}\left[-i\hbar\vec{\nabla} + \frac{e}{2c}\vec{\mathcal{B}} \times (\vec{r} - \vec{R}_G) \right]$$

$$\left\{ \left[s\frac{e}{2c}\vec{\mathcal{B}} \times (\vec{R}_G - \vec{R}_p) + \frac{e}{2c}\vec{\mathcal{B}} \times (\vec{r} - \vec{R}_p) \right] \chi_{p,a}(\vec{x}) \right.$$

$$\left. - i\hbar\vec{\nabla}\chi_{p,a}(\vec{x}) \right\} e^{[is\frac{e}{2c\hbar}\vec{\mathcal{B}} \times (\vec{R}_G - \vec{R}_p) \cdot \vec{r}]}$$

$$= \frac{1}{2m}\left\{ \left[-i\frac{e\hbar}{2c}\vec{\nabla} \cdot (\vec{\mathcal{B}} \times (\vec{r} - \vec{R}_G)) \right. \right.$$

$$+ 2\frac{e}{2c}\vec{\mathcal{B}} \times (\vec{r} - \vec{R}_G) \cdot s\frac{e}{2c}\vec{\mathcal{B}} \times (\vec{R}_G - \vec{R}_p)$$

$$+ \left(\frac{e}{2c}\vec{\mathcal{B}} \times (\vec{r} - \vec{R}_G) \right)^2 + \left(s\frac{e}{2c}\vec{\mathcal{B}} \times (\vec{R}_G - \vec{R}_p) \right)^2 \right] \chi_{p,a}(\vec{x})$$

$$+ 2\left[s\frac{e}{2c}\vec{\mathcal{B}} \times (\vec{R}_G - \vec{R}_p) + \frac{e}{2c}\vec{\mathcal{B}} \times (\vec{r} - \vec{R}_G) \right] \cdot (-i\hbar\vec{\nabla}\chi_{p,a}(\vec{x}))$$

$$- \hbar^2 \nabla^2 \chi_{p,a}(\vec{x}) \Big\} e^{[is\frac{e}{2ch}\vec{B}\times(\vec{R}_G-\vec{R}_p)\cdot\vec{r}]}.$$ (16.43)

Man kann relativ leicht zeigen, dass

$$\vec{\nabla} \cdot (\vec{B} \times (\vec{r} - \vec{R}_G)) = 0.$$ (16.44)

Dann wird der Ausdruck in Gl. (16.43) für $s = 1$:

$$\frac{1}{2m}\left\{\left(\frac{e}{2c}\vec{B}\times(\vec{r}-\vec{R}_p)\right)^2\chi_{p,a} + 2\frac{e}{2c}\vec{B}\times(\vec{r}-\vec{R}_p)\cdot(-i\hbar\vec{\nabla}\chi_{p,a})\right.$$

$$\left. - \hbar^2\nabla^2\chi_{p,a}\right\}\cdot e^{[i\frac{e}{2ch}\vec{B}\times(\vec{R}_G-\vec{R}_p)\cdot\vec{r}]},$$ (16.45)

während wir für $s = 0$ haben:

$$\frac{1}{2m}\left\{\left(\frac{e}{2c}\vec{B}\times(\vec{r}-\vec{R}_G)\right)^2\chi_{p,a} + 2\frac{e}{2c}\vec{B}\times(\vec{r}-\vec{R}_G)\cdot(-i\hbar\vec{\nabla}\chi_{p,a}) - \hbar^2\nabla^2\chi_{p,a}\right\}.$$ (16.46)

Letztendlich wird $E_{e,km}$ für $s = 1$ dann

$$E_{e,km} = \frac{1}{2m}\sum_n\sum_{p_1,p_2,a_1,a_2}c^*_{p_1,a_1,n}c_{p_2,a_2,n}\left\langle\chi_{p_1,a_1}\right|\right|\left\{\right.$$

$$\left(\frac{e}{2c}\vec{B}\times(\vec{r}-\vec{R}_{p_2})\right)^2\chi_{p_2,a_2} + 2\frac{e}{2c}\vec{B}\times(\vec{r}-\vec{R}_{p_2})\cdot(-i\hbar\vec{\nabla}\chi_{p_2,a_2})$$

$$\left. - \hbar^2\nabla^2\chi_{p_2,a_2}\right\}e^{[i\frac{e}{2ch}\vec{B}\times(\vec{R}_{p_1}-\vec{R}_{p_2})\cdot\vec{r}]}\right\rangle,$$ (16.47)

während der Ausdruck für $s = 0$

$$E_{e,km} = \frac{1}{2m}\sum_n\sum_{p_1,p_2,a_1,a_2}c^*_{p_1,a_1,n}c_{p_2,a_2,n}\left\langle\chi_{p_1,a_1}\right|\right|\left\{\right.$$

$$\left(\frac{e}{2c}\vec{B}\times(\vec{r}-\vec{R}_G)\right)^2\chi_{p_2,a_2} + 2\frac{e}{2c}\vec{B}\times(\vec{r}-\vec{R}_G)\cdot(-i\hbar\vec{\nabla}\chi_{p_2,a_2})$$

$$\left. - \hbar^2\nabla^2\chi_{p_2,a_2}\right\}\right\rangle$$ (16.48)

wird. Es ist deutlich zu erkennen, dass der Ausdruck in Gl. (16.47) unabhängig von $\vec{R}_G$ ist, was nicht für den Ausdruck in Gl. (16.48) der Fall ist.

2. **Aufgabe:** Betrachten Sie ein zweiatomiges, heteroatomares Molekül, für welches eine LCAO-MO-Beschreibung herangezogen werden kann, wobei nur ein AO pro Atom verwendet wird. Die zwei Molekülorbitale sind (in steigender energetischer Reihenfolge) $\psi_1 = c_{a1}\chi_a + c_{b1}\chi_b$ und $\psi_2 = c_{a2}\chi_a + c_{b2}\chi_b$. Die zwei Atomorbitale χ_a

und χ_b sind normiert aber nicht orthogonal. Das Molekül hat zwei Elektronen. Bestimmen Sie die Net-, Überlapp- und Gross-Populationen auf den beiden Atomen. Erklären Sie alle Größen, die Sie einführen.

Antwort: Wir schreiben die beiden Orbitale als

$$\psi_j = c_{aj}\chi_a + c_{bj}\chi_b. \tag{16.49}$$

Jedes Orbital ist normiert,

$$
\begin{aligned}
1 = \langle \psi_j | \psi_j \rangle &= |c_{aj}|^2 \langle \chi_a | \chi_a \rangle + |c_{bj}|^2 \langle \chi_b | \chi_b \rangle + c_{aj}^* c_{bj} \langle \chi_a | \chi_b \rangle + c_{bj}^* c_{aj} \langle \chi_b | \chi_a \rangle \\
&= |c_{aj}|^2 + |c_{bj}|^2 + [c_{aj}^* c_{bj} S_{ab} + c_{bj}^* c_{aj} S_{ab}^*] = n_{aj} + n_{bj} + n_{abj}.
\end{aligned} \tag{16.50}
$$

Hier ist

$$
\begin{aligned}
\langle \chi_a | \chi_a \rangle &= 1 \\
\langle \chi_b | \chi_b \rangle &= 1 \\
\langle \chi_a | \chi_b \rangle &= S_{ab} \\
\langle \chi_b | \chi_a \rangle &= S_{ba} = S_{ab}^*.
\end{aligned} \tag{16.51}
$$

Ferner sind

$$
\begin{aligned}
n_{aj} &= |c_{aj}|^2 \\
n_{bj} &= |c_{bj}|^2
\end{aligned} \tag{16.52}
$$

die atomaren Net-Populationen auf den Atomen a und b für das $j$te Orbital, während

$$n_{abj} = c_{aj}^* c_{bj} S_{ab} + c_{bj}^* c_{aj} S_{ab}^* \tag{16.53}$$

gleich der Überlapppopulation zwischen den Atomen a und b für dasselbe Orbital ist.

Weil wir insgesamt zwei Elektronen haben, ist das Orbital mit $j = 1$ zweifach besetzt, und das mit $j = 2$ unbesetzt. Deswegen sind die gesuchten Gesamtpopulationen

$$
\begin{aligned}
n_a &= 2n_{a1} \\
n_b &= 2n_{b1} \\
n_{ab} &= 2n_{ab1} \\
N_a &= n_a + \frac{1}{2}n_{ab} \\
N_b &= n_b + \frac{1}{2}n_{ab}
\end{aligned} \tag{16.54}
$$

mit N_a und N_b gleich der Gross-Populationen auf den Atomen a und b.

16.12 Aufgaben

1. Beschreiben Sie kurz, wie statische und homogene elektromagnetische Felder in einer Elektronenstrukturberechnung berücksichtigt werden können.
2. Warum ist es schwierig, Atomladungen zu definieren?
3. Erläutern Sie den Zusammenhang zwischen Potentialhyperfläche und Geometrie eines Moleküls.
4. Erklären Sie, wie man die Struktur eines Moleküls berechnen kann.
5. Erklären Sie, wie man das Schwingungsspektrum eines Moleküls berechnen kann.
6. Beschreiben Sie, wie das Dipolmoment eines Moleküls berechnet wird und warum das schwierig sein kann.
7. Erklären Sie, wie man das elektrostatische Potential eines Moleküls berechnet.
8. Erläutern Sie kurz den Begriff ‚BSSE‘.
9. Erklären Sie, wie man die Struktur eines Energieminimums und die eines Übergangszustandes unterscheiden kann.
10. Betrachten Sie ein System mit zwei Atomkernen und zwei Elektronen, für welche die elektronische Wellenfunktion als

$$\Psi_e(\vec{x}_1, \vec{x}_2) = c_1 \begin{vmatrix} \psi_1(\vec{r}_1)\alpha(1) & \psi_1(\vec{r}_1)\beta(1) \\ \psi_1(\vec{r}_2)\alpha(2) & \psi_1(\vec{r}_2)\beta(2) \end{vmatrix} + c_2 \begin{vmatrix} \psi_2(\vec{r}_1)\alpha(1) & \psi_2(\vec{r}_1)\beta(1) \\ \psi_2(\vec{r}_2)\alpha(2) & \psi_2(\vec{r}_2)\beta(2) \end{vmatrix} \tag{16.55}$$

geschrieben werden kann. Hier sind

$$\psi_1(\vec{r}) = c_a\chi_a(\vec{r}) + c_b\chi_b(\vec{r})$$
$$\psi_2(\vec{r}) = -c_b\chi_a(\vec{r}) + c_a\chi_b(\vec{r}) \tag{16.56}$$

und χ_a und χ_b sind Basisfunktionen, die am Atom a und Atom b zentriert sind. Die Wellenfunktion ist normiert, und es gilt

$$\langle\chi_a|\chi_a\rangle = \langle\chi_b|\chi_b\rangle = 1$$
$$\langle\chi_a|\chi_b\rangle = S$$
$$\langle\psi_1|\psi_1\rangle = \langle\psi_2|\psi_2\rangle = 1$$
$$\langle\psi_1|\psi_2\rangle = 0. \tag{16.57}$$

c_1, c_2, c_a und c_b sind Konstanten. Bestimmen Sie aus der Normierungsbedingungen $\langle\Psi_e|\Psi_e\rangle = 1$ die Mulliken-Net-, -Überlapp- und -Gross-Populationen.
11. Erklären Sie, warum Mulliken-Populationen auch für Orbitale ermittelt werden können, die mit DFT-Rechnungen bestimmt wurden.

17 Systeme

Für einige Systeme können wir nicht direkt die Methoden anwenden, die wir bisher kennengelernt haben, sondern die Methoden müssen für diese Systeme angepasst werden. In diesem Kapitel werden wir einige solcher Fälle kurz behandeln.

17.1 Symmetrie

Die große Anzahl von Nobelpreisen in Chemie und Physik, die für Arbeiten zu symmetriebezogenen Fragestellungen vergeben wurden, belegt die Bedeutung von Symmetrie in diesen beiden Disziplinen. Hier werden wir nur einige wenige Aspekte streifen, die auch für das folgende Kapitel wichtig sein werden.

Wir betrachten ein Atom, ein Molekül, ein Kristall, ... für welches es ein oder mehrere Symmetrieelemente gibt. Symmetrieelemente sind Operatoren, die das System auf sich selber abbilden. Ein spezielles Symmetrieelement wird es immer geben: die Identität. Sie beinhaltet, dass wir das Objekt unverändert lassen. Aber es kann auch andere Symmetrieelemente geben. Als Beispiel betrachten wir das H_2O-Molekül, für welches es zwei Spiegelebenen gibt: die Ebene mit allen drei Atomen und die Ebene senkrecht dazu mit dem O-Atom, und die gleich weit von den beiden H-Atomen entfernt ist. Wir können diese Spiegeloperationen beliebig verwenden (und auch kombinieren) und erhalten immer das unveränderte H_2O-Molekül. Für das H_2-Molekül sind die Symmetrieelemente beliebige Rotationen um die Molekülachse sowie die Spiegelung in der Mitte zwischen den beiden Atomen, wie wir in Kapitel 13.4 diskutiert haben.

Die Gesamtmenge der Symmetrieoperationen bildet eine sogenannte Gruppe. Die mathematische Disziplin, die dieses behandelt, ist die Gruppentheorie. Hier werden wir uns kaum um Details dieser Disziplin kümmern, sondern nur einige Hauptergebnisse verwenden. Der für uns wichtigste Begriff ist der Begriff der irreduziblen Darstellungen, auf Englisch *Irreducible Representation*, oder kurz Irreps, was wir hier einfachheitshalber benutzen werden.

Wir werden die Irreps für Funktionen verwenden. Wir betrachten wiederum die kleinen Moleküle, die in Kapitel 12 behandelt wurden. Für H_2^+ und H_2 haben wir eine hohe Symmetrie: komplette Rotationssymmetrie um die Bindungsachse sowie Inversionssymmetrie um die Mitte der Bindung. Die Orbitale, die wir für diese beiden Moleküle aus den 1s-Atomorbitalen erzeugt haben, sind komplett rotationssymmetrisch um die Molekülachse. Ferner ist ein Orbital (das bindende Orbital) symmetrisch bezüglich der Inversion, während das andere, antibindende Orbital antisymmetrisch ist. Die beiden Orbitale erfüllen also

$$\hat{O}\psi_i = o_i\psi_i, \tag{17.1}$$

https://doi.org/10.1515/9783111215075-017

wobei $\hat{O}$ einer der Symmetrieoperatoren (also eine beliebige Rotation um die Molekülachse und/oder die Inversion) und o_i eine Konstante ist. Weil jede der beiden ψ_i-Funktionen durch Symmetrieoperationen in keine anderen Funktionen abgebildet wird, gehören diese Funktionen zu eindimensionalen Irreps. Ferner sind einige der o_i-Werte unterschiedlich für die beiden Funktionen und die verschiedenen Symmetrieoperationen, und deswegen gehören sie zu unterschiedlichen Irreps. Letztendlich erwähnen wir, dass die Eigenwerte

$$|o_i| = 1 \qquad\qquad (17.2)$$

erfüllen, aber sie nicht notwendigerweise reell sind: Die Symmetrieoperatoren sind im allgemeinen Fall nicht hermitesch.

Das für uns zentrale Ergebnis ist, dass Funktionen zu verschiedenen Irreps sich nicht mischen. Das bedeutet, dass wir jedes Orbital einem eindeutigen Irrep zuordnen können und dass sich die Wellenfunktion ausschließlich aus Funktionen zusammensetzt, die zu diesem Irrep gehören.

Für HeH^{2+} fehlt die Inversionssymmetrie. Allerdings liegt für die zweiatomigen A$_2$-Moleküle, die wir in Kapitel 13 diskutiert haben, dieselbe Symmetrie wie für H$_2$ und H$_2^+$ vor. Aber für diese haben wir auch Orbitale betrachtet, die sich aus atomaren p-Funktionen zusammensetzen. Für p-Funktionen senkrecht zur Bindungsachse, die wir als die z-Achse wählen, wird die Gleichung (17.1) verallgemeinert werden müssen,

$$\hat{O}\vec{\psi}_i = \underline{\underline{o}}_i \vec{\psi}_i. \qquad\qquad (17.3)$$

Hier gilt, dass sich die beiden p_x- und p_y-Funktionen im allgemeinen Fall bei einer beliebigen Rotation um die Molekülachse mischen. Diese beiden Funktionen bilden dann zusammen eine zweidimensionale Irrep. Die Irrep wird zweidimensional genannt, weil im allgemeinen Fall eine Symmetrieoperation, angewandt auf einer der Funktionen, diese in einer Linearkombination beider Funktionen abbildet.

Für die homonuklearen, biatomigen A$_2$-Moleküle gibt es zusätzlich die Inversionssymmetrie, die wir in Kapitel 13 angewandt haben, um die Orbitale in g- und u-Orbitale aufzuteilen. Diese letztere Symmetrie gibt es für die heteroatomaren, biatomigen Moleküle AB nicht.

Die Symmetrie eines isolierten Atoms ist hoch: die volle Rotationssymmetrie um den Kern. Bei einer beliebigen Rotation haben wir wiederum Gleichungen wie Gl. (17.3), aber diesmal mischen sich alle drei p-Funktionen, was auch für alle fünf d-Funktionen, alle sieben f-Funktionen usw. gilt. Allgemein sind die Irreps in diesem Fall $(2l + 1)$-dimensional.

Die Symmetrie, die wir betrachtet haben, und die für uns relevant ist, ist die Symmetrie, welche die Elektronen spüren. Wird deswegen ein H$_2$-Molekül in einem statischen elektromagnetischen Feld platziert, ändert sich die Symmetrie (sie wird reduziert).

Die Symmetrie ist eine enorme Hilfe, um Elektronenstrukturrechnungen durchzuführen. Für Kristalle, die wir im nächsten Kapitel behandeln werden, können die Rechnungen ausschließlich unter Anwendung der Symmetrie vorgenommen werden. In allen Fällen erzeugt man sogenannte symmetrieangepasste Basisfunktionen aus den ursprünglichen Basisfunktionen. Für die A_2-Moleküle verwendet man deswegen die Summe und die Differenz der beiden symmetrieäquivalenten Basisfunktionen der beiden Atome, die dann zu verschiedenen Irreps gehören. Ferner werden die Funktionen in σ-, π-, δ-, ... -Funktionen aufgeteilt, abhängig davon, wie sie sich verhalten, wenn sie um die Molekülachse rotiert werden. Dieses erlaubt es, die Funktionen in σ_g-, σ_u-, π_g-, π_u-, δ_g-, δ_u-, ... -Funktionen aufzuteilen. Laut Gruppentheorie wissen wir, dass jedes elektronische Orbital sich dann aus Funktionen einer einzelnen Irrep zusammensetzt, sodass wir die Rechnung dadurch vereinfachen können, dass wir die einzelnen Irreps separat betrachten. In Kapitel 17.5 und 17.6 gibt es Beispiele für die Ausnutzung der Symmetrie bei Elektronenstrukturrechnungen.

Diese Argumente können weitergeführt und dann auch dazu benutzt werden, eine Menge von chemischen Reaktionen zu verstehen. Dies ist z. B. Inhalt der Woodward-Hoffmann-Regeln.

17.2 Kristalle

Kristalle sind in gewisser Weise nichts anderes als (sehr) große Moleküle. Ihre theoretische Behandlung würde aber sehr, sehr viel Computerzeit in Anspruch nehmen. Stattdessen nutzt man mit enormem Vorteil die Symmetrie des Systems aus. Das System wird als sowohl unendlich als auch periodisch genähert. Dieses bedeutet, dass man eine Einheit identifiziert, die sich periodisch wiederholt. Durch eine Translation um

$$\vec{t}_{n_a,n_b,n_c} = n_a \vec{a} + n_b \vec{b} + n_c \vec{c} \tag{17.4}$$

wird das System auf sich selber abgebildet. In dieser Gleichung sind $\vec{a}$, $\vec{b}$ und $\vec{c}$ die Gittervektoren, welche die Translationssymmetrie des Kristalls beschreiben, und n_a, n_b und n_c sind ganze Zahlen.

In einer praktischen Rechnung wird man nicht das unendlich große System behandeln. Stattdessen betrachtet man ein kleineres System mit sog. zyklischen Randbedingungen. Wir werden dies einfachheitshalber durch ein eindimensionales Beispiel illustrieren. In Abb. 17.1 hat dieser Ring N Einheiten, und letztendlich werden wir $N \to \infty$ gehen lassen. Für den Ring gibt es ein Symmetrieelement, das für unsere Diskussion wichtig ist: die Rotation um $\frac{2\pi}{N}$ um die Achse senkrecht zur Ebene des Rings. Diese Rotationssymmetrie kommutiert mit dem Hamilton-Operator bzw. dem Fock- oder Kohn-Sham-Operator des Systems. Dies bedeutet, dass wir die elektronischen Orbitale mittels ihrer Symmetrieeigenschaften klassifizieren können. Wir werden dies hier nicht zeigen,

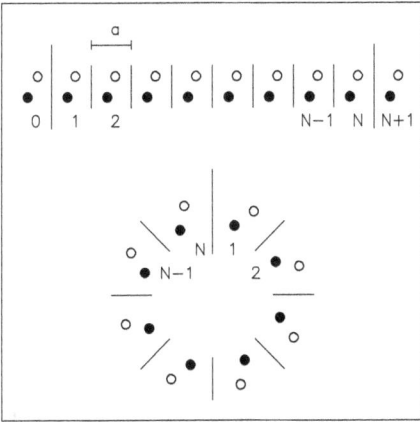

Abb. 17.1: Die untere Hälfte zeigt einen Ring als endliches Modell für eine sehr große Kette. In der oberen Hälfte wird gezeigt, dass dieser Ring äquivalent zum unendlichen System mit zyklischen Randbedingen ist. Die dünnen Strichen trennen die einzelnen Einheiten, die je zwei Atome beinhalten.

aber es bedeutet, dass wir jedem Orbital eine Zahl k zuordnen können. Für Systeme, die periodisch in zwei oder drei Dimensionen sind, wird diese Zahl zu einem Vektor $\vec{k}$.

Für unseren Ring beschreibt k, wie sich die Orbitale ändern, wenn wir von einer Einheitszelle zur nächsten gehen, also $\vec{r}$ um den Gittervektor $\vec{a}$ erhöhen. Es gilt

$$\psi(k, \vec{r} + \vec{a}) = e^{ika}\psi(k, \vec{r}). \tag{17.5}$$

a ist hier die Länge von $\vec{a}$. Eine solche Funktion, die den Symmetrieeigenschaften des unendlichen periodischen Systems gehorcht, wird Bloch-Funktion (nach Felix Bloch) genannt. Eine Bloch-Funktion ist nichts anderes als eine symmetrieangepasste Funktion für die Translationssymmetrie.

Wenn man dies N-mal wiederholt, hat man durch mehrmaliges Verwenden von Gl. (17.5)

$$\psi(k, \vec{r} + N\vec{a}) = \left[e^{ika}\right]^N \psi(k, \vec{r}) = e^{ikNa}\psi(k, \vec{r}) \equiv \psi(k, \vec{r}). \tag{17.6}$$

Die letzte Identität ergibt sich daraus, dass wir durch die N Rotationen zum Ausgangspunkt zurückgekehrt sind.

Gl. (17.6) ergibt sofort die möglichen Werte von k,

$$kNa = 2n\pi, \tag{17.7}$$

mit einer ganzen Zahl n. Dies bedeutet, dass

$$k = 0, \pm\frac{2\pi}{aN}, \pm\frac{4\pi}{aN}, \dots, \begin{cases} \pm\frac{(N-3)\pi}{aN}, \pm\frac{(N-1)\pi}{aN} & \text{für N ungerade} \\ \pm\frac{(N-2)\pi}{aN}, \frac{\pi}{a} & \text{für N gerade.} \end{cases} \tag{17.8}$$

Andere k-Werte, für welche $|n| > N/2$, sind äquivalent zu den hier angeführten und werden deswegen selten betrachtet.

Die Bedingung in Gl. (17.6) ist völlig äquivalent zu der Tatsache, dass wir für die unendliche periodische Kette wie in der oberen Hälfte der Abb. 17.1 nur solche Wellenfunktionen suchen, die die zyklischen Randbedingungen

$$\psi(k, \vec{r} + N\vec{a}) = \psi(k, \vec{r})$$ (17.9)

erfüllen. Der Bereich mit der Länge $L = Na$ wird als Born-von-Kármán-Zone bezeichnet (nach Max Born und Theodore von Kármán).

In der Grenze $N \to \infty$ haben wir unendlich viele k-Werte, die

$$-\frac{\pi}{a} < k \le \frac{\pi}{a}$$ (17.10)

erfüllen. Dieser Bereich wird erste Brillouin-Zone genannt (nach Léon Brillouin). Obwohl man dadurch eigentlich einen ganzen kontinuierlichen Satz aus unendlich vielen k-Punkten betrachten muss, reicht in der Praxis schon ein endlicher, nicht sehr großer Wert von N_k k-Punkten.

Die Konzepte sind in Abb. 17.2 illustriert. Wir haben ein einfaches Modellsystem betrachtet: einen Ring bestehend aus N identischen Atomen, wobei auf jedem Atom ein einziges Atomorbital zentriert ist. Zuerst zeigen wir die Orbitalenergien für dieses System für verschiedene Werte von N. Wie man sieht, sind die meisten Orbitalenergien zweifach entartet. Ferner sieht man, wie sich die Energien zu einem Kontinuum entwickeln, wenn N größer wird. Im rechten Teil der Abb. 17.2 sind dieselben gezeigt, aber

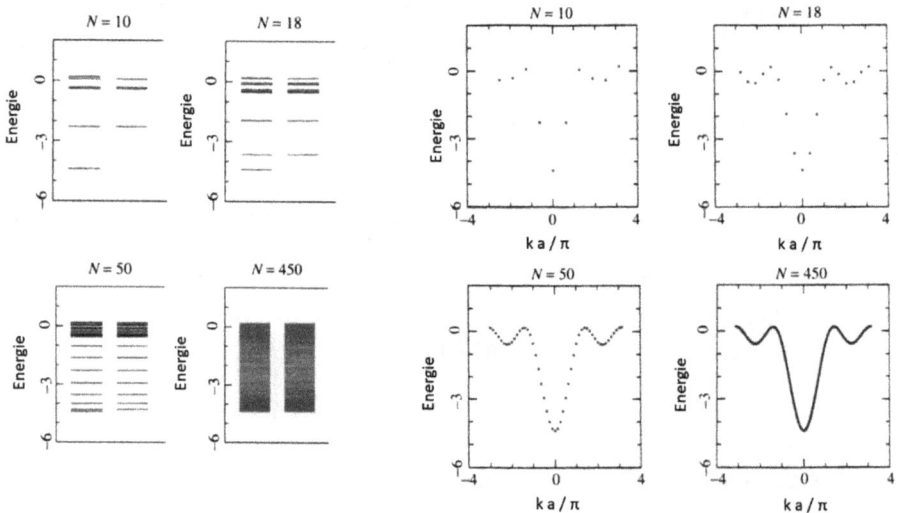

Abb. 17.2: Der linke Teil zeigt die Energien für einen Ring bestehend aus N identischen Atomen für verschiedene Werte von N. Der rechte Teil zeigt dieselben Energien, aber diesmal als Funktion von k.

diesmal als Funktion von k. Weil Funktionen mit verschiedenen k sich nicht mischen, ist k eine gute Quantenzahl, und jedem Orbital kann eine eindeutige k zugeordnet werden. Man sieht, wie mit zunehmendem N eine kontinuierliche Funktion gebildet wird, die aber schon für recht kleine Werte von N erkennbar ist. Diese Kurve(n) bilden die sog. Bandstrukturen. Man erkennt auch, dass die Bandstrukturen symmetrisch um k sind, d. h., dass die Orbitalenergien, die jetzt Funktion von k werden, allgemein (also nicht nur in einer Dimension)

$$\epsilon_i(-\vec{k}) = \epsilon_i(\vec{k}) \tag{17.11}$$

erfüllen. Auch die Orbitale sind Funktionen von $\vec{k}$. Die Hartree-Fock- oder Kohn-Sham-Einelektrongleichungen sind

$$\hat{h}(\vec{k})\psi_i(\vec{k},\vec{r}) = \epsilon_i(\vec{k})\psi_i(\vec{k},\vec{r}) \tag{17.12}$$

und neben Gl. (17.11) kann auch gewählt werden

$$\psi_i(-\vec{k},\vec{r}) = \psi_i^*(\vec{k},\vec{r}). \tag{17.13}$$

In der Praxis wird man eine endliche, kleinere Zahl von $\vec{k}$ wählen und für diese die Orbitale und deren Energien berechnen. Durch Interpolation kann man auch die Orbitale und deren Energien bei anderen $\vec{k}$ bestimmen.

Abb. 17.3 zeigt ein anderes Beispiel, wobei in diesem die Hückel-Theorie für zyklische Polyene $(CH)_N$ für verschiedene Werte von N Anwendung findet. Auch in diesem Fall erkennt man deutlich, dass in der Grenze $N \to \infty$ die Energien nicht länger diskrete Energieniveaus bilden, sondern ein Kontinuum mit einer endlichen Breite. Weil k eine gute Quantenzahl ist, können auch in diesem Fall die Orbitalenergien als Funktion von k dargestellt werden, wobei Bandstrukturen für ein (beinahe) unendlich großes, zyklisches Polyen erhalten werden.

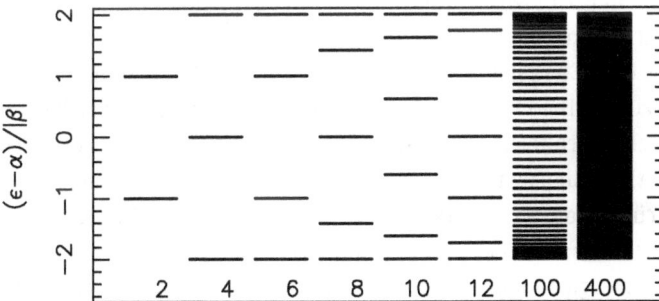

Abb. 17.3: Die Bildung eines Kontinuums von Orbitalenergien, wenn ein Ring sehr groß wird. Die Ergebnisse sind mithilfe der Hückel-Theorie gefunden worden. Die Energien ϵ sind relativ zu α und in Einheiten von $|\beta|$ gegeben. Die Zahlen unter jedem Satz von Energiewerten geben die Zahl der C-Atome in dem jeweiligen zyklischen Polyen an.

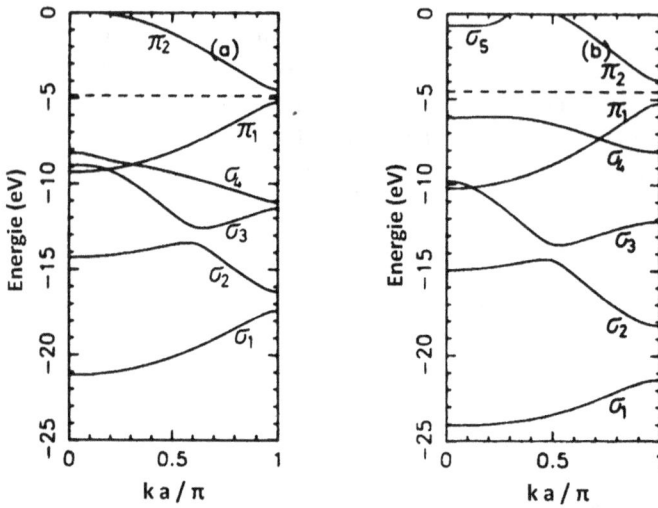

Abb. 17.4: Bandstrukturen für (links) Polyacetylen und (rechts) Polycarbonitril. Die gestrichelten Geraden zeigen die Fermi-Energie, die besetzte und unbesetzte Orbitale voneinander trennt.

In Abb. 17.4 zeigen wir die Bandstrukturen für zwei Polymere, die periodisch und unendlich sind, d. h. für Polyacetylen, $(C_2H_2)_x$, und Polycarbonitril, $(CHN)_x$, also für Polymere, die aus periodisch wiederholten Einheiten von C_2H_2 bzw. CHN bestehen. Weil diese Systeme nicht nur die Translationssymmetrie in einer Dimension besitzen, sondern auch spiegelsymmetrisch in der Ebene mit allen Atomkernen sind, können die Orbitale nicht nur nach k aufgeteilt werden, sondern auch danach, ob sie symmetrisch (σ) oder antisymmetrisch (π) bzgl. Spiegelung in dieser Ebene sind.

Im allgemeinen Fall gilt, dass jedes Band von zwei Elektronen (wegen des Spins) pro wiederholte Einheit besetzt werden kann, sodass für die Fälle von Abb. 17.4 mit zehn Valenzelektronen pro wiederholte Einheit fünf Bänder komplett besetzt werden, und es gibt eine Energielücke am Fermi-Niveau (markiert durch die gestrichelten Geraden), welche die besetzten und die unbesetzten Orbitale trennt.

Nicht immer gibt es eine Energielücke am Fermi-Niveau. Wir können dies durch folgendes Beispiel illustrieren. Die Breite der Energiebänder hängt von der Stärke der Wechselwirkungen zwischen Orbitalen von verschiedenen Einheitszellen ab. Diese wiederum hängen von den Abständen zwischen den Atomen verschiedener Einheitszellen ab, oder, anders ausgedrückt, von der Gitterkonstante (oder in mehreren Dimensionen von den Gitterkonstanten). Abb. 17.5 zeigt, wie aus atomaren Energieniveaus (rechts in der Abbildung) breitere Energiebänder entstehen, wenn die interatomaren Abstände kleiner werden. In der Abbildung sind die Energiebänder gezeigt, die entweder aus atomaren s- und p-Orbitalen oder atomaren s- und d-Orbitalen gebildet werden, und man sieht, wie sich die entstandenen Bänder bei ausreichend kleinen interatomaren Abständen überlappen. Hat man noch mehr verschiedene Typen von Atomorbitalen, wird das

Orbitalenergie

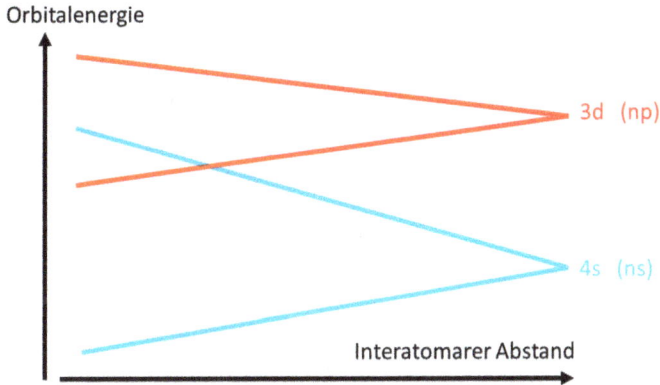

Abb. 17.5: Die Entwicklung von breiten Bändern, wenn die interatomaren Abstände kleiner werden. Als Beispiel sind Bänder der 4s- und 3d-Orbitale der Übergangsmetalle bzw. der *ns*- und *np*-Orbitale von z. B. Si, Ge, P etc. skizziert.

gesamte Bild komplexer, aber in allen Fällen hat man mehrere Bänder, die energetisch überlappen können. Die Elektronen besetzen die energetisch niedrigsten Bänder, wobei ein Elektron pro Spinrichtung und Einheitszelle in jedes Band passt. Entsteht dabei eine Situation, bei welcher einige Bänder nicht komplett gefüllt sind, hat man ein Metall, ansonsten einen Halbleiter oder einen Isolator. Für die letzten beiden Fälle hängt der Unterschied zwischen den beiden von der Größe der Energielücke zwischen den besetzten und den unbesetzten Orbitalen ab: Für Isolatoren ist diese groß, was ungefähr mehr als 3 eV entspricht.

Für Halbleiter ist die kleinste Energielücke zwischen besetzten und unbesetzten Orbitale eine wichtige Größe,

$$E_{gap} = \epsilon(LUCO) - \epsilon(HOCO).$$ (17.14)

Hier sind LUCO und HOCO äquivalent zu den bekannten LUMO und HOMO für Moleküle, aber sind eben Lowest Unoccupied Crystal Orbital (LUCO) und Highest Occupied Crystal Orbital (HOCO) für Kristalle. Wenn die zugehörenden $\vec{k}$-Werte identisch sind,

$$\vec{k}(LUCO) = \vec{k}(HOCO),$$ (17.15)

spricht man von einer direkten Bandlücke, ansonsten von einer indirekten Bandlücke. Dieser Unterschied hat praktische Bedeutung.

Wenn Licht von einem Halbleiter absorbiert werden soll (z. B. für Solarenergie), darf E_{gap} nicht zu groß sein. Dies ist nichts anderes als Energieerhaltung. Aber auch die Impulserhaltung soll erfüllt sein. Es kann gezeigt werden, dass $\vec{k}$ weitestgehend den Impuls des Elektrons im Kristall beschreibt (es gibt kleinere Korrekturen, die aber hier nicht wichtig sind) und weil der Impuls des Lichts nahe bei null liegt verglichen mit dem Impuls der Elektronen, sind hauptsächlich vertikale Anregungen (d. h., dass $\vec{k}$ sich nicht ändert) möglich. Eine direkte Energielücke ist also von großem Vorteil. Silizium hat leider eine indirekte Bandlücke und ist deswegen weniger geeignet für Solarenergieanwendungen. Aus diesem Grund sucht man andere Systeme für diese Anwendung, obwohl die Siliziumherstellung sehr fortgeschritten ist.

17.3 Lösungsmitteleffekte

Bei den bisher diskutierten Methoden haben wir meistens isolierte Moleküle in der Gasphase behandelt, also Moleküle, die keinen Einfluss eines umgebenen Mediums spüren. Oft werden aber die Moleküle experimentell in einem flüssigen Medium erzeugt und untersucht, und es ist nicht ausgeschlossen, dass dieses Medium einen Einfluss auf die Eigenschaften des Moleküls hat. Tatsächlich gibt es z. B. Tautomere, für welche ein Tautomer am stabilsten in der Gasphase ist, während ein anderes am stabilsten in der Flüssigkeit ist. Deswegen ist es sehr relevant, (kurz) Methoden zur Behandlung von Lösungsmitteleffekten zu beschreiben.

Grundsätzlich unterscheidet man zwischen expliziten und impliziten Verfahren, die in Abb. 17.6 schematisch dargestellt sind. Bei den expliziten Verfahren werden Lösungsmittelmoleküle berücksichtigt, während bei den impliziten Verfahren die Effekte des Lösungsmittels eher als die eines homogenen Mediums behandelt werden.

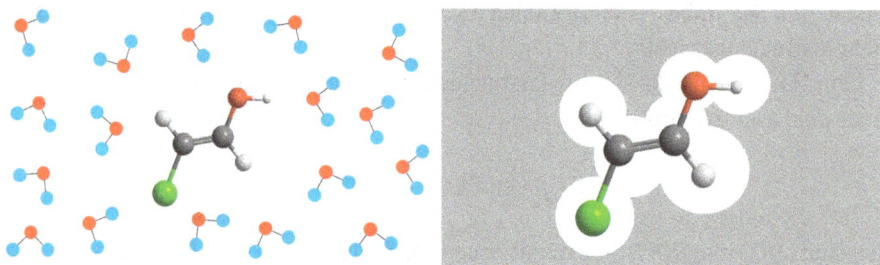

Abb. 17.6: Schematische Darstellung eines expliziten Verfahrens (linkes Bild) und eines impliziten Verfahrens (rechtes Bild) zur Berücksichtigung von Lösungsmitteleffekten.

Das konzeptionell einfachste explizite Verfahren ist das Supermolekülverfahren, was aber nicht notwendigerweise das rechnerisch einfachste ist. Bei diesem wird ausgenutzt, dass elektronische Effekte kurzreichend sind, also dass eine Störung an einem Ort keine spürbaren Effekte an einem anderen Ort erzeugt, solange die beiden Orte nicht sehr nahe beieinander liegen. Dementsprechend kann man eines der Verfahren einsetzen, die wir in diesem Buch behandelt haben und dabei ein System, bestehend aus dem gelösten Molekül und einigen wenigen Lösungsmittelmolekülen aus der nächsten Umgebung des gelösten Moleküls, behandeln.

Im Prinzip ist dieses Verfahren sehr genau, aber der Rechenaufwand wird sehr leicht sehr groß, wenn mehr als nur wenige Lösungsmittelmoleküle berücksichtigt werden sollen.

Auf der anderen Seite wird mit diesem Verfahren sehr viel Aufwand betrieben, um die Eigenschaften der Lösungsmittelmoleküle zu berechnen, die eigentlich nicht direkt von Interesse sind. Stattdessen liefern die Lösungsmittelmoleküle ‚nur' ein externes Potential, worin sich das gelöste Molekül befindet. Betrachten wir im Rahmen eines geläufigen Beispiels Wasser als das Lösungsmittel, können die Effekte des einzelnen Wassermoleküls in der einfachsten Näherung als die von drei Punktladungen berücksichtigt werden, $-2q$ auf O und $+q$ auf jedem der beiden H-Atome, die zu einem elektrostatischen Potential führen. Die Ladung q muss dann irgendwie im Vorfeld bestimmt werden. Platziert man aber nun eine sehr große Menge von Wassermolekülen in zufälliger Anordnung so, dass sie sich nicht zu stark einander oder dem gelösten Molekül nähern, und so, dass die Dichte der Wassermoleküle der richtigen Dichte von Wasser entspricht, kann man aus dieser Verteilung ein elektrostatisches Potential berechnen, worin sich das gelöste Molekül befindet. Anschließend können die Eigenschaften des gelösten Moleküls berechnet werden. Weil es passieren kann, dass die Eigenschaften doch von der zufällig erzeugten Anordnung der Wassermoleküle abhängen könnten, kann das Verfahren für verschiedene Anordnungen wiederholt werden, woraus Mittelwerte bestimmt werden können.

Weil Punktladungen sehr weitreichende Effekte haben, hat dieses Verfahren den Vorteil, dass auch eine sehr große Zahl an Lösungsmittelmolekülen berücksichtigt werden kann. Auf der anderen Seite wird bei diesem Verfahren überhaupt keine Wechselwirkung zwischen Lösungsmittelmolekülen und gelöstem Molekül berücksichtigt, was ein Nachteil sein kann. Dazu gehören auch Wasserstoffbrückenbindungen, die oft eine wichtige Rolle in Lösungen spielen. Letztendlich soll erwähnt werden, dass das einfache Modell für Wasser nicht sehr genau ist und selbstverständlich verbessert werden kann, aber ohne große Folgen für das allgemeine Verfahren.

Bei dem impliziten Verfahren wird das Lösungsmittel als ein polarisierbares, homogenes Medium (polarisierbares Kontinuum) betrachtet. Das gelöste Molekül erzeugt eine Kavität darin, wie in Abb. 17.6 gezeigt. Dort, wo das gelöste Molekül lokal einen Überschuss an positiven (oder negativen) Ladungen besitzt, wird das umgebene Medium so darauf reagieren, dass sich eine negative (oder im anderen Fall positive) Ladung in der Nähe der Teile des gelösten Moleküls mit einem Überschuss an positiven (oder negativen) Ladungen bildet, wobei gewährleistet werden muss, dass das Medium insgesamt neutral bleibt. Die Ladungsverteilung in dem Kontinuum erzeugt ein elektrostatisches Potential, worin sich das gelöste Molekül befindet, dessen Elektronenverteilung neu berechnet werden muss, was wiederum zu einer neuen Ladungsverteilung im Kontinuum führen kann. Das Verfahren muss also selbstkonsistent durchgeführt werden: Die Elektronenverteilung des gelösten Moleküls führt zu einer Ladungsverteilung im Kontinuum, die genau zu dem externen Potential führt, für welche die Elektronenverteilung des gelösten Moleküls berechnet wurde.

Bei diesem Verfahren gibt es also eine Kopplung zwischen Lösungsmittel und gelöstem Molekül, obwohl – wiederum – Wasserstoffbrückenbindungen nicht behandelt werden, und auch Details der Lösungsmittelmoleküle in der nächsten Umgebung des gelösten Moleküls nicht erfasst werden. Ferner leidet das Verfahren darunter, dass die Ergebnisse von der Form der Kavität abhängen, was eigentlich nicht der Fall sein sollte. Trotzdem ist dieses Verfahren wohl das zurzeit am häufigsten eingesetzte, um Lösungsmitteleffekte zu berücksichtigen. Des Weiteren hat sich langsam ein kombiniertes Verfahren etabliert: Ein Supermolekül bestehend aus dem gelösten Molekül und wenigen Lösungsmittelmolekülen (z. B. solche, für welche Wasserstoffbrückenbindungen mit dem gelösten Molekül zu erwarten sind) wird als Ganzes mit dem Polarisierbaren-Kontinuum-Verfahren kombiniert.

17.4 Makromoleküle und Enzyme

Bei großen, komplexen Molekülen, wie z. B. Biomolekülen, ist man vor allem an deren Struktur interessiert, während man ihre Zusammensetzung kennt. Für diese können oft mit Vorteil sog. Kraftfeldmethoden (Molecular Mechanics, MM) eingesetzt werden. Dabei wird angenommen, dass sich die Gesamtenergie des Systems in guter Näherung aus Beiträgen einzelner Atome, Paare von Atomen etc. zusammensetzt. Dementsprechend wird genähert

$$E_{\text{MM}} = \sum_i E_{X_i}^{(1)} + \sum_{i>j} E_{X_i,X_j}^{(2)}(\vec{R}_i, \vec{R}_j) + \sum_{i>j>k} E_{X_i,X_j,X_k}^{(3)}(\vec{R}_i, \vec{R}_j, \vec{R}_k) + \cdots, \qquad (17.16)$$

wobei der Beitrag des einzelnen Atoms, $E_{X_i}^{(1)}$, nur von seinem Typ, X_i, abhängt aber nicht davon, in welcher Umgebung sich dieses Atom befindet. Ferner hängt der Zwei-Körper-Beitrag $E_{X_i,X_j}^{(2)}(\vec{R}_i, \vec{R}_j)$ nur von den Typen der beiden Atome sowie ihrer relativen Anordnung, gegeben durch ihre Koordinaten $\vec{R}_i$ und $\vec{R}_j$, ab. Dabei ist vor allem der interatomare Abstand $|\vec{R}_i - \vec{R}_j|$ wichtig. Ähnliches gilt für die anderen Wechselwirkungen.

Oft nimmt man einfache funktionelle Abhängigkeiten an, sodass z. B. für die Paarwechselwirkungen Federkräfte, elektrostatische Wechselwirkungen, Lennard-Jones-Wechselwirkungen oder null angenommen wird:

$$E_{X_i,X_j}^{(2)}(\vec{R}_i, \vec{R}_j) = \begin{cases} \frac{1}{2}k_{X_i,X_j}(|\vec{R}_i - \vec{R}_j| - R_{0,X_i,X_j})^2 \\ \frac{q_{X_i}q_{X_j}}{4\pi\epsilon_0|\vec{R}_i-\vec{R}_j|} \\ \epsilon_{X_i,X_j}[(\frac{\sigma_{X_i,X_j}}{|\vec{R}_i-\vec{R}_j|})^{12} - (\frac{\sigma_{X_i,X_j}}{|\vec{R}_i-\vec{R}_j|})^6] \\ 0. \end{cases} \qquad (17.17)$$

Die Werte der Parameter, die in den Ausdrücken für die Energiebeiträge auftreten, können mittels Rechnungen für kleinere Modellsysteme bestimmt werden, und anschließend werden sie auf die großen Systeme unverändert übertragen. Dabei wird angenommen, dass kaum mehr als Drei- oder Vier-Atom-Wechselwirkungen notwendig sind, und dass sie nur dann ungleich null sind, wenn die wechselwirkenden Atome nicht zu weit voneinander entfernt sind.

Eine solche (MM-)Methode ist computertechnisch schnell und lässt sich deswegen auch für große Systeme verwenden. Ergebnis solcher Rechnungen ist vor allem die Struktur des (Makro-)Moleküls.

Ein Problem dabei ist, dass elektronische Wechselwirkungen nicht berücksichtigt werden. Diese sind jedoch wichtig, wenn das Molekül z. B. als Enzym aktiv ist, also katalytisch chemische Bindungen von kleineren Systemen brechen oder erzeugen lässt. Diese katalytische Aktivität ist aber meistens räumlich an einem sehr kleinen Teil des Enzyms lokalisiert, einem sog. aktiven Zentrum. Um ein solches System behandeln zu können, werden sog. QM/MM-Methoden eingesetzt, also ‚Quantum Mechanics / Molecular Mechanics'-Methoden.

Mit den quantenmechanischen Methoden, die wir in diesem Skript behandelt haben, können chemische Bindungen, einschließlich chemischer Reaktionen behandelt werden. Man wendet solche Methoden auf den (kleinen) Teil des Enzyms an, an dem das aktive Zentrum lokalisiert ist, und wo die durch das Enzym katalytisch beeinflussten Reaktionen stattfinden, während der Rest des Enzyms mittels MM-Verfahren behandelt wird. Durch die MM-Behandlung wird dafür gesorgt, dass sich das aktive Zentrum in der richtigen strukturellen Umgebung befindet, während die Entstehung und Brechung der chemischen Bindungen durch das aktive Zentrum mittels des QM-Verfahren richtig behandelt werden.

Wie genau die Verknüpfung zwischen den beiden Teilen des Makromoleküls, die unterschiedlich behandelt werden, realisiert wird, ist nicht ganz einfach und soll hier auch nicht näher behandelt werden. Die Entwicklung solcher Methoden wurde mit dem Nobelpreis in Chemie an Martin Karplus, Michael Levitt und Arieh Warshel im Jahr 2013 gewürdigt.

17.5 Aufgaben mit Antworten

1. **Aufgabe:** Betrachten Sie ein symmetrisches ABA-Molekül und nehmen Sie an, dass die Molekülorbitale dieses Moleküls mittels eines Atomorbitals pro Atom beschrieben werden können:

$$\psi_i = c_{i,A_1}\chi_{A_1} + c_{i,B}\chi_B + c_{i,A_2}\chi_{A_2}. \tag{17.18}$$

Hier ist χ_{A_1}, χ_B und χ_{A_2} das Atomorbital, das auf dem einen A-Atom, auf dem (mittleren) B-Atom und auf dem anderen A-Atom zentriert ist. Die Atomorbitale sind orthonormal und ferner sind

$$\langle\chi_{A_1}|\hat{F}|\chi_{A_1}\rangle = \langle\chi_{A_2}|\hat{F}|\chi_{A_2}\rangle = \epsilon_A$$

$$\langle \chi_B | \hat{F} | \chi_B \rangle = \epsilon_B$$

$$\langle \chi_{A_1} | \hat{F} | \chi_{A_2} \rangle = 0$$

$$\langle \chi_{A_1} | \hat{F} | \chi_B \rangle = \langle \chi_{A_2} | \hat{F} | \chi_B \rangle = t. \tag{17.19}$$

t ist eine reelle Zahl. Setzen Sie die Säkulargleichung für diesen Basissatz auf. Anschließend betrachten Sie die symmetrieangepassten Basisfunktionen

$$\chi_1 = \frac{1}{\sqrt{2}} (\chi_{A_1} + \chi_{A_2})$$

$$\chi_2 = \chi_B$$

$$\chi_3 = \frac{1}{\sqrt{2}} (\chi_{A_1} - \chi_{A_2}) \tag{17.20}$$

und setzen Sie die Säkulargleichung für diesen Basissatz auf. Letztendlich bestimmen Sie die Orbitalenergien dieses Systems.

Antwort: In der ursprünglichen Basis lautet die Säkulargleichung

$$\begin{pmatrix} \epsilon_A & t & 0 \\ t & \epsilon_B & t \\ 0 & t & \epsilon_A \end{pmatrix} \begin{pmatrix} c_{i,A_1} \\ c_{i,B} \\ c_{i,A_2} \end{pmatrix} = \epsilon_i \begin{pmatrix} 1 & 0 & 0 \\ 0 & 1 & 0 \\ 0 & 0 & 1 \end{pmatrix} \begin{pmatrix} c_{i,A_1} \\ c_{i,B} \\ c_{i,A_2} \end{pmatrix}. \tag{17.21}$$

Anschließend brauchen wir zuerst die Überlapp-Matrixelemente

$$\langle \chi_1 | \chi_1 \rangle = \frac{1}{2} (\langle \chi_{A_1} | \chi_{A_1} \rangle + \langle \chi_{A_1} | \chi_{A_2} \rangle + \langle \chi_{A_2} | \chi_{A_1} \rangle + \langle \chi_{A_2} | \chi_{A_2} \rangle) = 1$$

$$\langle \chi_1 | \chi_2 \rangle = \frac{1}{\sqrt{2}} (\langle \chi_{A_1} | \chi_B \rangle + \langle \chi_{A_2} | \chi_B \rangle) = 0$$

$$\langle \chi_1 | \chi_3 \rangle = \frac{1}{2} (\langle \chi_{A_1} | \chi_{A_1} \rangle - \langle \chi_{A_1} | \chi_{A_2} \rangle + \langle \chi_{A_2} | \chi_{A_1} \rangle - \langle \chi_{A_2} | \chi_{A_2} \rangle) = 0$$

$$\langle \chi_2 | \chi_1 \rangle = \frac{1}{\sqrt{2}} (\langle \chi_B | \chi_{A_1} \rangle + \langle \chi_B | \chi_{A_2} \rangle) = 0$$

$$\langle \chi_2 | \chi_2 \rangle = \langle \chi_B | \chi_B \rangle = 1$$

$$\langle \chi_2 | \chi_3 \rangle = \frac{1}{\sqrt{2}} (\langle \chi_B | \chi_{A_1} \rangle - \langle \chi_B | \chi_{A_2} \rangle) = 0$$

$$\langle \chi_3 | \chi_1 \rangle = \frac{1}{2} (\langle \chi_{A_1} | \chi_{A_1} \rangle - \langle \chi_{A_1} | \chi_{A_2} \rangle + \langle \chi_{A_2} | \chi_{A_1} \rangle - \langle \chi_{A_2} | \chi_{A_2} \rangle) = 0$$

$$\langle \chi_3 | \chi_2 \rangle = \frac{1}{\sqrt{2}} (\langle \chi_{A_1} | \chi_B \rangle - \langle \chi_{A_2} | \chi_B \rangle) = 0$$

$$\langle \chi_3 | \chi_3 \rangle = \frac{1}{2} (\langle \chi_{A_1} | \chi_{A_1} \rangle - \langle \chi_{A_1} | \chi_{A_2} \rangle - \langle \chi_{A_2} | \chi_{A_1} \rangle + \langle \chi_{A_2} | \chi_{A_2} \rangle) = 1. \tag{17.22}$$

Auf ähnliche Weise können die Fock-Matrixelemente berechnet werden:

$$\langle \chi_1 | \hat{F} | \chi_1 \rangle = \epsilon_A$$

$$\langle \chi_1 | \hat{F} | \chi_2 \rangle = \sqrt{2} t$$

$$\langle \chi_1 | \hat{F} | \chi_3 \rangle = 0$$
$$\langle \chi_2 | \hat{F} | \chi_1 \rangle = \sqrt{2}t$$
$$\langle \chi_2 | \hat{F} | \chi_2 \rangle = \epsilon_B$$
$$\langle \chi_2 | \hat{F} | \chi_3 \rangle = 0$$
$$\langle \chi_3 | \hat{F} | \chi_1 \rangle = 0$$
$$\langle \chi_3 | \hat{F} | \chi_2 \rangle = 0$$
$$\langle \chi_3 | \hat{F} | \chi_3 \rangle = \epsilon_A. \tag{17.23}$$

Dadurch wird die Säkulargleichung für diesen neuen Basissatz

$$\begin{pmatrix} \epsilon_A & \sqrt{2}t & 0 \\ \sqrt{2}t & \epsilon_B & 0 \\ 0 & 0 & \epsilon_A \end{pmatrix} \begin{pmatrix} c_{i,1} \\ c_{i,2} \\ c_{i,3} \end{pmatrix} = \epsilon_i \begin{pmatrix} 1 & 0 & 0 \\ 0 & 1 & 0 \\ 0 & 0 & 1 \end{pmatrix} \begin{pmatrix} c_{i,1} \\ c_{i,2} \\ c_{i,3} \end{pmatrix}. \tag{17.24}$$

Die möglichen Werte von ϵ_i sind dann

$$\epsilon_i = \frac{\epsilon_A + \epsilon_B}{2} \pm \left[\left(\frac{\epsilon_A - \epsilon_B}{2} \right)^2 + 2t^2 \right]^{1/2}$$
$$\epsilon_i = \epsilon_A. \tag{17.25}$$

2. **Aufgabe:** Verwenden Sie die Hückel-Theorie für das lineare C_nH_{n+2}-Molekül für $n = 3$ und $n = 4$.

Antwort: Für $n = 3$ lautet die Säkulargleichung

$$\begin{pmatrix} \alpha & \beta & 0 \\ \beta & \alpha & \beta \\ 0 & \beta & \alpha \end{pmatrix} \begin{pmatrix} c_a \\ c_b \\ c_c \end{pmatrix} = \epsilon \begin{pmatrix} 1 & 0 & 0 \\ 0 & 1 & 0 \\ 0 & 0 & 1 \end{pmatrix} \begin{pmatrix} c_a \\ c_b \\ c_c \end{pmatrix}. \tag{17.26}$$

Um die Eigenwerte zu finden, gehen wir so vor wie in Aufgabe 1. Mit χ_a, χ_b und χ_c als die drei atomzentrierten π-Funktionen entlang des Moleküls erzeugen wir symmetrieangepasste Funktionen. Dadurch erhalten wir zwei symmetrische und eine antisymmetrische Funktion:

$$\chi_1 = \frac{1}{\sqrt{2}}(\chi_a + \chi_c)$$
$$\chi_2 = \chi_b$$
$$\chi_3 = \frac{1}{\sqrt{2}}(\chi_a - \chi_c). \tag{17.27}$$

Für diesen Basissatz wird die Säkulargleichung

$$\begin{pmatrix} \alpha & \sqrt{2}\beta & 0 \\ \sqrt{2}\beta & \alpha & 0 \\ 0 & 0 & \alpha \end{pmatrix} \begin{pmatrix} c_1 \\ c_2 \\ c_3 \end{pmatrix} = \epsilon \begin{pmatrix} 1 & 0 & 0 \\ 0 & 1 & 0 \\ 0 & 0 & 1 \end{pmatrix} \begin{pmatrix} c_1 \\ c_2 \\ c_3 \end{pmatrix}. \tag{17.28}$$

Die Lösungen dazu sind

$$\epsilon_i = \alpha - \sqrt{2}\beta \quad \vec{c}_i = \begin{pmatrix} -1/2 \\ 1/\sqrt{2} \\ -1/2 \end{pmatrix}$$

$$\epsilon_i = \alpha + \sqrt{2}\beta \quad \vec{c}_i = \begin{pmatrix} 1/2 \\ 1/\sqrt{2} \\ 1/2 \end{pmatrix}$$

$$\epsilon_i = \alpha \quad \vec{c}_i = \begin{pmatrix} 1/\sqrt{2} \\ 0 \\ -1/\sqrt{2} \end{pmatrix}. \tag{17.29}$$

Für $n = 4$ lautet die Säkulargleichung

$$\begin{pmatrix} \alpha & \beta & 0 & 0 \\ \beta & \alpha & \beta & 0 \\ 0 & \beta & \alpha & \beta \\ 0 & 0 & \beta & \alpha \end{pmatrix} \begin{pmatrix} c_a \\ c_b \\ c_c \\ c_d \end{pmatrix} = \epsilon \begin{pmatrix} 1 & 0 & 0 & 0 \\ 0 & 1 & 0 & 0 \\ 0 & 0 & 1 & 0 \\ 0 & 0 & 0 & 1 \end{pmatrix} \begin{pmatrix} c_a \\ c_b \\ c_c \\ c_d \end{pmatrix}. \tag{17.30}$$

Wiederum erzeugen wir symmetrieangepasste Funktionen. Dadurch erhalten wir zwei symmetrische und zwei antisymmetrische Funktionen:

$$\chi_1 = \frac{1}{\sqrt{2}}(\chi_a + \chi_d)$$

$$\chi_2 = \frac{1}{\sqrt{2}}(\chi_b + \chi_c)$$

$$\chi_3 = \frac{1}{\sqrt{2}}(\chi_a - \chi_d)$$

$$\chi_4 = \frac{1}{\sqrt{2}}(\chi_b - \chi_c). \tag{17.31}$$

Für diesen Basissatz wird die Säkulargleichung

$$\begin{pmatrix} \alpha & \beta & 0 & 0 \\ \beta & \alpha+\beta & 0 & 0 \\ 0 & 0 & \alpha & \beta \\ 0 & 0 & \beta & \alpha-\beta \end{pmatrix} \begin{pmatrix} c_1 \\ c_2 \\ c_3 \\ c_4 \end{pmatrix} = \epsilon \begin{pmatrix} 1 & 0 & 0 & 0 \\ 0 & 1 & 0 & 0 \\ 0 & 0 & 1 & 0 \\ 0 & 0 & 0 & 1 \end{pmatrix} \begin{pmatrix} c_1 \\ c_2 \\ c_3 \\ c_4 \end{pmatrix}. \tag{17.32}$$

Die Eigenwerte sind dann

$$\epsilon_i = \alpha \pm \frac{\beta}{2}(1 \pm \sqrt{5}), \tag{17.33}$$

wo wir nicht versucht haben, die zugehörigen Eigenvektoren zu bestimmen.

17.6 Aufgaben

1. Erklären Sie die Begriffe ‚Born-von-Kármán-Zone‘, ‚Einheitszelle‘ und ‚Brillouin-Zone‘.

2. Betrachten Sie ein symmetrisches ABA-Molekül, und nehmen Sie an, dass dessen Molekülorbitale mittels eines Atomorbitals pro Atom beschrieben werden können,

$$\psi_i = c_{i,A_1}\chi_{A_1} + c_{i,B}\chi_B + c_{i,A_2}\chi_{A_2}. \tag{17.34}$$

Hier ist χ_{A_1}, χ_B und χ_{A_2} das Atomorbital, das auf dem einen A-Atom, auf dem (mittleren) B-Atom und auf dem anderen A-Atom zentriert ist. Die Atomorbitale sind orthonormal und ferner sind

$$\langle \chi_{A_1}|\hat{F}|\chi_{A_1}\rangle = \langle \chi_{A_2}|\hat{F}|\chi_{A_2}\rangle = \epsilon_A$$
$$\langle \chi_B|\hat{F}|\chi_B\rangle = \epsilon_B$$
$$\langle \chi_{A_1}|\hat{F}|\chi_{A_2}\rangle = 0$$
$$\langle \chi_{A_1}|\hat{F}|\chi_B\rangle = -\langle \chi_{A_2}|\hat{F}|\chi_B\rangle = t. \tag{17.35}$$

[Beachten Sie den Unterschied zu Gl. (17.19) in der letzten Identität in Gl. (17.35)]. t ist eine reelle Zahl. Setzen Sie die Säkulargleichung für diesen Basissatz auf. Betrachten Sie anschließend die symmetrieangepassten Basisfunktionen

$$\chi_1 = \frac{1}{\sqrt{2}}(\chi_{A_1} + \chi_{A_2})$$
$$\chi_2 = \chi_B$$
$$\chi_3 = \frac{1}{\sqrt{2}}(\chi_{A_1} - \chi_{A_2}) \tag{17.36}$$

und setzen Sie die Säkulargleichung für diesen Basissatz auf.
Bestimmen Sie letztendlich die Orbitalenergien dieses Systems.

3. Erläutern Sie kurz verschiedene Methoden, die eingesetzt werden können, um die Effekte von Lösungsmitteln zu berücksichtigen.

4. Erklären Sie kurz, wie Bandstrukturen verstanden werden können.

5. Erklären Sie kurz den Unterschied zwischen einer direkten und einer indirekten Bandlücke, und warum dieser Unterschied wichtig sein kann.

18 Ergänzende Informationen

18.1 Kontinuierliche Wahrscheinlichkeitsverteilungen

Zuerst betrachten wir eine diskrete Wahrscheinlichkeitsverteilung, und als Beispiel dafür dient das Spiel, Pfeile auf eine Dartscheibe zu werfen. Eine typische Dartscheibe hat einen kreisförmigen Bereich und man muss die Pfeile so werfen, dass sie irgendwo innerhalb dieses Kreises bleiben. Dieser Bereich besteht aus zwei kleinen, konzentrischen Kreisen in der Mitte. Der verbleibende Teil wird in 20 radiale Abschnitte geteilt, die jeweils in vier Teile unterschiedlicher Größe unterteilt sind. Wenn also ein Pfeil erfolgreich geworfen wird, bleibt er in einem dieser 82 Bereiche. Wir werden diese Bereiche durch ganze Zahlen von $i = 1$ bis $i = 82$ unterscheiden.

Wir gehen nun davon aus, dass wir einen Pfeil sehr oft, N mal, auf das Brett werfen und zählen, wie oft, N_i, wir die verschiedenen Bereiche des Dartbrettes treffen. Wenn N sehr groß ist, wird N_i proportional zu N und wir können schreiben

$$N_i = NP_i \qquad (18.1)$$

mit P_i unabhängig von N. P_i ist die Wahrscheinlichkeit, dass wir den $i$ten Teil der Dartscheibe getroffen haben. Aus offensichtlichen Gründen gilt

$$\sum_{i=1}^{82} P_i = 1. \qquad (18.2)$$

Dies ist ein Beispiel für eine diskrete Wahrscheinlichkeitsverteilung. Sie wird als diskret bezeichnet, weil die Variable i nur diskrete Werte annehmen kann. Diese Wahrscheinlichkeit können wir bekanntlich zur Berechnung verschiedener Erwartungswerte verwenden wie zum Beispiel des Durchschnittswerts von i (ob das sinnvoll ist, wird hier nicht diskutiert),

$$\langle i \rangle = \sum_{i=1}^{82} P_i \cdot i. \qquad (18.3)$$

Solche diskreten Verteilungsfunktionen sind bekannt, wobei meist der Fall des Würfelns zur Veranschaulichung des Konzepts herangezogen wird.

Wir werden nun das Experiment ein wenig modifizieren. Zuerst entfernen wir die Linien, die den kreisförmigen Bereich in 82 Teile trennen, und haben dementsprechend nur noch die kreisförmige Region mit einem Radius, den wir R nennen. Wir platzieren ein kartesisches Koordinatensystem so, dass es den Ursprung in der Mitte des Kreises hat. Einen Pfeil erfolgreich zu werfen, impliziert, dass er irgendwo trifft, wo gilt

$$x^2 + y^2 \leq R^2. \qquad (18.4)$$

https://doi.org/10.1515/9783111215075-018

Auch hier können wir den Pfeil sehr oft werfen und die Möglichkeit betrachten, einen Punkt (x, y) zu treffen, der Gl. (18.4) erfüllt. Allerdings ist die Wahrscheinlichkeit, genau diesen Wert zu erhalten, verschwindend gering. Stattdessen betrachten wir die Wahrscheinlichkeit $P_c(x, y) \, \Delta x \, \Delta y$, d. h. die Wahrscheinlichkeit, dass der Pfeil einen Punkt im kleinen Bereich $[x - \Delta x/2; x + \Delta x/2] \times [y - \Delta y/2; y + \Delta y/2]$ trifft. Wir betrachten schließlich die Grenze $\Delta x \to dx, \Delta y \to dy$, d. h. die kleine Fläche wird infinitesimal klein.

$P_c(x, y)$ ist ein Beispiel für eine kontinuierliche Wahrscheinlichkeitsverteilung. Wenn über alle möglichen Ergebnisse des Werfens des Dartpfeils integriert wird, erhalten wir 1, ähnlich wie in Gl. (18.2),

$$\iint_{x^2+y^2 \leq R^2} P_c(x, y) \, dx \, dy = 1. \tag{18.5}$$

Auch in diesem Fall können wir Mittelwerte berechnen wie z. B.

$$\langle x \rangle = \iint_{x^2+y^2 \leq R^2} P_c(x, y) x \, dx \, dy. \tag{18.6}$$

Es kann sinnvoll sein, nicht die kartesischen (x, y)-Koordinaten zu verwenden, sondern die Polarkoordinaten (r, θ). Dann haben wir

$$P_p(r, \theta) \, dr \, d\theta = P_c(r \cos \theta, r \sin \theta) r \, dr \, d\theta \tag{18.7}$$

wobei Gl. (18.5) zu

$$\int_0^R \int_0^{2\pi} P_p(r, \theta) \, d\theta \, dr = 1 \tag{18.8}$$

wird. Man kann zum Beispiel aus $P_p(r, \theta)$ die Wahrscheinlichkeitsverteilung für den Abstand zum Zentrum berechnen, also für r, unabhängig von θ. Dies wird zu $\int_0^{2\pi} P_p(r, \theta) \, d\theta$.

Schließlich betrachten wir ein einfaches Beispiel einer kontinuierlichen Wahrscheinlichkeitsverteilung einer Variablen, s, also $P(s)$. Zwei Beispiele für solche Verteilungen sind in Abb. 18.1 dargestellt. Die Verteilungsfunktionen erfüllen

$$\int_{-\infty}^{\infty} P(s) = 1. \tag{18.9}$$

Aus $P(s)$ kann man einen Mittelwert (Erwartungswert) berechnen

$$\langle s \rangle = \int_{-\infty}^{\infty} sP(s). \tag{18.10}$$

Dieser Wert ist ebenfalls in der Abbildung markiert. Auch die Breite (Unschärfe) der Verteilung kann berechnet werden

$$\Delta s = \left[\left\langle (s - \langle s \rangle)^2 \right\rangle \right]^{1/2} = \left[\langle s^2 \rangle - \langle s \rangle^2 \right]^{1/2}. \tag{18.11}$$

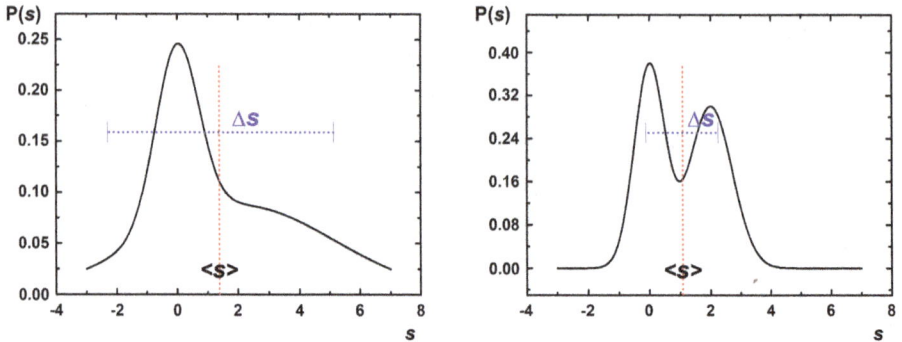

Abb. 18.1: Zwei Beispiele kontinuierlicher Verteilungsfunktionen einer einzelnen Variablen, s. In jeder Abbildung sind auch $\langle s \rangle$ und Δs jeweils durch die vertikalen und horizontalen Linien gekennzeichnet.

Dies wird auch in den beiden Beispielen in Abb. 18.1 gezeigt. Wenn man eine Messung von s viele Male wiederholt, gibt $\langle s \rangle$ eine Schätzung des erhaltenen Mittelwertes, wobei die meisten Messwerte im Bereich $[\langle s \rangle - \Delta s; \langle s \rangle + \Delta s]$ liegen werden, d. h. Δs beschreibt die Größe des Intervalls, in dem die meisten Messwerte gefunden werden.

18.2 Diracs δ-Funktion

Diracs δ-Funktion $\delta(x - x_0)$ in einer Dimension kann dadurch definiert werden, dass verlangt wird, dass

$$\int_{x_1}^{x_2} f(x)\delta(x - x_0)dx = f(x_0) \tag{18.12}$$

für alle Funktionen $f(x)$, wenn

$$x_1 < x_0 < x_2. \tag{18.13}$$

Ansonsten gilt

$$\int_{x_1}^{x_2} f(x)\delta(x - x_0)dx = 0 \tag{18.14}$$

für

$$x_1 < x_2 < x_0 \quad \text{oder} \quad x_0 < x_1 < x_2. \tag{18.15}$$

Für die Funktion gilt

$$\delta(x - x_0) = \begin{cases} \infty & x = x_0 \\ 0 & x \neq x_0 \end{cases} \tag{18.16}$$

Sie kann auch als Grenzwert einer Gauss-Funktion betrachtet werden, für welche die Breite verschwindend klein wird,

$$\delta(x - x_0) = \lim_{a \to 0} \frac{1}{\sqrt{\pi a}} \exp\left(-\frac{(x - x_0)^2}{a}\right). \tag{18.17}$$

Die Verallgemeinerung der δ-Funktion auf beispielsweise drei Dimensionen lautet

$$\delta(\vec{r} - \vec{r}_0) = \delta(x - x_0)\delta(y - y_0)\delta(z - z_0) \tag{18.18}$$

mit $\vec{r}_0 = (x_0, y_0, z_0)$.

18.3 Diagonalisierung

Wir betrachten eine hermitesche Matrix $\underline{\underline{A}}$, also eine quadratische Matrix, für die gilt

$$A_{ij} = A_{ji}^*. \tag{18.19}$$

Diese Matrix zu diagonalisieren, bedeutet, sie umzuschreiben als

$$\underline{\underline{A}} = \underline{\underline{U}}\,\underline{\underline{\Lambda}}\,\underline{\underline{U}}^\dagger. \tag{18.20}$$

Dies ist äquivalent dazu, die Eigenwertgleichung zu lösen

$$\underline{\underline{A}}\,\underline{c}_i = \lambda_i\,\underline{c}_i. \tag{18.21}$$

Dabei ist $\underline{c}_i$ ein Spaltenvektor mit dem Eigenvektor zum $i$ten Eigenwert, λ_i, von $\underline{\underline{A}}$. Weiter unten werden wir dies an einem Beispiel veranschaulichen.

In Gl. (18.20) ist $\underline{\underline{\Lambda}}$ eine Diagonalmatrix, welche die Eigenwerte von $\underline{\underline{A}}$ enthält,

$$\Lambda_{ij} = \delta_{i,j}\lambda_i. \tag{18.22}$$

Außerdem ist die $i$te Spalte von $\underline{\underline{U}}$ der (normalisierte) $i$te Eigenvektor von $\underline{\underline{A}}$. Schließlich ist $\underline{\underline{U}}^\dagger$ die hermitesch konjugierte Matrix von $\underline{\underline{U}}$, also

$$(U^\dagger)_{ij} = U_{ji}^*. \tag{18.23}$$

$\underline{\underline{U}}$ ist unitär,

$$\underline{\underline{U}}^{-1} = \underline{\underline{U}}^{\dagger}. \tag{18.24}$$

Das Lösen der Gleichungen (18.20) oder (18.21) bezeichnet man als Diagonalisierung von $\underline{\underline{A}}$.

Wir veranschaulichen dies an einem Beispiel,

$$\underline{\underline{A}} = \begin{pmatrix} 3 & \sqrt{2} \\ \sqrt{2} & 2 \end{pmatrix}. \tag{18.25}$$

Die Eigenwerte von $\underline{\underline{A}}$ werden gefunden aus

$$0 = \begin{vmatrix} 3 - \lambda & \sqrt{2} \\ \sqrt{2} & 2 - \lambda \end{vmatrix} = (3 - \lambda)(2 - \lambda) - 2 \tag{18.26}$$

mit den Lösungen

$$\lambda = \lambda_1 = 4$$
$$\lambda = \lambda_2 = 1. \tag{18.27}$$

Für diese beiden Werte von λ sind die beiden Gleichungen

$$(3 - \lambda)x + \sqrt{2}y = 0$$
$$\sqrt{2}x + (2 - \lambda)y = 0 \tag{18.28}$$

linear abhängig (d. h. in diesem Falle, proportional zueinander). Das bedeutet, dass eine Gleichung redundant ist. In unserem Fall – mit nur zwei Gleichungen insgesamt – müssen wir nur eine der beiden betrachten, z. B. die zweite Gleichungen. Aus dieser erhalten wir

$$x = \frac{\lambda - 2}{\sqrt{2}}y. \tag{18.29}$$

Anschließend ergibt die Normalisierung der Eigenvektoren (x, y)

$$1 = x^2 + y^2 = \left[\frac{(\lambda - 2)^2}{2} + 1 \right] y^2, \tag{18.30}$$

was für die beiden Werte für λ von Gl. (18.27) zu

$$y_1 = \sqrt{\frac{1}{3}}$$
$$y_2 = \sqrt{\frac{2}{3}} \tag{18.31}$$

führt, und anschließend aus Gl. (18.29)

$$x_1 = \sqrt{\frac{2}{3}}$$

$$x_2 = -\sqrt{\frac{1}{3}} \tag{18.32}$$

$\underline{\underline{\Lambda}}$ ist die Diagonalmatrix mit den Eigenwerten von Gl. (18.27),

$$\underline{\underline{\Lambda}} = \begin{pmatrix} 4 & 0 \\ 0 & 1 \end{pmatrix}. \tag{18.33}$$

Außerdem enthält $\underline{\underline{U}}$ die normalisierten Eigenvektoren als Spalten,

$$\underline{\underline{U}} = \begin{pmatrix} \sqrt{\frac{2}{3}} & -\sqrt{\frac{1}{3}} \\ \sqrt{\frac{1}{3}} & \sqrt{\frac{2}{3}} \end{pmatrix}. \tag{18.34}$$

Letztendlich gilt dann

$$\underline{\underline{U}}^\dagger = \begin{pmatrix} \sqrt{\frac{2}{3}} & \sqrt{\frac{1}{3}} \\ -\sqrt{\frac{1}{3}} & \sqrt{\frac{2}{3}} \end{pmatrix}. \tag{18.35}$$

Zur Kontrolle können wir leicht überprüfen, dass

$$\underline{\underline{U}}^\dagger \cdot \underline{\underline{U}} = \underline{\underline{U}} \cdot \underline{\underline{U}}^\dagger = \begin{pmatrix} 1 & 0 \\ 0 & 1 \end{pmatrix}. \tag{18.36}$$

Schließlich wird Gl. (18.20) zu

$$\begin{pmatrix} 3 & \sqrt{2} \\ \sqrt{2} & 2 \end{pmatrix} = \begin{pmatrix} \sqrt{\frac{2}{3}} & -\sqrt{\frac{1}{3}} \\ \sqrt{\frac{1}{3}} & \sqrt{\frac{2}{3}} \end{pmatrix} \begin{pmatrix} 4 & 0 \\ 0 & 1 \end{pmatrix} \begin{pmatrix} \sqrt{\frac{2}{3}} & \sqrt{\frac{1}{3}} \\ -\sqrt{\frac{1}{3}} & \sqrt{\frac{2}{3}} \end{pmatrix} \tag{18.37}$$

was auch ohne allzu großen Aufwand verifiziert werden kann. Dieses ist Gl. (18.20) für die Matrix in Gl. (18.25).

18.4 Iteratives Verfahren

Wir werden hier ein Beispiel diskutieren, das veranschaulichen soll, wie eine Hartree-Fock-Roothaan- oder Kohn-Sham-Rechnung funktioniert, und das gleichzeitig so einfach aufgebaut ist, dass die Berechnungen von Hand durchgeführt werden können, obwohl es daran leidet, nicht ganz realistisch zu sein.

Wir betrachten ein System mit vier Elektronen. Diese vier Elektronen besetzen paarweise zwei Orbitale, haben aber unterschiedliche Spin-Abhängigkeiten. Daher wird die Slater-Determinante zu

$$\Phi(\vec{x}_1,\vec{x}_2,\vec{x}_3,\vec{x}_4) = \frac{1}{\sqrt{4!}} \begin{vmatrix} \psi_1(\vec{r}_1)\alpha(1) & \psi_1(\vec{r}_1)\beta(1) & \psi_2(\vec{r}_1)\alpha(1) & \psi_2(\vec{r}_1)\beta(1) \\ \psi_1(\vec{r}_2)\alpha(2) & \psi_1(\vec{r}_2)\beta(2) & \psi_2(\vec{r}_2)\alpha(2) & \psi_2(\vec{r}_2)\beta(2) \\ \psi_1(\vec{r}_3)\alpha(3) & \psi_1(\vec{r}_3)\beta(3) & \psi_2(\vec{r}_3)\alpha(3) & \psi_2(\vec{r}_3)\beta(3) \\ \psi_1(\vec{r}_4)\alpha(4) & \psi_1(\vec{r}_4)\beta(4) & \psi_2(\vec{r}_4)\alpha(4) & \psi_2(\vec{r}_4)\beta(4) \end{vmatrix} . \tag{18.38}$$

Die Orbitale $\psi_1\alpha$, $\psi_1\beta$, $\psi_2\alpha$ und $\psi_2\beta$ werden in den vier Basisfunktionen $\chi_1\alpha, \chi_1\beta, \chi_2\alpha$ und $\chi_2\beta$ entwickelt, deren präzise Form für das vorliegende Beispiel unwichtig ist.

Dadurch, dass wir annehmen, dass die Ortsabhängigkeiten der Orbitale paarweise identisch sind, können wir die Restricted-Hartree-Fock-Methode anwenden. Daher

$$\psi_1(\vec{r}) = \chi_1(\vec{r}) \cdot c_{11} + \chi_2(\vec{r}) \cdot c_{21}$$
$$\psi_2(\vec{r}) = \chi_1(\vec{r}) \cdot c_{12} + \chi_2(\vec{r}) \cdot c_{22}. \tag{18.39}$$

Wir bezeichnen

$$\langle \chi_p | \chi_q \rangle \equiv o_{pq}$$
$$\langle \chi_p | \hat{h}_1 | \chi_q \rangle \equiv h_{1,pq}$$
$$\langle \chi_p \chi_m | \hat{h}_2 | \chi_q \chi_n \rangle \equiv h_{2,pmqn}. \tag{18.40}$$

In einer praktischen Berechnung werden diese ermittelt, wenn die genaue Form der Basisfunktionen χ_1 und χ_2 festgelegt ist. Hier werden wir einfachheitshalber mehr oder weniger willkürlich Werte für diese auswählen. Diese sind in den Tabellen 18.1 und 18.2 aufgelistet.

Tab. 18.1: Werte für die Matrixelemente o_{pq} and $h_{1,pq}$ der Gl. (18.40).

p	q	o_{pq}	$h_{1,pq}$
1	1	1.0	−3.0
1	2	−0.5	−2.0
2	2	1.1875	−5.0

Tab. 18.2: Werte für die Matrixelemente $h_{2,pmqn}$ der Gl. (18.40).

p	m	q	n	$h_{2,pmqn}$
1	1	1	1	0.5
1	1	1	2	0.3
1	1	2	2	0.2
1	2	2	1	0.2
1	2	1	2	0.4
1	2	2	2	0.3
2	2	2	2	0.5

Die Matrixelemente erfüllen

$$o_{ij} = o_{ji}^*$$
$$h_{1,ij} = h_{1,ji}^*$$
$$h_{2,ijkl} = h_{2,jilk} = h_{2,klij}^* = h_{2,lkji}^*, \tag{18.41}$$

was allgemeingültig ist.

Wir gehen davon aus, dass wir die beiden Orbitale irgendwie in einer Iteration der selbstkonsistenten Berechnung erhalten haben:

$$\psi_1 = a_1(\chi_1 \cdot 0.2 + \chi_2 \cdot 0.8)$$
$$\psi_2 = a_2\left(\chi_1 \cdot 1.0 + \chi_2 \cdot \frac{4}{17}\right). \tag{18.42}$$

Aus der Normalisierung werden die beiden Konstanten a_1 und a_2 ermittelt,

$$
\begin{aligned}
1 &\equiv a_1^2 \cdot [0.2 \cdot 0.2 \cdot o_{11} + 0.2 \cdot 0.8 \cdot o_{12} + 0.8 \cdot 0.2 \cdot o_{21} + 0.8 \cdot 0.8 \cdot o_{22}] \\
&= a_1^2 \cdot [0.2 \cdot 0.2 \cdot 1.0 + 0.2 \cdot 0.8 \cdot (-0.5) + 0.8 \cdot 0.2 \cdot (-0.5) + 0.8 \cdot 0.8 \cdot 1.1875] \\
&= a_1^2 \cdot 0.64 \\
1 &\equiv a_2^2 \cdot \left[1 \cdot 1 \cdot o_{11} + 1 \cdot \frac{4}{17} \cdot o_{12} + 417 \cdot 1 \cdot o_{21} + 417 \cdot \frac{4}{17} \cdot o_{22}\right] \\
&= a_2^2 \cdot \left[1 \cdot 1 \cdot 1.0 + 1 \cdot \frac{4}{17} \cdot (-0.5) + 417 \cdot 1 \cdot (-0.5) + \frac{4}{17} \cdot \frac{4}{17} \cdot 1.1875\right] \\
&= a_2^2 \cdot \frac{240}{289}, \tag{18.43}
\end{aligned}
$$

woraus (die Vorzeichen wurden willkürlich gewählt)

$$a_1 = \frac{5}{4}$$
$$a_2 = \frac{17}{4\sqrt{15}}. \tag{18.44}$$

Es ist leicht, zu beweisen, dass die Funktionen in Gl. (18.39) orthogonal sind (wie sie sein sollten):

$$
\begin{aligned}
\langle \psi_1 | \psi_2 \rangle &= a_1 a_2 \cdot \left[0.2 \cdot 1.0 \cdot o_{11} + 0.2 \cdot 417 \cdot o_{12} + 0.8 \cdot 1.0 \cdot o_{21} + 0.8 \cdot \frac{4}{17} \cdot o_{22}\right] \\
&= a_1 a_2 \cdot \left[0.2 \cdot 1.0 \cdot 1.0 + 0.2 \cdot \frac{4}{17} \cdot (-0.5) + 0.8 \cdot 1.0 \cdot (-0.5) \right. \\
&\quad \left. + 0.8 \cdot \frac{4}{17} \cdot 1.1875\right] \\
&= a_1 \cdot a_2 \cdot 0 = 0. \tag{18.45}
\end{aligned}
$$

Dann werden die Werte der Koeffizienten c_{ij} aus Gl. (18.39) gleich

$$c_{11} = \frac{5}{4} \cdot 0.2 = \frac{1}{4}$$

$$c_{21} = \frac{5}{4} \cdot 0.8 = 1$$

$$c_{12} = \frac{17}{4\sqrt{15}} \cdot 1 = \frac{17}{4\sqrt{15}}$$

$$c_{22} = \frac{17}{4\sqrt{15}} \cdot \frac{4}{17} = \frac{1}{\sqrt{15}}. \tag{18.46}$$

Im iterativen Prozess der Lösung der Hartree-Fock-Roothaan-Gleichungen setzen wir diese Koeffizienten [zusammen mit den Matrixelementen aus Gl. (18.40)] in die Restricted-Hartree-Fock-Roothaan-Gleichungen, Gl. (10.80), ein. Dadurch erhalten wir neue Gleichungen, die in unserem Fall zu einer 2×2-Matrixgleichung werden,

$$\begin{pmatrix} -1.406667 & -1.193333 \\ -1.193333 & -3.386667 \end{pmatrix} \cdot \begin{pmatrix} c_1 \\ c_2 \end{pmatrix} = \epsilon \cdot \begin{pmatrix} 1.0 & -0.5 \\ -0.5 & 1.1875 \end{pmatrix} \cdot \begin{pmatrix} c_1 \\ c_2 \end{pmatrix}. \tag{18.47}$$

Während die Matrix auf der rechten Seite einfach diejenige ist, die die Überlapp-Matrixelemente o_{ij} [vgl. Gl. (10.80)] enthält, ist diejenige auf der linken Seite etwas komplizierter. Als Beispiel berechnen wir das Matrixelement $(1, 2)$. Aus Gl. (10.80) finden wir

$$\begin{aligned}
h_{12} &= h_{1,12} + c_{11}c_{11}(2 \cdot h_{2,1121} - h_{2,1121}) + c_{11}c_{21}(2 \cdot h_{2,1221} - h_{2,2121}) \\
&\quad + c_{21}c_{11}(2 \cdot h_{2,1122} - h_{2,1122}) + c_{21}c_{21}(2 \cdot h_{2,1222} - h_{2,2122}) \\
&\quad + c_{12}c_{12}(2 \cdot h_{2,1121} - h_{2,1121}) + c_{22}c_{22}(2 \cdot h_{2,1221} - h_{2,2121}) \\
&\quad + c_{22}c_{12}(2 \cdot h_{2,1122} - h_{2,1122}) + c_{22}c_{22}(2 \cdot h_{2,1222} - h_{2,2122}) \\
&= h_{1,12} + (c_{11}c_{11} + c_{12}c_{12})(2 \cdot h_{2,1121} - h_{2,1121}) \\
&\quad + (c_{11}c_{21} + c_{12}c_{22})(2 \cdot h_{2,1221} - h_{2,2121}) \\
&\quad + (c_{21}c_{11} + c_{22}c_{12})(2 \cdot h_{2,1122} - h_{2,1122}) \\
&\quad + (c_{21}c_{21} + c_{22}c_{22})(2 \cdot h_{2,1222} - h_{2,2122}) \\
&= -2.0 + \left(\frac{1}{16} + \frac{289}{240} \right)(2 \cdot 0.3 - 0.3) + \left(\frac{1}{4} + \frac{17}{60} \right)(2 \cdot 0.2 - 0.4) \\
&\quad + \left(\frac{1}{4} + \frac{17}{60} \right)(2 \cdot 0.2 - 0.2) + \left(1 + \frac{1}{15} \right)(2 \cdot 0.3 - 0.3) \\
&= -1.193333. \tag{18.48}
\end{aligned}$$

Das Lösen von Gl. (18.47) führt zu zwei neuen Eigenwerten ϵ_1 und ϵ_2 und dazu gehörigen Eigenvektoren (c_{11}, c_{21}) und (c_{12}, c_{22}). Die Eigenvektoren definieren die Eigenfunktionen der neuen Iteration in dem iterativen Verfahren, die Hartree-Fock-Roothaan- oder Kohn-Sham-Gleichungen selbstkonsistent zu lösen. Auch die neuen Eigenvektoren müssen wie oben normalisiert werden. Anschließend können die Hartree-Fock-Roothaan-Gleichungen nochmals aufgestellt werden, und das gesamte Verfahren kann so oft wiederholt werden, bis die Eingabeeigenvektoren mit den Ausgabeeigenvektoren innerhalb einer vorgewählten Genauigkeit übereinstimmen. Dann wird angenommen, dass die Hartree-Fock-Roothaan-Gleichungen gelöst sind.

18.5 Boltzmann-, Fermi-Dirac- und Bose-Einstein-Verteilungen

Im Bereich der statistischen Thermodynamik werden Eigenschaften makroskopischer Systeme berechnet, indem die Tatsache ausgenutzt wird, dass solche Systeme eine sehr große Anzahl äquivalenter Teilchen (Elektronen, Atome, Moleküle) enthalten, sodass statistische Argumente angewandt werden können. Hier werden wir kurz einige der Grundlagen für diese Argumente diskutieren.

Ausgangspunkt ist die Annahme, dass jedes Teilchen eines aus einer Menge unterschiedlicher Energieniveaus einnehmen kann. Die Energien dieser Niveaus sind gegeben, und eine erste Aufgabe der statistischen Thermodynamik ist es, die Verteilung der Teilchen in diesen Niveaus zu bestimmen, d. h. die Anzahl der Teilchen n_i in dem $i$ten Niveau mit der (vorgegebenen) Energie ϵ_i. Die n_i werden unter verschiedenen Randbedingungen bestimmt, was zu unterschiedlichen Verteilungen führt, aber hier werden wir nur einige wenige Fälle betrachten.

Wir beschränken uns zunächst auf den Fall, dass die Gesamtteilchenzahl N und die Gesamtenergie E gegeben sind,

$$N = \sum_i n_i$$

$$E = \sum_i n_i \epsilon_i. \quad \text{,} \tag{18.49}$$

Es wird also angenommen, dass die Teilchen unabhängig voneinander sind.

Anschließend können drei verschiedene Szenarien vorgestellt werden, um die einzelnen Teilchen in die unterschiedlichen Energieniveaus zu verteilen. Die Boltzmann-Verteilung (nach Ludwig Boltzmann) erhält man unter der Annahme, dass die Teilchen unterscheidbar sind und dass jedes n_i jeden beliebigen Wert annehmen kann. Dies wird oft als klassische Verteilung bezeichnet.

Sowohl die Fermi-Dirac-Verteilung (nach Enrico Fermi und Paul Adrien Maurice Dirac) als auch die Bose-Einstein-Verteilung (nach Satyendra Nath Bose und Albert Einstein) sind Quantenverteilungen. In beiden Fällen wird angenommen, dass die Teilchen ununterscheidbar sind. Während für die Bose-Einstein-Verteilung n_i beliebige Werte annehmen kann, kann n_i bei der Fermi-Dirac-Verteilung nur die Werte 0 und 1 annehmen. Teilchen, die der Bose-Einstein-Verteilung gehorchen, werden Bosonen genannt; diejenigen, die der Fermi-Dirac-Verteilung gehorchen, werden Fermionen genannt. Elektronen sind Fermionen.

Für die Boltzmann-Verteilung findet man

$$n_i = N \frac{\exp(-\frac{\epsilon_i}{kT})}{\sum_j \exp(-\frac{\epsilon_j}{kT})} \qquad (18.50)$$

wobei k die Boltzmann-Konstante und T die Temperatur ist. Dieser Ausdruck zeigt, dass n_i mit zunehmender Energie ϵ_i abnimmt.

18.6 Funktionen, Funktionale, Operatoren

Funktionen sind bekannt. Mithilfe von Funktionen werden Zahlenwerte aus anderen berechnet. Beispiele sind $f_1(x) = 2x^2, f_2(x,y) = xy^2, f_3(x,y) = (x^2, y)$. Funktionen können auch komplexer sein:

$$f_4(x) = [y \cdot z(x)]^2$$

$$z(x) = \begin{cases} x^4 & \text{für } 0 \le x \le 1 \\ -x^6 & \text{sonst} \end{cases}$$

$$y = \text{Lösung von } y^3 + 2y^2 + 3y + 4 = x. \qquad (18.51)$$

Mithilfe von Operatoren werden Funktionen aus Funktionen erzeugt. Beispiele sind $\hat{O}_1 g_1(x) = \frac{dg_1(x)}{dx}, \hat{O}_2 g_2(x,y) = g_2(y,x), \hat{O}_3 g_3(x) = \int_0^x g_3(y) \, dy$.

Mithilfe von Funktionalen werden Zahlen aus Funktionen bestimmt. Beispiele sind $F_1[h_1(x)] = \int_0^1 h_1(x) \, dx, F_2[h_2(x,y)] = h_2(2,3)$.

In Kapitel 15.10 haben wir kurz den Begriff der funktionellen Ableitung erwähnt. Dieser Begriff ist sehr wichtig für die Grundlagen der Dichtefunktionaltheorie, jedoch nicht im Rahmen unserer Ausführungen. Trotzdem werden wir ihn kurz beschreiben.

Wir betrachten eine Größe, F, die als Funktional der Elektronendichte, $\rho(\vec{r})$, berechnet wird, $F[\rho]$, und suchen die funktionelle Ableitung $\frac{\delta F}{\delta \rho}$. Zu diesem Zweck betrachten wir eine willkürliche kleine Änderung in ρ,

$$\rho(\vec{r}) \to \rho(\vec{r}) + \tau \tilde{\rho}(\vec{r}). \qquad (18.52)$$

$\tilde{\rho}(\vec{r})$ ist willkürlich, und wir betrachten die Grenze $\tau \to 0$. Die funktionelle Ableitung ist dann definiert mittels

$$\int \frac{\delta F}{\delta \rho} \tilde{\rho}(\vec{r}) \, d\vec{r} = \lim_{\tau \to 0} \frac{F[\rho + \tau \tilde{\rho}] - F[\rho]}{\tau}. \qquad (18.53)$$

Als Beispiel dient die Coulomb-Energie der Elektronen,

$$F = \frac{e^2}{4\pi\epsilon_0} \int \int \frac{\rho(\vec{r}_1)\rho(\vec{r}_2)}{|\vec{r}_1 - \vec{r}_2|} \, d\vec{r}_1 d\vec{r}_2. \qquad (18.54)$$

Dann erhalten wir

$$\int \frac{\delta F}{\delta \rho} \tilde{\rho}(\vec{r}) \, d\vec{r} \equiv \lim_{\tau \to 0} \frac{1}{\tau} \frac{e^2}{4\pi\epsilon_0} \int \int \frac{[\rho(\vec{r}_1) + \tau\tilde{\rho}(\vec{r}_1)][\rho(\vec{r}_2) + \tau\tilde{\rho}(\vec{r}_2)] - \rho(\vec{r}_1)\rho(\vec{r}_2)}{|\vec{r}_1 - \vec{r}_2|} \, d\vec{r}_1 \, d\vec{r}_2$$

$$= \lim_{\tau \to 0} \frac{1}{\tau} \frac{e^2}{4\pi\epsilon_0} \int \int \frac{\rho(\vec{r}_1)\tau\tilde{\rho}(\vec{r}_2) + \rho(\vec{r}_2)\tau\tilde{\rho}(\vec{r}_1)}{|\vec{r}_1 - \vec{r}_2|} \, d\vec{r}_1 \, d\vec{r}_2$$

$$= \lim_{\tau \to 0} \frac{e^2}{4\pi\epsilon_0} \int \int \frac{2\rho(\vec{r}_1)\tilde{\rho}(\vec{r}_2)}{|\vec{r}_1 - \vec{r}_2|} \, d\vec{r}_1 \, d\vec{r}_2$$

$$= \frac{e^2}{4\pi\epsilon_0} \int \int \frac{2\rho(\vec{r}_1)\tilde{\rho}(\vec{r})}{|\vec{r}_1 - \vec{r}|} \, d\vec{r}_1 d\vec{r}. \tag{18.55}$$

Hier haben wir benutzt, dass τ infinitesimal klein ist, sodass τ^n für $n > 1$ gleich null gesetzt werden kann.

Letztendlich erhalten wir dann [weil $\tilde{\rho}(\vec{r})$ willkürlich ist]

$$\frac{\delta F}{\delta \rho(\vec{r})} = \frac{e^2}{4\pi\epsilon_0} \int \frac{2\rho(\vec{r}_1)}{|\vec{r}_1 - \vec{r}|} \, d\vec{r}_1. \tag{18.56}$$

19 Mathematische Formeln

19.1 Trigonometrische Funktionen

$$\sin(x) = \frac{1}{2i}(e^{ix} - e^{-ix})$$

$$\cos(x) = \frac{1}{2}(e^{ix} + e^{-ix}) \tag{19.1}$$

bzw.

$$e^{is} = \cos(s) + i\sin(s) \tag{19.2}$$

(Formel von Euler).

$$\sin(\alpha)\sin(\beta) = \frac{1}{2}[\cos(\alpha - \beta) - \cos(\alpha + \beta)]$$

$$\sin(\alpha)\cos(\beta) = \frac{1}{2}[\sin(\alpha - \beta) + \sin(\alpha + \beta)]$$

$$\cos(\alpha)\cos(\beta) = \frac{1}{2}[\cos(\alpha - \beta) + \cos(\alpha + \beta)] \tag{19.3}$$

Ferner:

$$\sin(\alpha - \beta) = \sin\alpha\cos\beta - \cos\alpha\sin\beta. \tag{19.4}$$

19.2 Kugelkoordinaten

Beziehungen zwischen Kugelkoordinaten und kartesischen Koordinaten:

$$x = r\sin\theta\cos\phi$$

$$y = r\sin\theta\sin\phi$$

$$z = r\cos\theta, \tag{19.5}$$

und umgekehrt gilt

$$r = \left(x^2 + y^2 + z^2\right)^{1/2}$$

$$\theta = \text{Arccos}\frac{z}{r}$$

$$\phi = \begin{cases} \text{Arccos}\frac{x}{(x^2+y^2)^{1/2}} & y > 0 \\ 2\pi - \text{Arccos}\frac{x}{(x^2+y^2)^{1/2}} & y < 0. \end{cases} \tag{19.6}$$

https://doi.org/10.1515/9783111215075-019

19.3 Laplace-Operator

In kartesischen Koordinaten:

$$\nabla^2 = \Delta = \frac{\partial^2}{\partial x^2} + \frac{\partial^2}{\partial y^2} + \frac{\partial^2}{\partial z^2}. \tag{19.7}$$

In Kugelkoordinaten ist

$$\Delta\Psi = \nabla^2\Psi = \frac{1}{r}\frac{\partial^2}{\partial r^2}(r\Psi) + \frac{1}{r^2}\hat{\Lambda}^2\Psi = \frac{\partial^2}{\partial r^2}\Psi + \frac{2}{r}\frac{\partial}{\partial r}\Psi + \frac{1}{r^2}\hat{\Lambda}^2\Psi$$

$$\hat{\Lambda}^2\Psi = \frac{1}{\sin^2\theta}\left(\frac{\partial^2\Psi}{\partial\varphi^2}\right) + \frac{1}{\sin\theta}\frac{\partial}{\partial\theta}\left(\sin\theta\frac{\partial\Psi}{\partial\theta}\right) \tag{19.8}$$

19.4 Integrale

Integrale mit trigonometrischen Funktionen:

$$\int \sin^2(az)\,dz = \frac{-1}{4a}\sin(2az) + \frac{z}{2}$$

$$\int \cos^2(az)\,dz = \frac{1}{4a}\sin(2az) + \frac{z}{2}$$

$$\int \cos(az)\sin(az)\,dz = \frac{-1}{4a}\cos(2az)$$

$$\int z\sin(az)\,dz = \frac{1}{a^2}\sin(az) - \frac{1}{a}z\cos(az)$$

$$\int z\cos(az)\,dz = \frac{1}{a^2}\cos(az) + \frac{1}{a}z\sin(az)$$

$$\int z^2\sin(az)\,dz = \frac{2}{a^3}\cos(az) + \frac{2}{a^2}z\sin(az) - \frac{1}{a}z^2\cos(az)$$

$$\int z^2\cos(az)\,dz = -\frac{2}{a^3}\sin(az) + \frac{2}{a^2}z\cos(az) + \frac{1}{a}z^2\sin(az)$$

$$\int z\sin^2(az)\,dz = \frac{z^2}{4} - \frac{z}{4a}\sin(2az) - \frac{1}{8a^2}\cos(2az)$$

$$\int z\cos^2(az)\,dz = \frac{z^2}{4} + \frac{z}{4a}\sin(2az) + \frac{1}{8a^2}\cos(2az)$$

$$\int z\cos(az)\sin(az)\,dz = \frac{-z}{4a}\cos(2az) + \frac{1}{8a^2}\sin(2az) \tag{19.9}$$

Integrale mit Exponentialfunktionen:

$$\int_0^\infty e^{-\beta s^2}\,ds = \frac{1}{2}\sqrt{\frac{\pi}{\beta}}$$

$$\int_0^\infty s e^{-\beta s^2} \, ds = \frac{1}{2\beta}$$

$$\int_0^\infty s^2 e^{-\beta s^2} \, ds = \frac{1}{4\beta} \sqrt{\frac{\pi}{\beta}}$$

$$\int_0^\infty s^3 e^{-\beta s^2} \, ds = \frac{1}{2\beta^2}$$

$$\int_0^\infty s^4 e^{-\beta s^2} \, ds = \frac{3}{8\beta^2} \sqrt{\frac{\pi}{\beta}}$$

$$\int_0^\infty s^n e^{-as} \, ds = n!/a^{n+1} \tag{19.10}$$

Stichwortverzeichnis

https://doi.org/10.1515/9783111215075-020

Lagrange-Multiplikatoren 165, 196
Laguerre-Polynome 145
Laplace-Operator 16, 118, 381
LCAO 239, 253
LCAO-MO 253
LCAO-MO-Verfahren 239
LDA 299, 321
Lebenszeitverbreiterung 43
Legendre-Gleichung 121
Legendre-Polynom 121
Lennard-Jones-Wechselwirkungen 362
Levitt 363
Lichtgeschwindigkeit 221
Linear Combination of Atomic Orbitals 239, 253
Linearer Operator 19, 31
Local Density Approximation 299
Lokale Dichtenäherung 299
Lokalisierte Orbitale 288
London 240
London-Dispersionskräfte 305
Lösungsmitteleffekte 360
Lowest Unoccupied Crystal Orbital 359
Lowest Unoccupied Molecular Orbital 61, 287
LUCO 359
Lumineszenz 313
LUMO 61, 287, 308
Lyman-Serie 138, 147

Magnetische Quantenzahl 145
Magnetische Resonanz Spektroskopie 113
Magnetische Suszeptibilität 348
Magnetisches Dipolmoment 348
Magnetismus 133
Makromolekül 362
Mass-Velocity-Glied 222
Matrixelemente 273
MCSCF 283, 321
Meta-GGA 299
Metall 359
Minimale-Unschärfe-Funktion 99
Minimaler Basissatz 270
Mittelwert 369
MM 362
MNDO 321
MO 239
Molecular Mechanics 362
Molecular Orbital 239
Moleküldynamische Rechnungen 323
Molekülorbital 238

Møller-Plesset 284, 318
Morokuma-Analyse 210
Morse-Oszillator 102
Morse-Potential 102
MP 284
MP2 286, 321
MP4 286
Mulliken-Populationsanalyse 342
Multi-configurational self-consistent field 283
Multiplizität 224

Natürliche Verbreiterung 43
Nebenbedingung 165
Nebenquantenzahl 145
Net-Populationen 342, 343
Newtons Gesetz 323
Nicht-lineare Optik 345
Nicht-lineare Parameter 169
Nicht-stationäre Lösungen 53
NMR 113, 133
Nullpunktsenergie 98, 139, 245
Nullstellen 66

O_2 255
Operator 17, 20, 28
Operatoren 378
Optische Eigenschaften 338
Orbitalbild 195, 205, 246, 252, 264, 282, 287, 309
Orbitale 186
Orbitalenergien 202
Orbitalmodell 160, 186, 241
Orbitaltheorie 96
Organische Chemie 260
Orthogonale Funktionen 31, 34
Orthonormale Funktionen 35
Ortsdarstellung 39, 41
Oszillatorstärke 309

Paschen-Serie 138, 147
Pauli-Prinzip 215
Periodensystem 215, 232
Permutationsoperator 30, 197
PES 191, 321
Phasenfaktor 22
Photoelektrischer Effekt 7
Photonen 8, 10
Piezoelektrizität 345
Planck 3
Planck-Konstante 3

www.ingramcontent.com/pod-product-compliance
Lightning Source LLC
Chambersburg PA
CBHW080659220326
41598CB00033B/5259